Dietrich Krekel
Wolfgang Trier

Die Programmiersprache PASCAL

Dietrich Krekel
Wolfgang Trier

Die Programmiersprache PASCAL

Eine Beschreibung und Anleitung
zur Benutzung

Friedr. Vieweg & Sohn   Braunschweig/Wiesbaden

Dr. *Dietrich Krekel*, Akademischer Oberrat,
Dr. *Wolfgang Trier*, Akademischer Direktor,
Regionales Rechenzentrum an der Universität zu Köln

Verlagsredaktion: *Alfred Schubert*

CIP-Kurztitelaufnahme der Deutschen Bibliothek

Krekel, Dietrich:
Die Programmiersprache PASCAL: e. Beschreibung
u. Anleitung zur Benutzung/Dietrich Krekel;
Wolfgang Trier. — Braunschweig; Wiesbaden:
Vieweg, 1981.

NE: Trier, Wolfgang:

ISBN 978-3-528-03337-8   ISBN 978-3-322-89708-4 (eBook)
DOI 10.1007/978-3-322-89708-4

Inhalt

1. Einleitung

> Man scheut sich durchaus, etwas schoen zu be-
> ginnen. Nicht nur, weil man nichts berufen
> will, sondern ideale Formen kraenkeln. Der
> erste Streit holt alles wieder auf, was vor-
> her keinen Platz hatte in der edlen stillen
> Luft. Die Dinge duerfen nicht wie gemalt sein,
> sonst halten sie im Leben nicht.
>
> E. Bloch: Spuren

In diesem Kapitel wird zunaechst die gewaehlte Darstellung der
Sprache PASCAL begruendet. Fuer Leser ohne Datenverarbeitungs-
kenntnisse schliesst sich eine kurze Einfuehrung in Aufbau und
Funktionsweise einer Datenverarbeitungsanlage sowie die Besprechung eines einfachen Programmbeispiels an. Es folgt die Bereitstellung der Mittel zur Beschreibung der Syntax. Abschliessend
wird ein Ueberblick ueber PASCAL gegeben.

1.1 PASCAL-Historie, Darstellungsweise des Stoffes und
    Ziel des Buches

Aufbauend auf ALGOL 60 entwickelte N. Wirth Ende der 60er Jahre
die Programmiersprache PASCAL +) als Hilfsmittel zur Ausbildung
in systematischer Programmierung und zum Nachweis, dass eine praktisch nutzbare Programmiersprache auch effizient und zuverlaessig
implementiert werden kann. Ausser zu Ausbildungszwecken wird
PASCAL zunehmend zur systemnahen Programmierung eingesetzt. So
sind u.a. viele PASCAL-Uebersetzer selbst wieder in PASCAL geschrieben.

PASCAL hat wie ALGOL 60, von dem es sich wesentlich durch seine
erweiterten Datenstrukturierungsmoeglichkeiten unterscheidet,
grossen Einfluss auf den Sprachentwurf gehabt. Viele in den letzten zehn Jahren - insbesondere zur Programmierung von Realzeit-
aufgaben - entworfene Sprachen basieren auf PASCAL. Es bleibt ab-
zuwarten, ob eine von ihnen - z.B. ADA - in den 80er Jahren die
Rolle von PASCAL in den 70ern uebernehmen wird. Denn neben den
Vorzuegen von PASCAL, eine relativ

        . kleine,
        . leicht erlernbare und
        . maschinentypunabhaengige

Programmiersprache zu sein, die es beguenstigt,

        . problemnahe,
        . gut strukturierte und
        . effiziente

Programme zu schreiben, haben

        . die Diskussion ueber die 'strukturierte Programmierung'
          und
        . die Entwicklung der 'Volksrechner' (Microcomputer)

zur Verbreitung von PASCAL beigetragen. N. Wirth hat ausserdem
durch einen knapp gefassten, auf den ersten Eindruck leicht verstaendlichen Bericht [085] ueber die Sprache und einen schnell
verfuegbar gemachten guten Uebersetzer PASCAL gegenueber anderen
in dieser Zeit entwickelten Sprachen - z.B. SIMULA oder ALGOL 68 -
eine besonders gute Ausgangsposition verschafft.

+) Der Name PASCAL ist wohl als Reverenz an den franzoesischen
   Mathematiker und Philosophen B. Pascal (1623-1662) zu sehen
   und keine Abkuerzung wie der Name ALGOL 60 fuer 'Algorithmic
   Language 1960'. Da es jedoch ueblich ist, Namen von Programmiersprachen als Abkuerzungen dafuer zu verstehen, wofuer sie
   benutzt werden sollen, koennte PASCAL als Abkuerzung fuer
   'Primary Algorithmic Scientific Commercial Application Language' betrachtet werden.

Der nicht in allen Teilen zweifelsfreie Bericht, der dennoch als 'ultimate reference' fuer Programmierer und Implementatoren gedacht war, hat eine Vielzahl von PASCAL-Dialekten beguenstigt, die natuerlich der Programm-Portabilitaet entgegenstehen.

Seit 1977 sind jedoch inzwischen ausgehend von der "British Standards Institution" Bestrebungen im Gange, PASCAL zu standardisieren. Der fuenfte Arbeitsentwurf - das Ergebnis des Turiner Treffens einer ISO-PASCAL-Expertengruppe im November 1979 - wurde zum ANSI X3J9/80-003-Entwurf [081] und - in einer editorisch verbesserten Version - als "First ISO Draft Proposal" [080] veroeffentlicht.

Das vorliegende Buch ist eine Beschreibung von PASCAL auf der Grundlage dieses Standard-Entwurfs, von dem sich der endgueltige Standard nur noch geringfuegig unterscheiden wird. So weit es den Rahmen des Buches nicht sprengt, werden die Unterschiede zum Bericht von N. Wirth herausgestellt, weil viele der heute verfuegbaren Uebersetzer sich noch auf diesen Bericht stuetzen.

Der wesentliche Grund, bei der Beschreibung von PASCAL den Standard-Entwurf in den Vordergrund zu stellen, ist darin zu sehen, dass durch ihn eine Reihe von

  . Maengeln der Sprache und
  . Unklarheiten des Berichts

beseitigt werden, und nur so die von uns angestrebte Vollstaendigkeit der Beschreibung erreicht werden konnte. Vom urspruenglichen Versuch, sich auf den Bericht von N. Wirth und sofern dieser nicht ausreicht, auf die PASCAL-6000-3.4-Implementation [085] zu beziehen, wurde Abstand genommen, weil viele Uebersetzer - wie wir feststellen mussten - nicht auf dieser Vorgehensweise basieren. Diese Erfahrung hat uns bestaerkt, die im Standard-Entwurf ausdruecklich verbliebenen Implementationsabhaengigkeiten im Text zu erwaehnen und gegebenenfalls die von der PASCAL-6000-3.4-Implementation gewaehlte Loesung zur Diskussion zu stellen.

Unsere Darstellung legt weniger Gewicht auf die Vermittlung der oft beschriebenen Konzepte der strukturierten Programmierung, sondern stellt die PASCAL-Sprachkonstrukte in den Vordergrund. Zur exakten syntaktischen Beschreibung sind - ausser wenigen Meta-Syntax-Diagrammen - Syntax-Diagramme eingefuehrt worden. Die Semantik wird verbal und durch Programme beschrieben.

Der Aufbau des Buches ist der Syntax angepasst, so dass die Sprachkonstrukte - in der Folge

  . Zeichensatz und Symbole,
  . Datentypen,
  . Variablen,
  . Ausdruecke,
  . Anweisungen und
  . Unterprogramme

gegliedert - jeweils vollstaendig beschrieben werden, was ein
spaeteres Nachschlagen erheblich erleichtert und dem Ziel des
Buches, eine informale Einfuehrung in den Standard-Entwurf ueber
PASCAL zu sein, entspricht.

Vertrauend auf die oft zitierte leichte Verstaendlichkeit von
PASCAL-Programmen sind von Beginn des Buches an viele vollstaendige Beispielprogramme eingestreut, deren Hauptanliegen die Vermittlung von PASCAL ist und nicht die besonderer Algorithmen.
Zahlreiche Hinweise sind gegeben, wie die Sprach-Konstrukte zur
effizienten Programmierung einzusetzen sind.

1.2 Was ist ein 'computer'?

Dieser Abschnitt ist fuer Leser gedacht, die sich noch nicht oder nur sehr oberflaechlich mit dem modernen Hilfsmittel des Menschen 'computer' und seinem Umfeld beschaeftigen konnten. Er kann von denjenigen, die nur PASCAL kennenlernen moechten und die noetigen 'computer'-Kenntnisse besitzen, uebergangen werden.

Natuerlich kann im Rahmen dieses Buches keine ausfuehrliche Darstellung des 'computers' gegeben werden. Nur das Allernotwendigste soll gebracht werden. Im uebrigen verweisen wir auf die einschlaegige Literatur [001 - 006].

To compute heisst zu deutsch: rechnen. Ein 'computer' war urspruenglich auch nur eine mit elektromagnetischen Bauelementen gebaute Rechenanlage, die mit unvergleichlich hoeherer Geschwindigkeit komplexe Rechenvorgaenge mittels der vier Grundrechenarten (Addition, Subtraktion, Multiplikation und Division) durchzufuehren vermochte, als dies je mit einem der im Prinzip seit Schickart (1623) und Pascal (1641) bekannten sogenannten Tischrechner moeglich gewesen waere [011].

Wesentlich dabei ist, dass in einem 'computer' nicht immer nur eine Rechenoperation ausgefuehrt wird und dann erst wieder ein menschlicher Eingriff noetig ist, sondern dass man den 'computer' veranlassen kann, gleich eine ganze Folge zur Loesung einer Aufgabe notwendiger Rechenoperationen - ein sogenanntes Maschinenprogramm - automatisch auszufuehren. Was nuetzte es sonst auch, dass eine einzelne Rechenoperation mit extrem hoher Geschwindigkeit ablaeuft?

Waehrend einer Folge von Rechenoperationen koennen Ergebnisse einlaufen, in deren Abhaengigkeit es wuenschenswert waere, dass die Operationsfolge nicht sequentiell weiter ausgefuehrt wird, sondern eine andere Operationsfolge zum Ablauf gelangt. Dafuer bietet ein 'computer' auch Moeglichkeiten: Er kann bei der Abarbeitung eines Maschinenprogramms - wie man sagt - springen oder verzweigen, und dies kann bedingt (also in Abhaengigkeit von eingelaufenen Ergebnissen) oder unbedingt geschehen. Ein Beispiel waere etwa: Als naechste Operation soll eine Division zweier Zahlen durchgefuehrt werden, von denen der Divisor durch vorangegangene Operationen berechnet und zu Null wurde. Da eine Division durch Null mathematisch unsinnig ist, muss die Moeglichkeit vorhanden sein, den Divisor vor einer Division auf Null pruefen und verzweigen zu koennen.

Fruehzeitig erkannte man nun aber auch, dass Zahlen zur Verschluesselung irgendwelcher Informationen dienen koennen. Informationen moechte man gerne vergleichen und umstrukturieren - z.B. sortieren - koennen. Deshalb sorgte man dafuer, dass 'computer' solche zum Zwecke der Verarbeitung dargestellten Informationen - sogenannte Daten [018] - entsprechend manipulieren koennen. Und damit ist ein moderner

'computer' keine reine Rechenanlage mehr, sondern ein uni-
verselles Geraet zur Datenverarbeitung. Man sagt deshalb
statt 'computer' besser: Datenverarbeitungsanlage (DVA).

Zur Benutzung einer DVA ist es nicht notwendig, detaillierte Kenntnis ihres Aufbaus zu besitzen. Es genuegt, einige
wesentliche Konstruktionsteile ihrer Funktion nach zu ken-

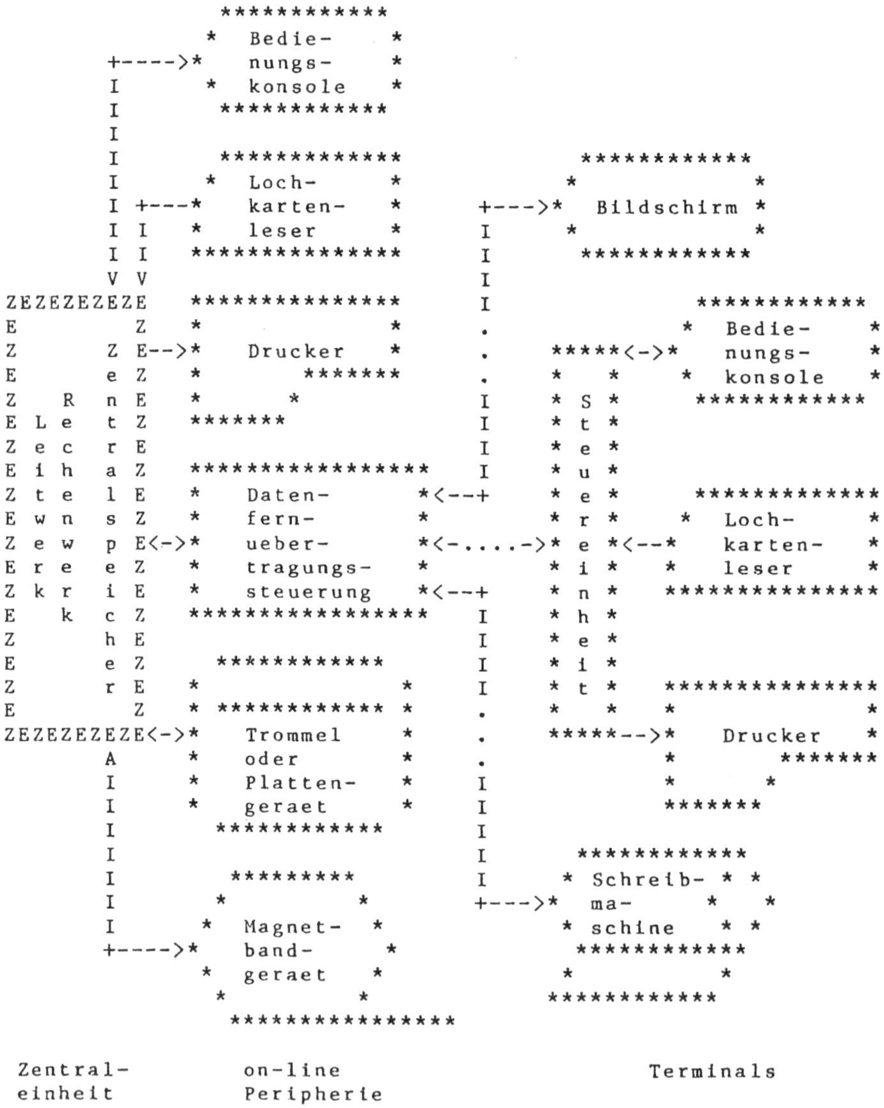

```
                     ***********
                   *   Bedie-    *
        +---->*   nungs-    *
        I        *   konsole   *
        I        ***********
        I
        I        *************           ***********
        I      *   Loch-      *        *             *
        I +---*   karten-   *    +--->*  Bildschirm *
        I I    *   leser      *    I    *             *
        I I    *************    I    ***********
        V V                        I
ZEZEZEZEZE   **************    I        ***********
E         Z  *              *   .            *  Bedie-    *
Z         Z E-->*    Drucker    *   .    *****<->*  nungs-    *
E       e Z  *     *******      .    *    *  *  konsole   *
Z    R  n E  *        *         I    * S *  ***********
E  L e  t Z  *******              I    * t *
Z  e c  r E                        I    * e *
E  i h  a Z  ****************** I    * u *
Z  t e  l E  *    Daten-      *<--+    * e *        ***********
E  w n  s Z  *    fern-       *         * r *    *   Loch-     *
Z  e w  p E<->*   ueber-      *<-.....->* e *<--*  karten-  *
E  r e  e Z  *    tragungs-   *         * i *   *   leser     *
Z  k r  i E  *    steuerung  *<--+    * n *   **************
E    k  c Z  ******************    I    * h *
Z       h E                        I    * e *
E       e Z  ***********         I    * i *
Z       r E  *             *      I    * t *   **************
E       Z  * *********** *    .    *   *   *              *
ZEZEZEZEZE<->*    Trommel     *    .    *****-->*   Drucker   *
          A  *    oder        *    .            *     *******
          I  *    Platten-    *    I            *     *
          I  *    geraet      *    I            *******
          I  ***********         I
          I                        I    ***********
          I  ********          I    * Schreib- * *
          I  *        *         +--->*  ma-      *  *
          I  *  Magnet- *            *  schine   * *
        +---->*  band-      *        ***********
          *  geraet    *            *            *
          *            *            ***********
          **************
```

Zentral-   on-line   Terminals
einheit   Peripherie

Abb. 1 Aufbau einer DVA

nen und zu wissen, wie sie untereinander in Verbindung stehen. Ueblicherweise stellt man den Aufbau einer DVA in Form
eines Blockschaltbildes dar, wie es Abb. 1 aeusserst simpli-
fiziert, aber fuer das Verstaendnis der folgenden Ausfuehrungen ausreichend, zeigt. Dabei sind die zur Darstellung der
einzelnen Komponenten benutzten Sinnbilder weitgehend den
DIN-Normen [015] entlehnt.

Das Kernstueck einer DVA ist die Zentraleinheit (ZE) bzw.
central processing unit (CPU). Sie fuehrt alle Operationen
aus und zwar wie gesagt: gleich eine ganze Folge vollauto-
matisch. Die wesentlichen Komponenten einer ZE sind:

  . das Leitwerk (control unit), das die Ausfuehrung des
    Maschinenprogramms steuert;
  . das Rechenwerk (arithmetic unit), das u.a. die einzelnen
    Rechenoperationen des Maschinenprogramms ausfuehrt, und
  . der Zentralspeicher (central storage), in dem das auszu-
    fuehrende Maschinenprogramm und die von diesem zu verar-
    beitenden Daten abgelegt - eben gespeichert sind.

Neben der ZE besitzt eine DVA Konstruktionseinheiten, ueber
die Daten in sie - genauer den Zentralspeicher - eingegeben
werden koennen und auf die sie Daten aus dem Zentralspeicher
ausgeben kann. Die Gesamtheit dieser Konstruktionseinheiten -
Ein-/Ausgabegeraete (E/A-Geraete) bzw. input/output devices
(I/O-devices) genannt - wird als Peripherie, besser on-line
Peripherie bezeichnet. On-line deshalb, weil diese Geraete
mit der ZE ueber elektrische Leitungen verbunden sind. In
Abb. 1 sind diese Verbindungen durch Pfeile dargestellt, die
gleichzeitig anzeigen sollen, ob ein Geraet nur Eingabe oder
nur Ausgabe oder beides gestattet. Statt von Ein- und Ausgabe
spricht man auch von Lesen (read) und Schreiben (write).

Neben der on-line Peripherie gehoert zu einer DVA meist auch
eine off-line Peripherie: Geraete, die nicht mit der ZE verbunden sind. Diese Geraete dienen der Uebertragung von Daten
von einem Medium - auch Datentraeger genannt - auf ein anderes. Dabei ist wieder zwischen Ein- und Ausgabegeraeten zu
unterscheiden. Mit Hilfe von off-line Geraeten zur Ausgabe -
wie z.B. Mikrofilmgeraeten oder Zeichengeraeten (plotter) -
werden Daten, die durch on-line Peripheriegeraete auf Datentraeger geschrieben wurden, auf andere Datentraeger kopiert
oder in einer fuer den Menschen verstaendlichen Form ausgegeben. Off-line Geraete zur Eingabe dienen dazu, Daten von
Belegen - etwa ausgefuellten Frageboegen oder Steuererklae-
rungen - auf Datentraeger zu bringen, die dann von einem
entsprechenden on-line Peripheriegeraet gelesen werden koennen.

Von diesen Eingabegeraeten ist vor allem der Lochkartenlocher
erwaehnenswert. Mit seiner Hilfe lassen sich Daten auf den
(als bekannt vorausgesetzten) Datentraeger 'Lochkarte' uebertragen. Er besitzt eine Vorrichtung zum Stanzen von Lochkombi-
nationen, die als Codes von Schrift- oder mathematischen und
Interpunktionszeichen dienen. Die Stanzvorrichtung wird durch
Betaetigung von Tasten einer schreibmaschinenartigen Tastatur
in Gang gesetzt. Die Lochkarten koennen beim Stanzen am oberen

Rand gleichzeitig beschriftet werden, so dass die Erkennung
eventueller Fehler erleichtert wird. Die auf Lochkarten uebertragenen Daten gelangen ueber den Lochkartenleser in die DVA.
Der Lochkartenleser ist nun eines der durch viel Mechanik cha-
rakterisierten Geraete und mithin sehr viel langsamer als ein
auf elektromagnetischer Basis arbeitendes Geraet einschliesslich der ZE. Wuerden Daten zur Verarbeitung unmittelbar von
einem solchen Geraet in die ZE gelesen oder von der ZE auf ein
solches Geraet geschrieben, so wuerde dies die Verarbeitungs-
geschwindigkeit der ZE unguenstig beeinflussen, weil sie fortlaufend auf die langsamen Peripheriegeraete warten muesste:
Die Auslastung der DVA waere keinesfalls optimal. Deshalb werden die Daten, die von diesen Geraeten eingegeben oder auf sie
ausgegeben werden, i.a. erst einmal auf Platte, Trommel, ein
Magnetband oder einen sonstigen Massenspeicher - wie diese Datentraeger heissen - ausgegeben bzw. (zwischen-)gespeichert -
so der Fachausdruck. Bei der Abarbeitung eines Maschinenpro-
grammes treten naemlich haeufig Zeiten auf, in denen die ZE
auf das Eintreten von Ereignissen - beispielsweise die Beendigung einer Ein-/Ausgabe (auch von/auf Massenspeicher!) - warten muss. Genau diese Zeiten kann nun eine moderne DVA nutzen,
Daten fuer andere Maschinenprogramme zwischenzuspeichern oder
von anderen Maschinenprogrammen zwischengespeicherte Daten auszugeben.

Wie nun gleichzeitig aus Vorstehendem zu entnehmen ist, sind
Massenspeicher Datentraeger, auf die geschrieben und von denen
gelesen werden kann. Sie dienen vor allem zum Aufbewahren bzw.
Speichern 'grosser' Mengen von Daten, wie es ja schon der Name
sagt. Bei diesen Daten handelt es sich um Zwischenergebnisse
oder Daten, die zu verschiedenen Malen mittels unterschiedlicher Verfahren ausgewertet werden sollen. Eingabedaten bilden
auf einem solchen Massenspeicher immer eine sogenannte Eingabedatei (read oder input file) und Ausgabedaten eine Ausgabedatei (write oder output file). Natuerlich haengt diese Unterscheidung von der aktuellen Verwendung ab. Durchaus kann eine
Ausgabedatei zu einem spaeteren Zeitpunkt Eingabedatei werden.

Fuer laengerfristige Datenhaltung sind aus Kostengruenden Ma-
gnetbaender anderen Massenspeichern vorzuziehen. Daten auf Massenspeichern sind grundsaetzlich nur maschinenlesbar und nicht
(ohne technische Hilfsmittel) vom Menschen lesbar. Alle Mas-
senspeicherperipheriegeraete - wie Magnetplattengeraete, Trom-
meln und Magnetbandgeraete - funktionieren naemlich im Prinzip
auf aehnlicher physikalischer Basis wie ein Tonbandgeraet,
wenn man einmal von der Aufzeichnungsform absieht.

Zur Kommunikation Mensch - DVA gibt es deshalb eine zweite
Klasse von on-line Peripheriegeraeten, die gestatten, Daten
in fuer den Menschen verstaendlicher Form (als Schrift- oder
mathematische und Interpunktionszeichenfolgen) ein- und auszugeben. Dazu gehoeren die Konsole zur Bedienung der DVA -
eine Schreibmaschine oder ein Bildschirm mit schreibmaschinenartiger Tastatur. Dieses Geraet wird uns im folgenden nicht
weiter interessieren und wurde nur erwaehnt, damit man sich
klar macht, dass auch eine DVA wie jede andere Maschine be-
dient und ueberwacht werden muss. Weiter gehoert zu dieser
Geraeteart der Drucker. Auf ihm werden i.a. umfangreichere

Ergebnisse ausgegeben. Er stellt eines der wichtigsten Mittel zur Kommunikation Mensch - DVA dar.

Ueber eine Daten(fern)uebertragungssteuerung koennen an eine DVA auch raeumlich 'weit' entfernt befindliche E/A-Geraete mittels Telefon-, Telex- oder sonstiger Datenleitungen angeschlossen werden. Solche Geraete koennen sein: Schreibmaschinen oder Bildschirme mit schreibmaschinenartiger Tastatur. Sie gestatten Ein- und Ausgabe und werden als interaktive Terminals bezeichnet. Daneben gibt es Stapelverarbeitungsterminals (batch terminals). Sie bestehen i.a. aus einer Steuereinheit, an die eine Bedienungskonsole aehnlich der einer DVA, ein Drucker wie oben beschrieben und ein Lochkartenleser angeschlossen sind.

An einer ZE koennen meist von einem Peripheriegeraetetyp mehrere angeschlossen werden, was aus der aeusserst simplifizierten Abb. 1 nicht zu schliessen ist. Auch gibt es eine ganze Reihe weiterer Peripheriegeraete - wie Lochkartenstanzer, Lochstreifen-Leser / -Stanzer, Kassettenspeicher u.a., auf die hier nicht naeher eingegangen werden kann.

Nun ist es aber noch von Interesse, zu wissen, wie man Maschinenprogramme zu formulieren hat und wie sie fuer die Abarbeitung in die DVA gelangen. Ein Maschinenprogramm ist - wie weiter oben schon erwaehnt - eine Operationsfolge. Beim Arbeiten mit einem Tischrechner wuerde dies eine Folge von vorzunehmenden Betaetigungen gewisser Tasten - wie etwa der +-Taste, *-Taste oder anderen - bedeuten. Bei einer DVA hat eine jede Operation einen numerischen Code: z.B. 35 fuer Addieren, 37 fuer Multiplizieren, 10 fuer unbedingtes Springen u.a. Ein Maschinenprogramm fuer eine DVA besteht mithin aus einer Folge solcher numerischer Codes, wobei noch zu beachten ist, dass eine Operation i.a. an im Zentralspeicher liegenden Operanden - z.B. Zahlen durchzufuehren ist und diese auch noch in einer hier nicht naeher zu erlaeuternden Form zu benennen - fachgerecht: zu adressieren sind. Man kann nun eine solche Operationsfolge zunaechst einmal auf Papier konzipieren. In die DVA bringt man sie, indem man sie auf Lochkarten oder einen anderen Datentraeger uebertraegt und sie dann ueber das entsprechende Peripheriegeraet einliest. Natuerlich kann man auch ein interaktives Terminal benutzen.

Nun sieht man, dass die Maschinenprogrammierung recht detaillierte Kenntnisse ueber die Operationen einer DVA voraussetzt. Dazu kommt noch, dass die Operationen von DVA's verschiedener Hersteller unterschiedlich hinsichtlich ihrer Codes und ihres Aufbaus sind. Es waere also - und war es auch in den Anfaengen der 'computerei' [013] - ein aeusserst muehseliges Unterfangen, auf einer DVA Probleme zu loesen, wenn nicht Hilfsmittel zur erleichterten Benutzung zur Verfuegung staenden. Diese Hilfsmittel gestatten es, Programme zur Loesung von Problemen so zu formulieren, dass sie nicht mehr maschinenorientiert und maschinentypabhaengig, sondern problemorientiert und maschinentypunabhaengig sind.

Ausgehend von der Tatsache, dass den zu loesenden Problemen
mathematischer Natur oder beliebiger informationsverglei-
chender oder -umstrukturierender Art stets Formeln bzw.
genaue, verbal formulierte Vorschriften - sogenannte Algorithmen - zugrunde liegen, entwickelte man Sprachen - im Unterschied zu natuerlichen Sprachen als problemorientierte Programmiersprachen bezeichnet, mittels derer es nach in diesen Sprachen geltenden syntaktischen und semantischen Regeln
moeglich ist, Problemloesungen aeusserst problemnah zu formulieren. Das geschieht - wie in natuerlichen Sprachen - in
Form von Saetzen. Diese Saetze koennen Formeln sein oder aber
auch mit Hilfe von Worten aus einer natuerlichen - meist der
englischen - Sprache gebildet werden. Sie beinhalten Arbeitsvorschriften fuer eine DVA - sogenannte Anweisungen
(statements).

Die zur Loesung einer Aufgabe notwendige Folge von Anweisungen bezeichnet man als Programm. Eine DVA kann eine solche Anweisungsfolge aber nicht unmittelbar 'verstehen', da sie
nur ein Maschinenprogramm - also eine Operationsfolge - ausfuehren kann. Deshalb wurden Uebersetzungsprogramme bereitgestellt, die ein in einer problemorientierten Programmiersprache formuliertes Programm in ein Maschinenprogramm umsetzen.
Ein solches Uebersetzungsprogramm wird Kompilierer (compiler)
genannt. Man mache sich klar: Ein in einer problemorientierten
Sprache formuliertes Programm ist ja nichts anderes als eine
Folge von Schrift-, mathematischen und Interpunktionszeichen -
also auch eine bestimmte Art von Daten. Eine DVA kann aber -
wie wir sahen - jede Art von Daten verarbeiten. Die Verar-
beitungsregeln sind die der Syntax und Semantik. Und daher ist
es gar nicht so erstaunlich, dass es Kompilierer gibt.
Die Programmiersprache, die uns im folgenden beschaeftigen
wird, ist nun PASCAL.

1.3 Ein einfuehrendes Programmbeispiel,
    Auftragsaufbau, Fehlerarten

Den Zugang zur Programmiersprache PASCAL soll ein einfaches
Beispiel erleichtern.

Wir stellen uns die Aufgabe, die jaehrlichen Zinsen eines Kapitals bei festem Zinsfuss auf einer DVA zu berechnen. Die
Problemloesung - in PASCAL formuliert - wuerde lauten:


```
(* BEISPIEL B1.3-1: ZINSBERECHNUNG *)
PROGRAM ZINSEN (INPUT, OUTPUT);
VAR K, P, Z : REAL;
BEGIN
   READ (K, P);
   Z := K * P / 100;
   WRITELN (K, P, Z)
END.
```


PASCAL-Saetze werden i.a. voneinander durch ein Semikolon getrennt (im Gegensatz zu natuerlichen Sprachen, wo man meist
den Punkt benutzt). Betrachtet man daraufhin das Beispiel, so
erkennt man unschwer, dass die Saetze 'zwischen' BEGIN und
END nach Abschnitt 1.2 Arbeitsvorschriften fuer die DVA beinhalten. Mittels der uebrigen Saetze werden gewisse Vereinbarungen getroffen. So wird ueber den Satz

                 VAR K, P, Z : REAL

vereinbart, dass die Arbeit an Operanden (Daten) K, P und Z
durchzufuehren ist und dass diese Operanden reelle (real)
Zahlen sein werden. Ein solcher Satz beinhaltet auch eine Ar-
beitsvorschrift - aber nicht fuer die Ausfuehrung des Programmes, sondern fuer den PASCAL-Kompilierer. Man hat also
zwei Arten von Saetzen zu unterscheiden:

   . zur Ausfuehrung bestimmte (ausfuehrbare) und
   . nicht zur Ausfuehrung bestimmte (nicht-ausfuehrbare).

Eine Menge solcher Saetze wird ein Block genannt. Er besteht
- wie wir sahen - aus einem Vereinbarungsteil sowie einem Anweisungsteil.

Der erste Satz des Beispiels ist ebenfalls nicht-ausfuehrbarer
Art. Die erste Zeile dieses Satzes beinhaltet einen Kommentar, der einem (menschlichen) Leser den Zweck des Programmes
nennt und fuer Uebersetzung und Ablauf ohne jegliche Bedeutung
ist. Er wird vom Kompilierer 'einfach' uebergangen. Die zweite
Zeile dient der Festlegung des Programmnamens ZINSEN. Jedes
Programm muss in einer DVA einen Namen bekommen, damit es wieder 'auffindbar' ist. Denn in einer modernen DVA befindet
sich zu einer Zeit nicht nur ein Programm, sondern eine Vielzahl, wenn auch i.a. immer nur eines arbeitet. INPUT und

OUTPUT bezeichnen die Ein- und Ausgabedatei. In unserem Beispiel werden die Eingabedaten von einem Lochkartenleser auf
die Datei INPUT uebertragen und die Ausgabedaten von der Datei
OUTPUT auf einen Drucker ausgegeben.

Der Anweisungsteil des obigen Beispiels ist nach dem Grund-
schema 'EVA' aufgebaut:

    . Eingabe,
    . Verarbeitung und
    . Ausgabe.

Mit Hilfe der READ-Anweisung werden die zwei Zahlenwerte fuer
das Kapital K und den Zinsfuss P eingelesen. Diese Werte werden dann zur Berechnung der Zinsen Z gemaess der Anweisung

$$Z := K * P / 100$$

benutzt. Die Anweisung ist nichts anderes als die Zinsformel

$$z = \frac{k \cdot p}{100} \quad ,$$

wie man unschwer erkennt. Und hier wird dann auch gleichzeitig klar, dass PASCAL eine problemorientierte Formulierung der
auf DVA's zu loesenden Probleme gestattet. Anschliessend bewirkt die WRITELN-(write line-)Anweisung die Ausgabe der drei
Werte von K, P und Z.

Um das Programm ZINSEN auf einer DVA ablaufen zu lassen, muss
es nach Abschnitt 1.2 in sie eingegeben werden. Das kann ueber
ein interaktives Terminal - Bildschirm oder Schreibmaschine -
geschehen oder durch Uebertragen des Programmtextes mittels
eines Lochkartenlochers auf Lochkarten und anschliessendes
Einlesen. Ziehen wir einmal die Eingabe ueber Lochkarten in
Betracht, so soll jede Zeile des Programmes auf einer Lochkarte abgelocht sein. Das so auf Lochkarten uebertragene Programm ist jedoch dann noch kein (vollstaendiger) Auftrag
(job) fuer eine DVA: Es fehlen Steueranweisungen (control
statements) an die DVA, die - grob gesagt - beinhalten, dass
wir berechtigte Benutzer der DVA sind, und dass wir ein PAS-
CAL-Programm uebersetzen und ablaufen lassen wollen.

Die Folge der Steueranweisungen ist fuer die DVA's verschiedener Hersteller, aber auch fuer DVA's ein und desselben Herstellers und sogar von Rechenzentrum zu Rechenzentrum
mit 'gleichen' DVA's verschieden. Aus diesem Grunde ist es nur
moeglich, beispielhaft eine Folge von Steueranweisungen zu
bringen. Eine Folge von Steueranweiungen, die wie das Programm
zeilenweise auf Lochkarten uebertragen vorliegen soll, bildet
i.a. den ersten Abschnitt eines Auftrags. Ein Abschnitt eines
Auftrags wird von einem anderen durch eine Abschnittsbegren-
zung (ASB) getrennt. Zweiter Abschnitt kann dann das PASCAL-
Programm sein. Dieses benoetigt aber nun Daten - naemlich die
Werte fuer das Kapital K und den Zinsfuss P. Damit wird ein
dritter Abschnitt notwendig, wobei wir wieder annehmen, dass
auch die Daten auf Lochkarten - in unserem Beispiel auf einer

Lochkarte - vorliegen. Ein Auftrag ist nun abzuschliessen
durch eine Auftragsbegrenzung (ATB). Das muss geschehen, damit
eine DVA ein Auftragsende erkennen und mehrere Auftraege voneinander trennen kann.

Konkret wuerde der Auftrag fuer die DVA am Rechenzentrum der
Universitaet zu Koeln - einem CONTROL DATA CYBER System -
folgendermassen aussehen koennen:

```
Auftrag                        Bemerkungen                 Abschnitte

A0014.                         Benennung des               )
                               Auftrags (Auftrags-         )
                               identifizierung);           )
ACCOUNT,A0014,RZKKRTST.        Kennungen zur               )
                               Ueberpruefung der           )
                               Benutzungsberechti-         )
                               gung und -Abrech-           )Steueranwei-
                               nung;                       )sungsabs.
PASCAL.                        Anweisung zur Ueber-        )(Abschnitt 1)
                               setzung eines PAS-          )
                               CAL-Programmes;             )
LGO.                           Anweisung zur Aus-          )
                               fuehrung des ueber-         )
                               setzten Programmes          )
                               (load and go);              )
ASB                            Abschnittsbegren-
                               zung +);
(* BEISPIEL B1.3-1 :...                                    )
PROGRAM ...                                                )
.                                                          )Programmabs.
.                                                          )(Abschnitt 2)
.                                                          )
END.                                                       )
ASB
400.00 5                                                   ) Datenabs.
                                                             (Abschnitt 3)
ASB
ATB                            Auftragsbegrenzung +).
```

Es sei noch einmal betont, dass die vorstehende Auftragsform
ganz speziell fuer die DVA des Rechenzentrums der Universitaet
zu Koeln gilt. Anderswo ist sie mit Sicherheit eine andere.
Was aber ueberall gleich ist (oder vorsichtiger ausgedrueckt:
sein sollte), ist das PASCAL-Programm. Die Regeln zur Formulierung von PASCAL-Programmen liegen in der Sprache fest, und
die Kompilierer der verschiedenen DVA's sind gemaess dieser
Regeln konstruiert, so dass einmal geschriebene PASCAL-Pro-

+) Die ASB's sind im Falle, dass der Auftrag ueber Lochkarten
   in die DVA eingegeben wird, je eine Lochkarte, die in Spalte 1 in den Zeilen 7, 8 und 9 je eine Lochung enthaelt. ATB
   ist eine Lochkarte, die in Spalte 1 in den Zeilen 6, 7, 8
   und 9 je eine Lochung enthaelt.

gramme auf den unterschiedlichsten DVA's meist ohne Aenderungen ablauffaehig sind (vgl. Abschnitt 1.2). Sie muessen lediglich in eine andere Auftragsform 'eingebettet' werden.

Bei der Uebersetzung eines Programmes erzeugt der PASCAL-Kompilierer i.a. ein Protokoll, welches ueber - sagen wir - einen Drucker ausgegeben wird. Es dient dem Programmierer zur Dokumentation, am Anfang insbesondere zur Ueberpruefung dessen, was er geschrieben und abgelocht hat, spaeter als Grundlage fuer Aenderungen und Erweiterungen. Bei der Programmentwicklung werden naemlich erfahrungsgemaess Fehler gemacht - genauer syntaktische und/oder semantische Fehler.

Syntaktische Fehler - also Verstoesse gegen die syntaktischen Regeln (vgl. Abschnitt 1.4) der Sprache - koennen vom Kompilierer erkannt werden. Entsprechende Fehlermeldungen werden mit dem Programmprotokoll ausgegeben. Schreibt man in unserem Beispiel etwa

$$Z = K * B / 100$$

statt

$$Z := K * P / 100;$$

so hat man - wenn man das Programm sonst ungeaendert laesst, gleich drei Syntaxfehler gemacht. Eine Wertzuweisung (s. Abschnitt 6.1.1) an eine Variable wird in PASCAL durch := und nicht nur durch = angezeigt; die Variable B ist nicht vereinbart worden - eventuell ein Lochfehler - und das Semikolon ist noetig, um diese Anweisung von der anschliessenden WRITELN-Anweisung zu trennen. Da die automatisierte Fehlerdiagnose aeusserst komplex ist, werden von vielen Kompilierern oft nicht alle Syntaxfehler in einer Anweisung oder in einem Programm erkannt, und mitunter ist die Fehlerdiagnose sogar fehlerhaft.

Semantische Fehler sind i.a. schwieriger als syntaktische Fehler und meist nicht mittels der DVA - also automatisiert - zu diagnostizieren und zwar, weil sie sich auf den Inhalt des Programmes beziehen - Datenverarbeitung aber eher ein formaler Prozess ist. Manche dieser semantischen Fehler fuehren jedoch zu einem Fehler beim Ablauf des Programmes. Diese Fehler nennt man Laufzeitfehler. Sie beruhen vielfach auf falschen Eingabedaten. So kann z.B. eine Division durch Null oder der Versuch, die Quadratwurzel aus einer negativen Zahl zu ziehen, eine Folge falscher Eingabedaten sein. Semantische Fehler, die zu Laufzeitfehlern fuehren, koennen natuerlich ebenfalls protokolliert werden - allerdings erst zur Laufzeit und nicht zur Uebersetzungszeit. Andere inhaltliche Fehler, wie z.B. ein Ablochfehler bei den Daten - etwa eine 8 statt einer 3 fuer den Zinsfuss - oder sogar eine falsche Zinsformel - etwa

$$z = \frac{k + p}{100}$$

- koennen nur vom Menschen diagnostiziert werden. Jedoch kann man sich dabei oft wieder der Hilfe der DVA bedienen.

Der falschen Zinsformel koennte man auf die Spur kommen, wenn
man das entsprechende Programm einmal mit Testdaten [041]
ablaufen lassen wuerde (z.B. k = 100 und p = 10) und das Ergebnis anschliessend mit den Werten einer Zinstabelle vergleicht.

Ueber die Methoden des Testens und der Fehlersuche - oder
besser ueber Methoden zur Entwicklung korrekter Programme zu
berichten, fuehrt ueber den Rahmen dieses Buches hinaus; wir
verweisen auf die Literatur [029,040].

Das Programmprotokoll ist jedenfalls Grundlage aller Fehlersuche und wie bereits erwaehnt auch Ausgangspunkt fuer Aenderungen und Erweiterungen. Es gibt naemlich kaum eine Aufgabenstellung, die, wenn sie erst einmal befriedigend geloest
ist, nicht neue erweiterte Aufgabenstellungen nach sich
zieht. Selbst in unserem einfachen Beispiel sieht man unmittelbar Erweiterungen: Etwa die Zinsen sollen fuer eine bestimmte Anzahl von Jahren berechnet werden, es sollen auch
Zinsen fuer Tage berechnet werden koennen, man moechte gleich
fuer eine Folge von Eingabedaten die Zinsen berechnen lassen
usw. Es ist deshalb wichtig, bei der Programmentwicklung Er-
weiterungsmoeglichkeiten nicht grundsaetzlich auszuschliessen. Auch fuer dieses wichtige Gebiet muessen wir uns mit
einem Literaturhinweis [032,039,045] begnuegen.

Im folgenden beschraenken wir uns auf die Darstellung der
Sprache PASCAL und gehen nicht weiter auf die oben angedeu-
teten Fragestellungen ein.

1.4 Mittel zur Beschreibung der Syntax

Wie bereits erwaehnt, besteht ein Programm aus einer Folge von
zur Loesung einer Aufgabe notwendigen Anweisungen. Anweisungen - die Saetze der Sprache - sind aus Worten, Worte schliesslich aus Zeichen aufzubauen. Das muss nach ganz bestimmten,
fuer die Programmiersprache charakteristischen, syntaktischen
Regeln - der Syntax - geschehen. Auch in natuerlichen Sprachen
unterliegt die Satzbildung ja festen Regeln. Der Satz

           PASCAL zu lernen, einfach ist

ist nach der Syntax der deutschen Sprache falsch. In der formalen Sprache PASCAL ist

           K * P / 100 := Z

eine falsche Anweisung, vielmehr muss diese Wertzuweisung -
wie man diesen Satz bezeichnet (vgl. Abschn. 6.1.1) - syntaktisch richtig

           Z := K * P / 100

lauten.

In den folgenden Ausfuehrungen werden wir u.a. die zur Formulierung von PASCAL-Programmen zu beachtenden syntaktischen
Regeln nennen und erlaeutern. Das kann grundsaetzlich vollkom-
men verbal geschehen, ist aber dann meist recht unuebersichtlich, zum Nachschlagen ungeeignet und nicht immer ganz korrekt
durchfuehrbar. Zur Formulierung syntaktischer Regeln wurden
deshalb Hilfsmittel entwickelt. Eines der ersten war die sog.
Backus-Naur-Form (BNF), die mit Hilfe einiger weniger meta-
sprachlicher Symbole eine Formulierung syntaktischer Regeln in
programmaehnlicher Form ermoeglicht [048]. Wir waehlen zur Darstellung der in PASCAL geltenden syntaktischen Regeln - soweit
nicht eine verbale Darstellung angebracht oder sogar erforderlich ist - die schon von Rutishauser [050] benutzten Syntax-
Diagramme (die auf 'syntactical charts' basieren, welche von
Mitarbeitern der Firma Burroughs Corporation zur Beschreibung
der Syntax von ALGOL 60 eingesetzt wurden [061]). Die Syntax-
Diagramme bieten neben der gewuenschten Korrektheit groesst-
moegliche Uebersichtlichkeit. Wer sich fuer die Abfassung der
PASCAL-Syntax in BNF interessiert, sei auf [080] und [085]
verwiesen.

Im ersten Teil dieses Abschnitts wollen wir den Aufbau und die
Handhabung der Syntax-Diagramme beschreiben und an einem Beispiel ausfuehrlich erlaeutern. Waehrend Jensen / Wirth lediglich in einem Anhang ihres PASCAL User Manual and Report [085]
nur wenige (genau: siebzehn) Syntax-Diagramme als eine Art
Ueberblick auffuehren, wird in diesem Buch versucht, die syntaktischen Regeln von PASCAL mit Hilfe von Syntax-Diagrammen unter Beruecksichtigung von Beziehungen, die aufgrund der Abhaengigkeit vieler Sprachbausteine von (Daten-)Typen (s. Kap. 3) in

der Sprache vorhanden sind, moeglichst exakt und vollstaendig
darzustellen. Dabei sind uns Grenzen gesetzt durch den vertret-
baren Aufwand, obwohl wir eine Aufwandsreduzierung - sprich:
Reduzierung der Anzahl der zur Darstellung der PASCAL-Syntax benoetigten Syntax-Diagramme - durch Einfuehrung von sog. metasyntaktischen Variablen, in der Art wie sie von der Theorie der
zweistufigen Grammatiken oder der Darstellung der ALGOL-68-Syntax
[056] her bekannt sind, erlangen konnten. Die metasyntaktischen
Variablen fuehren wir im zweiten Teil dieses Abschnitts ausfuehrlich ein und stellen sie - es sind nur wenige - in diesem gleich
zusammen, um ein spaeteres Nachschlagen zu erleichtern.

So schwer es auch fallen mag, der Leser muss sich nun der Muehe
unterziehen, den beim ersten Lesen recht abstrakt anmutenden,
in den folgenden beiden Teilabschnitten dargestellten Beschrei-
bungsformalismus nachzuvollziehen und seiner Funktion nach zu
verstehen.

1.4.1 Syntax-Diagramme

Erinnern wir uns, dass Syntax-Diagramme zur Darstellung von
syntaktischen Regeln - hier: der in PASCAL geltenden syntaktischen Regeln - dienen und dass diese Regeln beinhalten, wie man
Saetze aus Worten und Worte aus Zeichen zu bilden hat. Im Prinzip waere fuer jede Satzart und jede Wortart ein Syntax-Diagramm noetig. Diese Syntax-Diagramme waeren teils aber so umfangreich und unuebersichtlich, dass es angebracht ist, neben
Zeichen, Worten und Saetzen weitere Sprachbausteine - Sprachbausteine werden auch syntaktische Variablen genannt - einzu-
fuehren. Damit wird gleichzeitig erreicht, dass die Bildungs-
weise - oder wie man zu sagen pflegt: die Ableitung - eines
syntaktisch korrekten PASCAL-Programmes gemaess der Syntax
einpraegsamer und leichter verstaendlich sowie Aufbau und
Struktur eines Programmes besser sichtbar wird. Die Ausfuehrungen der naechsten Abschnitte werden dies erkennen lassen.

Wenden wir uns nun dem Aufbau eines Syntax-Diagrammes zu.

Jedes Syntax-Diagramm traegt eine Bezeichnung, die ueber dieses
gesetzt wird. Zum leichteren Verstaendnis der i.a. angelsaechsischen PASCAL-Literatur ist in runden Klammern dahinter die
angelsaechsische Bezeichnung angegeben. Der Bezeichnung wird von
uns - fuer bequemere Bezugs- und Querverweiszwecke - i.a. der
Buchstabe S gefolgt von einer bezueglich der von uns numerierten Syntax-Diagramme eindeutigen Nummer vorangestellt. S steht
als Abkuerzung fuer Syntax-Diagramm und dient zur Unterscheidung zu den in Abschn. 1.4.2 eingefuehrten Metasyntax-Diagram-
men. Nichtnumerierte Syntax-Diagramme wurden i.a. aus didaktischen Gruenden in diese Ausfuehrungen aufgenommen. Sie sind nicht
als Bestandteil der Darstellung der PASCAL-Syntax zu sehen, die
allein durch die Gesamtheit der numerierten Syntax-Diagramme gegeben ist.

Es kann sein, dass ein Syntax-Diagramm nicht nur eine, sondern
mehrere Bezeichnungen traegt. Diese wurden vergeben, um in Syntax-Diagrammen, in denen sie benutzt werden (s.u. Handhabung),
mnemotechnisch suggestiver sein zu koennen.

Auf die evtl. vergebene Nummer mit vorangestelltem S und die
Bezeichnung folgt eine Menge von Rechtecken

```
              +---------+
              I         I
              +---------+            ,
```

'abgerundeten' Kaestchen

```
              =-=-=-=-=
              I         I
              =-=-=-=-=            ,
```

'Ovalen'

```
              =========
              I         I
              =========
```

und / oder 'Kreisen'

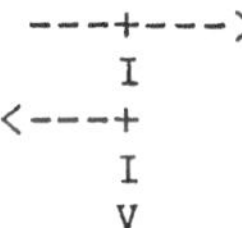

,

in denen noch zu erklaerende Zeichenketten enthalten und die
durch Pfeile der Formen

```
                              I           A
   --->         <---          I           I
                              V           I
```

miteinander verbunden sind. In diese Menge fuehrt i.a. ein
Pfeil hinein, den man als Eingang bezeichnet, und ein Pfeil
hinaus, den man als Ausgang bezeichnet. Von einem Pfeil koennen ein oder mehrere Pfeile abzweigen

```
   ---+--->
      I
   <--+
      I
      V
```

und in ihn koennen ein oder mehrere Pfeile einmuenden

```
   ------->
      A
      I
   --->I
      I
```
.

In ein Rechteck, 'abgerundetes' Kaestchen, 'Oval' oder einen
'Kreis' fuehrt jedoch immer nur ein Pfeil hinein und nur ein
Pfeil hinaus

.

Kommen wir nun zur Handhabung eines Syntax-Diagrammes.

Die Zeichenketten in 'Ovalen' und in 'Kreisen' sind ungeaendert
in eine syntaktische Konstruktion - z.B. eine Anweisung - zu
uebernehmen und werden deshalb terminale Symbole genannt. Ungeaendert sind auch die Zeichenketten in syntaktische Konstruktionen zu uebernehmen, die in 'abgerundeten' Kaestchen stehen.
Bei diesen Zeichenketten handelt es sich um Namen (vgl. Abschn.
2.2.3), die standardmaessig in PASCAL erklaert sind. Sie sind
keine terminalen Symbole, obwohl sie terminalen Symbolcharakter
haben. Zeichenketten in Rechtecken sind Bezeichnungen von Syntax-Diagrammen, die in der Gesamtheit der numerierten Syntax-
Diagramme vorkommen. Bei rekursiver Definition handelt es sich
um die Bezeichnung des Syntax-Diagrammes, in dem das Rechteck
vorkommt. Zeichenketten in Rechtecken werden als nicht-terminale
Symbole bezeichnet.

Eine syntaktisch richtige Konstruktion erhaelt man, indem man
- ausgehend vom Eingang eines Syntax-Diagrammes - irgendeinem

Pfeilpfad folgt, dabei gegebenenfalls weitere Syntax-Diagramme - naemlich die in Rechtecken bezeichneten - beachtet, Zeichenketten in 'abgerundeten' Kaestchen, 'Ovalen' und / oder
'Kreisen' einfach uebernimmt, bis man schliesslich auf den
Ausgang des Syntax-Diagrammes trifft. Dabei kann es sein, dass
man in einen geschlossenen Pfad - eine sog. Schleife - gelangt. Diese kann - falls erforderlich - mehrfach durchlaufen und dann an einer passenden Abzweigung verlassen werden.

Deutlicher sollen diese Ausfuehrungen an einem einfachen Beispiel werden. In dem in Abschn. 1.3 eingefuehrten Beispielprogramm (B1.3-1) kommen Zeichenketten vor, die man als Namen bezeichnet (vgl. Abschn. 2.2.3). Diese sind: Der Name fuer das
Programm ZINSEN, die Namen fuer die Ein- / Ausgabedateien INPUT
und OUTPUT, aber auch die Abkuerzungen K fuer Kapital, P fuer
Zinsfuss (Prozente) und Z fuer Zinsen. Weitere in PASCAL moegliche Namen waeren X1, Y12 oder A1B2 u.a.m. Die Regel, nach der Namen zu bilden sind, schlaegt sich in dem Syntax-Diagramm nieder:

Name (identifier)

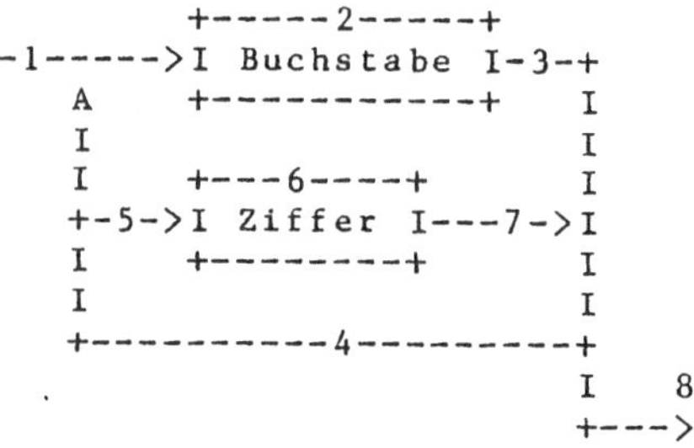

```
           +-----2-----+
  -1----->I Buchstabe I-3-+
     A     +-----------+   I
     I                     I
     I     +---6----+      I
     +-5->I Ziffer I---7->I
     I     +--------+      I
     I                     I
     +------------4----------+
                           I   8
                           +--->
```

Zur besseren Erlaeuterung haben wir einzelne Teile des Syntax-
Diagramms "Name" numeriert. Fuer das Syntax-Diagramm selbst wurde keine Nummer vergeben, weil es uns hier nur als Beispiel zur
Erklaerung eines Syntax-Diagrammes dient und nicht als Bestandteil der Darstellung der PASCAL-Syntax angesehen werden soll.

Um gemaess der oben angegebenen Konstruktionsanleitung mit Hilfe des Syntax-Diagramms "Name" Namen bilden zu koennen, muessen
auch die Syntax-Diagramme "Buchstabe" und "Ziffer" zur Verfuegung stehen. Wir geben diese hier, um Schreibarbeit zu sparen,
in einer nicht ganz unseren obigen Ausfuehrungen entsprechenden, aber sicher sofort verstaendlichen Form an (in exakter
Form sind sie in Abschn. 2.1 zu finden):

Buchstabe (letter)   Ziffer (digit)

```
--+-------+---...--+            --+-------+---...--+
  I       I        I             I       I        I
  V       V        V             V       V        V
 ===     ===      ===           ===     ===      ===
I A I   I B I    I Z I         I 0 I   I 1 I    I 9 I
 ===     ===      ===           ===     ===      ===
  I       I        I             I       I        I
  I       V        V             I       V        V
  +-------------...------->       +----------...------->
```

Die in diesen Syntax-Diagrammen mehrfach eingezeichneten drei
aufeinanderfolgenden Punkte sind im Sinne von 'und so weiter'
zu verstehen. Ein Buchstabe ist mithin ein Zeichen des lateinischen (grossen) Alphabets von A bis Z und eine Ziffer eine
der arabischen Ziffern 0 bis 9.

Ein Name wird nun gebildet, indem man ausgehend vom Eingang (1)
des Syntax-Diagramms "Name" diesem Pfeil folgt. Dabei trifft
man auf das nicht-terminale Symbol Buchstabe (2) und muss nun
das Syntax-Diagramm "Buchstabe" betrachten. Von den in diesem
ausgewiesenen terminalen Symbolen A, B,...,Z hat man eines -
etwa A - auszuwaehlen und dann im Syntax-Diagramm "Name" dem
Pfeil (3) zu folgen. Dieser Pfeil fuehrt auf den Ausgang (8).
Wird dieser benutzt, so ist der Name A gebildet worden. Der
Pfeil (3) hat aber auch eine Abzweigung, und zwar zweigt der
Pfeil (4) ab. Folgt man (4), so trifft man wieder auf den
Pfeil (1) und damit auf das nicht-terminale Symbol Buchstabe
(2), ueber das an A ein weiterer Buchstabe angehaengt wird.
Folgt man hingegen dem vom Pfeil (4) abzweigenden Pfeil (5),
so muss das nicht-terminale Symbol Ziffer bzw. das Syntax-Diagramm "Ziffer" (6) betrachtet werden, was bedeutet, dass an A
eine Ziffer - sagen wir 9 - angehaengt wird. Dem Pfeil (7) folgend gelangt man zur Einmuendung in Pfeil (3). Nun kann der
Ausgang (8) benutzt werden, womit der Name A9 gebildet waere,
oder es kann ueber (4) wieder zu (1) oder (5) gelangt werden,
und man wuerde wie zuvor beschrieben zu verfahren haben.

Es ist jetzt leicht einzusehen, dass die Zeichenketten ZINSEN,
INPUT, OUTPUT, K, P, Z, X1, Y12 und A1B2 tatsaechlich Namen
sind. A1B2 bildet man z. B. ueber den Pfad

          1 2 3 4 5 6 7 3 4 1 2 3 4 5 6 7 3 8   ,

der der Reihe nach

          A   1   B   2

erzeugt. Andererseits ist offensichtlich, dass 8UNG oder SYN-
TAX-DIAGRAMM keine Namen in PASCAL sind. Verbal besagt das Syntax-Diagramm "Name" also: Namen sind Zeichenketten, die mit
einem Buchstaben beginnen, auf den evtl. weitere Buchstaben
und / oder Ziffern folgen.

Die wahre Staerke der Syntax-Diagramme wird sich erst im Laufe
der folgenden Ausfuehrungen zeigen. Wir hoffen aber, dass dem
Leser klar geworden ist, wie aus Syntax-Diagrammen syntaktisch
richtige Konstruktionen herzuleiten sind.

1.4.2 Metasyntaktische Variablen

I.a. - so auch in [080,085] - finden in Darstellungen der PASCAL-
Syntax in BNF oder mittels Syntax-Diagrammen die in Abschn. 1.4
erwaehnten Beziehungen, die aufgrund der Abhaengigkeit vieler
Sprachbausteine von Typen (s. Kap. 3) in PASCAL vorhanden sind,
keine Beruecksichtigung. Beispielsweise ist es nach solchen Darstellungen formal moeglich, einen Ausdruck (s. Kap. 5) der Form

1.2 * TRUE

zu bilden, in dem eine Konstante reellen Typs (s. Abschnitt
2.2.5.1) und eine Konstante booleschen Typs (s. Abschn. 2.2.5.2)
ueber das Symbol * fuer die Multiplikation 'verknuepft' sind.
Erst aus verbal gemachten Einschraenkungen ist erkennbar, dass
obiger Ausdruck ein in PASCAL unzulaessiger Ausdruck ist. Sollen
Unzulaessigkeiten dieser oder aehnlicher Art aus der Darstellung
der PASCAL-Syntax unmittelbar ersichtlich sein, so muessen Bezeichnungen von syntaktischen Variablen - bei uns: Bezeichnung
von Syntax-Diagrammen - ggf. so gewaehlt sein, dass wesentliche
Typ-Abhaengigkeiten erkennbar werden. Nun wird dies sehr aufwendig. Betrachten wir z.B. - ohne uns um die erst in Abschn. 7.1.2
dargelegte Bedeutung zu kuemmern - folgende vier Syntax-Diagramme:

ganze Funktions - Wertzuweisung (integer function
                                assignment statement)

```
    +----------------------+                  ====
--->I Name f.ganze Funktion I--------------->I := I---+
    +----------------------+                  ====    I
      +---------------------------------------------------+
      I                           +-----------------+
      +---------------------->I ganzer Ausdruck I--->
                                  +-----------------+
```

boolesche Funktions - Wertzuweisung (boolean function
                                     assignment statement)

```
    +--------------------------+              ====
--->I Name f.boolesche Funktion I----------->I := I---+
    +--------------------------+              ====    I
      +---------------------------------------------------+
      I                           +--------------------+
      +------------------->I boolescher Ausdruck I--->
                                  +--------------------+
```

Zeichen - Funktions - Wertzuweisung (character function
                                    assignment statement)

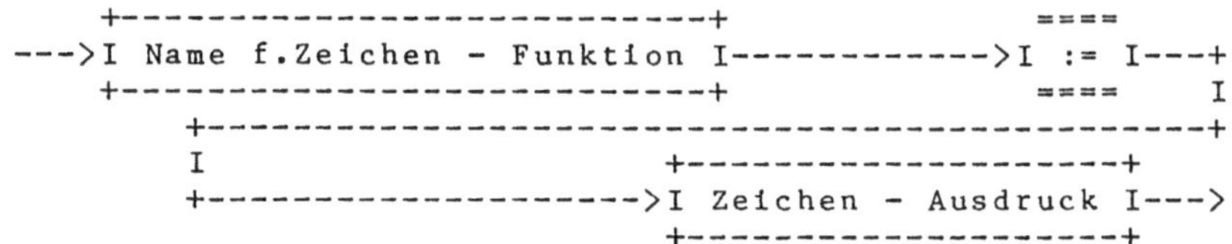

Aufzaehl - Funktions - Wertzuweisung (enumeration function
                                      assignment statement)

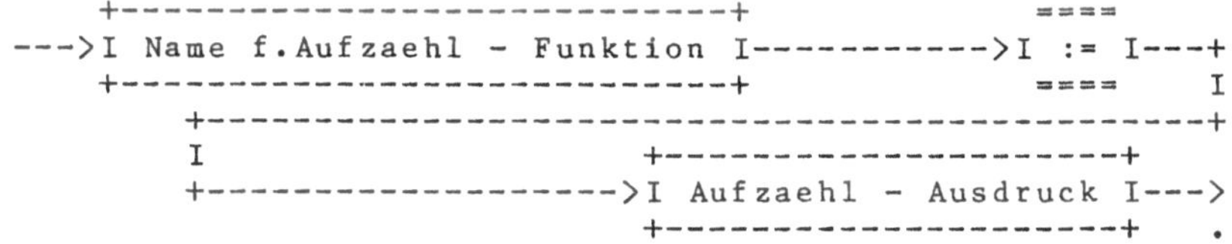

Die Aufwendigkeit dieser Syntax-Diagramme, in denen die Attribute ganz, boolesch, Zeichen- und Aufzaehl- darauf hinweisen,
welchen Typs eine Funktion sein kann und ein Ausdruck sein muss,
ist offensichtlich.

Man erkennt aber sofort, dass alle vier vorstehenden Syntax-
Diagramme im Grunde auf ein Syntax-Diagramm der Struktur

'x...x' Funktions - Wertzuweisung ('x...x' function
                                   assignment statement)

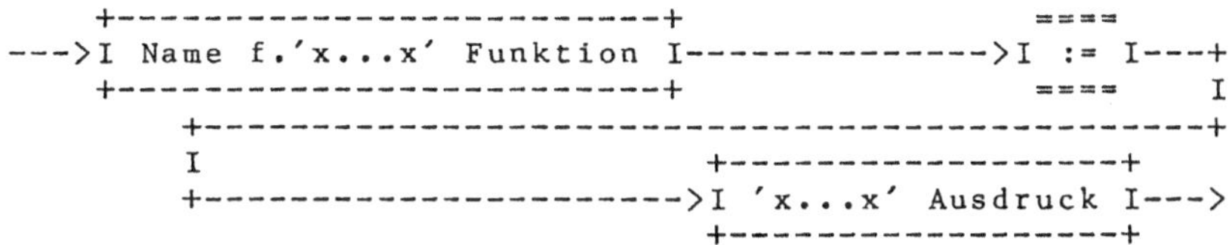

zurueckfuehrbar sind. Sie unterscheiden sich nur in ihren Bezeichnungen und in Bezeichnungen benoetigter Syntax-Diagramme.
Dies wurde im vorstehenden Syntax-Diagramm durch Einfuehrung
von 'x...x' zum Ausdruck gebracht. 'x...x' steht fuer ganz,
boolesch, Zeichen - und Aufzaehl - . Man kann aus dem Syntax-
Diagramm "'x...x' Funktions - Wertzuweisung" jedes der obigen
vier Syntax-Diagramme sofort wieder erhalten, indem man 'x...x'
an den Stellen, an denen diese Zeichenkette vorkommt, durch
ganz bzw. boolesch bzw. Zeichen - bzw. Aufzaehl - ersetzt (wenn
man ausserdem auf die deutsche Grammatik achtgibt und beachtet,
dass angelsaechsisch ganz mit integer bzw. boolesch mit boolean
bzw. Zeichen - mit character bzw. Aufzaehl - mit enumeration
gleichzusetzen ist).

23

Ein Syntax-Diagramm wie das Syntax-Diagramm "'x...x' Funktions
- Wertzuweisung" wird - naheliegend - als Hypersyntax-Diagramm
bezeichnet. Eine Zeichenkette der Art 'x...x' wurde von uns als
Bezeichnung einer sog. metasyntaktischen Variablen benutzt. Wie
jede Variable nimmt auch eine metasyntaktische Variable Werte
an. Nach den obigen Ausfuehrungen ist sofort klar, dass die Werte der metasyntaktischen Variablen 'x...x' die Zeichenketten
ganz, boolesch, Zeichen - und Aufzaehl - sind.

Hiermit duerfte einsichtig sein, dass eine Reduzierung der Anzahl der zur Darstellung der PASCAL-Syntax benoetigten Syntax-
Diagramme dadurch erreichbar ist, dass - wenn es angebracht erscheint - ein Hypersyntax-Diagramm eingefuehrt und eine Zusammenstellung der Werte der in diesem vorkommenden metasyntaktischen Variablen gegeben wird. Damit kann dann eine von der Anzahl der Werte der vorkommenden metasyntaktischen Variablen abhaengige Anzahl von Syntax-Diagrammen erhalten werden, indem
jeweils - um eines dieser Syntax-Diagramme zu erhalten - an den
Stellen des Vorkommens der Bezeichnung einer metasyntaktischen
Variablen im Hypersyntax-Diagramm - unter Beachtung der deutschen Grammatik und sich ergebender Uebersetzungen ins Angelsaechsische - diese Bezeichnung durch einen Wert der metasyntaktischen Variablen ersetzt wird.

Die Hypersyntax-Diagramme wollen wir der Einfachheit halber im
folgenden nicht streng von Syntax-Diagrammen unterscheiden. Wir
benutzen fortan auch fuer sie die Bezeichnung Syntax-Diagramm.

Die Zusammenstellung der Werte von metasyntaktischen Variablen
kann mittels Diagrammen - aehnlich den Syntax-Diagrammen - erfolgen. Wir nennen sie naheliegend Metasyntax-Diagramme. Sie
tragen zur Unterscheidung von den Syntax-Diagrammen statt eines
S vor ihrer Nummer und ihrer Bezeichnung ein M. Die Bezeichnung
selbst ist nicht die Bezeichnung eines PASCAL-Sprachbausteines
wie bei den Syntax-Diagrammen, sondern die Bezeichnung einer metasyntaktischen Variablen. Sie besteht immer aus einer in Apostrophe eingeschlossenen Zeichenkette. Der Bezeichnung folgt
eine in runde Klammern gesetzte Erklaerung, die die Bezeichnung
erlaeutert (einschliesslich der in eckige Klammern gesetzten
angelsaechsischen Form).

In einem Metasyntax-Diagramm kommen nur durch Pfeile verbundene
Rechtecke, in denen nicht-terminale Werte (entsprechend nicht-
terminalen Symbolen) aufgefuehrt sind und / oder 'Ovale' bzw.
'Kreise' vor, in denen terminale Werte (entsprechend terminalen
Symbolen) aufgefuehrt sind. Die Handhabung der Metasyntax-Diagramme ist die gleiche wie die der Syntax-Diagramme. Das soll
mittels des folgenden Beispiels gezeigt werden. Die Bezeichnung
'x...x' in der Bezeichnung des Syntax-Diagrammes "'x...x' Funktions - Wertzuweisung" fuer die metasyntaktische Variable, die
die Werte ganz, boolesch, Zeichen - und Aufzaehl - annehmen
kann, ist nicht sehr einpraegsam und wurde nur zur Erlaeuterung des Begriffes 'metasyntaktische Variable' gewaehlt. Spaeter wird sich ergeben, dass es sinnvoller ist, statt 'x...x'
die Bezeichnung 'e<>r' zu waehlen. Verstaendlich ist ihre Wahl
allerdings an dieser Stelle noch nicht. Es sei jedoch schon gesagt: Sie ist eine Aneinanderkettung von Zeichen mit der Bedeutung:

            e   fuer einfach,
            <>   fuer ungleich (in Analogie zum PASCAL-
                 Vergleichsoperator 'ungleich', s. Ab-
                 schn. 3.1) und
            r   fuer reell.

Statt des Syntax-Diagrammes "'x...x' Funktions - Wertzuweisung"
haben wir also:

    'e<>r' Funktions - Wertzuweisung ('e<>r' function
                                  assignment statement)

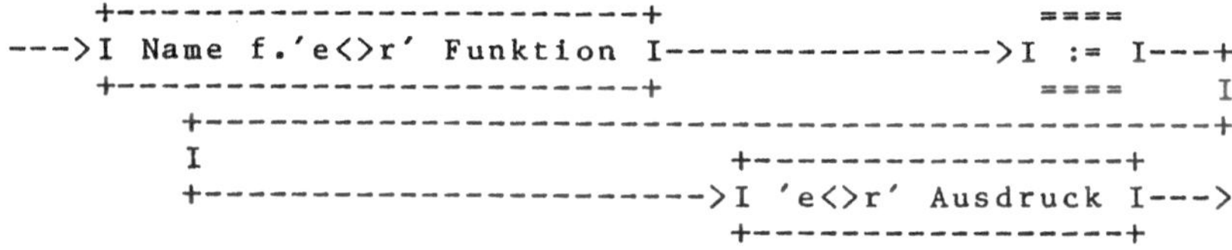

(ein Syntax-Diagramm, das explizit nicht Teil unserer Darstellung der PASCAL-Syntax ist, sondern nur als Bestandteil von
S105 auftritt).

Fuer die in diesem Syntax-Diagramm vorkommende metasyntaktische
Variable 'e<>r' ist in der Gesamtheit der Metasyntax-Diagramme
das Metasyntax-Diagramm

    'e<>r' (einfaches Typattribut ungleich reell
           [simple type attribute not equal to real])

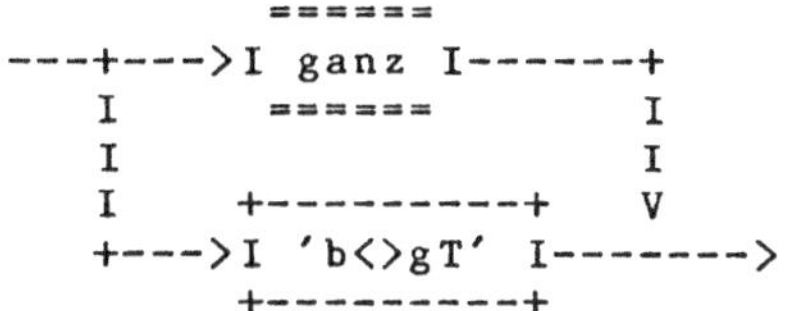

vorhanden (eine Nummer mit vorgesetztem Buchstaben M haben wir
diesem Metasyntax-Diagramm nicht gegeben, weil wir es hier nur
fuer Erlaeuterungszwecke benoetigen). Man sieht, dass das Metasyntax-Diagramm 'e<>r' von den Werten der metasyntaktischen
Variablen 'e<>r' ganz, boolesch, Zeichen - und Aufzaehl - unmittelbar nur den Wert ganz liefert. Er ist als terminal ausgewiesen! Die uebrigen Werte muessen unter Hinzuziehung des
Metasyntax-Diagrammes fuer den nicht-terminalen Wert 'b<>gT'
gewonnen werden:

'b<>gT' (begrenztes Typattribut ungleich ganzer
        Teilbereichs - [restricted type attribute not
        equal to integer subrange])

```
             .          ===========
        ---+--->I boolesch I-----+
           I        ===========          I
           I                              I
           I        ===========          I
           +--->I Zeichen  - I--->I
           I        ===========          I
           I                              I
           I      =============      V
           +--->I Aufzaehl - I------->
                  =============
```

Aus den Darlegungen sieht man, dass sich die Einfuehrung von metasyntaktischen Variablen nur dann lohnt, wenn dadurch die Zahl
der zur Darstellung der PASCAL-Syntax benoetigten Syntax-Diagramme 'erheblich' reduziert wird. Koennen nur 'wenige' Syntax-
Diagramme gespart werden, so lohnt sich der entstehende Aufwand
nicht. Wir haben deshalb mitunter bewusst auf eine sich anbie-
tende Einfuehrung von metasyntaktischen Variablen verzichtet.

Es folgt die Zusammenstellung aller metasyntaktischen Variablen.

M1 'N' (Anzahl >1 [number >1])

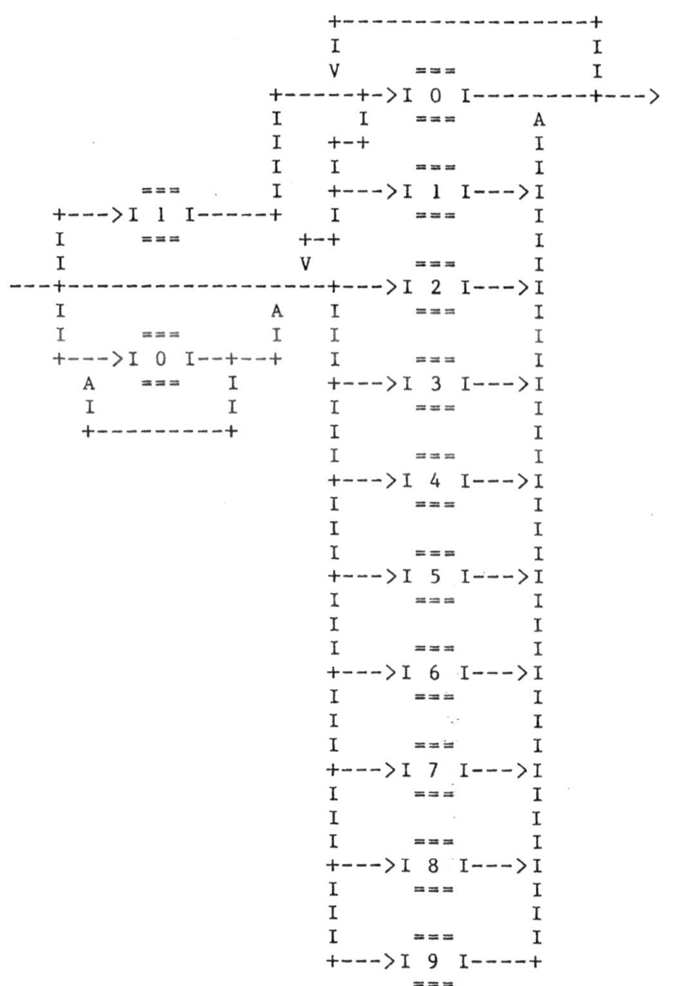

```
                                +---------------+
                                I               I
                                V      ===       I
                         +-----+->I 0 I--------+--->
                         I     I    ===       A
                         I     +-+             I
                         I     I      ===       I
              ===        I     +--->I 1 I--->I
      +--->I 1 I-----+   I        ===       I
      I       ===        +-+             I
      I                  V      ===       I
  ---+----------------------+--->I 2 I--->I
      I              A   I    ===       I
      I       ===    I   I             I
      +--->I 0 I--+--+   I      ===       I
         A   ===    I    +--->I 3 I--->I
          I         I    I       ===       I
          +---------+    I             I
                         I      ===       I
                         +--->I 4 I--->I
                         I       ===       I
                         I             I
                         I      ===       I
                         +--->I 5 I--->I
                         I       ===       I
                         I             I
                         I      ===       I
                         +--->I 6 I--->I
                         I       ===       I
                         I             I
                         I      ===       I
                         +--->I 7 I--->I
                         I       ===       I
                         I             I
                         I      ===       I
                         +--->I 8 I--->I
                         I       ===       I
                         I             I
                         I      ===       I
                         +--->I 9 I----+
                                 ===
```

M2 't' (Typattribut [type attribute])

```
            +-----+
   ---+--->I 'e' I---------------------------+
      I    +-----+                            I
      I                                       I
      I    +-----+                            I
      +--->I 's' I------------------------>I
      I    +-----+                            I
      I                                       I
      I    +-----+    =====================   V
      +--->I 't' I--->I gebundener Zeiger - I------->
           +-----+    =====================
```

M3 'e' (einfaches Typattribut [simple type attribute])

```
              +--------+
    ---+--->I 'e<>r' I---+
       I.   +--------+   I
       I                 I
       I     =======     V
       +--->I reell I-------->
             =======
```

M4 'e<>r' (einfaches Typattribut ungleich reell [simple type
           attribute not equal to real])
    'E<>R' (einfaches Typattribut ungleich reell [simple type
           attribute not equal to real])

```
             ======
    ---+--->I ganz I------+
       I     ======       I
       I                  I
       I    +---------+   V
       +--->I 'b<>gT' I-------->
            +---------+
```

M5 'b<>gT' (begrenztes Typattribut ungleich ganzer
            Teilbereichs - [restricted type attribute not
            equal to integer subrange])

```
            ============
    ---+--->I boolesch I-----+
       I     ============    I
       I                     I
       I     ============    I
       +--->I Zeichen - I--->I
       I     ============    I
       I                     I
       I     ============    V
       +--->I Aufzaehl - I-------->
             ============
```

M6 'gT' (ganzes Teilbereichs - Attribut [integer subrange
         type attribute])

```
            ========================
    --->L ganzer Teilbereichs - I--->
            ========================
```

M7 's' (strukturiertes Typattribut [structured type attribute])

```
              +-----+   ===========   +-----+
  ---+--->I 'i' I->I indiziert I->I 't' I-------+
     I     +-----+   ===========   +-----+       I
     I     ========                               I
     +--->I PACKED I-----+                         I
     I     ========      I                         I
     I +-----------------+                         I
     I I +-----+   ===========   +-------+         I
     I +->I 'i' I->I indiziert I->I 't<>C' I--->I
     I I +-----+   ===========   +-------+         I
     I I +-----+   ===========   ===========  V
     I +->I 'j' I->I indiziert I->I Zeichen - I---+
     I     +-----+   ===========   ===========     I
     I                            +---------------+
     I                            I   ========
     I                            +----->I Feld - I----+
     I                                   ========       I
     I                                                  I
     I     +-----+                   =============      I
     +--->I 'N' I------------------->I - Zeichen - I--->I
     I     +-----+                   =============      I
     I                                                  I
     I     +-----+                                      I
     +--->I 'p' I--------+                              I
     I     +-----+       I                              I
     I +-----------------+                              I
     I I +--------+                     ==========      I
     I +->I 'e<>r' I----------------->I Mengen - I--->I
     I I +--------+                     ==========      I
     I I                                                I
     I I  ========                                      I
     I +->I nicht - I----+                              I
     I I  ========       I                              I
     I I  +--------+     V     ==================       I
     I +->I 'e<>r' I--------->I varianter Satz - I--->I
     I I  +--------+           ==================       I
     I I                                                I
     I I  +-----+                                       I
     I +->I 't' I--------+                              I
     I     +-----+       I                              I
     I     ========      V                 ========     V
     +--->I Text - I------------------->I Datei - I-------->
           ========                       ========
```

M8 'i' (Liste allgemeiner Index - Typen [list of general index
      types])

```
              +--------+     =====
  -------->I 'e<>r' I--->I Typ I---+--->
     A     +--------+     =====    I
     I                             I
     I              ===            I
     +-----------I , I<---------+
                   ===
```

```
M9 'j' (Liste spezieller Index - Typen [list of special index
        types])

             +------+        ============================
---+--->I 'gT' I--->I Typ mit                        I
   I     +------+    I ganzer unterer Grenze <> 1 I----+
   I                 ============================       I
   I                                                    I
   I     ======                                         I
   +--->I 1..1 I-----------+                            I
   I     ======            I                            I
   I     +--------+        V                   =====    I
   +--->I 'b<>gT' I------------------------>I Typ I--->I
   I     +--------+                          =====    I
   I                             +------------------+  I
   I     +--------+  =====  V   ===   +-----+ I  V
   +--->I 'e<>r' I-->I Typ I----->I , I--->I 'i' I-+--->
         +--------+  =====        ===   +-----+


M10 't<>C' (Typattribut ungleich Zeichenstandard - [type
            attribute not equal to character standard])

         ======
---+--->I ganz I------------------------------+
   I     ======                               I
   I                                          I
   I     ==========                           I
   +--->I boolesch I------------------------>I
   I     ==========                           I
   I                                          I
   I     =======================             I
   +--->I Zeichenteilbereichs - I--------->I
   I     =======================             I
   I                                          I
   I     =============                        I
   +--->I Aufzaehl - I--------------------->I
   I     =============                        I
   I                                          I
   I     =======                              I
   +--->I reell I--------------------------->I
   I     =======                              I
   I                                          I
   I     +-----+                              I
   +--->I 's' I--------------------------->I
   I     +-----+                              I
   I                                          I
   I     +-----+     ==================     V
   +--->I 't' I--->I gebundener Zeiger - I----->
         +-----+     ==================


M11 'p' (ungepacktes / gepacktes Attribut [packed / unpacked
                                           attribute])
   --+----------------+
     I                I
     I     ========   V
     +--->I PACKED I------->
           ========
```

1.5 Aufbau eines PASCAL-Programmes,
    Ueberblick ueber Vereinbarungen und Anweisungen

Ein in PASCAL formuliertes Programm besteht - wie wir in Abschnitt 1.3 gesehen haben - im wesentlichen aus einer u.a. das
Programm benennenden Anweisung - dem Programmkopf - und einem
Block. Den genauen Aufbau spiegelt das Syntax-Diagramm S1 wider.

    S1 Programm (program)

```
    +--------------+       ===       .+-------+        ===
    I Programmkopf I--->I ; I--->I Block I--->I . I
    +--------------+       ===       +-------+        ===
```


Danach ist der Programmkopf vom Block durch ein Semikolon zu
trennen und ein Programm immer mit einem Punkt abzuschliessen.

Das Syntax-Diagramm S1 hat als einziges Syntax-Diagramm keinen
Eingang und keinen Ausgang, wodurch zum Ausdruck gebracht werden soll, dass auf dieses Syntax-Diagramm nirgends sonst in der
Darstellung der PASCAL-Syntax Bezug genommen wird. Die Ableitung eines syntaktisch korrekten PASCAL-Programmes geht also
immer von S1 aus, fuehrt aber nie wieder auf S1. Abgeschlossen
ist sie, wenn eine Symbolfolge erzeugt - fachgerecht: produziert - worden ist, die nur aus terminalen Symbolen besteht.
D.h., es ist notwendig, die Syntax-Diagramme "Programmkopf"
und "Block" in Betracht zu ziehen, in diesen die darin aufgefuehrten usw., bis eben eine terminale Symbolfolge - das Programm - produziert ist.

Der Aufbau des Programmkopfes ist dem Syntax-Diagramm S2 zu
entnehmen.

    S2 Programmkopf (program heading)

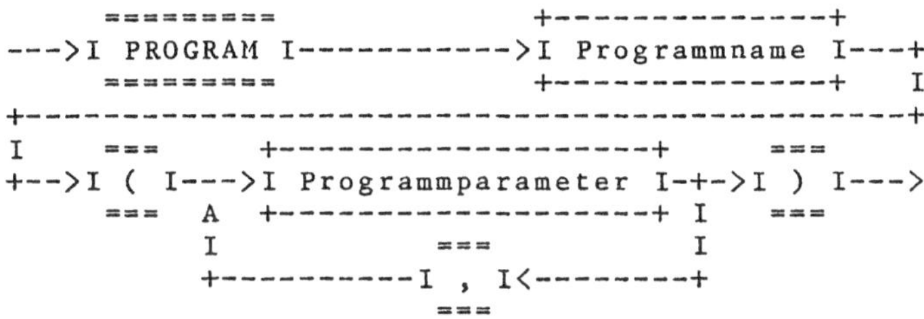

Der Programmkopf beginnt also mit dem terminalen Symbol PROGRAM,
auf das der nach S15 (s. Abschn. 2.2.3) zu bildende Programmname
folgt, der nach [085] von Standardnamen verschieden sein muss,
ansonsten jedoch ohne Signifikanz innerhalb eines nachfolgenden
Programmtextes ist. Daran anschliessend ist eine in runde Klam-

mern eingeschlossene Liste von Programmparametern anzugeben.
Diese Programmparameter, die - wenn es mehrere sind - durch
Kommata getrennt werden und verschieden sein muessen, sind - wie
wir aus Abschn. 1.3 wissen - N a m e n von zu benutzenden Ein-
/Ausgabedateien. Sie sind ihrem Wesen nach Variablen (genauer:
Gesamtvariablen vom 'p''t' oder Text-Datei-Typ), wie das Syntax-
Diagramm S3 ausweist ('p' und 't' sind durch M11 und M2 gegeben).

S3 Programmparameter (program parameter)

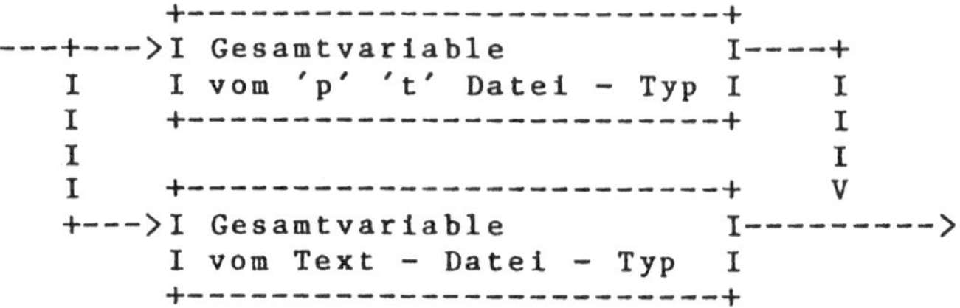

```
          +--------------------------------+
---+--->I Gesamtvariable              I----+
   I     I vom 'p' 't' Datei - Typ I        I
   I     +--------------------------------+  I
   I                                         I
   I     +--------------------------------+  V
   +--->I Gesamtvariable              I--------->
         I vom Text - Datei - Typ   I
         +--------------------------------+
```

Eine ausfuehrliche Besprechung der Variablen und ihrer Deklaration findet sich in Kap. 4. Hier sei nur schon darauf hingewiesen, dass als Programmparameter dienende Gesamtvariablen vom 'p'
't' oder Text-Datei-Typ - abgesehen von den standardmaessig deklarierten Gesamtvariablen vom Text-Datei-Typ INPUT und OUTPUT -
im Block des Programmes deklariert werden muessen.

Im Gegensatz zum Syntax-Diagramm S2 zeigt das Beispiel B1.3-1,
dass vor dem terminalen Symbol PROGRAM ein Kommentar stehen
darf und dass zwischen PROGRAM und dem Programmnamen ZINSEN
und auch an anderen Stellen Zwischenraeume - auch Leerzeichen
(blank(s)) genannt - gesetzt werden duerfen. Kommentare koennen an so vielen Stellen in ein Programm eingefuegt werden,
dass es unuebersichtlich waere, sie in die entsprechenden Syntax-Diagramme aufzunehmen. Vielmehr wird in Abschn. 2.2 verbal
beschrieben, wo Kommentare eingefuegt werden duerfen. Mit der
Einfuegungsmoeglichkeit von Zwischenraeumen verhaelt es sich
aehnlich, jedoch sei schon hier vermerkt, dass der Zwischenraum (eigentlich) kein PASCAL-Symbol ist (vgl. Abschn. 2.1).

Ein Block und auch der Block eines PASCAL-Programmes besteht -
wie bereits in Abschn. 1.3 dargelegt - aus einem Vereinbarungs-
und einem Anweisungsteil. Das zeigt das Syntax-Diagramm S4 (das
zusaetzliche Bezeichnungen traegt, die in Kap. 7 benoetigt werden).

S4 Block (block)
   Prozedurblock (procedure block)
   'e' Funktionsblock ('e' function block)
   't' gebundener Zeiger - Funktionsblock ('t' bounded
                              pointer function block)

```
     +------------------+    +------------------+
---->I Vereinbarungsteil I--->I Anweisungsteil I--->
     +------------------+    +------------------+
```

Im Vereinbarungsteil werden dem Kompilierer Angaben gemacht
ueber:

- Sprungziele (Markendeklaration),
- Namen unveraenderlicher Groessen (Konstantendefinition),
- Typ der zu verarbeitenden Daten (Typdefinition),
- Namen veraenderlicher Groessen (Variablendeklaration) und
- (i.a. mehrfach) benoetigte Folgen von Anweisungen - sog.
  Unterprogramme (Prozedur- und Funktionsdeklaration).

Dieser Teil eines Blockes muss den in dem Syntax-Diagramm S5 wie-
dergegebenen Aufbau haben. Er kann, wie man sieht, 'leer sein'.

S5 Vereinbarungsteil (declaration part)

```
              +-------------------------+
   ---+--->I Markendeklarationsteil I-----------------+
      I     +-------------------------+               I
      I                                               V
      V                                              ===
   +-------------------------------------------------I ; I
   I                                                 ===
   I        +-----------------------------+
   +--+--->I Konstantendefinitionsteil I--------------+
      I     +-----------------------------+           I
      I                                               V
      V                                              ===
   +-------------------------------------------------I ; I
   I                                                 ===
   I        +---------------------+
   +--+--->I Typdefinitionsteil I----------------------+
      I     +---------------------+                    I
      I                                                V
      V                                               ===
   +--------------------------------------------------I ; I
   I                                                  ===
   I        +----------------------------+
   +--+--->I Variablendeklarationsteil I---------------+
      I     +----------------------------+             I
      I                                                V
      V                                               ===
   +--------------------------------------------------I ; I
   I                                                  ===
   I        +---------------------------------------+
   +--+--->I Prozedur- u.Funktionsdeklarationsteil I---+
      I     +---------------------------------------+  I
      I                                                V
      V                                               ===
   +--------------------------------------------------I ; I
   I                                                  ===
   I
   +---------------------------------------------------------->
```

Man entnimmt dem Syntax-Diagramm S5, dass der Vereinbarungsteil
eines Blockes aus hoechstens nur einem Markendeklarationsteil,
einem Konstantendefinitionsteil, einem Typdefinitionsteil, einem
Variablendeklarationsteil und / oder einem Prozedur- und Funktionsdeklarationsteil bestehen kann und zwar genau in der angegebenen Reihenfolge. Die einzelnen Teile des Vereinbarungsteils
werden voneinander durch Semikolon getrennt. Das Semikolon hinter dem letzten Teil trennt den Vereinbarungsteil vom Anweisungsteil des Blockes.

Im Beispielprogramm B1.3-1 besteht der Vereinbarungsteil nur
aus einem Variablendeklarationsteil:

$$VAR\ K,\ P,\ Z\ :\ REAL;$$

Genauer werden die einzelnen Teile des Vereinbarungsteils mit
ihren zugehoerigen Syntax-Diagrammen in den Abschnitten 2.2.4,
2.2.5.4, 3.4, 4.1 und 7.1 erlaeutert.

Den Anweisungsteil eines Blockes bildet eine zusammengesetzte
Anweisung. Nach dem Syntax-Diagramm S6 besteht der Anweisungsteil bzw. die zusammengesetzte Anweisung aus einer Anweisung

S6 Anweisungsteil (statement part)
   zusammengesetzte Anweisung (compound statement)

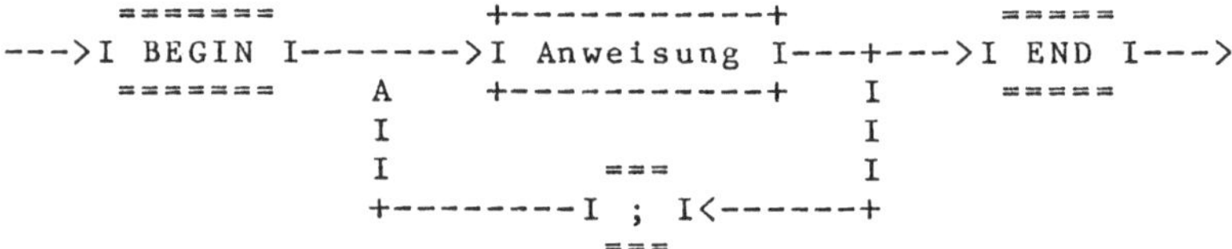

oder einer Folge von Anweisungen, die zwischen die terminalen
Symbole BEGIN und END einzuschliessen ist. Anweisungen in einer
Folge von Anweisungen sind durch Semikolons voneinander zu tren-
nen.

S7 Anweisung (statement)

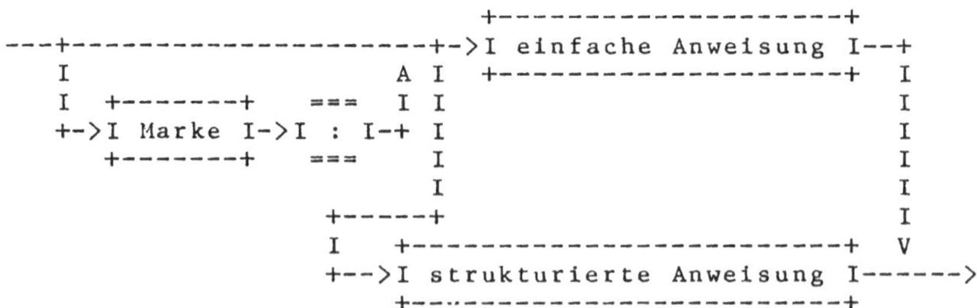

Nach dem Syntax-Diagramm S7 sind zwei Anweisungsarten zu unterscheiden:

. einfache Anweisungen und
. strukturierte Anweisungen.

Jede Anweisung kann noch mit einer gemaess dem in Abschn. 2.2.4
aufgefuehrten Syntax-Diagramm S16 gebildeten, im Vereinbarungsteil deklarierten Marke versehen werden, um sie als Sprungziel
zu erklaeren.

S8 einfache Anweisung (simple statement)

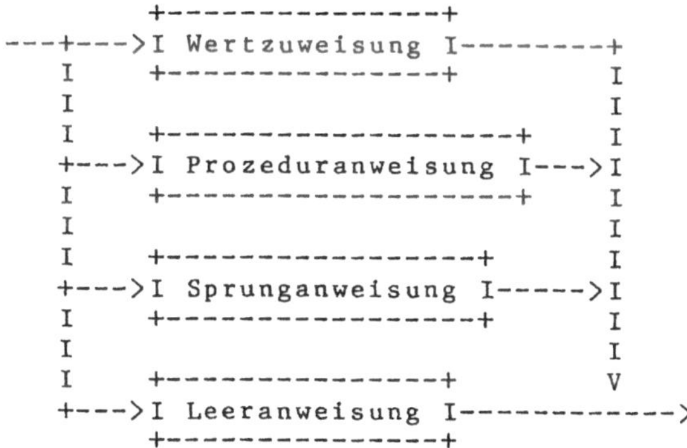

```
                    +--------------+
   ---+--->I Wertzuweisung I--------+
      I    +--------------+         I
      I                             I
      I    +-----------------+      I
      +--->I Prozeduranweisung I--->I
      I    +-----------------+      I
      I                             I
      I    +---------------+        I
      +--->I Sprunganweisung I----->I
      I    +---------------+        I
      I                             I
      I    +-------------+          V
      +--->I Leeranweisung I----------->
           +-------------+
```

Zu den einfachen Anweisungen gehoeren - wie das Syntax-Diagramm
S8 ausweist - die Anweisungen, die

. einer veraenderlichen Groesse (Variable, Funktion) einen
  Wert zuweisen oder den momentanen Wert ersetzen (Wertzuweisung),
. ein prozedurartiges Unterprogramm zur Ausfuehrung bringen
  (Prozeduranweisung),
. einen Sprung veranlassen (Sprunganweisung) und
. zur Ausfuehrungszeit des Programmes nichts bewirken (Leeranweisung).

Der Anweisungsteil im Beispiel Bl.3-1 ist eine zusammengesetzte Anweisung, die aus drei einfachen Anweisungen besteht, naemlich einer Prozeduranweisung fuer die Eingabe:

                    READ (K, P)   ,

der Wertzuweisung:

                    Z := K * P / 100

und der Prozeduranweisung zur Ausgabe:

                    WRITELN (K, P, Z) .

Ausfuehrlich werden die einfachen Anweisungen mit ihren Syntax-Diagrammen in den Abschn. 6.1 (bzw. 7.1.2, Funktions-Wertzuweisung) behandelt.

Zu den strukturierten Anweisungen zaehlen Anweisungen, die

. aus einer Folge von Anweisungen bestehen (zusammengesetzte Anweisung),
. Anweisungen in Abhaengigkeit von einer Bedingung oder vom Wert eines Ausdruckes (s. Kap. 5) zur Ausfuehrung bringen (bedingte Anweisung),
. Wiederholungen von Anweisungen veranlassen (Wiederholungsanweisung) und
. eine weniger schreibaufwendige Bezugsangabenmoeglichkeit fuer Satz-Komponenten-Variablen (s. Abschn. 4.2.2.2) gestatten (Qualifizierungsanweisungen).

Exakt gibt das Syntax-Diagramm S9 diese Aufzaehlung wieder.

S9 strukturierte Anweisung (structured statement)

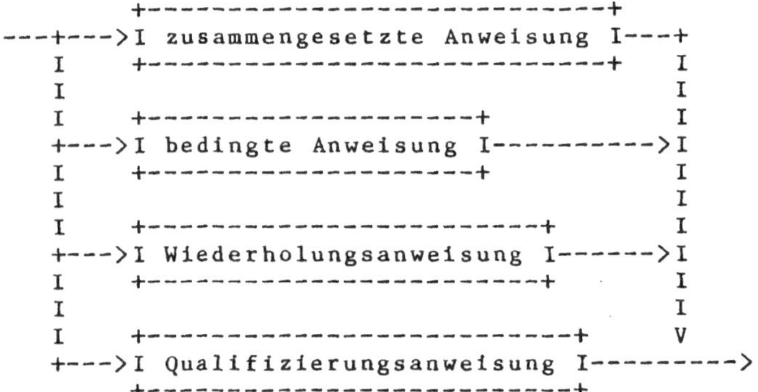

```
                   +------------------------------+
   ---+--->I zusammengesetzte Anweisung I---+
      I    +------------------------------+  I
      I                                      I
      I    +----------------------+          I
      +--->I bedingte Anweisung I---------->I
      I    +----------------------+          I
      I                                      I
      I    +----------------------------+    I
      +--->I Wiederholungsanweisung I------>I
      I    +----------------------------+    I
      I                                      I
      I    +------------------------------+  V
      +--->I Qualifizierungsanweisung I-------->
           +------------------------------+
```

Die eingehende Besprechung der einzelnen strukturierten Anweisungen mit ihren Syntax-Diagrammen erfolgt in Abschn. 6.2.

2. Zeichensatz und Symbole

> Ich muss wohl zwei oder drei Raupen
> aushalten, wenn ich Schmetterlinge
> kennenlernen will.
>
> Die Blume in Saint-
> Exupery: Der kleine Prinz

Nachdem wir uns in Abschn. 1.5 einen Ueberblick verschafft
haben, welche Arten von Saetzen - Vereinbarungen und Anweisungen - in einem PASCAL-Programm vorkommen koennen, wollen
wir uns nun mit dem Aufbau dieser Saetze beschaeftigen. Dazu
stellen wir im folgenden zunaechst einmal den Zeichensatz und
die sog. Symbole zusammen.

2.1 Zeichensatz

Wie aus den Ausfuehrungen in Kap. 1. hervorgeht, hat PASCAL die
Eigenschaft, Schriftsprache zu sein. Daher muss ein Satz von
Zeichen zur Verfuegung stehen, mit deren Hilfe Woerter und Saetze der Sprache fuer eine Niederschrift gebildet werden koennen.
Dieser Original-PASCAL-Zeichensatz umfasst 82 Zeichen, naemlich
die 26 Gross- und die 26 Kleinbuchstaben des lateinischen Alphabets, die 10 arabischen Ziffern und 20 Sonderzeichen:

PASCAL - Zeichen (PASCAL character)

```
                +-------------------+
      ---+--->I PASCAL - Buchstabe I-------+
         I      +-------------------+       I
         I                                  I
         I      +--------+                  I
         +--->I Ziffer I------------------>I
         I      +--------+                  I
         I                                  I
         I      +-----------------------+   V
         +--->I PASCAL - Sonderzeichen I------->
                +-----------------------+
```

PASCAL - Buchstabe (PASCAL letter)

```
              +-----------------+
      ---+--->I Grossbuchstabe I---+
         I      +-----------------+.  I
         I                           I
         I      +-----------------+  V
         +--->I Kleinbuchstabe I------->
                +-----------------+
```

Grossbuchstabe (capital   Kleinbuchstabe (small
             letter)   letter)

```
---+------+---...--+          ---+------+---...--+
   I      I        I             I      I        I
   V      V        V             V      V        V
  ===    ===      ===           ===    ===      ===
 I A I  I B I    I Z I         I a I  I b I    I z I
  ===    ===      ===           ===    ===      ===
   I      I        I             I      I        I
   I      V        V             I      V .      V
   +---------...------->         +---------...------->
```

S10 Ziffer (digit)

```
   --+---------+-------+-------+-------+
   I     ===   I   === I   === I   === I   ===
   +--->I 0 I +->I 1 I +->I 2 I +->I 3 I +->I 4 I
   I     ===       ===     ===     ===     ===
   I     I         V       V       V       V
   I     +---------------------------------------------+
   +---------+-------+-------+-------+                  I
   I     ===   I   === I   === I   === I   ===          I
   +--->I 5 I +->I 6 I +->I 7 I +->I 8 I +->I 9 I       I
   I     ===       ===     ===     ===     ===          I
   I     I         V       V       V       V            V
         +-------------------------------------------------->
```

PASCAL - Sonderzeichen (PASCAL special character)

```
   --+---------+-------+-------+-------+
   I     ===   I   === I   === I   === I   ===
   +--->I + I +->I - I +->I * I +->I / I +->I = I
   I     ===       ===     ===     ===     ===
   I     I         V       V       V       V
   I     +-----------------------------------------------+
   +---------+-------+-------+-------+                    I
   I     ===   I   === I   === I   === I   ===            I
   +--->I < I +->I > I +->I ( I +->I ) I +->I [ I         I
   I     ===       ===     ===     ===     ===            I
   I     I         V       V       V       V              I
   I     +-------------------------------------------->I
   +---------+-------+-------+-------+                    I
   I     ===   I   === I   === I   === I   ===            I
   +--->I ] I +->I { I +->I } I +->I . I +->I , I         I
   I     ===       ===     ===     ===     ===            I
   I     I         V       V       V       V              I
   I     +-------------------------------------------->I
   +---------+-------+-------+-------+                    I
   I     ===   I   === I   === I   === I   ===            I
   +--->I ; I +->I : I +->I ' I +->I ^ I +->I _ I         I
   I     ===       ===     ===     ===     ===            I
   I     I         V       V       V       V              V
         +-------------------------------------------------->
```

In Abschn. 1.2 haben wir gesehen, dass auch eine DVA einen bestimmten Zeichensatz - bestehend aus Schrift-, mathematischen
und Interpunktionszeichen - erkennen, verarbeiten und ausgeben
kann. Da DVA's - insbesondere die unterschiedlicher Hersteller -
i.a. unterschiedliche Zeichensaetze haben, muss man, wenn man
fuer PASCAL auf einer bestimmten DVA einen Kompilierer zur Verfuegung stellen - sprich: PASCAL implementieren - will, zunaechst einmal den PASCAL-Zeichensatz mit dem Zeichensatz dieser DVA - im folgenden kurz DVA-Zeichensatz genannt - vergleichen. Dabei ist Gleichheit kaum zu erwarten. So fehlen oftmals
die Kleinbuchstaben im DVA-Zeichensatz. Deshalb werden von uns
in Definitionen und Beispielen auch nur Grossbuchstaben verwandt.

Mit den Sonderzeichen verhaelt es sich besonders verwirrend:
Neben einigen PASCAL-Sonderzeichen - naemlich +, -, *, /, =, (,
), ., ,, ; und :, die wir DVA-typunabhaengige Sonderzeichen
nennen wollen, weil sie in jedem herkoemmlichen DVA-Zeichensatz verfuegbar sind, gibt es einerseits PASCAL-Sonderzeichen,
fuer die es nicht immer ein entsprechendes Zeichen im DVA-
Zeichensatz gibt, und andererseits gibt es Zeichen im DVA-
Zeichensatz, die unter den PASCAL-Sonderzeichen nicht vorkommen. Sonderzeichen im DVA-Zeichensatz, die nicht zu den
erwaehnten DVA-typunabhaengigen Sonderzeichen gehoeren und
die wir deshalb DVA-typabhaengige Sonderzeichen nennen wollen, koennen zur Darstellung der uebrigen PASCAL-Sonderzeichen benutzt werden. PASCAL-Sonderzeichen, die nicht DVA-
typunabhaengig sind, naemlich <, >, [,], {, }, ', ^ und _,
werden - abgesehen vom Unterstrich _ - entweder uebernommen oder
durch ein anderes DVA-typabhaengiges Zeichen aus dem DVA-Zeichensatz bzw. durch eine Folge von Zeichen aus dem DVA-Zeichensatz
ersetzt, die anderweitig in der Sprache PASCAL nicht vorkommt.
Nach [080] soll jedoch eine PASCAL-Implementation aus Gruenden
der Uebertragbarkeit von PASCAL-Programmen von einer DVA auf eine
andere DVA (portability) wenigstens statt der PASCAL-Sonderzeichen [,], {, } und ^ die Folgen von je zwei Zeichen (. , .) ,
(* , *) und das Zeichen @ oder ↑ in dieser Reihenfolge akzeptieren. In unseren Beispielen, die u.a. mit der PASCAL-6000-3.4-Im-
plementation getestet wurden, die auf den CYBER-Anlagen des Rechenzentrums der Universitaet zu Koeln zur Verfuegung steht, findet man statt der geschweiften Klammern { und } die Folge von
Zeichen (* und *), statt Apostroph ' das Nummernzeichen # und
statt des PASCAL-Sonderzeichens ^ den Apostroph '. Das PASCAL-
Sonderzeichen Unterstrich _ kann, wie wir noch darlegen werden
(vgl. Abschn. 2.2.1), entfallen, wenn man den auch fuer die Lesbarkeit von Programmen sehr nuetzlichen Zwischenraum _ +) geeignet verwendet.

Alle Zeichen des Zeichensatzes einer DVA, die nicht auch Zeichen des PASCAL-Zeichensatzes sind und die auch nicht durch
die implementationsabhaengige Ersetzungsvorschrift zum Zeichensatz, der den PASCAL-Zeichensatz darstellt, hinzukommen, koennen in Kommentaren (s. Abschn. 2.2.2), Zeichenketten (s. Abschnitt 2.2.5.3) und als Daten benutzt werden (womit allerdings
u.U. die Uebertragbarkeit eines Programmtextes eingeengt wird).
Wir haben also:

+) Mitunter ist es noetig, Zwischenraeume in diesem Buch zu verdeutlichen. Da der Unterstrich als PASCAL-Sonderzeichen entfaellt, verwenden wir ihn zur Verdeutlichung von Zwischenraeumen. In der Literatur werden fuer diesen Zweck sonst die Zeichen ⊔ und ḃ (blank) benutzt.

Zeichen (character)

```
        +----------+
 ---+--->I Buchstabe I---------------------------------+
    I    +----------+                                   I
    I                                                   I
    I    +--------+                                     I
    +--->I Ziffer I------------------------------------>I
    I    +--------+                                     I
    I                                                   I
    I    +----------------------------------------+     I
    +--->I DVA-typunabhaengiges Sonderzeichen I--->I
    I    +----------------------------------------+     I
    I                                                   I
    I    +-----------------------------------+          V
    +--->I DVA-typabhaengiges Sonderzeichen I---------->
         +-----------------------------------+
```

S11 Buchstabe (letter)

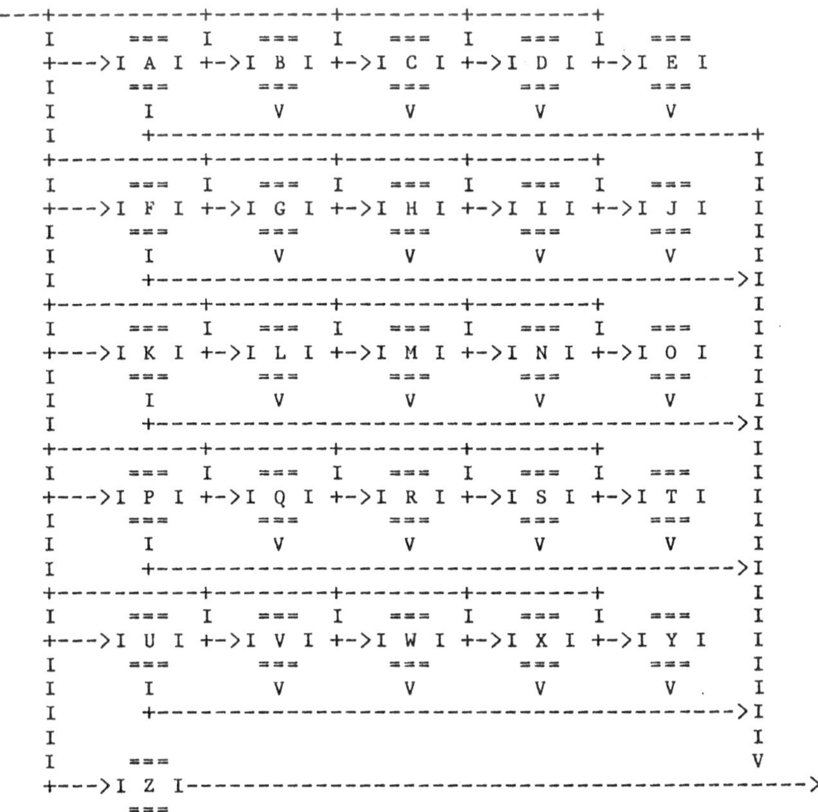

```
 ---+---------+--------+--------+--------+
    I    === I    === I    === I    === I    ===
    +--->I A I +->I B I +->I C I +->I D I +->I E I
    I    ===      ===      ===      ===      ===
    I    I        V        V        V        V
    I        +-----------------------------------------+
    +---------+--------+--------+--------+        I
    I    === I    === I    === I    === I    ===  I
    +--->I F I +->I G I +->I H I +->I I I +->I J I  I
    I    ===      ===      ===      ===      ===   I
    I    I        V        V        V        V     I
    I        +------------------------------------------>I
    +---------+--------+--------+--------+        I
    I    === I    === I    === I    === I    ===  I
    +--->I K I +->I L I +->I M I +->I N I +->I O I  I
    I    ===      ===      ===      ===      ===   I
    I    I        V        V        V        V     I
    I        +------------------------------------------>I
    +---------+--------+--------+--------+        I
    I    === I    === I    === I    === I    ===  I
    +--->I P I +->I Q I +->I R I +->I S I +->I T I  I
    I    ===      ===      ===      ===      ===   I
    I    I        V        V        V        V     I
    I        +------------------------------------------>I
    +---------+--------+--------+--------+        I
    I    === I    === I    === I    === I    ===  I
    +--->I U I +->I V I +->I W I +->I X I +->I Y I  I
    I    ===      ===      ===      ===      ===   I
    I    I        V        V        V        V     I
    I        +------------------------------------------>I
    I                                              I
    I    ===                                       V
    +--->I Z I--------------------------------------------->
         ===
```

DVA-typunabhaengiges Sonderzeichen (computer type
                                   independent special
                                   character)

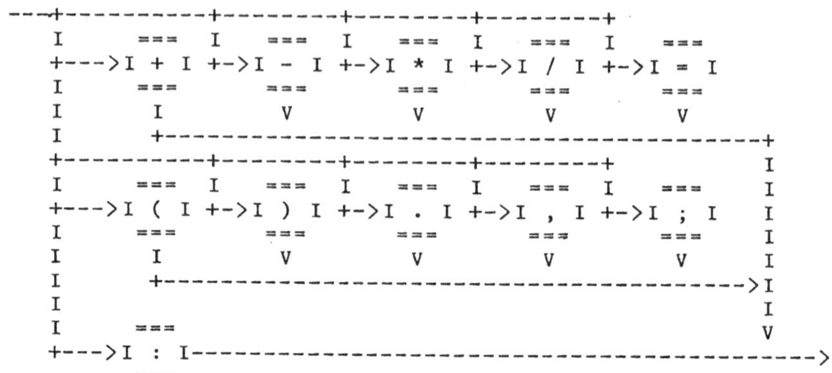

Die DVA-typabhaengigen Sonderzeichen koennen wir, weil wir keine bestimmte DVA bzw. keine bestimmte PASCAL-Implementation in
Betracht ziehen, nicht naeher auffuehren.

Grundsaetzlich ist es also notwendig, zwischen dem Zeichensatz
der Sprache PASCAL - also der Menge der oben definierten PASCAL-
Zeichen - und seiner Darstellung auf einer bestimmten DVA zu
unterscheiden. Uns interessiert hier, wie man PASCAL praktisch
zu benutzen hat. Deshalb verwenden wir in diesem Buch - ausser
in Beispielprogrammen - nur die oben eingefuehrte Darstellung
des PASCAL-Zeichensatzes.

2.2 Symbole

Mittels der in Abschn. 2.1 aufgefuehrten Zeichen koennen nun zunaechst einmal Worte gebildet werden. Solche Worte sind die bereits in Abschn. 1.4.1 besprochenen und in Abschn. 2.2.3 behan-
delten Namen. Aber auch Zeichen wie + oder - und andere sind in
PASCAL als Worte einzustufen. Sogar Aneinanderreihungen von Worten zu bestimmten Wortgruppen, naemlich Kommentare, sind - im
Sinne der lexikalischen Analyse durch den Kompilierer [198] - als
ein Wort aufzufassen. Man spricht deshalb nicht mehr von Worten,
sondern von Symbolen (token). Welche Arten von aus Zeichen bild-
baren Symbolen zu unterscheiden sind, weist folgendes Syntax-Diagramm aus:

Symbol (symbol)

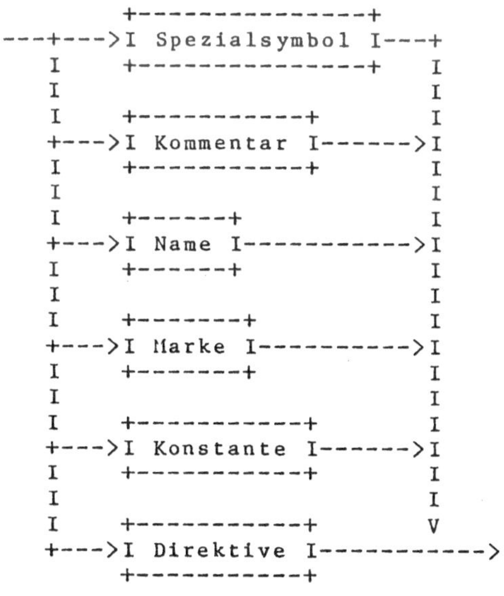

```
              +---------------+
  ---+--->I Spezialsymbol I---+
     I    +---------------+   I
     I                        I
     I    +-----------+       I
     +--->I Kommentar I------>I
     I    +-----------+       I
     I                        I
     I    +------+            I
     +--->I Name I---------->I
     I    +------+            I
     I                        I
     I    +-------+           I
     +--->I Marke I--------->I
     I    +-------+           I
     I                        I
     I    +-----------+       I
     +--->I Konstante I------>I
     I    +-----------+       I
     I                        I
     I    +-----------+       V
     +--->I Direktive I----------->
          +-----------+
```

Von diesen Symbolarten werden in den folgenden Abschnitten dieses Kapitels alle besprochen bis auf Direktiven. Ihre Besprechung erfolgt erst im Zusammenhang mit der Besprechung von Unterprogrammen im Kap. 7 im Abschn. 7.1.4.

2.2.1 Spezialsymbole

Um die Menge der Spezialsymbole in der von uns gewaehlten Darstellung des PASCAL-Zeichensatzes auffuehren zu koennen, gehen wir aus von der Menge der mittels des PASCAL-Zeichensatzes
hinschreibbaren Spezialsymbole - der Menge der PASCAL-Spezial-
symbole. Diese umfasst die PASCAL-Sonderzeichen, PASCAL-Spezialsymbolpaare und die PASCAL-Wortsymbole:

PASCAL - Spezialsymbol (PASCAL special symbol)

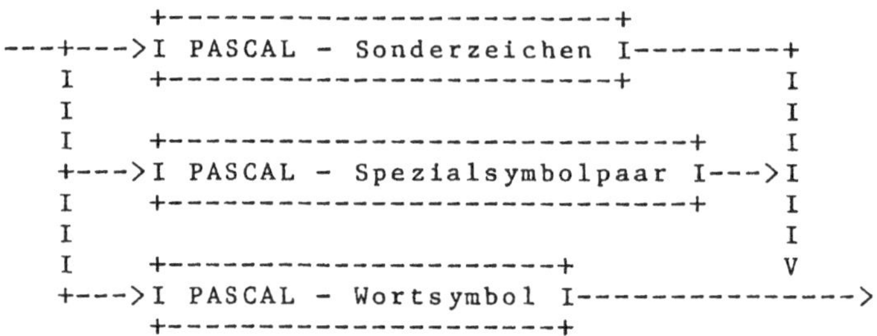

```
                    +-------------------------+
   ---+--->I PASCAL - Sonderzeichen I--------+
      I    +-------------------------+        I
      I                                       I
      I    +-----------------------------+    I
      +--->I PASCAL - Spezialsymbolpaar I--->I
      I    +-----------------------------+    I
      I                                       I
      I    +---------------------+            V
      +--->I PASCAL - Wortsymbol I--------------->
           +---------------------+
                                          .
```

Die PASCAL-Sonderzeichen sind uns nebst ihrer Darstellung aus
Abschn. 2.1 bekannt.

PASCAL-Spezialsymbolpaare werden durch Aneinanderreihung zweier
PASCAL-Sonderzeichen gebildet. Zu ihnen gehoeren:

PASCAL - Spezialsymbolpaar (PASCAL special symbol pair)

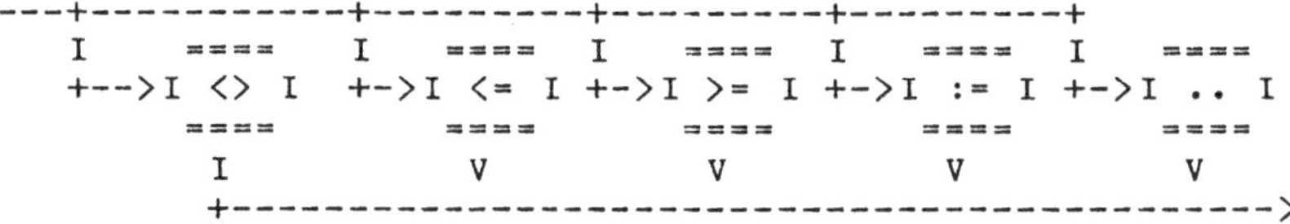

```
   ---+---------+--------+--------+--------+
      I   ====  I  ====  I  ====  I  ====  I  ====
      +-->I <> I  +->I <= I +->I >= I +->I := I +->I .. I
          ====     ====     ====     ====     ====
      I        V        V        V        V
      +------------------------------------------------->
                                                    .
```

Ihre Darstellung ist ueber die Darstellung der verwendeten
PASCAL-Sonderzeichen gegeben.

PASCAL-Wortsymbole - auch als Schluesselworte bezeichnet -
werden durch Aneinanderreihung von Kleinbuchstaben (Abschn.
2.1) gebildet und mittels des Unterstrichs _ unterstrichen. Sie
sind Worte oder Abkuerzungen bzw. Zusammenziehungen von Worten
der englischen Sprache:

PASCAL - Wortsymbol (PASCAL wordsymbol)

```
---+------------+------------+-----------+
   I    =====  I   ======  I   =======  I   ======
   +--->I and I +->I array I +->I begin I +->I case I
   I    =====  I   ======  I   =======  I   ======
   I      I         V           V           V
   I      +----------------------------------------------+
   +---------------+------------+---------+               I
   I    =======  I   =====  I  ====  I   ========        I
   +--->I const I +->I div I +->I do I +->I downto I     I
   I    =======  I   =====  I  ====  I   ========        I
   I      I         V         V         V                I
   I      +------------------------------------------->I  I
   +--------------+---------+-----------+                  I
   I    ======  I   =====  I   ======  I   =====           I
   +--->I else I +->I end I +->I file I +->I for I         I
   I    ======  I   =====  I   ======  I   =====           I
   I      I         V          V          V                I
   I      +------------------------------------------->I    I
   +------------------+-----------+---------+                I
   I    ==========  I   ======  I  ====  I  ====            I
   +--->I function I +->I goto I +->I if I +->I in I         I
   I    ==========  I   ======  I  ====  I  ====            I
   I      I            V          V         V                I
   I      +------------------------------------------->I      I
   +------------------+----------+----------+                  I
   I    =======  I   =====  I   =====  I   =====               I
   +--->I label I +->I mod I +->I nil I +->I not I             I
   I    =======  I   =====  I   =====  I   =====               I
   I      I         V          V          V                    I
   I      +------------------------------------------->I        I
   +-----------+---------+------------+                          I
   I    ====  I  ====  I   ========  I   ===========            I
   +--->I of I +->I or I +->I packed I +->I procedure I         I
   I    ====  I  ====  I   ========  I   ===========            I
   I      I      V          V              V                     I
   I      +------------------------------------------->I          I
   +--------------+-----------+-----------+                        I
   I    =========  I   ========  I   ========                     I
   +--->I program I +->I record I +->I repeat I                   I
   I    =========  I   ========  I   ========                     I
   I      I            V             V                            I
   I      +------------------------------------------->I           I
   +-----------+------------+----------+                           I
   I    =====  I   ======  I  ====  I   ======                     I
   +--->I set I +->I then I +->I to I +->I type I                  I
   I    =====  I   ======  I  ====  I   ======                     I
   I      I         V          V         V                         I
   I      +------------------------------------------->I            I
   +-------------+----------+-----------+                            I
   I    =======  I   =====  I   =======  I   ======                 I
   +--->I until I +->I var I +->I while I +->I with I-->I
        =======      =====      =======      ======  +-+
           I          V           V            V       V
           +------------------------------------------------>
                                                             .
```

Zur Darlegung, wie PASCAL-Wortsymbole mittels Zeichen der von
uns gewaehlten Darstellung des PASCAL-Zeichensatzes zu schreiben
sind, betrachten wir einmal den syntaktisch richtigen PASCAL-Satz

     var_K,P,Z:real_;   .

Vergleicht man diesen Satz mit dem Satz

     VAR K,P,Z:REAL;

in Beispiel Bl.3-1, so erkennt man, dass dieser von gleicher syntaktischer Konstruktion ist. Er wurde lediglich mit Zeichen der
von uns gewaehlten Darstellung des PASCAL-Zeichensatzes gebildet.
Dabei faellt auf, dass das Wortsymbol VAR nicht mit Unterstrichen
versehen und hinter dem Wortsymbol VAR ein Zwischenraum eingefuegt
wurde. Es ist sehr unpraktisch, Zeichen mit dem Unterstrich zu
versehen (man denke an die Muehen, die man bei der Benutzung einer
Schreibmaschine haette). Deshalb entfallen die Unterstriche bei
Wortsymbolen, die mittels Zeichen der von uns gewaehlten Darstellung des PASCAL-Zeichensatzes gebildet werden. Das hat jedoch syntaktische Konsequenzen: Wortsymbole sind nicht mehr in jedem Fall
eindeutig erkennbar - weder fuer den Menschen noch fuer die Maschine. Betrachten wir z.B. die syntaktisch richtige Konstruktion
(vgl. Kap. 5)

     A_div_B

und schreiben diese in der Form

     ADIVB   ,

so sind die Namen A, B und das Wortsymbol DIV nicht zu unterscheiden von dem Namen ADIVB. Fuegt man aber Zwischenraeume
ein:

     A DIV B   ,

so wird die Konstruktion wieder eindeutig. Der Zwischenraum uebt
bei der Verwendung der von uns gewaehlten Darstellung des PASCAL-
Zeichensatzes zur Bildung eines PASCAL-Programmes eine Trennfunk-
tion aus und wird deshalb auch als Trennsymbol bezeichnet. Als
Trennsymbole fungieren uebrigens auch alle gemaess der PASCAL-
Syntax verwendbaren Sonderzeichen, Spezialsymbolpaare, ja sogar
Kommentare und das 'Ende einer PASCAL-Textzeile'. Sie dienen bei
der Verwendung der von uns gewaehlten Darstellung des PASCAL-
Zeichensatzes zur Bildung eines PASCAL-Programmes zum Trennen
von Wortsymbolen, Namen, Marken, Konstanten und Direktiven voneinander.

Regel R2.2.1-1: Die Trennsymbole Zwischenraum, Kommentar und
               'Ende einer PASCAL-Textzeile' duerfen mehr-
               fach und miteinander sowie mit anderen Trenn-
               symbolen kombiniert zu Trennzwecken benutzt
               werden.

Dadurch kann die Lesbarkeit eines PASCAL-Programms erhoeht
werden. Nur innerhalb von Spezialsymbolpaaren, Wortsymbolen,

Namen, Marken, Konstanten und Direktiven darf natuerlich kein
Trennsymbol verwandt werden.

Halten wir also fest: Wortsymbole werden bei Verwendung der von
uns gewaehlten Darstellung des PASCAL-Zeichensatzes mit (Gross-)
Buchstaben geschrieben und muessen von anderen Symbolen, die
keine Trennsymbole sind, mindestens durch ein Trennsymbol getrennt werden.

Schliesslich gilt noch

Regel R2.2.1-2: Wortsymbole duerfen nicht als Namen benutzt wer-
                den.

Eine Anweisung

            END := BEGIN * VAR / 100

ist nicht nur fuer den menschlichen Leser verwirrend, weil verschiedene Objekte gleich bezeichnet werden, sondern auch falsch,
weil BEGIN, END, VAR und alle anderen Wortsymbole fuer den Kompilierer nur als Wortsymbole zugelassen werden, d.h. reservierte
Worte der Sprache sind. Der Grund fuer diese fuer den Anwender
unwesentliche Einschraenkung liegt darin, dass der Kompilierer
dadurch einfacher wird, weil er syntaktische Konstruktionen unmittelbar an den Wortsymbolen erkennen kann und vor allem, weil
er nach Erkennen eines syntaktischen Fehlers leichter wieder
Tritt fassen kann [198].

Zusammenfassend sind also Spezialsymbole die Sonderzeichen, die
Spezialsymbolpaare und Wortsymbole. Wir ersparen es uns, die
noetigen Syntax-Diagramme anzugeben, weil sie aus den Syntax-
Diagrammen "PASCAL - Spezialsymbol", "PASCAL - Sonderzeichen",
"PASCAL - Spezialsymbolpaar" und "PASCAL - Wortsymbol" leicht
abzuleiten sind.

2.2.2 Kommentare

Kommentare sind beliebige Folgen von Zeichen, die in die Zeichen { und } eingeschlossen sind und nicht das Zeichen } enthalten. Wie koennte sonst auch das Kommentarende erkannt werden? Statt der geschweiften Klammern { und } verwenden wir im
folgenden aus Gruenden, die in der praktischen Benutzung von
PASCAL zu sehen sind (vgl. Abschn. 2.1), die Darstellungen
(* und *) .

```
    Kommentar (comment)

         ====      +----------------------------+      ====
    --->I (* I--->I Folge von Zeichen ohne *) I--->I *) I--->
         ====      +----------------------------+      ====


    Folge von Zeichen ohne *) (string of characters
                                 without *))

       +-----------------------------------------------------+
       I                                                     I
       V                    +-------------------+            I
    -----+---------------->I Zeichen ungleich * I-------->I
       I                    +-------------------+            I
       I<----------+                                        I
       I     ===    I      +---------------------------+   I
       +--->I * I---+--->I Zeichen ungleich * und ) I---+
       I     ===           +---------------------------+
       +----------------------------------------------------->


    Zeichen ungleich * (character not equal to *)

           +------------------------------+
    ---+--->I Zeichen ungleich *, ) und ' I---+
       I    +------------------------------+   I
       I                                       I
       I      ===                              I
       +--->I ) I----------------------------->I
       I      ===                              I
       I                                       I
       I      ===                              V
       +--->I ' I------------------------------->
              ===


    Zeichen ungleich * und ) (character not equal to * and ))

           +-----------------------------+
    ---+--->I Zeichen ungleich *, ) und ' I---+
       I    +-----------------------------+   I
       I                                      I
       I      ===                             V
       +--->I ' I------------------------------->
              ===
```

S12 Zeichen ungleich *,) und ' (character not equal
                          to *,) and ')

```
            +----------------------------------------+
  ---+--->I DVA-typunabh.Zeichen ungleich * und ) I---+
     I      +----------------------------------------+     I
     I                                                     I
     I      +----------------------------------+           V
     +--->I DVA-typabh.Zeichen ungleich ' I------------------>
            +----------------------------------+
```

S13 DVA-typunabh.Zeichen ungleich * und) (computer type
                                 independent charac-
                                 ter not equal
                                 to * and))

```
            +-----------+
  ---+--->I Buchstabe I------------------------------------+
     I      +-----------+                                        I
     I                                                           I
     I      +--------+                                           I
     +--->I Ziffer I-------------------------------------->I
     I      +--------+                                           I
     I                                                           I
     +----------+--------+--------+--------+                     I
     I     === I  === I  === I  === I  ===               I
     +--->I + I +->I - I +->I / I +->I = I +->I ( I       I
     I     ===      ===      ===      ===      ===               I
     I      I        V        V        V        V                I
     I      +-------------------------------------------->I
     +----------+--------+--------+                              I
     I     === I  === I  === I  ===                       I
     +--->I . I +->I , I +->I ; I +->I : I                I
           ===      ===      ===      ===                        I
            I        V        V        V                         V
            +--------------------------------------------------->
```

S14 DVA-typabh.Zeichen ungleich ' (computer type dependent
                          character not equal to ')

```
  ---+----------+--------+--------+--------+--------+
     I     === I  === I  === I  === I  === I  ===
     +--->I < I +->I > I +->I [ I +->I ] I +->I ^ I
     I     ===      ===      ===      ===      ===
     I      I        V        V        V        V
     I      +-----------------------------------------------+
     +----------+                                           I
     I     === I  ============= ... =============           I
     +--->I   I +->I und weitere Zeichen ungleich ' I--->I
           ===      ============= ... =============         I
            I                                               V
            +-------------------------------------------------->
```

Die vorstehenden Syntax-Diagramme zeigen, dass es notwendig
ist, den durch das in Abschn. 2.1 gegebene Syntax-Diagramm

"Zeichen" festgelegten Zeichensatz anders zu unterteilen als
dieses ausweist. Diese Unterteilung erfordern auch die Syntax-
Diagramme S21 ("Zeichen - Konstante") und S23 ("'N' - Zeichen-
konstante") - vgl. Abschn. 2.2.5.3. Damit ist verstaendlich,
weshalb das Syntax-Diagramm "Zeichen" keine Nummer mit vorgesetztem Buchstaben S erhalten hat.

Nach der Regel R2.2.1-1 duerfen Kommentare zwischen je zwei
Symbole und / oder Trennzeichen eingeschoben werden. Auf den
Ablauf eines Programmes haben Kommentare keinen Einfluss: Sie
werden vom Kompilierer 'einfach' uebergangen.

Kommentare in einem PASCAL-Programm helfen zu dokumentieren,
was das Programm bewirken soll. Von der Moeglichkeit, Kommentare in Programme einzufuegen, sollte reger Gebrauch gemacht
werden - und zwar bei der Programmerstellung und nicht nach-
traeglich [038]. Neben uebergeordneten Kommentaren, die i.a.
den Zweck eines Programmes als Ganzes (s. Beispiel B1.3-1) und
seine Benutzung dokumentieren, erleichtern Kommentare im Ver-
einbarungs- und Anweisungsteil das Verstehen und damit Test-,
Aenderungs- und Erweiterungsarbeiten. Der Vereinbarungsteil des
Beispielprogrammes B1.3-1 koennte etwa in der Form

```
VAR K ,        (* KAPITAL *)
    P ,        (* ZINSFUSS *)
    Z : REAL (* ZINSEN FUER 1 JAHR *)
```

kommentiert werden. Im Anweisungsteil desselben Beispielprogrammes koennte man schreiben:

```
BEGIN
  READ (K, P);        (* EINGABE VON KAPITAL
                         UND ZINSFUSS *)
  Z := K * P / 100;   (* ZINSFORMEL *)
  WRITELN (K, P, Z);  (* AUSGABE VON KAPITAL,
                         ZINSFUSS UND ZINSEN *)
END                        .
```

2.2.3 Namen, Standardnamen und ihr Gueltigkeitsbereich

Im taeglichen Leben wie in Wissenschaftsbereichen muessen Objekte, mit denen man arbeiten will, bezeichnet werden: Man gibt
ihnen Namen - meist Buchstaben- und / oder Ziffernfolgen. Bei
haeufigem Gebrauch werden fuer einzelne Namen auch sinnfaellige
Abkuerzungen eingefuehrt, die im Laufe der Zeit oft die urspruenglichen Namen ersetzen.

Aus der Schulphysik ist z.B. jedem bekannt, dass auf der Erde
ein Koerper, der eine bestimmte Zeit frei im Vakuum faellt,
eine Geschwindigkeit besitzt, die der Fallzeit proportional
ist. Der Proportionalitaetsfaktor - eine Konstante - ist die
Erdbeschleunigung. Diesen Sachverhalt beschreibt man durch:

$$v = g \cdot t \qquad ,$$

wobei - wie es ueblich ist - v als Name fuer die Geschwindigkeit (velocitas), g als Name fuer die Erdbeschleunigung (gravi-
tas) und t als Name fuer die Zeit (tempus) zu sehen sind. Auch
in der in Abschn. 1.3 genannten Zinsformel

$$z = \frac{k \cdot p}{100}$$

sind z, k und p in diesem Sinne Namen.

Abschn. 1.3 zeigte gleichzeitig, dass solche Namen auch in PAS-
CAL-Programme eingehen. Grundsaetzlich koennen bzw. muessen fuer
folgende Objekte in PASCAL-Programmen Namen (oder Bezeichner
bzw. Identifizierer, wenn man die in der angelsaechsischen
Literatur gebraeuchliche Bezeichnung identifier woertlich uebersetzt) gewaehlt werden: Fuer

- das Programm selbst, wie wir von Abschn. 1.5 her schon wis-
  sen;
- Konstanten (s. Abschn. 2.2.5.4) +), wie beispielsweise g
  fuer die Erdbeschleunigung;
- Datentypen (s. Abschn. 3.4) zur Definition von Typen zu ver-
  arbeitender Daten, wie etwa REAL im Beispielprogramm
  B1.3-1 (ein Name, der allerdings standardmaessig als
  definiert gilt, s. spaeter);
- Satzkomponenten und (Satz-)Auswahlkomponenten zur Angabe von
  Satz-Typen (s. Abschnitte 3.2.3.1 und 3.2.3.2);
- Variablen (s. Abschn. 4.1), wie t und v oder k, p und z bzw.
  wie die gemaess S3 zu benutzenden Programmparameter
  - sprich: Ein-/Ausgabedateien - und schliesslich fuer
- Prozeduren und Funktionen, die - wie in Abschn. 1.5 bemerkt
  - i.a. mehrfach benoetigte Anweisungsfolgen bezeichnen, sowie fuer sie notwendige
- formale Parameter (s. Abschn. 7.1.3).

+) Als Konstanten sind auch die Werte von Aufzaehl-Typen anzusehen (s. Abschn. 3.1.4).

Die Wahl der Namen - und damit die Definition bzw. Deklaration
der Objekte - erfolgt grundsaetzlich im Vereinbarungsteil eines
Blockes, wenn man einmal davon absieht, dass Programmname und
Programmparameter nach Abschn. 1.5 im Programmkopf festzulegen
sind. Im Beispielprogramm B1.3-1 sind die Namen K, P und Z durch

                VAR K, P, Z : REAL

deklariert und im Anweisungsteil in der READ-Anweisung, der
Wertzuweisung an Z und der WRITELN-Anweisung benutzt worden.
Man hat also zu unterscheiden zwischen der Definition bzw. De-
klaration eines Namens und seiner Benutzung. Es gilt i.a. die

Regel R2.2.3-1: Die Definition bzw. Deklaration eines Namens
                muss seiner Benutzung vorausgehen.

Da der Vereinbarungsteil vor dem Anweisungsteil eines Blockes
liegt, wird die Beachtung dieser Regel meist durch die Syntax
erzwungen. Im Vereinbarungsteil gibt die Syntax allein in vielen Faellen aber keine Garantie. Schlimmer noch: Es gibt eine
Ausnahme der Regel R2.2.3-1, die wir erst bei der Besprechung
des Typdefinitionsteils (s. Abschn. 3.4) eroertern wollen.

Wie Namen aus Zeichen zu bilden sind, haben wir schon in Abschnitt 1.4.1 dargestellt. Wir uebernehmen das dort aufgefuehrte Syntax-Diagramm "Name", geben ihm jedoch Bezeichnungen, die
zum Ausdruck bringen, welche Objekte in PASCAL mit Namen zu belegen sind:

S15 Programmname (program identifier)
    Name f.ganze Konstante (integer constant identifier)
    Name f.boolesche Konstante (boolean constant identifier)
    Name f.Zeichen - Konstante (character constant identifier)
    Name f.reelle Konstante (real constant identifier)
    Name f.'N' - Zeichenkonstante ('N' character constant
                                identifier)
    Name f.Zeigerkonstante (pointer constant identifier)
    Name f.ganzen Standardtyp (integer standard type identifier)
    Name f.'gT' Typ ('gT' type identifier)
    Name f.booleschen Typ (boolean type identifier)
    Name f.Zeichenstandard - Typ (character standard type
                                identifier)
    Name f.Zeichenteilbereichs - Typ (character subrange type
                                identifier)
    Name f.Aufzaehl - Typ (enumeration type identifier)
    Name f.reellen Typ (real type identifier)
    Aufzaehl - Konstante (enumeration constant)
    untere Aufzaehlgrenze (lower enumeration bound)
    obere Aufzaehlgrenze (upper enumeration bound)
    Wert f.Aufzaehl - Auswahlkomponente (value for enumeration
                                selection component)
    Wert f.Aufzaehl - Ausdruck (value for enumeration
                                expression)
    Name f.'s' Typ ('s' type identifier)
    Name f.'t' Satzkomponente ('t' record component identifier)
    Name f.'e<>r' Auswahlkomponente ('e<>r' selection component
                                identifier)
    Name f.'t' gebundenen Zeiger - Typ ('t' bounded pointer
                                type identifier)
    Name f.'t' Variable ('t' variable identifier)
    Prozedurname (procedure identifier)
    Name f.ganze Funktion (integer function identifier)
    Name f.boolesche Funktion (boolean function identifier)
    Name f.Zeichen - Funktion (character function identifier)
    Name f.Aufzaehl - Funktion (enumeration function identifier)
    Name f.reelle Funktion (real function identifier)
    Name f.'t' gebundene Zeiger - Funktion ('t' bounded pointer
                                function identifier)
    Name f.Direktive (directive identifier)

```
                +-----------+
        ------->I Buchstabe I---+
            A       +-----------+   I
            I                       I
            I       +--------+      I
            +--->I Ziffer I----->I
            I       +--------+      I
            I                       I
            +----------------------+
                                    I
                                    +--->
```

53

Namen sind also Zeichenketten, die mit einem Buchstaben beginnen, auf den evtl. Buchstaben und / oder Ziffern folgen. Andere Zeichen als Buchstaben oder Ziffern duerfen jedenfalls nicht in Namen vorkommen (auch keine Zwischenraeume!).

```
Beispiele:          richtig                  falsch

                    A                        MAX-MIN
                    KAPITAL                  A_B
                    X6                       6X
                    MAXI                     BEGIN (s.
                                               R2.2.1-2)
```

Bei der Wahl von Namen sollte man sich zur Regel machen, sie moeglichst sinnfaellig zu waehlen. Das erleichtert das Lesen eines Programmes ungemein. Die Variable XALT sollte also nie den neuen Wert von x als Wert annehmen. Auch ist es ratsam, darauf zu achten, dass sich zwei Namen deutlich unterscheiden: XM6N unterscheidet sich z.B. nicht 'genuegend' von XN6M. Vor der Verwendung des Buchstabens O sei besonders gewarnt, weil er leicht mit der Ziffer 0 zu verwechseln ist. Bei der Wahl von Namen ist weiter zu beachten:

Regel R2.2.3-2: Namen muessen innerhalb eines Blockes eindeutig sein.

D. h.: Zwei verschiedene Objekte duerfen i.a. im selben Block nicht mit gleichen Namen bezeichnet werden. Beispielsweise darf es in einem Block keine Funktion F geben, wenn es schon eine Variable F gibt. Auch Objekte, die sich schon durch ihren Datentyp (s. Kap. 3) unterscheiden - etwa zwei Variable, eine ganzzahlig (integer) und eine reell (real) - duerfen in einem Block nicht gleich bezeichnet werden. Denn wie sollte dann in Ausdruecken (s. Kap. 5) beispielsweise der Form

$$F + F$$

unterschieden werden, welches F welches Objekt bezeichnet?

Auch Regel R2.2.3-2 hat wieder eine Ausnahme. Und zwar duerfen in verschiedenen Satz-Typ-Angaben (s. Abschn. 3.2.3) im gleichen Block fuer Auswahlkomponenten und / oder Satz-Komponenten gleiche Namen verwandt werden. Die Gruende hierfuer werden bei der Besprechung der Benutzung von Auswahlkomponenten und Satz-Komponenten klar werden.

Regel R2.2.3-2 legt nun die Frage nahe: Koennen Objekte, die verschiedenen Bloecken zugehoerig sind, mit gleichen Namen benannt werden? Die Frage ist zu bejahen. Und damit kommen wir zum Gueltigkeitsbereich (scope) eines Namens.

Zuvor ein Hinweis fuer den Anfaenger: Die Ausfuehrungen ueber den Gueltigkeitsbereich von Namen koennen beim erstmaligen Durcharbeiten des Buches uebergangen werden, da der Begriff des Gueltigkeitsbereiches eines Namens erst im Zusammenhang mit Prozeduren und Funktionen (s. Kap. 7) voll verstaendlich wird.

Nun also zum Gueltigkeitsbereich eines Namens: In Abschn. 1.5
haben wir gesehen, dass ein PASCAL-Programm im wesentlichen aus
einem Block besteht. Im Vereinbarungsteil dieses Blockes koennen Prozeduren und Funktionen deklariert werden und diese bestehen ihrerseits wieder - wie wir in den Abschnitten 7.1.1 und 7.1.2
sehen werden - hauptsaechlich aus je einem Block. Ist nun ein Name im Programm-Block vereinbart worden, so ist er auch in einem
Block benutzbar - sprich: gueltig, der durch eine Prozedur- oder
Funktionsdeklaration im Programm-Block eingefuehrt wird, wenn
nicht dieser Name im Vereinbarungsteil dieses Prozedur- oder
Funktionsblockes erneut aufgefuehrt wird. Man sagt: Der Name
behaelt Gueltigkeit in dem Prozedur- oder Funktionsblock oder:
Er ist global bezueglich des untergeordneten Prozedur- oder Funktionsblockes. Bezueglich des uebergeordneten Programm-Blockes
sagt man: Der Name sei lokal. Diese Sprechweise wird erst vollstaendig verstaendlich, wenn man in Betracht zieht, dass in

```
+----------------------------------------------------------+
I                                                          I
I Programm - Block P                                       I
I                                                          I
I    Name NP                                               I
I                                                          I
I       +--------------------------------------------+ I
I       I                                            I I
I       I Prozedur - oder Funktionsblock PF1         I I
I       I                                            I I
I       I    Name NPF1                               I I
I       I                                            I I
I       I       +--------------------------------+ I I
I       I       I                                I I I
I       I       I Prozedur - oder Funktionsblock PF2 I I I
I       I       I                                I I I
I       I       I    Name NPF2                   I I I
I       I       I                                I I I
I       I       +--------------------------------+ I I
I       I                                            I I
I       I       +--------------------------------+ I I
I       I       I                                I I I
I       I       I Prozedur - oder Funktionsblock PF3 I I I
I       I       I                                I I I
I       I       I    Name NPF3                   I I I
I       I       I                                I I I
I       I       +--------------------------------+ I I
I       I                                            I I
I       +--------------------------------------------+ I
I                                                          I
I       +--------------------------------------------+ I
I       I                                            I I
I       I Prozedur - oder Funktionsblock PF4         I I
I       I                                            I I
I       I    Name NP                                 I I
I       I                                            I I
I       +--------------------------------------------+ I
I                                                          I
+----------------------------------------------------------+
```

Abb. 2 Blockschachtelung

einem Prozedur- oder Funktionsblock ja weitere Prozedur- und /
oder Funktionsdeklarationen denkbar sind. Gewissermassen sind
also Blockschachtelungen moeglich, und Namen haben dann gegenueber einzelnen Bloecken dieser Schachtelung globale oder lokale Gueltigkeit je nachdem, ob sie als untergeordnet oder
uebergeordnet zu betrachten sind. Wir illustrieren dies mit
Hilfe der Abb. 2.

Fuer die in Abb. 2 gezeigte Blockstruktur ist:

Block	untergeordnet zu	uebergeordnet zu	Name	in Gueltigkeitsbereich	lokal zu	global zu
P		PF1, PF4	NP	P, PF1, PF2, PF3	P	PF1, PF2, PF3
PF1	P	PF2, PF3	NPF1	PF1, PF2, PF3	PF1	PF2, PF3
PF2	PF1		NPF2	PF2	PF2	
PF3	PF1		NPF3	PF3	PF3	
PF4	P		NP	PF4	PF4	

Ganz exakt sind diese Ausfuehrungen ueber den Gueltigkeitsbereich von Namen nicht. Man erkennt natuerlich nicht genau, welcher Teil eines PASCAL-Programmtextes - Block ist zu allgemein -
der Gueltigkeitsbereich ist. Dazu ist es notwendig, zu erklaeren,
wo das Auftreten eines Namens in einem PASCAL-Programmtext als
definierend zu betrachten ist: Es muss ein Definitionspunkt (definition point) festgelegt sein. Weiter muss erklaert sein, welcher Teil des PASCAL-Programmtextes den Definitionspunkt eines
Namens umfassen soll: Welche Region (region) er haben soll. Erst
dann kann im Einzelfalle erklaert werden, welchen Gueltigkeitsbereich ein Name hat (s. [080]). I.a. stimmt eine Region grob
mit einem Block ueberein, so dass unsere obigen Ausfuehrungen
im grossen und ganzen stimmen. Wir vermeiden im folgenden, um
nicht das Verstaendnis unnoetig zu erschweren, die Begriffe Definitionspunkt und Region, fuehren jedoch im Einzelfalle genauer
aus, von welcher PASCAL-Programmtextstelle ein Name als definiert oder deklariert zu betrachten ist und wo er benutzt werden kann (s. Seiten 2.2.5.4/3, 3.1.4/1, 3.2.3.1/3, 3.4/3, 4.1/1,
6.2.4/2, 7.1.1/2, 7.1.2/5 und 7.1.3/2).

Neben der Moeglichkeit, Objekte selbst zu definieren bzw. zu deklarieren, gibt es in PASCAL die Moeglichkeit, von sog. standardmaessig definierten bzw. deklarierten Objekten Gebrauch zu machen.
Dazu sind fuer diese Objekte Namen - sog. Standardnamen - vergeben worden, deren Benutzung ohne vorherige Definition bzw. Deklaration moeglich ist. Standardnamen werden global zu einem PASCAL-
Programm angesehen und koennen daher per Definition bzw. Deklaration lokal fuer andere Zwecke benutzt werden. Von diesem 'Missbrauch' wird abgeraten, um das Verstaendnis eines Programmes

nicht zu erschweren. In den folgenden Syntax-Diagrammen haben
wir die standardmaessig definierten bzw. deklarierten Objekte
mit ihren Standardnamen zusammengestellt. Besprochen werden
die einzelnen Objekte spaeter.

Standardname (standard identifier)

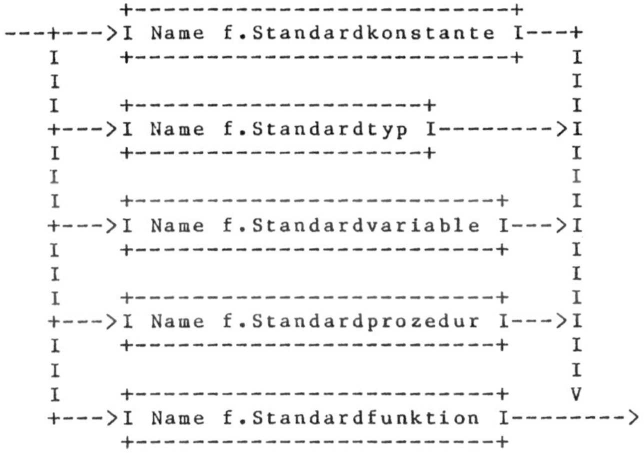

```
        +-------------------------+
---+--->I Name f.Standardkonstante I---+
   I    +-------------------------+   I
   I                                  I
   I    +-------------------+         I
   +--->I Name f.Standardtyp I-------->I
   I    +-------------------+         I
   I                                  I
   I    +------------------------+    I
   +--->I Name f.Standardvariable I--->I
   I    +------------------------+    I
   I                                  I
   I    +------------------------+    I
   +--->I Name f.Standardprozedur I--->I
   I    +------------------------+    I
   I                                  I
   I    +------------------------+    V
   +--->I Name f.Standardfunktion I-------->
        +------------------------+
```

Name f.Standardkonstante (standard constant identifier)

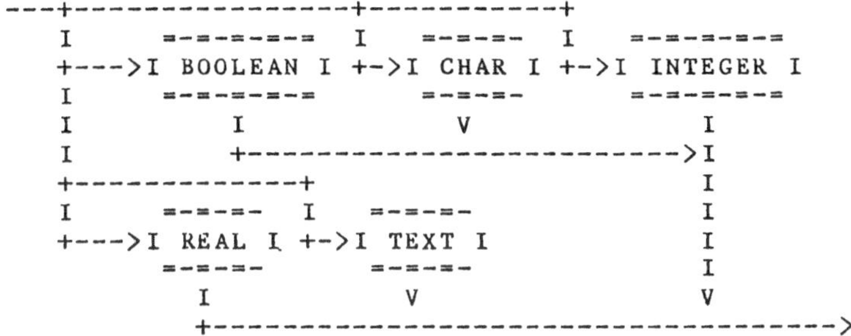

```
---+---------------+------------+
   I    =-=-=-=    I   =-=-=-=- I    =-=-=-
   +--->I FALSE I +->I MAXINT I +->I TRUE I
        =-=-=-=       =-=-=-=-      =-=-=-
          I             V             V
          +------------------------------------->
```

Name f.Standardtyp (standard type identifier)

```
---+-----------------+----------+
   I    =-=-=-=-=    I  =-=-=-  I   =-=-=-=-=
   +--->I BOOLEAN I +->I CHAR I +->I INTEGER I
   I    =-=-=-=-=       =-=-=-      =-=-=-=-=
   I         I            V            I
   I         +-------------------------->I
   +-----------+                         I
   I    =-=-=- I   =-=-=-                 I
   +--->I REAL I +->I TEXT I             I
        =-=-=-      =-=-=-               I
          I           V                 V
          +--------------------------------->
```

Name f.Standardprogrammparameter (standard program
                                  parameter identifier)

```
---+-------------+
   I      =-=-=-=   I      =-=-=-=-
   +--->I INPUT I +->I OUTPUT I
        =-=-=-=      =-=-=-=-
          I            V
          +----------------------------------->
```

Name f.Standardprozedur (standard procedure identifier)

```
---+---------------+----------+---------+
   I      =-=-=-=-=   I   =-=-=   I   =-=-=   I      =-=-=-
   +--->I DISPOSE I +->I GET I +->I NEW I +->I PACK I
   I      =-=-=-=-=      =-=-=      =-=-=         =-=-=-
   I         I            V          V            V
   I         +------------------------------------------------+
   +-------------+----------+----------+                       I
   I      =-=-=   I   =-=-=   I   =-=-=-   I      =-=-=-=-      I
   +--->I PAGE I +->I PUT I +->I READ I +->I READLN I    I
   I      =-=-=-      =-=-=      =-=-=         =-=-=-=-      I
   I         I            V          V            V            I
   I         +------------------------------------------------>I
   +----------------+-------------+                             I
   I      =-=-=-=   I   =-=-=-=-=   I      =-=-=-=-            I
   +--->I RESET I +->I REWRITE I +->I UNPACK I              I
   I      =-=-=-=      =-=-=-=-      =-=-=-=-                  I
   I         I            V          V                         I
   I         +------------------------------------------------>I
   +--------------+                                             I
   I      =-=-=-=   I      =-=-=-=-=                           I
   +--->I WRITE I +->I WRITELN I            +--------------+
        =-=-=-=      =-=-=-=-=            I
          I            V                   V
          +--------------------------------------->
```

Name f.Standardfunktion (standard function identifier)

```
---+-------------+-------------+----------+
   I     =-=-=   I   =-=-=-=   I   =-=-=   I    =-=-=
   +--->I ABS I +->I ARCTAN I +->I CHR I +->I COS I
   I     =-=-=       =-=-=-=-      =-=-=       =-=-=
   I       I            V            V           V
   I       +----------------------------------------------+
   +-------------+----------+----------+              I
   I     =-=-=   I   =-=-=-  I   =-=-=  I    =-=-       I
   +--->I EOF I +->I EOLN I +->I EXP I +->I LN I        I
   I     =-=-=       =-=-=-      =-=-=       =-=-        I
   I       I            V           V           V        I
   I       +-------------------------------------------->I
   +-------------+----------+----------+              I
   I     =-=-=   I   =-=-=   I   =-=-=-  I    =-=-=-=    I
   +--->I ODD I +->I ORD I +->I PRED I +->I ROUND I     I
   I     =-=-=       =-=-=       =-=-=-       =-=-=-=    I
   I       I            V           V           V        I
   I       +-------------------------------------------->I
   +-------------+----------+----------+              I
   I     =-=-=   I   =-=-=   I   =-=-=-  I    =-=-=-     I
   +--->I SIN I +->I SQR I +->I SQRT I +->I SUCC I      I
   I     =-=-=       =-=-=       =-=-=-       =-=-=-     I
   I       I            V           V           V        I
   I       +-------------------------------------------->I
   I                              +--------------+
   I     =-=-=-=                            V
   +--->I TRUNC I------------------------------------->
         =-=-=-=
```

Abschliessend noch drei Bemerkungen:

. Formal laesst PASCAL Namen zu, die aus beliebig vielen Buchstaben und / oder Ziffern gebildet sind (natuerlich nicht
  mehr, als implementationsabhaengig eine PASCAL-Textzeile Zeichen aufzunehmen vermag). PASCAL-Implementationen machen jedoch i.a. Einschraenkungen: Meist akzeptieren sie solche Namen, nehmen aber nur maximal acht Buchstaben und / oder Ziffern zur Kenntnis. Dann muss dafuer Sorge getragen werden,
  dass sich verschiedene Namen schon in den ersten acht Buchstaben und / oder Ziffern unterscheiden.
. Namen duerfen nach Abschn. 2.2.1 nicht mit einem der dort
  aufgefuehrten Wortsymbole uebereinstimmen. Das sei noch einmal betont.
. Schliesslich hat der Programmname innerhalb eines PASCAL-
  Programmes - spezielle Implementationseinschraenkungen
  ausser acht lassend - keine Bedeutung. Man sollte ihn aber
  genau wie Standardnamen nicht fuer andere Zwecke benutzen.

2.2.4 Marken und Markendeklarationsteil

Dieser Abschnitt kann beim ersten Lesen des Buches vom Anfaenger uebergangen werden. Er ist erst im Zusammenhang mit Sprunganweisungen (s. Abschn. 6.1.2) von Bedeutung.

Nach dem in Abschn. 1.5 Gesagten und dem dort angegebenen Syntax-Diagramm S7 koennen Anweisungen markiert werden, d. h. jeweils mit genau einer Marke versehen werden. In einer markierten Anweisung ist die Marke der Anweisung voranzustellen und von dieser durch einen Doppelpunkt zu trennen. Anweisungen, die als Ziel von Spruengen benoetigt werden, muessen markiert werden, weil man in den Sprunganweisungen diese Marke nennen muss. Markierte Anweisungen, auf die nicht in einer Sprunganweisung Bezug genommen wird, sind wenig sinnvoll und deshalb zu vermeiden. Eine Marke ist nach dem Syntax-Diagramm S16 eine Folge von Ziffern.

S16 Marke (label)
    vorzeichenlose ganze Zahl (unsigned integer)
    Ziffernfolge (digit sequence)

PASCAL laesst Marken mit beliebig vielen Ziffern zu (natuerlich nicht mehr, als implementationsabhaengig eine PASCAL-Textzeile Zeichen aufzunehmen vermag), jedoch muessen nach [080] ihre ganzzahligen Werte kleiner als 10000 sein. Zwei Marken - in einem Block (s. u.) - werden als verschieden angesehen, wenn sie sich in ihren ganzzahligen Werten unterscheiden. 1 und 01 sind danach nicht verschieden.

Alle im Anweisungsteil eines Blockes genannten Marken muessen im Markendeklarationsteil des Vereinbarungsteils (s. Syntax-Diagramm S5) deklariert werden. Umgekehrt muessen alle in einem Markendeklarationsteil deklarierten Marken im Anweisungsteil genannt sein. Der Aufbau eines Markendeklarationsteils ergibt sich aus dem Syntax-Diagramm S17.

S17 Markendeklarationsteil (label declaration part)

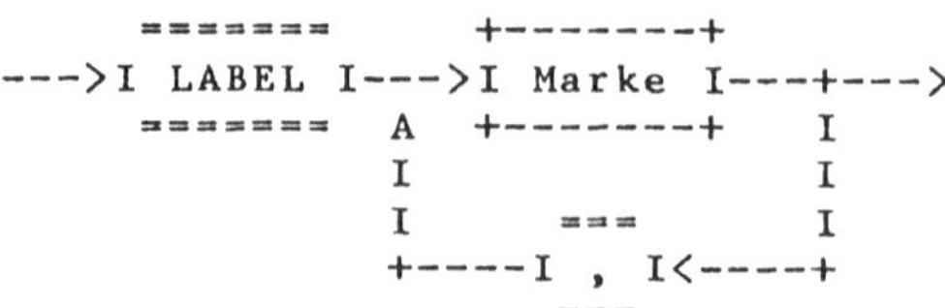

Ein Markendeklarationsteil wird also eingeleitet mit dem Wortsymbol LABEL, auf das eine Marke oder eine Folge von ggf. durch
Kommata getrennten Marken folgt.

Beispiele: richtig   falsch

                    LABEL 10, 100   LABEL 10, 010

Auch Marken haben wie Namen einen Gueltigkeitsbereich. Das
ueber den Gueltigkeitsbereich von Namen (vgl. Abschn. 2.2.3)
Gesagte laesst sich voellig auf den Gueltigkeitsbereich von
Marken uebertragen:

Regel R2.2.4-1: In einem Block muessen Marken eindeutig vergeben
                werden.

In verschiedenen Bloecken koennen gleiche (besser: gleichwertige)
Marken vergeben sein. Marken haben gegenueber einzelnen Bloecken
einer Blockschachtelung globale oder lokale Gueltigkeit.

Abschliessend sei noch einmal betont, dass Anweisungen nur
mit einer Marke versehen werden duerfen. Will man diese Syntax-
Regel unterlaufen, z.B. weil man sich Schreibarbeit bei Kor-
rekturen ersparen moechte, so muss man von der Leeranweisung
(s. Abschn. 6.1.3) Gebrauch machen.

2.2.5 Konstanten

In einem PASCAL-Programmtext koennen Daten als sog. Konstanten
aufgefuehrt werden. Sie muessen dann nicht extra zur Verarbeitung
vom Programm eingelesen werden. Vier Arten von Konstanten - wenn
man einmal davon absieht, dass die Werte von Aufzaehl-Typen (s.
Abschn. 3.1.4) auch als Konstanten aufzufassen sind - sind in
PASCAL zu unterscheiden:

Konstante (constant)

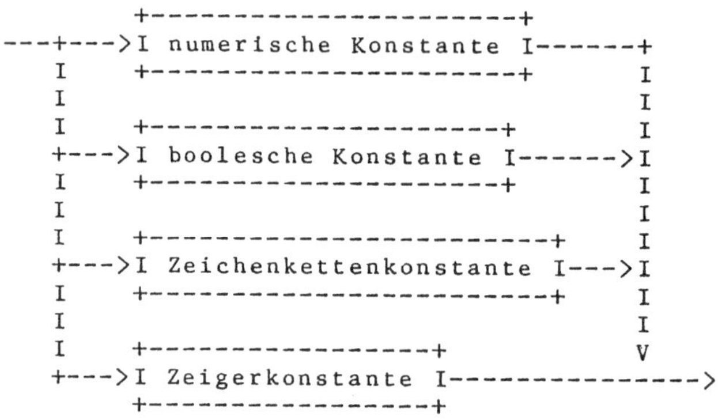

Die ersten drei Arten werden wir in den folgenden drei Unterabschnitten behandeln. Die Zeigerkonstanten werden wir erst in
Abschn. 3.3 im Zusammenhang mit Zeiger-Typen erlaeutern.

Numerische Konstanten und Zeichenkettenkonstanten sind (wenn
man von der Moeglichkeit der Benennung dieser Konstanten absieht), wie wir sehen werden, Folgen von Zeichen, die den Wert
bezeichnen, den sie darstellen. Sie brauchen in PASCAL nicht
vereinbart zu werden, und ihnen kann natuerlich auch kein Wert
zugewiesen werden. Streng genommen muesste man von der Darstellung einer Konstanten - naemlich der Folge von Zeichen - und
dem Wert der Konstanten sprechen. Wir reden aber - wie es ueblich ist - kurz von Konstanten.

In PASCAL-Programmen koennen fuer Konstanten auch Namen vergeben werden. Das muss im Konstantendefinitionsteil des Vereinbarungsteils eines Blockes geschehen, worauf wir in einem weiteren Unterabschnitt dieses Abschnittes eingehen wollen.

2.2.5.1 Numerische Konstanten

Numerische Konstanten sind Zahlen oder Namen fuer Zahlen. Es
sind zu unterscheiden:

numerische Konstante (numeric constant)

Die Formen, in denen ganze Konstanten in PASCAL-Programmen angegeben werden duerfen, werden durch das Syntax-Diagramm S18 angegeben.

S18 ganze Konstante (integer constant)

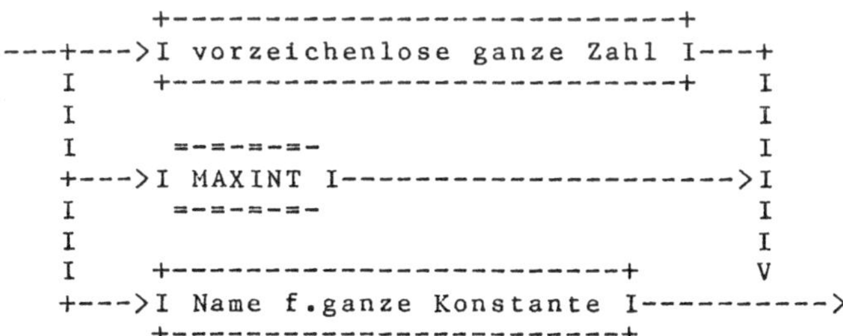

Die erste Form ist die uebliche Dezimaldarstellung ganzer Zahlen, wie das Syntax-Diagramm S16 (s. Abschn. 2.2.4) ausweist.

Beispiele: richtig   falsch

                      10   10.1
                    0123   012,3
                       4   3E2
                                                       -4
                                                       1_7

Nach dem Syntax-Diagramm S16 ist es formal moeglich, beliebig
lange Ziffernfolgen zu bilden (natuerlich nicht laengere, als implementationsabhaengig eine PASCAL-Textzeile lang sein darf) und
mithin Konstanten mit beliebig grossem Wert in PASCAL-Programmen
anzugeben. Eine DVA kann aber nur ganze Zahlen bis zu einer DVA-
typabhaengigen, endlichen Groesse verarbeiten. Diese Groesse kann
man durch Ausgabe des Wertes des Standardnamens MAXINT (s. Abschn.

2.2.3) - nach S18, der zweiten Form ganzer Konstanten - z.B. mit
Hilfe des folgenden Programms in Erfahrung bringen:


```
(* BEISPIEL B2.2.5.1-1: AUSGABE DES WERTES VON MAXINT *)
PROGRAM MI (OUTPUT);
BEGIN
  WRITELN (# #, MAXINT)
END.
```


Gibt man in einem PASCAL-Programm ganze Konstanten an, deren
Wert groesser als der Wert von MAXINT ist, sollte der Kompilierer eine entsprechende Fehlermeldung bringen.

Im Konstantendefinitionsteil (s. Abschn. 2.2.5.4) eines Blockes
koennen auch Namen fuer ganze Konstanten vergeben werden, wodurch die Angabeform "Name f.ganze Konstante" in S18 verstaendlich wird.

Wie wir wissen, haben Daten immer einen Typ. Ganze Konstanten
sind Daten vom Typ "ganzer Standardtyp", der in Abschn. 3.1.1
eingefuehrt wird.

Als reelle Konstanten werden in PASCAL Konstanten angesehen, die

- entweder aus einer Folge von Ziffern, gefolgt von einem
  Punkt - dem Dezimalpunkt (aus syntaktischen Gruenden nicht
  wie ueblich Dezimalkomma!) - und weiter gefolgt von mindestens einer oder weiteren Ziffern aufgebaut sind, beispielsweise 127.03, was als 127,03 zu verstehen ist;
- oder sie koennen aus einer vorzeichenlosen ganzen Zahl bzw.
  einer reellen Konstanten mit Dezimalpunkt der soeben beschriebenen Form aufgebaut sein, der der Buchstabe E (als
  Trennzeichen) und der Exponent eines Zehnerpotenzfaktors
  folgen (halblogarithmische Darstellung), beispielsweise
  127E3 bzw. 127E+3, was als 127000 zu verstehen ist oder
  127.03E-3, was als 0,12703 zu interpretieren ist. Fehlt
  das Zeichen + oder - hinter dem Buchstaben E, so wird +
  angenommen. Diese Darstellung von Zahlen mit Zehnerpotenzfaktor ist technisch begruendet. Auf einer Lochkarte etwa
  ist es nicht moeglich, einen Zehnerpotenzfaktor in der ueblichen mathematischen Schreibweise unterzubringen.
- Schliesslich koennen fuer reelle Konstanten auch wieder Namen vergeben werden.

Diese verbale Beschreibung reeller Konstanten ist in exakter
Form im Syntax-Diagramm S19 zu finden.

S19 reelle Konstante (real constant)

```
                +---------------+     ===     +---------------+
     ---+---->I Ziffernfolge I-+->I . I--->I Ziffernfolge I--+
        I      +---------------+ I   ===     +---------------+  I
        I                       I<---------------------------------+
        I      +----------+                                      I
        I      I              ===                                I
        I      I          +->I + I-+                             I
        I      I          I   ===  I                             I
        I      I    ===   I        V   +---------------+         I
        I      +--->I E I-+---------->I Ziffernfolge I->I
        I          ===   I        A   +---------------+         I
        I                I   ===  I                             I
        I                +->I - I-+                             I
        I                    ===                                I
        I                                                       I
        I      +-----------------------------+                  V
        +--->I Name f.reelle Konstante I---------------------->
               +-----------------------------+
```

Beispiele: richtig   Bedeutung   falsch

                  3.14   3,14   3,14
                  3.0E-1   0,3   3.E-1
                  0.10   0,10   .10
                  1.5E2   150   1.5E_2
                  1E3   1000   E3

Genau wie eine DVA nur ganze Zahlen einer DVA-typabhaengigen
endlichen Groesse verarbeiten kann, koennen auch nur reelle
Zahlen von DVA-typabhaengiger endlicher Groesse verarbeitet
werden. Diese Beschraenkung geht nicht aus dem Syntax-Diagramm
S19 hervor. Fuer reelle Konstanten gibt es in PASCAL leider keinen zu MAXINT analogen Standardnamen, der die groesste darstellbare reelle Konstante bezeichnet, so dass man diese Groesse aus
der DVA-Herstellerliteratur entnehmen muss. Bei reellen Zahlen
ist ausserdem zu beachten, dass auch die Zahl signifikanter Dezimalstellen DVA-typabhaengig endlich ist +). Die verarbeitbaren
reellen Daten bilden also immer nur eine DVA-typabhaengige, endliche Teilmenge der abbrechenden Dezimalzahlen. Dadurch koennen
sich numerische Konsequenzen ergeben. Darauf und auf die sich
aus den Darstellungswandlungen - extern (dezimal) in DVA-intern
(dual) - ergebenden numerischen Konsequenzen ++) kann hier nicht
naeher eingegangen werden. Jedoch kann einiges aus den Ausfuehrungen in Abschn. 3.1.5 ueber den reellen Typ erschlossen werden,
wenn beachtet wird, dass reelle Konstanten Daten reellen Typs
sind. Im uebrigen verweisen wir auf die Literatur [025].

 +) Eine in diesem Zusammenhang wichtige reelle Konstante ist
    die kleinste in einer DVA darstellbare reelle Konstante, die
    groesser als Eins ist (s. dazu Abschn. 3.1.5). Auch fuer sie
    gibt es in PASCAL keinen Standardnamen.
++) Z.B. ist 0.1 in einer DVA dual nicht exakt darstellbar,
    weil die Wandlung einen nicht-abbrechenden Dualbruch liefert.

2.2.5.2 Boolesche Konstanten

In vielen Anwendungsbereichen hat man es mit Groessen zu tun,
die nur die Werte 'ja' und 'nein' oder 'wahr' und 'falsch' oder
'ein' und 'aus' annehmen koennen. Man denke an Frageboegenaus-
wertungen, Aussagebewertungen und Loesungen von elektrischen
Netzwerkproblemen. Diese zweiwertigen Groessen werden logische
Groessen oder boolesche Groessen (nach dem englischen Mathematiker und Wegbereiter der modernen Logik G.Boole, 1815-1864) genannt. Man koennte die Werte etwa durch 1 und 0 verschluesseln
und Anwendungen, in denen logische Groessen vorkommen, auf numerische Art in PASCAL programmieren. PASCAL ist aber eine problemorientierte Sprache, und deshalb besitzt sie die Moeglichkeit, logische Anwendungsbereiche problemnah zu bewaeltigen. U.
a. gibt es die booleschen Konstanten, die vor allem zur Wertzuweisung an boolesche Variablen (s. Abschn. 6.1.1) dienen.

```
S20  boolesche Konstante (boolean constant)
     boolesche untere Grenze (boolean lower bound)
     boolesche obere Grenze (boolean upper bound)
     Wert f.boolesche Auswahlkomponente (value for boolean
                                    selection component)
     Wert f.booleschen Ausdruck (value for boolean expression)
```

Boolesche Konstanten werden - wie das Syntax-Diagramm S20 ausweist - mit den Standardnamen TRUE und FALSE oder anderen im
Konstantendefinitionsteil eines Blockes festzulegenden Namen
bezeichnet. Sie haben den Datentyp BOOLEAN, der in Abschn. 3.1.2
eingefuehrt werden wird.

2.2.5.3 Zeichenkettenkonstanten

Zeichenkettenkonstanten - auch Zeichenketten (strings) oder Li-
terale genannt - dienen u.a. Vergleichs-, Wertzuweisungs- und
Ausgabezwecken. Es sind zu unterscheiden:

Zeichenkettenkonstante (character string constant)

```
                    +----------------------+
     ---+--->I Zeichen - Konstante I------+
        I       +----------------------+       I
        I                                      I
        I       +------------------------+     V
        +--->I 'N' - Zeichenkonstante I------->
                +------------------------+        .
```

Zeichen-Konstanten sind Zeichenkettenkonstanten, die aus einem
Zeichen bestehen. In einem PASCAL-Programm ist das Zeichen in
Apostrophe (Hochkommata) einzuschliessen. Ist das Zeichen der
Apostroph, so muss er - wegen seiner Bedeutung als 'Klammersym-
bol' - als zwei unmittelbar aufeinanderfolgende Apostrophe auf-
gefuehrt werden. Die exakte syntaktische Form ist dem Syntax-
Diagramm S21 unter Beachtung von S22 zu entnehmen.

S21 Zeichen - Konstante (character constant)
    untere Zeichengrenze (lower character bound)
    obere Zeichengrenze (upper character bound)
    Wert f.Zeichen - Auswahlkomponente (value for character
                                        selection component)
    Wert f.Zeichen - Ausdruck (value for character expression)

```
              ===     +--------------------------+     ===
     ---+--->I ' I--->I Zeichenkonstantenzeichen I--->I ' I
        I     ===     +--------------------------+     ===
        I                                               I
        I     +------------------------------+          V
        +--->I Name f.Zeichen - Konstante I--------------->
              +------------------------------+
```


S22 Zeichenkonstantenzeichen (character-constant character)

```
              +----------------------------+
     ---+--->I Zeichen ungleich *, ) und ' I---+
        I       +----------------------------+     I
        I                                          I
        I     ===                                  I
        +--->I * I----------------------------->I
        I     ===                                  I
        I                                          I
        I     ===                                  I
        +--->I ) I----------------------------->I
        I     ===                                  I
        I                                          I
        I     ====                                 V
        +--->I '' I---------------------------------->
              ====
```

Dem Syntax-Diagramm S21 wurden neben der Bezeichnung "Zeichen - Konstante" weitere Bezeichnungen gegeben. Sie werden erst im Laufe spaeterer Ausfuehrungen verstaendlich werden. In Abschn. 2.2.5 wurde gesagt, dass fuer Konstanten Namen vergeben werden koennen. Dies ist auch fuer Zeichen-Konstanten moeglich und deshalb musste in S21 "Name f.Zeichen - Konstante" als Zeichen-Konstante aufgenommen werden. Die leere Zeichen-Konstante gibt es nach S21 nicht!

```
Beispiele:        richtig                         falsch

                  'A'                             A'
                  '1'                             1
                  ''''                            '''
                                                  ''
```

Zeichen-Konstanten sind vom Datentyp "Zeichenstandard - Typ", der in Abschn. 3.1.3 eingefuehrt werden wird.

'N'-Zeichenkonstanten sind Zeichenkettenkonstanten, die aus einer Folge von N > 1 Zeichenkonstantenzeichen bestehen. In einem PASCAL-Programm ist die Folge in Apostrophe einzuschliessen:

S23 'N' - Zeichenkonstante ('N' character constant)

```
            ===         +-----------------------------+
  ---+--->I ' I--->I Zeichenkonstantenzeichen I------+
     I      ===        +-----------------------------+      I
     I                                                      I
     I +-----------------------(N-1)-mal----------------+
     I I                                             A
     I I            +-----------------------------+ I   ===
     I +--------->I Zeichenkonstantenzeichen I-+->I ' I
     I            +-----------------------------+    ===
     I                                                I
     I     +-------------------------------------+    V
     +--->I Name f.'N' - Zeichenkonstante I----------------->
           +-------------------------------------+
                                                      .
```

Die Werte der metasyntaktischen Variablen 'N' sind gemaess dem Metasyntax-Diagramm M1: 2, 3, ... Da das 'Ende einer PASCAL-Textzeile' nach S23 nicht Bestandteil einer 'N'-Zeichenkonstante sein kann, gibt es fuer 'N' hier einen implementationsabhaengigen 'groessten' Wert. Mit "Name f.'N' - Zeichenkonstante" verhaelt es sich aehnlich wie mit "Name f.Zeichen - Konstante". Die leere 'N'-Zeichenkonstante gibt es nach S23 nicht!

```
Beispiele:        richtig                         falsch

               'X_IST_GLEICH'                  X'_IST_GLEICH'
           'ONKEL TOM''S HUETTE'            'ONKEL TOM'S HUETTE'
                  '100'                             100
                                                    'A'
                                                    ''
```

Datentyp der 'N'-Zeichenkonstanten ist der Typ "'N' - Zeichen - Typ", der in Abschn. 3.2.1.2 eingefuehrt wird.

2.2.5.4 Konstantendefinitionsteil

Mehrfach wurde schon gesagt, dass es in PASCAL moeglich ist,
Konstanten mit Namen zu bezeichnen. Auch wurde schon bemerkt
(vgl. Abschn. 2.2.5), dass dies im Konstantendefinitionsteil
des Vereinbarungsteils eines Blockes geschehen muss. Die Form
eines Konstantendefinitionsteils ist:

S24 Konstantendefinitionsteil (constant definition part)

Ein Konstantendefinitionsteil besteht also aus dem Wortsymbol
CONST gefolgt von einer Konstantendefinition oder mehreren Konstantendefinitionen, die dann jeweils durch ein Semikolon voneinander zu trennen sind. Die Form von Konstantendefinitionen
ist durch das Syntax-Diagramm S25 festgelegt.

S25 Konstantendefinition (constant definition)

```
              +-----------------------+            ===
   ---+--->I Name f.ganze Konstante I---------->I = I-+
      I     +-----------------------+            ===  I
      I     +----------------+-----------------------------+
      I     I     ===    I    ===
      I     +-->I + I  +-->I - I
      I     I     ===         ===
      I     I      I           I
      I     I      V           V          +----------------+
      I     +------------------------->I ganze Konstante I---+
      I                                   +----------------+  I
      I                                                       I
      I     +--------------------------+            ===       I
   +--->I Name f.reelle Konstante I---------->I = I-+ I
      I     +--------------------------+            ===  I I
      I     +----------------+----------------------------------+ I
      I     I     ===    I    ===                                 I
      I     +-->I + I  +-->I - I                                  I
      I     I     ===         ===                                 I
      I     I      I           I                                  I
      I     I      V           V          +----------------+     I
      I     +----------------------->I reelle Konstante I-->I
      I                                   +----------------+     I
      I                                                          I
      I     +----------------------------+            ===        I
   +--->I Name f.boolesche Konstante I------>I = I-+ I
      I     +----------------------------+            ===  I I
      I                +------------------------------------------+ I
      I                I                  +-------------------+     I
      I                +---------->I boolesche Konstante I-->I
      I                                   +-------------------+     I
      I                                                            I
      I     +------------------------------+            ===        I
   +--->I Name f.Zeichen - Konstante I------>I = I-+ I
      I     +------------------------------+            ===  I I
      I                +------------------------------------------+ I
      I                I                  +------------------+      I
      I                +---------->I Zeichen - Konstante I-->I
      I                                   +------------------+      I
      I                                                            I
      I     +--------------------------------+            ===      I
   +--->I Name f.'N' - Zeichenkonstante I--->I = I-+ I
      I     +--------------------------------+            ===  I I
      I                +------------------------------------------+ I
      I                I                  +----------------------+  I
      I                +--------->I 'N' - Zeichenkonstante I-->I
      I                                   +----------------------+  I
      I                                                            I
      I     +----------------------------+            ===          I
   +--->I Name f.Zeigerkonstante I---------->I = I-+ I
            +----------------------------+            ===  I I
                      +------------------------------------------+ I
                      I                  +-------------------+     V
                      +--------------->I Zeigerkonstante I------>
                                         +-------------------+
```

S25 entnimmt man, dass eine Konstantendefinition in der Vergabe
eines nach S15 gebildeten Namens besteht, wobei die Regel R2.2.3-2
ueber die Eindeutigkeit von Namen innerhalb eines Blockes zu beachten ist. Auf den Namen muessen ein Gleichheitszeichen und eine
Konstante (gemaess S18, S19, S20, S21, S23 und S48) folgen. Bei
Konstantendefinitionen, die zur Bezeichnung einer numerischen Konstante mit einem Namen dienen - und nur bei solchen, kann zwischen Gleichheitszeichen und numerischer Konstante - auch wenn es
sich um den Namen einer solchen handelt - noch ein Vorzeichen, +
oder - eingefuegt werden. Fehlt das Vorzeichen, so wird plus unterstellt.

Nun muessen wir an die Regel R2.2.3-1 erinnern, nach der der Benutzung eines Namens dessen Definition vorausgehen muss. Im Konstantendefinitionsteil bedeutet dies, dass rechts vom Gleichheitszeichen einer Konstantendefinition ein Name nur dann benutzt werden darf, wenn dieser in einer d a v o r liegenden Konstantendefinition (ggf. im Konstantendefinitionsteil eines uebergeordneten Blockes) definiert wurde. Bei der Vergabe des ersten
Namens fuer eine Konstante heisst Definieren mithin Angabe der
Dezimaldarstellung bzw. halblogarithmischen Darstellung oder
MAXINT fuer numerische Konstanten, in Apostrophe eingeschlossene
Zeichenketten fuer Zeichen-Konstanten bzw. 'N'-Zeichenkonstanten,
FALSE und TRUE fuer boolesche Konstanten und NIL fuer Zeigerkon-
stanten rechts vom Gleichheitszeichen.

Unzulaessig ist es, einen Namen fuer eine Konstante rechts vom
Gleichheitszeichen einer Konstantendefinition in einem Konstantendefinitionsteil eines Blockes aufzufuehren, der im Konstantendefinitionsteil eines uebergeordneten Blockes definiert ist, u n d
ihn hernach im Konstantendefinitionsteil des Blockes zu redefinieren - ihn also links vom Gleichheitszeichen einer Konstantendefinition aufzufuehren.

```
Beispiele:          richtig                          falsch

    CONST STERNE      = '*****';   CONST MARKIERUNG = STERNE;
          PI          = 3.14;            MINUSPI    = - PI;
          WAHR        = TRUE;            JA         = WAHR;
          ZNICHTS     = NIL;            ZNICHTS    = - NIL;
          MARKIERUNG  = STERNE;          STERNE     = + '*****';
          MINUSPI     = - PI;            PI         = 3,14;
          JA          = WAHR            WAHR       = - FALSE
```

Von der Moeglichkeit, in PASCAL-Programmen Konstanten mit Namen
belegen zu koennen, sollte ausgiebig Gebrauch gemacht werden.
Die Gruende dafuer wollen wir uns anhand von Beispielen erar-
beiten.

Nehmen wir zunaechst an, es sei uns die Aufgabe gestellt, die
Geschwindigkeiten und Wegstrecken eines im Vakuum frei fallenden
Koerpers auf der Erde nach der Zeit t (vgl. Abschn. 2.2.3) fuer
das Zeitintervall 0 bis 5 Sekunden in Inkrementen von einer hal-
ben Sekunde zu berechnen und in Tabellenform auszugeben. Das
PASCAL-Programm koennte folgendes Aussehen haben:

```
(* BEISPIEL B2.2.5.4-1: FREIER FALL*)
PROGRAM FF (OUTPUT);
CONST TANF = 0.0;              (* ANFANGSZEIT *)
      TINK = 0.5;              (* ZEITINKREMENT *)
      TEND = 5.0;              (* ENDZEIT *)
      G    = 9.81;             (* ERDBESCHLEUNIGUNG *)
      ZZPS = 8;                (* ZEILENZAHL PRO SEITE *)
VAR   T,                       (* ABGELAUFENE ZEIT *)
      V,                       (* GESCHWINDIGKEIT NACH ZEIT T *)
      S   : REAL;              (* IN ZEIT T DURCHFALLENER WEG *)
      N,                       (* INKREMENTZAEHLER *)
      ZZ  : INTEGER;           (* ZEILENZAEHLER *)
BEGIN
  T  := TANF;
  N  := 0;
  ZZ := ZZPS;
  REPEAT
    IF ZZ = ZZPS THEN
    BEGIN
      PAGE (OUTPUT);
      WRITELN (# T[SEC]       V[M/SEC]         S[M]#);
      WRITELN (# ------------------------------------#);
      ZZ := 2
    END;
    V := G * T;
    S := 0.5 * G * T * T;  (* BESSER: S := 0.5 * V * T;      *)
    WRITELN (# #,        T : 4 : 2,
             #        #, V : 7 : 2,
             #      #,   S : 9 : 2);
    ZZ := ZZ   + 1;
    N  := N    + 1;            (* AUS NUMERISCHEN GRUENDEN      *)
    T  := TANF + N * TINK; (*        STATT T := T + TINK;     *)
  UNTIL T > TEND
END.
```

und wuerde dann als Ergebnis liefern:

T[SEC]	V[M/SEC]	S[M]
0	0	0
0.50	4.90	1.23
1.00	9.81	4.90
1.50	14.71	11.04
2.00	19.62	19.62
2.50	24.52	30.66

T[SEC]	V[M/SEC]	S[M]
3.00	29.43	44.14
3.50	34.33	60.09
4.00	39.24	78.48
4.50	44.14	99.33
5.00	49.05	122.62

Uns soll von dem Programm B2.2.5.4-1 hier nur der Konstantendefinitionsteil interessieren. Man sieht, dass er Namen fuer die
Anfangszeit TANF, das Zeitinkrement TINK und die Endzeit TEND
enthaelt. Gemaess unserer Aufgabenstellung ist es durchaus angebracht, die Zeitintervallgrenzen und das Zeitinkrement in Programm B2.2.5.4-1 als Konstanten im Sinne von PASCAL zu fuehren.
Man kann sie als Randbedingungen ansehen. Randbedingungen treten
bei vielen Problemen auf. Und haeufig ist es so, dass man erst
nach Fertigstellung eines Programmes die Notwendigkeit erkennt,
ein Problem unter verschiedenen Randbedingungen zu loesen. Dann
zeigt sich, dass die programmtechnische Erfassung von Randbedingungen in einem Konstantendefinitionsteil die Aenderung bzw.
Modifizierung eines Programmes aeusserst einfach macht. Vor allem ist es i.a. nicht notwendig, den Anweisungsteil des Programm-
mes in allen Einzelheiten durchzugehen.

Auch die Definition der Erdbeschleunigung G im Konstantendefinitionsteil des Programmes B2.2.5.4-1 erfolgte, um leichter modifizieren zu koennen, falls es notwendig werden sollte, mit
einem genaueren Wert von G als 9.81 m/sec*sec zu rechnen (von
Aenderungen der Ausgabeanweisungen aus Genauigkeitsgruenden sehen wir einmal ab). Die Definition erfolgte aber auch, um im Anweisungsteil die Wertzuweisungen an V und S besonders problemnah
formulieren zu koennen und damit das Programm besser lesbar zu
gestalten.

Weitere Gruende, von Konstantendefinitionen Gebrauch zu machen,
sind die zur Verringerung des Schreibaufwandes und der (Schreib-)
Fehleranfaelligkeit. Denkt man an 'groessere' Programme, in denen eine oder mehrere Konstanten mit 'vielen' Ziffern bzw. Zeichen - z.B. fuer G 9.80665 m/sec*sec - an 'vielen' Stellen vorkommen, so sind die genannten Gruende leicht einsehbar.

Auch fuer leichte Uebertragbarkeit von PASCAL-Programmen sind
Konstantendefinitionen ein aeusserst geeignetes Programmier-
hilfsmittel. Als Beispiel sei die Erzeugung von Zufallszahlen
- genauer: Pseudo-Zufallszahlen - nach der linearen Kongruenzmethode erwaehnt [024]. Ausgehend von einem Startwert XO wird
eine Zufallszahl durch Multiplikation mit einem konstanten Faktor A und Auswahl der letzten M nicht signifikanten Ziffern gebildet. Die geeignete Wahl von XO, A und M bestimmt die 'Guete'
der erzeugten Folge von Zufallszahlen. Sie muss i.a. von DVA zu
DVA anders getroffen werden, weil die Arithmetik i.a. von DVA
zu DVA unterschiedlich implementiert ist. Um ein in PASCAL ge-
schriebenes Programm zur Erzeugung von Zufallszahlen uebertragbar zu gestalten, wird man also XO, A und M im Konstantendefinitionsteil definieren. Auch bei numerischen Problemen - z.B. bei
der Approximation von speziellen Funktionen - kommen DVA-typabhaengige Konstanten - wie Zahl der signifikanten Ergebnisstellen,
Fehlerschranken usw. - vor. Definiert man die Konstanten im Konstantendefinitionsteil des entsprechenden PASCAL-Programmes, so
wird die Uebertragbarkeit erheblich erleichtert.

Schliesslich kann die Moeglichkeit, Konstanten mit Namen zu benennen, dazu dienen, leicht unterschiedlichsten Ein-/Ausgabe-
anforderungen nachzukommen. Ein Beispiel ist die Konstantendefinition fuer ZZPS im Programm B2.2.5.4-1. Ueber sie wird fest-

gelegt, wieviel Zeilen pro Seite ausgegeben werden sollen -
also quasi die Seitengroesse. Besteht die Anforderung nach
einer anderen Seitengroesse als die im Programm B2.2.5.4-1
festgelegte von 8 Zeilen pro Seite, so muss nur ZZPS mit einem
anderen Wert (>21) definiert werden.

Fassen wir zusammen: Durch geeignete Konstantendefinitionen
lassen sich PASCAL-Programme

- problemnah formulieren, damit dokumentieren und besser lesbar schreiben,
- leichter uebertragbar gestalten,
- mit geringerem Schreibaufwand und geringerer (Schreib-)Feh-
  leranfaelligkeit erstellen und
- leichter modifizieren, insbesondere problemspezifischen
  Randbedingungen und programmspezifischen Parametern beque-
  mer anpassen.

Abgesehen davon ist es so, dass der Konstantendefinitionsteil
der einzige Teil des Vereinbarungsteils eine Blockes ist, fuer
dessen Angabe es keinen syntaktischen Grund gibt - Konstanten bezeichnen sich selbst! Die Angabe aller anderen Teile kann syntaktisch notwendig sein - s. Abschn. 3.4 ueber Typdefinitionsteil
- bzw. ist syntaktisch notwendig - Marken, Variablen, Prozeduren
und Funktionen muessen, sofern sie benoetigt werden, deklariert
werden.

3. Datentypen

> Nichts ist leichter als das: man schneidet
> eine Kartoffel zurecht, bis sie wie eine Bir-
> ne aussieht, dann beisst man hinein und em-
> poert sich vor aller Oeffentlichkeit, dass es
> nicht nach Birne schmeckt, ganz und gar nicht!
>
> M. Frisch: Tagebuch 1949

In vorangegangenen Abschnitten klang wiederholt an, dass Daten
nach Typen klassifiziert werden. Praezisieren wir einmal, was
man als Programmierer unter einem Datentyp - oder kurz: Typ -
zu verstehen hat.

Zunaechst sind die Menge der moeglichen Daten, die zu einem Typ
gehoeren - also der Wertebereich - und das den Daten zugrunde
liegende Konstruktionsmuster fuer einen Datentyp kennzeichnend.
Mit den Werten aus dem Wertebereich als Operanden moechte man
aber auch Operationen ausfuehren. Also sind einem Typ bestimmte
Operationen zugehoerig. Schliesslich wird man einem Typ i.a. einen Namen geben, damit man sich im Programm auf ihn beziehen
kann. Zusammenfassend wird ein Typ also charakterisiert durch:

- einen Wertebereich,
- ein Konstruktionsmuster,
- eine Anzahl von Operationen ueber dem Wertebereich und i.a. durch
- einen Namen.

Der Begriff des Typs zieht sich wie ein roter Faden durch die
Programmiersprache PASCAL:

- jede Konstante (s.Abschn. 2.2.5),
- jede Variable (s. Kap. 4),
- jeder Ausdruck (s. Kap. 5),
- jede Funktion (s.Abschn. 7.1.2) und
- jeder (formale) Parameter - ausser Prozedurparametern (s.Abschn. 7.1.3)

ist von einem bestimmten Typ. Es ist daher nicht verwunderlich,
dass die PASCAL-Syntax eine Einteilung der Menge der Typen er-
zwingt, die vom Leser erst voll verstanden werden kann, wenn er
jeden der vorgenannten Sprachbausteine kennengelernt hat. Wir
fuehren in diesem Kapitel trotzdem alle in PASCAL verfuegbaren
Typen ein, um ein spaeteres Nachschlagen nicht unnuetz zu erschweren.

Die Menge der Typen laesst sich nun erst einmal in drei grosse
Gruppen einteilen, die dem nachfolgenden Syntax-Diagramm zu entnehmen sind.

Typ (type)

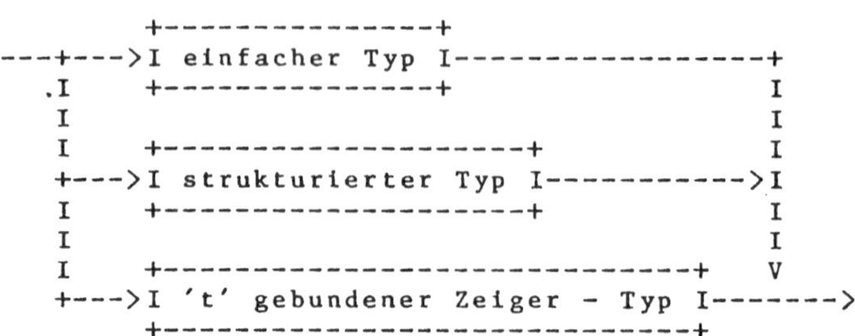

Die Werte der metasyntaktischen Variablen 't' sind durch M2 gegeben.

Der Anfaenger sollte beim erstmaligen Lesen die fuer ihn zunaechst verwirrend erscheinen muessenden Abschnitte ueber strukturierte Typen (Abschn. 3.2) und 't' gebundene Zeiger-Typen (Abschnitt 3.3) ueberschlagen und nur dann in diesen nachlesen, wenn
der weitere Stoff des Buches es verlangt.

Typen sind i.a., wie wir eingangs dieses Kapitels darlegten, u.
a. durch Namen charakterisiert. Teils handelt es sich dabei um
Standardnamen, die ausschliesslich einen Teil der einfachen Typen bezeichnen. Andere Namen fuer Typen muessen im Typdefinitionsteil des Vereinbarungsteils eines Blockes definiert werden.
Dieser Typdefinitionsteil wird in Abschn. 3.4 besprochen werden.

Im Abschn. 3.5 kommen wir auf die Aequivalenz von Typen zu sprechen. Dieser Abschnitt kann vom Anfaenger zunaechst einmal ueberschlagen werden.

Korrekterweise muessten wir zwischen Typ von Daten und Angabe eines Typs in einem PASCAL-Programmtext unterscheiden. Wir folgen
jedoch i.a. der in der Literatur ueblichen, kaum zu Verwirrungen
fuehrenden Praxis, die diesen Unterschied ignoriert. Typ-Angaben
werden benoetigt in:

> . Typdefinitionen (s. Abschn. 3.4),
> . Variablendeklarationen (s. Abschn. 4.1),
> . Funktionsdeklarationen (s. Abschn. 7.1.2)
>   sowie
> . Listen von Spezifikationen formaler Para-
>   meter (s. Abschn. 7.1.3).

3.1 Einfache Typen

Die einfachen Typen sind als unstrukturierte Grundtypen - Typen
atomaren Charakters aufzufassen. Ihre Konstruktionsmuster sind
durch die Konstruktionsmerkmale der DVA bestimmt, auf der PASCAL
implementiert ist. Man denke an die interne Darstellung von Zahlen. Von DVA-internen Gegebenheiten wollen wir aber i.a. absehen,
da wir ja problemorientiert denken wollen.

Der Wertebereich eines einfachen Typs ist immer eine endliche,
geordnete Menge von Werten, so dass die sechs Vergleichsoperationen

     . Vergleich auf kleiner,
     . Vergleich auf kleiner oder gleich,
     . Vergleich auf gleich,
     . Vergleich auf groesser,
     . Vergleich auf groesser oder gleich und
     . Vergleich auf ungleich

fuer alle einfachen Typen zur Verfuegung stehen. Diese Operationen liefern als Ergebnisse boolesche Werte - entweder FALSE oder
TRUE (s. Abschn. 2.2.5.2 bzw. 3.1.2). Als Operationssymbole dienen in der Reihenfolge der obigen Aufstellung der Operationen

S26 r (symbol for relational operation)

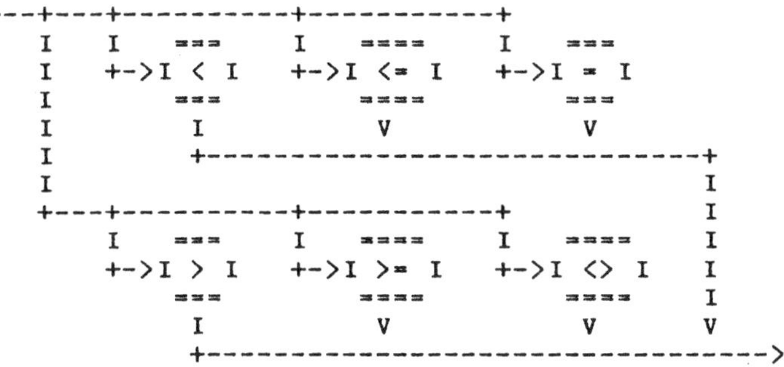

```
---+---+----------+-----------+
   I   I  ===     I  ====     I   ===
   I   +->I < I   +->I <= I   +->I = I
   I      ===        ====        ===
   I      I          V           V
   I      +---------------------------------+
   I                                        I
+---+----------+-----------+                I
   I   ===     I  ====     I   ====         I
   +->I > I    +->I >= I   +->I <> I        I
      ===         ====         ====         I
      I           V            V            V
      +-----------------------------------------> 
```

Im Wertebereich eines einfachen Typs gibt es immer einen kleinsten und einen groessten Wert. Diese Werte sind fuer einen Teil
der sogenannten Standardtypen - naemlich den ganzen Standardtyp
(s. Abschn. 3.1.1), den Zeichenstandard-Typ (s. Abschn. 3.1.3)
und den reellen Standardtyp (s. Abschn. 3.1.5) implementations-
bzw. DVA-typabhaengig.

Ueber dem Wertebereich aller einfachen Typen sind ausser den obigen sechs Vergleichsoperationen immer Operationen durchfuehrbar,
die als Funktionen standardmaessig zur Verfuegung stehen - die
Standardfunktionen (s. Abschn. 7.2.6) - oder durch den Programmierer deklariert werden koennen (s. Abschn. 7.1.2). Die Ergebnisse sind von einfachem Typ oder 't' gebundenem Zeiger-Typ. Wir ge-

hen hier nicht naeher darauf ein, sondern erst in den angegebenen
Abschnitten. Bei den Darlegungen ueber die einzelnen einfachen Typen stellen wir aber, um schon einen Ueberblick gewinnen zu koennen, die (Standard-)Namen der Standardfunktionen zusammen, die ein
Argument von dem in Betracht stehenden einfachen Typ haben und/
oder ein Ergebnis dieses einfachen Typs liefern.

Die einfachen Typen untergliedern sich nun zunaechst einmal:

einfacher Typ (simple type)

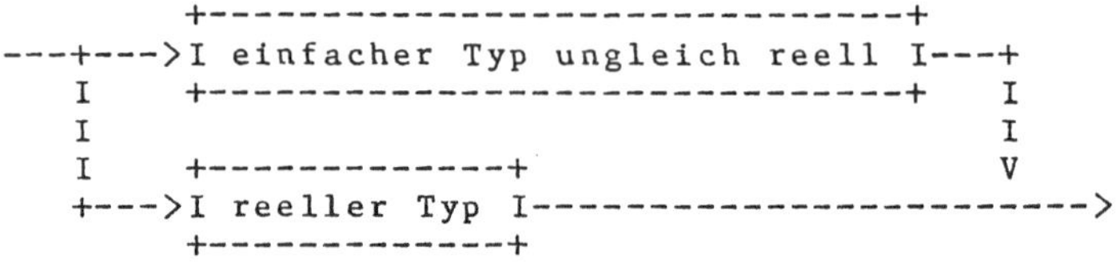

Diese Untergliederung der einfachen Typen wird erzwungen durch
die Tatsache, dass gewisse PASCAL-Sprachbausteine nicht die Nennung von Objekten reellen Typs zulassen. Als Beispiel sei die in
Abschn. 6.2.3.3 beschriebene Laufanweisung genannt, deren Laufvariable nicht reellen Typs sein darf (welchen Sinn haette es auch,
eine bestimmte Anweisungsfolge z.B. 3.14 mal zu wiederholen).

Fuer die einfachen Typen ungleich reell ist allgemein festzuhalten:

. Neben anderen Operationen koennen ueber dem Wertebereich
  stets die als Standardfunktionen (s. Abschn. 7.2.6.3) zur Verfuegung stehenden Operationen

          . Ermittlung des Nachfolgers (successor)
            eines Wertes und
          . Ermittlung des Vorgaengers (predecessor)
            eines Wertes

durchgefuehrt werden (natuerlich abgesehen vom Nachfolger des
groessten bzw. Vorgaenger des kleinsten Wertes). Als Name fuer
diese Standardfunktionen dienen die Standardnamen SUCC und
PRED.
. Ausgehend von einem der zu den einfachen Typen ungleich reell
  zaehlenden Standardtypen (s. Abschnitte 3.1.1, 3.1.2 und
  3.1.3) bzw. Basis-Aufzaehl-Typen (s. Abschn. 3.1.4) ist es
  immer moeglich, sog. Teilbereichs-Typen zu erklaeren. Der
  Wertebereich dieser Typen ist - wie ihr Name nahelegt - eine
  Teilmenge des Wertebereichs eines Standardtyps bzw. Basis-
  Aufzaehl-Typs. Teilbereichs-Typen sind Mittel

          . zur 'besseren' Formulierung von Problemen,
          . zur evtl. Erreichung einer hoeheren Effi-
            zienz (Einsparung von Zentralspeicher)
            und
          . ggf. zur Erlangung von erhoehter Sicherheit
            (Laufzeitpruefungen).

Die einfachen Typen ungleich reell sind nun weiter zu unterteilen:

```
      einfacher Typ ungleich reell (simple type
                                    not equal to real)

            +-----------+
   ---+--->I ganzer Typ I----------------------+
      I    +-----------+                        I
      I                                         I
      I    +------------------------------+     I
      +--->I begrenzter Typ ungleich ganzer I   V
           I Teilbereichs - Typ             I------->
           +------------------------------+
                                               .
```

Verstaendlich wird diese Unterteilung im Zusammenhang mit den
Feld-Typen und zwar insbesondere mit den PACKED 'j' indizierten
't<>C' Feld-Typen (s. Abschn. 3.2.1.1). Ein Wert der metasyntaktischen Variablen 'j' ist naemlich 'b<>gT' Typ, wobei 'b<>gT'
fuer 'begrenztes Typattribut ungleich ganzes Teilbereichs-Typat-
tribut' steht.

Zu den begrenzten Typen ungleich ganzer Teilbereichs-Typ sind zu
zaehlen:

```
      begrenzter Typ ungleich ganzer Teilbereichs - Typ (restric-
                  ted type not equal to integer subrange type)

            +---------------+
   ---+--->I boolescher Typ I---+
      I    +---------------+    I
      I                         I
      I    +--------------+     I
      +--->I Zeichen - Typ I--->I
      I    +--------------+     I
      I                         I
      I    +--------------+     V
      +--->I Aufzaehl - Typ I------->
           +--------------+
                                .
```

Damit haben wir als einfache Typen:

- ganze Typen,
- boolesche Typen,
- Zeichen-Typen,
- Aufzaehl-Typen und
- den reellen Typ.

In den naechsten Unterabschnitten werden wir sie im einzelnen besprechen.

Sei noch gesagt, dass die in diesem Abschnitt gebrachte Untergliederung der einfachen Typen zur Einfuehrung der metasyntaktischen
Variablen 'e' (s. M3), 'e<>r' (s. M4) und 'b<>gT' (s. M5) gefuehrt hat.

3.1.1 Ganze Typen

Der Wertebereich eines ganzen Typs ist immer die geordnete Menge aller ganzen Zahlen aus einem endlichen Intervall der Menge
der ganzen Zahlen. Das implementations- bzw. DVA-typunabhaengige
symmetrische Intervall um 0, das die Werte -MAXINT, -MAXINT + 1,
..., 0, ..., MAXINT - 1, MAXINT enthaelt, ist nach [080] fuer den
sog. ganzen Standardtyp kennzeichnend, wie dies bei der Besprechung der ganzen Konstanten (s. Abschn. 2.2.5.1) schon anklang.
Aus dem Wertebereich des ganzen Standardtyps koennen die ganzen
Zahlen aus einem beliebigen Teilintervall jeweils als Wertebereich weiterer ganzer Typen - der ganzen Teilbereichs-Typen -
definiert werden.

S27 ganzer Typ (integer type)

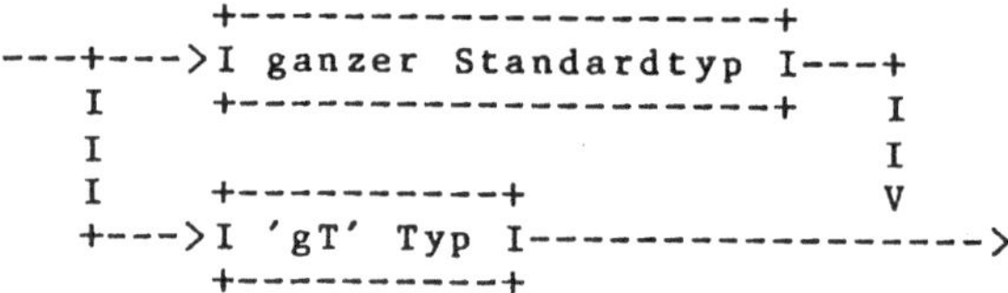

Die Einteilung ganzer Typen gemaess Syntax-Diagramm S27 ist
angebracht - man beachte, dass 'gT' nach M6 fuer "ganzer Teilbereichs - " steht, weil als Index-Typ bei gewissen Feld-Typen -
den 'N'-Zeichen-Typen (s. Abschn. 3.2.1.2) - nur (bestimmte) ganze Teilbereichs-Typen zulaessig sind. .

Beschaeftigen wir uns zunaechst mit dem ganzen Standardtyp. Die
Angabeformen, mit denen man sich in PASCAL-Programmen auf ihn
beziehen kann, gibt das Syntax-Diagramm S28 wieder.

S28 ganzer Standardtyp (integer standard type)

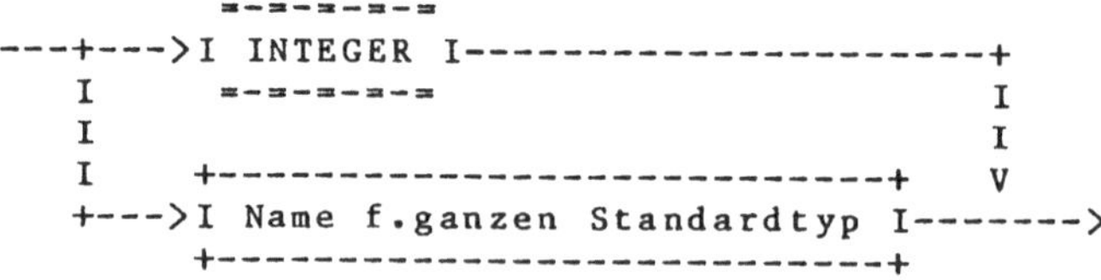

S28 zeigt, dass man auf den ganzen Standardtyp mittels des Standardnamens INTEGER oder eines Namens Bezug nimmt, der im Typdefinitionsteil eines geeigneten Blockes definiert werden muss (s.
Abschn. 3.4).

Als Operationen ueber dem Wertebereich des ganzen Standardtyps
sind die ganzzahligen arithmetischen Operationen moeglich:

- ganzzahliges unaeres Plus (Identitaet),
- ganzzahliges unaeres Minus (Vorzeichenwechsel),
- ganzzahlige Addition,
- ganzzahlige Subtraktion,
- ganzzahlige Multiplikation,
- ganzzahlige Division und
- Restbildung bei ganzzahliger Division (Modulus).

Die ersten beiden Operationen sind, wie die Bezeichnung schon
sagt, unaere Operationen - anzuwenden also auf einen Operanden -,
die uebrigen Operationen sind binaere Operationen - anzuwenden
also auf zwei Operanden. Die Ergebnisse der ganzzahligen arithmetischen Operationen sind wieder ganzzahlig, sofern sie in den
(DVA-typabhaengigen) Wertebereich fallen. Ist dies nicht der Fall,
so erfolgt i.a. ein Abbruch des Programmlaufs mit entsprechender
Fehlermeldung. Als Operationssymbole dienen:

Symbol fuer ganzzahlige arithmetische Operation (symbol for
                                  integer arithmetic operation)

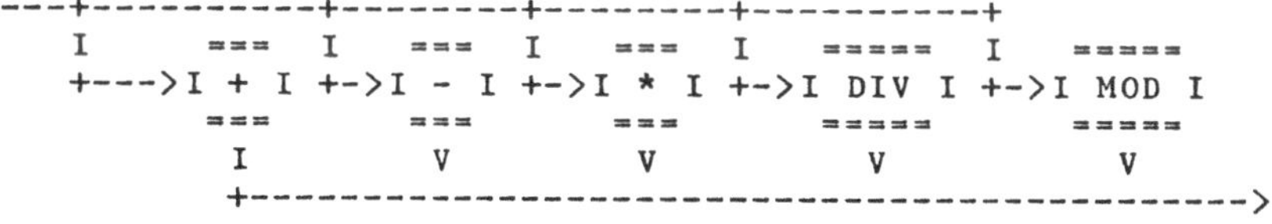

```
  --+----------+---------+---------+-----------+
  I    ===  I    ===  I    ===  I    =====  I    =====
  +--->I + I +->I - I +->I * I +->I DIV I +->I MOD I
       ===       ===       ===       =====       =====
  I          V         V         V           V
  +-------------------------------------------------->
                                                    .
```

Das Symbol + wird sowohl fuer ganzzahliges unaeres Plus als auch
fuer die ganzzahlige Addition verwandt. Analoges gilt fuer das
Symbol -, ganzzahliges unaeres Minus und die ganzzahlige Subtraktion. Die Symbole *, DIV und MOD sind in dieser Reihenfolge
fuer die ganzzahlige Multiplikation, die ganzzahlige Division
und die Restbildung bei ganzzahliger Division zu verwenden.

Die Definitionen der ganzzahligen arithmetischen Operationen
werden - abgesehen von der DIV- und der MOD-Operation - als
allgemein bekannt vorausgesetzt. Die ganzzahlige Division

                    I DIV J

- I und J seien ganze Groessen - liefert fuer J ungleich 0 den
ganzzahligen Anteil des Quotienten I:J bei der herkoemmlichen
Division. Ein evtl. auftretender Divisionsrest wird also wegge-
lassen. 'Dividieren und Abschneiden' ist deshalb eine geeignete
Charakterisierung fuer die ganzzahlige Division in PASCAL. Genauer gilt nach [080] fuer J ungleich Null:

- Ist der Absolutbetrag von I kleiner als der Absolutbetrag
  von J, so ist das Ergebnis von I DIV J Null.
- Ist der Absolutbetrag von I groesser oder gleich dem Absolutbetrag von J, so ist das Ergebnis von I DIV J der ganzzahlige Wert, fuer den der Absolutbetrag seines Produktes mit J
  groesser als die Differenz der Absolutbetraege von I und J
  und kleiner hoechstens gleich dem Absolutbetrag von I ist.
  Das Vorzeichen des Ergebnisses ist positiv, wenn I und J glei-
  ches Vorzeichen haben, sonst ist es negativ.

Ist J gleich Null, so erfolgt ein Abbruch des Programmlaufs.

Die Modulus-Operation

                    I MOD J

- I und J seien wieder ganze Groessen - ist nach [080] nur fuer J
groesser Null definiert. Ergebnis ist der ganzzahlige Wert der Differenz aus I und einem ganzzahligen Vielfachen von J, die groesser
hoechstens gleich Null und kleiner als J ist. Diese Definition entspricht nur fuer nicht-negatives I der in [085] gegebenen Definition, nach der I MOD J als Ergebnis - J ungleich Null vorausgesetzt
- den ganzzahligen Wert von I - (I DIV J) * J liefert.

Beispiele:	Operation	Ergebnis	Bemerkung
	1 + 2	3	
	MAXINT + 3		falsch
	2 - 6	-4	
	MAXINT - 3		Ergebnis DVA-typ-abhaengig
	10 * 3	30	
	15 DIV 5	3	
	17 DIV 5	3	Ergebnis ist eine ganze Zahl - keine reelle Zahl
	(-17) DIV 5	-3	
	17 DIV (-5)	-3	
	(-17) DIV (-5)	3	
	17 DIV 0		nicht erlaubt
	MAXINT / 4		keine ganzzahlige arithmetische Operation
	15 MOD 5	0	15 ist durch 5 teilbar
	17 MOD 5	2	17 ist nicht durch 5 teilbar; es bleibt der Rest 2
	(-17) MOD 5	3	0 <= -17 - (-4)*5<5
	17 MOD (-5)		nicht erlaubt
	17 MOD 0		nicht erlaubt

Neben arithmetischen Operationen sind ueber dem Wertebereich
des ganzen Standardtyps die sechs in Abschn. 3.1 eingefuehrten
Vergleichsoperationen moeglich.

Beispiele:	Operation	Ergebnis
	1 < 2	TRUE
	2 < 1	FALSE
	-4 <= -3	TRUE
	-3 <= -4	FALSE
	0 <= 0	TRUE
	1 = 1	TRUE
	-3 = 6	FALSE
	17 > 12	TRUE
	12 > 17	FALSE
	24 >= 4	TRUE
	4 >= 24	FALSE
	7 >= 7	TRUE
	57 <> 14	TRUE
	99 <> 99	FALSE

Ueber dem Wertebereich des ganzen Standardtyps gibt es - wie in
Abschn. 3.1 bereits erwaehnt - schliesslich noch die Moeglichkeit,
Operationen durchzufuehren, die als Funktionen definiert sind.
Die Ergebnisse sind nicht immer ganzzahlig bzw. brauchen es nicht
zu sein. Zusammengestellt seien die (Standard-)Namen der

- Standardfunktionen mit ganzzahligem Argument: ABS, ARCTAN,
  CHR, COS, EXP, LN, ODD, ORD, PRED, SIN, SQR, SQRT, SUCC
  sowie der
- Standardfunktionen, die ganzzahlige Ergebnisse liefern:
  ABS (wenn das Argument ganzzahlig ist), ORD, PRED, ROUND,
  SQR (wenn das Argument ganzzahlig ist), SUCC, TRUNC.

Wir kommen nun auf die im Syntax-Diagramm S27 ausgewiesenen ganzen Teilbereichs-Typen zu sprechen, die vornehmlich zur Definition von Index-Typen bei Feld-Typen (s. Abschn. 3.2.1) dienen.
Die Angabeformen ganzer Teilbereichs-Typen sind durch das Syntax-Diagramm S29 in Verbindung mit dem Syntax-Diagramm S30 festgelegt.

```
S29 'gT' Typ (integer subrange type)
    'gT' Typ mit ganzer unterer Grenze <> 1 ('gT' type with
                                             integer lower
                                             bound <> 1)
    1..1 Typ (1..1 type)
    1..'N' Typ (1..'N' type)


            +--------------------+       ====
   ---+--->I ganze untere Grenze I--->I .. I---+
      I     +--------------------+       ====    I
      I          +---------------------------------+
      I      I      +--------------------+
      I      +--->I ganze obere Grenze I---+
      I            +-------------------+    I
      I                                     I
      I      +----------------+             V
      +--->I Name f.'gT' Typ I------------------------->
            +----------------+
```

```
S30 ganze untere Grenze (integer lower bound)
    ganze obere Grenze (integer upper bound)
    Wert f.ganze Auswahlkomponente (value for integer
                                    selection component)
    Wert f.ganzen Ausdruck (value for integer expression)


          ===
        +->I + I-+
        I  ===   I
        I   V       +----------------+
   ---+----------->I ganze Konstante I--->
        I   A       +----------------+
        I  ===   I
        +->I - I-+
          ===
```

Ein ganzer Teilbereichs-Typ kann also angegeben werden in einer
Art Intervallbezeichnung oder durch einen im Typdefinitionsteil
eines geeigneten Blockes definierten Namen. Bei Verwendung der
ersten Form sind eine ganze untere und eine ganze obere Grenze
als mit oder ohne Vorzeichen versehene, ganze Konstante zu benennen, die durch zwei unmittelbar aufeinanderfolgende Punkte -
das Symbolpaar .. - voneinander zu trennen sind. Fehlt das Vorzeichen vor einer der Grenzen, so wird Plus angenommen. Es gilt
die

Regel R3.1.1-1: Der Wert der ganzen unteren Grenze eines ganzen
                Teilbereichs-Typs muss kleiner oder darf hoech-
                stens gleich dem Wert der ganzen oberen Grenze
                sein.

Der Wertebereich eines ganzen Teilbereichs-Typs ist naheliegend
die durch die ganze untere Grenze und ganze obere Grenze bestimmte Teilmenge des Wertebereichs des ganzen Standardtyps (einschliesslich der Werte der Grenzen).

Beispiele:	richtig		falsch		Bemerkung
	0 ..	100	100 ..	0	
	-50 ..	30			Wertebereich: -50,
					-49, ... , 29, 30
	-7 ..	-3	-3 ..	-7	
	1 ..	1			
	ANFANG ..	ENDE			mit:
					CONST ANFANG = 17;
					ENDE = 50
	-MAXINT ..	MAXINT			

Als Operationen ueber dem Wertebereich von ganzen Teilbereichs-
Typen kommen alle Operationen in Frage, die ueber dem Wertebereich des ganzen Standardtyps moeglich sind. Bei den arithmetischen Operationen ist zu beachten, dass das Ergebnis aus dem
Wertebereich herausfallen kann. Betrachten wir beispielsweise
den ganzen Teilbereichs-Typ 1..7 und fuehren 6+3 aus, so liegt
das Ergebnis 9 nicht mehr im Wertebereich des ganzen Teilbereichs-Typs 1..7 . So etwas kann durchaus sinnvoll sein - etwa
waehrend der Auswertung eines komplizierteren 'arithmetischen'
Ausdruckes - und es wird daher in PASCAL zugelassen (s. Abschn.
3.5 ueber Aequivalenz von Typen und Kap. 5 ueber Ausdruecke).
Unsinnig ist es aber, beispielsweise einer Variablen von einem
ganzen Teilbereichs-Typ einen Wert zuzuweisen (s. Abschn. 6.1.1),
der nicht im Wertebereich liegt. Der Programmierer muss also darauf achten, dass kein solcher Laufzeitfehler auftritt (zumal die
Ueberwachung implementationsabhaengig ist, d.h. schlimmstenfalls
ueberhaupt nicht bemerkt wird, wiewohl sie nach [080] von einer
Implementation zu fordern ist).

Das Syntax-Diagramm S29 traegt neben der Bezeichnung "'gT' Typ"
noch die Bezeichnungen "'gT' Typ mit ganzer unterer Grenze <> 1",

"1..1 Typ" und "1..'N' Typ". Ein 'gT' Typ mit ganzer unterer Grenze <> 1 ist ein spezieller ganzer Teilbereichs-Typ, dessen ganze
untere Grenze immer ungleich 1 ist. Ein 1..1 Typ ist ein spezieller ganzer Teilbereichs-Typ, dessen ganze untere und obere Grenze
1 ist. Und ein 1..'N' Typ ist ein spezieller ganzer Teilbereichs-
Typ, dessen ganze untere Grenze immer 1 und dessen ganze obere
Grenze 'N' (s. M1) ist. Diese Typen sind zulaessige Index-Typen
fuer PACKED 'j' indizierte Zeichen-Feld-Typen (s. Abschn. 3.2.1.1)
bzw. 'N'-Zeichen-Typen (s. Abschn. 3.2.1.2). Korrekterweise haetten wir fuer sie extra Syntax-Diagramme angeben muessen.

3.1.2 Boolesche Typen

Aus dem in dem Abschn. 2.2.5.2 ueber boolesche Konstanten Dargelegten ist leicht zu folgern, dass der Wertebereich boolescher
Typen i.a. aus zwei verschiedenen Werten - Wahrheitswerte genannt
- besteht. Sie werden in Anlehnung an die entsprechenden Konstan-
tennamen mit FALSE und TRUE bezeichnet.

Auf boolesche Typen bezieht man sich in PASCAL-Programmen gemaess
des Syntax-Diagrammes S31.

S31 boolescher Typ (boolean type)

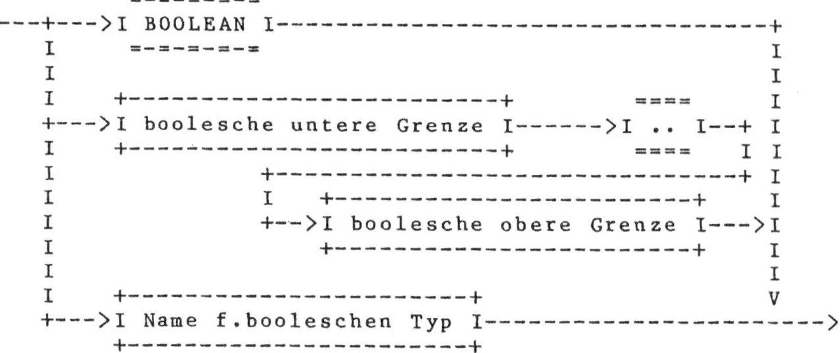

Mit dem Standardnamen BOOLEAN spricht man den standardmaessig definierten booleschen Typ an, dessen Wertebereich aus den Werten
FALSE und TRUE besteht. Dieser Typ wird auch als boolescher Standardtyp bezeichnet. Sein Wertebereich gilt - uebereinkunftsge-
maess - als geordnete Menge, und zwar wird FALSE 'kleiner' als TRUE
angesehen. Weiterhin betrachtet man die Werte als 'durchnumeriert'
- FALSE mit 0 und TRUE mit 1. Damit ist der boolesche Standardtyp
im Grunde ein spezieller Aufzaehl-Typ (s. Abschn. 3.1.4) - spezieller Aufzaehl-Typ deshalb, weil er zwar alle Eigenschaften
eines Aufzaehl-Typs hat, darueber hinaus aber die Eigenschaft,
'boolesch zu sein': Groessen eines anderen Aufzaehl-Typs koennen
naemlich nicht an Stellen in einem PASCAL-Programm benutzt werden, an denen ausschliesslich Groessen vom booleschen (Stan-
dard-)Typ zulaessig sind. Insbesondere sind Groessen eines Aufzaehl-Typs nicht durch die unten aufgefuehrten booleschen Operationssymbole verknuepfbar.

Als Operationen ueber dem Wertebereich des booleschen Standardtyps sind die booleschen Operationen

- Negation,
- Disjunktion (inklusives Oder) und
- Konjunktion (logisches Und)

moeglich. Die Negation ist eine unaere Operation. Disjunktion
und Konjunktion sind binaere Operationen. Die Ergebnisse dieser
booleschen Operationen sind wieder boolesch. Als Operationssymbole dienen entsprechend der obigen Reihenfolge der Operationen

Symbol fuer boolesche Operation (symbol for boolean
                                        operation)

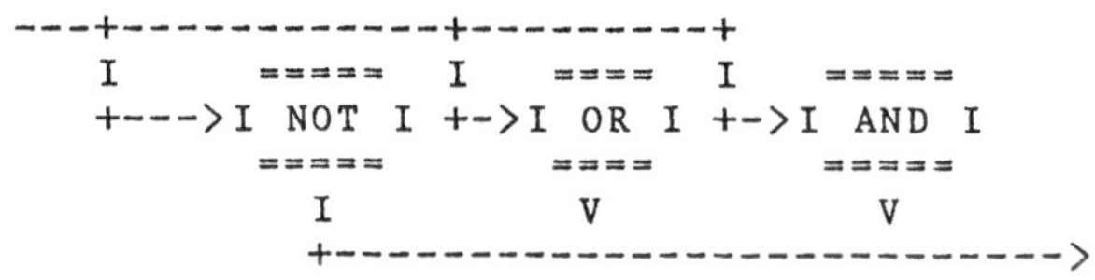

Die Definition der booleschen Operationen entnimmt man der folgenden Tabelle.

Operanden- werte		Ergebnisse		
		Nega- tion:	Dis- junk- tion:	Kon- junk- tion:
Operanden: P	Q	NOT P	P OR Q	P AND Q
FALSE	FALSE	TRUE	FALSE	FALSE
FALSE	TRUE	TRUE	TRUE	FALSE
TRUE	FALSE	FALSE	TRUE	FALSE
TRUE	TRUE	FALSE	TRUE	TRUE

Die Negation eines Operanden kehrt dessen Wahrheitswert um. Die
Disjunktion zweier Operanden hat als Ergebnis den booleschen
Wert FALSE genau dann, wenn beide Operanden den Wert FALSE haben. Sonst ist der Wert TRUE. Die Konjunktion zweier Operanden
hat als Ergebnis den Wert TRUE genau dann, wenn beide Operanden
den Wert TRUE haben. Sonst ist der Wert FALSE.

Die zwei - in PASCAL ueber die Operationssymbole OR und AND problemnah zugaenglichen - binaeren booleschen Operationen Disjunktion und Konjunktion sind nun nicht die einzigen denkbaren binaeren booleschen Operationen. Vielmehr ueberlegt man sich leicht,
dass es insgesamt 16 binaere boolesche Operationen gibt. Sechs
der verbleibenden 14 binaeren booleschen Operationen sind ueber
die durch S26 festgelegten Vergleichsoperationssymbole 'bequem' zugaenglich. Der Wertebereich des booleschen Standardtyps
ist ja eine geordnete Menge! Die Bezeichnungen dieser 6 binaeren
booleschen Operationen und die Ergebnisse, die sie liefern, sind
der folgenden Tabelle entnehmbar.

Operanden- werte			Ergebnisse					
Operanden: P Q			Prae- sek- tion: P < Q	Impli- kation: P <= Q	Aequi- va- lenz: P = Q	Repli- kation: P >= Q	Post- sek- tion: P > Q	Kon- trava- lenz: P <> Q
FALSE	FALSE		FALSE	TRUE	TRUE	TRUE	FALSE	FALSE
FALSE	TRUE		TRUE	TRUE	FALSE	FALSE	FALSE	TRUE
TRUE	FALSE		FALSE	FALSE	FALSE	TRUE	TRUE	TRUE
TRUE	TRUE		FALSE	TRUE	TRUE	TRUE	FALSE	FALSE

Die uebrigen acht binaeren booleschen Operationen sind in PASCAL
nicht ganz so 'bequem' zugaenglich. Sie muessen 'zusammengesetzt'
werden. Z.B. kann die Exklusion (Nand: not and) durch Konjunktion
und anschliessende Negation, die Rejektion (Nor: not or) durch
Disjunktion mit anschliessender Negation durchgefuehrt werden.

Ueber dem Wertebereich des booleschen Standardtyps gibt es - wie
in Abschn. 3.1 bereits erwaehnt - noch die Moeglichkeit, Operationen durchzufuehren, die als Funktionen definiert sind. Die Ergebnisse sind nicht immer boolesch bzw. brauchen es nicht zu sein.
Zusammengestellt seien die (Standard-)Namen der

- Standardfunktionen mit booleschem Argument: ORD, PRED, SUCC
  sowie der
- Standardfunktionen, die boolesche Ergebnisse liefern: EOF,
  EOLN, ODD, PRED, SUCC.

Bei vergleichender Betrachtung der Syntax-Diagramme S31 und S29
erkennt man unschwer, dass es aehnlich wie unter den ganzen Typen auch unter den booleschen Typen neben dem booleschen Standardtyp Teilbereichs-Typen gibt - die booleschen Teilbereichs-Typen. Auch sie werden in einer Art Intervallbezeichnung angegeben.
Die boolesche untere Grenze und boolesche obere Grenze sind gemaess Syntax-Diagramm S20 zu benennen und durch zwei unmittelbar
aufeinanderfolgende Punkte - das Symbolpaar .. - voneinander zu
trennen. Es gilt die

Regel R3.1.2-1: Der Wert der booleschen unteren Grenze eines boo-
                leschen Teilbereichs-Typs muss kleiner oder darf
                hoechstens gleich dem Wert der booleschen oberen
                Grenze sein.

Der Wertebereich eines booleschen Teilbereichs-Typs ist naheliegend die durch die boolesche untere Grenze und boolesche obere
Grenze bestimmte Teilmenge des Wertebereichs des booleschen Standardtyps (einschliesslich der Werte der Grenzen).

Beispiele:	richtig	falsch	Bemerkung

```
        FALSE .. TRUE      TRUE .. FALSE
        FALSE .. FALSE                     Wertebereich: FALSE
        WAHR  .. WAHR                      mit
                                           CONST WAHR = TRUE
```

Wie sinnvoll boolesche Teilbereichs-Typen sind, mag dahingestellt
sein. Fuer Operationen ueber dem Wertebereich boolescher Teilbereichs-Typen gilt in uebertragenem Sinne das fuer Operationen
ueber dem Wertebereich von ganzen Teilbereichs-Typen Gesagte.

Auf boolesche Typen kann schliesslich noch gemaess S31 ueber
einen im Typdefinitionsteil eines geeigneten Blockes definierten
Namen Bezug genommen werden.

3.1.3 Zeichen-Typen

Bei den Zeichen-Typen muss analog ganzen Typen unterschieden werden zwischen Zeichenstandard-Typ und Zeichenteilbereichs-Typen:

S32 Zeichen - Typ (character type)

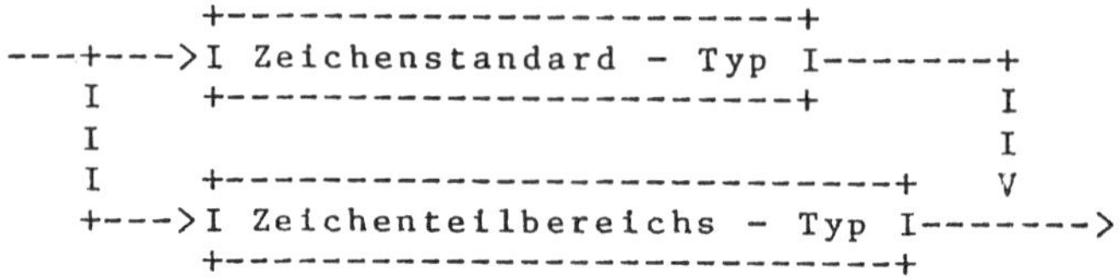

Diese Unterscheidung ist notwendig, um den 'N'-Zeichen-Typ (s.
Abschn. 3.2.1.2) einfuehren zu koennen.

Auf den Zeichenstandard-Typ bezieht man sich in PASCAL-Programmen gemaess Syntax-Diagramm

S33 Zeichenstandard - Typ (character standard type)

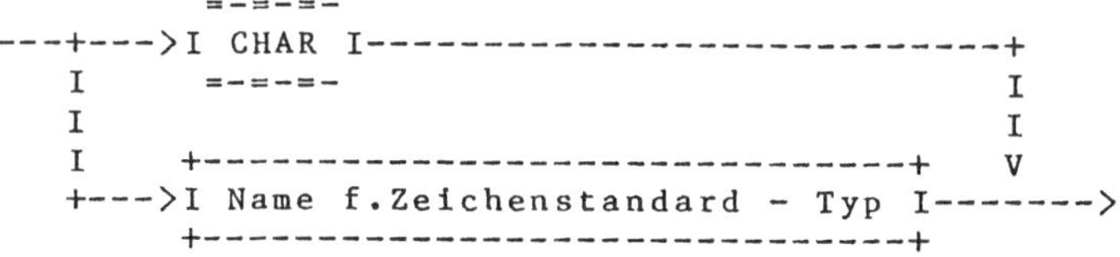

- also mittels des Standardnamens CHAR oder eines Namens, der im
Typdefinitionsteil eines geeigneten Blockes definiert werden muss.

Der Wertebereich des Zeichenstandard-Typs ist in hohem Masse DVA-
typabhaengig bzw. von der auf einer DVA vorhandenen PASCAL-Implementation abhaengig. Er ist zwar immer eine endliche geordnete
Menge, die die Werte der Zeichen umfasst, die durch das Syntax-
Diagramm "Zeichen" (s. Abschn. 2.1) gegeben sind, jedoch ist die
Ordnung ggf. von DVA zu DVA eine andere. Nach [080] kann sich
aber ein Programmierer darauf verlassen, dass eine PASCAL-Implementation fuer eine von Null aufsteigende Ordnung sorgt. Als Bezeichnung der Werte waehlen wir dieselbe, die fuer Zeichen-Konstanten benutzt wird.

Um die Ordnung des Wertebereichs des Zeichenstandard-Typs einer
bestimmten PASCAL-Implementation in Erfahrung zu bringen, kann
auf die Standardfunktion mit dem (Standard-)Namen ORD (s. Abschn.
7.2.6.3) zurueckgegriffen werden. Vorbehaltlich ihrer allgemeinen
Definition sei hier gesagt, dass sie ein Argument hat - hier
eine Groesse vom Zeichen-Typ - und als Ergebnis einen ganzen
Wert liefert - die Ordinalzahl der Groesse vom Zeichen-Typ innerhalb des Wertebereichs. Bezeichnen C1 und C2 zwei Groessen eines
Zeichen-Typs, so gilt:

                    C1 ist kleiner als C2,

wenn

                ORD (C1) kleiner als ORD (C2)

ist.

Natuerlich muss man alle Zeichen des Zeichensatzes, der einer bestimmten PASCAL-Implementation zugrunde liegt, kennen, will man
die gesamte Ordnung des Wertebereichs des Zeichenstandard-Typs
ueber die Standardfunktion ORD ermitteln. Fuer die PASCAL-6000-
3.4-Implementation wurde dies einmal mittels des Beispielprogramms B3.1.3-1 durchgefuehrt.

```
(* BEISPIEL B3.1.3-1: ERMITTLUNG DER ORDNUNG DES WERTEBEREICHS
                      DES ZEICHENSTANDARD-TYPS DER PASCAL-6000-
                      3.4-IMPLEMENTATION UNTER VERWENDUNG DER
                      STANDARDFUNKTION ORD *)
PROGRAM ERMZO1 (OUTPUT);
BEGIN
  WRITELN (# ORDNUNG DER BUCHSTABEN#);
  WRITELN (#   A#, ORD (#A#) : 3, #  B#, ORD (#B#) : 3,
           #   C#, ORD (#C#) : 3, #  D#, ORD (#D#) : 3,
           #   E#, ORD (#E#) : 3, #  F#, ORD (#F#) : 3,
           #   G#, ORD (#G#) : 3, #  H#, ORD (#H#) : 3,
           #   I#, ORD (#I#) : 3, #  J#, ORD (#J#) : 3,
           #   K#, ORD (#K#) : 3, #  L#, ORD (#L#) : 3);
  WRITELN (#   M#, ORD (#M#) : 3, #  N#, ORD (#N#) : 3,
           #   O#, ORD (#O#) : 3, #  P#, ORD (#P#) : 3,
           #   Q#, ORD (#Q#) : 3, #  R#, ORD (#R#) : 3,
           #   S#, ORD (#S#) : 3, #  T#, ORD (#T#) : 3,
           #   U#, ORD (#U#) : 3, #  V#, ORD (#V#) : 3,
           #   W#, ORD (#W#) : 3, #  X#, ORD (#X#) : 3);
  WRITELN (#   Y#, ORD (#Y#) : 3, #  Z#, ORD (#Z#) : 3);
  WRITELN (#OORDNUNG DER ZIFFERN#);
  WRITELN (#   0#, ORD (#0#) : 3, #  1#, ORD (#1#) : 3,
           #   2#, ORD (#2#) : 3, #  3#, ORD (#3#) : 3,
           #   4#, ORD (#4#) : 3, #  5#, ORD (#5#) : 3,
           #   6#, ORD (#6#) : 3, #  7#, ORD (#7#) : 3,
           #   8#, ORD (#8#) : 3, #  9#, ORD (#9#) : 3);
  WRITELN (#OORDNUNG DER DVA-TYPUNABHAENGIGEN SONDERZEICHEN#);
  WRITELN (#   +#, ORD (#+#) : 3, #  -#, ORD (#-#) : 3,
           #   *#, ORD (#*#) : 3, #  /#, ORD (#/#) : 3,
           #   =#, ORD (#=#) : 3, #  (#, ORD (#(#) : 3,
           #   )#, ORD (#)#) : 3, #  .#, ORD (#.#) : 3,
           #   ,#, ORD (#,#) : 3, #  ;#, ORD (#;#) : 3,
           #   :#, ORD (#:#) : 3);
  WRITELN (#OORDNUNG DER DVA-TYPABHAENGIGEN SONDERZEICHEN#);
  WRITELN (#   $#, ORD (#$#) : 3, #   #, ORD (# #) : 3,
           #  ###, ORD (####): 3, #  [#, ORD (#[#) : 3,
           #   ]#, ORD (#]#) : 3, #  %#, ORD (#%#) : 3,
           #   "#, ORD (#"#) : 3, #  _#, ORD (#_#) : 3,
           #   !#, ORD (#!#) : 3, #  &#, ORD (#&#) : 3,
           #   '#, ORD (#'#) : 3, #  ?#, ORD (#?#) : 3);
  WRITELN (#   <#, ORD (#<#) : 3, #  >#, ORD (#>#) : 3,
           #   @#, ORD (#@#) : 3, #  \#, ORD (#\#) : 3,
           #   ^#, ORD (#^#) : 3, #  ;#, ORD (#;#) : 3)
END.
```

Das Beispielprogramm B3.1.3-1 liefert:

ORDNUNG DER BUCHSTABEN
```
A  1 B  .2 C   3 D  4 E   5 F  6 G  7 H  8 I  9 J 10 K 11 L 12
M 13 N 14 O  15 P 16 Q 17 R 18 S 19 T 20 U 21 V 22 W 23 X 24
Y 25 Z 26
```

ORDNUNG DER ZIFFERN
```
0 27 1 28 2 29 3 30 4 31 5 32 6 33 7 34 8 35 9 36
```

ORDNUNG DER DVA-TYPUNABHAENGIGEN SONDERZEICHEN
```
+ 37 - 38 * 39 / 40 = 44 ( 41 ) 42 . 47 , 46 ; 63 :  0
```

ORDNUNG DER DVA-TYPABHAENGIGEN SONDERZEICHEN
```
$ 43    45 # 48 [ 49 ] 50 % 51 " 52 _ 53 ! 54 & 55 ' 56 ? 57
< 58 > 59 @ 60 \ 61 ^ 62 ; 63
```

Die Ordnung des Wertebereichs des Zeichenstandard-Typs kann ggf.
auch mit Hilfe des folgenden Beispielprogramms B3.1.3-2 bestimmt
werden. Statt der Standardfunktion ORD wird die Standardfunktion
CHR (s. Abschn. 7.2.6.3) benutzt, die fuer die Ordinalzahl eines
Zeichens als Argument das Zeichen als Ergebnis liefert.


```
(* BEISPIEL B3.1.3-2:  ERMITTLUNG DER ORDNUNG DES WERTEBEREICHS
                       DES ZEICHENSTANDARD-TYPS DER PASCAL-6000-
                       3.4-IMPLEMENTATION UNTER VERWENDUNG DER
                       STANDARDFUNKTION CHR *)
PROGRAM ERMZO2  (OUTPUT);
CONST    KLOZ   = 0;                    (* KLEINSTE ORDINALZAHL *)
         GROZ   = 63;                   (* GROESSTE ORDINALZAHL *)
         MZPZO  = 12;                   (* MAXIMALE ZAHL DER PAARE
                                           'ZEICHEN/ORDINALZAHL'
                                           PRO ZEILE *)
VAR      ZPZO   ,                       (* ZAHL DER PAARE 'ZEICHEN/
                                           ORDINALZAHL' PRO ZEILE *)
         OZ     : INTEGER;              (* ORDINALZAHL *)
BEGIN
  ZPZO := MZPZO;
  FOR OZ := KLOZ TO GROZ DO
    BEGIN
      ZPZO := ZPZO + 1;
      IF ZPZO > MZPZO THEN
        BEGIN
          ZPZO := 1;
          WRITELN;
          WRITE (# #)
        END;
      WRITE (# #, CHR (OZ), OZ : 3)
    END;
  WRITELN
END.
```


Das Programm setzt voraus, dass die Ordinalzahl des groessten
Wertes des Zeichenstandard-Typs bekannt ist.

Ferner muss bekannt sein, dass die Zeichen zusammenhaengend dargestellt sind, d.h., dass sich die Ordinalzahlen eines Wertes
des Zeichenstandard-Typs und seines Nachfolgers genau um 1 unterscheiden (vom groessten Wert natuerlich abgesehen). Diese Voraussetzung ist fuer die PASCAL-6000-3.4-Implementation erfuellt.
Fuer andere PASCAL-Implementationen - beispielsweise einer fuer
eine DVA vom Typ SIEMENS 7000 oder IBM 370 - kann dies wegen der
DVA-typabhaengigen Verarbeitungsweise von Zeichendaten nicht
ohne weiteres angenommen werden. Dennoch wird das Beispielprogramm i.a. - mit geaenderter Definition fuer GROZ - zum Ablauf zu
bringen sein. Die Druckausgabe wird jedoch fuer manche Ordinalzahlen Zwischenraeume enthalten. Die diesen Ordinalzahlen zugehoerigen Zeichen bezeichnet man als nicht-druckbare Zeichen und rechnet
sie der Menge der DVA-typabhaengigen Zeichen zu.

Der Anweisungsteil des Beispielprogrammes B3.1.3-2 koennte im
Grunde nur aus einer Laufanweisung der Form

```
        FOR J := KLOZ TO GROZ DO
          WRITELN (# #, CHR (OZ), OZ : 3)
```

bestehen. Um jedoch die 'Druckausgabe zu komprimieren' - also
nicht nur ein Zeichen nebst Ordinalzahl, sondern z.B. 12 Paare
pro Zeile auszugeben - wurde der Anweisungsteil in obiger Weise
gestaltet. Das Beispielprogramm B3.1.3-2 liefert:

```
:  0 A  1 B  2 C  3 D  4 E  5 F  6 G  7 H  8 I  9 J 10 K 11
L 12 M 13 N 14 O 15 P 16 Q 17 R 18 S 19 T 20 U 21 V 22 W 23
X 24 Y 25 Z 26 0 27 1 28 2 29 3 30 4 31 5 32 6 33 7 34 8 35
9 36 + 37 - 38 * 39 / 40 ( 41 ) 42 $ 43 = 44   45 , 46 . 47
# 48 [ 49 ] 50 % 51 " 52 _ 53 ! 54 & 55 ' 56 ? 57 < 58 > 59
@ 60 \ 61 ^ 62 ; 63
```

Als Operationen ueber dem Wertebereich des Zeichenstandard-Typs
sind die in Abschn. 3.1 aufgefuehrten 6 Vergleichsoperationen
moeglich. Das war nach bisher Gesagtem zu erwarten. Man mache
sich auf Grund dessen auch klar, dass die Operationsergebnisse -
TRUE oder FALSE - i.a. DVA-typabhaengig sind. Immerhin kann man
nach [080] davon ausgehen, dass Buchstaben und Ziffern 'natuerlich angeordnet' sind. Nach [080] sollen die Ziffern '0', '1',
..., '9' sogar numerisch angeordnet sein - also die Ordinalzahl
von '0' genau um 1 kleiner als die Ordinalzahl von '1', die wiederum genau um 1 kleiner sein soll als die Ordinalzahl von '2'
usw.

Beispiele: Operationen, die den Wert TRUE liefern:

```
        '0' < '1'    'A' < 'B'    'J' < 'K'    'S' < 'T'
        '1' < '2'    'B' < 'C'    'K' < 'L'    'T' < 'U'
        '2' < '3'    'C' < 'D'    'L' < 'M'    'U' < 'V'
        '3' < '4'    'D' < 'E'    'M' < 'N'    'V' < 'W'
        '4' < '5'    'E' < 'F'    'N' < 'O'    'W' < 'X'
        '5' < '6'    'F' < 'G'    'O' < 'P'    'X' < 'Y'
        '6' < '7'    'G' < 'H'    'P' < 'Q'    'Y' < 'Z'
        '7' < '8'    'H' < 'I'    'Q' < 'R'
        '8' < '9'    'I' < 'J'    'R' < 'S'
```

Operationen, die bei Benutzung der PASCAL-6000-3.4-
Implementation den Wert TRUE liefern:

$$' \; ' \; > \; 'A' \qquad '+' \; > \; '9' \qquad ',' \; < \; '.' \qquad '<' \; < \; '>'$$

Operationen, die bei Benutzung einer PASCAL-Implementation fuer eine SIEMENS 7000 oder IBM 370 den
Wert TRUE liefern (koennten):

$$' \; ' \; < \; 'A' \qquad '+' \; < \; '9' \qquad ',' \; > \; '.' \qquad '<' \; < \; '>'$$

Von der 'natuerlichen Anordnung' der Buchstaben macht das Beispielprogramm B3.1.3-3 Gebrauch, das (hoffentlich) mittels jeder
PASCAL-Implementation ungeaendert zum Ablauf gebracht werden
kann. Dieses Programm entschluesselt Texte, die nach dem "Caesar-
Code" verschluesselt wurden. Caesar benutzte zur Verschluesselung
seiner Nachrichten jeweils den drittnaechsten Buchstaben des lateinischen Alphabets, das man sich zyklisch angeordnet denken
muss. Der verschluesselte Text

JDOOLD HVW RPQLV GLYLVD ...

wuerde vom Beispielprogramm B3.1.3-3 ausgegeben als

GALLIA EST OMNIS DIVISA ...   .

Ist von einer PASCAL-Implementation - wie von der PASCAL-6000-
3.4-Implementation bekannt, dass die Buchstaben nicht nur 'natuerlich angeordnet', sondern sogar zusammenhaengend dargestellt
sind, so kann das Beispielprogramm erheblich vereinfacht werden.
U.a. kann die zusammengesetzte Anweisung hinter

```
IF (Z >= #A#) AND (Z <= #Z#) THEN
```

durch die einfache Anweisung

```
Z := CHR ((ORD (Z) - ORD (#A#) + 23)
     MOD 26 + ORD (#A#))
```

ersetzt werden. Bei einer PASCAL-Implementation fuer eine DVA
vom Typ SIEMENS 7000 oder IBM 370 ist dies nicht moeglich, wenn
bei dieser keine Vorkehrung getroffen ist, die dafuer sorgt,
dass die konstruktionsgegebene Darstellung der Buchstaben -
'zwischen' den Buchstaben I und J sowie R und S sind nicht-druckbare Zeichen angeordnet - in eine zusammenhaengende Darstellung
ueberfuehrt wird.

```pascal
(* BEISPIEL B3.1.3-3: CAESAR-CODE-ENTSCHLUESSELUNG *)
PROGRAM  CCENTS (INPUT, OUTPUT);
VAR       OZRA  ,                     (* ORDINALZAHL EINES ZEI-
                                         CHENS RELATIV A *)

          NRBU  : INTEGER;            (* NUMMER EINES BUCHSTABENS
                                         IM ALPHABET *)

          Z     ,                     (* EINGELESENES ZEICHEN BZW.
                                         AUSZUGEBENDES ZEICHEN *)

          TZ    : CHAR;               (* ZEICHEN FUER VERGLEICH
                                         MIT EINGELESENEM ZEI-
                                         CHEN (TESTZEICHEN) *)

FUNCTION BUCHST                       (* FUNKTION ZUM TEST AUF
                                         BUCHSTABE *)

               (VAR Z : CHAR)
               : BOOLEAN;
BEGIN
  BUCHST := (Z = #A#) OR (Z = #B#) OR (Z = #C#) OR (Z = #D#) OR
            (Z = #E#) OR (Z = #F#) OR (Z = #G#) OR (Z = #H#) OR
            (Z = #I#) OR (Z = #J#) OR (Z = #K#) OR (Z = #L#) OR
            (Z = #M#) OR (Z = #N#) OR (Z = #O#) OR (Z = #P#) OR
            (Z = #Q#) OR (Z = #R#) OR (Z = #S#) OR (Z = #T#) OR
            (Z = #U#) OR (Z = #V#) OR (Z = #W#) OR (Z = #X#) OR
            (Z = #Y#) OR (Z = #Z#)
END;


BEGIN
  WHILE NOT EOF DO
    BEGIN
      WRITE (# #);
      WHILE NOT EOLN DO
        BEGIN
          READ (Z);
          IF (Z >= #A#) AND (Z <= #Z#) THEN
            BEGIN
              OZRA := 0;
              NRBU := 0;
              REPEAT
                TZ := CHR (ORD (#A#) + OZRA);
                IF BUCHST (TZ) THEN
                  NRBU := NRBU + 1;
                OZRA := OZRA + 1
              UNTIL TZ = Z;

              NRBU := (NRBU + 23) MOD 26;

              OZRA := 0;
              REPEAT
                Z := CHR (ORD (#A#) + OZRA);
                IF BUCHST (Z) THEN
                  NRBU := NRBU - 1;
                OZRA := OZRA + 1
              UNTIL NRBU = 0
            END;
          WRITE (Z)
        END;
      READLN;
      WRITELN
    END
END.
```

Neben den Vergleichsoperationen besteht - wie in Abschn. 3.1 bereits erwaehnt - die Moeglichkeit, ueber dem Wertebereich des
Zeichenstandard-Typs Operationen durchzufuehren, die als Funktionen definiert sind. Die Ergebnisse sind nicht immer Zeichen bzw.
brauchen es nicht zu sein. Zusammengestellt seien die (Standard-)
Namen der

  . Standardfunktionen mit einem Argument vom Zeichen-Typ: ORD,
    PRED, SUCC sowie der
  . Standardfunktionen, die Ergebnisse vom Zeichen-Typ liefern:
    CHR, PRED, SUCC.

Die Angabeform von Zeichenteilbereichs-Typen ist durch das Syntax-Diagramm S34 festgelegt.

S34 Zeichenteilbereichs - Typ (character subrange type)

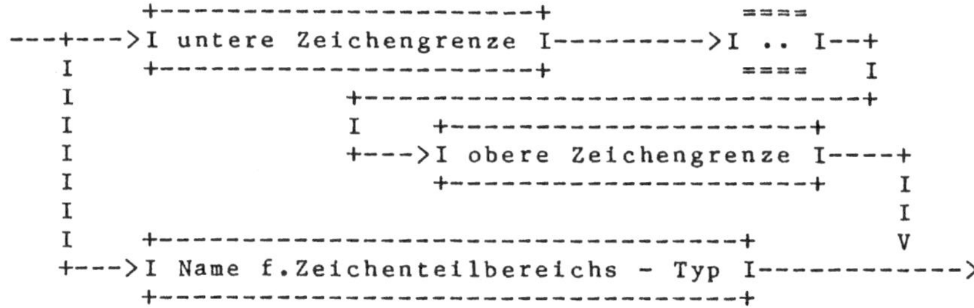

Ein Zeichenteilbereichs-Typ ist also anzugeben in Art einer Intervallbezeichnung oder durch einen im Typdefinitionsteil eines
geeigneten Blockes definierten Namen. Bei Verwendung der ersten
Form sind eine untere Zeichengrenze und eine obere Zeichengrenze
gemaess Syntax-Diagramm S21 zu benennen, die durch zwei unmittelbar aufeinanderfolgende Punkte - das Symbolpaar .. - voneinander
zu trennen sind. Es gilt

Regel R3.1.3-1: Der Wert der unteren Zeichengrenze eines Zei-
                chenteilbereichs-Typs muss kleiner oder darf
                hoechstens gleich dem Wert der oberen Zeichen-
                grenze sein.

Bei dieser Regel ist die DVA-Typabhaengigkeit der Ordnung des
Wertebereichs zu beachten.

Der Wertebereich eines Zeichenteilbereichs-Typs ist naheliegend
die durch untere Zeichengrenze und obere Zeichengrenze bestimmte
Teilmenge des Wertebereichs des Zeichenstandard-Typs (einschliesslich der Werte der Grenzen).

Beispiele: richtig   falsch   Bemerkung

                  'A' .. 'Z'   'Z' .. 'A'   Buchstaben-
                                                        Teilbereich;
                  NULL .. NEUN   mit
                                                        CONST NULL = '0';
                                                             NEUN = '9'
                                                        Ziffernteilbereich;
                  '(' .. ')'   ')' .. '('   Klammerteilbereich,
                                                        vorausgesetzt es
                                                        ist ORD ('(') =
                                                        ORD (')') - 1

Als Operationen ueber dem Wertebereich von Zeichenteilbereichs-
Typen sind alle Operationen zulaessig, die ueber dem Wertebereich des Zeichenstandard-Typs moeglich sind. Fuer Funktionen
gilt bezueglich der Einhaltung der 'Bereichsgrenzen' in uebertragenem Sinne das fuer Operationen ueber dem Wertebereich von
ganzen Teilbereichs-Typen Gesagte.

3.1.4 Aufzaehl-Typen

Die Moeglichkeit, Aufzaehl-Typen definieren und mit Daten eines
solchen Typs arbeiten zu koennen, demonstriert in augenfaelliger
Weise, dass PASCAL eine in starkem Masse problemorientierte Sprache ist. Nehmen wir an, wir muessten in einem Programm von einem
Merkmal wie z.B. Geschlecht, Ehestand, Nationalitaet und Religion
oder Farbe, Monat, Wochentag und Pruefungsleistung feststellen,
welche Auspraegung das Merkmal hat und dann in Abhaengigkeit davon eine bestimmte Aktion veranlassen - z.B. wenn die Pruefungsleistung mindestens ausreichend ist, ein Zeugnis ausstellen. Von
den bisher besprochenen Datentypen waeren beispielsweise die
ganzzahligen Typen geeignet, das Problem zu loesen. Man vercodet
die Auspraegungen durch ganze Zahlen - etwa beim Geschlecht
maennlich durch 0 und weiblich durch 1 oder bei der Pruefungsleistung die Ergebnisse durch die Werte 0 bis 6. Im PASCAL-Programm koennte dann eine Wenn-Anweisung (s. Abschn. 6.2.2.1) der
Form

        IF GESCHLECHT = 1 THEN ...
bzw.
        IF PRUEFUNGSLEISTUNG <= 4 THEN ...

formuliert werden. Die drei aufeinanderfolgenden Punkte moegen
fuer eine Aktion stehen, die auszufuehren ist, wenn die Bedingung GESCHLECHT = 1 bzw. PRUEFUNGSLEISTUNG <= 4 erfuellt ist.

PASCAL gestattet nun die problemnaehere Formulierung:

        IF GESCHLECHT = WEIBLICH THEN ...
bzw.
        IF PRUEFUNGSLEISTUNG
                <= AUSREICHEND THEN ...   ,

wenn die Merkmale GESCHLECHT bzw. PRUEFUNGSLEISTUNG als Aufzaehl-
Typen (hier besser: Basis-Aufzaehl-Typen)

        (MAENNLICH, WEIBLICH)
bzw.
        (AUSGEZEICHNET, SEHRGUT, GUT, BEFRIEDIGEND,
         AUSREICHEND, MANGELHAFT, UNGENUEGEND)

definiert worden sind.

Aufzaehl-Typen sind Datentypen, deren Wertebereich eine Aufzaehlung von durch Namen benannten Werten ist. Es sind zu unterscheiden zwischen (von uns so genannten) Basis-Aufzaehl-Typen und Aufzaehlteilbereichs-Typen, die ausgehend von einem Basis-Aufzaehl-
Typ definiert werden koennen.

Die Aufzaehlung und damit die Definition eines Basis-Aufzaehl-
Typs erfolgt syntaktisch durch Nennung einer in runde Klammern
gesetzten Liste von einem oder mehreren verschiedenen und gemaess
Regel R2.2.3-2 im in Betracht kommenden Block sonst nicht einge-
fuehrten nach S15 gebildeten Namen, die ggf. voneinander durch
Kommata zu trennen sind. PASCAL numeriert die Namen ab Null in

der aufgefuehrten Reihenfolge und betrachtet die Aufzaehlung dann intern als (geordnete) Menge der Zahlen 0, 1, ..., n-1, wenn die Aufzaehlung n Namen umfasst. Die exakte syntaktische Beschreibung von Basis-Aufzaehl-Typen findet sich in dem Syntax-Diagramm S35, in dem statt der syntaktischen Variablenbezeichnung Name die suggestivere syntaktische Variablenbezeichnung Aufzaehl-Konstante (S15) verwandt ist.

S35 Aufzaehl - Typ (enumeration type)

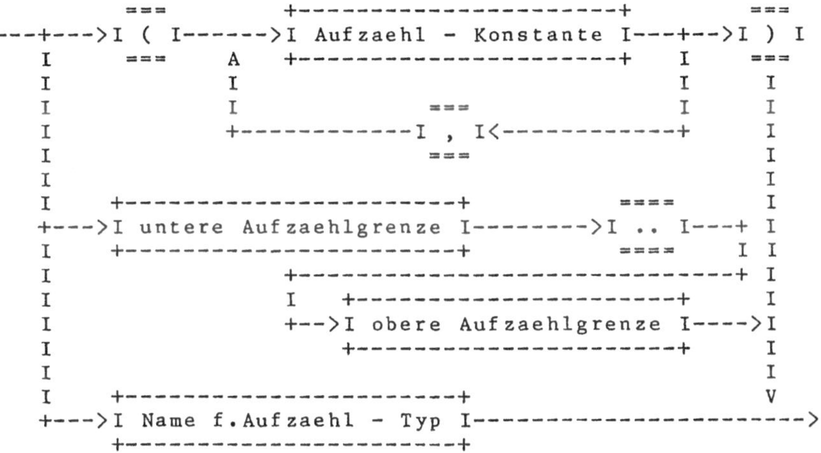

Es sei festgestellt, dass es im Gegensatz zu den bisher besprochenen einfachen Typen keinen 'Standard-Aufzaehl-Typ' gibt.

Als Operationen ueber dem Wertebereich eines Basis-Aufzaehl-Typs sind die in Abschn. 3.1 aufgefuehrten sechs Vergleichsoperationen verfuegbar, die in natuerlicher Weise auf der oben beschriebenen Anordnung basierend definiert sind.

Beispiele, fussend auf den oben aufgefuehrten Datentypen der Merkmale GESCHLECHT und PRUEFUNGSLEISTUNG:

Operation	Ergebnis
MAENNLICH <> WEIBLICH	TRUE
MAENNLICH = WEIBLICH	FALSE
UNGENUEGEND > GUT	TRUE
GUT < SEHRGUT	FALSE

Wenn die Aufzaehl-Konstanten eines Aufzaehl-Typs die Auspraegungen eines qualitativen Merkmals wie Geschlecht, Ehestand, Nationalitaet oder Religion beinhalten, sind natuerlich nur die Operationen Vergleich auf gleich und Vergleich auf ungleich von semantischer Bedeutung. Fuer ordinale Merkmale wie z.B. Pruefungsleistung sind auch die uebrigen Vergleichsoperationen sinnvoll.

Auch ueber dem Wertebereich eines Basis-Aufzaehl-Typs besteht -
wie bereits in Abschn. 3.1 erwaehnt - noch die Moeglichkeit, Operationen durchzufuehren, die als Funktionen definiert sind. Die
Ergebnisse sind nicht immer vom in Betracht stehenden Basis-Aufzaehl-Typ bzw. brauchen es nicht zu sein. Zusammengestellt seien
die (Standard-)Namen der

- Standardfunktionen mit einem Argument eines Aufzaehl-Typs:
  ORD, PRED, SUCC sowie der
- Standardfunktionen, die Ergebnisse eines Aufzaehl-Typs lie-
  fern: PRED, SUCC.

Wir kommen nun auf die Aufzaehlteilbereichs-Typen zu sprechen. Sie
werden (ausgehend von Basis-Aufzaehl-Typen) nach Syntax-Diagramm
S35 in einer Art Intervallbezeichnung angegeben. Die untere Aufzaehlgrenze und die obere Aufzaehlgrenze sind gemaess S15 zu benennen und durch das Symbolpaar .. voneinander zu trennen. Es
gilt die

Regel R3.1.4-1: Der Wert der unteren Aufzaehlgrenze eines Auf-
                zaehlteilbereichs-Typs muss bezueglich der Ord-
                nung des zugrunde liegenden Basis-Aufzaehl-Typs
                vor dem Wert der oberen Aufzaehlgrenze angeord-
                net sein oder darf hoechstens gleich sein.

Der Wertebereich eines Aufzaehlteilbereichs-Typs ist naheliegend
die durch die untere Aufzaehlgrenze und obere Aufzaehlgrenze bestimmte Teilmenge des Wertebereichs des zugrunde liegenden Basis-
Aufzaehl-Typs (einschliesslich der Werte der Grenzen).

Wenn gesagt wurde, dass Aufzaehlteilbereichs-Typen ausgehend von
Basis-Aufzaehl-Typen angebbar sind, so impliziert dies u.a. auch,
dass, ehe ein Aufzaehlteilbereichs-Typ angegeben werden kann, der
ihm zugrunde liegende Basis-Aufzaehl-Typ angegeben sein muss. Untere und obere Aufzaehlgrenze sind - syntaktisch gesehen - ja Namen, und es muss daher die Regel R2.2.3-1 beachtet werden, nach
der der Benutzung eines Namens dessen Definition vorausgehen muss
- hier: Nennung einer Aufzaehl-Konstante in einem Basis-Aufzaehl-
Typ.

Beispiele, fussend auf den oben aufgefuehrten Datentypen der
          Merkmale GESCHLECHT und PRUEFUNGSLEISTUNG:

          richtig   falsch   Bemerkung

    WEIBLICH .. WEIBLICH
      SEHRGUT .. AUSREICHEND
  MANGELHAFT .. UNGENUEGEND
                             WEIBLICH .. MAENNLICH
                                  GUT .. SEHRGUT
                                    W .. W   Es ist unzulaes-
                                                    sig, festzulegen:
                                                    CONST
                                                      W = WEIBLICH

Als Operationen ueber dem Wertebereich von Aufzaehlteilbereichs-
Typen sind alle Operationen zulaessig, die ueber dem Wertebereich
des Basis-Aufzaehl-Typs moeglich sind. Fuer Funktionen gilt bezueglich der Einhaltung der 'Bereichsgrenzen' im uebertragenen
Sinn das fuer Operationen ueber dem Wertebereich von ganzen Teilbereichs-Typen Gesagte.

Auf einen Aufzaehl-Typ kann schliesslich noch gemaess S35 ueber
einen im Typdefinitionsteil eines geeigneten Blockes definierten
Namen Bezug genommen werden.

3.1.5 Reeller Typ

Im Gegensatz zu den uebrigen einfachen Typen gibt es bezueglich
moeglicher Wertebereiche nur einen reellen Typ, denn 'reelle Teilbereichs-Typen' sind nicht definierbar. Der eine reelle Typ steht
standardmaessig zur Verfuegung. Man spricht deshalb mitunter
auch vom reellen Standardtyp. Bezug auf ihn nimmt man nach S36
mittels des Standardnamens REAL oder eines Namens, der im Typdefinitionsteil eines geeigneten Blockes definiert werden muss.

S36 reeller Typ (real type)

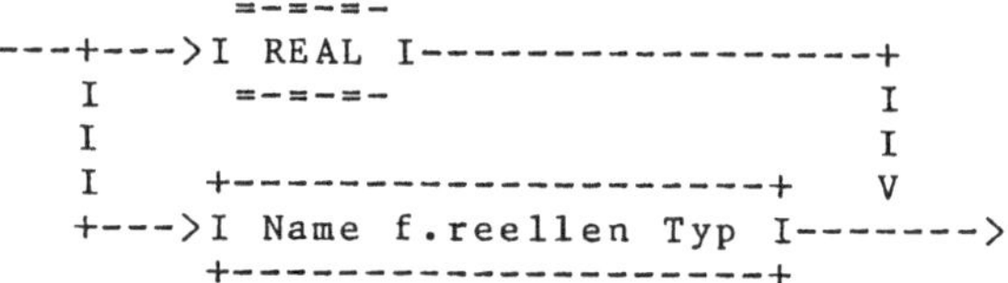

Der Wertebereich des reellen Typs ist die geordnete Teilmenge
der abbrechenden Dezimalzahlen um Null (einschliesslich Null)
der Menge der reellen Zahlen, die durch eine bestimmte PASCAL-
Implementation bzw. den DVA-Typ, auf dem diese zur Verfuegung
steht, festgelegt ist. I.a. sind die Elemente der Teilmenge um
0 symmetrisch angeordnet.

Die gleich zu besprechenden Operationen ueber dem Wertebereich
des reellen Typs koennen unter Umstaenden 'ungenaue' Ergebnisse
liefern. Um diese verstehen zu koennen, ist es notwendig, etwas
genauer auf die Werte des Wertebereichs des reellen Typs einzu-
gehen. Statt von Werten spricht man besser von (normalisierten)
Gleitpunktzahlen, womit auf ihre uebliche DVA-interne Darstellung Bezug genommen wird. Jede solche Gleitpunktzahl laesst sich
als Produkt einer Mantisse genannten Zahl m und einer Potenz darstellen, die als Basis eine natuerliche Zahl b und als Exponent
eine ganze Zahl z hat:

$$w = m \cdot \exp (z \cdot \ln b) \qquad .$$

Fuer die Mantisse m gilt:

   . m ist in der b-Darstellung, und die Anzahl der Ziffern von m
     - die sogenannte Mantissenlaenge - ist fest - also nicht
     ueberschreitbar;
   . $1/b <= m < 1$.

Wesentliche DVA-typabhaengige Groessen fuer diese sogenannte
halblogarithmische Darstellung sind:

. die Basis b (i.a. 2 oder 8 oder 10 oder 16),
. die Mantissenlaenge,
. die relative Genauigkeit, d.h. die kleinste Zahl eps, so dass

$$1 - eps < 1 < 1 + eps$$

gilt und
. die kleinste und die groesste darstellbare Zahl.

Trotz dieser Charakteristika benutzen wir die Attribute 'reell' und 'reellzahlig'.

Als Operationen ueber dem Wertebereich des reellen Typs sind die reellzahligen arithmetischen Operationen moeglich:

    . reellzahliges unaeres Plus (Identitaet),
    . reellzahliges unaeres Minus (Vorzeichen-
      wechsel),
    . reellzahlige Addition,
    . reellzahlige Subtraktion,
    . reellzahlige Multiplikation und
    . reellzahlige Division.

Die ersten beiden Operationen sind, wie die Bezeichnung schon sagt, unaere Operationen - anzuwenden also auf einen Operanden, die uebrigen Operationen sind binaere Operationen - anzuwenden also auf zwei Operanden. Die Ergebnisse der reellzahligen arithmetischen Operationen sind wieder reellzahlig, sofern sie in den (DVA-typabhaengigen) Wertebereich fallen. Ist dies nicht der Fall, so erfolgt i.a. ein Abbruch des Programmlaufs mit entsprechender Fehlermeldung. Als Operationssymbole dienen

Symbol fuer reellzahlige arithmetische Operation (symbol for
                                          real arith-
                                        metic
                                        operation)

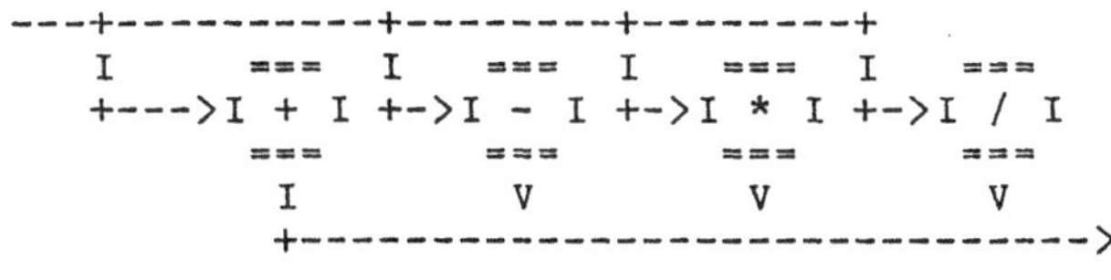

```
--+---------+--------+--------+
I    ===  I   ===  I   ===  I    ===
+--->I + I +->I - I +->I * I +->I / I
     ===      ===      ===      ===
I            V        V        V
+--------------------------------->
                                     .
```

Das Symbol + wird sowohl fuer reellzahliges unaeres Plus als auch fuer die reellzahlige Addition verwandt. Analoges gilt fuer das Symbol -, reellzahliges unaeres Minus und die reellzahlige Subtraktion. Die Symbole * und / sind in dieser Reihenfolge fuer die reellzahlige Multiplikation und die reellzahlige Division zu verwenden.

Die Definition der reellzahligen arithmetischen Operationen entsprechen prinzipiell den als bekannt unterstellten arithmetischen Operationen im Bereich der reellen Zahlen. Allerdings muss man - wie bereits angedeutet - wegen der halblogarithmischen Darstellung der Werte des Wertebereichs des reellen Typs mit Ergebnissen rechnen, die nicht gleich denen sind, die man 'gewohnt' ist. Un-

terstellt man z.B. einmal fuer die Basis b den Wert 10 und eine
Mantissenlaenge von zwei (Dezimal-)Ziffern, so ergibt die Addition etwa von

$$1.0 \ = \ 0.10 \ . \ \exp \ (1 \ . \ \ln \ 10)$$
und
$$0.26 \ = \ 0.26 \ . \ \exp \ (0 \ . \ \ln \ 10)$$
statt 1.26 entweder
$$1.2 \ = \ 0.12 \ . \ \exp \ (1 \ . \ \ln \ 10)$$
oder
$$1.3 \ = \ 0.13 \ . \ \exp \ (1 \ . \ \ln \ 10) \qquad ,$$

je nachdem, ob bei der Berechnung abgeschnitten oder gerundet
wird, um im Ergebnis auf die Mantissenlaenge von zwei (Dezimal-)
Ziffern zu kommen. Auf diese Weise sind auch die Ergebnisse des
mit der PASCAL-6000-3.4-Implementation zum Ablauf gebrachten Programmes B3.1.5-1 zu erklaeren.

```
(* BEISPIEL B3.1.5-1: DEMONSTRATION ZUR REELLZAHLIGEN 'COMPUTER-
                      ARITHMETIK' *)
PROGRAM DCA (OUTPUT);
CONST    ML  = 48;                   (* MANTISSENLAENGE *)
         B   = 2.0;                  (* BASIS *)
VAR      SZ  : INTEGER;              (* (DUALE) STELLENZAHL *)
         ZP  : REAL;                 (* ZWEIERPOTENZ *)
BEGIN
  WRITELN (# SZ     ZP                      1 + ZP#,
                         #                   1 - ZP#);
  WRITELN;
  ZP := B;
  FOR SZ := 0 TO ML DO
    BEGIN
      ZP := ZP / B;
      WRITELN (SZ : 3, ZP, 1 + ZP, 1 - ZP)
    END
END.
```

Dieses Programm berechnet fuer i = 0, 1, ..., 48 die Werte

$$1.0 + \exp \ (-i \ . \ \ln \ 2)$$
und
$$1.0 - \exp \ (-i \ . \ \ln \ 2) \qquad \qquad .$$

Die berechneten Ergebnisse zeigen deutlich die zunehmende Abweichung von den exakten Werten:

SZ	ZP	1 + ZP	1 - ZP
0	1.0000000000000E+000	2.0000000000000E+000	0
1	5.0000000000000E-001	1.5000000000000E+000	5.0000000000000E-001
2	2.5000000000000E-001	1.2500000000000E+000	7.5000000000000E-001
3	1.2500000000000E-001	1.1250000000000E+000	8.7500000000000E-001
4	6.2500000000000E-002	1.0625000000000E+000	9.3750000000000E-001
5	3.1250000000000E-002	1.0312500000000E+000	9.6875000000000E-001
6	1.5625000000000E-002	1.0156250000000E+000	9.8437500000000E-001
7	7.8125000000000E-003	1.0078125000000E+000	9.9218750000000E-001
8	3.9062500000000E-003	1.0039062500000E+000	9.9609375000000E-001
9	1.9531250000000E-003	1.0019531250000E+000	9.9804687500000E-001
10	9.7656250000000E-004	1.0009765625000E+000	9.9902343750000E-001
11	4.8828125000000E-004	1.0004882812500E+000	9.9951171875000E-001
12	2.4414062500000E-004	1.0002441406250E+000	9.9975585937500E-001
13	1.2207031250000E-004	1.0001220703125E+000	9.9987792968750E-001
14	6.1035156250000E-005	1.0000610351562E+000	9.9993896484375E-001
15	3.0517578125000E-005	1.0000305175781E+000	9.9996948242187E-001
16	1.5258789062500E-005	1.0000152587890E+000	9.9998474121094E-001
17	7.6293945312500E-006	1.0000076293945E+000	9.9999237060547E-001
18	3.8146972656250E-006	1.0000038146973E+000	9.9999618530273E-001
19	1.9073486328125E-006	1.0000019073486E+000	9.9999809265137E-001
20	9.5367431640625E-007	1.0000009536743E+000	9.9999904632568E-001
21	4.7683715820312E-007	1.0000004768371E+000	9.9999952316284E-001
22	2.3841857910156E-007	1.0000002384186E+000	9.9999976158142E-001
23	1.1920928955078E-007	1.0000001192093E+000	9.9999988079071E-001
24	5.9604644775390E-008	1.0000000596046E+000	9.9999994039535E-001
25	2.9802322387695E-008	1.0000000298023E+000	9.9999997019768E-001
26	1.4901161193848E-008	1.0000000149011E+000	9.9999998509884E-001
27	7.4505805969238E-009	1.0000000074506E+000	9.9999999254942E-001
28	3.7252902984619E-009	1.0000000037253E+000	9.9999999627471E-001
29	1.8626451492309E-009	1.0000000018626E+000	9.9999999813735E-001
30	9.3132257461548E-010	1.0000000009313E+000	9.9999999906868E-001
31	4.6566128730774E-010	1.0000000004657E+000	9.9999999953434E-001
32	2.3283064365387E-010	1.0000000002328E+000	9.9999999976717E-001
33	1.1641532182693E-010	1.0000000001164E+000	9.9999999988358E-001
34	5.8207660913467E-011	1.0000000000582E+000	9.9999999994179E-001
35	2.9103830456734E-011	1.0000000000291E+000	9.9999999997089E-001
36	1.4551915228367E-011	1.0000000000145E+000	9.9999999998545E-001
37	7.2759576141834E-012	1.0000000000072E+000	9.9999999999272E-001
38	3.6379788070917E-012	1.0000000000036E+000	9.9999999999636E-001
39	1.8189894035458E-012	1.0000000000018E+000	9.9999999999818E-001
40	9.0949470177293E-013	1.0000000000009E+000	9.9999999999909E-001
41	4.5474735088646E-013	1.0000000000004E+000	9.9999999999954E-001
42	2.2737367544323E-013	1.0000000000002E+000	9.9999999999977E-001
43	1.1368683772161E-013	1.0000000000001E+000	9.9999999999988E-001
44	5.6843418860808E-014	1.0000000000000E+000	9.9999999999994E-001
45	2.8421709430404E-014	1.0000000000000E+000	9.9999999999997E-001
46	1.4210854715202E-014	1.0000000000000E+000	9.9999999999998E-001
47	7.1054273576010E-015	1.0000000000000E+000	9.9999999999999E-001
48	3.5527136788005E-015	1.0000000000000E+000	1.0000000000000E+000

Eine Folge der Eigenheiten der halblogarithmischen Darstellung
der Werte des Wertebereichs des reellen Typs ist auch, dass z.B.
das vertraute assoziative Gesetz fuer die Addition

$$a + (b + c) = (a + b) + c$$

nicht uneingeschraenkt gilt. Fuer a = -1.0, b = 1.0 und c = 0.26
wird es - b = 10 und eine Mantissenlaenge von zwei Ziffern angenommen - verletzt. Alle diese und weitere aehnliche Probleme sind
natuerlich nicht PASCAL-spezifisch und konnten daher nur kurz an-
gerissen werden. Ihre Behandlung erfolgt im Teilgebiet 'Computer-
Arithmetik' der numerischen Mathematik [026]. Ein 'gesundes
Misstrauen' gegenueber den reellzahligen arithmetischen Operationen ist also immer angebracht. Zum Trost sei gesagt, dass es
fuer viele Anwendungen numerisch stabile Algorithmen gibt, die
den Verlust von signifikanten (Dezimal-)Ziffern in Grenzen halten.

Neben arithmetischen Operationen sind ueber dem Wertebereich des
reellen Typs - es handelt sich ja um eine geordnete Menge - die
sechs in Abschn. 3.1 eingefuehrten Vergleichsoperationen moeglich. Vergleiche von Groessen reellen Typs auf gleich und ungleich
sind wegen Eigenheiten der halblogarithmischen Darstellung der
Werte des Wertebereichs des reellen Typs i.a. nicht sinnvoll.
An ihre Stelle muessen entsprechende Abschaetzungen nach unten
und/oder oben treten.

Beispiele: Operation   Ergebnis

         -6.1 < 3.14   TRUE
      100.6E4 < 7E4   FALSE
          4.2 > 0   TRUE

Genau wie bei den anderen einfachen Typen - s. Abschn. 3.1 - besteht auch ueber dem Wertebereich des reellen Typs die Moeglichkeit, Operationen durchzufuehren, die als Funktionen definiert
sind. Die Ergebnisse brauchen nicht immer reellzahlig zu sein.
Zusammengestellt seien die (Standard-)Namen der

  . Standardfunktionen mit einem reellen Argument: ABS, ARCTAN,
    COS, EXP, LN, ROUND, SIN, SQR, SQRT und TRUNC sowie der
  . Standardfunktionen, die reellzahlige Ergebnisse liefern:
    ABS, ARCTAN, COS, EXP, LN, SIN, SQR und SQRT.

In Abschn. 3.1 wurden bereits einige Einschraenkungen bei der
Verwendung des reellen Typs gegenueber der der uebrigen einfachen
Typen deutlich. Wir stellen diese und einige weitere hier ab-
schliessend zusammen:

  . reelle Teilbereichs-Typen sind nicht definierbar;
  . als Index-Typ ist der reelle Typ unzulaessig (s. Abschn. 3.2.1);
  . als Basis-Typ fuer Mengen-Typen ist der reelle Typ nicht er-
    laubt (s. Abschn. 3.2.2);
  . reell variante Satz-Typen sind nicht definierbar (s. Abschn.
    3.2.3.2);

- bei Auswahlanweisungen kann der Ausdruck zwischen den Wort-symbolen CASE und OF kein reeller Ausdruck sein und mithin koennen keine reellen Auswahlwerte angegeben werden (s. Abschnitt 6.2.2.2);
- die Laufvariable in Laufanweisungen kann nicht reellen Typs sein (s. Abschn. 6.2.3.3) und
- die Standardfunktionen SUCC und PRED sind nicht auf Argumente reellen Typs anwendbar.

3.2 Strukturierte Typen

Ausgehend von den einfachen Typen und 't' gebundenen Zeiger-Typen (s. Abschn. 3.3) lassen sich in PASCAL komplexere Datentypen
- strukturierte Typen - definieren. Es gibt vier Kompositionsprinzipien fuer Daten gemaess den vier verfuegbaren Klassen von
strukturierten Typen:

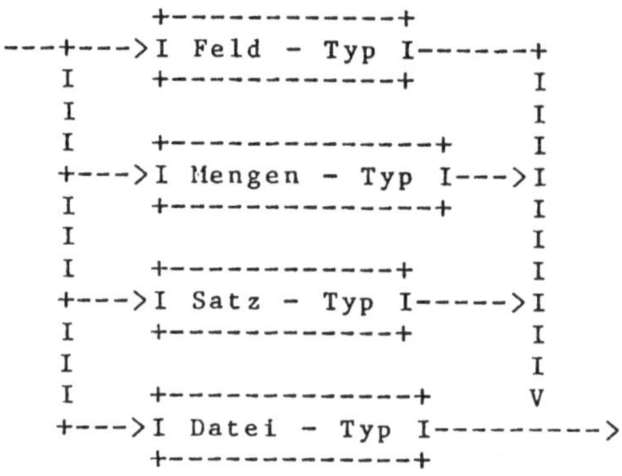

Die Kompositionsprinzipien sind zu benutzen, um das Konstruktionsmuster eines strukturierten Typs festzulegen. Die Erlaeuterung
der Kompositionsprinzipien wird in den naechsten vier Unterabschnitten erfolgen. Wir werden dies anhand eines Beispiels einer
Kraftfahrzeug-(KFZ-)Kartei tun, wie sie evtl. vom Kraftfahrt-Bundesamt in Flensburg gefuehrt werden koennte. Zu jedem Kraftfahr-
zeug gehoert je ein Fahrzeugbrief und/oder als Auszug aus diesem
ein Fahrzeugschein. Die Typnamen der wesentlichen Daten sowie
fuer diese geeignete Namen, wie wir sie in PASCAL-Sprachkon-
strukten verwenden werden, und exemplarische Werte sind in der
folgenden Zusammenstellung zu finden.

Daten- bzw. Komponententypname	Name	Wert
Nummer des Fahrzeugbriefs	NUMMER	68677019
Halter-Eintragungen	HALTER	
amtliches Kennzeichen	AKENNZ	
Ortsabkuerzung	ORTSK	GM
Buchstabenteil	BUT	AN
Ziffernteil	ZIFT	943
Name/Firma	NAMFIR	M.MEINERZHAGEN
Adresse	ADR	
Strasse	STR	BRUCHSTRASSE
Nummer	NR	20
Postleitzahl	PLZ	5250
Ort	ORT	ENGELSKIRCHEN
Tag der Zulassung	ZLTAG	
Tag	TAG	05
Monat	MONAT	09
Jahr	JAHR	1979
Art	ART	
Fahrzeugart	FAHRZ	PKW
Aufbauart	AUFBAU	GESCHLOSSEN
Herstellerangaben	HERST	
Firma	FIRMA	VW
Typ und Ausfuehrung	TYPAF	86
Fahrgestellnummer	FNR	86A0009362
Motor- und Leistungsangaben	MOTLEI	
Antriebsart	ANTART	OTTO
Hoechstgeschwindigkeit in Km/h	GESCHW	135
Leistung in KW bei Umdr./Min.	LU	
KW	KW	29
Umdrehungen / Min.	DREHZAHL	5900
Hubraum in ccm	HUB	885
Gewichte und Masse	GEWMAS	
Nutz- oder Aufliegelast in kg	NLAST	415
Rauminhalt des Tanks in l	TANKINH	35
Steh-/Liegeplaetze	SLPLAETZE	0
Sitzplaetze	SPLAETZE	5
Laenge in mm	LAENGE	3605
Breite in mm	BREITE	1560
Hoehe in mm	HOEHE	1345
Leergewicht in kg	LGEWICHT	685
zulaessiges Gesamtgewicht in kg	GGEWICHT	1100
zulaessige Achslast vorn in kg	ALASTV	550
zulaessige Achslast mitte in kg	ALASTM	0
zulaessige Achslast hinten in kg	ALASTH	600
Fahrwerksangaben	FAHRW	
Raederzahl	RADZ	4
Zahl der Achsen	ACHSZ	2
angetriebene Achsen	AACHS	1
Groesse der Bereifung	BEREIF	
erste Alternative	ALTNAT1	
vorn	VORN	135SR13
mitten	MITTEN	
hinten	HINTEN	135SR13
zweite Alternative	ALTNAT2	
vorn	VORN	145SR13
mitten	MITTEN	
hinten	HINTEN	145SR13
nicht naeher spezifizierte Daten	NNSD	

Es sei angenommen, dass die Daten auf einer Karteikarte der KFZ-
Kartei unterbringbar sind. Angeordnet - komponiert - werden koennen sie auf dieser in unterschiedlichster Weise. Die obige Form
der Niederschrift deutet eine moegliche Anordnung an. Man sieht,
dass beispielsweise Daten des Typs Art als komponiert aus Daten
des Typs Fahrzeugart und des Typs Aufbauart betrachtet werden
sollen, oder dass die gesamte Karteikarte - der Fahrzeugbrief -
als Datum betrachtet werden soll, das aus Daten der Typen Nummer
des Fahrzeugbriefs, Halter-Eintragungen, Art usw. komponiert ist.
Die Daten, die zur Komposition eines anderen Datums dienen, werden als Komponenten bezeichnet. Das Datum des Typs Fahrzeugart
ist also eine Komponente des Datums des Typs Art und Art wiederum
eine Komponente des Datums des Typs Fahrzeugbrief.

Wir werden sehen, wuerde man die KFZ-Kartei in einer DVA mittels
eines PASCAL-Programmes verwalten, dass dies zur Definition von
Feld-, Satz- und/oder Mengen-Typen fuehren und dass die gesamte
KFZ-Kartei als Daten eines Datei-Typs behandelt werden koennte.

Die oben gegebene Grobeinteilung der strukturierten Typen wird
in den naechsten vier Unterabschnitten wegen (PASCAL-)sprachbe-
dingter Gegebenheiten verfeinert werden. Das hat u.a. die Einfuehrung etlicher metasyntaktischer Variablen zur Folge. Die Notwendigkeit hier schon zu erlaeutern, hiesse, manches doppelt zu
formulieren, obwohl dies eigentlich vom Zusammenhang her gesehen
hierhin gehoert.

Den unter manchen einfachen Typen verfuegbaren Standardtypen ver-
gleichbare strukturierte Typen - also 'strukturierte Standardtypen' gibt es nicht. Weiter ist es nicht moeglich, aehnlich gewissen einfachen Typen 'strukturierte Teilbereichs-Typen' zu definieren. Auch gibt es keine 'strukturierten Konstanten', wenn man
von 'N'-Zeichenkonstanten und von der in manchen Faellen konstan-
tenaehnlichen Denotierbarkeit von Mengen einmal absieht (s. Abschnitt 3.2.2).

Die Typen, aus denen strukturierte Datentypen komponiert werden,
bezeichnet man naheliegend als Komponenten-Typen. Ist der Komponenten-Typ ein einfacher Typ, so sind auf die Werte aus dem
Wertebereich dieses einfachen Typs alle fuer diesen zulaessigen
Operationen anwendbar. Operationen ueber dem Wertebereich von
strukturierten Typen gibt es i.a. nicht. Von der Wertzuweisung
sehen wir ab, weil wir sie nicht als Operation, sondern als Anweisung betrachten. Moeglich sind einige Operationen ueber dem Wertebereich von 'N'-Zeichen-Typen - speziellen Feld-Typen (s. Abschnitt 3.2.1.2) - und Mengen-Typen. Funktionen, die Argumente
strukturierter Typen haben, sind deklarierbar. Auf Argumente von
Datei- und Text-Datei-Typen (s. Abschn. 3.2.4) anwendbar gibt es
auch Standardfunktionen. Funktionen koennen aber in keinem Fall
Ergebnisse liefern, die in den Wertebereich strukturierter Typen
fallen.

Eine Angabe eines strukturierten Typs kann schliesslich noch mit
dem Attribut PACKED versehen werden. In fast allen Syntax-Diagrammen der folgenden Abschnitte ist die Moeglichkeit dieser Bei-
fuegung durch die Benutzung der metasyntaktischen Variablen 'p'
(s.M11) kenntlich. Das Attribut PACKED bewirkt, dass die Daten
zentralspeichermaessig i.a. nutzungseffizienter verwaltet werden

koennen. Das geschieht jedoch u.U. auf Kosten der Verarbeitungszeit (s. Abschnitte 4.3 und 7.2.5.3). Eine Auswirkung des Attri-
butes PACKED darf nur auf solche Komponenten gesehen werden, die
nicht selbst von einem strukturierten Typ sind. Fuer Komponenten
eines strukturierten Typs muss also ggf. in der Angabe ihres Typs
das Attribut PACKED ausdruecklich aufgefuehrt werden. Obwohl das
Attribut PACKED nur eine zentralspeichermaessig nutzungseffizien-
tere Verwaltung von Daten gewisser strukturierter Typen bewirken
soll, ist eine mit dem Attribut PACKED versehene Typ-Angabe nicht
als aequivalent der nicht mit dem Attribut PACKED versehenen Typ-
Angabe aufzufassen (s. Abschn. 3.5).

Ein Pendant der Komposition - sagen wir etwas ungenau: die 'Selektion von Komponenten' - ist in PASCAL je nach strukturiertem
Typ recht unterschiedlich moeglich. Wir gehen darauf teils in den
folgenden Abschnitten und teils in dem Kap. 4 ueber Variablen ein.

3.2.1 Feld-Typen

Das Kompositionsprinzip fuer Daten, das zum Konstruktionsmuster
eines Feld-Typs fuehrt, besteht in der Zusammenfassung einer festen Anzahl von Komponenten ein und desselben Typs. Daten eines
Feld-Typs bilden also hinsichtlich der Komponenten-Typen eine homogene Struktur. Die Anzahl der Komponenten ist in PASCAL gleich
der Anzahl der Werte des Wertebereichs eines 'e<>r' Typs (s. Abschnitt 3.1) zu setzen.

Die 12 Daten des Typs Gewichte und Masse eines Fahrzeugbriefs -
s. Abschn. 3.2 - koennten als Datum eines Feld-Typs aufgefasst
werden. Da alle diese Daten - also die Komponenten - als reellzahlig angenommen werden koennen, kann der Komponenten-Typ als reeller
Typ festgelegt werden. Die Anzahl der Komponenten kann gleich der
Anzahl der Werte des Wertebereichs des ganzen Teilbereichs-Typs

                    1 .. 12

oder problemnaeher des Aufzaehl-Typs

                    (NLAST,
                     TANKINH,
                     SLPLAETZE, SPLAETZE,
                     LAENGE, BREITE, HOEHE,
                     LGEWICHT, GGEWICHT,
                     ALASTV, ALASTM, ALASTH)

gesetzt werden.
Dieses Beispiel lehrt nun auch gleich noch, was als Wertebereich
eines Feld-Typs anzusehen ist. Er ist das kartesische Produkt
von n Wertebereichen des Komponenten-Typs, wenn n die Anzahl der
Werte des Wertebereichs des der Anzahl der Komponenten gleichge-
setzten 'e<>r' Typs ist. Oder anders ausgedrueckt: Der Wertebereich besteht aus der Menge aller (verschiedenen) n-Tupel, die
aus je n Werten des Wertebereichs des Komponenten-Typs bildbar
sind. Der Wertebereich des Beispiels waere demnach das kartesische Produkt aus 12 Wertebereichen des reellen Typs.

Kommen wir nun zur Angabeform von Feld-Typen in PASCAL-Programm-
men. Im Grunde ist diese diejenige, die durch das folgende Syntax-
Diagramm festgelegt werden koennte.

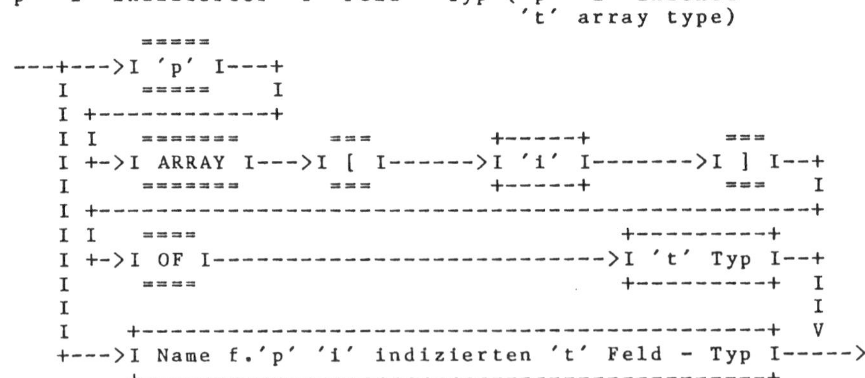

Danach kann ein Feld-Typ angegeben werden, indem der Wert PACKED
der metasyntaktischen Variablen 'p' gewaehlt wird oder nicht (s.
M11). Diesem hat das Wortsymbol ARRAY zu folgen. Dann muss eine
in eckige Klammern gesetzte, gemaess dem Metasyntax-Diagramm M8
fuer die metasyntaktische Variable 'i' gebildete Liste von ggf.
durch Kommata zu trennenden 'e<>r' Typen aufgefuehrt werden. Dieser Liste muss das Wortsymbol OF folgen und schliesslich ist ein
't' Typ gemaess S28, S29, S31,'S33-S36, S37-S39 (s. Abschnitt
3.2.1.1), S40 (s. Abschn. 3.2.1.2), S41 (s. Abschn. 3.2.2), S42
(s. Abschn. 3.2.3.1), S44 (s. Abschn. 3.2.3.2), S46 (s. Abschn.
3.2.4.1), S47 (s. Abschn. 3.2.4.2) oder S49 (s. Abschn. 3.3) anzugeben. Fuer das gebrachte Beispiel saehe dies wie folgt aus:

```
        PACKED ARRAY [1 .. 12] OF REAL
```

oder

```
        PACKED ARRAY [(NLAST,
                      TANKINH,
                      SLPLAETZE, SPLAETZE,
                      LAENGE, BREITE, HOEHE,
                      LGEWICHT, GGEWICHT,
                      ALASTV, ALASTM, ALASTH)]
                      OF REAL
```

bzw.

```
        ARRAY [1 .. 12] OF REAL
```

oder

```
        ARRAY [(NLAST,
               TANKINH,
               SLPLAETZE, SPLAETZE,
               LAENGE, BREITE, HOEHE,
               LGEWICHT, GGEWICHT,
               ALASTV, ALASTM, ALASTH)]
               OF REAL            .
```

Damit waere ein PACKED 1..12 indizierter reeller Feld-Typ oder ein
PACKED (NLAST, TANKINH, SLPLAETZE, SPLAETZE, LAENGE, BREITE, HOEHE,
LGEWICHT, GGEWICHT, ALASTV, ALASTM, ALASTH) indizierter reeller
Feld-Typ bzw. ein 1..12 indizierter reeller Feld-Typ oder ein
(NLAST, TANKINH, SLPLAETZE, SPLAETZE, LAENGE, BREITE, HOEHE,
LGEWICHT, GGEWICHT, ALASTV, ALASTM, ALASTH) indizierter reeller
Feld-Typ angegeben. Das Attribut "1..12 indiziert" oder "(NLAST,
TANKINH, SLPLAETZE, SPLAETZE, LAENGE, BREITE, HOEHE, LGEWICHT,
GGEWICHT, ALASTV, ALASTM, ALASTH) indiziert" bzw. allgemein "'i'
indiziert" wurde von uns als abgekuerzte Sprechweise fuer "mit
Werten aus den Wertebereichen der gemaess 'i' in Betracht stehen-
den 'e<>r' Typen indiziert" verwandt. Indizieren dient bei Daten
eines Feld-Typs als Bezeichnung fuer die Selektion von Komponenten. Von der Mathematik her setzen wir als bekannt voraus, wie
man die Komponenten eines Vektors - eines Datums wie unser Beispiel - indiziert - naemlich durch Anfuegen eines Index an die
Bezeichnung des Vektors. Wie es in PASCAL-Programmen zu geschehen
hat, wird in Abschn. 4.2.2.1 ueber indizierte Variablen dargelegt.
Ein Index-Wert entstammt einem Index-Wertebereich. Man macht sich

auf Grund dessen leicht klar, dass das Attribut "'i' indiziert"
nichts anderes zum Ausdruck bringt als die gemeinte Beschreibung
von Index-Typen und damit von Index-Wertebereichen.

Manche PASCAL-Implementationen - wie auch die PASCAL-6000-3.4-Im-
plementation - lassen als Index-Typ nicht den ganzen Standardtyp
zu, da die Anzahl der Werte des Wertebereichs desselben i.a. so
gross ist, dass er praktisch als Index-Typ ohnehin nicht brauch-
bar ist, was erst durch die Ausfuehrungen in Kap. 4 ueber Variablen verstaendlich wird.

Aus dem obigen Syntax-Diagramm geht hervor, dass der Typ der Komponenten eines Datums eines Feld-Typs nicht unbedingt ein einfacher Typ zu sein braucht, sondern auch wieder gemaess des Metasyntax-Diagrammes M2 fuer 't' ein strukturierter Typ - mithin auch
wieder ein Feld-Typ sein kann. Es ist beispielsweise in PASCAL
schreibbar:

            ARRAY [1 .. 3] OF ARRAY [1 .. 4] OF INTEGER ,

womit der Typ eines Datums angegeben wuerde, das aus 3 Komponenten
eines Feld-Typs bestuende, die wiederum je aus 4 Komponenten vom
ganzen Standardtyp zusammengesetzt sind. PASCAL gestattet statt
der vorstehenden Angabeform die verkuerzte Schreibweise:

            ARRAY [1 .. 3, 1 .. 4] OF INTEGER   .

In der Mathematik werden die Komponenten von Daten eines solchen
Feld-Typs als zu einer Matrix angeordnet betrachtet. Diese aber
ist ja nichts anderes als ein Vektor von Vektoren. Wenn also gemaess des obigen Syntax-Diagrammes und dem Metasyntax-Diagramm
M8 fuer 'i' eine mindestens 2 Elemente umfassende Liste von
'e<>r' Typen in einer Feld-Typ-Angabe zwischen den eckigen Klammern aufgefuehrt wird, ist ein Feld-Typ, dessen Komponenten-Typ
wieder ein Feld-Typ ist und dessen Komponenten-Typ ggf. wieder
ein Feld-Typ ist usw. gemeint.

Eine Angabe des Attributs PACKED in einer in verkuerzter Schreibweise gemachten Feld-Typ-Angabe, in der also der Komponenten-Typ
wieder ein Feld-Typ ist, ist - im Gegensatz zu dem am Schluss von
Abschn. 3.2 Gesagten - so zu sehen, als waere sie durch die Kom-
ponenten-Typ-Angabe (bei nicht-verkuerzter Schreibweise) mit dem
Attribut PACKED erfolgt, was rekursiv zu sehen ist. Es ist also

            PACKED ARRAY [1 .. 3, 1 .. 4] OF INTEGER

gleichbedeutend zu

            PACKED ARRAY [1 .. 3] OF PACKED ARRAY [1 .. 4]
                                             OF INTEGER.

Das obige Syntax-Diagramm laesst noch zu, Feld-Typen anzugeben
ueber einen Namen, der natuerlich im Typdefinitionsteil eines geeigneten Blockes definiert sein muss.

In PASCAL sind nun die 'N'-Zeichen-Typen, oder wie man auch zu
sagen pflegt: die Zeichenketten-Typen (string types), spezielle
Feld-Typen. Daher muessen die Feld-Typen untergliedert werden:

Feld - Typ (array type)

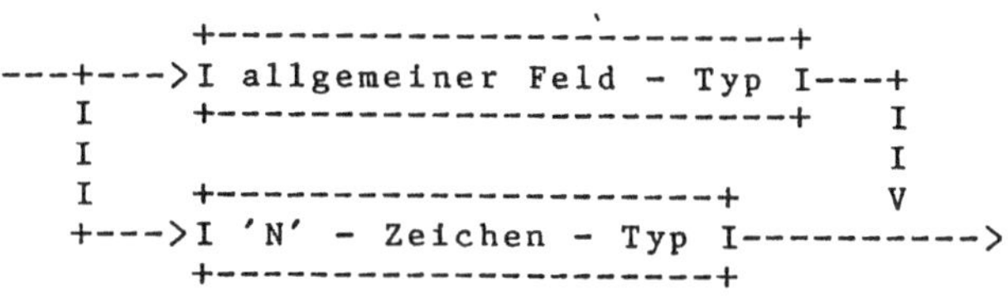

Das Syntax-Diagramm "'p' 'i' indizierter 't' Feld-Typ" ist, wie
bei seiner Einfuehrung betont, nur das Muster eines einer Anzahl
von Syntax-Diagrammen, nach denen Feld-Typen in PASCAL-Programmen
angegeben werden koennen. Wir werden sie in den folgenden zwei
Unterabschnitten einfuehren und damit die Werte der syntaktischen
Variablen "allgemeiner Feld-Typ" und "'N'-Zeichen-Typ" auffuehren.

3.2.1.1 Allgemeine Feld-Typen

Zu den allgemeinen Feld-Typen sind zu zaehlen:

     allgemeiner Feld - Typ (general array type)

```
            +---------------------------------+
   ---+--->I 'i' indizierter 't' Feld - Typ I--------------+
      I     +---------------------------------+             I
      I                                                     I.
      I     +-------------------------------------------+   I
      +--->I PACKED 'i' indizierter 't<>C' Feld - Typ I--->+
      I     +-------------------------------------------+   I
      I                                                     I
      I     +-------------------------------------------------+ V
      +--->I PACKED 'j' indizierter Zeichen - Feld - Typ I--->
            +-------------------------------------------------+
                                                                .
```

Die Angabe dieser Feld-Typen in PASCAL-Programmen muss gemaess den
Syntax-Diagrammen S37, S38 und S39 erfolgen.

   S37 'i' indizierter 't' Feld - Typ ('i' indexed
                                       't' array type)

```
            =======        ===      +-----+        ===
   ---+--->I ARRAY I--->I [ I---->I 'i' I----->I ] I---+
      I     =======        ===      +-----+        ===   I
      I +-------------------------------------------------+
      I I    ====                          +---------+
      I +->I OF I----------------------->I 't' Typ I---+
      I     ====                          +---------+   I
      I                                                 I
      I     +-------------------------------------------+ V
      +--->I Name f.'i' indizierten 't' Feld - Typ I------>
            +-------------------------------------------+
```


   S38 PACKED 'i' indizierter 't<>C' Feld - Typ (PACKED 'i' indexed
                                                 't<>C' array type)

```
            ========
   ---+--->I PACKED I---+
      I     ========    I
      I +--------------+
      I I    =======        ===      +----+        ===
      I +->I ARRAY I--->I [ I--->I 'i' I--->I ] I--+
      I     =======        ===      +----+        ===   I
      I +---------------------------------------------+
      I I    ====                          +---------+
      I +->I OF I--------------->I 't<>C' Typ I--+
      I     ====                          +----------+  I
      I                                                 I
      I     +------------------------------------+   I
      +--->I Name f.PACKED                        I   V
            I 'i' indizierten 't<>C' Feld - Typ I------->
            +------------------------------------+
```

S39 PACKED 'j' indizierter Zeichen - Feld - Typ (PACKED
                                                'j' indexed
                                                character
                                                array type)

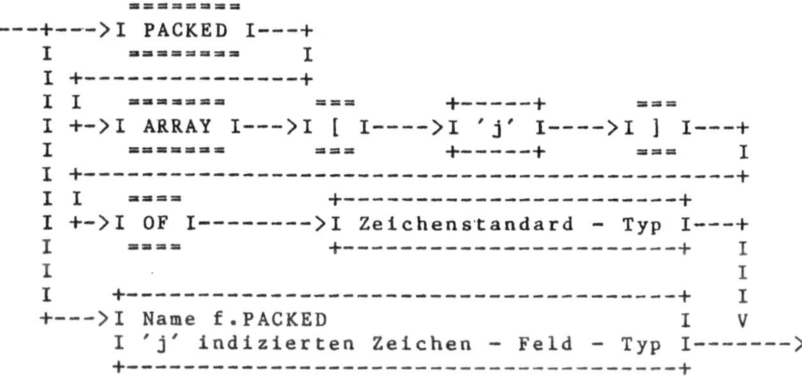

Man stellt fest, dass die Syntax-Diagramme S37, S38 und S39 Spe-
zialfaelle des Syntax-Diagramms "'p' 'i' indizierter 't' Feld-
Typ" in Abschn. 3.2.1 sind. Beachtet man die Werte der metasyntaktischen Variablen 'p', 'i', 'j', 't<>C' und 't', die durch die
Metasyntax-Diagramme M11, M8 - M10 und M2 festgelegt sind, so bemerkt man, dass genau eigentlich nur die Typen von den allgemeinen Feld-Typen auszuschliessen sind, die bei Aktualisierung von
'p' durch PACKED, 'i' durch 1..'N' Typ - s. S29 sowie M1 - und 't'
durch Zeichenstandard - aus dem Syntax-Diagramm "'p' 'i' indizierter 't' Feld-Typ" ableitbar waeren. Bei diesen Typen handelt
es sich um die in Abschn. 3.2.1 angekuendigten und in Abschn.
3.2.1.2 zu besprechenden 'N'-Zeichen-Typen.

Die Syntax-Diagramme S37, S38 und S39 lassen saemtlich die Moeglichkeit zu, allgemeine Feld-Typen in PASCAL-Programmen ueber Namen anzugeben. Natuerlich muessen diese Namen im Typdefinitionsteil eines geeigneten Blockes definiert werden.

Zum besseren Verstaendnis bringen wir abschliessend noch einige
Beispiele. Die Koeffizienten eines Polynoms vom Grade N koennten
als ein Datum des Typs

                ARRAY [0 .. N] OF REAL

oder

                ARRAY [0 .. N] OF INTEGER

erklaert werden, je nachdem ob es sich um reell- oder ganzzahlige
Koeffizienten handelt. N sei als in einem geeigneten Konstanten-
definitionsteil definiert vorausgesetzt. Index-Typ ist der ganze
Teilbereichs-Typ 0..N und Komponenten-Typ der reelle Typ oder der
ganze Standardtyp. Der Spielstand eines Schachspiels koennte als
Datum des Typs

```
ARRAY ['A' .. 'H'] OF
ARRAY [1 .. 8]      OF          (KEINEFIGUR,
                                 KOENIG,
                                 DAME,
                                 LAEUFER,
                                 SPRINGER,
                                 TURM,
                                 BAUER)
```

oder kuerzer

```
ARRAY ['A' .. 'H', 1 .. 8] OF (KEINEFIGUR,
                               KOENIG,
                               DAME,
                               LAEUFER,
                               SPRINGER,
                               TURM,
                               BAUER)
```

angesehen werden. Index-Typen sind der Zeichen-Teilbereichs-
Typ 'A'..'H' und der ganze Teilbereichs-Typ 1..8. Komponenten-
Typ ist der Aufzaehl-Typ (KEINEFIGUR, KOENIG, DAME, LAEUFER,
SPRINGER, TURM, BAUER).

Die Ergebnisse fuer eine boolesche Operation (s. Abschn. 3.1.2)
koennten als ein Datum des Typs

```
ARRAY [BOOLEAN, BOOLEAN] OF BOOLEAN
```

aufgefasst werden. Index-Typen und Komponenten-Typ sind der boolesche Standardtyp. Die Angabe

```
PACKED ARRAY [1 .. 10] OF CHAR
```

waere keine Angabe eines allgemeinen Feld-Typs, sondern die Angabe eines 10-Zeichen-Typs. Die Angabe

```
ARRAY [REAL] OF REAL
```

ist unzulaessig, da der reelle Index-Typ REAL kein 'e<>r' Typ ist.
Die Angabe

```
PACKED ARRAY [BOOLEAN] OF
PACKED ARRAY [1 .. 2]  OF CHAR
```

ist nach Abschn. 3.2.1 gleichwertig der Angabe

```
PACKED ARRAY [BOOLEAN, 1 .. 2] OF CHAR  .
```

3.2.1.2 'N'-Zeichen-Typen

Von den Ausfuehrungen in Abschn. 3.2.1 her wissen wir, dass die
'N'-Zeichen-Typen spezielle Feld-Typen sind und - sagen wir es
noch einmal - mitunter auch als Zeichenketten-Typen (string types)
bezeichnet werden. Auf Grund der Ausfuehrungen in Abschn. 3.2.1.1
duerfte klar sein, dass die Angabeform in PASCAL-Programmen nur
die durch das Syntax-Diagramm S40 moegliche sein kann.

S40 'N' - Zeichen - Typ ('N' character type)

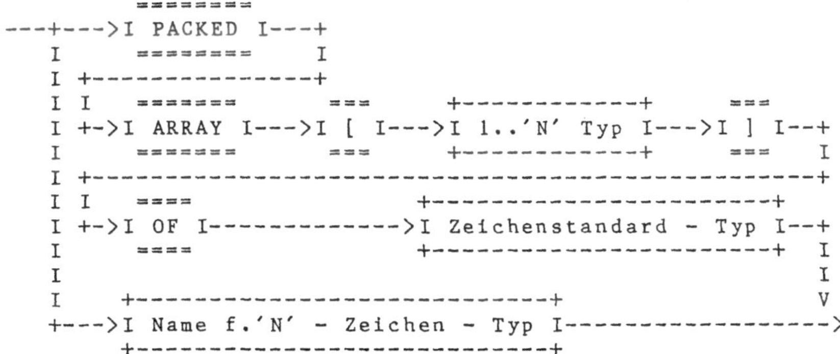

Ein Beispiel fuer eine Angabe eines 'N'-Zeichen-Typs waere:

                PACKED ARRAY [1 .. 30] OF CHAR   ,

welche etwa fuer das Datum des Typs Strasse in einem Fahrzeugbrief - s. Abschn. 3.2 - gemacht werden koennte.

Man merke sich, dass 'N'-Zeichen-Typen nach S40 in PASCAL gekennzeichnet sind durch:

- das Attribut PACKED;
- Index-Typen, die stets ganze Teilbereichs-Typen sind, deren
  ganze untere Grenzen immer 1 und deren ganze obere Grenzen gemaess M1 fuer die metasyntaktische Variable 'N' groesser 1
  sein muessen und
- Komponenten-Typen, die ausschliesslich gleich dem Zeichenstandard-Typ sind.

Der Wertebereich eines 'N'-Zeichen-Typs ist nach den Darlegungen
in Abschn. 3.2.1 als das kartesische Produkt von 'N' Wertebe reichen des Zeichenstandard-Typs anzusehen. Da der Wertebereich des
Zeichenstandard-Typs nach Abschn. 3.1.3 in starkem Masse DVA-typ-
bzw. implementationsabhaengig ist, ist es auch der Wertebereich
eines 'N'-Zeichen-Typs. In Abschn. 2.2.5.3 wurde gesagt, dass
'N'-Zeichenkonstanten vom 'N'-Zeichen-Typ sind. Wir koennen also -
fuer einen bestimmten Wert von 'N' - alle 'N'-Zeichenkonstanten
als Werte aus dem Wertebereich des 'N'-Zeichen-Typs betrachten

und verwenden deshalb auch im folgenden die Bezeichnung von 'N'-
Zeichenkonstanten fuer Werte aus dem Wertebereich des 'N'-Zei-
chen-Typs.

In Abschn. 3.2 wurde schon bemerkt, dass die 'N'-Zeichen-Typen
einige der wenigen strukturierten Typen sind, ueber deren Wertebereichen Operationen durchfuehrbar sind. Es handelt sich um die
sechs Vergleichsoperationen, die auch ueber den Wertebereichen
einfacher Typen durchfuehrbar sind und in Abschn. 3.1 ueber einfache Typen beschrieben wurden. Als Operationssymbole dienen die
durch das Syntax-Diagramm S26 festgelegten Symbole. Die Ergebnisse sind genau wie bei Vergleichsoperationen ueber den Wertebere-
chen einfacher Typen boolesche Werte. Die Definition der Vergleichsoperationen ueber dem Wertebereich eines 'N'-Zeichen-Typs
ist als eine 'natuerliche' Erweiterung der Definition der Vergleichsoperationen ueber dem Zeichenstandard-Typ anzusehen. Der
Vergleich zweier Werte aus dem Wertebereich eines 'N'-Zeichen-
Typs auf gleich liefert das Ergebnis TRUE, wenn beim sukzessiv
von links nach rechts durchgefuehrten Vergleich auf gleich der
Komponenten-Werte-Paare - also 'N' Paaren von Werten (Zeichen)
des Wertebereichs des Zeichenstandard-Typs - sich der Wert TRUE
ergibt. Liefert mindestens ein Vergleich auf gleich eines Kompo-
nenten-Werte-Paares den Wert FALSE, so ist das Ergebnis FALSE.
Der Vergleich zweier Werte aus dem Wertebereich eines 'N'-Zeichen-
Typs auf kleiner liefert das Ergebnis TRUE, wenn erstens ein Vergleich auf gleich den Wert FALSE liefert und wenn zweitens beim
sukzessiv von links nach rechts durchgefuehrten Vergleich der
Komponenten-Werte-Paare auf gleich das am weitesten links angeordnete Komponenten-Werte-Paar gefunden wird, fuer das als Ergebnis
FALSE geliefert wird und fuer das ein anschliessender Vergleich
auf kleiner das Ergebnis TRUE liefert. Liefert der Vergleich auf
kleiner das Ergebnis FALSE, so ist das Ergebnis des Vergleichs
der zwei Werte aus dem Wertebereich des 'N'-Zeichen-Typs FALSE.
Die Definitionen der uebrigen 4 Vergleichsoperationen werden
durch die Definitionen der Vergleichsoperationen Vergleich auf
gleich und Vergleich auf kleiner impliziert.

Beispiele:	Operation	Ergebnis	Bemerkung
	'ABCDEF' = 'ABCDEF'	TRUE	DVA-typunabhaengig
	'+-' <> '*/'	TRUE	DVA-typunabhaengig
	'DOWN ' < 'DOWNTO'	FALSE	fuer die PASCAL-6000-3.4-Implementation;
		TRUE	fuer PASCAL-Implementation fuer eine DVA vom Typ SIEMENS 7000 oder IBM 370
	'ABC' <= 'ACB'	TRUE	DVA-typunabhaengig

Vergleiche von Werten aus Wertebereichen verschiedener 'N'-Zei-
chen-Typen sind nicht zulaessig. Kurz ausgedrueckt heisst das:
Vergleiche von Zeichenketten unterschiedlicher Laenge sind unzulaessig.

120

Die sechs Vergleichsoperationen sind, wie schon bemerkt, die einzigen Operationen, die ueber Wertebereichen von 'N'-Zeichen-Typen durchfuehrbar sind. Von der Textverarbeitung her bekannte Operationen wie

. Zusammenfuegung zweier Zeichenketten (concatenation),
. Bildung von Teilzeichenketten (selection)
. Suchen nach einer Zeichenkette in einer anderen (pattern matching) und
. Ersetzung eines (evtl. leeren) Teiles einer Zeichenkette durch eine andere (substitution)

sind in PASCAL nicht verfuegbar und muessen ueber andere Sprachkonstrukte 'aufgebaut' werden. In manchen PASCAL-Implementationen werden zur Minderung dieses Mangels die Datentypen "STRING" oder "ALFA" zur Verfuegung gestellt. Wir gehen auf diese Datentypen nicht naeher ein.

Auch die Angabe von 'N'-Zeichen-Typen kann nach S40 ueber einen Namen erfolgen, der im Typdefinitionsteil eines geeigneten Blokkes definiert werden muss.

3.2.2 Mengen-Typen

Die Moeglichkeit, mit PASCAL-Programmen Daten von Mengen-Typen
problemnah verarbeiten zu koennen, demonstriert, dass 'problemnahe Sprachkonstrukte' - ggf. unter gewissen Einschraenkungen -
auch zu effizienten (Maschinen-)Programmen fuehren koennen.

Nehmen wir einmal an, dass in einem Fahrzeugbrief - s. Abschn.
3.2 - nur die zulaessigen Groessen der Bereifung von Interesse
seien, und vorne, mitten und hinten die gleiche Reifengroesse
vorgeschrieben sei. Betrachtet man die Menge der Reifengroessen
aller (vom Kraftfahrt-Bundesamt zugelassenen) Fahrzeuge, so fuehrt
die Frage nach der Zulaessigkeit von Reifengroessen fuer ein bestimmtes Fahrzeug auf die Pruefung, ob eine bestimmte Teilmenge
der Menge der Reifengroessen im zugehoerigen Fahrzeugbrief aufgefuehrt ist oder nicht. Theoretisch koennte jede Teilmenge eine Menge von fuer ein bestimmtes Fahrzeug zulaessigen Reifengroessen sein.
Es ist daher angebracht, die Menge der Reifengroessen als Daten
eines Typs Reifengroessenmenge zu betrachten, dessen Wertebereich
die Menge aller Teilmengen - die sogenannte Potenzmenge - der Menge
der Reifengroessen ist. Mengen-Typen (z.B. Reifengroessenmenge)
sind also u.a. dadurch charakterisiert, dass ihr Wertebereich als
Potenzmenge der Menge von Werten aus dem Wertebereich eines anderen - Basistyp genannten - Datentyps (z.B. Reifengroesse) aufzufassen ist.

Haette man in PASCAL nicht die Moeglichkeit der Mengen-Typ-Angaben, so koennte das Problem der Bestimmung der zulaessigen Reifengroesse ueber die Aufzaehl-Typ indizierte boolesche Feld-Typ-Angabe geloest werden:

```
          ARRAY [(G135SR13,
                  G145SR13,
                  G175SR14,
                  ...      )] OF BOOLEAN              .
```

Vor die sachlich richtigen Reifengroessenbezeichnungen 135SR13,
145SR13 und 175SR14 wurde der Buchstabe G (fuer Groesse) gesetzt,
um nach S15 syntaktisch korrekte Aufzaehl-Konstante zu bekommen.
Die drei aufeinanderfolgenden Punkte stehen fuer weitere Aufzaehl-
Konstanten, die moegliche Reifengroessen 'bezeichnen'. Der Wert einer Komponente der Daten des (G135SR13, G145SR13, G175SR14, ...)
indizierten booleschen Feld-Typs sei FALSE, wenn die 'zugehoerige'
Reifengroesse nicht zulaessig ist und TRUE, wenn die 'zugehoerige'
Reifengroesse zulaessig ist. Fuer die auf S. 3.2/2 aufgefuehrten
exemplarischen Werte fuer die Reifengroesse in einem Fahrzeugbrief
heisst dies beispielsweise, dass die Komponenten, die durch G135SR13
und G145SR13 indiziert werden, den Wert TRUE haben muessten und
alle anderen Komponenten den Wert FALSE.

Diese Darlegungen zeigen, dass mittels PASCAL Probleme der ange-
schnittenen Art durchaus ohne die Moeglichkeit der Mengen-Typ-Angaben loesbar sind. Allerdings kann dies nur wenig problemnah erfolgen, weil es ueber den Wertebereichen anderer zur Verfuegung
stehender strukturierter Typen - beispielsweise Aufzaehl-Typ indizierter boolescher Feld-Typen - keine Operationen gibt, die gestatten, in problemnaher, also nicht komponentenbezogener Weise

. Vereinigungs-, Differenz- sowie Durchschnittsmengen zu bilden,
. Tests auf Gleichheit und Ungleichheit von Werten aus dem Wertebereich des strukturierten Typs durchfuehren zu koennen sowie
. das Enthaltensein einer Teilmenge oder Umfassen einer Ober-
  menge von Werten festzustellen oder
. die Zugehoerigkeit eines Wertes aus dem Wertebereich des Komponenten-Typs in einer Menge von Werten zu testen, die zu einem Wert aus dem Wertebereich des strukturierten Typs komponiert ist.

Ferner ist es nicht moeglich, problemnah Teilmengen von Werten des
Wertebereichs des Komponenten-Typs 'Komponententeilmengen' zuzuweisen. Diese Zuweisung und jene Operationen sind, wie wir sehen
werden, ueber den Wertebereichen von (PASCAL-)Mengen-Typen durchfuehrbar. Darueber hinaus sind Daten von (PASCAL-)Mengen-Typen zeit-
und zentralspeichermaessig effizienter verarbeitbar als Daten eines
anderen strukturierten Typs. PASCAL schraenkt naemlich die moeglichen Basistypen auf 'e<>r' Typen (s. M4) ein, womit das Konstruktionsmuster eines Wertes eines Mengen-Typs mit dem Konstruktionsmuster eines Wertes von 'e<>r' Typ-indizierten booleschen Feld-Typen vergleichbar wird: Beide sind Folgen von FALSEs und TRUEs.
Solche Folgen - auch Bitfolgen genannt - lassen sich nun zeit-
und zentralspeichermaessig effizient verarbeiten, weil die meisten DVA's fuer obige Zuweisung und Operationen (Maschinen-)Ope-
rationen zur Verfuegung haben, so dass fuer sie keine aus mehreren (Maschinen-)Operationen bestehenden (Maschinen-)Programmtei-
le kompiliert werden muessen, die natuerlich zeitaufwendiger arbeiten als eine einzige (Maschinen-)Operation. Allerdings hat dies
zur Folge, dass die von einer solchen (Maschinen-)Operation benoetigten Operanden nicht aus 'beliebig grossen' Bitfolgen bestehen
koennen. Wohl werden solche Folgen i.a. 'sehr viel' effizienter im
Zentralspeicher abgelegt werden als Daten eines entsprechenden
Feld-Typs. Die Verwendung von Mengen-Typ-Angaben kann aber eben
DVA-typ- ggf. auch implementationseingeschraenkt sein, besonders hinsichtlich benutzbarer 'e<>r' Typ-Angaben (im Gegensatz
zu 'e<>r' Typ indizierten booleschen Feld-Typen).

Zu einer Mengen-Typ-Angabe gelangt man ueber:

    Mengen - Typ (set type)

```
        +---------------------------+
   --->I 'p' 'e<>r' Mengen - Typ I--->
        +---------------------------+
                                  .
```

Die Angabe eines 'p' 'e<>r' Mengen-Typs muss in PASCAL-Programm-
men gemaess dem Syntax-Diagramm S41 erfolgen.

    S41 'p' 'e<>r' Mengen - Typ ('p' 'e<>r' set type)

```
            =====      =====     ====    +-----------+
   ---+--->I 'p' I-->I SET I-->I OF I-->I 'e<>r' Typ I--+
      I     =====      =====     ====    +-----------+   I
      I                                                 I
      I     +-----------------------------------+       V
      +--->I Name f.'p' 'e<>r' Mengen - Typ I----------------->
            +-----------------------------------+
```

Neben der Moeglichkeit, einen 'p' 'e<>r' Mengen-Typ ueber einen
im Typdefinitionsteil eines geeigneten Blockes definierten Namen
anzugeben, kann ein 'p' 'e<>r' Mengen-Typ angegeben werden, indem fuer die metasyntaktische Variable 'p' gemaess dem Syntax-
Diagramm M11 der Wert PACKED gewaehlt wird oder nicht. Diesem
haben die Wortsymbole SET und OF zu folgen. Schliesslich muss
ein 'e<>r' Typ angegeben werden. Dieser 'e<>r' Typ ist der Basistyp, und man beachte, dass als Basistyp-Angabe nur Angaben einfacher Typen ungleich dem reellen Typ (s. M4) gemaess S28, S29,
S31, S33, S34 und S35 zulaessig sind.

Als Beispiel einer 'p' 'e<>r' Mengen-Typ-Angabe moege die Angabe

             SET OF (G135SR13, G145SR13, G175SR14, ...)

dienen, die statt der (G135SR13, G145SR13, G175SR14, ...) Typ indizierten booleschen Feld-Typ-Angabe zur Loesung des eingangs gebrachten Problems - der Frage nach der Zulaessigkeit von Reifengroessen bei Fahrzeugen - benutzt werden koennte. 'e<>r' Typ ist
der Basis-Aufzaehl-Typ (G135SR13, G145SR13, G175SR14, ...). Auf
das Attribut PACKED wurde verzichtet.

Werte (Teilmengen) des Wertebereichs eines 'p' 'e<>r' Mengen-Typs
lassen sich gemaess dem folgenden Syntax-Diagramm denotieren:

       Wert des Wertebereichs eines 'p' 'e<>r' Mengen - Typs (value
                    of value range of a 'p' 'e<>r' set type)

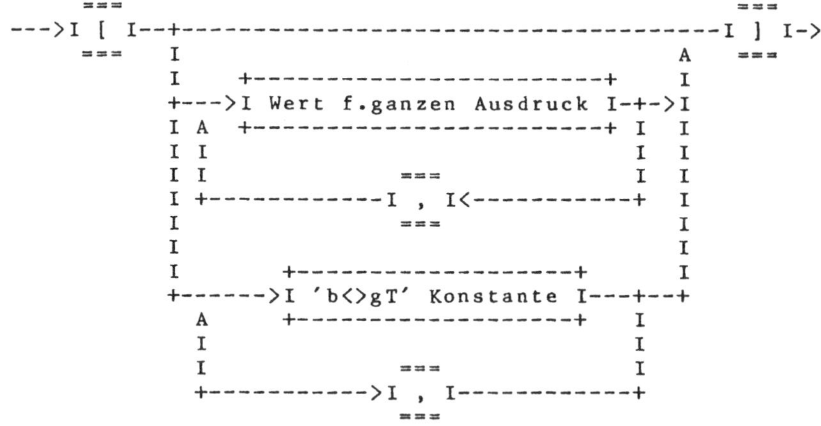

```
        ===                                                   ===
   --->I [ I--+-------------------------------------------I ] I->
        ===   I                                         A   ===
              I        +-------------------------+       I
              +--->I Wert f.ganzen Ausdruck I-+->I
              I A  +-------------------------+ I   I
              I I                             I   I
              I I              ===            I   I
              I +----------I , I<----------+   I
              I              ===                   I
              I                                    I
              I          +-------------------+     I
              +------->I 'b<>gT' Konstante I---+--+
              A  +-------------------+     I
              I                             I
              I              ===            I
              +---------->I , I-----------+
                           ===
```

Die nach diesem Syntax-Diagramm moeglichen Angaben sind spezielle
'p' 'e<>r' Mengen-Faktoren, die erst mit dem Syntax-Diagramm S81
in Abschn. 5.7 eingefuehrt werden. Uns sollen diese hier genuegen. Sie dienen uns zur Erklaerung der ueber dem Wertebereich eines 'p' 'e<>r' Mengen-Typs moeglichen Operationen. Werte (Teilmengen) koennen also angegeben werden durch eine in eckige Klammern eingeschlossene evtl. leere Liste von Notationen fuer Werte
des Wertebereichs eines 'e<>r' Typs, die ggf. durch Kommata zu
trennen sind. Hat die metasyntaktische Variable 'e<>r' den Wert

ganz, so sind in der Liste gemaess S30 Werte fuer ganze Ausdruek-
ke - mit oder ohne Vorzeichen versehene ganze Konstanten - zulaessig. Ist 'b<>gT' der Wert der metasyntaktischen Variablen 'e<>r',
so sind in der Liste 'b<>gT' Konstanten zulaessig. Ist die Liste
zwischen den eckigen Klammern leer, so ist die leere, vom 'e<>r'
Typ unabhaengige - typlose - Teilmenge gemeint. Notationen in der
Liste brauchen sich nicht notwendig auf verschiedene Werte des
Wertebereichs des 'e<>r' Typs beziehen. D.h., dass die Denotatio-
nen von Werten des Wertebereichs eines 'p' 'e<>r' Mengen-Typs
nicht immer (Teil-)Mengen im mengentheoretischen Sinne sind. Grund
dafuer ist: Vermeidung zeitaufwendiger Ueberpruefungen waehrend
der Kompilierung und - wie wir in Abschn. 5.7 darlegen werden -
die Tatsache, dass statt obiger Notationen Ausdruecke in der Liste
zwischen den eckigen Klammern aufgefuehrt werden duerfen, fuer
die ohnehin waehrend der Kompilierung keine Ueberpruefungen
durchfuehrbar sind. 'Doppelnotationen' stoeren nicht, sie werden
naemlich bei der Verarbeitung als eine einzige betrachtet.

Beispiele:

'p' 'e<>r' Mengen- Typ-Angabe	Wert	unzulaes- siger Wert	Bemerkung
SET OF 1 .. 10	[4, 8, 5] [] [1]	[-6, 3] ['1']	
SET OF -6 .. 2	[-3, 0, 4] [] [-6]	[-100]	die -6..2 Mengen- Typ-Angabe wird von der PASCAL- 6000-3.4-Imple- mentation nicht akzeptiert
SET OF 'A' .. 'Z'	['A', 'M'] [] ['Z']	['A', 2] [5]	
SET OF CHAR	['0', '9'] [] ['A']	[FALSE]	die Standardzei- chen Mengen-Typ-An- gabe wird von der PASCAL-6000-3.4-Im- plementation nicht akzeptiert
SET OF (G135SR13, G145SR13, G175SR14, ...)	[G135SR13, G145SR13] [] [G145SR13]		

Als Operationen ueber den Wertebereichen von 'p' 'e<>r' Mengen-
Typen sind die auf zwei Werte (Teilmengen ueber dem gleichen Basistyp) anwendbaren Mengen-Operationen moeglich:

    . Bildung der Vereinigungsmenge,
    . Bildung der Differenzmenge und
    . Bildung des Durchschnitts.

Die Ergebnisse der Mengen-Operationen muessen Werte des Wertebereichs des 'p' 'e<>r' Mengen-Typs liefern, dem die Operanden an-

gehoeren. Ist dies nicht der Fall, so tragen viele PASCAL-Implementationen dafuer Sorge, dass der Programmlauf abgebrochen wird.
Schlimmstenfalls kann es aber auch sein, dass ein solcher Fehler
nicht bemerkt wird.

Als Operationssymbole dienen entsprechend der Reihenfolge der genannten Operationen:

Symbol fuer Mengen - Operation (symbol for set operation)

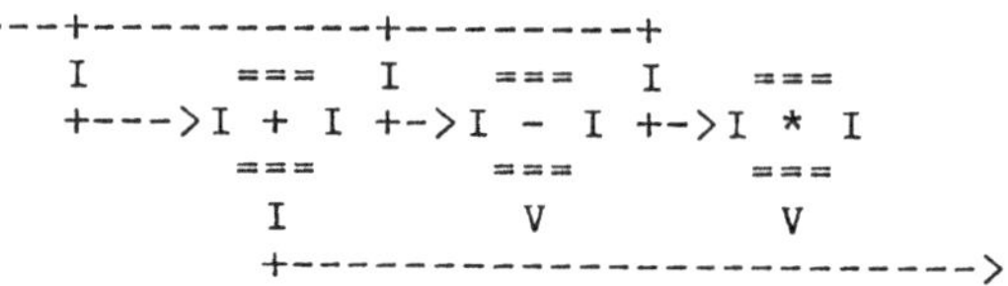

```
     ---+----------+--------+
     I      ===  I   ===  I   ===
     +--->I + I +->I - I +->I * I
         ===      ===      ===
     I        V        V
     +----------------------->
                              .
```

Die Definition der Mengen-Operationen sind die der allgemeinen
Mengenlehre. Wir setzen sie als bekannt voraus.

Beispiele:

'p' 'e<>r' Men-
gen-Typ-Angabe   Operation   Ergebnis   unzulaessig

SET OF 1 .. 10   [4, 1, 2] + [3, 1]   [1, 2, 3, 4]   [7] + ['3']
                   [8, 5] - [8]   [5]   [7] + [0]
                   [8, 5] * [8, -6]   [8]
SET OF 'A' .. 'Z'   ['X'] + []   ['X']   [1] + [2]
                     ['M'] - ['7']   ['M']
                     ['1'] * []   []

Neben den Mengen-Operationen sind ueber den Wertebereichen von
'p' 'e<>r' Mengen-Typen die auf zwei Werte (Teilmengen) anwendbaren, den Vergleichsoperationen fuer Werte aus dem Wertebereich
von ganzen Typen, booleschen Typen usw. vergleichbaren Testoperationen moeglich:

        . Test auf Gleichheit,
        . Test auf Ungleichheit,
        . Test auf Enthaltensein und
        . Test auf Umfassen.

Als Operationssymbole dienen entsprechend der Reihenfolge der
vorstehend aufgefuehrten Operationen:

Symbol fuer 'p' 'e<>r' Mengen - Testoperation (symbol for
                               'p' 'e<>r' set test opera-
                               tion)

```
     ---+----------+----------+----------+
     I      ===  I   ====  I   ====  I   ====
     +--->I = I +->I <> I +->I <= I +->I >= I
         ===      ====      ====      ====
     I        V        V        V
     +--------------------------------------->
                                            .
```

Die Ergebnisse der Testoperationen sind boolesche Werte. Die Definitionen der Testoperationen lauten: Es seien a und b zwei Werte (Teilmengen) des Wertebereichs ein und desselben 'p' 'e<>r' Mengen-Typs. Dann gilt:

. Ein Test von a und b auf Gleichheit (Ungleichheit) liefert das Ergebnis TRUE [FALSE] genau dann, wenn es sich bei a und b [nicht] um gleiche (ungleiche) Werte handelt.
. Ein Test von a und b auf Enthaltensein (Umfassen) liefert das Ergebnis TRUE [FALSE] genau dann, wenn a (b) [nicht] Teilmenge von b (a) im mengentheoretischen Sinne ist.

```
Beispiele:      Operation            Ergebnis

         [1, 2]  =  [1, 2]          TRUE
         [1, 2]  =  []              FALSE
     ['A', 'Z']  <>  []             TRUE
            []  <>  []              FALSE
           [0]  <=  [0, 4]          TRUE
            []  <=  ['A']           TRUE
         [2, 1]  <=  [2, 1]         TRUE
     ['X', 'Y']  <=  ['Z']          FALSE
           [3]  <=  [4]             FALSE
           [0]  >=  [0, 4]          FALSE
            []  >=  ['A']           FALSE
         [2, 1]  >=  [2, 1]         TRUE
     ['X', 'Y']  >=  ['Z']          FALSE
```

Schliesslich gibt es noch eine wichtige Operation, die sich auf Operanden bezieht, von denen der linke ein Wert aus dem Wertebereich des 'e<>r' Basistyps eines 'p' 'e<>r' Mengen-Typs ist und der rechte ein Wert (eine Teilmenge) aus dem Wertebereich dieses 'p' 'e<>r' Mengen-Typs. Es handelt sich um den Zugehoerigkeitstest, der als Ergebnis den booleschen Wert TRUE [FALSE] liefert, wenn der Wert aus dem Wertebereich des 'e<>r' Basistyps Element des Wertes (der Teilmenge) des Wertebereichs des 'p' 'e<>r' Mengen-Typs ist [oder nicht ist]. Als Operationssymbol dient:

Symbol fuer Zugehoerigkeitstest (symbol for membership test)

```
       =====
--->I IN  I--->
       =====
          .
```

Beispiele: Operation   Ergebnis   falsch

```
      5 IN [0, 6, 5]                    TRUE
    'B' IN ['A', 'Z']                   FALSE
                                                   5  IN  ['X']
```

Der Zugehoerigkeitstest ist vergleichbar der Selektion von Komponenten bei Daten anderer strukturierter Typen. Man beachte, dass bei dieser Operation Operanden aus den Wertebereichen zweier verschiedener Typen miteinander verknuepft werden. Bei der Besprechung von Ausdruecken werden wir sehen, dass es auch noch (wenige) andere solche 'Zwitteroperationen' gibt.

3.2.3 Satz-Typen

Das Kompositionsprinzip fuer Daten, das zum Konstruktionsmuster
eines Satz-Typs - vielfach auch als Verbund-Typ bezeichnet -
fuehrt, besteht in der Zusammenfassung von Komponenten nicht not-
wendigerweise gleichen Typs, so dass Daten eines Satz-Typs hinsichtlich der Komponenten-Typen i.a. eine heterogene Struktur bilden.

Die 4 Daten mit den Namen Motor- und Leistungsangaben eines Fahrzeugbriefs - s. Abschn. 3.2 - (wie auch die Daten mit den Namen
Fahrzeugbrief (selbst), Halter-Eintragungen, Art, Herstelleranga-
ben und Fahrwerksangaben) koennten als Daten eines Satz-Typs aufgefasst werden. Den Daten bzw. Komponenten koennten folgende Typen 'zugeordnet' werden:


```
Name der Komponente                      Typ

Antriebsart                    (OTTO, DIESEL, TURBINE, ELEKTRO)
Hoechstgeschwindig-
        keit in Km/h                     5 .. 250
Leistung in KW bei
        Umdr./Min.
   KW                                    REAL
   Umdrehungen / Min.                    REAL
Hubraum in ccm                           REAL            .
```


Aus diesem Beispiel liest man leicht ab, was als Wertebereich eines Satz-Typs anzusehen ist. Er ist das kartesische Produkt der
Wertebereiche der Komponenten-Typen. Der Wertebereich des Beispiels waere demnach das kartesische Produkt aus dem Wertebereich
des Aufzaehl-Typs (OTTO, DIESEL, TURBINE, ELEKTRO), dem Wertebereich des ganzen Teilbereichs-Typs 5 .. 250 und drei Wertebere i-
chen des reellen Standardtyps REAL.

Zur Selektion von Komponenten eines Datums eines Satz-Typs wird
man fuer die Komponenten problemnah gewaehlte Namen verwenden.
Wir werden in den naechsten beiden Unterabschnitten darlegen,
dass in PASCAL diese Namen in Satz-Typ-Angaben zu vergeben sind
und in Abschn. 4.2.2.2 sehen, wie sie beim Bezug auf Komponenten-Variablen einer Variablen vom Satz-Typ zu benutzen sind.

Zu unterscheiden sind nun in PASCAL:

Satz - Typ (record type)

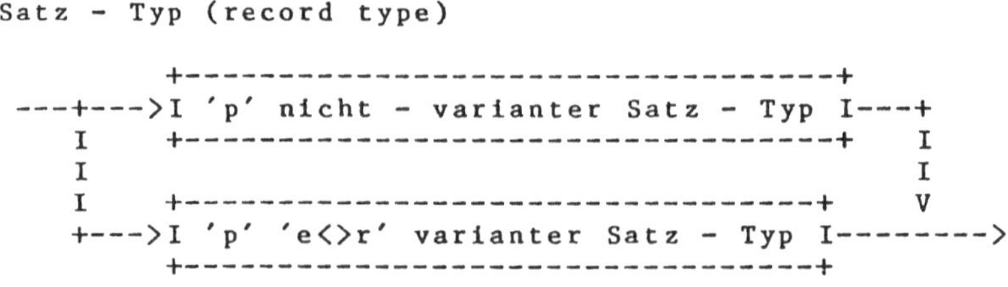
```
        +-----------------------------------+
---+--->I 'p' nicht - varianter Satz - Typ I---+
   I    +-----------------------------------+   I
   I                                            I
   I    +-----------------------------------+   V
   +--->I 'p' 'e<>r' varianter Satz - Typ I-------->
        +-----------------------------------+
                                              .
```

3.2.3.1 Nicht-variante Satz-Typen

Die Angabe eines nicht-varianten Satz-Typs - eines Satz-Typs ohne
Varianten (s. Abschn. 3.2.3.2) - muss in PASCAL-Programmen gemaess
Syntax-Diagramm S42 unter Benutzung des Syntax-Diagrammes S43 er-
folgen.

S42 'p' nicht - varianter Satz - Typ ('p' fixed record type)

S43 nicht - varianter Satzteil (fixed record part)

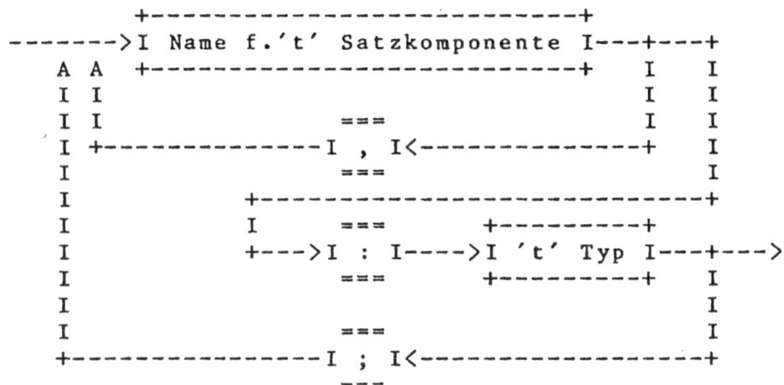

Neben der Moeglichkeit, eine nicht-variante Satz-Typ-Angabe ueber

einen im Typdefinitionsteil eines Blockes definierten Namen machen
zu koennen, besteht die Moeglichkeit, fuer die metasyntaktische
Variable 'p' gemaess dem Metasyntax-Diagramm M11 den Wert PACKED
zu waehlen oder nicht. Diesem hat das Wortsymbol RECORD zu folgen. Dann kann ein nicht-varianter Satzteil aufgefuehrt werden,
auf den ein Semikolon folgen darf. Abzuschliessen ist eine 'p'
nicht-variante Satz-Typ-Angabe mit dem Wortsymbol END. Der nicht-
variante Satzteil ist gemaess S43 zu gestalten. Er besteht aus
einer Liste von ggf. mittels Semikolons zu trennenden Listen von
gemaess S15 zu waehlenden, ggf. durch Kommata zu trennenden Namen
fuer Komponenten bzw. genauer 't' Satzkomponenten ein und desselben Typs 't' mit durch Doppelpunkt getrennter nachfolgender 't'.
Typ-Angabe gemaess S28, S29, S31, S33-S42, S44 (s. Abschnitt
3.2.3.2), S46 (s. Abschn. 3.2.4.1), S47 (s. Abschn. 3.2.4.2) oder
S49 (s. Abschn. 3.3).

Nach [085] ist es im Gegensatz zu [080] - S42 und S43 stimmen mit
[080] ueberein - gestattet, hinter jedem 't' Typ in einem nicht-
varianten Satzteil und vor dem Wortsymbol END beliebig viele Semikolons anzugeben. Das nach S42 hinter dem nicht-varianten Satzteil
erlaubte Semikolon ist nur zugelassen worden, um sich keine Ausnahme merken zu muessen. Denn vor dem Wortsymbol END einer zusammengesetzten Anweisung ist ebenfalls ein Semikolon zulaessig (vgl.
Abschn. 6.1.3).

Fuer das in Abschn. 3.2.3 gebrachte Beispiel koennte die Satz-
Typ-Angabe wie folgt aussehen:

```
             PACKED RECORD
                     ANTART  : (OTTO, DIESEL, TURBINE, ELEKTRO);
                     GESCHW  : 5 .. 250;
                     LU      : RECORD
                                 KW           ,
                                 DREHZAHL : REAL
                               END;    (* LU *)
(* ODER               LU      : ARRAY [(KW, DREHZAHL)] OF REAL; *)
                     HUB     : REAL
                   END
```

oder

```
             RECORD
                 ANTART  : (OTTO, DIESEL, TURBINE, ELEKTRO);
                 GESCHW  : 5 .. 250;
                 LU      : RECORD
                             KW           ,
                             DREHZAHL : REAL
                           END;    (* LU *)
(* ODER           LU      : ARRAY [(KW, DREHZAHL)] OF REAL; *)
                 HUB     : REAL
               END                             .
```

Bei der Wahl von Namen fuer 't' Satzkomponenten ist die folgende
Regel zu beachten, die gleich so formuliert wurde, dass auch im
Abschn. 3.2.3.2 auf sie Bezug genommen werden kann. Denn sie gilt
nicht nur fuer eine Angabe nicht-varianter Satz-Typen sondern auch
fuer die Angabe varianter Satz-Typen.

Regel 3.2.3.1-1: Alle Namen fuer 't' Satzkomponenten, die zwischen
den Symbolen RECORD und END e i n e r (nicht-
varianten oder varianten) Satz-Typ-Angabe aufgefuehrt werden, muessen eindeutig, also verschieden
sein. Namen fuer 't' Satzkomponenten brauchen jedoch nicht der Regel R2.2.3-2 ueber die Eindeutigkeit von Namen innerhalb eines Blockes genuegen.

Zum Verstaendnis dieser Regel sei bemerkt, dass die Wortsymbole
RECORD und ('zugehoeriges') END aehnlich den Wortsymbolen PROGRAM,
PROCEDURE bzw. FUNCTION und ('zugehoerigem') END als 'syntaktische
Klammersymbole' anzusehen sind. Die Angaben zwischen ihnen sind
daher Block-Angaben vergleichbar, und das in Abschn. 2.2.3 ueber
den Gueltigkeitsbereich von Namen Gesagte ist auf Satz-Typ-Angaben erweiterbar.

Es ist i.a. keine gute Programmierpraxis, Namen fuer 't' Satzkomponenten und Namen fuer andere Objekte wie Variable, Konstanten
u.a. (innerhalb eines Blocks) gleich zu waehlen, da Programme fuer
den Leser dadurch undurchsichtiger werden.

Darauf aufmerksam gemacht sei noch, dass das Syntax-Diagramm S42
die 'Satz-Typ'-Angaben

                    PACKED RECORD
                           END
und

                           RECORD
                           END

zulaesst. Man kann z.B. bei der Programmentwicklung davon Gebrauch
machen. Und zwar indem man solche 'Satz-Typ'-Angaben zunaechst
einmal anstelle aufwendiger, ggf. noch nicht naeher bekannter auffuehrt, um ein syntaktisch einwandfreies Programm zu bekommen und
damit Programmteile fruehzeitig (evtl. unter Einschraenkungen)
testen zu koennen, so, wie die Entwicklung fortschreitet, jene
'Satz-Typ'-Angaben aber durch die eigentlich erforderlichen Satz-
Typ-Angaben ersetzt ('stepwise refinement', [040]).

Abschliessend seien fuer die in Abschn. 3.2 gegebenen Daten eines
Fahrzeugbriefs als ein umfangreicheres Beispiel eine Satz-Typ-Angabe gemacht (in die aus Vollstaendigkeitsgruenden eine variante
Satz-Typ-Angabe aufgenommen wurde, die erst durch die Ausfuehrungen des naechsten Abschnittes verstaendlich wird):

```
(* FAHRZEUGBRIEF *)
    RECORD
      NUMMER : 1 .. MAXINT;
      HALTER : RECORD
                 AKENNZ : RECORD
                            ORTSK : PACKED
                                    ARRAY [1 .. 3] OF CHAR;
                            BUT   : PACKED
                                    ARRAY [1 .. 2] OF CHAR;
                            ZIFT  : 1 .. MAXINT
                          END;    (* AKENNZ *)
                 NAMFIR : PACKED ARRAY [1 .. 30] OF CHAR;
                 ADR    : RECORD
                            STR   : PACKED
                                    ARRAY [1 .. 30] OF CHAR;
                            NR    : 1 .. 1000;
                            PLZ   : 1 .. 10000;
                            ORT   : PACKED
                                    ARRAY [1 .. 30] OF CHAR
                          END;    (* ADR *)
                 ZLTAG  : RECORD
                            TAG    :    1 .. 31;
                            MONAT  :    1 .. 12;
                            JAHR   : 1900 .. 2100
                          END     (* ZLTAG*)
               END;               (* HALTER *)
      ART    : RECORD
                 FAHRZ  : (PKW, LKW, BUS, KRAD, HAENGER,
                           TRAKTOR);
                 AUFBAU : (GESCHLOSSEN, KABRIO, KEINEANGABE)
               END;               (* ART *)
      HERST  : RECORD
                 FIRMA  : PACKED ARRAY [1 .. 30] OF 'A' .. 'Z';
                 TYPAF  ,
                 FNR    : PACKED ARRAY [1 .. 30] OF CHAR
               END;               (* HERST *)
      MOTLEI : RECORD
                 ANTART : (OTTO, DIESEL, TURBINE, ELEKTRO);
                 GESCHW : 5 .. 250;
                 LU     : RECORD
                            KW        ,
                            DREHZAHL : REAL
                          END;     (* LU *)
                 HUB    : REAL
               END;               (* MOTLEI *)
      GEWMAS : ARRAY [(NLAST,     TANKINH,
                       SLPLAETZE, SPLAETZE,
                       LAENGE,    BREITE,    HOEHE,
                       LGEWICHT,  GGEWICHT,
                       ALASTV,    ALASTM,    ALASTH)] OF REAL;
```

```
    FAHRW  : RECORD
               RADZ    ,
               ACHSZ   ,
               AACHS  : 1 .. 10;
               BEREIF : RECORD
                          ALTNAT1 : RECORD
                                      VORN    ,
                                      MITTEN  ,
                                      HINTEN : PACKED
                                               ARRAY [1 .. 10]
                                               OF CHAR
                                    END;        (* ALTNAT1 *)
                        CASE
                        ALTNAT  : BOOLEAN OF
FALSE:          (* SIEHE +) *)            ();
TRUE:                                     (ALTNAT2  :
                                           RECORD
                                             VORN    ,
                                             MITTEN  ,
                                             HINTEN : PACKED
                                                      ARRAY [1 .. 10]
                                                      OF CHAR
                                           END)      (* ALTNAT2 *)
                        END;      (* BEREIF *)
    NNSD   : RECORD
               END              (* NNSD *)
    END                         (* FAHRZEUGBRIEF *)
                                                          .
```

+) Werte fuer 'e<>r' Auswahlkomponenten (s. Abschn. 3.2.3) geben
   wir immer aehnlich wie Marken stets linksbuendig an. Viele Kompilierer erzeugen keine Querverweislisten (s. Kap. 9) fuer benutzte Namen, Marken u.a., so dass ein Auffinden im Protokoll
   erleichtert wird. Von der Sache her waere es angebrachter, Werte fuer 'e<>r' Auswahlkomponenten der Hierarchie entsprechend
   einzuruecken.

3.2.3.2 Variante Satz-Typen

Zur Erklaerung von varianten Satz-Typen - Satz-Typen mit Kompo-
nenten-Varianten (s. spaeter) - betrachten wir einmal die Daten
des Typs Groesse der Bereifung eines Fahrzeugbriefs (s.Abschnitt
3.2). Fuer diese Daten koennte folgende Typ-Angabe gemacht werden:

```
RECORD
   ALTNAT1 : RECORD
                VORN    ,
                MITTEN  ,
                HINTEN : PACKED ARRAY [1 .. 10] OF CHAR
             END;
   ALTNAT2 : RECORD
                VORN    ,
                MITTEN  ,
                HINTEN : PACKED ARRAY [1 .. 10] OF CHAR
             END
   END                                                  .
```

Es kann nun sein, dass in einem Fahrzeugbrief gar keine Alternative fuer die Groesse der Bereifung aufgefuehrt ist. Die obige
Typ-Angabe beruecksichtigt diese Problemgegebenheit in keiner Weise problemnah. Wird jedoch von der Moeglichkeit Gebrauch gemacht,
variante Satz-Typen angeben zu koennen, so kann dieser Mangel um-
gangen werden. Statt der obigen Typ-Angabe waere folgende Typ-Angabe fuer die Daten des Typs Groesse der Bereifung denkbar:

```
RECORD
   ALTNAT1 : RECORD
                VORN    ,
                MITTEN  ,
                HINTEN : PACKED ARRAY [1 .. 10] OF CHAR
             END;
   CASE
   ALTNAT  : BOOLEAN OF
FALSE:       ();
TRUE :       ( ALTNAT2 :
             RECORD
                VORN    ,
                MITTEN  ,
                HINTEN : PACKED ARRAY [1 .. 10] OF CHAR
             END)
   END                                                  .
```

Es ist eine Komponente des Typs Alternative - ALTNAT - hinzugekom-
men, dessen Wertebereich der boolesche Wertebereich ist. Je nachdem, ob der Wert dieser Komponente FALSE oder TRUE ist, soll es
keine oder eine Komponente zweite Alternative geben. Dies wird in
der vorstehenden Typ-Angabe durch die nicht aufgefuehrte bzw. aufgefuehrte Angabe zwischen runden Klammern zum Ausdruck gebracht.
Gekennzeichnet sind diese Faelle (cases) durch die booleschen
Konstanten FALSE und TRUE, worueber die notwendige Unterschei-
dungsmoeglichkeit gegeben ist. Der Teil der vorstehenden Typ-Angabe, der zwischen den Wortsymbolen RECORD und CASE aufgefuehrt
ist, ist nach dem Syntax-Diagramm S43 gestaltet worden und wird
daher als nicht-varianter Satzteil bezeichnet. Der Teil zwischen

den Wortsymbolen CASE und END einschliesslich des Wortsymbols CASE
hingegen wird naheliegend als (boolesch) varianter Satzteil bezeichnet und die mit Unterscheidungskennzeichen versehenen Angaben
zwischen runden Klammern als Varianten. Der variante Satzteil ist
nach dem gleich aufgefuehrten und zu erklaerenden Syntax-Diagramm
S45 gestaltet.

Man macht sich auf Grund dieser Ausfuehrungen leicht klar, dass
variante Satz-Typ-Angaben angebracht sind, wenn man es mit Daten
von Satz-Typen zu tun hat, die eine Anzahl von Komponenten (natuerlich nicht alle) 'gemeinsam' haben. Statt mehrerer nicht-varianter Satz-Typ-Angaben kann in solchen Faellen die Angabe eines
varianten Satz-Typs erfolgen, deren nicht-varianter Satzteil die
Angaben ueber die 'gemeinsamen' Komponenten und deren varianter
Satzteil die Angaben ueber 'nicht-gemeinsame' Komponenten beinhaltet. Eine variante Satz-Typ-Angabe stellt mithin eine Art Vereinigung mehrerer nicht-varianter Satz-Typ-Angaben (union type)
dar.

Daten eines varianten Satz-Typs haben also eine i.a. unterschiedliche Anzahl von Komponenten und/oder Komponenten i.a. unterschiedlichen Typs, je nachdem welcher variante Satzteil gerade in Betracht steht. Der Wertebereich ist als Vereinigung der Wertebereiche der 'Varianten' anzusehen.

Die Moeglichkeit varianter Satz-Typ-Angaben bietet dem Programmierer die Vorteile:

. fuer mehrere Satz-Typen, die - im unterstellten Zusammenhang -
  eher als 'Varianten' eines Satz-Typs denn als verschiedene
  Satz-Typen aufzufassen sind, eine gemeinsame Typ-Angabe zu machen und die entsprechenden Daten auch gemeinsam zu verarbeiten; damit einhergehend
. Schreibaufwand zu sparen;
. den Zentralspeicherbedarf zu reduzieren (allerdings i.a. nur
  im Fall varianter Satz-Typ gebundener Zeiger-Typ-Daten (s.
  Abschn. 3.3)) sowie
. (evtl.) Zentralspeicherinhalte unterschiedlich zu interpretieren (was nach [080] jedoch eigentlich nicht erlaubt ist, s.
  spaeter).

Verstaendlich werden die zwei letztgenannten Vorteile erst durch
die Darlegungen ueber Variablen in Kap. 4.

Die genaue Syntax von varianten Satz-Typ-Angaben ist gegeben durch
das Syntax-Diagramm S44. In ihm wird Gebrauch gemacht von den Syntax-Diagrammen S43 und S45.

```
S44 'p' 'e<>r' varianter Satz - Typ ('p' 'e<>r' variant
                                     record type)

                =====
   ---+--->I 'p' I------+
      I    =====        I
      I +--------------+
      I I    =========
      I +->I RECORD I---+
      I    =========    I
      I +--------------+
      I I  +---------------------------+        ===
      I +->I nicht - varianter Satzteil I------>I ; I---+
      I I  +---------------------------+        ===     I
      I +-+                                             I
      I   V                                             I
      I +-----------------------------------------------+
      I I  +--------------------------+        ===
      I +->I 'e<>r' varianter Satzteil I---+--->I ; I---+
      I    +--------------------------+   I    ===      I
      I                                   V             I
      I +-----------------------------------------------+
      I I    =====
      I +->I END I-----------------------------------------+
      I      =====                                         I
      I                                                    I
      I     +--------------------------------------+       V
      +--->I Name f.'p' 'e<>r' varianten Satz - Typ I------>
           +--------------------------------------+
```

S45 'e<>r' varianter Satzteil ('e<>r' variant record part)

```
          ======       +-------------------------------+
     ---->I CASE I-+->I Name f.'e<>r' Auswahlkomponente I---+
          ======   I   +-------------------------------+    I
                   +-+                                       I
                     V                   ===                 I
                   +---------------I : I<-----------------+
                   I                   ===
                   I   +-------------------+       ====
                   +->I Name f.'e<>r' Typ I------->I OF I---+
                       +-------------------+       ====     I
                   +-------------------------------------------+
                   I                                     A
                   V   +-------------------+       === I
   +-------------->I Wert f.'e<>r'      I    +->I , I-+
   I                   I Auswahlkomponente I---+ I   ===
   I                   +-------------------+   I I
   I                                           I I   ===
   I                                           +-+->I : I
   I                                               ===
  ·I                                                 I
   I   +-----------------------------------------+
   I   I       +-----------------------------------+
   I   I   === I   +-------------------+   A           I
   I   +->I ( I-+->I nicht -          I   I     ===   I
   I       === I   I varianter Satzteil I-+-+-->I ; I--->I
   I           I   +-------------------+ IA     ===     I
   I           I               ===      II               I
   I           I+--------I ; I<--------+I +---------+
   I           II           ===         I I
   I           IV +-------------------+ I I   ===
   I           +->I 'E<>R'            I I I +->I ) I
   I               I varianter Satzteil I--+   ===
   I               +-------------------+         I
   I                                             +-------->
   I           ===                               I
   +------I ; I<-----------------------------------+
           ===
```

Verbal laesst sich S44 in folgender Weise wiedergeben. Neben der
Moeglichkeit, eine variante Satz-Typ-Angabe ueber einen im Typdefinitionsteil eines Blockes definierten Namen machen zu koennen,
besteht die Moeglichkeit, fuer die metasyntaktische Variable 'p'
gemaess dem Metasyntax-Diagramm M11 den Wert PACKED zu waehlen
oder nicht. Diesem hat das Wortsymbol RECORD zu folgen. Dann
kann ein gemaess S43 gebildeter nicht-varianter Satzteil angegeben werden, der durch ein Semikolon abzuschliessen ist. Danach
muss ein 'e<>r' varianter Satzteil angegeben werden, der mit einem Semikolon abgeschlossen werden darf und auf den bzw. das das
Wortsymbol END zu folgen hat.

Die Angaben zwischen den Wortsymbolen RECORD und END - ausschliesslich des moeglichen Semikolons vor END - sowohl einer
nicht- als auch 'e<>r' varianten Satz-Typ-Angabe werden (Kompo-
nenten-)Feldliste (field list) genannt. Eine Feldliste kann also
leer sein, einen nicht-, einen 'e<>r' oder einen nicht- u n d
einen 'e<>r' varianten Satzteil enthalten.

Der 'e<>r' variante Satzteil ist nach S45 mit dem Wortsymbol CASE
einzuleiten. Auf dieses kann ein gemaess S15 gebildeter Name fuer
eine 'e<>r' Auswahlkomponente (tag field) aufgefuehrt werden, auf
den ein Doppelpunkt folgen muss. Nun muss ein N a m e fuer einen
'e<>r' Typ genannt werden - nicht eine 'e<>r' Typ-Angabe wie beispielsweise 1 .. 12 oder (NLAST, TANKINH, SLPLAETZE, SPLAETZE,
LAENGE, BREITE, HOEHE, LGEWICHT, GGEWICHT, ALASTV, ALASTM, ALASTH).
Fuer eine solche muss erst ein Name im Typdefinitionsteil des in
Betracht stehenden oder eines globalen Blockes definiert werden
(wenn nicht ein Standardname verwandt werden kann). Auf den Namen
fuer einen 'e<>r' Typ ist dann das Wortsymbol OF aufzufuehren,
auf das eine Liste von ggf. durch Semikolons zu trennenden Varianten folgen muss. Eine Variante ist aufzubauen aus einer Liste von
ggf. durch Kommata zu trennenden Werten fuer die 'e<>r' Auswahlkomponente, auf die ein Doppelpunkt und eine in runde Klammern
einzuschliessende Feldliste folgen muessen, die, wenn sie nicht
leer ist, mit einem Semikolon abgeschlossen werden darf. Die Syntax der Werte fuer die 'e<>r' Auswahlkomponente ist je nach Wert
fuer die metasyntaktische Variable 'e<>r' gemaess M4 durch die
Syntax-Diagramme S30 (ganz), S20 (boolesch), S21 (Zeichen-) und
S15 (Aufzaehl-) gegeben.

Nach [085] ist es im Gegensatz zu [080] gestattet - S44 und S45
stimmen mit [080] ueberein - hinter einer Feldliste, wenn sie leer
ist oder nur einen nicht-varianten Satzteil beinhaltet, beliebig
viele Semikolons anzugeben. Ausserdem kann eine beliebige Anzahl
von Semikolons hinter jeder Varianten, die auch leer sein darf,
angegeben werden. Zu dem nach S44 und S45 hinter einer Feldliste
moeglichen Semikolon ist Analoges zu bemerken wie fuer das nach
S42 hinter dem nicht-varianten Satzteil einer nicht-varianten
Satz-Typ-Angabe moeglichen Semikolon.

Man mache sich klar: Es gibt gemaess M4 keine reell varianten Satz-
Typen. Eine 'e<>r' variante Satz-Typ-Angabe kann nur e i n e n
oder keinen nicht-varianten Satzteil und muss e i n e n 'e<>r'
varianten Satzteil beinhalten. Sowie: Varianten koennen nur e i -
n e n oder keinen nicht-varianten Satzteil und nur e i n e n
oder keinen 'E<>R' varianten Satzteil beinhalten. Die Benutzung
der metasyntaktischen Variablen 'E<>R' (s. M4) statt der Variablen 'e<>r' soll zum Ausdruck bringen, dass fuer 'E<>R' ein anderer Wert als fuer 'e<>r' gewaehlt werden darf. Schliesslich: Es
sind 'Schachtelungen' von 'e<>r' varianten Satz-Typ-Angaben moeglich.

Zu beachten ist die Regel R3.2.3.1-1, die ggf. auch auf den Namen
fuer die 'e<>r' Auswahlkomponente und Namen fuer 't' Satzkomponenten in Varianten zu beziehen ist, was ausdruecklich noch einmal
betont sei. Weiter gilt:

Regel R3.2.3.2-1: Als Werte fuer die 'e<>r' Auswahlkomponente ei-
                  nes 'e<>r' varianten Satzteils sind nur solche
                  Werte zulaessig, die Werte des Wertebereichs
                  des 'e<>r' Typs sind, dessen Name vor dem Wort-
                  symbol OF aufgefuehrt wurde. Ein Wert des Werte-
                  bereichs darf in der Liste der Varianten hoech-
                  stens einmal aufgefuehrt werden.

Diese Regel ist zu vervollstaendigen:

138

- Nach [085]: Nicht jeder Wert des Wertebereichs des 'e<>r' Typs
             muss aufgefuehrt werden. Zu einem nicht aufgefuehr-
             ten Wert wird keine Existenz einer Varianten unter-
             stellt, und es kann daher in einem PASCAL-Programm
             auch kein Bezug auf sie erfolgen.
- Nach [080]: Die Menge aller Werte fuer 'e<>r' Auswahlkomponen-
             ten muss gleich dem Wertebereich des 'e<>r' Typs
             sein, dessen Name vor dem Wortsymbol OF aufgefuehrt
             wurde. Danach kommt als 'e<>r' Typ der ganze Stan-
             dardtyp praktisch nicht in Frage. Andererseits kann
             ein Kompilierer das versehentliche Fehlen von Wer-
             ten fuer 'e<>r' Auswahlkomponenten oder ganzen Va-
             rianten anmahnen.

Wurde ein Name fuer eine 'e<>r' Auswahlkomponente in einem 'e<>r'
varianten Satzteil angegeben, so sollte diese Auswahlkomponente
zur programmseitigen Steuerung oder Ueberpruefung dienen, welche
Variante zu einem Zeitpunkt zur Verarbeitung ansteht. Das soll
heissen, dass nur auf Namen fuer Satzkomponenten der Variante Bezug genommen werden kann, die zur Verarbeitung ansteht. Beispielsweise sollte kein Bezug auf ALTNAT2 (siehe oben) erfolgen, wenn
ALTNAT den Wert FALSE hat (siehe auch B4.2.3-1 und nachfolgende
Bemerkung). Wenn wir hier das Hilfsverb 'sollen' verwenden, dann
ist damit gemeint, dass wohl z.Z. kaum eine Implementation eine
diesbezuegliche Ueberwachung, wie sie von [080] gefordert wird,
durchfuehrt. Solche Ueberwachungen sind laufzeitaufwendig insbesondere dann, wenn kein Name fuer eine 'e<>r' Auswahlkomponente
in einem 'e<>r' varianten Satzteil angegeben wurde. Aber auch in
diesen Faellen werden Ueberwachungen (per sog. virtual tag field)
durch [080] gefordert, wodurch allerdings die unterschiedliche
Interpretierbarkeit von Zentralspeicherinhalten, die fuer manche
maschinennahe Anwendungen von Vorteil ist, ausgeschlossen wird
(s. B4.3-1). Voll verstaendlich werden die Ausfuehrungen dieses
Absatzes erst werden durch die Darlegungen in Kap. 4 ueber Variablen.

Bei der eingangs gebrachten varianten Satz-Typ-Angabe fuer Daten
des Typs Groesse der Bereifung handelt es sich also genau genom-
men um eine (nicht mit PACKED versehene) boolesch variante Satz-
Typ-Angabe. Fuer die metasyntaktische Variable 'e<>r' musste der
Wert boolesch gewaehlt werden. Die boolesch variante Satz-Typ-
Angabe besteht aus dem nicht varianten Satzteil

```
      ALTNAT1 : RECORD
                  VORN    ,
                  MITTEN  ,
                  HINTEN : PACKED ARRAY [1 .. 10] OF CHAR
                END
```

und dem boolesch varianten Satzteil

```
      CASE
      ALTNAT  : BOOLEAN OF
FALSE:          ();
TRUE :          (ALTNAT2 :
                  RECORD
                    VORN    ,
                    MITTEN  ,
                    HINTEN : PACKED ARRAY [1 .. 10] OF CHAR
                  END)
```

Die zu den Daten des Typs Groesse der Bereifung hinzugenommene
Komponente des Typs Alternative lieferte die Angabe zwischen den
Wortsymbolen CASE und OF - naemlich ALTNAT als Name fuer die boolesche Auswahlkomponente und BOOLEAN als (Standard-)Name fuer den
booleschen Typ. Werte fuer die boolesche Auswahlkomponente koennen
nur FALSE und TRUE sein, und genau nur diese werden im boolesch
varianten Satzteil verwandt. Die Varianten beinhalten einen leeren
und einen nicht-leeren nicht-varianten Satzteil. Die Namensvergabe
genuegt der Regel R3.2.3.1-1: Es durften zweimal die Namen VORN,
MITTEN und HINTEN vergeben werden. Falsch waere es aber etwa gewesen, statt des Namens ALTNAT2 nochmals den Namen ALTNAT1 oder gar
den Namen ALTNAT zu vergeben. Damit sollte das am Schluss von
Abschn. 3.2.3.1 gebrachte Beispiel - eine Typ-Angabe fuer Daten
des Typs Fahrzeugbrief - nun voll verstaendlich sein. Auf denkbare Anwendungen einer 'e<>r' varianten Satz-Typ-Angabe, in der
kein Name fuer die 'e<>r' Auswahlkomponente (mit nachfolgendem
Doppelpunkt) genannt wird, gehen wir in Abschn. 4.3 ein.

Zum Schluss noch ein Beispiel, welches die Angabe einer aus mehr
als zwei Werten bestehenden Liste von Werten fuer 'e<>r' Auswahlkomponenten und die Angabe eines 'E<>R' varianten Satzteils in einer Variante einer 'e<>r' varianten Satz-Typ-Angabe verdeutlichen
soll. Wir nehmen einmal an, dass die Daten des Typs Name/Firma in
einem Fahrzeugbrief - s. Abschn. 3.2 - im Fall, dass es sich um
eine Person handelt, komponiert werden soll aus Daten der Typen
Nachname, Vorname und, falls es sich um eine weibliche Person handelt, die verheiratet, getrennt lebend, verwitwet oder geschieden
ist, aus Daten des Typs Maedchenname. Setzen wir noch voraus, dass
im Typdefinitionsteil eines geeigneten Blockes die Namen GT (Ge-
schlechtstyp) und FST (Familienstandstyp) fuer die Aufzaehl-Typen

              (MAENNLICH, WEIBLICH)

und

              (LEDIG, VERHEIRATET, GETRENNT, VERWITWET,
               GESCHIEDEN)

definiert seien, so koennte fuer Daten des Typs Name folgende
Satz-Typ-Angabe gemacht werden:

```
      RECORD
         NACHNAME ,
         VORNAME  : PACKED ARRAY [1 .. 30] OF CHAR;
         CASE
         GESCHLECHT : GT OF
MAENNLICH  : ();
WEIBLICH   : (CASE
               FAMILIENSTAND : FST OF
LEDIG      :    ();
VERHEIRATET,
GETRENNT   ,
VERWITWET  ,
GESCHIEDEN :    (GEBURTSNAME : PACKED ARRAY [1 .. 30] OF CHAR))
         END                                        .
```

3.2.4 Datei-Typen

Als ein Beispiel fuer Daten eines Datei-Typs kann die Gesamtheit
der Daten der in Abschn. 3.2 vorgestellten KFZ-Kartei angesehen
werden. Als eine Komponente ist die Menge der Daten auf einer Karteikarte bzw. einem Fahrzeugbrief aufzufassen. Das Kompositionsprinzip fuer Daten, das zum Konstruktionsmuster eines Datei-Typs
fuehrt, besteht in der Zusammenfassung von Komponenten ein und
desselben Typs. Hinsichtlich der Komponenten-Typen bilden Daten
eines Datei-Typs also eine homogene Struktur wie Daten von Feld-
Typen. Die Anzahl der Komponenten von Daten eines Datei-Typs ist
aber im Unterschied zu der Anzahl der Komponenten von Daten eines
Feld-Typs wie auch der anderen bisher besprochenen strukturierten
Typen veraenderlich - genauer: Null bzw. auf Null reduzierbar oder
streng zunehmend. Mithin kann der Wertebereich eines Datei-Typs
nicht als fest angesehen werden, wenn er auch zu einer Zeit in Abhaengigkeit von der Komponentenanzahl gleich dem kartesischen Produkt der Wertebereiche des Komponenten-Typs ist. Daten eines Datei-
Typs sind deshalb als dynamisch zu verwaltende Daten anzusehen.
Uebertragen auf obiges Beispiel heisst das: Im Laufe der Zeit 'Zugaenge' und 'Abgaenge' zu verzeichnen.

Nun ist es in der Praxis so, dass 'Zugaenge' bzw. 'Abgaenge' durch
Einfuegen (Zufuegen) bzw. Entfernen von Karteikarten an unterschiedlichsten 'Stellen' der KFZ-Kartei zu erfolgen haben. An Daten eines Datei-Typs, wie sie mit PASCAL verarbeitbar sind, ist
eine solche 'wahlfreie' Verarbeitung nicht moeglich. Vielmehr werden die Daten eines Datei-Typs als eine streng sequentielle Folge
von Komponenten eines bestimmten Typs aufgefasst, die auch nur
eine sequentielle Verarbeitung gestatten.

Am Beispiel der KFZ-Kartei kann man sich den Begriff der sequentiellen Verarbeitung wie folgt klar machen. Es sei angenommen, die
Karteikarten seien in dem Karteikasten, den wir als gross genug
ansehen, so dass in ihm die gesamten Karteikarten Platz finden,
auf einer Stange aufgereiht, so dass einzelne Karteikarten - wenn
man von Herausreissen absieht - nicht entfernbar und nur - nehmen
wir an - 'hinten' anfuegbar sind.

'Zugaenge', die ans Ende anzufuegen sind, sind also unmittelbar
durchfuehrbar. Alle anderen Vorgaenge - naemlich 'Abgaenge' und
nicht ans Ende anzufuegende, sondern an bestimmter 'Stelle' einzu-
fuegende 'Zugaenge' - sind nur ueber einen 'Kopiervorgang' und
mit Hilfe eines zweiten Karteikastens zu bewerkstelligen. Ein oder
mehrere 'Abgaenge' sind so durchzufuehren, dass beginnend mit der
ersten Karteikarte - in PASCAL wird von Zuruecksetzen (reset) gesprochen - nacheinander Kopien dieser Karteikarten zu erstellen -
in PASCAL als Fortschreiten zur naechsten Komponente (get) bezeichnet - und die erstellten Kopien auf die Stange eines anderen
Karteikastens aufzureihen sind - in PASCAL als Ausdehnen (put) bezeichnet - und zwar unter 'Uebergehen' der Karteikarte(n), die
als 'Abgang' ('Abgaenge') vorgesehen war(en). Gleichzeitig notwendige Einfuegungen von 'Zugaengen' an bestimmter 'Stelle' sind
dabei mit durchfuehrbar. Sind nur 'Zugaenge' durchzufuehren -
und diese nicht alle am Ende, so muss auch ein 'Kopiervorgang'
erfolgen. Auch fuer nur am Ende zu entfernende 'Abgaenge' muss

ein 'Kopiervorgang' durchgefuehrt werden. Es waere denkbar, um
'Abgaenge' bzw. 'Zugaenge' an bestimmter 'Stelle' vorzunehmen,
notwendig viele Karteikarten vom Ende her von der Stange zu nehmen und nach dem Entfernen bzw. Einfuegen wieder auf die Stange
aufzureihen. Mit Daten eines Datei-Typs, wie er in PASCAL zu verstehen ist, ist dies im uebertragenen Sinne nicht zulaessig, sondern es muss wie oben beschrieben, i.a. ein zweiter Karteikasten
benutzt werden. Die Karteikarten des ersten Karteikastens koennen
'vernichtet' werden, so dass dieser bei der Bearbeitung weiterer
'Abgaenge' und/oder 'Zugaenge' als zweiter 'Karteikasten' Verwendung finden kann - in PASCAL als Freigabe fuer erneutes Beschreiben oder Leeren (rewrite) bezeichnet. +)

Die Selektion von Komponenten kann nur in rein sequentieller Verarbeitungsweise erfolgen: Zuruecksetzen, Fortschreiten zur naechsten Komponente, Ausdehnen und Leeren. Zu einer Zeit steht nur immer eine oder bei leerem Karteikasten keine Komponente zur Verfuegung. Auch darin unterscheidet sich die Verarbeitung von Daten des
Datei-Typs von der der bisher besprochenen Typen. Die dem Indizieren, der Teilmengenbildung und der Selektion von Satzkomponenten
entsprechende Selektion erfolgt per (Standard-)Prozeduren mit den
(Standard-)Namen RESET, GET, PUT und REWRITE (s. Abschn. 7.2.5.1).

Als Operationen ueber dem Wertebereich von Datei-Typen gibt es
die standardmaessig zur Verfuegung stehende Funktion mit dem
(Standard-)Namen EOF (s. Abschn. 7.2.6.4). Sie liefert als Ergebnis einen booleschen Wert und dient dazu, von Daten eines Datei-
Typs festzustellen, ob noch weitere Komponenten verfuegbar sind
oder nicht (End Of File). Aus den obigen Ausfuehrungen folgt,
dass eine solche Operation bzw. Funktion zur Verfuegung stehen
muss.

Streng genommen sind die PASCAL-Datei-Typen nur eine Untermenge
allgemeinerer in der Datenverarbeitung gebraeuchlicher Datei-Typen (s. [054]). Nach obigen Ausfuehrungen sind Daten eines
PASCAL-Datei-Typs als Sequenzen von Daten eines (und nur eines)
Typs aufzufassen. Man spricht daher in PASCAL statt von Datei-
Typen auch von Sequenz-Typen. Sequenzen von Daten eines Typs lassen sich formal exakt beschreiben. Wir vermeiden diese formal
exakte Beschreibung und verweisen auf die Literatur [080]. Fuer
die Erlaeuterungen in Abschn. 4.2.2.3 ueber Datei-Komponenten-
Puffer, in Abschn. 7.2.5.1 ueber Dateimanipulationsprozeduranweisungen (RESET, GET, PUT und REWRITE) und in Abschn. 7.2.6.4
ueber den Aufruf der (Standard-)Funktion EOF benoetigen wir jedoch einige Begriffe, die der formal exakten Beschreibung entlehnt sind. Wir fuehren sie verbal ein:

. Eine l e e r e S e q u e n z von Daten eines Typs ist eine
  Datei, deren Anzahl von Komponenten Null ist.
. Jede nicht-leere Sequenz von Daten eines Typs, hat eine e r -
  s t e K o m p o n e n t e und eine l e t z t e K o m p o -
  n e n t e , wobei im Fall einer Datei mit nur einer Komponente, die erste und die letzte Komponente ein und dieselbe Komponente ist. Eine leere Sequenz hat weder eine erste noch eine
  letzte Komponente.

+) Aenderungen auf einer Karteikarte muessen als 'Abgang' und
   'Zugang' durchgefuehrt werden.

. Waehrend der Verarbeitung einer Sequenz von Daten eines Typs
  kann diese aufgeteilt gedacht werden in eine   l i n k e
  (Teil-) S e q u e n z   und in eine   r e c h t e   (Teil-)
  S e q u e n z , wobei im Fall einer leeren Sequenz sowohl die
  linke Sequenz als auch die rechte Sequenz die leere Sequenz
  sind und im Fall einer nicht-leeren Sequenz entweder nur die
  rechte Sequenz oder nur die linke Sequenz die leere Sequenz
  sein kann. Sowohl linke wie rechte Sequenz haben ggf. eine erste und letzte Komponente.

In den obigen Darlegungen ist der anfaenglich leere Karteikasten
zur Aufnahme der 'Kopien' und evtl. 'Zugaenge' mit einer leeren
Sequenz vergleichbar. Die erste Karteikarte des Karteikastens,
der die Datei enthaelt, an der 'Abgaenge' und/oder 'Zugaenge'
durchzufuehren sind, waere die erste Komponente dieser Sequenz
und entsprechend die letzte Karteikarte die letzte Komponente.
Waehrend der Durchfuehrung von 'Abgaengen' und/oder 'Zugaengen'
ist die Menge der Karteikarten, die bereits 'kopiert' oder als
'Abgaenge' uebergangen wurden, eine linke Sequenz und die Menge
der Karteikarten, fuer die dies noch durchzufuehren ist, eine
rechte Sequenz.

Schliesslich ist noch festzuhalten, dass vor Beginn jeder Verarbeitung einer Sequenz ein Leeren oder Zuruecksetzen vorausgehen
muss und dass dadurch

  . der (Verarbeitungs-) M o d u s   einer Sequenz nur entweder der
    der   G e n e r i e r u n g   oder der der   I n s p e k t i o n
    sein kann (womit der Datei-Begriff in PASCAL ganz wesentlich
    eingeschraenkt wird).

In den obigen Darlegungen ist der Karteikasten zur Aufnahme der
'Kopien' und evtl. 'Zugaenge' als eine Sequenz im Modus Generierung anzusehen und der Karteikasten, der die Datei enthaelt, an
der 'Abgaenge' und/oder 'Zugaenge' durchzufuehren sind, als eine
Sequenz im Modus Inspektion.

Zu unterscheiden sind nun:

    Datei - Typ (file type)

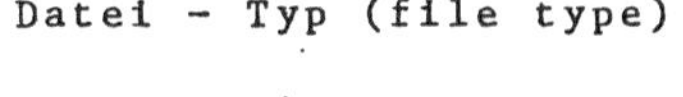
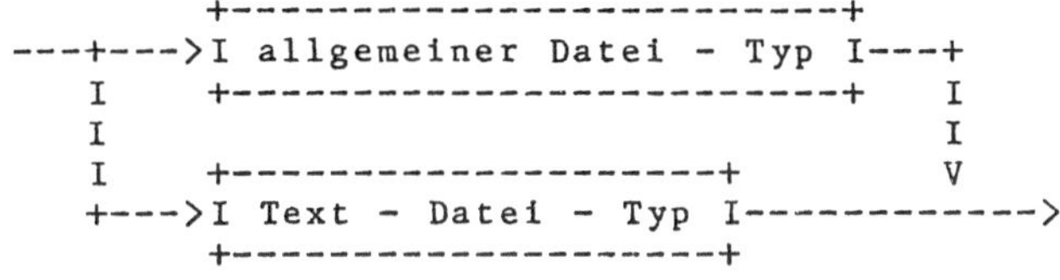

```
            +---------------------------+
   ---+--->I allgemeiner Datei - Typ I---+
      I     +---------------------------+   I
      I                                     I
      I     +-------------------+           V
      +--->I Text - Datei - Typ I------------>
            +-------------------+
```

3.2.4.1 Allgemeine Datei-Typen

Zu einer allgemeinen Datei-Typ-Angabe gelangt man ueber:

       allgemeiner Datei - Typ (general file type)

            +----------------------+
       --->I 'p' 't' Datei - Typ I--->
            +----------------------+   .

Die Angabe eines 'p' 't' Datei-Typs muss in PASCAL-Programmen gemaess dem Syntax-Diagramm S46 erfolgen.

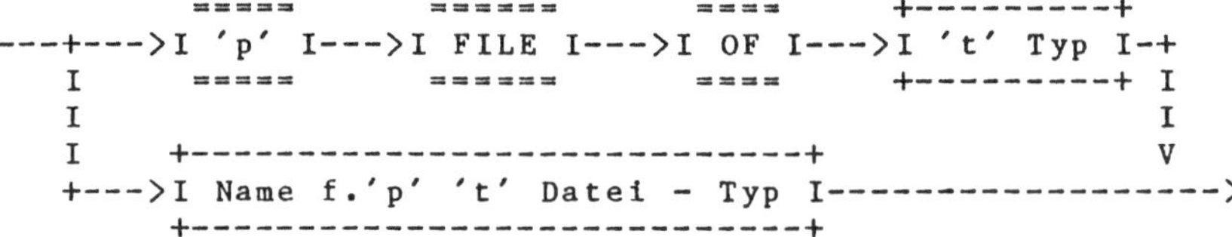

Neben der Moeglichkeit, einen allgemeinen Datei-Typ ueber einen
im Typdefinitionsteil eines geeigneten Blockes definierten Namen
anzugeben, kann ein allgemeiner Datei-Typ angegeben werden, indem
fuer die metasyntaktische Variable 'p' gemaess dem Metasyntax-
Diagramm M11 der Wert PACKED gewaehlt wird oder nicht. Diesem
haben die Wortsymbole FILE und OF zu folgen. Schliesslich muss
ein 't' Typ gemaess S28, S29, S31, S33-S42, S44 oder S49 (s. Abschnitt 3.3) angegeben werden.

Zu beachten ist:

Regel R3.2.4.1-1: Als 't' Typ in einer 'p''t' Datei-Typ-Angabe ist
                  kein Datei-Typ und kein strukturierter Typ mit
                  Datei-Typen als Komponenten-Typen, was rekursiv
                  zu sehen ist, zulaessig.

Die Regel besagt kurz: Dateien von Dateien sind unzulaessig. Diese Einschraenkung hat Effizienzgruende und wird uns in anderen
Zusammenhaengen - z.B. bei Wertzuweisungen (s. Abschn. 6.1.1) -
noch wiederholt begegnen.

Als Beispiel einer allgemeinen Datei-Typ-Angabe diene die Angabe,
die fuer die Daten der in Abschn. 3.2 beschriebenen KFZ-Kartei gemacht werden koennte:

                 FILE OF FAHRZEUGBRIEF   .

Dazu wurde angenommen, dass der Name FAHRZEUGBRIEF im Typdefini-
tionsteil eines geeigneten Blockes so definiert wurde, dass er in
seiner Bedeutung der am Schluss von Abschn. 3.2.3 gemachten Satz-
Typ-Angabe gleichkommt. Der Komponenten-Typ der obigen allgemeinen
Datei-Typ-Angabe ist also ein Satz-Typ. Von der Moeglichkeit der
Benutzung des Attributs PACKED wurde kein Gebrauch gemacht.

3.2.4.2 Text-Datei-Typ

Als Daten des Text-Datei-Typs sind in PASCAL Daten anzusehen, die
dateiartig strukturiert sind und deren Komponenten von einem Typ
sind, dessen Wertebereich als Vereinigung des Wertebereichs des
Zeichenstandard-Typs mit einem fuer den PASCAL Programmierer fiktiven Zeichen aufzufassen ist, das man als Zeilenendekennzeichen
(line marker) - s.u. - bezeichnet. Gaebe es in PASCAL die Moeglichkeit der Angabe des einfachen Typs mit dem '(Standard-) Namen'
- sagen wir - CHARPLM (characters plus line marker), dessen Wertebereich der Zeichenstandard-Typ mit dem Zeilenendekennzeichen
ist, so waeren die Angaben

PACKED FILE OF CHARPLM

oder

FILE OF CHARPLM

als Text-Datei-Typ-Angaben anzusehen. Da es aber den einfachen
Typ mit dem '(Standard-) Namen' CHARPLM nicht gibt, muss eine
Text-Datei-Typ-Angabe gemaess dem Syntax-Diagramm S47 erfolgen.

S47 Text - Datei - Typ (text file type)

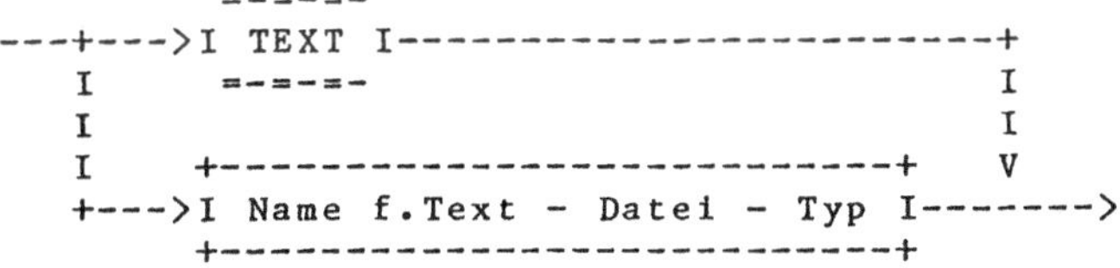

```
               =-=-=-
 ---+--->I TEXT I----------------------------+
    I       =-=-=-                           I
    I                                        I
    I    +-----------------------------+     V
    +--->I Name f.Text - Datei - Typ I------->
         +-----------------------------+
```

Nach S47 kann eine Text-Datei-Typ-Angabe ueber den Standardnamen
TEXT oder einen im Typdefinitionsteil eines geeigneten Blockes
definierten Namen erfolgen.

Das Nicht-Vorhandensein des einfachen Typs mit dem '(Standard-)
Namen' CHARPLM hat seinen Grund darin, dass das Zeilenendekennzeichen eben fuer den PASCAL-Programmierer ein fiktives Zeichen
ist. Sein Name sagt, dass es nur dann von Bedeutung ist, wenn man
es mit 'Zeichen-Daten' zu tun hat, die zeilenartig strukturiert
sind - beispielsweise einer Folge von Lochkarten oder Druckerzei-
leninhalten. Solche Daten kann man auffassen als dateiartig strukturierte Daten mit Komponenten vom Zeichenstandard-Typ, die aber
zu variablen Gruppen (Zeilen) zusammengefuegt hintereinander angeordnet zu denken sind. Diese Variabilitaet muss fuer eine DVA in
irgend einer Weise erkennbar werden. Es gibt viele Moeglichkeiten,
die von PASCAL-Implementationen genutzt werden koennen. Denkbar
ist z.B., einen Wert (ein Zeichen) des Wertebereichs des Zeichenstandard-Typs als Zeilenendekennzeichen auszuzeichnen, etwa ein
nicht-druckbares Zeichen im Zeichensatz einer DVA vom Typ SIEMENS
7000 oder IBM 370 und damit ein nicht-fiktives Zeichen zur Verfuegung zu haben. Dann kann intern ein Text-Datei-Typ als PACKED
Zeichenstandard-Datei-Typ angesehen werden - allerdings unter der
Einschraenkung, dass das ausgezeichnete Zeichen in keiner Zeile

vorkommen darf. Eine andere Moeglichkeit besteht darin, zeilenartig strukturierte Daten als von einem Typ anzusehen, fuer den
die Angabe gemacht werden koennte:

```
        FILE OF RECORD
                CASE
                ZEILENLAENGE : ZLTYP OF
0:              ();
1:              (Z1 : CHAR);
2:              (Z2 : PACKED ARRAY [1 .. 2] OF CHAR);
3:              (Z3 : PACKED ARRAY [1 .. 3] OF CHAR);
                    .
                    .
                    .
            END                                         ,
```

wobei ZLTYP als an passender Programmtextstelle definierter Name
fuer den ganzen Teilbereichs-Typ 0 .. n mit n fuer die Zahl der
Zeichen der laengsten moeglichen Zeile anzusehen ist. Die drei untereinander stehenden Punkte stehen fuer n - 3 weitere ganze Varianten. Es wird also bei jeder Zeile eine Laengenangabe (green
word) mitgefuehrt.

Diese Darlegungen zeigen, dass es dem PASCAL-Programmierer mit der
Zurverfuegungstellung des Text-Datei-Typs recht einfach gemacht
wird, Programme zur Verarbeitung zeilenartig strukturierter Daten
zu erstellen und dass gar keine Notwendigkeit besteht, einen einfachen Typ mit dem '(Standard-) Namen' CHARPLM zur Verfuegung zu
haben. Die Behandlung von Zeilenenden kann eben auf fuer den Programmierer unsichtbare Weise erfolgen. Allerdings muss der PASCAL-
Programmierer die Moeglichkeit haben, ein Zeilenende waehrend der
Verarbeitung von Daten eines Text-Datei-Typs in Erfahrung bringen
(abfragen) zu koennen. Dazu steht ihm standardmaessig die Funktion
mit dem Standardnamen EOLN (End Of Line) zur Verfuegung (s. Abschn.
7.2.6.4). Sie liefert ein boolesches Ergebnis: FALSE, falls ein
und TRUE, falls kein weiteres Zeichen in einer Zeile vorhanden
ist oder anders ausgedrueckt: als naechstes Zeichen das Zeilenendekennzeichen nicht oder zu erwarten ist. Die Funktion mit dem
Standardnamen EOLN ist - ausser EOF - die einzige ueber dem Wertebereich des Text-Datei-Typs verfuegbare Operation.

Bei der Verarbeitung von Daten des Text-Datei-Typs muss beachtet
werden, dass PASCAL

. im Modus Inspektion bei Erkennung eines Zeilenendekennzeichens
  einen Zwischenraum 'zur Verfuegung stellt' (s. Abschn. 7.2.5.1)
  und
. im Modus Generierung im Fall, dass die letzte Komponente kein
  Zeilenendekennzeichen ist und ein Zuruecksetzen erfolgt, ein
  Zeilenendekennzeichen 'zufuegt' (s. Abschn. 7.2.5.1). Kurz:
  eine begonnene Zeile wird abgeschlossen. Dies gilt auch bei
  Programmbeendigung fuer Daten des Text-Datei-Typs, die ueber
  sogenannte externe Datei-Variablen (s. Abschn. 4.2.2.3) verarbeitet werden.

Sei noch darauf hingewiesen, dass der Wertebereich eines Text-Datei-Typs, weil er als Grundmenge den Wertebereich des Zeichenstandard-Typs enthaelt, genau wie dieser in starkem Masse DVA-typ-
bzw. implementationsabhaengig ist.

146

3.3 Zeiger-Typen

Neben Daten eines Datei-Typs sind in PASCAL noch Daten eines Typs,
die ueber Daten eines Zeiger-Typs 'zugaenglich' sind, dynamisch zu
verwaltende Daten.

In Abschn. 3.2.4 ueber Datei-Typen sahen wir, dass in der in
Abschn. 3.2 vorgestellten KFZ-Kartei, betrachtet man sie als Daten eines Datei-Typs, 'Abgaenge' und i.a. auch 'Zugaenge' nur
recht muehselig unter Benutzung von zwei Karteikaesten durchzufuehren sind. Dies liesse sich aendern, wenn die physikalische Anordnung der Karteikarten nicht mit einer unterstellten logischen
Anordnung - z.B. einer Sortierung nach den Nummern der Fahrzeugbriefe - uebereinstimmen muss, aber dennoch die logische Anordnung 'verfolgbar' bleiben soll. Das gelingt, wenn zusaetzlich auf
jeder Karteikarte als weiteres Datum - falls vorhanden - die bezueglich der Nummer dieser Fahrzeugbriefe naechste - logisch naechste - Nummer eines Fahrzeugbriefs, also nicht die Nummer des im Karteikasten nachfolgenden - physikalisch naechsten - Fahrzeugbriefs
aufgenommen wird.

Ein solches Datum wird naheliegend als Datum vom Satz gebundenen
Zeiger-Typ - kurz: Zeiger-Datum - bezeichnet. Wir erinnern, dass
die Daten auf einer Karteikarte als Daten eines Satz-Typs aufgefasst werden koennen. Soll nun beispielsweise ein 'Abgang' durchgefuehrt werden, so ist die KFZ-Kartei anhand der Zeiger-Daten
- logisch - 'durchzugehen' bis die Kartei-Karte mit der in Frage
kommenden Fahrzeugbriefnummer gefunden ist (in praxi koennten dabei auf den Karteikarten versetzt aufgesetzte 'Reiter' helfen,
auf denen je die Fahrzeugbriefnummer steht). Auf der Karteikarte,
deren Zeiger-Datum auf die gesuchte Karteikarte verweist, ist dieses zu ersetzen durch das Zeiger-Datum auf der gesuchten Karteikarte, womit der 'Abgang' - logisch - durchgefuehrt waere. Die
Karteikarte kann 'herausgerissen' - physikalisch entfernt - werden. Wird sie an ihrem Ort belassen, so stoert sie bei erneutem
- logischem - 'Durchgehen' der KFZ-Kartei nicht, weil kein Zeiger-
Datum auf sie verweist. Ja, es kann sogar erwuenscht sein, 'Abgaenge' zu sammeln. Dann waeren diese nur mit entsprechenden Zeiger-Daten zu versehen. Zusaetzlich muesste noch vor allen Karteikarten mit den Fahrzeugbriefdaten eine Karteikarte gefuehrt werden, auf der zwei Zeiger-Daten-Eintraege vorhanden sein muessten
- einer, der auf die - logisch - erste noch nicht als 'Abgang' ver-
zeichnete Karteikarte verweist und einer, der - logisch - auf den
ersten 'Abgang' verweist. Sollen 'Zugaenge' in die KFZ-Kartei eingefuegt werden, so kann dies unter Benutzung der Zeiger-Daten folgendermassen geschehen. Jeder 'Zugang' wird ans - physikalische -
Ende der KFZ-Kartei zugefuegt. Hernach muss die KFZ-Kartei anhand
der Zeiger-Daten - logisch - 'durchgegangen' werden, bis die Karteikarte gefunden ist, hinter der der 'Zugang' erfolgen soll. Dann
ist das Zeiger-Datum als Zeiger-Datum im 'Zugang' zu notieren und
jenes zu ersetzen durch die Fahrzeugbriefnummer des 'Zugangs', womit der 'Zugang' - logisch - durchgefuehrt waere. Alle diese Darlegungen setzen voraus, dass die Karteikarten auf einer Stange
aufgereiht sind und daher 'Zugaenge' an bestimmter 'Stelle', wollte man sie physikalisch vornehmen, nur in der in Abschn. 3.2.4
beschriebenen Weise moeglich sind. Man sieht, dass man bei Verwen-

dung von Daten eines Zeiger-Typs mit einem Karteikasten auskommt
und die muehselige Umkopierung spart. Bei einer Uebertragung der
Bearbeitung dieses Problems auf eine DVA kann dies bedeuten:
Einsparung von Zentralspeicher und Verarbeitungszeit.

Mit Zeiger-Daten kann nicht nur die Sortierung nach einem bestimmten Merkmal - im obigen Beispiel nach Fahrzeugbriefnummern - verwaltet werden, sondern jede 'Beziehung' zwischen Daten. Im obigen
Beispiel wurden Fahrzeugbriefe ueber Nummern in 'Beziehung' gesetzt, aber auch Fahrzeugbriefe, in denen die gleiche Ortsabkuer-
zung im amtlichen Kennzeichen, die gleiche Firma in den Herstel-
lerangaben oder das gleiche Jahr am Tag der Zulassung eingetragen
ist, koennten in 'Beziehung' gesetzt werden, so dass z.B. alle
Fahrzeuge aus Koeln, alle Volkswagen oder alle im Jahr 1980 zugelassenen Fahrzeuge aufeinander 'bezogen' sind.

An diesen Beispielen sieht man auch, dass fuer den Anwender nicht
die Zeiger-Daten selbst - also die Werte, sondern vielmehr die in
'Beziehung' gebrachten Daten von Interesse sind. Denn ob z.B. die
Fahrzeugbriefe der pro Jahr zugelassenen Fahrzeuge in getrennten
Karteikaesten gefuehrt werden oder durch unterschiedliche Farben
der verwandten Karteikarten kenntlich gemacht sind, ist unerheb-
lich. Deshalb ist das Konstruktionsmuster von Zeiger-Typen in
PASCAL dem PASCAL-Implementierer freigestellt und fuer den PASCAL-
Programmierer uninteressant (in der PASCAL-6000-3.4-Implementation
etwa sind Zeiger-Daten als Zentralspeicheradressen realisiert).
Der Wertebereich ist als dynamisch anzusehen.

Bleibt noch die Frage zu beantworten, was als Wert eines Datums
vom Zeiger-Typ anzusehen ist, wenn das Datum nirgendwohin verweist. Im Beispiel der KFZ-Kartei wuerde einfach auf der - logisch - letzten Karteikarte keine Nummer des - logisch - naechsten Fahrzeugbriefs zu finden sein. Oder: Auf der allen Karteikarten vorgesetzten Karteikarte, waere keine Angabe fuer den Beginn
der 'Abgaenge' zu finden, wenn noch keine 'Abgaenge' zu verzeichnen sind. In PASCAL ist die Frage dadurch zu beantworten, dass angenommen wird, dass dem Wertebereich eines jeden Zeiger-Typs ein
- also nicht 't' gebundener - Wert zugefuegt wird, welcher als
'Nirgendwohin-Zeiger' aufzufassen ist. Man bezieht sich auf ihn
gemaess dem Syntax-Diagramm

S48 Zeigerkonstante (pointer constant)

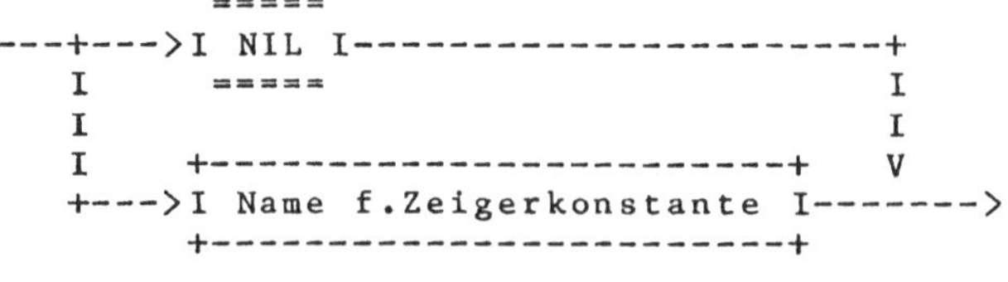

```
                =====
---+--->I NIL I--------------------+
   I            =====                      I
   I                                       I
   I       +--------------------+    V
   +--->I Name f.Zeigerkonstante I------->
           +--------------------+
                                        .
```

Das Syntax-Diagramm traegt die Bezeichnung "Zeigerkonstante", womit zum Ausdruck gebracht werden soll, dass der Wert 'Nirgendwohin-Zeiger' seinem Wesen nach als Konstante anzusehen ist. Die
Zeigerkonstante ist ueber das Wortsymbol NIL oder einen im Konstantendefinitionsteil eines geeigneten Blockes definierten Namen
zu benutzen.

Es sei darauf aufmerksam gemacht, dass der Zeichenfolge NIL per
Definition oder Deklaration in einem PASCAL-Programm keine andere
Bedeutung gegeben werden kann. Sie ist ja ein Wortsymbol (vgl.
Abschn. 2.2.1). Dass sie von PASCAL als Wortsymbol und nicht als
Standardname fuer eine Konstante wie FALSE, TRUE oder MAXINT angesehen wird, hat semantische und nicht syntaktische Gruende, die
dem Kompilierer seine Arbeit erleichtern. Denn ueberall, wo in einem PASCAL-Programm die Zeichenfolge NIL benutzt werden kann, kann
auch ein im Konstantendefinitionsteil des in Betracht stehenden
Blockes definierter Namen benutzt werden. Es soll einfach vermieden
werden, dass der Wert 'Nirgendwohin-Zeiger' nicht mehr zugaenglich
ist. Denn es gibt keine Moeglichkeit im Falle, dass der Zeichenfolge NIL eine andere Bedeutung gegeben werden koennte, Zugang zum
Wert 'Nirgendwohin-Zeiger' zu bekommen. In den Faellen der Konstanten FALSE und TRUE ist dies hingegen moeglich, weil es Ausdruecke
gibt, die boolesche Werte als Ergebnisse liefern (z.B. 0 <> 1
bzw. 0 = 1, s. Abschn. 5.2). Und im Falle MAXINT kann der Wert
eingelesen werden.

Sei betont, dass Daten eines Zeiger-Typs immer an Daten eines 't'
Typs (s. M2) gebunden sind. Das klang eingangs schon an: Auf die
Karteikarten der KFZ-Kartei wurden Daten vom Satz gebundenen Zeiger-Typ aufgenommen. Es koennen also beispielsweise Zeiger-Daten,
die an Fahrzeugbriefdaten gebunden sind, nicht dazu benutzt werden, Personaldaten, Stammbaumdaten oder abbrechende Dezimalzahlen
in 'Beziehung' zu setzen. Dies ist keine Einschraenkung aus Imple-
mentationsgruenden, sondern eine Beschraenkung, um den Programmierer vor Fehlern zu bewahren - von ggf. der Verarbeitung von Daten
'e<>r' varianter Satz-Typ gebundener Zeiger-Typen ohne 'e<>r'
Auswahlkomponenten-Angabe einmal abgesehen und unter Beachtung,
dass der 'Nirgendwohin-Zeiger' nicht typgebunden ist.

Die Angabe eines 't' gebundenen Zeiger-Typs muss in PASCAL-Programmen gemaess dem Syntax-Diagramm S49 erfolgen.

S49 't' gebundener Zeiger - Typ ('t' bounded pointer type)

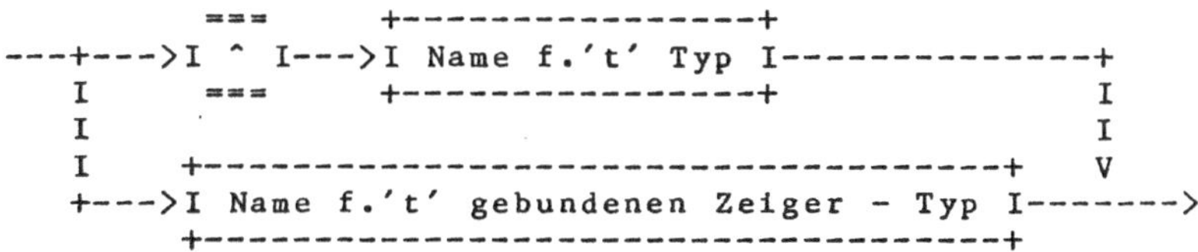

```
                ===        +-----------------+
  ---+--->I ^ I--->I Name f.'t' Typ I-------------+
     I          ===        +-----------------+               I
     I                                                       I
     I        +---------------------------------------+      V
     +--->I Name f.'t' gebundenen Zeiger - Typ I------->
              +---------------------------------------+
```


Neben der Moeglichkeit, eine 't' gebundene Zeiger-Typ-Angabe ueber
einen im Typdefinitionsteil eines geeigneten Blockes definierten
Namen machen zu koennen, kann eine solche dadurch erfolgen, dass
auf das Zeichen ^ +) ein N a m e fuer einen 't' Typ genannt
wird. Dieser Name muss im Typdefinitionsteil eines geeigneten

----

+) Wir erinnern daran, dass in Beipiel-Programmen, die mit der
   PASCAL-6000-3.4-Implementation zum Ablauf gebracht werden,
   statt des Zeichens ^ der Apostroph benutzt werden musste (s.
   Abschn. 2.1).

Blockes definiert werden. Keinesfalls kann hinter dem Symbol ^
eine nicht-benannte 't' Typ-Angabe erfolgen - beispielsweise wie
1 .. 12 oder SET OF 1 .. 12 o.ae.

Wuerde man die KFZ-Kartei - im uebertragenen Sinne - in der eingangs geschilderten Weise mittels eines PASCAL-Programmes in einer
DVA verwalten, so haette man fuer die am Schluss von Abschn.
3.2.3.1 gemachte nicht-variante Satz-Typ-Angabe im Typdefinitionsteil eines geeigneten Blockes einen Namen zu definieren - sagen
wir FAHRZEUGBRIEF - und in der nicht-varianten Satz-Typ-Angabe
evtl. unmittelbar hinter dem (ersten) Wortsymbol RECORD die Angabe

                ZEIGER : ^FAHRZEUGBRIEF;

einzufuegen. Der Name ZEIGER sei als Name fuer die FAHRZEUGBRIEF-
Typ gebundene Zeiger-Satzkomponente gewaehlt. Die Angabe

                    ^FAHRZEUGBRIEF

ist ein Beispiel einer 't' gebundenen Zeiger-Typ-Angabe, ebenso
wie

                        ^REAL   .

Wie sinnvoll diese Angabe ist, mag dahingestellt sein. Denn da
der reelle Typ ein unstrukturierter Typ ist, sind ja Anwendungen,
wie sie bei der Verarbeitung der KFZ-Kartei geschildert wurden,
nicht denkbar. Syntaktisch falsch ist

                ^ARRAY [1 .. 5] OF REAL   .

Als Operationen ueber dem Wertebereich eines 't' gebundenen Zeiger-Typs stehen die Vergleiche zweier Werte aus dem Wertebereich
eines 't' gebundenen Zeiger-Typs auf gleich und ungleich zur Verfuegung, so dass z.B. das Ende einer 'Zeigerkette' abgefragt -
also ein Vergleich mit NIL erfolgen kann. Wegen der Implementationsabhaengigkeit der Wertebereiche von 't' gebundenen Zeiger-
Typen sind keine weiteren Operationen verfuegbar. Als Operationssymbole dienen:

        Operationssymbol zum Vergleich von Zeiger-Werten (operation
                        symbol for comparison of pointer values)

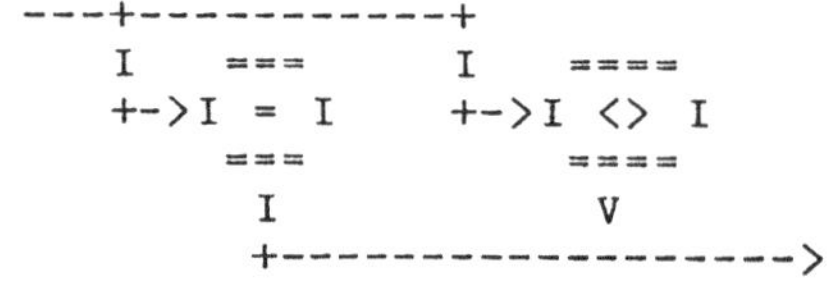

                                    .

Neben den beiden Vergleichsoperationen besteht noch die Moeglichkeit, Operationen durchzufuehren, die als Funktionen definiert
sind. Die Ergebnisse brauchen nicht immer von einem 't' gebundenen Zeiger-Typ zu sein. Standardmaessig stehen keine Funktionen
zur Verfuegung.

3.4 Typdefinitionsteil

Im Typdefinitionsteil eines Blockes koennen bzw. muessen Namen
von Datentypen definiert werden, die dann gemaess den Syntax-Diagrammen

    S28 ganzer Standardtyp,
    S29 'gT' Typ,
    S31 boolescher Typ,
    S33 Zeichenstandard-Typ,
    S34 Zeichenteilbereichs-Typ,
    S35 Aufzaehl-Typ,
    S36 reeller Typ,
    S37 'i' indizierter 't' Feld-Typ,
    S38 PACKED 'j' indizierter 't<>C' Feld-Typ,
    S39 PACKED 'j' indizierter Zeichen-Feld-Typ,
    S40 'N'-Zeichen-Typ,
    S41 'p' 'e<>r' Mengen-Typ,
    S42 'p' nicht-varianter Satz-Typ,
    S44 'p' 'e<>r' varianter Satz-Typ,
    S46 'p' 't' Datei-Typ,
    S47 Text-Datei-Typ und
    S49 't' gebundener Zeiger-Typ

als Angaben fuer Datentypen verwandt werden koennen, worauf bereits in den entsprechenden Abschnitten aufmerksam gemacht wurde.
Die Form eines Typdefinitionsteils ist:

S50 Typdefinitionsteil (type definition part)

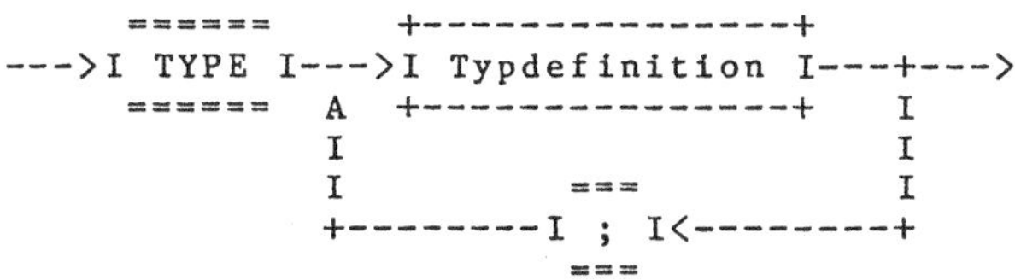

Danach muss ein Typdefinitionsteil eingeleitet werden mit dem
Wortsymbol TYPE, auf das eine Liste von ggf. durch Semikolons zu
trennenden Typdefinitionen folgen muss. Die Form von Typdefinitionen ist durch das Syntax-Diagramm S51 festgelegt.

S51 Typdefinition (type definition)

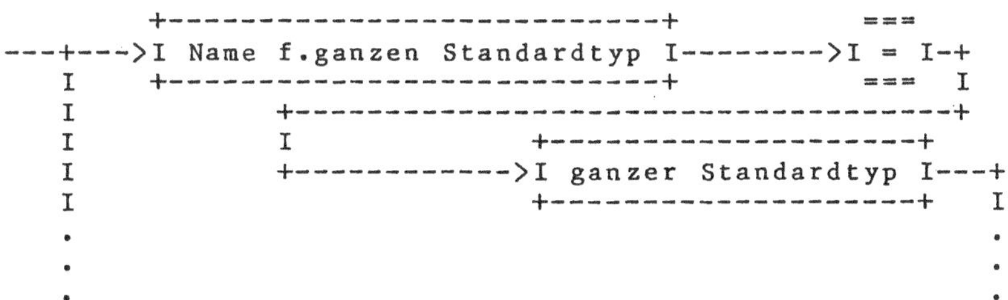

```
 .                                                         .
 .                                                         .
 .                                                         .
 I      +------------------+                      ===      I
 +--->I Name f.'gT' Typ I---------------------->I = I-+ I
 I      +------------------+                      ===    I I
 I               +-----------------------------------+   I
 I               I                     +-----------+     I
 I               +-------------------->I 'gT' Typ I-->I
 I                                     +-----------+     I
 I      +--------------------------+              ===      I
 +--->I Name f.booleschen Typ I------------>I = I-+ I
 I      +--------------------------+              ===    I I
 I               +-----------------------------------+   I
 I               I                  +----------------+   I
 I               +--------------->I boolescher Typ I-->I
 I                                  +----------------+   I
 I      +----------------------------------+    ===      I
 +--->I Name f.Zeichenstandard - Typ I----->I = I-+ I
 I      +----------------------------------+    ===    I I
 I               +-----------------------------------+   I
 I               I              +----------------------+ I
 I               +-------->I Zeichenstandard - Typ I-->I
 I                              +----------------------+ I
 I      +--------------------------------------+  ===    I
 +--->I Name f.Zeichenteilbereichs - Typ I->I = I-+ I
 I      +--------------------------------------+  ===  I I
 I               +-----------------------------------+   I
 I               I         +---------------------------+ I
 I               +----->I Zeichenteilbereichs - Typ I-->I
 I                         +---------------------------+ I
 I      +----------------------+                 ===      I
 +--->I Name f.Aufzaehl - Typ I------------->I = I-+ I
 I      +----------------------+                 ===    I I
 I               +-----------------------------------+   I
 I               I                  +----------------+   I
 I               +--------------->I Aufzaehl - Typ I-->I
 I                                  +----------------+   I
 I      +--------------------+                   ===      I
 +--->I Name f.reellen Typ I---------------->I = I-+ I
 I      +--------------------+                   ===    I I
 I               +-----------------------------------+   I
 I               I                  +------------+       I
 I               +--------------->I reeller Typ I-->I
 I                                  +------------+       I
 I      +----------------+                       ===      I
 +--->I Name f.'s' Typ I---------------------->I = I-+ I
 I      +----------------+                       ===    I I
 I               +-----------------------------------+   I
 I               I                     +---------+       I
 I               +------------------->I 's' Typ I-->I
 I                                     +---------+       I
 I      +------------------------+               ===      I
 +--->I Name f.'t'               I               ===      I
      I gebundenen Zeiger - Typ I---------->I = I-+ I
      +------------------------+               ===    I I
               +-----------------------------------+   I
               I     +----------------------------+     V
               +--->I 't' gebundener Zeiger - Typ I---->
                     +----------------------------+
```

S51 entnimmt man, dass eine Typdefinition in der Vergabe eines
nach S15 gebildeten Namens besteht, wobei die Regel R2.2.3-2
ueber die Eindeutigkeit von Namen innerhalb eines Blockes zu
beachten ist. Auf den Namen muessen ein Gleichheitszeichen und
eine Typangabe (gemaess S28, S29, S31, S33, S34, S35, S36 sowie
unter Beachtung von M7 fuer die metasyntaktische Variable 's'
S37, S38, S39, S40, S41, S42, S44, S46, S47 und S49) folgen.

Wir erinnern an die Regel R2.2.3-1, nach der der Benutzung eines
Namens dessen Definition vorausgehen muss. Im Typdefinitionsteil
bedeutet dies, dass rechts vom Gleichheitszeichen einer Typdefinition ein Name nur dann benutzt werden darf, wenn dieser in einer
d a v o r liegenden Typdefinition (ggf. im Typdefinitionsteil
eines uebergeordneten Blockes) definiert wurde - allerdings mit
einer Ausnahme, auf die schon bei Nennung der Regel R2.2.3-1 in
Abschn. 2.2.3 hingewiesen wurde: Handelt es sich um den Namen
fuer einen 't' gebundenen Zeiger-Typ in einer gemaess S49 gebildeten 't' gebundenen Zeiger-Typ-Angabe, so darf die Definition
des Namens fuer den 't' gebundenen Zeiger-Typ irgendwo in dem in
Betracht stehenden Typdefinitionsteil erfolgen.

Unzulaessig ist es, einen Namen fuer einen Typ rechts vom Gleichheitszeichen einer Typdefinition in einem Typdefinitionsteil eines
Blockes aufzufuehren, der im Typdefinitionsteil eines uebergeordneten Blockes definiert ist, u n d ihn hernach im Typdefinitionsteil des Blockes zu redefinieren - ihn also links vom Gleichheitszeichen einer Typdefinition aufzufuehren.

Beispiel eines korrekten Typdefinitionsteils ist:

```
TYPE INDEX          = -6 .. 6;
     BUCHSTABE      = 'A' .. 'Z';
     SEX            = (MAENNLICH, WEIBLICH);
     NOTE           = (AUSGEZEICHNET, SEHRGUT, GUT, BEFRIEDIGEND,
                       AUSREICHEND, MANGELHAFT, UNGENUEGEND);
     BESTANDEN      = AUSGEZEICHNET .. AUSREICHEND;
     SCHACHFIGUR    = (KEINEFIGUR, KOENIG, DAME, LAEUFER,
                       SPRINGER, TURM, BAUER);
     GT             = SEX;
     FST            = (LEDIG, VERHEIRATET, GETRENNT, VERWITWET,
                       GESCHIEDEN);
     SCHACHBRETT    = ARRAY ['A' .. 'H', 1 .. 8] OF SCHACHFIGUR;
     ZKETTE30       = PACKED ARRAY [1 .. 30] OF CHAR;
     BUCHSTMENGE    = SET OF BUCHSTABE;
     FZBZEIGERTYP   = ^FAHRZEUGBRIEF;
     FAHRZEUGBRIEF  = RECORD
                        ZEIGER : FZBZEIGERTYP;
                                .
                                .
                                .
                        END;
     KFZDATEI       = FILE OF FAHRZEUGBRIEF            .
```

Nicht korrekt ist der Typdefinitionsteil:

```
TYPE BESTANDEN       = AUSGEZEICHNET .. AUSREICHEND;
     NOTE            = (AUSGEZEICHNET, SEHRGUT, GUT, BEFRIEDIGEND,
          .            AUSREICHEND, MANGELHAFT, UNGENUEGEND);
     GT              = SEX;
     SEX             = (MAENNLICH, WEIBLICH);
     SCHACHBRETT     = ARRAY ['A' .. 'H', 1 .. 8] OF SCHACHFIGUR;
     SCHACHFIGUR     = (KEINEFIGUR, KOENIG, DAME, LAEUFER,
                         SPRINGER, TURM, BAUER);
     FAHRZEUGBRIEF   = RECORD
                         ZEIGER : FZBZEIGERTYP;
                       END;
     FZBZEIGERTYP    = ^FAHRZEUGBRIEF                    .
```

In den Definitionen der Namen BESTANDEN, GT, SCHACHBRETT und
FAHRZEUGBRIEF kommen rechts vom Gleichheitszeichen Namen vor, die
erst in nachfolgenden Typdefinitionen definiert werden. Zur Definition des Namens BESTANDEN sei auch auf das in Abschn. 3.1.4 ueber die Angabe von Aufzaehlteilbereichs-Typen Gesagte hingewiesen,
was hier als Implikation des ueber die Benutzung von Namen in Typdefinitionen Gesagten zu sehen ist.

Typdefinitionsteile sind im Gegensatz zu Konstantendefinitionstei-
len mitunter zwingend. Die Syntax fordert, dass folgende Angaben per
N a m e erfolgen muessen:

- Aufzaehl-Typ-Angaben, wenn mehrfach ein und dieselbe Aufzaehl-
  Typ-Angabe im selben Block benoetigt wird (s. Abschn. 3.1.4),
- 'e<>r' Auswahlkomponenten-Typ-Angaben in (nicht-benannten)
  'e<>r' varianten Satz-Typ-Angaben (s. Abschn. 3.2.3.2),
- 't' Typ-Angaben hinter dem Symbol ^ in (nicht-benannten) 't'
  gebundenen Zeiger-Typ-Angaben (s. Abschn. 3.3),
- formale Parameter-Typ-Angaben in Prozedur- und Funktionsdeklarationen (s. Abschn. 7.1.3) und
- Funktions-Typ-Angaben in Funktionsdeklarationen (s. Abschn.
  7.1.2).

Wenn mithin kein durch einen Standardnamen benannter Typ benutzbar ist, so muss fuer den Typ ein Name in einem entsprechenden
Typdefinitionsteil definiert werden.

Daneben sind Typdefinitionsteile geeignet, PASCAL-Programme

- problemnah zu formulieren, damit zu dokumentieren und besser
  lesbar zu schreiben,
- leichter uebertragbar zu gestalten (besonders im Hinblick auf
  die DVA-Typ- bzw. Implementationsabhaengigkeit der Zeichen- und
  'N'-Zeichen-Typen),
- mit geringem Schreibaufwand und geringer (Schreib-)Fehleran-
  faelligkeit zu erstellen und
- leichter modifizieren zu koennen.

Diese Gruende macht man sich leicht klar, wenn man die entsprechenden Darlegungen in Abschn. 2.2.5.4 ueber Konstantendefini-
tionsteile auf Typdefinitionsteile sinngemaess uebertraegt.

3.5 Aequivalenz von Typen

Die Frage, wann zwei Typen als aequivalent (oder identisch) anzusehen sind, ist fuer PASCAL eine sehr problematische Frage (s.
[350]). [085] laesst eine Regelung weitgehend offen, so dass jede
Implementation die Moeglichkeit hat, eine eigene Regelung zu finden. In [080] ist eine Regelung gegeben.

Um die Problematik zu verstehen, betrachten wir den Typdefinitionsteil:

```
        TYPE ST1 = RECORD
                     SK1,
                     SK2 : REAL
                   END;
             ST2 = RECORD
                     SK1,
                     SK2 : REAL
                   END;
             ST3 = RECORD
                     SK3,
                     SK4 : REAL
                   END;
             ST4 = ST1
```

Die Frage, ob die vier Namen ST1, ST2, ST3 und ST4 aequivalente
Typen bezeichnen oder nicht, laesst mehrere Antworten zu, die bei
der Benutzung gewisser Sprachkonstrukte wie z.B. Wertzuweisungen
(s. Abschn. 6.1.1) von Bedeutung sind. Es gibt zwei grundlegende
Antworten auf die Frage nach der Aequivalenz von Typen bzw. zwei
grundlegende Moeglichkeiten der Regelung der Aequivalenz von Typen:

. Entweder: Jede Typ-Angabe, die nicht mit einem Standardnamen
  (BOOLEAN, CHAR, INTEGER, REAL) oder einem in einem Typdefinitionsteil definierten Namen fuer einen Typ uebereinstimmt,
  fuehrt einen neuen Typ in ein PASCAL-Programm ein (Namen-Aequivalenz).
. Oder: Es wird unterstellt, dass benannte oder unbenannte,
  gleichstrukturierte Typ-Angaben in einem PASCAL-Programm ein
  und denselben Typ angeben (Struktur-Aequivalenz).

Nach der ersten Regelung bezeichnen ST1, ST2, ST3 und ST4 im obigen Beispiel verschiedene Typen. Nach der zweiten Regelung bezeichnen alle vier Namen gleiche Typen. In [080] wird die Aequivalenz
von Typen durch Abschwaechung der ersten Regelung festgelegt:

Regel R3.5-1: Jede - auch Zeichen fuer Zeichen gleiche - Typ-An-
              gabe, die kein Name ist, gibt in einem PASCAL-Pro-
              gramm einen verschiedenen Typ an.

Nach Regel R5.3-1 bezeichnen ST1 und ST4 gleiche Typen, ST1, ST2
und ST3 jedoch verschiedene. Beide Regelungen wie auch R3.5-1 haben Vor- und Nachteile. Die erste Regelung und R3.5-1 haben den
Vorteil geringer Fehleranfaelligkeit. Denn der Programmierer kann
nicht waehlen, sondern wird gezwungen, fuer jeden nicht standard-

maessig zur Verfuegung stehenden Typ einen Namen zu definieren,
wenn er mehrfach die gleiche Typ-Angabe benoetigt. Auf diese Weise kommen die in Abschn. 3.4 aufgefuehrten Vorteile, die Typdefinitionsteile bieten, voll zur Geltung. U.U. besteht jedoch der
Nachteil .hoeheren Schreibaufwandes. Und zu beachten ist auch noch,
dass 'N'-Zeichenkonstanten, die ja vom 'N'-Zeichen-Typ sind, fuer
den kein Standardname zur Verfuegung steht, eigentlich nicht benutzbar sind - z.B. nicht einer Variablen vom 'N'-Zeichen-Typ zu-
weisbar sind (s. Abschn. 6.1.1). Aehnliches ist fuer Werte des
Wertebereichs eines 'p''e<>r' Mengen-Typs zu sagen. Fuer diese
Faelle und um beispielsweise im Zusammenhang mit Teilbereichs-
Typen die Begriffe der Verknuepfungskompatibilitaet und Wertzu-
weisungskompatibilitaet (s. spaeter) festlegen zu koennen, gilt

Regel R3.5-2: Zwei Typen gelten als k o m p a t i b l e Typen,
              wenn eine der folgenden vier Aussagen zutrifft.
              . Beide Typen sind aequivalente Typen im Sinne der
                Regel R3.5-1.
              . Beide Typen sind Teilbereichs-Typen ein und des-
                selben Typs, oder ein Typ ist Teilbereichs-Typ
                des anderen Typs.
              . Beide Typen sind Mengen-Typen, deren Basistypen
                entsprechend vorstehender Aussage kompatibel sind
                und die entweder beide mit dem Attribut PACKED
                oder beide ohne das Attribut PACKED aufgefuehrt
                sind.
              . Beide sind 'N'-Zeichen-Typen mit demselben Wert
                fuer die metasyntaktische Variable 'N' (kurz: Ha-
                ben also die gleiche Anzahl von Komponenten).

Die PASCAL-6000-3.4-Implementation macht von der Struktur-Aequivalenz Gebrauch jedoch mit den Ausnahmen:

   . Unbenannte Aufzaehl-Typ-Angaben muessen innerhalb eines Blockes
     eindeutig sein. Das soll heissen, dass unbenannte, Zeichen fuer
     Zeichen gleiche Aufzaehl-Typ-Angaben nicht mehrmals innerhalb
     eines Blockes erfolgen duerfen.
   . Mit dem Attribut PACKED versehene Angaben strukturierter Typen
     werden als nicht aequivalente Angaben gleich strukturierter Ty-
     pen ohne das Attribut PACKED betrachtet, obwohl das Attribut
     PACKED ja nur fuer ggf. effizientere Zentralspeichernutzung
     sorgen soll und keine fuer den PASCAL-Programmierer sichtbare
     Aenderung der Struktur bewirkt.

Nicht-variante Satz-Typ-Angaben werden als struktur-aequivalent
angesehen, wenn die nicht-varianten Satzteile die gleiche Anzahl
von Komponenten gleichen Typs in gleicher Reihenfolge haben. Zur
Aequivalenz von 'e<>r' varianten Satz-Typ-Angaben rufe man sich
ins Gedaechtnis, dass diese eine abkuerzende Schreibweise fuer
eine Anzahl nicht-varianter Satz-Typ-Angaben sind und wende das
zuvor Gesagte an. Die Struktur-Aequivalenz erspart ggf. Program-
mier- und Schreibarbeit, ist jedoch fehleranfaelliger und fuehrt
zu fuer den menschlichen Leser und den Kompilierer schwierigen
Mustererkennungsproblemen.

Da z.Z. wohl kaum alle PASCAL-Implementierungen nach der Regelung
der Namen-Aequivalenz oder - besser noch - einheitlich nach Regel
R5.3-1 verfahren, ist es empfehlenswert, Namen fuer Typen zu defi-

nieren, wenn sie mehrmals benoetigt werden, da diese Vorgehensweise auch bei der Benutzung von PASCAL-Implementationen gut geht,
die nach der Regelung der Struktur-Aequivalenz verfahren.

Bei Ausdruecken (s. Kap. 5) spielt der erst bei deren Besprechung
verstaendliche Begriff der Verknuepfungskompatibilitaet eine Rolle, dessen Definition insofern hierher gehoert, als in dieser eine Regelung getroffen wird, wann Typen, die der in R3.5-2 festgelegten Kompatibilitaet verwandte Eigenschaft besitzen, als Typen
von Operanden (s. Kap. 5) zu gelten, die mittels eines Opera-
tionssymbols fuer Operationen, wie sie in den Abschnitten ueber
die Typen eingefuehrt wurden, miteinander verknuepfbar sind:

Regel R3.5-3: Ein Operand e i n e s Typs ist v e r k n u e p -
              f u n g s k o m p a t i b e l mit einem Operand
              eines a n d e r e n Typs - abhaengig vom zur Ver-
              knuepfung der Operanden vorgesehenen Operationssym-
              bol, wenn eine der folgenden vier Aussagen zutrifft.
              . Beide Typen sind kompatible Typen im Sinne der
                Regel R3.5-2, und das Operationssymbol ist fuer
                diese Typen zulaessig.
              . Der e i n e Typ ist ein ganzer Typ und der
                a n d e r e Typ der reelle Typ sowie umgekehrt,
                und das Operationssymbol ist fuer den reellen
                Typ zulaessig.
              . Beide Typen sind ganze Typen, und das Opera-
                tionssymbol ist das Symbol / fuer die reellzah-
                lige Division.
              . Bei einer Verknuepfung beider Ausdruecke mittels
                des Operationssymbols IN ist der e i n e Typ
                ein 'e<>r' Typ und der a n d e r e Typ ein
                'p' 'e<>r' Mengen-Typ, wobei der 'e<>r' Typ und
                der Basistyp 'e<>r' kompatible Typen im Sinne
                der Regel R3.5-2 sind (vgl. Abschn. 3.2.2).

Darauf aufmerksam gemacht sei, dass wegen der Typlosigkeit der
leeren Menge ein Ausdruck, der als Wert die leere Menge liefert,
mit Ausdruecken eines jeden 'p' 'e<>r' Mengen-Typs verknuepfungskompatibel entsprechend der ersten Aussage von R3.5-3 ist.

Vor allem bei Wertzuweisungen (s. Abschn. 6.1.1) und Aktualisierungen von Parametern in Prozeduranweisungen und Funktionsaufrufen
(s. Abschn. 7.2.3) spielt noch der erst bei der Besprechung dieser
Konstrukte verstaendliche Begriff der Wertzuweisungskompatibili-
taet eine Rolle, dessen Definition auch hierher gehoert, als in
dieser eine Regelung getroffen wird, wann zwei Typen, die der in
R3.5-2 festgelegten Kompatibilitaet verwandte Eigenschaften besitzen, dass naemlich ein Wert aus dem Wertebereich des einen
Typs auch als ein Wert des Wertebereichs des anderen Typs - als
wertzuweisungskompatibel zum Wertebereich des anderen Typs -
aufgefasst werden darf:

Regel R3.5-4: Ein Wert des Wertebereichs e i n e s Typs wird
als w e r t z u w e i s u n g s k o m p a t i b e l
zum Wertebereich eines a n d e r e n Typs bezeichnet, wenn fuer beide Typen eine der folgenden fuenf
Aussagen zutrifft.
. Beide Typen sind aequivalente Typen im Sinne der
  Regel R3.5-1 und weder Datei-Typen noch strukturierte Typen mit Datei-Typen als Komponenten-Typen, was rekursiv zu interpretieren ist.
. Der e i n e Typ ist ein ganzer Typ und der
  a n d e r e Typ der reelle Typ bzw. ein Wert aus
  dem Wertebereich eines ganzen Typs ist vertraeg-
  lich zum Wertebereich des reellen Typs.
. Beide Typen sind im Sinne der zweiten, Teilbereichs-Typen betreffenden Aussage der Regel
  R3.5-2 kompatible Typen, und der Wert aus dem
  Wertebereich des e i n e n Typs ist Wert des
  Wertebereichs des a n d e r e n Typs.
. Beide Typen sind im Sinne der Regel R3.5-2 kompatible Mengen-Typen, und der Wert aus dem Wertebe-
  bereich des e i n e n Mengen-Typs ist entweder
  die leere Teilmenge oder eine Teilmenge, die einen Wert bezeichnet, der aus Werten des Wertebereichs des Basistyps dieses Mengen-Typs aufgebaut
  ist, die Werte des Wertebereichs des Basistyps
  des a n d e r e n Mengen-Typs sind.
. Beide Typen sind im Sinne der Regel R3.5-2 kompatible 'N'-Zeichen-Typen.

4. Variablen

> Irgendwo muessen die richtigen Antworten
> schon verzeichnet stehen.
>
> Th. W. Adorno: Minima Moralia

Um den Begriff der Variablen zu erlaeutern, kommen wir auf das Beispielprogramm B1.3-1 zurueck, mit dem die jaehrlichen Zinsen eines
Kapitals bei festem Zinsfuss berechnet werden koennen. Dieses Programm ist so angelegt, dass es fuer verschiedene Kapital- und Zins-
fusswerte benutzbar ist: Man hat nur im Datenabschnitt des Auftrags die (Lochkarte mit den) Daten 400.00 und 5 fuer Kapital und
Zinsfuss auszutauschen gegen (eine Lochkarte mit) Daten z.B. 705.10
und 4.5, wenn man fuer dieses Kapital und diesen Zinsfuss die
Zinsen berechnet haben moechte.

Soll nur fuer ein bestimmtes Kapital - z.B. DM 1006.17 - und einen
bestimmten Zinsfuss - z.B. 2.5% - der jaehrliche Zins einmalig berechnet werden, so koennte dazu folgendes Programm dienen:

```
(* BEISPIEL B4-1: ZINSBERECHNUNG FUER DM 1006.17 UND 2.5% *)
PROGRAM ZB (OUTPUT);
BEGIN
   WRITELN (1006.17 * 2.5 / 100)
END.
```

Die Daten, die mit diesem Programm verarbeitet werden, sind als
Konstanten - 1006.17 und 2.5 - im Programm aufgefuehrt (die Konstante 100 ist schon vom Problem her ein 'konstantes Datum').
Dieses Programm kann nur diese Daten verarbeiten, wohingegen das
Programm B1.3-1 - wie oben dargelegt - verschiedene Daten verarbeiten kann. Dazu war es jedoch noetig, Objekte K, P und Z +) als
- wie man naheliegend sagt - Variablen ins Programm aufzunehmen.
Man sieht also, dass Variablen im Gegensatz zu Konstanten es gestatten, Programme so anzulegen, dass sie nicht nur fuer bestimmte - oder spezielle - Daten Ergebnisse zu liefern vermoegen, sondern fuer ganze Klassen von Daten die Berechnung von Ergebnissen
ermoeglichen. Variablen koennen waehrend der Ausfuehrung eines
Programmes je nach Typ der Variablen und schliesslich nur per

. Wertzuweisung (s. Abschn. 6.1.1),
. Dateimanipulationsprozeduranweisung (RESET- bzw. GET-Prozeduranweisung, s. Abschn. 7.2.5.1),

----

+) Z ist nicht unbedingt erforderlich. Denn es ist moeglich, die
   Wertzuweisung an Z aus dem Programm B1.3-1 zu entfernen und die
   WRITELN-Anweisung zu ersetzen durch

           WRITELN (K, P, K * P / 100)   ,

   womit das Programm das gleiche leisten wuerde. Die Form des in
   Abschn. 1.3 gegebenen Programmes B1.3-1 wurde fuer die dortigen
   Darlegungen als problemnaeher angesehen.

- Leseprozeduranweisung (READ-Prozeduranweisung, s. Abschnitte
  7.2.5.1 und 8.2) oder
- dynamischer Zuweisungsprozeduranweisung (NEW-Prozeduranweisung,
  s. Abschn. 7.2.5.2)

- verschiedene Werte aus dem Wertebereich eines Typs annehmen.
Dieser Sachverhalt bzw. Vorteil ist vergleichbar dem, der zwischen Arithmetik und Algebra besteht.

Aus obigen Ausfuehrungen und denen in Abschn. 1.3 bzw. dem Beispielprogramm Bl.3-1 ist leicht zu folgern, dass

- fuer Variablen - besser: statisch zu verarbeitende Variablen
  (s.u.) - Namen vereinbart werden muessen, um ueber sie in Anweisungsteilen von Bloecken auf die Variablen Bezug nehmen zu
  koennen und
- festgelegt werden muss, welchen Typ eine Variable haben soll
  und damit, welche Werte eine Variable annehmen kann.

Die Vereinbarung von Variablennamen und Typfestlegungen muessen
im Variablendeklarationsteil des Vereinbarungsteils eines Blockes
erfolgen, den wir im naechsten Abschnitt besprechen. Im uebernaechsten Abschnitt wird dargelegt, welche Variablenbezugsangaben
(variable denotations oder accesses) es gibt. Es wird sich zeigen,
dass es neben Variablen, deren Namen und Typen im Variablendeklarationsteil deklariert werden, Variablen - sog. referenzierte Variablen vom 't' Typ - gibt, die nicht wie jene automatisch - statisch, d.h. durch den Programmtext festgelegt - verwaltet werden,
sondern waehrend der Ablaufzeit programmgesteuert - dynamisch -
verwaltet werden koennen. In einem weiteren Abschnitt gehen wir
darauf ein, welchen Zentralspeicherbedarf Variablen benoetigen.
Es ist wohl einsichtig, dass Variablen Zentralspeicherbedarf haben, denn wo sonst sollten in einer DVA die momentanen Werte von
Variablen abgelegt werden (von externen Datei-Variablen (s. Abschnitt 4.4) sei einmal abgesehen). Schliesslich werden wir in einem letzten Abschnitt darlegen, dass Variablen vor ihrer erstmaligen Benutzung unter Zuhilfenahme einer der oben aufgefuehrten vier
Moeglichkeiten, mittels derer Variablen verschiedene Werte annehmen koennen, mit Werten zu initialisieren sind, und welche Lebensdauer Variablen waehrend des Programmablaufs haben.

Zusammenfassend sind Variablen charakterisiert

- im Programmtext durch
  - Namen sowie
  - Typ,
- waehrend der Programmausfuehrung durch
  - statisch oder dynamisch verwalteten Zentralspeicherbedarf,
  - Initialisierung vor ihrer erstmaligen Benutzung mit einem
    Wert bzw. durch den momentanen Wert aus dem Wertebereich
    des Typs - bei referenzierten Variablen des 't' Typs - und
    durch
  - Lebensdauer.

Der Anfaenger kann beim erstmaligen Lesen dieses Kapitels die Abschnitte ueber Komponenten-Variablen (Abschn. 4.2.2) und referenzierte Variablen (Abschn. 4.2.3) sowie die Teile der Abschnitte
ueber Zentralspeicherbedarf (Abschn. 4.3) und Initialisierung und
Lebensdauer (Abschn. 4.4), die sich auf Variablen strukturierter
Typen und 't' gebundener Zeiger-Typen beziehen, ueberschlagen.

4.1 Variablendeklarationsteil

Im Variablendeklarationsteil des Vereinbarungsteils eines Blockes
muessen fuer statisch zu verwaltende Variablen Namen und Typen
vereinbart werden, um im Anweisungsteil des Blockes oder in Anweisungsteilen untergeordneter Bloecke auf sie Bezug nehmen zu koennen. Sie muessen deklariert werden. Die Form eines Variablendeklarationsteils ist:

S52 Variablendeklarationsteil (variable declaration part)

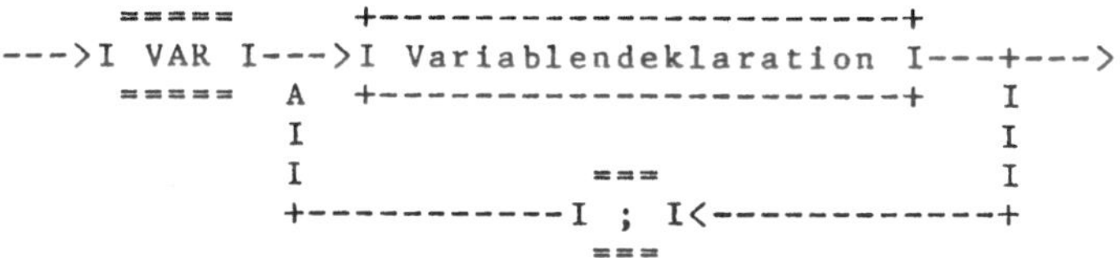

Ein Variablendeklarationsteil besteht also aus dem Wortsymbol VAR,
gefolgt von einer Liste von ggf. durch Semikolons getrennten Variablendeklarationen. Die Form der Variablendeklarationen ist durch
das Syntax-Diagramm S53 festgelegt.

S53 Variablendeklaration (variable declaration)

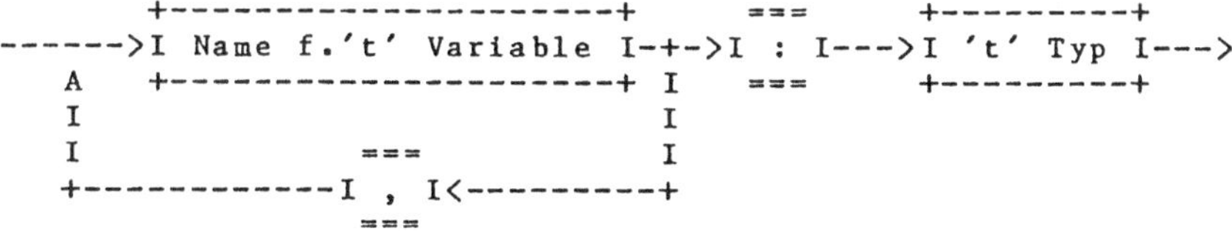

Diesem Syntax-Diagramm entnimmt man, dass die Deklaration einer
Variablen zunaechst die Vergabe eines Namens gemaess S15 beinhaltet, bei der die Regel R2.2.3-2 ueber die Eindeutigkeit von Namen
innerhalb eines Blockes zu beachten ist. Auf den Namen muss -
durch einen Doppelpunkt getrennt - eine gemaess den Syntax-Diagrammen S28, S29, S31, S33, S34, S35, S36, S37, S38, S39, S40,
S41, S42, S44, S46, S47 oder S49 gebildete Typ-Angabe folgen. Sofern Namen fuer Typen in einer solchen Typ-Angabe benoetigt werden, muessen diese in einem passenden Typdefinitionsteil definiert sein, wenn sie nicht standardmaessig definiert sind. Abkuer-
zend koennen nach S53 mehrere Variablendeklarationen mit gleicher
Typ-Angabe dadurch erfolgen, dass die Namen - durch Kommata getrennt - zu einer Liste zusammengestellt werden, auf die dann ein
Doppelpunkt mit nachfolgender Typ-Angabe anzugeben ist.

Als Beispiele fuer Variablendeklarationsteile moegen die Variablendeklarationsteile in den Beispielprogrammen B1.3-1, B2.2.5.4-1,
B3.1.3-2, B3.1.3-3 und B3.1.5-1 dienen. Allerdings werden in diesen nur Variablen einfachen (Standard-)Typs deklariert. Als Bei-

spiel fuer einen Variablendeklarationsteil, in dem auch Variablen
anderer Typen deklariert werden, sei der folgende Variablendeklarationsteil angegeben, in dem teilweise Namen fuer Typen verwendet
werden, die in dem Typdefinitionsteil auf S. 3.4/3 definiert wurden:

```
VAR   I          : INTEGER;
      J          : INDEX;
      MERKER1    ,
      MERKER2    : BOOLEAN;
      Z          : CHAR;
      BU         : BUCHSTABE;
      ZEICHART   : (BUCHST, ZIFFERN, SONDERZ, ZEILENDE);
      BUZI       : BUCHST .. ZIFFERN;
      SPORT      : NOTE;
      XALT     · ,
      XNEU       : REAL;
      KOEFFIZ    : ARRAY [INDEX] OF REAL;
      Z10        : PACKED
                   ARRAY [1 .. 10] OF CHAR;
      Z30        : ZKETTE30;
      BUMENGE    : BUCHSTMENGE;
      ZIMENGE    : SET OF '0' .. '9';
      EFELD    · : RECORD
                      X,
                      Y : REAL
                   END;
      FAHRZEUG   : FAHRZEUGBRIEF;
      DATEN      : FILE OF INTEGER;
      KFZS       : KFZDATEI;
      AUSDATEN   : TEXT;
      ZEIGER1    ,
      ZEIGER2    : FZBZEIGERTYP;                      .
```

Nicht korrekt ist der Variablendeklarationsteil:

```
VAR   X          : REAL;
      X          ,               (* X WURDE NICHT EINDEUTIG
                                     GEWAEHLT *)

      Y          : INTEGER;
      MERKER1    ;               (* STATT DES SEMIKOLONS KANN
                                     NUR EIN KOMMA ODER EIN DOP-
                                     PELPUNKT MIT NACHFOLGENDER
                                     TYP-ANGABE STEHEN *)

      MERKER2    : BOOLEAN;
      Z          = CHAR;         (* STATT DES GLEICHHEITSZEI-
                                     CHENS MUSS EIN DOPPELPUNKT
                                     STEHEN *)

      XYZ        : Y;            (* Y IST KEINE TYP-ANGABE *)
      Z10        : ALFA;         (* DER TYPNAME ALFA IST NACH
                                     [085] DEFINIERT *)
      ZEICHART   : (BUCHST, ZIFFERN, SONDERZ, ZEILENDE);
      BUZI       : (BUCHST, ZIFFERN); (* DIE NAMEN BUCHST UND ZIF-
                                     FERN WURDEN NICHT EINDEU-
                                     TIG GEWAEHLT *)

      ZEIGER     : ^RECORD
                      X ,
                      Y : REAL
                   END;          (* HINTER ^ MUSS EIN NAME
                                     FOLGEN *)                 .
```

Standardmaessig stehen als Variablen nur die Variablen mit den
Standardnamen INPUT und OUTPUT zur Verfuegung, sofern sie als Programmparameter aufgefuehrt sind. Es sind Text-Datei-Variablen, die
nicht deklariert werden duerfen (s. R4.1-1).

Fuer im Programmkopf aufgefuehrte Programmparameter ist noch zu
beachten:

Regel R4.1-1: Programmparameter - abgesehen ggf. von INPUT und
              OUTPUT - muessen im Variablendeklarationsteil des
              Vereinbarungsteils des Blockes eines Programmes als
              Datei- oder Text-Datei-Variablen deklariert werden.
              Werden INPUT und/oder OUTPUT als Programmparameter
              aufgefuehrt, so hat dies im Programm-Block den Ef-
              fekt von Deklarationen dieser Namen fuer Text-Da-
              tei-Variablen.

Im folgenden Programmbeispiel ist dieser Regel Genuege getan: Der
Name GZDATEI ist als Programmparameter im Programmkopf aufgefuehrt, und im Variablendeklarationsteil des Vereinbarungsteils
des Programmes wird er als Name einer Text-Datei-Variablen deklariert. Der Programmparameter OUTPUT bedarf keiner Deklaration bzw.
darf nicht deklariert werden.

```
(* BEISPIEL B4.1-1: ADDIEREN EINER FOLGE VON UNBEKANNT VIELEN
                    GANZEN ZAHLEN.
                    DER ADDITIONSPROZESS SOLL ENDEN, SOWIE EINE
                    NULL 'GEFUNDEN' WIRD (BEENDIGUNGSKRITERIUM).
                    DIESES PROGRAMM KANN IMPLEMENTATIONSABHAENGIG
                    FEHLERHAFT ENDEN, WENN
                      . DIE FOLGE EINE GANZE ZAHL ENTHAELT, DIE
                        ABSOLUT GROESSER ALS   MAXINT   IST,
                      . DIE FOLGE KEINE NULL ENTHAELT, DIE EINGA-
                        BE-DATEI-VARIABLE ALSO KEINE ODER
                        KEINE WEITEREN GANZEN ZAHLEN ZUR VERFUE-
                        GUNG HAT UND WENN
                      . DIE SUMME ABSOLUT DEN WERT   MAXINT
                        'UEBERSTEIGT'.
                    GEGEN DIE ERSTEN BEIDEN ABBRUCHURSACHEN KOEN-
                    NEN KAUM VORKEHRUNGEN GETROFFEN WERDEN. DAS
                    LIEGT AN DEN EIGENHEITEN DER   READ - PROZEDUR
                    (S. ABSCHN. 8.2). DER BENUTZER DIESES PRO-
                    GRAMMES MUSS ALSO DARAUF ACHTEN, DASS DIE
                    FOLGE DER GANZEN ZAHLEN SO BESCHAFFEN IST,
                    DASS KEINE DER ERSTEN BEIDEN ABBRUCHURSACHEN
                    AUFTRETEN KANN. GEGEN DIE LETZTE ABBRUCHUR-
                    SACHE LIESSEN SICH VORKEHRUNGEN DERART TREF-
                    FEN, DASS EINE ADDITION NICHT AUSGEFUEHRT
                    WIRD, WENN DIE SUMME ABSOLUT DEN WERT   MAXINT
                    'UEBERSTEIGT' UND DASS DANN DIE AUSGABE EINES
                    PASSENDEN FEHLERTEXTES ERFOLGT. WIR UEBERLAS-
                    SEN ES DEM LESER, SICH DARUEBER EINMAL GEDAN-
                    KEN ZU MACHEN. *)
PROGRAM   ADD     (GZDATEI,      (* EINGABE-DATEI-VARIABLE
                                    MIT GANZEN ZAHLEN *)
                  OUTPUT);       (* AUSGABE-DATEI-VARIABLE *)
```

```
CONST      MAXAZPZ = 4;                (* MAXIMALE ANZAHL VON ZAHLEN
                                           PRO AUSGABEZEILE *)
VAR        GZDATEI : TEXT;             (* S. O. *)
           GZ      : INTEGER;          (* VARIABLE ZUR AUFNAHME EINER
                                           GANZEN ZAHL *)
           SUM     : INTEGER;
           ZZ      : 1 .. MAXAZPZ;     (* ZAHLENZAEHLER FUER AUSGABE *)
BEGIN
  RESET    (GZDATEI);
  READ     (GZDATEI, GZ);
  WRITELN (# DIE SUMME DER GANZEN ZAHLEN: #);
  SUM := 0;
  ZZ   := MAXAZPZ;
  WHILE GZ <> 0 DO
    BEGIN   .
      IF ZZ = MAXAZPZ THEN
        BEGIN
          WRITELN;
          WRITE (#        #);
          ZZ := 1
        END
      ELSE
        ZZ   := ZZ + 1;
        SUM := SUM + GZ;
      WRITE (GZ);
      READ  (GZDATEI, GZ)
    END;
  WRITELN;
  WRITELN;
  WRITELN;
  WRITELN (# IST:#, SUM)
END.
```

Ergebnis eines Laufs des vorstehenden Programmes:

DIE SUMME DER GANZEN ZAHLEN:

```
          7         123          -8          15
        701    12345678        -245          -3
         -1         734          -5        -100
```

IST: 12346896

4.2 Variablenbezugsangaben

Anhand des Beispielprogrammes Bl.3-1 ist leicht zu erkennen, wie
im Anweisungsteil eines Blockes der Bezug auf eine Variable erfolgen kann - naemlich durch Angabe des Namens der Variablen (beispielsweise des Namens K in der READ-Anweisung, der Wertzuweisung
an Z und der WRITELN-Anweisung). Nun handelt es sich bei den Variablen im Beipielprogramm Bl.3-1 um Variablen eines einfachen
Typs - des reellen (Standard-)Typs. Und es erhebt sich die Frage,
wie Bezuege auf Variablen anderer als einfacher Typen anzugeben
sind. Die Antwort lautet: Auch fuer Variablen strukturierter oder
't' gebundener Zeiger-Typen sind lediglich die deklarierten Namen
anzugeben, sofern die Verarbeitung der Daten, fuer die die Variablen vorgesehen sind, sich nicht auf einzelne Komponenten bzw.
durch Zeiger-Daten verwiesene (referenzierte) Daten bezieht. Ist
dies jedoch der Fall, so sind - abgesehen bei Mengen-Typ-Varia-
blen +) - Angaben zur Selektion bzw. Referenzierung erforderlich.

Weil Daten strukturierter Typen aus Komponenten beliebig komplex
strukturierter Typen und/oder 't' gebundener Zeiger-Typen aufgebaut sein koennen bzw. Daten 't' gebundener Zeiger-Typen auf Daten beliebig komplex strukturierter Typen und/oder 't' gebundener
Zeiger-Typen verweisen koennen, ist klar, dass die Syntax fuer
Variablenbezugsangaben sehr rekursiv ist. Im folgenden verwenden
wir mitunter den Begriff Variable - wie es in der Literatur allgemein ueblich ist - fuer Variablenbezugsangabe. Eine Variable in
diesem Sinne ist dann zunaechst einmal syntaktisch durch S54 gegeben.

S54 't' Variable ('t' variable)

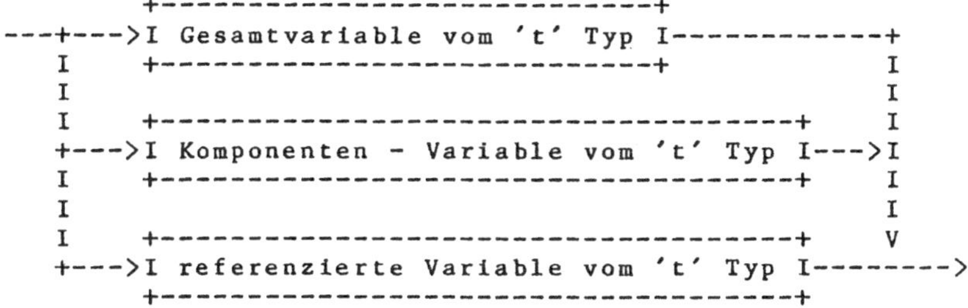

```
                 +-------------------------------+
  ---+--->I Gesamtvariable vom 't' Typ I-----------+
     I    +-------------------------------+         I
     I                                              I
     I    +-----------------------------------+     I
     +--->I Komponenten - Variable vom 't' Typ I--->I
     I    +-----------------------------------+     I
     I                                              I
     I    +-----------------------------------+     V
     +--->I referenzierte Variable vom 't' Typ I-------->
          +-----------------------------------+
```

+) Man erinnere sich, dass der Zugehoerigkeitstest der Selektion
   von Komponenten vergleichbar ist (s. Abschn. 3.2.2).

Diese drei Variablenbezugsangabeformen koennen - soweit zulaessig - benutzt werden

- als Operanden in Ausdruecken (s. Kap. 5),
- links und rechts vom Symbol := in Wertzuweisungen (s. Abschn. 6.1.1),
- als Laufvariable in Laufanweisungen (s. Abschn. 6.2.3.3),
- in der Liste zwischen den Wortsymbolen WITH und DO in Qualifi-zierungsanweisungen (s. Abschn. 6.2.4) und
- als Aktualisierung von formalen Parametern in Prozeduranweisun-gen und Funktionsaufrufen (s. Abschn. 7.2).

Die erste nach S54 moegliche Form von Variablenbezugsangaben muss
benutzt werden, wenn sie als Programmparameter - s. S3 - dienen
soll.

4.2.1 Gesamtvariablen

Bezug auf Gesamtvariablen vom 't' Typ im Anweisungsteil eines
Blockes bzw. Anweisungsteilen untergeordneter Bloecke sowie Benutzung als Programmparameter erfolgt nach den Darlegungen im vorhergehenden Abschnitt ueber die im Variablendeklarationsteil des Vereinbarungsteils des Blockes deklarierten Namen bzw. die Standardnamen INPUT und OUTPUT. Demnach muss sein:

S55 Gesamtvariable vom 't' Typ (entire variable of 't' type)

```
                  +--------------------+
   ---+--->I Name f.'t' Variable I---+
      I     +--------------------+    I
      I             .                 I
      I          =-=-=-=              I
      +--->I INPUT I---------------->I
      I          =-=-=-=              I
      I                               I
      I          =-=-=-=-             V
      +--->I OUTPUT I-------------------->
                 =-=-=-=-                              ,
```

wobei die Standardnamen INPUT und OUTPUT nur dann gewaehlt werden
duerfen, wenn die metasyntaktische Variable 't' in der Bezeichnung
von S55 den Wert "Text - Datei - " hat.

Beispielsweise werden im Programm Bl.3-1 K und P - Namen fuer
reelle Variablen - in der READ- und der WRITELN-Anweisung als
Parameteraktualisierungen und in dem Ausdruck rechts vom Symbol
:= in der Wertzuweisung an Z als Operandenangaben benutzt. Z -
ebenfalls ein Name fuer eine reelle Variable - wird links vom
Symbol := der Wertzuweisung und in der WRITELN-Anweisung als Pa-
rameteraktualisierung benutzt.

4.2.2 Komponenten-Variablen

Die Verarbeitung von Daten strukturierter Typen kann mittels
PASCAL-Programmen in 'komponentenbezogener' Weise erfolgen: Daten
strukturierter Typen koennen Komponente fuer Komponente eingelesen werden; es koennen Komponenten - i.a. nur solche einfacher
Typen - verarbeitet werden, und es koennen Komponenten ausgegeben werden. Die Variablen strukturierter Typen beduerfen daher
Angaben zur Selektion. Es sind zu unterscheiden:

S56 Komponenten - Variable vom 't' Typ (component variable
                                        of 't' type)

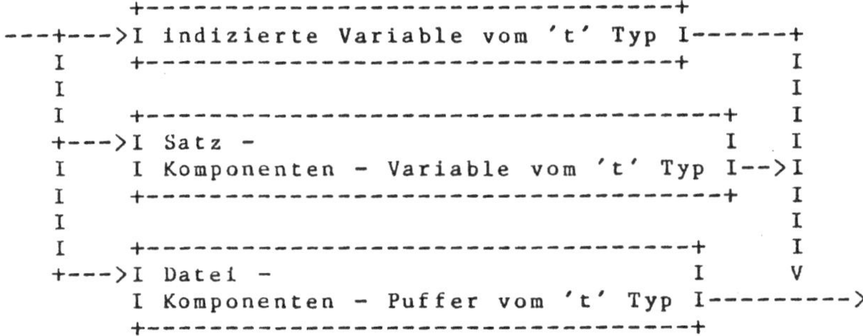

```
                +-------------------------------------+
      ---+--->I indizierte Variable vom 't' Typ I------+
         I       +-------------------------------------+        I
         I                                                      I
         I       +---------------------------------------+      I
      +--->I Satz -                                 I      I
         I     I Komponenten - Variable vom 't' Typ I-->I
         I       +---------------------------------------+      I
         I                                                      I
         I       +-------------------------------------+        I
      +--->I Datei -                               I      V
             I Komponenten - Puffer vom 't' Typ I-------->
               +-----------------------------------+
```

Diesem Syntax-Diagramm entnimmt man, dass Angaben zur Selektion
fuer Variablen von Feld-Typen - man beachte das ueber Indizieren
Gesagte in Abschn. 3.2.1 -, von Satz-Typen und Datei-Typen moeglich sind. Angaben zur Selektion fuer Variablen von Mengen-Typen
entfallen, wie bereits in Abschn. 4.2 erwaehnt wurde.

4.2.2.1 Indizierte Variablen

Indizierte Variablen vom 't' Typ sind Variablenbezugsangaben, die
gemaess dem Syntax-Diagramm S57 zu gestalten sind.

     S57 indizierte Variable vom 't' Typ (indexed variable
                                       of 't' type)

```
            +-------------------------------------+
   ---+--->I 'i' indizierte 't' Feld - Variable I-------+
      I     +-------------------------------------+        I
      I +-----------------------------------------------+
      I I    ===    +----------------------------+
      I +->I [ I->I von 'i' abhaengige      I    ===
      I A    ===    I Liste von Ausdruecken I->I ] I--------+
      I I           +----------------------------+   ===       I
      I  +--------------------------------------------------+  I
      I     +----------------------------------------------+  I I
   +--->I PACKED                                        I   I I
   I     I 'i' indizierte 't<>C' Feld - Variable I----+ I
   I     +-------------------------------------+          I
   I                                                      I
   I     +--------------------------------------------+   I
   +--->I PACKED                                   I   I
   I     I 'j' indizierte Zeichen - Feld - Variable I-+ I
   I     +---------------------------------------------+ I I
   I +-------------------------------------------------+ I
   I I    ===    +----------------------+
   I +->I [ I->I von 'j' abhaengige      I    ===        I
   I     ===    I Liste von Ausdruecken I->I ] I-------->I
   I           +----------------------+   ===           I
   I                                                    I
   I     +------------------------------+               I
   +--->I 'N' - Zeichen - Variable I----------------+ I
         +------------------------------+              I I
   +----------------------------------------------------+ I
      I    ===    +-----------------+         ===        V
      +->I [ I->I 1..'N' Ausdruck I------->I ] I--------->
           ===    +-----------------+         ===
```

Diesem Syntax-Diagramm ist zu entnehmen, dass indizierte Variablen vom 't' Typ im Prinzip nichts anderes sind als Feld-Variablen,
auf die eine in eckige Klammern gesetzte Liste von Ausdruecken
(s. Kap. 5) - naheliegend Index-Ausdruecke genannt - als Selektionsangabe folgt. Der 't' Typ in der Syntax-Diagramm-Bezeichnung
"indizierte Variable vom 't' Typ" ist der Komponenten-Typ des
Feld-Typs, der in der Deklaration der in Betracht stehenden
Variablen angegeben wurde. Mithin muss ausgehend von der Deklaration die richtige Auswahl der Feld-Variablen in S57 getroffen werden - also entweder 'i' indizierte 't' Feld-, PACKED 'i' indizierte 't<>C' Feld-, PACKED 'j' indizierte Zeichen-Feld- oder 'N'-
Zeichen-Variable.

Die von 'i' bzw. 'j' abhaengige Liste von Ausdruecken ist gemaess
dem Syntax-Diagramm S58 bzw. S59 anzugeben.

S58 von 'i' abhaengige Liste von Ausdruecken ('i' dependent
                                    list of expressions)

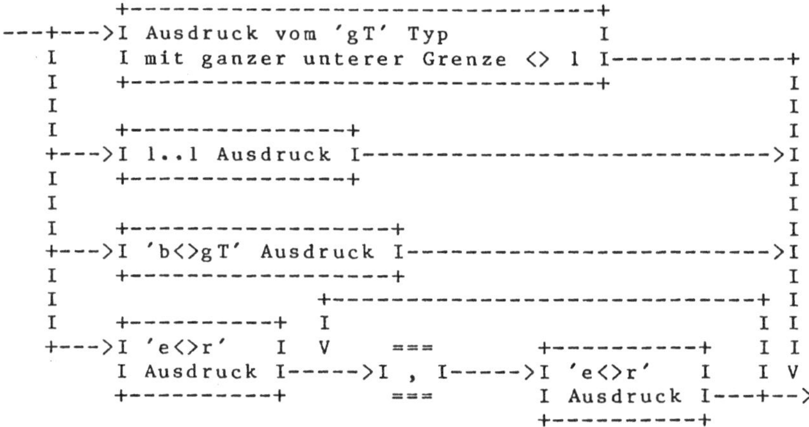

```
              +----------------+
   ---.---->I 'e<>r' Ausdruck I---+--->
      A      +----------------+   I
      I              ·            I
      I             ===           I
      +----------I , I<---------+
                    ===
```

S59 von 'j' abhaengige Liste von Ausdruecken ('j' dependent
                                    list of expressions)

```
              +----------------------------+
   ---+---->I Ausdruck vom 'gT' Typ        I
      I     I mit ganzer unterer Grenze <> 1 I-----------+
      I     +----------------------------+               I
      I                                                  I
      I     +----------------+                           I
      +--->I 1..1 Ausdruck I---------------------------->I
      I     +----------------+                           I
      I                                                  I
      I     +------------------+                         I
      +--->I 'b<>gT' Ausdruck I------------------------->I
      I     +------------------+                         I
      I              +----------------------------+ I
      I     +----------+ I                          I I
      +--->I 'e<>r'    I V     ===      +----------+ I I
           I Ausdruck I----->I , I----->I 'e<>r'    I  I V
           +----------+      ===        I Ausdruck I---+-->
                                        +----------+
```

Nach S58 und S59 sind die Ausdruecke in den Listen von Ausdruecken
- wenn es sich um mehrere handelt - durch Kommata zu trennen.
Die Anzahl und der Typ der Ausdruecke haengen von 'i' bzw. 'j' ab:
Soviel Typ-Angaben 'i' bzw. 'j' beinhalten, soviel Ausdruecke,
die Werte liefern, die im Sinne der Regel R3.5-4 wertzuweisungskompatibel zu den Wertebereichen dieser Typen sind, sind gemaess
der Reihenfolge der durch 'i' bzw. 'j' festgelegten Typ-Angaben
in der von 'i' bzw. 'j' abhaengigen Liste von Ausdruecken aufzufuehren. Genau dies sollen auch die Bezeichnungen der Syntax-Diagramme S58 und S59 zum Ausdruck bringen. Zwischen Index-Typen und
Index-Ausdruecken besteht also eine Korrespondenz. Die Syntax und
Semantik von Index-Ausdruecken - auch 1..'N' Ausdruecken - wird -
wie bereits erwaehnt - in Kap. 5 beschrieben.

Es gibt von dieser Syntax noch eine abweichende Form. Wenn naemlich der Typ einer Feld-Variablen Komponenten-Typen hat, die wiederum Feld-Typen sind und nicht die in Abschn. 3.2.1 beschriebene
verkuerzte Schreibweise bei der Typ-Angabe in der Deklaration der
Feld-Variablen verwandt wurde, so darf bei der Selektionsangabe
trotzdem so verfahren werden, als ob dies bei der Typ-Angabe geschehen sei. In den Erlaeuterungen der gleich gebrachten Beispiele bzw. durch die Kommentare in dem nachfolgenden Beispielprogramm wird dies verstaendlicher werden.

Um einen Eindruck zu vermitteln, was die vorstehenden Darlegungen aussagen, geben wir zunaechst, ohne die syntaktische Ableitung zu erlaeutern, einige einfache

Beispiele:

Variablendeklaration	't' Variable	Variablen- bezugsangabe	Liste von Index-Ausdr.
A : ARRAY [1 .. 10] OF REAL	'i' indizierte 't' Feld-Varia- ble bzw. 1..10 indizierte reel- le Feld-Variable	A [2]	2

B : PACKED
  ARRAY [-3 .. 8]
    OF 'A'.. 'Z'
	PACKED 'i' in-
	dizierte 't<>C'
	Feld-Variable
	bzw. PACKED
	-3..8 indizierte
	'A'..'Z' Feld-
	Variable
		B [-1]	-1

C : PACKED
  ARRAY [(ZIFFER,
      BUCHST,
      SONDZ),
    '0' .. '9']
    OF CHAR
	PACKED 'j' in-
	dizierte Zei-
	chen-Feld-Varia-
	ble bzw. PACKED
	(ZIFFER,BUCHST,
	SONDZ), '0'..'9'
	indizierte Zei-
	chen(standard)-
	Feld-Variable
		C [ZIFFER,
		  '7']
		
		oder
		
		C [ZIFFER]
		  ['7']
			ZIFFER, '7'

D : PACKED
  ARRAY [1 .. 10]
    OF CHAR
	'N'-Zeichen-
	Variable bzw.
	10-Zeichen-
	Variable
		D [7]	7

Nun ein etwas komplizierteres Beispiel, an dem wir die syntaktische Ableitung von indizierten Variablen vom 't' Typ ueber die
Syntax-Diagramme S54 - S57 bzw. S58 verdeutlichen wollen. Sei
eine Feld-Variable FZK (Feld von Zeichenketten) in einem Variablendeklarationsteil durch die Variablendeklaration

```
FZK : PACKED ARRAY [1 .. 100] OF
      PACKED ARRAY [1 .. 10] OF CHAR
```

oder die nach Abschn. 3.2.1 gleichbedeutende Variablendeklaration

```
FZK : PACKED ARRAY [1 .. 100, 1 .. 10] OF CHAR
```

deklariert. Auf diese Variable bezieht man sich in einem entspre-

chenden PASCAL-Programm gemaess den Syntax-Diagrammen S54 und S55
durch die Angabe des Namens FZK. Bei der Variablen handelt es sich
nach der Deklaration um eine PACKED 1 .. 100 indizierte 10-Zei-
chen-Variable oder allgemeiner um eine PACKED 'i' indizierte 'N'-
Zeichen-Variable. Eine Komponenten-Variable vom 't' Typ oder speziell 10-Zeichen-Typ kann nach S56 und nach S57 nur eine indizierte Variable vom 10-Zeichen-Typ sein. Gemaess S57 erhaelt man:

        PACKED 1 .. 100 indizierte 10-Zeichen-Variable
        [von 1 .. 100 abhaengige Liste von Ausdruecken].

Unter Benutzung von S54 und S55 wird hieraus:

        FZK [von 1 .. 100 abhaengige Liste von Ausdruecken]

und weiter unter Benutzung von S58:

        FZK [1 .. 100 Ausdruck]   .

Nach dem Syntax-Diagrammen S63, S64 und S65 im Abschn. 5.1 ueber
ganze Ausdruecke ist ein ganzer Ausdruck bzw. 1 .. 100 Ausdruck
auch beispielsweise eine ganze Konstante - nehmen wir an 44, so
dass schliesslich

        FZK [44]

eine terminale syntaktische Konstruktion bzw. eine syntaktisch
korrekte Variablenbezugsangabe - also indizierte Variable vom 10-
Zeichen-Typ ist. Von dieser Variablen koennten nun Komponenten-
Variablen vom Zeichenstandard-Typ benoetigt werden, was nach der
Deklaration moeglich waere. Nach S56 und S57 bekommt man zunaechst
einmal

        10-Zeichen-Variable [1 .. 10 Ausdruck].

Eine 10-Zeichen-Variable wurde nach obigen Darlegungen ueber S56,
S57, S54, S55 und S58 als FZK [44] gefunden. Somit ist

        FZK [44][1 .. 10 Ausdruck]

und weiter ueber die Syntax-Diagramme S63, S64 und S65, wenn wir
als ganzen Ausdruck bzw. 1 .. 10 Ausdruck z.B. die ganze Konstante 5 auswaehlen:

        FZK [44][5]   .

Man erkennt die Rekursivitaet der Syntax-Diagramme S54 - S57.
Um die Variablenbezugsangabe FZK [44][5] zu erhalten, wurde wesentlich von der ersten Form der Deklaration fuer FZK Gebrauch
gemacht. Wird die zweite Form benutzt, so wuerde man

        FZK [44, 5]

erhalten. Die beiden Variablenbezugsangaben FZK [44][5] und
FZK [44, 5] sind gleichbedeutend, weil die beiden obigen Variablendeklarationen die gleiche Bedeutung haben. Auf Grund der entsprechenden Bemerkung in den allgemeinen Darlegungen ist es sogar
so, dass gleichgueltig, welche der beiden obigen Variablendeklarationen in einem Programm erfolgte, sowohl FZK [44][5] als auch

FZK [44, 5] als Variablenbezugsangaben benutzt werden duerfen.
Noch einige weitere

Beispiele:

Variablendeklaration   Variablenbezugsangabe

SB   : ARRAY ['A' .. 'H'] OF   SB   ['G']
       ARRAY [1 .. 8]   OF (KEINEFIGUR,   SB   ['G', 6]
                              KOENIG,   SB   ['G'][6]
                              DAME,
                              LAEUFER,
                              SPRINGER,
                              TURM,
                              BAUER)
BOE : ARRAY [BOOLEAN,
             BOOLEAN]   OF BOOLEAN   BOE [FALSE, TRUE]
                                                        BOE [FALSE][TRUE]
Z30 : PACKED
       ARRAY [1 .. 30]   OF CHAR   Z30 [7]
                                                        Z30 [7 + 6]

Bemerkt werden sollte: Die Selektionsangaben fuer indizierte Variablen vom 't' Typ enthalten Ausdruecke. D.b., dass die Selektion
berechenbar ist (vgl. Kap. 5). Indizierte Variablen vom 't' Typ
sind jedoch in PASCAL die einzigen Komponenten-Variablen vom 't'
Typ, fuer die eine Berechnung zur Laufzeit des Programmes erfolgen kann. Dabei ist nach oben Gesagtem zu beachten, dass die Berechnung der Index-Ausdruecke Werte ergibt, die gemaess R3.5-4
wertzuweisungskompatibel zu Werten aus den Wertebereichen der
korrespondierenden Index-Typen sind.

Weiterhin gilt

Regel R4.2.2.1-1: Eine indizierte Variable ist als Angabe eines
                  Variablenbezugs
                  . in Operanden eines Ausdrucks (s. Kap. 5),
                  . links oder rechts vom Symbol := in einer Wert-
                    zuweisung (s. Abschn. 6.1.1),
                  . zwischen den Wortsymbolen WITH und DO in einer
                    Qualifizierungsanweisung (s. Abschn. 6.2.4)
                    oder
                  . fuer eine Aktualisierung eines formalen Varia-
                    blenparameters in einer Prozeduranweisung oder
                    in einem Funktionsaufruf (s. Abschn. 7.2)
                  gegenueber diesen Konstrukten als unveraenderbar
                  existierender Bezug anzusehen.

Verletzungen dieser Regel moege das folgende Pseudoprogrammfragment verdeutlichen:

```
TYPE        IND = 1 .. 10;
VAR         FV1 : ARRAY [IND] OF INTEGER;
            FV2 : ARRAY [IND] OF RECORD ... K: ...; ... END;
            I   : IND; ...
PROCEDURE P     (VAR X : INTEGER ...);
  ...
  BEGIN
    ...
    I := 2;
    WRITE (..., X);
    ...
  END;
FUNCTION  F ... : IND;
  ...
  BEGIN
    ...
    I := 2;
    ...
  END;
...
BEGIN
  ...
  I := 1;
  ...
  ... FV1 [I] * F ...
(* DA ES WOHL Z.Z. KAUM EINE PASCAL-IMPLEMENTATION GIBT, DIE DIE
   AENDERUNG DES WERTES VON I BEIM AUFRUF VON F - EINE VERLETZUNG
   VON R 4.2.2.1-1 - BEMERKT, UND ES NACH [080] EINER PASCAL-IM-
   PLEMENTATION UEBERLASSEN IST (VGL. ABSCHN. 5), OB ZUERST DIE
   BERECHNUNG VON FV1 [I] ERFOLGT ODER DIE BERECHNUNG DES FUNK-
   TIONSWERTES VON F, IST ES MOEGLICH, DASS DIE AUSWERTUNG DES
   TERMS MIT FV1 [2] ERFOLGT. ZUR VERMEIDUNG EINES SOLCHEN SOG.
   SEITENEFFEKTES MUSS DER PROGRAMMIERER EBEN R4.2.2.1-1 BEACHTEN,
   WAS BEDEUTET, DASS BEIM AUFRUF VON F KEINE AENDERUNG VON I ER-
   FOLGEN DARF. *)
  ...
  I := 1;
  ...
  FV1 [I] := F ... ;
  ...
  I := 1;
  ...
  FV1 [F ...] := FV1 [I] ... ;
(* DAS IM VORHERIGEN KOMMENTAR GESAGTE LAESST SICH AUF DIE ZWEI
   VORSTEHENDEN WERTZUWEISUNGEN (S. ABSCHN. 6.1.1) SINNGEMAESS
   UEBERTRAGEN, WENN BEACHTET WIRD, DASS ES NACH [080] EINER PAS-
   CAL-IMPLEMENTATION UEBERLASSEN IST, OB SIE ZUERST DEN TEIL EI-
   NER WERTZUWEISUNG LINKS VOM SYMBOL := ODER DEN TEIL RECHTS DA-
   VON ZUR AUSFUEHRUNG BRINGT. *)
  ...
  I := 1;
  ...
  WITH FV2 [I] DO
    WHILE ... DO
      BEGIN
        ... K ...
        I := 2;
        ...
      END;
```

```
(* VARIABLENBEZUGSANGABEN ZWISCHEN DEN WORTSYMBOLEN WITH UND DO
   EINER QUALIFIZIERUNGSANWEISUNG WERDEN NUR EINMAL VOR AUSFUEH-
   RUNG DER ANWEISUNG HINTER DEM WORTSYMBOL DO ZUR AUSFUEHRUNG
   HERANGEZOGEN (VGL. ABSCHN. 6.2.4), SO DASS KEINESFALLS FV2 [2].K
   ALS VARIABLENBEZUGSANGABE GESEHEN WERDEN KANN - OBWOHL AUCH
   DIES WOHL Z.Z. VON KEINER PASCAL-IMPLEMENTATION UEBERPRUEFT
   WIRD. MAN MACHE SICH KLAR: DIE VERLETZUNG VON R4.2.2.1-1 BE-
   STEHT IN DER AENDERUNG VON I INNERHALB DER ZUSAMMENGESETZTEN
   ANWEISUNG HINTER DEM WORTSYMBOL DO DER WHILE-ANWEISUNG. *)
   ...
   I := 1;
   ...
   P (FV1 [I]);
(* DIE ERMITTLUNG DER REFERENZ, DIE AUFGRUND EINER AKTUALISIERUNG
   EINES FORMALEN VARIABLENPARAMETERS VORGENOMMEN WERDEN MUSS, ER-
   FOLGT NUR EINMAL (VGL. ABSCHN. 7.2.3.2). DAHER WIRD IN P MIT-
   TELS DER WRITE-ANWEISUNG DER WERT VON FV1 [1] UND NICHT FV1 [2]
   'AUSGEGEBEN'. DIE REGEL R4.2.2.1-1 BESAGT HIER ALSO, DASS EINE
   EINMAL ALS AKTUALISIERUNG EINES FORMALEN VARIABLENPARAMETERS
   DIENENDE INDIZIERTE VARIABLE WAEHREND DES GESAMTEN ABARBEITENS
   EINES PROZEDUR- ODER FUNKTIONSBLOCKS ALS SOLCHE EXISTIERT, UND
   DIESE AKTUALISIERUNG NICHT DURCH EINE PROZEDUR ODER FUNKTION
   AENDERBAR IST. *)
   ...
   END.
```

Wie man sieht, koennen Verletzungen der Regel R4.2.2.1-1 leicht
zu fehlerhaften Programmablaeufen fuehren. Der Eingeweihte wird
andererseits bemerken, dass R4.2.2.1-1 PASCAL-Implementationen
die Moeglichkeit von Ablaufzeitoptimierungen gibt - abgesehen vom
Fall der Aktualisierung formaler Variablenparameter durch indizierte Variablen.

Zum Abschluss ein vollstaendiges Programmbeispiel, in dem Index-
Ausdruecke durchweg Variablen sind, was nach den Syntax-Diagrammen
S63, S64 und S65 zulaessig ist.

```
(* BEISPIEL B4.2.2.1-1: SORTIERUNG VON ZEICHENKETTEN NACH DER
                        METHODE DES DIREKTEN EINFUEGENS UNTER
                        VERWENDUNG VON FELD-VARIABLEN.
                        DIESES PROGRAMM IST NUR EINGESCHRAENKT
                        FUER EINE PRAKTISCHE BENUTZUNG BRAUCH-
                        BAR. ES DIENT UNS LEDIGLICH ALS BEISPIEL
                        FUER DIE VERWENDUNG VON INDIZIERTEN VA-
                        RIABLEN. DENN
                        . ES GIBT BESSERE SORTIERALGORITHMEN (S.
                          DAZU [024], WO AUCH AUF DIE METHODE
                          DES DIREKTEN EINFUEGENS EINGEGANGEN
                          WIRD),
                        . DIE EINRICHTUNG EINES FELDES ZUR AUF-
                          NAHME VON ZEICHENKETTEN FESTER LAENGE
                          IST SICHER NICHT FUER JEDE ANWENDUNG
                          ZENTRALSPEICHERBEDARFSMAESSIG (S. AB-
                          SCHNITT 4.3) OPTIMAL UND
                        . DAS GGF. NOTWENDIGE VERSCHIEBEN VON
                          ZEICHENKETTEN WAEHREND DES EINFUEGENS
                          EINER ZEICHENKETTE KANN ABLAUFZEIT-
                          AUFWENDIG SEIN (WAS IM BEISPIELPRO-
                          GRAMM B4.2.3-1 VERMIEDEN WIRD). *)
```

```
PROGRAM    SORTZK1  (INPUT,             (* EINGABE-TEXT-DATEI-VARIABLE
                                           MIT EINER ZEICHENKETTE PRO
                                           ZEILE *)
                     OUTPUT);           (* AUSGABE-TEXT-DATEI-VARIA-
                                           BLE *)
CONST      LMAX     = 10;               (* MAXIMALE ZEICHENKETTEN-
                                           LAENGE *)
           GFZK     = 100;              (* GROESSE DES FELDES ZUR
                                           AUFNAHME DER ZEICHEN-
                                           KETTEN *)
           AZKPZ    = 5;                (* ANZAHL ZEICHENKETTEN PRO
                                           ZEILE BEI DER AUSGABE *)
TYPE       ITYP0    = 0 .. GFZK;
           ITYP1    = 1 .. GFZK;
           LTYP0    = 0 .. LMAX;
           LTYP1    = 1 .. LMAX;
           ZKTYP    = PACKED
                      ARRAY [LTYP1] OF CHAR;
VAR        FZKL     : ARRAY [ITYP1] OF LTYP1;
                                        (* FELD ZUR VERWALTUNG DER
                                           ZEICHENKETTENLAENGEN *)
           FZK      : ARRAY [ITYP1] OF ZKTYP;
(* ODER    FZK      : PACKED
                      ARRAY [ITYP1, LTYP1] OF CHAR; *)
                                        (* FELD ZUR AUFNAHME DER
                                           ZEICHENKETTEN *)
           ZK       : ZKTYP;            (* HILFSVARIABLE ZUR AUFNAH-
                                           ME EINER ZEICHENKETTE
                                           WAEHREND DES EINFUEGENS *)
           L        : LTYP0;            (* LAENGE EINER ZEICHENKETTE
                                           BZW. ZEICHENZAEHLER *)
           IM       : ITYP0;            (* INDEX ZUR MOMENTAN EINGE-
                                           LESENEN BZW. LETZTEN
                                           ZEICHENKETTE *)
           IE       ,                   (* INDEX ZUR EINFUEGESTELLE *)
           IV       ,                   (* INDEX DER STELLE, VON DER
                                           EINE ZEICHENKETTE ZU VER-
                                           SCHIEBEN IST BZW. BEI DER
                                           AUSGABE INDEX DER NAECH-
                                           STEN AUSZUGEBENDEN ZEI-
                                           CHENKETTE *)
           IZ       : ITYP1;            (* INDEX DER STELLE, 'ZU' DER
                                           EINE ZEICHENKETTE ZU VER-
                                           SCHIEBEN IST BZW. BEI DER
                                           AUSGABE ZEICHENKETTENZAEH-
                                           LER IN ZEILE *)
BEGIN                                   (* SORTZK1 *)
  IM := 0;
  WHILE NOT EOF AND (IM < GFZK) DO
    BEGIN
      IM := SUCC (IM);
      L  := 0;
      WHILE NOT EOLN AND (L < LMAX) DO
        BEGIN                           (* EINLESEN *)
          L := L + 1;
          READ (FZK [IM][L])
(* ODER:  READ (FZK [IM, L]) *)
        END;                            (* EINLESEN *)
```

```
(*      ES IST VORAUSGESETZT, DASS DIE TEXT-DATEI-VARIABLE INPUT
        KEINE ZEILEN ENTHAELT, DIE NUR DAS ZEILENENDEKENNZEICHEN
        ENTHAELT *)
      READLN;
      FZKL [IM] := L;
      FOR L := L + 1 TO LMAX DO
        FZK [IM, L] := CHR (0);
(* ODER:
        FZK [IM][L] := CHR (0); *)
(*      DIE VERWALTUNG DER ZEICHENKETTENLAENGE KANN VERMIEDEN
        WERDEN, WENN BEKANNT IST, DASS DAS ZEICHEN CHR (0) IN
        KEINER ZEICHENKETTE VORKOMMT. DANN IST ES AUS ABLAUF-
        ZEITGRUENDEN AUCH BESSER, STATT DER VORSTEHENDEN FOR-
        ANWEISUNG VOR DIE EINLESE-WHILE-ANWEISUNG DIE WERTZU-
        WEISUNG

        FZK [IM] := FUELLSEL

        EINZUFUEGEN. FUELLSEL SEI IM KONSTANTENDEFINITIONSTEIL
        ALS ZMAX-ZEICHENKONSTANTE (PASCAL-6000-3.4-IMPLEMEN-
        TATIONSABHAENGIG)

        FUELLSEL    = #::::::::::::#;

        DEFINIERT. DIE AUSGABE (S.U.) BEDARF ENTSPRECHENDER AEN-
        DERUNGEN. *)
      IE := 1;
      WHILE IE < IM DO
                                    (* SUCHEN DER ZEICHENKETTE,
                                       HINTER DER DIE EINGELESE-
                                       NE ZEICHENKETTE EINZUFUE-
                                       GEN IST *)

        IF FZK [IE] > FZK [IM] THEN
          BEGIN                     (* EINFUEGEN *)
            L  := FZKL [IM];
            ZK := FZK  [IM];
            IZ := IM;
            REPEAT
              IV          := IZ - 1;
              FZKL [IZ] := FZKL [IV];
              FZK  [IZ] := FZK  [IV];
              IZ          := IV
            UNTIL IZ = IE;
            FZKL [IE] := L;
            FZK  [IE] := ZK;
            IE          := IM
          END                       (* EINFUEGEN *)
        ELSE
          IE := IE + 1
      END;
    IZ := 1;
    IV := AZKPZ;
    WHILE IZ <= IM DO
      BEGIN                         (* AUSGABE *)
        IF IV = AZKPZ THEN
          BEGIN                     (* ZEILENABSCHLUSS *)
            WRITELN;
            IV := 1
          END                       (* ZEILENABSCHLUSS *)
```

```
      ELSE
        IV := IV + 1;
      WRITE (#  #);
      L := 0;
      REPEAT
        L := L + 1;
        WRITE (FZK [IZ][L])
      UNTIL L = FZKL [IZ];
      FOR L := L + 1 TO LMAX DO
        WRITE (# #);
      IZ := IZ + 1
    END;                             (* AUSGABE *)
  WRITELN
END.                                 (* SORTZK1 *)
```

Die Anwendung des vorstehenden Programmes auf die in Abschn.
2.2.3 aufgefuehrten Standardnamen liefert:

ABS	ARCTAN	BOOLEAN	CHAR	CHR
COS	DISPOSE	EOF	EOLN	EXP
FALSE	GET	INPUT	INTEGER	LN
MAXINT	NEW	ODD	ORD	OUTPUT
PACK	PAGE	PRED	PUT	READ
READLN	REAL	RESET	REWRITE	ROUND
SIN	SQR	SQRT	SUCC	TEXT
TRUE	TRUNC	UNPACK	WRITE	WRITELN

.

4.2.2.2 Satz-Komponenten-Variablen

Satz-Komponenten-Variablen vom 't' Typ +) sind Variablenbezugsangaben, deren Syntax durch das Syntax-Diagramm S60 festgelegt
ist.

S60 Satz - Komponenten - Variable vom 't' Typ (record compo-
                                nent variable of 't' type)

```
          +-------------------------------------------------+
     I        +-----------------------------------+    I
  ---+--->I 'p' nicht - variante Satz - Variable I---+ I
     I        +-----------------------------------+   I I
     I +--------------------------------------------+ I
     I I.         +-----------------------------------+
     I I    === V +--------------------------+
     I +->I . I--->I Name f.'t' Satzkomponente I-------+
     I A  ===      +--------------------------+   I
     I +------------------------------------------+ I
     I       +----------------------------------+  I I
  +--->I 'p' 'e<>r' variante Satz - Variable I--+-+ I
     I       +----------------------------------+ I  I
     I +----------------------------------------+   I
     I I   ===     +---------------------------------+ V
     I +->I . I--->I Name f.'e<>r' Auswahlkomponente I--->
     I    === A   +---------------------------------+
     +----------+
```


Demnach sind Satz-Komponenten-Variablen vom 't' Typ so zu gestalten, dass eine 'p' nicht- oder 'e<>r' variante Satz-Variable aufgefuehrt wird, auf die ein Punkt mit (gemaess Deklaration) nachfolgendem Namen f.(eine) 't' Satzkomponente als Angabe zur Selektion
angegeben werden muss. Im Falle einer 'p''e<>r' varianten Satz-Variablen kann ggf. auf den Punkt auch der Name f.die 'e<>r' Auswahlkomponente folgen (dann ist der Wert der metasyntaktischen Variablen 't' in der Syntax-Diagramm-Bezeichnung von S60 'e<>r').
Die uebrigen Moeglichkeiten werden erst in Abschn. 6.2.4 ueber
Qualifizierungsanweisungen besprochen.

Wir wollen dies an einem Beispiel erlaeutern. Sei eine nicht-variante Satz-Variable ERG (Ergebnis) in einem Variablendeklarationsteil durch die Variablendeklaration

```
     ERG : RECORD
              RT ,
              IT : REAL
           END
```

(als Variable zur Aufnahme des Real- und Imaginaerteils von kom-

----

+) In der angelsaechsischen Literatur wird bei Satz-Komponenten
   von field gesprochen, was zur Bezeichnung field designator
   fuer Satz-Komponenten-Variable gefuehrt hat.

plexen Zahlen) deklariert. Dann bezieht man sich auf diese nicht-variante Satz-Variable in einem entsprechenden PASCAL-Programm gemaess den Syntax-Diagrammen S54 und S55 durch Angabe des Namens ERG. Eine Komponenten-Variable vom 't' Typ oder speziell reellen Typ kann nach der Deklaration und den Syntax-Diagrammen S56 und S60 nur eine Satz-Komponenten-Variable vom reellen Typ sein. Gemaess S60 erhaelt man:

nicht-variante Satz-Variable.Name f.reelle Satzkomponente

oder nach S54 und S55, wie bereits dargelegt:

ERG.Name f.reelle Satzkomponente   .

Zieht man nun wieder die Deklaration heran, so erkennt man, dass als Name f.reelle Satzkomponente RT und IT in Frage kommen. Also sind

ERG.RT   und
ERG.IT

terminale syntaktische Konstruktionen bzw. syntaktisch korrekte Variablenbezugsangaben - Satz-Komponenten-Variablen vom reellen Typ.

Da Daten eines Satz-Typs aus Komponenten beliebiger Typen - nicht nur einfacher Typen wie im gerade gebrachten Beispiel - komponiert sein koennen, lassen die zu ihrer Verarbeitung verwandten Variablen Satz-Komponenten-Variablen dieser strukturierten Typen zu. Nehmen wir an, es liege die Variablendeklaration

FAHRZEUG : FAHRZEUGBRIEF

vor, wobei der Typ FAHRZEUGBRIEF so definiert sein soll, wie es in dem in Abschn. 3.4 gebrachten Beispiel eines Typdefinitions-teils unter Hinzuziehung der Satz-Typ-Angabe von S. 3.2.3.1/4 er-folgte. Dann macht man sich klar, dass beispielsweise

FAHRZEUG.HALTER

eine Satz-Komponenten-Variable vom nicht-varianten Satz-Typ ist. Aber auch

FAHRZEUG.HALTER.AKENNZ

ist eine solche. Die Variablenbezugsangabe

FAHRZEUG.HALTER.AKENNZ.ORTSK

ist eine Satz-Komponenten-Variable vom 3-Zeichen-Typ, und

FAHRZEUG.FAHRW.ALTNAT

ist eine Satz-Komponenten-Variable vom booleschen Typ. Da ALTNAT der Name einer booleschen Auswahlkomponente ist, wurde hier von der zweiten in S60 gegebenen Moeglichkeit Gebrauch gemacht, Satz-Komponenten-Variablen eines Typs zu bilden.

FAHRZEUG.FAHRW

ist eine Satz-Komponenten-Variable vom boolesch varianten Satz-
Typ und

FAHRZEUG.FAHRW.ALTNAT2

eine solche vom nicht-varianten Satz-Typ, womit klar wird, dass
Satz-Komponenten-Variablen 'aus' dem 'e<>r' varianten Satzteil in
gleicher Weise zu bilden sind wie 'aus' dem nicht-varianten Satzteil einer 'p' nicht- oder 'p' 'e<>r' varianten Satz-Variablen.

Kommen wir nochmals auf die Variablenbezugsangabe FAHRZEUG.HAL-
TER.AKENNZ.ORTSK zurueck. Man erkennt, dass ausgehend von dieser
nach Abschn. 4.2.2.1 als Komponenten-Variablen indizierte Variablen vom Zeichenstandard-Typ gebildet werden koennen, beispielsweise

FAHRZEUG.HALTER.AKENNZ.ORTSK [2]   .

Damit ist demonstriert, wie bestimmt durch die Typ-Angabe in einer
Variablendeklaration einer Variablen sehr komplexe Variablenbe-
zugsangaben moeglich sind, die je nach Typ der Komponenten-Varia-
blen zu gestalten sind. Im vorstehenden Fall ist ueber drei 'Satz-
Komponenten-Selektionen' und eine 'Indizierung' eine Variable vom
Zeichenstandard-Typ gebildet worden.

Das folgende Programm ist ein Beispiel fuer den 'umgekehrten'
Fall von Variablenbezugsangaben: Diese muessen ueber eine 'Indizierung' und eine 'Satz-Komponenten-Selektion' gebildet werden.

```
(* BEISPIEL B4.2.2.2-1: KOMPLEXE ARITHMETIK.
                        DIESES PROGRAMM VERMAG 2 KOMPLEXE OPERAN-
                        DEN ZU ADDIEREN, SUBTRAHIEREN, MULTIPLI-
                        ZIEREN BZW. DIVIDIEREN. EINGABE-DATEI-VA-
                        RIABLE IST EINE TEXT-DATEI-VARIABLE, DE-
                        REN ZEILEN IN DER FORM

                        OP1.RT OP1.IT OPS OP2.RT OP2.IT

                        VORAUSGESETZT WERDEN. DIE ABKUERZUNGEN
                        BEDEUTEN: RT REALTEIL, IT IMAGINAERTEIL,
                        OP1 ERSTER OPERAND, OP2 ZWEITER OPERAND
                        UND OPS OPERATIONSSYMBOL (+, -, *, /).

                        BEISPIELE:

                            7.6E4 1.0+ 6.3 -6.4
                            0.0 1.0- 0 1
                            4.3 10.4* 5.3 -4.1
                            100.4 4.6/ .0.0 1.0

                        DER RT UND IT DER BEIDEN OPERANDEN WERDEN
                        ALSO IN FORM GANZER ODER REELLER KONSTAN-
                        TEN VORAUSGESETZT. ZWISCHEN DEM OP1.IT
                        UND OPS DARF KEIN ZWISCHENRAUM VORHANDEN
                        SEIN. SONSTIGE VORHANDENE ZWISCHENRAEUME
```

```
                                  - NATUERLICH NICHT INNERHALB DER GANZEN
                                  ODER REELLEN KONSTANTEN - WERDEN 'UEBER-
                                  LESEN' (S. ABSCHN. 8.2 UEBER DIE READ-
                                  ANWEISUNG).
                                  DAS PROGRAMM PRUEFT NICHT, OB UNZULAES-
                                  SIGE ZEICHEN ALS OPS ANGEGEBEN WORDEN
                                  SIND UND OB DIE BENUTZTEN REELLEN OPERA-
                                  TIONEN WERTE LIEFERN, DIE KEINE WERTE
                                  DES WERTEBEREICHS DES (IMPLEMENTATIONS-
                                  ABHAENGIGEN) REELLEN TYPS SIND. AUSSER-
                                  DEM BLEIBT DIE EIGENART DER REELLEN
                                  ARITHMETIK UNBERUECKSICHTIGT (S. ABSCHN.
                                  3.1.5). VON DER QUALIFIZIERUNGSANWEISUNG
                                  (S. ABSCHN. 6.2.4) WURDE BEWUSST KEIN GE-
                                  BRAUCH GEMACHT. *)
PROGRAM    KOMPLAR (INPUT,        (* EINGABE-
                                     TEXT-DATEI-VARIABLE *)
                   OUTPUT);       (* AUSGABE-
                                     TEXT-DATEI-VARIABLE *)
TYPE       COMPLEX = RECORD
                     RT ,         (* REAL TEIL *)
                     IT : REAL    (* IMAGINAER TEIL *)
                     END;
VAR        OP      : ARRAY [1 .. 2] OF COMPLEX;
                                  (* VARIABLE ZUR AUFNAHME DER
                                     OPERANDEN *)
           OPS     : CHAR;        (* VARIABLE ZUR AUFNAHME DES
                                     OPERATIONSSYMBOLS *)
           ERG     : COMPLEX;     (* VARIABLE ZUR AUFNAHME DES
                                     ERGEBNISSES BZW. BEI DER
                                     DIVISION AUCH EINES ZWI-
                                     SCHENERGEBNISSES *)
BEGIN                             (* KOMPLAR *)
  WHILE NOT EOF DO
    BEGIN                         (* DURCHF.EINER OPERATION *)
      READLN (OP [1].RT, OP [1].IT, OPS, OP [2].RT, OP [2].IT);
      CASE OPS OF                 (* FALLUNTERSCHEIDUNG *)
#+#:      BEGIN                   (* ADDITION *)
            ERG.RT := OP [1].RT + OP [2].RT;
            ERG.IT := OP [1].IT + OP [2].IT
          END;                    (* ADDITION *)
#-#:      BEGIN                   (* SUBTRAKTION *)
            ERG.RT := OP [1].RT - OP [2].RT;
            ERG.IT := OP [1].IT - OP [2].IT
          END;                    (* SUBTRAKTION *)
#*#:      BEGIN                   (* MULTIPLIKATION *)
            ERG.RT := OP [1].RT * OP [2].RT
                    - OP [1].IT * OP [2].IT;
            ERG.IT := OP [1].RT * OP [2].IT
                    + OP [1].IT * OP [2].RT
          END;                    (* MULTIPLIKATION *)
#/#:      BEGIN                   (* DIVISION *)
            ERG.IT := SQR (OP [2].RT) + SQR (OP [2].IT);
            ERG.RT := (OP [1].RT * OP [2].RT
                    +  OP [1].IT * OP [2].IT) / ERG.IT;
            ERG.IT := (OP [1].IT * OP [2].RT
                    -  OP [1].RT * OP [2].IT) / ERG.IT
          END                     (* DIVISION *)
      END;                        (* FALLUNTERSCHEIDUNG *)
```

```
      WRITELN;
      WRITELN (# #,    OP [1].RT, OP [1].IT);
      WRITELN (# #,    OPS,
                       OP [2].RT, OP [2].IT);
      WRITELN (# =#,   ERG    .RT, ERG    .IT)
   END                             (* DURCHF.EINER OPERATION *)
END.                               (* KOMPLAR *)
```

Fuer die im Programmkommentar angegebenen Beispieldaten liefert
das Programm:

```
    7.6000000000000E+004   1.0000000000000E+000
+   6.3000000000000E+000  -6.4000000000000E+000
=   7.6063000000000E+004  -5.4000000000000E+000

                       0   1.0000000000000E+000
-                      0   1.0000000000000E+000
=                      0                      0

    4.3000000000000E+000   1.0400000000000E+001
*   5.3000000000000E+000  -4.1000000000000E+000
=   6.5430000000000E+001   3.7490000000000E+001

    1.0040000000000E+002   4.6000000000000E+000
/                      0   1.0000000000000E+000
=   4.6000000000000E+000  -1.0040000000000E+002
```

Beachtet werden muss noch

Regel R4.2.2.2-1: Eine Satz-Komponenten-Variable 'aus' einem
                  'e<>r' varianten Satzteil einer 'p''e<>r' va-
                  rianten Satz-Variablen ist als Angabe eines Va-
                  riablenbezugs
                  . in Operanden eines Ausdrucks (s. Kap. 5),
                  . links oder rechts vom Symbol := in einer Wert-
                    zuweisung (s. Abschn. 6.1.1),
                  . zwischen den Wortsymbolen WITH und DO in einer
                    Qualifizierungsanweisung (s. Abschn. 6.2.4)
                    oder
                  . fuer eine Aktualisierung eines formalen Varia-
                    blenparameters in einer Prozeduranweisung oder
                    in einem Funktionsaufruf (s. Abschn. 7.2)
                  gegenueber diesen Konstrukten als unveraenderbar
                  existierender Bezug anzusehen.

Verletzungen dieser Regel kann man sich an einem aehnlich dem im
Anschluss an Regel R4.2.2.1-1 gegebenen Pseudoprogrammfragment
klarmachen. Es muss prinzipiell nur statt der Feld-Variablen FV1
und FV2 eine 'p''e<>r' variante Satz-Variable deklariert werden,
auf deren Satz-Komponenten-Variablen 'aus' dem 'e<>r' varianten
Satzteil passend Bezug genommen werden muss. Die Wertzuweisung
I := 2 ist ueberall durch Anweisungen zu ersetzen, die einen 'Variantenwechsel' bewirken. Man erkennt dann, dass Regel R4.2.2.2-1
im Grunde 'Variantenwechsel' in in der Regel gegebenen Zusammenhaengen verbietet und damit Fehlerursachen verhindert sowie Optimierungsmoeglichkeiten bietet.

4.2.2.3 Datei-Komponenten-Puffer

In Abschn. 3.2.4 ueber Datei-Typen wurde dargelegt, dass bei der
Verarbeitung von Daten eines Datei-Typs mittels eines PASCAL-Programmes zu einer Zeit nur immer (hoechstens) eine Komponente zur
Verfuegung steht. Zur Aufnahme oder - wie man sagt - Pufferung
(eines Wertes aus dem Wertebereich) dieser einen Komponente dient
eine Variable, die als Datei-Komponenten-Puffer bezeichnet werden
kann. Das soll bedeuten, dass mit der Deklaration einer Variablen
vom 'p''t' bzw. Text-Datei-Typ stets automatisch ein Datei-Komponenten-Puffer vom 't' bzw. Zeichenstandard-Typ deklariert ist.
Auf ihn bezieht man sich gemaess dem Syntax-Diagramm S61.

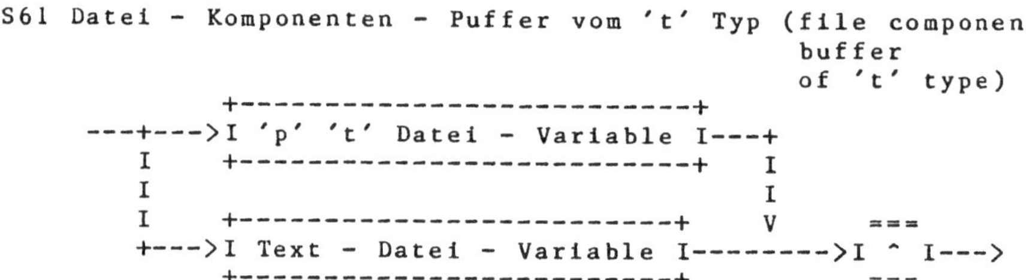

Danach sind Datei-Komponenten-Puffer vom 't' Typ 'p' 't' bzw. Text-
Datei-Variablen, auf die das Symbol ^ anzugeben ist. Die Angabe
zur Selektion bei Datei-Variablen ist also ein Datei-Komponenten-
Puffer.

Fuer die standardmaessig zur Verfuegung stehenden Text-Datei-Variablen INPUT und OUTPUT - vorausgesetzt, diese Namen seien als
Programmparameter aufgefuehrt - sind

                    INPUT^ und OUTPUT^

Datei-Komponenten-Puffer vom Zeichenstandard-Typ. Laege die Variablendeklaration

               FAHRZEUGKARTEI : FILE OF FAHRZEUGBRIEF

vor, in der der Typ FAHRZEUGBRIEF so definiert sein soll, wie es
in dem in Abschn. 3.4 gebrachten Beispiel eines Typdefinitionsteils unter Hinzuziehung der Satz-Typ-Angabe von S. 3.2.3.1/4 erfolgte, so waere

                    FAHRZEUGKARTEI^

ein Datei-Komponenten-Puffer vom FAHRZEUGBRIEF Typ. Dieser Datei-
Komponenten-Puffer vermag gewissermassen den Inhalt einer Karteikarte bzw. eines Fahrzeugbriefs aufzunehmen. Ist es notwendig,
einzelne Komponenten dieses Datums zu verarbeiten, so sind Variablenbezugsangaben beispielsweise folgender Art moeglich:

```
FAHRZEUGKARTEI^.HALTER                            ,
FAHRZEUGKARTEI^.HALTER.AKENNZ               oder
FAHRZEUGKARTEI^.HALTER.AKENNZ.ORTSK [2]  .
```

Vergleicht man diese mit den entsprechenden im vorherigen Abschnitt, so sieht man, dass FAHRZEUG durch FAHRZEUGKARTEI^ ersetzt ist. Natuerlich liegt dies an den Deklarationen der Variablen FAHRZEUG und FAHRZEUGKARTEI. Es ·ist also festzustellen, dass ein Datei-Komponenten-Puffer in gleicher Weise zu benutzen ist wie eine Satz-Komponenten-Variable, wie eine indizierte Variable oder eine Gesamtvariable vom 't' Typ. Dies wird auch deutlich in den folgenden Variablenbezugsangaben, die auf Grund der Variablendeklaration

```
FK : ARRAY [1 .. 2] OF FILE OF FAHRZEUGBRIEF
```

(FK fuer Fahrzeugkarteien) moeglich sind:

```
FK [1]^.HALTER                            ,
FK [2]^.HALTER.AKENNZ               oder
FK [1]^.HALTER.AKENNZ.ORTSK [2]       .
```

Hier sind FK [1]^ und FK [2]^ Datei-Komponenten-Puffer vom FAHRZEUGBRIEF Typ.

Bedingt durch das bei Variablen anderer als Datei-Typen nicht vorhandene Konzept der Zugehoerigkeit eines Datei-Komponenten-Puffers zu einer Datei-Variablen erhebt sich die Frage, wie der Wert eines Datei-Komponenten-Puffers zu benutzen ist, um den Wert der zugehoerigen Datei-Variablen zu aendern und umgekehrt, wie von einer Datei-Variablen ·ein Wert auf den zugehoerigen Datei-Komponenten-Puffer uebertragen werden kann. Zur Beantwortung dieser Frage verweisen wir auf das in Abschn. 3.2.4 ueber Datei-Typen Gesagte. Danach ist zu schliessen, dass die Aenderung des Wertes einer Datei-Variablen (ggf. nach Leeren mittels der Standardprozedur REWRITE) mittels der Standardprozedur PUT und die Uebertragung eines Wertes auf den Datei-Komponenten-Puffer mittels der Standardprozeduren RESET, wenn der Wert der ersten Komponente zu uebertragen ist oder GET, wenn der Wert der naechsten Komponente oder einer sequentiell folgenden Komponente zu uebertragen ist, moeglich ist. Das folgende kleine Beispielprogramm zeigt, wie eine Anwendung vorgenannter Standardprozeduren erfolgen kann. Ihre exakte Beschreibung erfolgt in Abschn. 7.2.5.1 ueber Dateimanipulationsprozeduranweisungen.

```
(* BEISPIEL B4.2.2.3-1: KOPIEREN VON DATEN REELLEN DATEI-TYPS *)
PROGRAM    KOPIERE  (ED,
                     AD,
                     OUTPUT);       (* VON PASCAL-6000-3.4-IMPLE-
                                        MENTATION GEFORDERT *)
VAR        ED      ,               (* REELLE DATEI VARIABLE ZUR
                                        EINGABE *)
           AD      : FILE OF REAL; (* REELLE DATEI VARIABLE ZUR
                                        AUSGABE *)
```

```
BEGIN
   RESET    (ED);                    (* SETZE ED ZURUECK UND UEBER-
                                         TRAGE ERSTEN KOMPONENTEN-
                                         WERT AUF ED' *)

   REWRITE (AD);                     (* LEERE AD *)
   WHILE NOT EOF (ED) DO             (* SOLANGE NOCH KOMPONENTEN-
                                         WERTE VORHANDEN SIND *)

      BEGIN
        AD' := ED';                  (* WEISE WERT VON ED' AD' ZU *)
        PUT (AD);                    (* DEHNE AD AUS *)
        GET (ED)                     (* SCHREITE IN ED FORT UND
                                         UEBERTRAGE GGF. NAECHSTEN
                                         KOMPONENTENWERT NACH ED' *)

      END
END.
```

Zu dem vorstehenden Beispielprogramm sei bemerkt, dass die Typ-
Angabe FILE OF REAL nicht ohne weiteres durch die Typ-Angabe TEXT
ersetzt werden kann, wenn der Wunsch bestehen sollte, dieses Programm so zu aendern, dass es zum Kopieren von Text-Datei-Variablen dienen kann. Zeilenendekennzeichen wuerden naemlich nicht mit
uebertragen (s. Abschn. 3.2.4.2). Ausserdem sei darauf hingewiesen, dass die Datei-Variable ED mittels eines geeigneten anderen
Programmes initialisiert sein muss, ehe sie von dem Beispielprogramm B4.2.2.3-1 benutzt werden kann.

Zu beachten ist noch

Regel R4.2.2.3-1: Ein Datei-Komponenten-Puffer ist als Angabe ei-
                  nes Variablenbezugs
                  . in Operanden eines Ausdrucks (s. Kap. 5),
                  . links oder rechts vom Symbol := in einer Wert-
                    zuweisung (s. Abschn. 6.1.1),
                  . zwischen den Wortsymbolen WITH und DO in einer
                    Qualifizierungsanweisung (s. Abschn. 6.2.4)
                    oder
                  . fuer eine Aktualisierung eines formalen Varia-
                    blenparameters in einer Prozeduranweisung oder
                    in einem Funktionsaufruf (s. Abschn. 7.2)
                  gegenueber diesen Konstrukten als unveraenderbar
                  existierender Bezug anzusehen.

Verletzungen dieser Regel kann man sich an einem aehnlich dem im
Anschluss an Regel R4.2.2.1-1 gegebenen Pseudoprogrammfragment
klarmachen. Es muss prinzipiell nur statt der Feld-Variablen FV1
und FV2 eine Datei-Variable deklariert werden, auf deren Datei-
Komponenten-Puffer passend Bezug zu nehmen ist. Die Wertzuweisung
I := 2 ist ueberall durch eine Dateimanipulationsprozeduranweisung
(s. Abschn. 7.2.5.1) zu ersetzen. Man erkennt dann, dass Regel
R4.2.2.3-1 im Grunde 'Aenderungen' der Datei-Variablen, zu der der
Datei-Komponenten-Puffer zugehoerig ist, in in der Regel gegebenen
Zusammenhaengen verbietet und damit Fehlerursachen verhindert so-
wie Optimierungsmoeglichkeiten bietet (es ist denkbar, dass eine
PASCAL-Implementation fuer einen Datei-Komponenten-Puffer keinen
Zentralspeicherbedarf hat, sondern nur per Adressierung in der
Datei-Variablen einen Bezug herstellt, und ausserdem ggf. die
Adressierung in einem schnell zugreifbaren Speicherelement (Regi-
ster) verwaltet).

4.2.3 Referenzierte Variablen

Referenzierte Variablen (in [080] als identified variables bezeichnet) vom 't' Typ sind Variablenbezugsangaben, die gemaess
dem Syntax-Diagramm S62 zu gestalten sind.

S62 referenzierte Variable vom 't' Typ (referenced [or
                identified] variable of 't' type)

```
     +------------------------------------+     ===
--->I 't' gebundene Zeiger - Variable I--->I ^ I--->
     +------------------------------------+     ===
```

Eine referenzierte Variable vom 't' Typ ist danach eine 't' gebundene Zeiger-Variable, auf die das Symbol ^ folgen muss.

Nun ist bei den bisher besprochenen Variablen kaum ein Wort zur
Benutzung von Variablen verloren worden, weil diese nach den allgemeinen Darlegungen in Abschn. 4 und den entsprechenden Beispielprogrammen offensichtlich ist. Die Benutzung von referenzierten
Variablen bedarf jedoch einiger Erlaeuterungen. Wir greifen dazu
auf die Darlegungen in Abschn. 3.3 ueber Zeiger-Typen zurueck. In
diesen wurde geschildert, wie eine KFZ-Kartei ohne Zuhilfenahme
einer DVA verwaltet werden kann. Unter Zuhilfenahme einer DVA
koennte die KFZ-Kartei mittels eines entsprechenden PASCAL-Programmes in sinngemaess uebertragener Weise verwaltet werden, wenn
die Werte einer jeden Karteikarte je auf einer referenzierten Variablen vom Typ FAHRZEUGBRIEF (s. S. 3.4/3) gehalten wuerden. Die
momentan bearbeitete referenzierte Variable vom Typ FAHRZEUGBRIEF
muesste ueber den Wert einer FAHRZEUGBRIEF gebundenen Zeiger-Variablen, sagen wir

        MOMZEIG : ^FAHRZEUGBRIEF   ,

zugaenglich gemacht werden - oder anders ausgedrueckt: Der momentane Wert der FAHRZEUGBRIEF gebundenen Zeiger-Variablen

        MOMZEIG

verweist - zeigt - auf die momentan bearbeitete referenzierte Variable vom Typ FAHRZEUGBRIEF der Menge der referenzierten Variablen vom Typ FAHRZEUGBRIEF

        MOMZEIG^   .

Da nun nach der Definition des Typs FAHRZEUGBRIEF auf S. 3.4/3
jede referenzierte Variable vom Typ FAHRZEUGBRIEF eine Satz-Komponenten-Variable vom FAHRZEUGBRIEF gebundenen Zeiger-Typ

        MOMZEIG^.ZEIGER

(gebildet nach S54, S55, S62 und S60) besitzt, deren Wert auf die
(logisch) naechste referenzierte Variable vom Typ FAHRZEUGBRIEF
verweist, kann dieser Wert per Wertzuweisung (s. Abschn. 6.1.1)

        MOMZEIG := MOMZEIG^.ZEIGER

der FAHRZEUGBRIEF gebundenen Zeiger-Variablen MOMZEIG zugewiesen
werden, womit MOMZEIG nunmehr auf die naechste zu bearbeitende
referenzierte Variable vom Typ FAHRZEUGBRIEF der Menge der referenzierten Variablen vom Typ FAHRZEUGBRIEF verweist. Es duerfte
offensichtlich sein, wie die Bearbeitung der KFZ-Kartei weiter
verlaeuft. Bleibt noch zu sagen, dass die Bearbeitung damit beginnt, dass der Wert einer FAHRZEUGBRIEF gebundenen Zeiger-Variablen

        ANFZEIG

(Anfangszeiger) MOMZEIG zugewiesen wird. ANFZEIG entspricht dem
der beiden Eintraege auf der Karteikarte, die allen Karteikarten
der KFZ-Kartei vorangestellt ist und der auf die (logisch) erste
Karteikarte verweist, die noch nicht als Abgang verzeichnet ist.
Die Satz-Komponenten-Variable MOMZEIG^.ZEIGER der (logisch) letzten referenzierten Variablen vom Typ FAHRZEUGBRIEF der Menge der
referenzierten Variablen vom Typ FAHRZEUGBRIEF wird entsprechend
der (logisch) letzten Karteikarte, die keinen Verweis auf eine
weitere Karteikarte enthaelt, den Wert NIL (s. S48) enthalten.
(Natuerlich kann in analoger Weise verfahren werden, wenn es notwendig ist, die Abgaenge zu verwalten.) Das folgende Programmfragment

```
        MOMZEIG := ANFZEIG;
        WHILE MOMZEIG <> NIL DO
          BEGIN
            (* VERARBEITUNG DER REFERENZIERTEN VARIABLEN VOM
               TYP FAHRZEUGBRIEF, AUF DIE DER MOMENTANE WERT
               VON MOMZEIG VERWEIST *)
            MOMZEIG := MOMZEIG^.ZEIGER
          END
```

moege dies verdeutlichen.

Nun ist bei all diesen Darlegungen davon ausgegangen worden, dass
die Menge der referenzierten Variablen vom Typ FAHRZEUGBRIEF erstellt ist und ANFZEIG einen Wert enthaelt, der auf die (logisch)
erste referenzierte Variable der Menge verweist. Wie ist sie aber
zu erstellen, denn es erfolgt ja nur die Deklaration von FAHRZEUG-
BRIEF gebundenen Zeiger-Variablen ANFZEIG und MOMZEIG? Dazu dient
die dynamische Zuweisungsprozedur mit dem Standardnamen NEW (s.
Abschn. 7.2.5.2). Die Anweisung der Form

        NEW (ANFZEIG)

richtet die (logisch) erste referenzierte Variable vom Typ FAHR-
ZEUGBRIEF ein und weist ANFZEIG den Wert zu, der auf diese erste
referenzierte Variable verweist. Nun koennen alle Satz-Komponenten-Variablen initialisiert werden, beispielsweise per Wertzuweisung wie

        ANFZEIG^.HALTER.AKENNZ.ORTSK := 'GM '   .

Eine weitere referenzierte Variable vom Typ FAHRZEUGBRIEF laesst
sich einrichten per

        NEW (MOMZEIG)

und an die (logisch) erste referenzierte Variable 'anketten' durch

        ANFZEIG^.ZEIGER := MOMZEIG   .

Damit oder mittels des Programmfragments

        NEW (ANFZEIG);
        (* INITIALISIERUNG DER REFERENZIERTEN VARIABLEN VOM
           TYP FAHRZEUGBRIEF, AUF DIE DER WERT VON ANFZEIG
           VERWEIST *)
        MOMZEIG := ANFZEIG;
        WHILE (* WEITERE EINRICHTUNG UND INITIALISIERUNG VON
                  REFERENZIERTEN VARIABLEN VOM TYP FAHRZEUGBRIEF
                  NOETIG IST *) DO
          BEGIN
            NEW (MOMZEIG^.ZEIGER);
            MOMZEIG := MOMZEIG^.ZEIGER;
            (* INITIALISIERUNG DER REFERENZIERTEN VARIABLEN VOM
               TYP FAHRZEUGBRIEF, AUF DIE DER MOMENTANE WERT
               VON MOMZEIG VERWEIST *)
          END;
        MOMZEIG^.ZEIGER := NIL

duerfte klar sein, wie die Menge der referenzierten Variablen vom
Typ FAHRZEUGBRIEF zu erstellen ist.

Bezueglich Algorithmen zum Aufbau und zur Verarbeitung komplizier-
terer Datenstrukturen als der der (hier) als sog. lineare Liste
dargestellten KFZ-Kartei - z.B. sog. Baeume - verweisen wir auf
[204].

Wir koennen festhalten: Ist eine 't' gebundene Zeiger-Variable
mit einem von NIL verschiedenen Wert initialisiert, so verweist
diese auf eine referenzierte Variable vom 't' Typ. Referenzierte
Variablen werden nicht durch Variablendeklarationen deklariert,
sondern muessen waehrend der Laufzeit eines PASCAL-Programmes
mittels der dynamischen Zuweisungsprozedur NEW eingerichtet werden. Es handelt sich nicht um benannte Variablen, sondern um durch
Zeiger-Variablen verwiesene Variablen - also nicht um statisch,
sondern dynamisch verwaltete Variablen. Darueber hinaus besteht
noch die Moeglichkeit, referenzierte Variablen per dynamischer Zuweisungsprozedur mit dem Standardnamen DISPOSE freizugeben (s.
Abschn. 7.2.5.2), was die dynamische Verwaltung referenzierter Variablen weiter unterstreicht.

Zu beachten ist noch

Regel R4.2.3-1: Eine referenzierte Variable ist als Angabe eines
                Variablenbezugs
                  . in Operanden eines Ausdrucks (s. Kap. 5),
                  . links oder rechts vom Symbol := in einer Wert-
                    zuweisung (s. Abschn. 6.1.1),
                  . zwischen den Wortsymbolen WITH und DO in einer
                    Qualifizierungsanweisung (s. Abschn. 6.2.4) oder
                  . fuer eine Aktualisierung eines formalen Varia-
                    blenparameters in einer Prozeduranweisung oder in
                    einem Funktionsaufruf (s. Abschn. 7.2)
                gegenueber diesen Konstrukten als unveraenderbar
                existierender Bezug anzusehen.

Verletzungen dieser Regel kann man sich an einem aehnlich dem im
Anschluss an Regel R4.2.2.1-1 gegebenen Pseudoprogrammfragment
klarmachen. Es muss prinzipiell nur statt der Feld-Variablen FV1
und FV2 eine 't' gebundene Zeiger-Variable deklariert und auf die
durch sie verwiesene, referenzierte 't' Variable passend Bezug genommen werden. Die Wertzuweisung I := 2 ist ueberall durch Wertzuweisungen an die 't' gebundene Zeiger-Variable oder NEW-Prozeduranweisungen (s. Abschn. 7.2.5.2), die diese als ersten oder einzigen aktuellen Parameter besitzen, zu ersetzen. Man erkennt dann,
dass Regel R4.2.3-1 im Grunde Aenderungen der 't' gebundenen Zeiger-Variablen, die auf die referenzierte 't' Variable verweist,
in in der Regel gegebenen Zusammenhaengen verbietet und damit Fehlerursachen verhindert sowie Optimierungsmoeglichkeiten bietet.

Abschliessend ein Beispiel eines Programmes, welches genau wie
B4.2.2.1-1 Zeichenketten nach der Methode des direkten Einfuegens
zu sortieren vermag, aber dazu Zeiger- und referenzierte Variablen verwendet und dadurch das in B4.2.2.1-1 ggf. notwendige Ver-
schieben waehrend des Einfuegens einer Zeichenkette vermeidet.
Auch werden den gelesenen Zeichenketten entsprechend variabel
'grosse' referenzierte Variablen eingerichtet, womit der zweite
Nachteil von B4.2.2.1-1 (weitgehend) vermieden wird. Dazu ist allerdings noetig, Formen von Anweisungen der dynamischen Zuweisungsprozedur NEW zu verwenden, die erst in Abschn. 7.2.5.2 besprochen
werden. Der dritte Nachteil von B4.2.2.1-1 bleibt selbstverstaend-
lich: Es gibt bessere Sortieralgorithmen. Die Anwendung von
B4.2.2.1-1 auf die in Abschn. 2.2.3 aufgefuehrten Standardnamen
liefert natuerlich das gleiche Ergebnis wie die Anwendung von
B4.2.2.1-1.

```
(* BEISPIEL B4.2.3-1: SORTIERUNG VON ZEICHENKETTEN NACH DER ME-
                      THODE DES DIREKTEN EINFUEGENS UNTER VERWEN-
                      DUNG VON ZEIGER- UND REFERENZIERTEN VARIA-
                      BLEN *)
PROGRAM    SORTZK2    (INPUT,           (* EINGABE-TEXT-DATEI-VARIABLE *)
                      OUTPUT);          (* AUSGABE-TEXT-DATEI-VARIABLE *)
CONST      LMAX     = 10;              (* MAXIMALE ZEICHENKETTEN-
                                          LAENGE *)
           AZKPZ    = 5;               (* ANZAHL ZEICHENKETTEN PRO
                                          ZEILE BEI DER AUSGABE *)
TYPE       LMTYP    = 1 .. LMAX;       (* 1 .. LMAX TYP *)
           LMZTYP   = PACKED ARRAY [LMTYP] OF CHAR;
                                       (* LMAX ZEICHEN-TYP *)
           ZTYP     = 'IVSTYP;         (* INTEGER VARIANTER SATZ-
                                          GEBUNDENER ZEIGER-TYP *)
           IVSTYP   = RECORD
                        ZN : ZTYP;     (* 'ZEIGER' ZUR NAECHSTEN
                                          ZEICHENKETTE *)
                        CASE LAENGE : LMTYP OF
                                       (* LAENGE DER ZEICHENKETTE *)
0:                          ();        (* HILFS-(DUMMY-)VARIANTE, UM
                                          EINE VARIABLE ANLEGEN ZU
                                          KOENNEN, DIE AUF DEN BEGINN
                                          DER SORTIERTEN ZEICHENKET-
                                          TENFOLGE VERWEIST. DADURCH
                                          SIND BEIM EINFUEGEN ABFRA-
                                          GEN AUF DEN BEGINN DER SOR-
                                          TIERTEN ZEICHENKETTENFOLGE
                                          VERMEIDBAR *)
```

```
1:                          (ZK1     : PACKED
                                     ARRAY [1 .. 1] OF CHAR);
2:                          (ZK2     : PACKED
                                     ARRAY [1 .. 2] OF CHAR);
3:                          (ZK3     : PACKED
                                     ARRAY [1 .. 3] OF CHAR);
4:                          (ZK4     : PACKED
                                     ARRAY [1 .. 4] OF CHAR);
5:                          (ZK5     : PACKED
                                     ARRAY [1 .. 5] OF CHAR);
6:                          (ZK6     : PACKED
                                     ARRAY [1 .. 6] OF CHAR);
7:                          (ZK7     : PACKED
                                     ARRAY [1 .. 7] OF CHAR);
8:                          (ZK8     : PACKED
                                     ARRAY [1 .. 8] OF CHAR);
9:                          (ZK9     : PACKED
                                     ARRAY [1 .. 9] OF CHAR);
LMAX:                       (ZKLMAX : LMZTYP)
                    END;              (* INTEGER VARIANTER SATZ-
                                         TYP *)
(* BEMERKUNG: DIE FORM DER VORSTEHENDEN TYPDEFINITION KANN ANGE-
             BRACHT SEIN ODER NICHT, JE NACHDEM MIT WEL-
             CHER PASCAL-IMPLEMENTATION DIESES PROGRAMM
             ZUM ABLAUF GEBRACHT WIRD. Z.B. IST ES BEI
             BENUTZUNG DER PASCAL-6000-3.4-IMPLEMENTATION,
             DIE 'N'-ZEICHEN-VARIABLEN - WENN IMMER MOEG-
             LICH - AUS ABLAUFZEITERSPARNISGRUENDEN 10-
             ZEICHENWEISE VERARBEITET, SICHER BESSER,
             LMAX DIV 10 + 1 VARIANTEN FUER JE 10 ZEICHEN
             STATT LMAX VARIANTEN FUER JE 1 ZEICHEN AN-
             ZUGEBEN (AUSSER DER VARIANTE '0'). DER UMFANG
             DER AUSWAHLANWEISUNG CASE L OF ... IM ANWEI-
             SUNGSTEIL WUERDE SICH ERHEBLICH REDUZIEREN. *)
VAR     ZK      : LMZTYP;           (* VARIABLE, AUF DIE EINE
                                       ZEICHENKETTE EINGELESEN
                                       WIRD *)
        LMIN    ,                   (* VARIABLE ZUR AUFNAHME VON
                                       MIN (L, ZNF'.LAENGE) WAEH-
                                       REND DES SUCHENS UND EIN-
                                       FUEGENS *)
        L       ,                   (* VARIABLE ZUR AUFNAHME DER
                                       LAENGE DER EINGELESENEN
                                       ZEICHENKETTE; BEI AUSGA-
                                       BE: LAUFVARIABLE *)
        I       : INTEGER;          (* HILFSVARIABLE FUER ZAEHL-
                                       ZWECKE *)
        ZB      ,                   (* ZEIGERVARIABLE, DEREN WERT
                                       AUF DEN BEGINN DER SORTIER-
                                       TEN ZEICHENKETTEN VERWEIST,
                                       GENAUER: AUF DIE DUMMY-ZEI-
                                       CHENKETTE DER LAENGE 0 *)
        ZM      ,                   (* ZEIGERVARIABLE, DEREN WERTE
                                       AUF DIE MOMENTAN EINGELESE-
                                       NE ZEICHENKETTE VERWEIST
                                       BZW. BEI DER AUSGABE AUF
                                       DIE MOMENTAN IN AUSGABE BE-
                                       FINDLICHE ZEICHENKETTE *)
```

```
                ZVG       ,                (* ZEIGERVARIABLE, DEREN WERTE
                                              WAEHREND DES EINFUEGENS AUF
                                              DIE VORGAENGERZEICHENKETTEN
                                              VERWEISEN *)
                ZNF       : ZTYP;          (* ZEIGERVARIABLE, DEREN WERTE
                                              WAEHREND DES EINFUEGENS AUF
                                              DIE NACHFOLGERZEICHENKETTEN
                                              VERWEISEN *)
BEGIN
  NEW (ZB, 0);
  ZB'.ZN := NIL;
  WHILE NOT EOF DO
    BEGIN                                  (* EINLESEN UND SORTIEREN *)
      L := 0;
      WHILE NOT EOLN AND (L < LMAX) DO
        BEGIN                              (* EINLESEN EINER ZEICHEN-
                                              KETTE *)
          L := L + 1;
          READ (ZK [L])
        END;                               (* EINLESEN *)
      READLN;
  (* ES IST VORAUSGESETZT, DASS DIE TEXT-DATEI-VARIABLE INPUT
     KEINE ZEILEN ENTHAELT, DIE NUR DAS ZEILENENDEKENNZEICHEN
     ENTHALTEN *)
      CASE L OF                            (* EINRICHTUNG DER VARIABLEN
                                              ZUR AUFNAHME DER EINGELE-
                                              SENEN ZEICHENKETTE GEMAESS
                                              DES WERTES VON L *)
1:          NEW (ZM,     1);
2:          NEW (ZM,     2);
3:          NEW (ZM,     3);
4:          NEW (ZM,     4);
5:          NEW (ZM,     5);
6:          NEW (ZM,     6);
7:          NEW (ZM,     7);
8:          NEW (ZM,     8);
9:          NEW (ZM,     9);
LMAX:       NEW (ZM, LMAX);
      END;                                 (* EINRICHTUNG *)
      ZM'.LAENGE := L;
      FOR I := 1 TO L DO
        ZM'.ZKLMAX [I] := ZK [I];
      ZVG := ZB;
      ZNF := ZB'.ZN;
      WHILE ZNF <> NIL DO
        BEGIN                              (* SUCHEN DER ZEICHENKETTE,
                                              HINTER DER DIE EINGELESE-
                                              NE ZEICHENKETTE EINZUFUE-
                                              GEN IST *)
          IF L > ZNF'.LAENGE THEN
            LMIN := ZNF'.LAENGE
          ELSE
            LMIN := L;
          I := 0;
          REPEAT
            I := I + 1;
          UNTIL (I = LMIN) OR (ZNF'.ZKLMAX [I] <> ZK [I]);
```

```
        IF (ZNF'.ZKLMAX [I] > ZK [I]) OR
           (ZNF'.ZKLMAX [I] = ZK [I]) AND
           (ZNF'.LAENGE      = L)         THEN
          ZNF := NIL
        ELSE
          BEGIN                          (* MERKEN DES 'VORGAENGERS'
                                            UND ZEIGEN ZUM 'NACH-
                                            FOLGER' *)

            ZVG := ZNF;
            ZNF := ZNF'.ZN
          END                            (* MERKEN UND ZEIGEN *)
      END;                               (* SUCHEN *)
   ZM'.ZN  := ZVG'.ZN;
   ZVG'.ZN := ZM
  END;                                   (* EINLESEN UND SORTIEREN *)
 I  := AZKPZ;
 ZM := ZB'.ZN;
 WHILE ZM <> NIL DO
   BEGIN                                 (* AUSGABE *)
     IF I = AZKPZ THEN
       BEGIN                             (* ZEILENABSCHLUSS *)
         WRITELN;
         I := 1;
       END                               (* ZEILENABSCHLUSS *)
     ELSE
       I := I + 1;
     WRITE (#   #);
     FOR L := 1 TO ZM'.LAENGE DO
       WRITE (ZM'.ZKLMAX [L]);
     FOR L := LMAX-ZM'.LAENGE DOWNTO 1 DO
       WRITE (# #);
     ZM := ZM'.ZN
   END;                                  (* AUSGABE *)
 WRITELN
END.                                     (* SORTZK2 *)
```

Zu dem vorstehenden Beispielprogramm ist noch zu bemerken, dass
dieses wohl mit der PASCAL-6000-3.4-Implementation ablauffaehig
ist, aber mit einer streng [080] beachtenden Implementation nicht.
Denn nach [080] bzw. Abschn. 3.2.3.2 kann die Laufanweisung

```
        FOR I := 1 TO L DO
          ZM'.ZKLMAX [I] := ZK [I]                        ,
```

ohne auf Fehler zu laufen, nur das gewuenschte Ergebnis liefern,
wenn L = ZM'.LAENGE = LMAX ist. D.h., nach [080] muesste sie ersetzt werden durch eine Auswahlanweisung z.B. der Form

```
    CASE L OF
  1: ZM'.ZK1 [1] := ZK [1];
     (* IN DIESEM FALL KANN ES AUCH AUS ABLAUFZEITGRUENDEN ANGE-
        BRACHT SEIN, DIE VARIANTE 1 IN IVSTYP ZU ERSETZEN DURCH
                           1: (ZK1 : CHAR)
        UND HIER ZU SCHREIBEN
                           ZK1 := ZK [1] *)
```

```
2:    BEGIN
        ZM'.ZK2 [1] := ZK [1];
        ZM'.ZK2 [2] := ZK [2]
      END;
      (* EVTL. IST ANALOGES ANGEBRACHT WIE IM FALL 1 *)
3:    BEGIN
        ZM'.ZK3 [1] := ZK [1];
        ZM'.ZK3 [2] := ZK [2];
        ZM'.ZK3 [3] := ZK [3]
      (* EVTL. IST ANALOGES ANGEBRACHT WIE IM FALL 1 *)
4:    FOR I := 1 TO 4 DO
        ZM'.ZK4 [I] := ZK [I];
5:    FOR I := 1 TO 5 DO
        ZM'.ZK5 [I] := ZK [I];
  .
  .
  .
9:    FOR I := 1 TO 9 DO
        ZM'.ZK9 [I] := ZK [I];
LMAX: FOR I := 1 TO LMAX DO
        ZM'.ZKLMAX [I] := ZK [I]
    END                                       .
```

Aehnlich ist mit allen Anweisungen zu verfahren, in denen der Name ZKLMAX vorkommt. Man sieht, wie schreibaufwendig, aber sicher lesbarer, weniger fehleranfaellig (nicht schreibfehleranfaellig) und aenderungsfreundlich Programme durch die von [080] geforderten Ueberwachungen sein koennen.

4.3 Zentralspeicherbedarf

Da Variablen als Traeger von Werten u.a. Operanden fuer auszufueh-
rende Operationen sind, und wir andererseits von Abschn. 1.2 her
wissen, dass eine DVA Maschinenoperationen an im Zentralspeicher
liegenden Operanden durchfuehrt, ist zu folgern, dass ein PASCAL-
Kompilierer Variablen im Zentralspeicher 'anordnet'. Damit haben
Variablen also Zentralspeicherbedarf. Zentralspeicher steht aber
nicht in jeder DVA in 'beliebiger' Groesse zur Verfuegung. Es ist
daher oftmals notwendig, sich ueber den Zentralspeicherbedarf der
Variablen eines Programmes einen Ueberblick zu verschaffen. Um diesen abschaetzen zu koennen, stellen wir uns vor, dass Variablen
einfachen und 't' gebundenen Zeiger-Typs gleich viel Zentralspeicherbedarf haben. Das ist sicherlich nicht uneingeschraenkt richtig - vielmehr implementationsabhaengig. Fuer eine Abschaetzung
reicht die gegebene Vorstellung jedoch aus. Sie wird i.a. eine
obere Schranke liefern. Wir wollen weiter annehmen, dass der Zentralspeicherbedarf durch ein 'Kaestchen' darstellbar ist, wie es
Abb. 3 zeigt.


```
        +------------+
        I            I
        +------------+
```


    Abb. 3 Darstellung des Zentralspeicherbedarfs von Varia-
           blen einfachen und 't' gebundenen Zeiger-Typs

Dann ist es naheliegend, den momentanen Wert einer Variablen einfachen Typs oder 't' gebundenen Zeiger-Typs in das 'Kaestchen'
einzutragen und eine Variablenbezugsangabe an das 'Kaestchen'
ausserhalb, um es zu bezeichnen, anzufuegen. Beispielhaft zeigt
dies Abb. 4, der die Variablendeklarationen

        R : REAL
und
        Z : ^Name f.'t' Typ

zugrunde liegen, wobei Name f.'t' Typ als Name eines in einem
geeigneten Typdefinitionsteil definierten Typs 't' stehen soll.
Als augenblicklicher Wert der Variablen R wurde 1.6E7 angenommen.
Werte von Zeiger-Variablen ungleich NIL sind - wie wir wissen -
implementationsabhaengig, und es gibt daher keine Darstellung in
PASCAL. Wir symbolisieren sie durch einen 'Pfeil' der Form

```
        X
        I
        I
        +---> referenzierte Variable vom 't' Typ          ,
```

womit auch der augenblickliche Wert von Z in Abb. 4 dargestellt
ist.

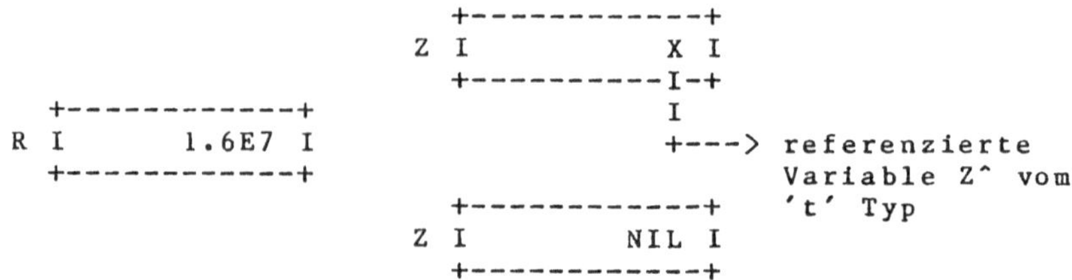

```
                                 +-----------+
                              Z I         X I
                                 +---------I-+
       +-----------+                       I
     R I    1.6E7 I                        +---> referenzierte
       +-----------+                             Variable Z^ vom
                                 +-----------+   't' Typ
                              Z I       NIL I
                                 +-----------+
```

Abb. 4 Darstellung des Zentralspeicherbedarfs der reellen
       Variablen R mit dem Wert 1.6E7 und der 't' gebunde-
       nen Zeiger-Variablen Z mit einem auf eine referen-
       zierte Variable vom 't' Typ verweisenden Wert bzw.
       dem Wert NIL

Die Bezeichnung eines 'Kaestchens' (in Abb. 4 mit R und Z), die
einem (externen) PASCAL-Programmtext entnommen ist, entspricht
(intern) einer Adresse, d.h. Variablenbezugsangaben sind waehrend
der Programmausfuehrung Adressen zugeordnet, die nach Abschn. 1.2
von dem durch den Kompilierer aus dem PASCAL-Programmtext erzeugten Maschinenprogramm benoetigt werden, um an Operanden - sprich:
Variablen - Operationen durchfuehren zu koennen.

Von Abschn. 3.2 her ist bekannt, dass Daten strukturierter Typen
ausgehend von Daten einfacher Typen und 't' gebundener Zeiger-Typen
aufbaubar sind. Daher werden Variablen strukturierter Typen dies
auch sein. Weiss man noch, dass ein Zentralspeicher modellhaft als
eine linear angeordnete Folge von obigen 'Kaestchen' aufgefasst
werden kann, so ist einsichtig, dass der Zentralspeicherbedarf
einer Variablen eines Feld-Typs, beispielsweise

        F1 : ARRAY [1 .. 3] OF INTEGER   ,

in der in Abb. 5 gezeigten Weise darstellbar ist.

```
            +-----------------------+
        F1 I       +-----------+ I
           I F1 [1] I       100 I I
           I       +-----------+ I
           I F1 [2] I        -7 I I
           I       +-----------+ I
           I F1 [3] I         0 I I
           I       +-----------+ I
            +-----------------------+
```

Abb. 5 Darstellung des Zentralspeicherbedarfs der 1..3 in-
       dizierten ganzen Feld-Variablen F1 und der Anordnung
       der indizierten Variablen F1 [1], F1 [2] und F1 [3]

Ein komplizierteres Beispiel ist in Abb. 6 zu sehen, fuer die die
Deklaration

        F2 : ARRAY [0 .. 2] OF ARRAY [3 .. 4] OF REAL

vorausgesetzt ist.

```
        +---------------------------------------+
 F2 I              +-----------------------------+ I
    I F2 [0] I              +---------------+ I I
    I        I F2 [0][3] I          0.0 I I I
    I        I              +---------------+ I I      1. Vektor
    I        I F2 [0][4] I         -6E4 I I I
    I        I              +---------------+ I I
    I              +-----------------------------+ I
    I F2 [1] I              +---------------+ I I
    I        I F2 [1][3] I          3.14 I I I
    I        I              +---------------+ I I      2. Vektor
    I        I F2 [1][4] I          7.6 I I I
    I        I              +---------------+ I I
    I              +-----------------------------+ I
    I F2 [2] I              +---------------+ I I
    I        I F2 [2][3] I        -100.0 I I I
    I        I              +---------------+ I I      3. Vektor
    I        I F2 [2][4] I         15.5 I I I
    I        I              +---------------+ I I
    I              +-----------------------------+ I
        +---------------------------------------+
```

       Abb. 6 Darstellung des Zentralspeicherbedarfs der 0..2, 3..4
              indizierten reellen Feld-Variablen F2 und der Anord-
              nung der indizierten Variablen F2 [0], F2 [1], F2 [2]
              bzw. F2 [0][3], F2 [0][4], ... , F2 [2][4]

Man sieht, wie sich die Deklaration in der Anordnung im Zentralspeicher widerspiegelt: Es folgt Vektor auf Vektor des Vektors
der Vektoren. Eine Matrix z.B. ist zeilenweise angeordnet.

Sei darauf hingewiesen, dass die Adressberechnung waehrend des Ab-
laufs mitunter nicht unerheblichen Zeitaufwandes bedarf. Denn da in
indizierten Variablen Index-Ausdruecke beliebiger Komplexitaet vorkommen koennen, koennen die Zentralspeicheradressen i.a. nicht
waehrend der Uebersetzung berechnet werden, sondern erst zur Laufzeit, nachdem die Werte der Index-Ausdruecke errechnet sind. Je
'strukturierter' eine Feld-Variable ist, umso mehr Zeit kann dies
erfordern. Daher muss ggf. ueberlegt werden, ob nicht statt einer
'stark strukturierten' Feld-Variablen eine 'einfacher strukturierte' Feld-Variable verwandt werden kann.

Zum Zentralspeicherbedarf von Mengen-Variablen ist nur schwer etwas zu sagen, da er in hohem Masse implementationsabhaengig ist,
was aus den Ausfuehrungen in Abschn. 3.2.2 ueber Mengen-Typen zu
folgern ist. Es kann sein, dass eine 'groessere' Anzahl von Komponenten in einem 'Kaestchen' angeordnet ist oder aber auch pro
Komponente ein 'Kaestchen' vorgesehen ist.

Der Zentralspeicherbedarf und die Anordnung von Satz-Komponenten-
Variablen von nicht-varianten Satz-Variablen ist unmittelbar klar.
Betrachten wir beispielsweise

```
S1 : RECORD
        K1 : INTEGER;
        K2 : ARRAY [1 .. 2] OF REAL
     END
```
,

so ergibt sich Abb. 7.

```
      +-------------------------------------+
S1 I  I                     +------------+  I
   I  I S1.K1               I        111 I  I
   I  I                     +------------+  I
   I  I         +---------------------------+ I
   I  I S1.K2 I                 +------------+ I I
   I  I        I S1.K2 [1] I          7.6 I I I
   I  I        I           +------------+ I I
   I  I        I S1.K2 [2] I      -1.3E-6 I I I
   I  I        I           +------------+ I I
   I  I        +---------------------------+ I
      +-------------------------------------+
```

Abb. 7 Darstellung des Zentralspeicherbedarfs der
       nicht-varianten Satz-Variablen S1 und der
       Anordnung der Satz-Komponenten-Variablen
                 S1.K1 und S1.K2

Schwieriger ist die Frage nach dem Zentralspeicherbedarf und der
Anordnung von Satz-Komponenten-Variablen von 'e<>r' varianten
Satz-Variablen zu beantworten. Es ist denkbar, dass die 'varian-
ten' Satz-Komponenten-Variablen uebereinander oder aber auch nach-
einander angeordnet sind - also 'variante' Satz-Komponenten im
Zentralspeicher ueberlagert werden oder nicht. Fuer das Beispiel

```
        S2 : RECORD
                K1 : REAL;
                CASE A : BOOLEAN OF
     FALSE:        (K2 : REAL);
     TRUE:         (K3 : 1 .. 20;
                     K4 : CHAR)
              END
```

moegen dies Abb. 8 und Abb. 9 veranschaulichen.

```
            +-----------------------+         +------------------------+
S2 I        +-------------+ I        S2 I      +-------------+ I
   I S2.K1 I         2.1 I I           I S2.K1 I         3.6 I I
   I       +-------------+ I           I       +-------------+ I
   I S2.A  I       FALSE I I           I S2.A  I        TRUE I I
   I       +-------------+ I           I       +-------------+ I
   I S2.K2 I       333.3 I I           I S2.K3 I          19 I I
   I       +-------------+ I           I       +-------------+ I
   +-----------------------+           I S2.K4 I         'A' I I
                                       I       +-------------+ I
                                       +------------------------+
```

Abb. 8 Darstellung des Zentralspeicherbedarfs der boolesch
        varianten Satz-Variablen S2 bei Uebereinanderanordnung
        der 'varianten' Satz-Komponenten-Variablen S2.K2 und
                      S2.K3 sowie S2.K4

```
            +------------------------+       +------------------------+
S2 I        +-------------+ I         S2 I   +-------------+ I
   I S2.K1 I         2.1 I I            I S2.K1 I         3.6 I I
   I       +-------------+ I            I       +-------------+ I
   I S2.A  I       FALSE I I            I S2.A  I        TRUE I I
   I       +-------------+ I            I       +-------------+ I
   I S2.K2 I       333.3 I I            I S2.K2 I    undefin. I I
   I       +-------------+ I            I       +-------------+ I
   I S2.K3 I    undefin. I I            I S2.K3 I          19 I I
   I       +-------------+ I            I       +-------------+ I
   I S2.K4 I    undefin. I I            I S2.K4 I         'A' I I
   I       +-------------+ I            I       +-------------+ I
   +------------------------+           +------------------------+
```

Abb. 9 Darstellung des Zentralspeicherbedarfs der boolesch
        varianten Satz-Variablen S2 bei Nacheinanderanord-
        nung der 'varianten' Satz-Komponenten-Variablen
               S2.K2 und S2.K3 sowie S2.K4

Man sieht, dass die erste Moeglichkeit nicht soviel Zentralspeicher benoetigt wie die zweite Moeglichkeit, was wohl auch einer
der Gruende fuer die Zurverfuegungstellung von varianten Satz-Typen ist. Jedoch sollte man sich nicht darauf verlassen, dass diese Anordnung von einer Implementation vorgesehen ist. In beiden
Faellen ist tunlichst zu vermeiden, Variablen eines strukturierten Typs zu deklarieren, dessen Komponenten-Typ ein 'e<>r' varianter Satz-Typ ist. Fuer die Abschaetzung des Speicherbedarfs ist
im Fall der Uebereinanderanordnung der maximal benoetigte zu beachten und i.a. mit einer nennenswerten Zentralspeichereinsparung
nur dann zu rechnen, wenn alle oder die meisten Varianten zu moeglichst gleichem Zentralspeicherbedarf fuehren. Diese Aussagen be-
treffen i.a. nicht referenzierte Variablen eines 'e<>r' varianten
Satz-Typs. Handelt es sich um diese, so wird wohl i.a. der durch
die 'varianten' Satz-Komponenten-Variablen, die in Betracht stehen, bestimmte Zentralspeicherbedarf noetig (s. dazu auch Abschn.
7.2.5.2 ueber dynamische Zuweisungsprozeduranweisungen).

Die Verwendung von 'e<>r' varianten Satz-Variablen kann uebrigens
nicht zu unterschaetzende Fehlerquellen in sich bergen. Denn wenn
von einer PASCAL-Implementation oder vom Programm her keine Ueberwachung von Bezuegen 'varianter' Satz-Komponenten-Variablen
erfolgt (wie sie ja eigentlich von [080] gefordert wird) - beispielsweise ueber die Werte einer etwaigen Auswahlkomponenten-
Variablen, so sind 'variante' Satz-Komponenten-Variablen-Inhalte
fehlinterpretierbar. Im obigen Beispiel sind die Inhalte von
S2.K2 und S2.K3 nach Abb. 8 reellen oder ganzen (Standard-)Typs
bzw. nach Abb. 9 reellen Typs (undefiniert) und undefiniert (ganzen Standardtyps), was waehrend einer entsprechenden Programmausfuehrung, bei der nicht streng die vorgenannte Ueberwachung erfolgt,
zu falschen Ergebnissen fuehren kann, wenn versehentlich S2.K3
(S2.K2) statt S2.K2 (S2.K3) benutzt wird, obwohl S2.A den Wert
FALSE (TRUE) hat (sofern S2.A ueberhaupt fuer die vorgenannte
Ueberwachung dienen sollte).

Werden andererseits von einer PASCAL-Implementation 'variante'
Satz-Komponenten-Variablen uebereinander angeordnet, und erfolgt
durch sie keine Ueberwachung von Bezuegen dieser, so koennen in
PASCAL maschinennahe Programme geschrieben werden, wie dies sonst
nur mittels maschinenorientierter Programmiersprachen moeglich
ist. Z.B. hat man so auf die interne Darstellung von Werten der
Wertebereiche der einfachen Typen Zugriff. Obwohl wir - wegen der
Fehleranfaelligkeit - vor solchem 'Missbrauch' dringend warnen,
sei ein PASCAL-6000-3.4-implementationsabhaengiges Beispielprogramm angegeben, das die von der PASCAL-6000-3.4-Implementation
unterlegte interne Darstellung je eines Wertes aus dem Wertebereich des ganzen Standardtyps, des booleschen Standardtyps, des
Zeichenstandard-Typs, eines Aufzaehl-Typs und des reellen Typs in
Form von Folgen von Ziffern des fuer diesen Zweck bei der PASCAL-
6000-3.4-Implementation angebrachten oktalen Zahlensystems ausgibt.

```
(* BEISPIEL B4.3-1: AUSGABE INTERNER DARSTELLUNG VON WERTEN AUS
                    WERTEBEREICHEN EINFACHER TYPEN *)
PROGRAM    AUSGID      (OUTPUT);
TYPE       T         = 1 .. 6;
VAR        V         : RECORD
                        CASE T OF
1:                        (G : INTEGER);
2:                        (B : BOOLEAN);
3:                        (Z : CHAR);
4:                        (A : (A1, A2, A3, A4, A5, A6));
5:                        (R : REAL);
6:                        (X : PACKED ARRAY [1 .. 10] OF CHAR)
                        END;
PROCEDURE GIBIDAUS;              (* GIB INTERNE DARSTELLUNG AUS
                                   (PASCAL-6000-3.4-IMPLEMENTA-
                                   TIONSABHAENGIG) *)
   VAR     I        ,
           H        : INTEGER;
   BEGIN
     FOR I := 1 TO 10 DO
       BEGIN
         H := ORD (V.X [I]) DIV 8;
         WRITE (H : 1, ORD (V.X [I]) - 8 * H : 1)
       END
   END;
```

```
BEGIN
  WRITELN (# DIE VON DER PASCAL-6000-3.4-IMPLEMENTATION#,
           # UNTERLEGTE, INTERNE#);
  WRITELN (# # : 25, #DARSTELLUNG#);
  WRITELN;
  V.G := 64;
  WRITE (# # : 12, #VON#, V.G : 5, # IST #);
  GIBIDAUS;
  WRITELN (# ,#);
  V.B := TRUE;
  WRITE (# # : 12, #VON#, V.B : 5, # IST #);
  GIBIDAUS;
  WRITELN (# ,#);
  V.Z := #Z#;
  WRITE (# # : 12, #VON  '#, V.Z, #' IST #);
  GIBIDAUS;
  WRITELN (# ,#);
  V.A := A5;
  WRITE (# # : 12, #VON   A5 IST #);
  GIBIDAUS;
  WRITELN (# UND#);
  V.R := 2.0;
  WRITE (# # : 12, #VON#, V.R : 5 : 1, # IST #);
  GIBIDAUS;
  WRITELN (# .#)
END.
```

Das Programm liefert die Ergebnisse:

DIE VON DER PASCAL-6000-3.4-IMPLEMENTATION UNTERLEGTE, INTERNE
                          DARSTELLUNG

```
        VON    64 IST 00000000000000000100 ,
        VON  TRUE IST 00000000000000000001 ,
        VON   'Z' IST 00000000000000000032 ,
        VON    A5 IST 00000000000000000004 UND
        VON   2.0 IST 17214000000000000000 .
```

Auswahl-Komponenten-Variablen haben, wie beispielsweise aus Abb. 8
oder Abb. 9 hervorgeht, auch Zentralspeicherbedarf. Handelt es
sich um Auswahlkomponenten-Variablen 'aus' 'e<>r' varianten Satz-
Variablen, die Komponenten-Variablen von Feld-, Satz- oder Datei-
Variablen bzw. die referenzierte Variablen sind, so kann dies erheblich zu Buche schlagen. Da jedoch PASCAL die Moeglichkeit bietet, 'e<>r' variante Satz-Variablen ohne Auswahlkomponenten-Va-
riable(n) zu deklarieren, kann dies ggf. vermieden werden. Dies
ist ein Grund fuer die Zurverfuegungstellung dieser Moeglichkeit.
Natuerlich muss dann i.a. eine geeignete 'e<>r' Variable bzw.
muessen 'e<>r' Variablen an anderer Stelle zur Verwaltung eingerichtet werden.

Die beschriebene Darstellung des Zentralspeicherbedarfs von Satz-
Variablen darf nur als eine moegliche angesehen werden. Insbesondere ist die Anordnung der Satz-Komponenten-Variablen implementationsabhaengig +).

Der Zentralspeicherbedarf von Datei-Variablen - besser: nicht-ex-
ternen Datei-Variablen (s. Abschn. 4.4) - haengt natuerlich in
starkem Masse vom Problem ab, da sie i.a. zur Verarbeitung dynamisch zu verwaltender Daten dienen. Die Anordnung der Komponenten-
Variablen von Datei-Variablen kann man sich aehnlich der von Feld-
Variablen vorstellen, die jedoch ein 'offenes Ende' hat, wenn sich
die Datei-Variable im Modus Generierung befindet ++). Damit wird
klar, wie man zu einer Abschaetzung des Zentralspeicherbedarfs gelangen kann. Allerdings wird man nur eine untere Grenze bekommen.
Denn intern sind wegen des 'offenen Endes' ggf. zentralspeicherbe-
noetigende 'Verkettungsinformationen' fuer einzelne oder mehrere
logisch aufeinanderfolgende Komponenten-Variablen noetig +++). Das
in Abschn. 7.2.5.1 befindliche Beispielprogramm B7.2.5.1-1 fuehrt
eine Datei-Variablen-Simulation mittels Zeiger-Variablen und referenzierten Variablen als Komponenten-Variablen-'Ersatz' durch, was
zeigt, was als 'Verkettungsinformation' verstanden werden kann.
Auf den Zentralspeicherbedarf von Datei-Variablen kann auch ggf.
die Darstellung ihrer Werte Einfluss haben. Dieser ist bei manchen
Implementationen durch die Darstellung der Werte externer Datei-

----

 +) Beispielsweise ordnet die PASCAL-6000-3.4-Implementation
Satz-Komponenten-Variablen dann nicht in der geschilderten
Weise an, wenn in einer Satz-Typ-Angabe   m e h r e r e   Namen fuer 't' Satzkomponenten - getrennt durch Kommata - in
einer Liste aufgefuehrt sind, ehe ein Doppelpunkt mit nachfolgendem 't' Typ angegeben ist. Die Anordnung ist dann die
Umgekehrte: Die letzte Satz-Komponenten-Variable gemaess der
Liste ist vor der vorletzten Satz-Komponenten-Variablen angeordnet, die wiederum vor der vorvorletzten Satz-Komponenten-Variablen angeordnet ist usw.

++) Der Begriff Komponenten-Variable bei Datei-Variablen bedarf
wohl keiner Erlaeuterung. Ebenso duerfte einsichtig sein, wie
die fuer Sequenzen von Daten eingefuehrten Begriffe Modus Generierung und Modus Inspektion fuer Datei-Variablen zu verstehen sind.

+++) Bei der PASCAL-6000-3.4-Implementation wird nicht in dieser
Weise verfahren, sondern die 'Groesse' von Datei-Variablen
eingeschraenkt und Komponenten-Variable auf Komponenten-Variable angeordnet. Es wird kein Fehler gemeldet, wenn eine
Datei-Variable jene 'Groesse' ueberschreitet.

Variablen (s. Abschn. 4.4) gegeben +). Schliesslich ist bei der Abschaetzung des Zentralspeicherbedarfs von Datei-Variablen ggf. noch der Zentralspeicherbedarf des Datei-Komponenten-Puffers zu beruecksichtigen, der nicht vernachlaessigbar ist, wenn die Datei-Variable von einem strukturierten Typ ist. Bei externen Datei-Variablen - s. Abschn. 4.4 - kann lediglich der Zentralspeicherbedarf des Datei-Komponenten-Puffers beruecksichtigt werden. Ueber darueber hinausgehenden intern benoetigten Zentralspeicherbedarf ist nur eine Aussage moeglich, wenn von einer PASCAL-Implementation bekannt ist, wie gross dieser ist.

Als Einflussgroesse auf den Zentralspeicherbedarf von Variablen strukturierter Typen ist noch nach Abschn. 3.2 das Attribut PACKED in Betracht zu ziehen. Die Zentralspeicherbedarfsreduktion von 'gepackten' Variablen gegenueber 'ungepackten' Variablen ist sehr implementationsabhaengig. Einige Moeglichkeiten seien einmal betrachtet.

DVA's fuehren i.a. Operationen an Operanden aus, die eine feste Ziffernanzahl - Laenge - haben. Beispielsweise werden 2 und 4 nicht als einziffrige Zahlen addiert, sondern als Zahlen einer bestimmten Anzahl Ziffern in der Form

```
      00...02
  +   00...04
      -------
      00...06
```

- also ggf. mit vorlaufenden Nullen. In dieser Weise sind - genau genommen - Werte von - hier ganzen - Variablen in ein 'Kaestchen', das den Zentralspeicherbedarf darstellt, einzutragen. Das erklaert auch, weshalb verschieden grosse ganze Zahlen gleichen Zentralspeicherbedarf haben. Fuer Werte aus Wertebereichen anderer einfacher Typen bzw. ggf. deren Ordinalzahlen gilt aehnliches.

Manche DVA's besitzen nun schon von der Konstruktion her die Faehigkeit, mit Operanden verschiedener Laengen arbeiten zu koennen. Diese Faehigkeiten kann ein PASCAL-Programmierer ggf. durch Angabe von PACKED nutzen. Werden naemlich von einer PASCAL-Implementation i.a. Operationen an Operanden der groessten Laenge durch-

----

+) Beispielsweise sind die Werte von Text-Datei-Variablen bei der PASCAL-6000-3.4-Implementation als Werte von 10-Zeichen-Datei-Variablen dargestellt, wobei zwei aufeinanderfolgende Zeichen mit der Ordinalzahl Null, wenn sie Werte der 9. und 10. Komponenten-Variablen der Komponenten-Variablen der 10-Zeichen-Datei-Variablen sind, als fiktives Zeilenendekenn-'Zeichen' interpretiert werden. Als Grund dafuer muss die Behandlung von externen Text-Datei-Variablen durch das CONTROL DATA SYSTEM (fuer den Eingeweihten besser: Betriebssystem) gesehen werden, auf (bzw. unter) dem die PASCAL-6000-3.4-Implementation ablauffaehig ist. Der PASCAL-Programmierer braucht sich jedoch u.a. nur dann um solche Implementationsabhaengigkeiten zu kuemmern, wenn er externe Datei-Variablen mittels in anderen Programmiersprachen geschriebener Programme erstellt oder weiterverarbeitet.

gefuehrt, so kann ueber PACKED erreicht werden, dass die PASCAL-
Implementation Operationen an Operanden kleinerer Laengen durchfuehrt - vorausgesetzt, sie legt diese entsprechend im Zentralspeicher ab. Der Verarbeitungsaufwand ist i.a. kaum hoeher.

Neben dieser Moeglichkeit ist denkbar, dass eine PASCAL-Implementation ggf. Werte von Variablen weitgehend ohne vorlaufende Nullen im Zentralspeicher ablegt. Als Beispiel sei die Variablendeklaration

      PFV : PACKED ARRAY [1 .. 100] OF 0 .. 63

betrachtet. Da bei dieser Variablendeklaration einem PASCAL-Kompilierer bekannt ist, dass die Werte der Komponenten-Variablen
von PFV nur zwischen 0 und 63 liegen koennen, kann er - beispielsweise - in einem 'Kaestchen' M (>1) - sagen wir 4 - Komponenten-
Variablen-Werte unterbringen, indem er berechnet:

PFV [1]*64*64*64 + PFV [2]*64*64 + PFV [3]*64 + PFV [4],
PFV [5]*64*64*64 + PFV [6]*64*64 + PFV [7]*64 + PFV [8],
.
.
.
PFV [97]*64*64*64 + PFV [98]*64*64 + PFV [99]*64 + PFV [100].

Aus diesen Werten der 'Kaestchen' koennen die Werte der Komponenten-Variablen eindeutig wieder errechnet werden - beispielsweise
PFV [4] durch:

 PFV [1]*64*64*64 + PFV [2]*64*64 + PFV [3] *64 + PFV [4] -
(PFV [1]*64*64*64 + PFV [2]*64*64 + PFV [3] *64 + PFV [4])
                           DIV 64 * 64   .

Man sieht, dass statt 100 'Kaestchen' hoechstens 100 DIV M + 1
bzw. hier 25 'Kaestchen' benoetigt werden und dass ein nicht un-
erheblicher Rechenaufwand entsteht beim Ablegen der Werte und Zugriff auf die Werte. Allerdings ist letzterer nicht so erheblich,
wie man aus obiger Vorgehensweise schliessen sollte, da einem
Kompilierer auf einer DVA meist Operationen zur Verfuegung stehen,
die eine andere, weniger aufwendige Vorgehensweise gestatten (vgl.
jedoch Abschn. 7.2.5.3). Der PASCAL-6000-3.4-Kompilierer wuerde
M zu 10 bestimmen, so dass statt 100 'Kaestchen' nur 10 'Kaestchen' beansprucht wuerden. Erinnert man sich, dass die Ordinalzahlen aller Werte des Wertebereichs des Zeichenstandard-Typs bei
der PASCAL-6000-3.4-Implementation zwischen 0 und 63 liegen (s.
Abschn. 3.1.3), so wird sofort verstaendlich, dass 'N'-Zeichen-
Variablen hoechstens N DIV 10 + 1 'Kaestchen' beanspruchen, womit
ein Eindruck vermittelt sei, wie zentralspeichernutzungseffizient
'N'-Zeichen-Variablen beispielsweise verarbeitet werden.

Darueber hinaus ist schliesslich denkbar, dass das Attribut PACKED
bei einer PASCAL-Implementation eine andere Anordnung von Komponenten-Variablen von Variablen strukturierter Typen, um zu einer
Zentralspeicherbedarfsreduktion zu gelangen, bewirken kann als die
oben beschriebenen. Insbesondere koennte dies Satz-Variablen be-
treffen. Wir koennen hier nicht naeher auf diese Moeglichkeit eingehen. Fuer den Eingeweihten sei daran erinnert, dass manche DVA's
zur Verarbeitung von Variablen bestimmter Typen ihre Ausrichtung
auf bestimmte Adressen fordern.

Bisher haben wir nun nur den Zentralspeicherbedarf von Variablen und die Anordnung von Komponenten-Variablen betrachtet und noch nichts zur Anordnung der Variablen insgesamt gesagt. Auch darueber muss man jedoch einiges wissen. Denn wie sollte man sonst beurteilen koennen, warum ein PASCAL-Programmlauf wegen Zentralspeichermangels abbricht. Man kann sich modellhaft vorstellen, dass sich der von deklarierten Variablen - statischen Variablen - benoetigte Zentralspeicher in Form eines Stapels (stack) i.a. im Anschluss an den fuer das vom PASCAL-Kompilierer erzeugte Maschinenprogramm benoetigten Zentralspeicher befindet. Dieser Stapel wird auch der benannte Zentralspeicher eines PASCAL-Programmes genannt, weil er dem durch Variablendeklarationen benoetigten Zentralspeicher entspricht. Wie wir in Abschn. 4.4 sehen werden, hat der Stapel nur in Bezug auf einen Block zu einer Zeit eine feste Groesse: Sie kann beim Beginn der Ausfuehrung eines Blockes - dem Betreten eines Blockes - zunehmen und mit der Ausfuehrung einer Anweisung eines uebergeordneten Blockes - dem Verlassen jenes Blockes - wieder abnehmen +). Diese Verwaltung wird durch eine PASCAL-Implementation automatisch - also ohne Benutzerkontrolle zur Programmlaufzeit - durchgefuehrt, was bereits in Abschn. 4 vermerkt wurde. Daneben ist nun die Anordnung referenzierter Variablen - dynamischer Variablen - zu betrachten. Der Zentralspeicher fuer diese unbenannten Variablen - daher auch als unbenannter Zentralspeicher bezeichnet - ist Teil eines Zentralspeichers, den man sich modellhaft als Halde oder Haufen (heap) vorstellen kann. Er muss per NEW-Prozeduranweisung (vgl. Abschnitt 4.2.3 und s. Abschn. 7.2.5.2) aus der Halde angefordert werden. Nicht mehr benoetigter Zentralspeicher kann per DISPOSE-Prozeduranweisung (vgl. Abschn. 4.2.3 und s. Abschn. 7.2.5.2) an die Halde zurueckgegeben werden. Die Verwaltung der Halde muss demnach durch ein PASCAL-Programm zur Laufzeit - also programmgesteuert - erfolgen, was ebenfalls bereits in Abschn. 4 vermerkt wurde. Man kann sich vorstellen, dass die Halde der Zentralspeicher ist, der einem PASCAL-Programmlauf insgesamt zur Verfuegung gestellt ist und nicht durch das erzeugte Maschinenprogramm, den Stapel und die referenzierten Variablen belegt ist. Beispielhaft verdeutlicht dies Abb. 10 (s. naechste Seite). Man mache sich klar, dass Wachsen des Stapels auch Schrumpfen der Halde bedeutet.

Es kann sein, dass auf Grund von DISPOSE-Prozeduranweisungen eine Halde kein kontinuierlicher Zentralspeicher mehr ist - anschaulich: eine Halde 'Loecher' bekommt. Auf die erneute Nutzung dieser Loecher per NEW-Prozeduranweisungen hat man als PASCAL-Programmierer keine Einflussmoeglichkeit, sondern sie muss durch eine PASCAL-Implementation gewaehrleistet sein, was jedoch wohl von den wenigsten PASCAL-Implementationen wie auch der PASCAL-6000-3.4-Implementation gesagt werden kann. Der Grund dafuer liegt darin,

----

+) Im Stapel werden neben den statischen Variablen i.a. von PASCAL-Implementationen auch sog. Hilfsvariablen angeordnet, die beispielsweise zur Auswertung von Ausdruecken (s. Kap. 5) notwendig sein koennen und zur Aktualisierung von Wertparametern bei Prozeduranweisungen und Funktionsaufrufen (s. Abschn. 7.2) notwendig sind. Ihr Zentralspeicherbedarf ist implementationsabhaengig. Unsere Ausfuehrungen zum Stapel beruecksichtigen nur den Beitrag von statischen Variablen.

```
          +--------------------+
          I                    I
          I                    I
          I Maschinenprogramm  I
          I                    I
          I                    I
          +--------------------+
        S I                    I
        t I                    I
        a I      statische     I
        p I      Variablen     I
        e I                    I
        l I                    I
          +--------------------+
        H I                    I
        a I                    I
        l I                    I
        d I                    I
        e I                    I
          +--------------------+
          I                    I
          I                    I
          I    referenzierte   I
          I     Variablen      I
          I                    I
          I                    I
          +--------------------+
```

Abb. 10 Darstellung der Zentralspeichereinteilung fuer einen
        PASCAL-Programmlauf

dass fuer diesen Fall recht komplizierte, laufzeit- und zentral-
speicheraufwendige Bereinigungsalgorithmen - sog. garbage collection algorithms (s. [024]) - implementiert sein muessten. Man
sollte daher referenzierte Variablen auch nur dann anlegen, wenn
sie waehrend des gesamten Programmlaufs benoetigt werden und
DISPOSE-Prozeduranweisungen entfallen oder man sicher ist, dass
wenigstens wegen des geringeren Aufwandes von einer PASCAL-Implementation nach DISPOSE- und anschliessenden NEW-Prozeduranweisungen Zentralspeicher wieder verfuegbar gemacht wird, der nicht zu
'Loechern' in der Halde fuehrt oder man bereit ist, eine eigene
Verwaltung frei werdenden - allerdings i.a. typgebundenen - Zentralspeichers zu programmieren. Eine andere Art 'Loecher' in einer Halde - naemlich nicht wieder zugaenglicher Zentralspeicher -
kann ggf. bei Verlassen eines Blockes auftreten. Wir gehen darauf
in Abschn. 4.4 ein.

Aus den Darlegungen ist nun zu entnehmen, dass durch Wachsen des
Stapels und/oder Anforderung von Zentralspeicher fuer referenzierte Variablen keine Halde mehr vorhanden zu sein braucht und ein
PASCAL-Programmlauf dann wegen Zentralspeichermangels abbrechen
kann. Der Gesamtzentralspeicherbedarf eines PASCAL-Programmes ergibt sich aus dem (festen) Zentralspeicherbedarf fuer das Maschinenprogramm und aus dem durch die Ausdehnung des Stapels (bedingt
durch die Blockschachtelungstiefe) und von referenzierten Variablen gemeinsam beanspruchten maximalen Zentralspeicherbedarf. Auf

alle drei Groessen kann der PASCAL-Programmierer Einfluss nehmen,
worauf in den vorliegenden Ausfuehrungen aufmerksam gemacht wurde
und in den nachfolgenden Ausfuehrungen aufmerksam gemacht werden
wird - sei es durch Verwendung geeigneterer Algorithmen, geschick-
tere Programmierung oder Bereinigung von Programmen von beispielsweise ungenutzten Variablen (sofern nicht eine 'gute' PASCAL-Implementation dies fuer den Programmierer besorgt).

Zur Verwendung von referenzierten Variablen sei noch vermerkt,
dass diese i.a. einen groesseren Zentralspeicherbedarf haben als
deklarierte Variablen desselben Typs, weil zusaetzlich Zeiger-Variablen und Komponenten-Variablen vom Zeiger-Typ noetig sind. Deshalb ist es auch wenig sinnvoll, beispielsweise reell gebundene Zeiger-Variablen und referenzierte Variablen vom reellen Typ zu verwenden. Man sollte also nur dann Zeiger- und referenzierte Variablen verwenden, wenn es einer Problemloesung angemessen ist. Abb. 11
verdeutlicht das Gesagte fuer

```
TYPE COMPLEX = RECORD
                  NK : ^COMPLEX;
                  RT ,
                  IT : REAL
              END;
VAR  Z          : ^COMPLEX                              .
```

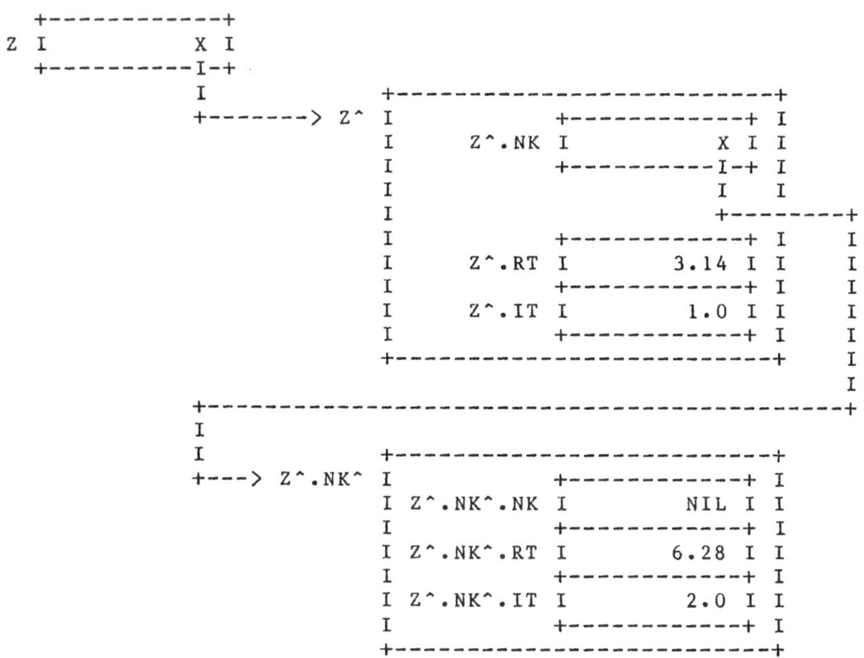

Abb. 11 Darstellung des Zentralspeicherbedarfs der COMPLEX
        gebundenen Zeiger-Variablen Z und der referenzierten
                Variablen Z^ und Z^.NK^

207

4.4 Initialisierung und Lebensdauer

Der PASCAL-Programmierer muss davon ausgehen, dass jede deklarierte und referenzierte Variable 'zunaechst einmal' einen undefinierten, also von ihm nicht vorgesehenen Wert besitzt. Praezisieren wir, was 'zunaechst einmal' heisst. Wir wissen, dass ein PASCAL-Programm aus dem Programm-Block und ggf. aus Prozedur- und Funktionsbloecken besteht (s. Abschnitte 1.5, 2.2.3, 7.1.1 und 7.1.2). Diese Bloecke haben einen i.a. nicht nur aus Leeranweisungen (s. Abschn. 6.1.3) bestehenden, sondern aus mehreren zur Ausfuehrung bestimmten Anweisungen bestehenden Anweisungsteil. Wird nun ein solcher Anweisungsteil betreten, was besagt, soll die erste Anweisung hinter BEGIN zur Ausfuehrung gelangen, so haben zu diesem Zeitpunkt alle in dem diesen Anweisungsteil enthaltenden Block deklarierten Variablen undefinierte Werte.

Ja noch mehr: Bei Betreten des Blockes wird der von den Variablen benoetigte Zentralspeicher erst angefordert oder - wie man auch zu sagen pflegt - eingerichtet. Das bedeutet Vergroesserung des Stapels und geschieht automatisch, wie wir von Abschn. 4.3 her wissen. Man kann die Vorstellung entwickeln, dass die Variablendeklarationen eines Blockes jeweils bei Betreten dieses Blockes zur Laufzeit abgearbeitet werden. Der Kompilierer hat aufgrund der Variablendeklarationen Maschinenprogrammteile vorgesehen, die die noetigen Zentralspeicheranforderungen durchfuehren. Die in Abschn. 1.5 getroffene Feststellung, dass eine Variablendeklaration eine nicht ausfuehrbare Anweisung ist, muss in diesem Sinne verstanden werden.

Aus diesen Ausfuehrungen folgt, dass eine Variable, bevor sie zur Berechnung eines Ausdruckes (s. Kap. 5), in einer (nach S87 zu gestaltenden) Zuweisung des Wertes einer Variablen rechts vom Symbol := (s. Abschn. 6.1.1) oder als Aktualisierung eines formalen Wertparameters (s. Abschn. 7.2.3.1) dienen kann - kurz: bevor sie benutzt werden kann - einen vorgesehenen Wert bekommen muss - sie muss initialisiert werden. Einen Wert kann eine Variable, wie wir von Abschn. 4 her ja schon wissen, durch

. eine Wertzuweisung (s. Abschn. 6.1.1),
. eine Dateimanipulationsprozeduranweisung (RESET- bzw. GET-Prozeduranweisung, s. Abschn. 7.2.5.1), wenn es sich um einen Datei-Komponenten-Puffer handelt,
. eine Leseprozeduranweisung (READ-Prozeduranweisung, s. Abschn. 7.2.5.1 und 8.2), die die Variable als aktuellen Parameter enthaelt oder
. eine dynamische Zuweisungsprozeduranweisung (s. Abschn. 7.2.5.2) im Fall einer 't' gebundenen Zeiger-Variablen

bekommen. Ob nun eine Variable auf eine dieser Weisen einen Wert im Programm-Block oder in einem bzw. (bei globalen Variablen) ueber einen Prozedur- bzw. Funktionsblock bekommt, ist dabei belanglos. Wichtig ist nur, dass sie je einen vorgesehenen Wert bekommt, ehe sie benutzt wird. Bei Variablen strukturierter Typen sind a l l e Komponenten-Variablen zu initialisieren.

Es duerfte nur wenige PASCAL-Implementationen geben, die einen
Programmlauf abbrechen lassen, wenn eine nicht-initialisierte
(bzw. 'teilweise nicht-initialiserte') Variable festgestellt
wird. [080] fordert dies jedoch und zwar nicht grundlos. Denn auf
nicht-initialisierte Variablen zurueckgehende Fehler sind i.a.
schwer entdeckbar und koennen - was besonders schlimm ist - zur
Fehlinterpretation von Ergebnissen Anlass geben. Nehmen wir bei
der PASCAL-6000-3.4-Implementation einmal an, der Zentralspeicher
einer nicht-initialisierten reellen Variablen in einem Programm
enthielte von anderen vorangegangenen Programmlaeufen her noch
den ganzen Wert 1, so kann dieser von jenem Programm als der
reelle (nahe Null liegende) Wert   exp (-1023 . ln 2) verarbeitet
werden, ohne auf Fehler zu laufen. Zentralspeicher von Variablen
enthaelt immer irgendwelche Werte, und man sieht, ohne Initialisierung von Variablen koennen Programme auch Ergebnisse liefern -
jedoch nicht die erwuenschten.

Wird nun ein Block verlassen, d.h., wird per Sprunganweisung (s.
Abschn. 6.1.2) oder nachdem die Anweisung unmittelbar vor dem END
des Anweisungsteils eines Blockes - die letzte Anweisung - ausgefuehrt ist, die Verarbeitung im Anweisungsteil eines uebergeordneten Blockes - beim Programm-Block ist die Beendigung gemeint -
fortgesetzt, so wird der benoetigte Zentralspeicher automatisch
wieder zurueckgegeben. Das bedeutet Schrumpfen des Stapels. Der
Zentralspeicher kann dann fuer die Ausfuehrung der Anweisungsteile anderer Bloecke oder anderer Programme dienen, was eine Moeglichkeit der Zentralspeicherbedarfsreduktion bietet. Man sieht,
dass Variablenwerte nur waehrend der Ausfuehrung des Anweisungs-
teiles eines Blockes zugaenglich sind oder 'leben'. Daher wird
auch von der Lebensdauer von Variablen gesprochen, die - wie man
sich leicht klar macht - in engem Zusammenhang mit dem Gueltigkeitsbereich steht.

Eine Ausnahme bilden im Programm-Block deklarierte Datei-Variablen, die als Programmparameter im Programmkopf aufgefuehrt sind
(s. Abschn. 1.5). Sie haben eine Lebensdauer, die von der Ausfuehrung des Programmes unabhaengig ist: Sie existieren entweder schon
vor der Ausfuehrung bzw. auch danach und gelten dann als initialisiert, oder sie existieren nach der Ausfuehrung und sind dann waehrend der Ausfuehrung initialisiert worden. Sie werden als externe
Datei-Variablen bezeichnet, weil sie 'extern' (besser: unabhaengig) von einem PASCAL-Programmlauf existieren. Externe Datei-Variablen dienen der Interprogrammkommunikation und Zwischenspeiche-
rung 'groesserer' Datenmengen: Eine externe Datei-Variable, die
von einem Programm erstellt wurde, kann einem anderen Programm
(oder auch demselben Programm) zur Verarbeitung dienen. Insbesondere koennen externe Datei-Variablen z.B. von Lochkarten kommende
zu verarbeitende Daten enthalten und z.B. fuer Druckausgabe bestimmte Ergebnisse aufnehmen. Das Konzept der externen Datei-Variablen ist als das in Abschn. 1.3 anklingende Ein-/Ausgabe-Kon-
zept anzusehen.

Alle diese Ausfuehrungen bezogen sich auf deklarierte Variablen.
Bei referenzierten Variablen muss noch einiges mehr beachtet wer-
den. Sie sind, wie wir wissen, ueber Zeiger-Variablen zugaenglich.
Diese koennen nur ueber geeignete NEW-Prozeduranweisungen initia-
lisiert werden, wenn wir hier einmal davon absehen, dass ihnen per
Wertzuweisung der Wert NIL ggf. zugewiesen werden kann. Die NEW-
Prozeduranweisung richtet nun, wie wir wissen, eine referenzierte

Variable ein. Auch sie muss vor ihrer Benutzung initialisiert werden! Im Gegensatz zu deklarierten Variablen jedoch, hat sie eine ueber die gesamte Programmausfuehrung bestehende Lebensdauer. Das nuetzt jedoch ueberhaupt nichts, wenn diese durch eine Zeiger-Variable verwiesen wird, die in einem dem Programm-Block oder auch anderen Block untergeordneten Block deklariert wurde. Denn bei Verlassen dieses Blockes ist ja die Zeiger-Variable nicht mehr zugaenglich (natuerlich auch nicht bei erneutem Betreten dieses Blockes), und es besteht daher keine Moeglichkeit, an die referenzierte Variable zu kommen. Sie fristet ein 'Leichendasein' und belegt unnoetig Zentralspeicher. Dies ist die andere Art 'Loecher' in der Halde, von der in Abschn. 4.3 die Rede war. Daher sollten vor Verlassen eines vom Programm-Block verschiedenen Blockes jene referenzierten Variablen per DISPOSE-Prozeduranweisung zurueckgegeben werden, wobei das in Abschn. 4.3 ueber die Verwaltung der Halde Gesagte zu beachten ist. Nur bei Beendigung des Programmes geschieht die Zurueckgabe automatisch. Die Zentralspeichereinrichtung und -zurueckgabe referenzierter Variablen erfolgt also - das sei noch einmal betont - i.a. nicht automatisch wie bei deklarierten Variablen.

Nicht jede PASCAL-Implementation verfaehrt bei der Zentralspeichereinrichtung und -zurueckgabe fuer Variablen in der vorbeschriebenen Weise. Es kann sein, dass deklarierte Variablen auch nach dem Verlassen eines Blockes leben. Jedoch sollte man sich keinesfalls darauf verlassen. Denn [080] fordert ausdruecklich - wie bereits erwaehnt, dass Variablen beim Betreten eines Blockes undefiniert und vor ihrer erstmaligen Benutzung zu initialisieren sind.

Darauf hingewiesen sei noch, dass bei Variablen eines 'e<>r' varianten Satz-Typs nicht davon ausgegangen werden darf, dass, wenn die 'varianten' Satz-Komponenten-Variablen, die einer Variante entsprechen, initialisiert sind, diejenigen, die den uebrigen Varianten entsprechen, ebenfalls initialisiert sind. Vielmehr muessen bei 'Variantenwechsel' erneute Initialisierungen erfolgen. Man erinnere sich, dass 'e<>r' variante Satz-Typ-Angaben abgekuerzte Schreibweisen fuer mehrere nicht-variante Satz-Typ-Angaben sind. Das Programm B4.3-1 stellt ein gegenteiliges - implementationsabhaengiges - Beispiel dar, was ja einen 'Missbrauch' von 'e<>r' varianten Satz-Typen beinhaltet, der auch gleich zeigt, welche Zentralspeicherinhaltsinterpretation moeglich ist und andeutet, wohin es fuehren kann, wenn nicht bei 'Variantenwechsel - wie oben beschrieben - verfahren wird.

5. Ausdruecke

> Ein guter Ausdruck ist soviel
> wert als ein guter Gedanke.
>
> G. Ch. Lichtenberg: Aphorismen

Ausdruecke sind Vorschriften zur Berechnung von Werten (letztlich) aus Werten von Konstanten und Variablen - also initialisierten Variablen. Gemaess dieser Vorschriften erzeugt ein PASCAL-Kompilierer Maschinenprogrammteile, deren Ausfuehrung als Ergebnisse
die Werte liefert. Im einfachsten Falle kann ein Ausdruck aus einer Konstanten (bei Mengen: eines Wertes) oder einer Variablen bestehen. Dann ist - abgesehen von Adressberechnung - keine Berechnung im eigentlichen Sinne durchzufuehren, sondern der Wert der
Konstanten oder Variablen ist der Wert des Ausdruckes. Dennoch
sprechen wir auch in diesen Faellen, um eine einheitliche Sprechweise zu haben, von Berechnung.

Weil Ausdruecke einen Wert liefern, kann man Ausdruecken als Typ
den Typ zuordnen, zu dessen Wertebereich der berechnete Wert gehoert (s. spaeter: Regel R5-3). Es sind zu unterscheiden:

- 'e' Ausdruecke (d.h.
    - 'e<>r' Ausdruecke, also
        - ganze Ausdruecke,
        - boolesche Ausdruecke,
        - Zeichen-Ausdruecke,
        - Aufzaehl-Ausdruecke und
    - reelle Ausdruecke),
- 'N'-Zeichen-Ausdruecke,
- 'p' 'e<>r' Mengen-Ausdruecke und
- 't' gebundene Zeiger-Ausdruecke.

Ausdruecke anderer Typen gibt es nicht - also keine Ausdruecke
allgemeiner Feld-Typen, Satz-Typen und Datei-Typen. Wenn auch Variablen dieser Typen - abgesehen von Datei-Variablen bzw. Variablen strukturierter Typen mit Datei-Typen als Komponenten-Typen,
was rekursiv zu sehen ist - rechts vom Symbol := in einer Wertzuweisung sowie in Konstrukten wie als aktuelle Parameter in Prozeduranweisungen und Funktionsaufrufen (s. spaeter) auftreten duerfen, so sind diese nicht als Ausdruecke anzusehen, weil - wie wir
wissen bzw. festzustellen sein wird - die allen aufgefuehrten Ausdruecken gemeinsamen Eigenschaften fehlen: Es gibt keine 'Konstanten' allgemeiner Feld-, Satz- und Datei-Typen, und es sind keine
Operationen ueber den Wertebereichen dieser Typen definiert, insbesondere sind auch keine 'Vergleiche' zulaessig. In der Syntax
werden Variablen allgemeiner Feld-, Satz- und Datei-Typen geson-
dert aufgefuehrt.

Ausdruecke koennen ausschliesslich im Anweisungsteil eines Blokkes vorkommen und in diesem:

- als Index-Ausdruck in indizierten Variablen,
- zur Berechnung eines Mengen-Wertes (s. Abschn. 5.7),
- rechts vom Symbol := in einer Wertzuweisung (s. Abschn. 6.1.1),
- zwischen den Wortsymbolen IF und THEN in einer Wenn-Anweisung
  (s. Abschn. 6.2.2.1),

- zwischen den Wortsymbolen CASE und OF in einer Auswahlanweisung (s. Abschn. 6.2.2.2),
- hinter dem Wortsymbol UNTIL in einer REPEAT-Anweisung (s. Abschnitt 6.2.3.1),
- zwischen den Wortsymbolen WHILE und DO in einer WHILE-Anweisung (s. Abschn. 6.2.3.2),
- zwischen dem Symbol := und dem Wortsymbol TO bzw. DOWNTO sowie zwischen diesem Wortsymbol und dem Wortsymbol DO in einer Laufanweisung (s. Abschn. 6.2.3.3) und
- als aktueller Wertparameter in Prozeduranweisungen und Funktionsaufrufen (s. Abschnitt 7.2).

Nicht ueberall koennen Ausdruecke 'beliebigen' Typs vorkommen. Von Index-Ausdruecken wissen wir beispielsweise, dass ihr Typ der in der entsprechenden Feld-Variablendeklaration deklarierte Index-Typ sein muss. Auf die zulaessigen Typen von Ausdruecken in den uebrigen Vorkommensstellen gehen wir in den angegebenen Abschnitten ein.

Da Ausdruecke Vorschriften zur Berechnung von Werten (letztlich) aus Werten von Konstanten und Variablen gewisser Typen sind, werden naheliegend zum syntaktischen Aufbau von nicht aus einer Konstanten oder Variablen bestehenden Ausdruecken die in Kap. 3 fuer diese Typen eingefuehrten Operationssymbole fuer Operationen an Werten aus den Wertebereichen dieser Typen verwandt. Wie die folgenden Ausfuehrungen zeigen werden, ist es notwendig, die Menge dieser Operationssymbole - ausser NOT (s. spaeter) - in drei Klassen einzuteilen:

- multiplikative Operationssymbole
        *, DIV, MOD, / und AND,
- additive Operationssymbole
        +, - und OR,
  (wozu auch Operationssymbole fuer Identitaet und Vorzeichenwechsel
        + und -
  zu zaehlen sind) sowie
- relationale Operationssymbole
        <, <=, =, <>, >=, >
  und das Symbol fuer den Zugehoerigkeitstest
        IN.

Weiter sind zum syntaktischen Aufbau die als O p e r a n d e n bezeichneten Konstrukte

        - Faktor,
        - Term und
        - einfacher Ausdruck

notwendig. Ein F a k t o r kann sein

- eine K o n s t a n t e nach S18, S19, S20, S21, S23 und S48, beispielsweise

        MAXINT,
        TRUE   oder
        3.14   ;

- eine V a r i a b l e nach S54 (bzw. S55-S57, S60-S62), beispielsweise

```
      I         ,
      F [6] oder
      S.X
(wobei deklariert sei:
      I : INTEGER;
      F : ARRAY [1 .. 6] OF BOOLEAN;
      S : RECORD X, Y : REAL END);
```

. ein F u n k t i o n s a u f r u f nach S115-S120 (s. Abschn.
  7.2.2), was verstaendlich wird, wenn man sich daran erinnert,
  dass ueber Wertebereichen von Typen Funktionen als Operationen moeglich sind, beispielsweise

```
      SUCC (F [6]) (vorausgesetzt F [6] habe den Wert FALSE);
```

. ein in ein rundes Klammerpaar eingeschlossener - g e k l a m -
   m e r t e r   A u s d r u c k , was rekursiv zu sehen ist, beispielsweise

```
      (SUCC (F [6]) OR F [4]);
```

. ein n e g i e r t e r   F a k t o r - ein mit vorgesetztem
  Operationssymbol NOT versehener Faktor, was ebenfalls rekursiv
  zu sehen ist, beispielsweise

```
      NOT SUCC (F [6]) oder
```

. ein K o n s t r u k t o r   z u r   B e r e c h n u n g e i -
   n e s   W e r t e s aus dem Wertebereich eines 'p' 'e<>r'
   M e n g e n - T y p s nach S81 (s. Abschn. 5.7), von dem
  wir spezielle Formen bereits in Abschn. 3.2.2 ueber das Syntax-Diagramm "Wert des Wertebereichs eines 'p' 'e<>r' Mengen-
  Typs" kennenlernten, beispielsweise

```
      [6, 4 .. 9].
```

Ein T e r m ist ein einzelner Faktor oder eine Folge von durch
m u l t i p l i k a t i v e Operationssymbole getrennten bzw. -
wie man auch zu sagen pflegt - verknuepften Faktoren, beispielsweise

```
      I * 6                        ,
      F [4] AND NOT SUCC (F [6]) oder
      S.X / 3.14                     .
```

Ein e i n f a c h e r   A u s d r u c k ist ein evtl. mit einem
vorgesetzten Operationssymbol fuer Identitaet oder Vorzeichenwechsel versehener einzelner Term oder eine auch wieder evtl. mit einem vorgesetzten Operationssymbol fuer Identitaet oder Vorzeichenwechsel versehene Folge von durch (binaere) a d d i t i v e Operationssymbole getrennten bzw. verknuepften Termen, beispielsweise

```
      I * 6 - MAXINT                    ,
      F [6] AND NOT SUCC (F [6]) OR F [1] oder
      -S.X / 3.14 + 3.14                 .
```

Ein A u s d r u c k kann nun ein einzelner einfacher Ausdruck

sein oder baut sich aus z w e i durch ein r e l a t i o n a -
l e s Operationssymbol oder das Symbol fuer den Z u g e h o e -
r i g k e i t s t e s t getrennten bzw. verknuepften einfachen
Ausdruecken auf, beispielsweise

```
    I < MAXINT          ,
    F [6] = TRUE        ,
    S.X > 3.14          oder
    I IN [6, 4 .. 9] .
```

Man mache sich klar: Da ein Ausdruck ein einzelner einfacher Ausdruck, ein einfacher Ausdruck ein einzelner Term und ein Term ein
einzelner Faktor sein kann, sind die folgenden, bisher gegebenen
Beispielprogrammen entnommenen Symbolfolgen Ausdruecke.

Beispiele:	Ausdruck	Typ	Programm
	K * P / 100	reell	B1.3-1
	0.5 * G * T * T	reell	B2.2.5.4-1
	N + 1	ganz	B2.2.5.4-1
	TANF + N * TINK	reell	B2.2.5.4-1
	T > TEND	boolesch	B2.2.5.4-1
	(Z >= 'A') AND (Z <= 'Z')	boolesch	B3.1.3-3
	BUCHST (TZ)	boolesch	B3.1.3-3
	(NRBU + 23) MOD 26	ganz	B3.1.3-3
	ORD ('A') + OZRA	ganz	B3.1.3-3
	SUCC (IM)	ganz	B4.2.2.1-1
	FZK [IE] > FZK [IM]	boolesch	B4.2.2.1-1
	OP [1].RT + OP [2].RT	reell	B4.2.2.2-1
	NOT EOLN AND (L < LMAX)	boolesch	B4.2.3-1
	(I = LMIN) OR		
	(ZNF'.ZKLMAX [I] <> ZK [I])		
		boolesch	B4.2.3-1
	ORD (V.X [I]) DIV 8	ganz	B4.3-1

(zum Typ der vorstehenden Ausdruecke s. spaeter).

Es ist nunmehr - und eigentlich auch schon nach den Ausfuehrungen
in Abschn. 1.3 einsichtig, dass PASCAL-Ausdruecke analog arithmetischen bzw. booleschen Ausdruecken und Formeln der Mathematik zu
verstehen sind. Deshalb duerfte ihre Benutzung in PASCAL-Programmen trotz der obigen zunaechst recht kompliziert scheinenden Syntax auch fuer den Anfaenger nicht allzu schwierig sein. Dabei koennen folgende leicht aus der Syntax zu folgernde 'Konstruktionsre-
geln' hilfreich sein:

- Als erstes Symbol eines Ausdruckes darf niemals ein Operationssymbol fuer eine binaere Operation - binaeres Operationssymbol -
  auftreten, sondern nur ein Operationssymbol fuer eine unaere Operation - unaeres Operationssymbol, eine Konstante, eine Variable, ein Funktionsaufruf oder eine oeffnende runde oder eckige
  Klammer.
- Als letztes Symbol eines Ausdruckes darf niemals ein Operationssymbol stehen, sondern immer nur eine Konstante, eine Variable,
  ein Funktionsaufruf oder eine schliessende runde oder eckige
  Klammer.
- Eine oeffnende runde Klammer kann nur vor einer Konstanten, ei-

ner Variablen, einem Funktionsaufruf, einem unaeren Operationssymbol oder einer oeffnenden runden oder eckigen Klammer - also
nicht vor einem binaeren Operationssymbol - stehen.
. Eine schliessende runde Klammer kann nur hinter einer Konstanten, einer Variablen, einem Funktionsaufruf oder einer schliessenden runden oder eckigen Klammer - also keinesfalls hinter
  einem Operationssymbol - aufgefuehrt werden.
. Oeffnende und schliessende runde (eckige) Klammern muessen paa-
  rig auftreten oder anders ausgedrueckt: die Zahl der oeffnenden
  runden (eckigen) Klammern muss in einem Ausdruck gleich der
  Zahl der schliessenden runden (eckigen) Klammern sein.
. Keinesfalls koennen zwei Operanden, ohne durch ein binaeres Operationssymbol voneinander getrennt zu sein, aufeinanderfolgen.
. Abgesehen von mehreren aufeinanderfolgenden Operationssymbolen
  NOT - was allerdings wenig sinnvoll sein duerfte - und einem
  auf ein relationales Operationssymbol folgenden NOT oder Operationssymbol fuer Identitaet oder Vorzeichenwechsel duerfen
  niemals zwei Operationssymbole aufeinanderfolgen. Zwischen
  zwei binaeren Operationssymbolen muss stets ein Faktor oder
  Term und zwischen zwei Operationssymbolen fuer Identitaet oder
  Vorzeichenwechsel muss immer eine oeffnende runde Klammer stehen.

Wie wird nun die Berechnung eines PASCAL-Ausdruckes vorgenommen?
Von der Mathematik her ist bekannt, dass die Berechnung von arithmetischen bzw. booleschen Ausdruecken sowie die Auswertung (Auf-
loesung) von Formeln in der Weise erfolgt, dass die Teile des
Ausdruckes bzw. der Formel ermittelt werden, die gemaess geltender Klammerregel und geltender Vorrangregeln - z.B. 'Punktrech-
nung vor Strichrechnung' - berechnet bzw. ausgewertet werden koennen und dass hernach rekursiv in dieser Weise weiter verfahren
wird, bis schliesslich der Ausdruck berechnet bzw. die Formel ausgewertet ist. Die Berechnung oder Auswertung eines PASCAL-Ausdruckes erfolgt in analoger Weise. Es gilt

Regel R5-1: Bei der Auswertung von Ausdruecken erfolgt die Aus-
            wertung von Faktoren (also auch geklammerten Ausdruek-
            ken!) vor der Auswertung von Termen, der sich die
            Auswertung einfacher Ausdruecke und schliesslich des
            Ausdruckes anschliesst.

Man sieht, dass die Syntax von Ausdruecken ihre Auswertungsvor-
schrift widerspiegelt. Insbesondere ist aus der Syntax zu erkennen, dass

. die Negation Vorrang hat vor
. multiplikativen Operationen, die ihrerseits Vorrang haben vor
. Identitaetsoperationen und Vorzeichenwechsel sowie
  additiven Operationen, und diese Vorrang haben vor
. relationalen Operationen und dem Zugehoerigkeitstest.

Ausserdem gilt noch

Regel R5-2: Die Auswertung von Folgen gleichrangiger Operationen
            - also mehrerer aufeinanderfolgender multiplikativer
            Operationen oder mehrerer aufeinanderfolgender addi-
            tiver Operationen erfolgt stets von links nach rechts.

Diese Regel ist eingefuehrt worden, um dem Programmierer das Einfuegen von Klammerpaaren zur Festlegung der Auswertungsweise zu
ersparen. Denn die Auswertung von Folgen gleichrangiger Operationen ist ohne vorstehende Regel nicht immer eindeutig. Beispielsweise ergibt 6 DIV 3 * 2 entweder 4, wenn von links nach rechts
ausgewertet wird, oder 1, wenn dies nicht geschieht. Diese Mehr-
deutigkeit waere ohne vorstehende Regel nur durch geeignetes Einfuegen von Klammerpaaren zu beheben.

Umgekehrt kann es natuerlich notwendig sein, die Anwendung von
R5-2 durch Einfuegen von Klammerpaaren zu vermeiden. So muss die
Formel

$$\frac{1}{W \cdot C}$$

als PASCAL-Ausdruck in der Form

$$1 / (W * C)$$

- W und C seien reelle Variablen - geschrieben werden, wenn tatsaechlich der Reziprokwert des Produktes berechnet werden soll.
Natuerlich koennte man auch

$$1 / W / C$$

schreiben, wenn keine numerischen oder sonstigen Gruende dagegen
sprechen.

Bleibt noch darauf hinzuweisen, dass die Regel R5-1 offenlaesst,
in welcher Reihenfolge Operanden auszuwerten sind. Dies wird einer Implementation ueberlassen. Jedoch gelten die Regeln
R4.2.2.1-1, R4.2.2.2-1, R4.2.2.3-1 und R4.2.3-1.

Die vorstehenden Ausfuehrungen enthalten noch keine Aussage ueber
Typen verknuepfter Operanden und auszuwertender Ausdruecke. Wir
wissen von der Besprechung der Datentypen her, dass nicht jedes
Operationssymbol fuer Operationen mit Werten aus Wertebereichen
jedes Typs zulaessig ist. Daraus ergibt sich, dass in Ausdruecken
nicht Operanden beliebiger Typen mit beliebigen Operationssymbolen verknuepfbar sind. Operanden haben oder liefern, weil sie als
Ausdruecke zu betrachten sind, nach Berechnung ja Werte aus dem
Wertebereich eines Typs. Damit ergeben sich zwei Fragen:

- Operanden welchen Typs koennen mit welchen Operationssymbolen
  verknuepft werden und
- welchem einen Typ mitcharakterisierenden Wertebereich gehoert
  ein berechneter Wert an?

Die erste Frage wird durch die Regel R3.5-3 beantwortet: Operanden
muessen verknuepfungskompatibel sein. Das bedeutet, dass Operanden
i.a. von gleichem Typ sein muessen bis auf die durch Regel R3.5-3
bzw. die darin benutzte Regel R3.5-2 festgelegten Ausnahmen. Diese
Ausnahmen wurden weitgehend aus praktischen Gruenden zugelassen,
so beispielsweise die Verknuepfung von Operanden reellen und ganzen Typs. Denn von der Mathematik her ist man ja gewohnt, 3.14 + 1
statt 3.14 + 1.0 zu schreiben. Die Antwort auf die zweite Frage
ist gegeben durch

Regel R5-3: Der Typ eines aus zwei mit einem binaeren Operationssymbol verknuepften verknuepfungskompatiblen Operanden
gebildeten Operanden bzw. Ausdrucks ist,
. wenn das binaere Operationssymbol ein relationales
Operationssymbol oder das Symbol fuer den Zugehoerigkeitstest ist,
. der boolesche Standardtyp
. und sonst
. der Typ der Operanden, wenn die Typen der Operanden aequivalente Typen nach Regel R3.5-1 sind;
. der reelle Typ, wenn ein Operand von einem ganzen Typ und der andere Operand vom reellen Typ
ist bzw. wenn beide – verknuepfungskompatiblen –
Operanden von einem ganzen Typ sind und das binaere Operationssymbol / ist;
. der Standardtyp ungleich dem reellen Typ bzw.
der Basis-Aufzaehl-Typ, von dem ausgehend der
Teilbereichs-Typ gebildet ist, wenn ein Operand
von diesem Typ ist;
. der 'p' 'e<>r' Mengen-Typ, wenn ein Operand vom
'p' 'e<>r' Mengen-Typ ist, wobei der Basistyp
'e<>r' ein Standardtyp oder Basis-Aufzaehl-Typ
ist und der andere Operand von einem 'p' 'e<>r'
Mengen-Typ ist, bei dem der Basistyp 'e<>r' ein
Teilbereichs-Typ des Basistyps 'e<>r' des einen
Operanden ist und fuer beide 'p' 'e<>r' Mengen-
Typen der Wert der metasyntaktischen Variablen
'p' der gleiche ist.
Der Typ eines durch Vorsetzen eines unaeren Opera-
tionssymbols aus einem Operanden gebildeten Operanden ist der Typ jenes Operanden.
Der Typ eines Ausdruckes ist der Typ des Operanden
bzw. Ausdrucks, dessen Auswertung gemaess Regel R5-1
und R5-2 die Auswertung des Ausdrucks abschliesst.

Zur Verdeutlichung des Gesagten moege die folgende Tabelle dienen,
in der die Typen gemaess Regel R3.5-3 und R5-3 zu verstehen sind
– also beispielsweise ganzer Typ fuer ganzer Standardtyp und/oder
ganzer Teilbereichs-Typ.

Operationssymbol	Operation	Typ des einzigen oder ersten Operanden	Typ des zweiten Operanden	Typ des gebildeten Operanden bzw. Ausdrucks
NOT	Negation	boolesch		boolesch
*	ganzzahlige Multiplikation	ganz	ganz	ganz
	reellzahlige Multiplikation	reell	reell	reell
		reell	ganz	reell
		ganz	reell	
	Bildung des Durchschnitts	'p''e<>r' Menge	'p''e<>r' Menge	'p''e<>r' Menge
DIV	ganzzahlige Division	ganz	ganz	ganz
MOD	Restbildung bei ganzzahliger Division	ganz	ganz	
/	reellzahlige Division	reell	reell	reell
		reell	ganz	
		ganz	reell	
		ganz	ganz	
AND	Konjunktion	boolesch	boolesch	boolesch
+	ganzzahlige Identitaet	ganz		ganz
	ganzzahlige Addition	ganz	ganz	
	reellzahlige Identitaet	reell		reell
	reellzahlige Addition	reell	reell	
		reell	ganz	
		ganz	reell	
	Bildung der Vereinigungsmenge	'p''e<>r' Menge	'p''e<>r' Menge	'p''e<>r' Menge

Operationssymbol	Operation	Typ des einzigen oder ersten Operanden	Typ des zweiten Operanden	Typ des gebildeten Operanden bzw. Ausdrucks
-	ganzzahliger Vorzeichenwechsel	ganz		ganz
	ganzzahlige Subtraktion	ganz	ganz	
	reellzahliger Vorzeichenwechsel	reell		
	reellzahlige Subtraktion	reell	reell	reell
		reell	ganz	
		ganz	reell	
	Bildung der Differenzmenge	'p''e<>r' Menge	'p''e<>r' Menge	'p''e<>r' Menge
OR	Disjunktion	boolesch	boolesch	boolesch
r siehe S26	Vergleich	'e<>r'	'e<>r'	
		reell	reell	
		reell	ganz	
		ganz	reell	
		'N'-Zeichen	'N'-Zeichen	
=	Test auf Gleichheit			
<>	Test auf Ungleichheit	'p''e<>r' Menge	'p''e<>r' Menge	boolesch
<=	Test auf Enthaltensein			
>=	Test auf Umfassen			
IN	Zugehoerigkeitstest	'e<>r'	'p''e<>r' Menge	
=	Vergleich 't' gebundener Zeiger auf gleich	't' gebundener Zeiger	't' gebundener Zeiger	
<>	Vergleich 't' gebundener Zeiger auf ungleich			

Die Beziehungen zwischen den Typen von Operanden und verwandtem Operationssymbol in Ausdruecken haben ggf. Konsequenzen fuer den Aufbau der Ausdruecke. Beispielsweise waere der Ausdruck

        B AND R < 1.1   ,

wenn deklariert ist

        . B : BOOLEAN;
          R : REAL   ,

nach der Syntax durchaus ein zulaessiger Ausdruck. Wegen obiger
Beziehungen jedoch ist er unzulaessig und natuerlich inhaltlich
falsch. Richtig kann er nur lauten:

        B AND (R < 1.1)   .

Denn mittels AND sind nur boolesche Faktoren verknuepfbar. Aehnlich verhaelt es sich im Falle

        R * I DIV 2   ,

wenn R wie zuvor und

        I : INTEGER

deklariert ist. Es kann nur

        R * (I DIV 2)

geschrieben werden, weil zwar noch der reelle Faktor R mit dem
ganzen Faktor I durch das Operationssymbol * nach R3.5-3 verknuepft werden kann - der reelle Operand R * I aber nicht mehr
mit dem ganzen Faktor 2 durch das Operationssymbol DIV. Man sieht,
dass die Beziehungen zwischen den Typen von Operanden und verwandtem Operationssymbol es mitunter erforderlich machen, runde Klam-
merpaare einzufuegen. Der Aufbau von Ausdruecken wird also auch
von semantischen Zwaengen beeinflusst. Man kann diese in Syntax-
Diagramme einfliessen lassen, wie dies die Syntax-Diagramme der
folgenden Abschnitte zeigen werden.

Sei noch darauf hingewiesen, dass es in PASCAL keine unmittelbare
Moeglichkeit gibt, in einem Ausdruck eine Exponentiation als Operation aufzufuehren. Man kann sie ueber Multiplikationsfolgen,
den Aufruf der Standardfunktion SQR (Quadrat) oder Aufruf der
Standardfunktionen EXP (Exponentialfunktion) und LN (natuerliche
Logarithmusfunktion) loesen. Das duerfte u.a. Effizienzgruende
haben. Denn bei ganzzahligen Exponenten ist es fuer einen Imple-
mentor i.a. eine schwer beantwortbare Frage, wann eine Multipli-
kationsfolge oder ein Aufruf von Exponential- und natuerlicher
Logarithmusfunktion effizienter ggf. auch numerisch exakter ist.
Deshalb wird in PASCAL diese Entscheidung dem Programmierer ueberlassen.

Und nun noch ein umfangreicheres Beispiel zur Auswertung eines
Ausdruckes: Wir setzen folgende Variablendeklarationen und Initialisierungen +) voraus:

+) Initialisierung, Zwischenergebnisse und Ergebnis sind in Form
   von Kommentaren aufgefuehrt.

```
G  : INTEGER;                          (* 1 *)
B  : ARRAY [1 .. 2] OF BOOLEAN;        (* TRUE,
                                          FALSE *)
Z  : 'A' .. 'Z';                       (* 'C' *)
A  : (A1, A2, A3);                      (* A1 *)
R  : REAL;                             (* 10.0 *)
ZK : PACKED ARRAY [1 .. 4] OF CHAR;    (* 'ABCD' *)
M  : SET OF 1 .. 10;                   (* [1, 2, 3] *)
RZ : ^REAL                            (* NIL *)   .
```

Zur Auswertung des Ausdruckes

```
NOT (G + 3 - G MOD 5 = ORD (Z))
    OR (Z <> 'A')
        AND (NOT B [G + 1] = TRUE)
        AND (A3 > SUCC (A))
    OR (R / (G * 5) + R + 2.1 > 7.2)
    OR (ZK = 'AXBY')
        AND ([6, G + 3] * M = [])
    OR (G IN M)
        AND (RZ <> NIL)
```

sind Hilfsvariablen notwendig, die gemaess den Variablendeklarationen

```
GH1,
GH2 : INTEGER;
BH1,
BH2,
BH3 : BOOLEAN;
AH  : (A1, A2, A3);
RH  : REAL;
MH  : SET OF 1 .. 10             .
```

deklariert seien. Sie dienen der Aufnahme von Zwischenergebnissen,
die ihnen per Wertzuweisung zugewiesen werden (aehnlich Notizzet-
teln, die ein Mensch benutzen wuerde, wenn er obigen Ausdruck auszuwerten haette). Die Auswertung nehmen wir nun so vor, wie sie
von vielen PASCAL-Implementationen im Prinzip durchgefuehrt wird
- naemlich der textuellen Anordnung der Symbole folgend, also von
links nach rechts Symbol fuer Symbol betrachtend und erkannte Operanden sofort auswertend, obwohl die Auswertungsreihenfolge von
Operanden nach R5-1 offen bleibt. Das Operationssymbol NOT kuen-
digt an, dass ein Faktor - eine Negation eines Faktors - auszuwerten ist. Der zu negierende Faktor ist aufgrund der nach NOT folgenden oeffnenden runden Klammer ein geklammerter Ausdruck, dessen
Wert zunaechst einmal zu errechnen ist. Beim Fortschreiten nach
rechts werden die ganze Variable G, das Operationssymbol + fuer
die ganzzahlige Addition und die ganze Konstante 3 - also der ganze Term G + 3 gefunden. Dieser Term kann jedoch erst ausgewertet
werden, wenn das Operationssymbol - fuer die ganzzahlige Subtraktion zur Kenntnis genommen wurde. Denn dieses signalisiert, dass
keine vorrangige Operation auszufuehren ist. Es kann demnach erfolgen:

```
GH1 := G + 3                           (* 4 *)  .
```

Weiter wird nach der Variablen G das Operationssymbol MOD fuer
die Restbildung einer ganzzahligen Division gefunden. Da die Restbildung Vorrang vor der Subtraktion hat, kann diese nicht ausgefuehrt werden, sondern es muss berechnet werden:

            GH2 := G MOD 5   (* 1 *) .

Dies kann nur deshalb erfolgen, weil der nachfolgende ganzzahlige
Vergleich auf gleich nicht vorrangig ist (bzw. weil es unter den
ganzzahligen Operationen keine hoeherrangigen Operationen gegenueber der Restbildung gibt). Nun kann:

            GH1 := GH1 - GH2   (* 3 *)

berechnet werden. Beim weiteren Fortschreiten nach rechts wird
nach dem Symbol fuer den Vergleich auf gleich der ganze Faktor
ORD (Z) - ein Aufruf der Standardfunktion ORD - gefunden, dessen
Auswertung als naechste erfolgen muss:

            GH2 := ORD (Z)   (* 3 (imple-
                                                      mentations-
                                                      abhaengig)*).
Aufgrund der schliessenden runden Klammer kann

            BH1 := GH1 = GH2   (* TRUE *)

berechnet werden, womit der Faktor hinter dem Operationssymbol
NOT ausgewertet ist, und ein boolesches Ergebnis vorliegt. Die
Negation kann nun durchgefuehrt werden:

            BH1 := NOT BH1   (* FALSE *) .

Bei erneutem Fortschreiten nach rechts wird das Operationssymbol
OR und wieder ein Faktor - ein in Klammern gesetzter Vergleich
von Zeichen-Ausdruecken auf ungleich - angetroffen. Dieser ist
sofort auswertbar:

            BH2 := Z <> 'A'   (* TRUE *)

Ehe aber nun die Disjunktion durchgefuehrt werden kann, muss das
naechste Operationssymbol betrachtet werden. Es ist AND und signalisiert eine Konjunktion, die Vorrang vor der Disjunktion hat.
Also kann letztere nicht ausgefuehrt werden, sondern es muss die
Auswertung des nachfolgenden Faktors - eines geklammerten booleschen Ausdruckes - erfolgen:

            GH1 := G + 1;   (* 2 *)
            BH3 := B [GH1];   (* FALSE *)
            BH3 := NOT BH3;   (* TRUE *)
            BH3 := BH3 = TRUE   (* TRUE *) .

Zuerst ist also der Index-Ausdruck G + 1 auszuwerten, hernach der
Faktor B [G + 1], die Negation des Faktors B [G + 1] und schliesslich der Vergleich auf gleich NOT B [G + 1] = TRUE. Nun kann:

            BH2 := BH2 AND BH3   (* TRUE *)

berechnet werden. Beim abermaligen Fortschreiten nach rechts wird
ein weiteres Operationssymbol AND erkannt. Also kann die ausste-

hende Disjunktion noch immer nicht erfolgen, sondern es muss der
Faktor A3 > SUCC (A) - ein Vergleich auf groesser von Aufzaehl-
Ausdruecken - ausgewertet werden:

                    AH := SUCC (A);   (* A2 *)
                    BH3 := A3 > AH   (* TRUE *) .

Danach ist

                    BH2 := BH2 AND BH3   (* TRUE *)

berechenbar und, weil das Operationssymbol OR folgt, die ausste-
hende Disjunktion:

                    BH1 := BH1 OR BH2   (* TRUE *) .

Von der Semantik der Disjunktion und dem restlichen Teil obigen
Ausdruckes her gesehen, koennte damit die Auswertung des Ausdruk-
kes eigentlich abgeschlossen werden. PASCAL schreibt die Auswertung des restlichen Teils des Ausdruckes nicht vor (vgl. Abschn.
5.2). Wir fuehren sie dennoch aus didaktischen Gruenden einmal
durch.

Der naechste geklammerte Ausdruck ist ein reellzahliger Vergleich
auf groesser, wobei in dem reellzahligen einfachen Ausdruck R /
(G * 5) + R + 2.1 ein geklammerter ganzer Ausdruck als Faktor auftritt, was nach Regel R3.5-3 zulaessig ist. Der reellzahlige Vergleich auf groesser ist wie folgt auszuwerten:

                    GH1 := G * 5;   (* 5 *)
                    RH := R / GH1;   (* 2.0 *)
                    RH := RH + R;   (* 7.0 *)
                    RH := RH + 2.1;   (* 9.1 *)
                    BH2 := RH > 7.2   (* TRUE *) .

Die Disjunktion ergibt:

                    BH1 := BH1 OR BH2   (* TRUE *) .

Sie darf ausgefuehrt werden, weil als naechste Operation abermals
eine Disjunktion - also eine gleichrangige Operation gefordert ist.
Der Faktor (ZK = 'AXBY') ist ein geklammerter boolescher Ausdruck
- ein Vergleich von 'N'-Zeichen-Ausdruecken auf gleich, der unmittelbar ausgefuehrt werden kann:

                    BH2 := ZK = 'AXBY'   (* FALSE *) .

Aufgrund der Vorrangigkeit der nachfolgenden Konjunktion kann die
Disjunktion nun nicht ausgefuehrt werden, sondern es muss erst der
geklammerte boolesche Ausdruck ([6, G + 3] * M = []) ausgewertet
werden. Diese Auswertung beginnt mit der Berechnung des Faktors
[6, G + 3], der einen Konstruktor zur Bildung eines Mengen-Wertes
darstellt. In diesem ist zunaechst der ganze Ausdruck G + 3 zu
berechnen:

                    GH1 := G + 3   (* 4 *) .

Der Wert der Konstanten 6 und der Wert von GH1 liefern:

                    MH := [6, GH1]   (* [6, 4] *).

Damit ist der Durchschnitt berechenbar:

                MH   := MH * M   (* [] *) ,

und schliesslich ist der Test auf Gleichheit durchfuehrbar:

                BH3 := MH = []   (* TRUE *) .

Jetzt darf:

                BH2 := BH2 AND BH3   (* FALSE *)

sowie

                BH1 := BH1 OR BH2   (* TRUE *)

berechnet werden. Die restlichen Berechnungen bestehen in der
Auswertung des Zugehoerigkeitstests:

                BH2 := G IN M   (* TRUE *)

(man beachte, dass G vom ganzen Standardtyp und der Basistyp von
M ein ganzer Teilbereichs-Typ ist, was nach Regel R3.5-3 zulaessig
ist), des Vergleichs auf ungleich des Wertes der reell gebundenen Zeiger-Variablen RZ mit NIL:

                BH3 := RZ <> NIL   (* FALSE *) ,

der Konjunktion

                BH2 := BH2 AND BH3   (* FALSE *)

und der Disjunktion:

                BH1 := BH1 OR BH2   (* TRUE *) .

Der Wert der booleschen Hilfsvariablen BH1 - also TRUE - ist der
Wert des obigen Ausdruckes.

Hilfsvariablen sind zur Auswertung eines Ausdruckes i.a. immer
notwendig. Der PASCAL-Kompilierer sorgt dafuer, dass sie zur
Laufzeit eines Programmes verfuegbar sind. Sie brauchen also nicht
vom Programmierer vorgesehen werden. Je komplizierter hinsichtlich Vorrangigkeit auszuwertender Faktoren, Terme bzw. einfacher
Ausdruecke ein Ausdruck ist, um so mehr Hilfsvariablen sind notwendig. Hilfsvariablen haben wie durch den Programmierer deklarierte oder referenzierte Variablen Speicherbedarf, der zur Vergroesserung des Stapels fuehrt, und deshalb kann die Auswertung
komplizierter Ausdruecke ggf. am zur Verfuegung stehenden Zentralspeicher scheitern. Mitunter kann man dann weiterkommen, wenn man
beispielsweise Klammerungen selbst 'aufloest' oder gerade nicht
benutzten Variablen Werte von Faktoren bzw. Termen zuweist und
diese Variablen in dem in Betracht stehenden Ausdruck statt der
Faktoren, Terme bzw. einfachen Ausdruecke auffuehrt. Die Zahl der
im obigen Beispiel benutzten Hilfsvariablen braucht nicht der Zahl
der tatsaechlich von einer PASCAL-Implementation benutzten Hilfsvariablen entsprechen. DVA-Gegebenheiten koennen fuer eine Verringerung sorgen. Mit anderen Worten: Die Zahl benutzter Hilfsvaria-

blen zur Auswertung eines Ausdruckes ist in starkem Masse implementationsabhaengig.

Lesern, die an der Syntax-Analyse von Ausdruecken, wie sie im
Prinzip von einem Kompilierer durchzufuehren ist, interessiert
sind, sei das Lesen der (nach dem Verfahren des rekursiven Ab-
stiegs [206] aufgebauten) Prozeduren

        BAUSDR
        BEAUSDR
        BTERM
        BFAKTOR

in Beispiel B9-1 in Kapitel 9 empfohlen.

In den folgenden Abschnitten werden die Ausdruecke der einzelnen
Typen syntaktisch exakt eingefuehrt. Die Bezeichnungen der Syntax-
Diagramme sind unter Beachtung der Regeln R3.5-3 und R5-3 zu verstehen. Wir koennen uns nach den ausfuehrlichen Ausfuehrungen dieses Abschnitts recht kurz halten.

Der Anfaenger kann beim ersten Lesen die Abschnitte 5.6, 5.7 und
5.8 zunaechst einmal uebergehen.

5.1 Ganze Ausdruecke

Ganze Ausdruecke sind Ausdruecke, deren Auswertung einen Wert aus
dem Wertebereich eines ganzen Typs liefert.

Ganze Faktoren sind:

S63 ganzer Faktor (integer factor)

```
            +-----------------+  ·
  ---+--->I ganze Konstante I---------------------+
     I  · +-----------------+                      I
     I                                             I
     I      +---------------+                      I
     +--->I ganze Variable I--------------------->I
     I      +---------------+                      I
     I                                             I
     I      +-----------------------------+        I
     +--->I Aufruf einer ganzen Funktion I------->I
     I      +-----------------------------+        I
     I                                             I
     I    ===      +---------------+     ===       V
     +--->I ( I--->I ganzer Ausdruck I--->I ) I------->
          ===      +---------------+     ===
```

Die Syntax und Semantik der Aufrufe von ganzen Funktionen werden in Abschn. 7.2.2 erlaeutert. Mittels der nach S63 moeglichen
ganzen Faktoren lassen sich gemaess dem Syntax-Diagramm S64
ganze Terme bilden.

S64 ganzer Term (integer term)

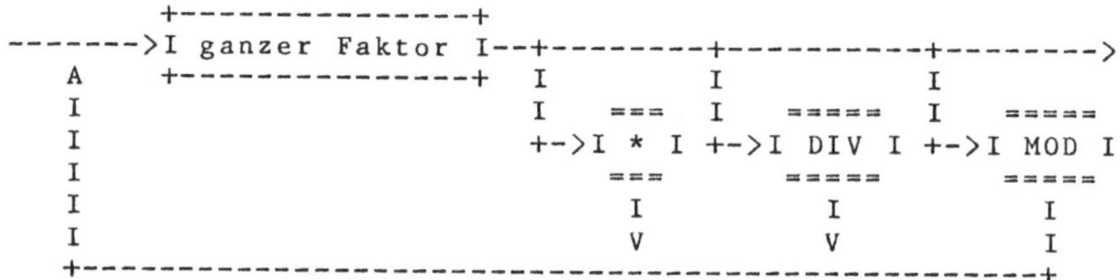
```
            +---------------+
  ------->I ganzer Faktor I--+--------+----------+-------->
     A      +---------------+  I        I          I
     I                         I  ===   I  =====   I  =====
     I                         +->I * I +->I DIV I +->I MOD I
     I                            ===      =====      =====
     I                         I        I          I
     I                         V        V          I
     +----------------------------------------------------+
```

Ein Syntax-Diagramm fuer ganze einfache Ausdruecke kann entfallen,
da ein ganzer Ausdruck nur ein einzelner ganzer einfacher Ausdruck
sein kann bzw. weil eine Verknuepfung ganzer einfacher Ausdruecke
mit einem relationalen Operationssymbol oder dem Symbol fuer den
Zugehoerigkeitstest keinen ganzen Ausdruck liefert. Also koennen
aus ganzen Termen unmittelbar nach S65 ganze Ausdruecke aufgebaut
werden.

S65 ganzer Ausdruck (integer expression)
    Ausdruck vom 'gT' Typ mit ganzer unterer Grenze <> 1 (ex-
                    pression of 'gT' type with lower bound <> 1)
    1..1 Ausdruck (1..1 expression)
    1..'N' Ausdruck (1..'N' expression)
    unterer ganzer Ausdruck (lower integer expression)
    oberer ganzer Ausdruck (upper integer expression)
    Anzahl Zeichen (number of characters)
    Anzahl Ziffern hinter Dezimalpunkt (number of digits
                            following decimal point)

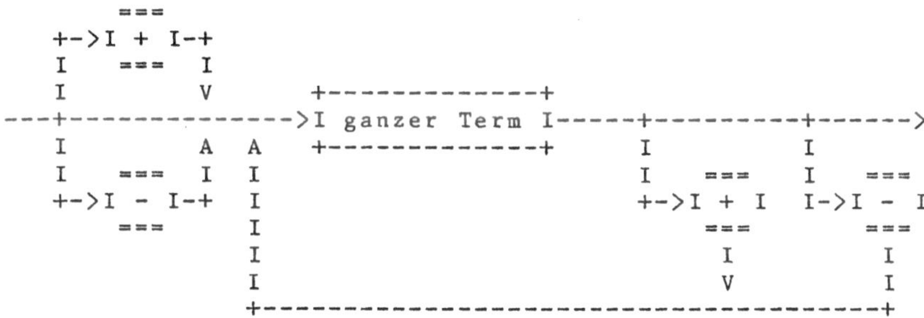

Die Bezeichnungen "Ausdruck vom 'gT' Typ mit ganzer unterer Grenze <> 1", "1..1 Ausdruck" und "1..'N' Ausdruck" sind syntaktische
Variablen, die in S57 und S59 vorkommen. Die Bezeichnungen "unterer ganzer Ausdruck" und "oberer ganzer Ausdruck" sind syntaktische Variablen, die im Syntax-Diagramm "'p' 'e<>r' Mengen-Faktor"
(s. Abschn. 5.7) benoetigt werden. Die Bezeichnungen "Anzahl Ziffern" und "Anzahl Ziffern hinter Dezimalpunkt" sind syntaktische
Variablen, die im Syntax-Diagramm "Text - Datei - Schreibprozedurparameter" (s. Abschn. 8.1.1) gebraucht werden.

Fuer die folgenden Beispiele setzen wir die Typdefinition

```
        SATZ = RECORD
               G  : INTEGER;
               GT : -3 .. 6
               END
```

und die Variablendeklarationen

```
        I : 1 .. 10;
        A : ARRAY [1 .. 10] OF INTEGER;
        R : SATZ;
        F : FILE OF INTEGER;
        P : ^SATZ
```

sowie eine passende Initialisierung der deklarierten Variablen
voraus.

Beispiele:	Erlaeuterung
1	ganze Konstante als Faktor, Term bzw. Ausdruck;
I	ganze Teilbereichs-Variable als Faktor, Term bzw. Ausdruck;
A [I + 1]	(1..10) indizierte (ganze Feld-)Variable vom ganzen Standardtyp als Faktor, Term bzw. Ausdruck;
R.G	Satz-Komponenten-Variable vom ganzen Standardtyp als Faktor, Term bzw. Ausdruck;
F^	Datei-Komponenten-Puffer vom ganzen Standardtyp als Faktor, Term bzw. Ausdruck;
P^.G	referenzierte (Satz-Komponenten-) Variable vom ganzen Standardtyp als Faktor, Term bzw. Ausdruck;
ABS (I)	Aufruf der Standardfunktion ABS als Faktor, Term bzw. Ausdruck;
(I + 1)	geklammerter ganzer Teilbereichs-Ausdruck als Faktor, Term bzw. Ausdruck;
-R.GT	Vorzeichenwechsel eines (Faktors bzw.) Terms als Ausdruck;
I DIV 6 * R.G * R.GT	multiplikative Verknuepfung von Faktoren als Term bzw. Ausdruck;
F^ + (I DIV 6 + R.G) * 4	Verknuepfung eines Faktors bzw. Terms mit einem Term, der eine multiplikative Verknuepfung von Faktoren ist, zu einem Ausdruck.

5.2 Boolesche Ausdruecke

Boolesche Ausdruecke sind Ausdruecke, deren Auswertung einen Wert aus dem Wertebereich eines booleschen Typs liefert.

Boolesche Faktoren sind:

S66 boolescher Faktor (boolean factor)

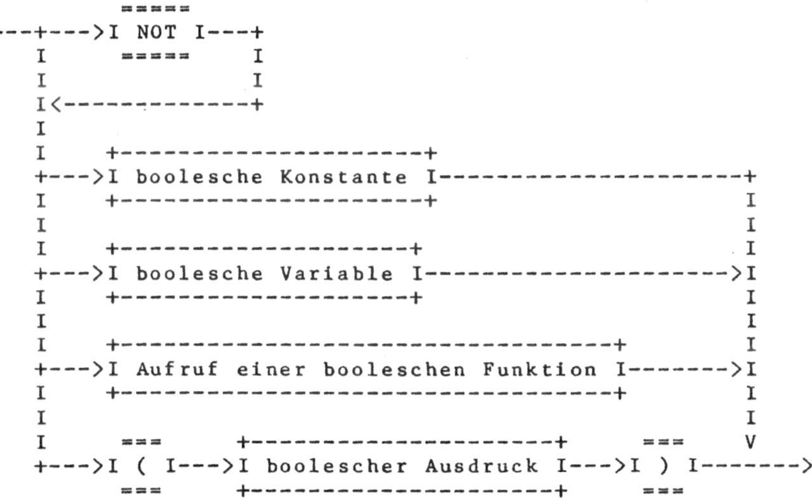

Die Syntax und Semantik der Aufrufe von booleschen Funktionen werden in Abschn. 7.2.2 erlaeutert. Mittels der nach S66 moeglichen booleschen Faktoren lassen sich gemaess dem Syntax-Diagramm S67 boolesche Terme bilden.

S67 boolescher Term (boolean term)

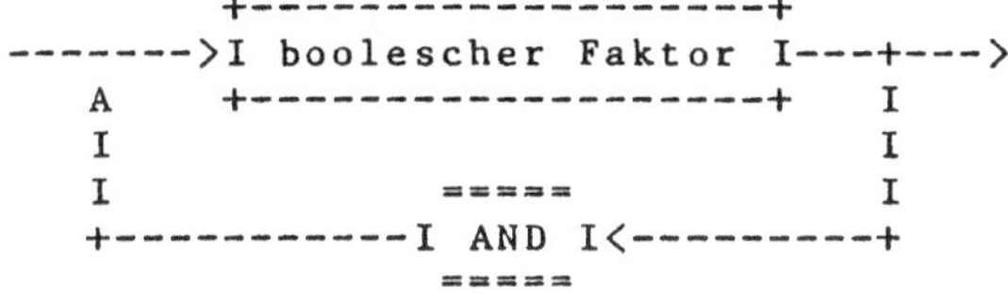

Aus booleschen Termen sind boolesche einfache Ausdruecke aufbaubar:

S68 boolescher einfacher Ausdruck (simple boolean expression)

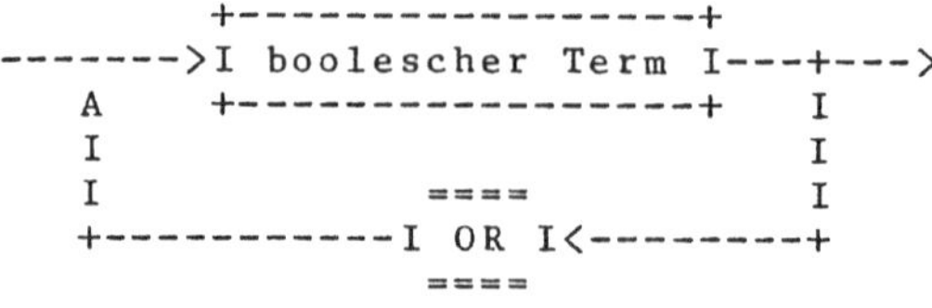

```
                +-----------------+
        ------->I boolescher Term I---+--->
           A    +-----------------+   I
           I                          I
           I              ====        I
           +-----------I OR I<--------+
                          ====
```

Boolesche einfache Ausdruecke sind nun eine Form von booleschen
Ausdruecken. Weitere Formen entnimmt man

S69 boolescher Ausdruck (boolean expression)
     unterer boolescher Ausdruck (lower boolean expression)
     oberer boolescher Ausdruck (upper boolean expression)

```
                +----------------------------------+
        ---+--->I boolescher einfacher Ausdruck I-----+
           I    +----------------------------------+   I
           I                                           I
           I    +------------------------------+       I
           +--->I Vergleich von                I       I
           I    I Ausdruecken einfachen Typs I------->I
           I    +------------------------------+       I
           I                                           I
           I    +----------------------------+         I
           +--->I 'N' - Zeichen - Vergleich I-------->I
           I    +----------------------------+         I
           I                                           I
           I    +------------------------+             I
           +--->I 'p' 'e<>r' Mengentest I----------->I
           I    +------------------------+             I
           I                                           I
           I    +------------------------+             I
           +--->I Zugehoerigkeitstest I------------->I
           I    +------------------------+             I
           I                                           I
           I    +------------------------------------+ V
           +--->I Vergleich 't' gebundener Zeiger I------->
                +------------------------------------+
```

unter Hinzuziehung der Syntax-Diagramme

S70 Vergleich von Ausdruecken einfachen Typs (comparison of
                                            expressions of
                                            simple type)

```
            +----------+                      +----------+
   ---+--->I ganzer   I                       I ganzer   I---+
      I    I Ausdruck I--+                +-->I Ausdruck I   I
      I    +----------+  I                I   +----------+   I
      I                  I                I                  I
      I    +----------+  I                I   +----------+   I
   +--->I reeller   I  V    +---+   I   I reeller   I-->I
      I    I Ausdruck I------>I r I---+-->I Ausdruck I   I
      I    +----------+       +---+       +----------+   I
      I                                                  I
      I    +-------------------+                         I
   +--->I boolescher         I                         I
      I    I einfacher Ausdruck I------+                 I
      I    +-------------------+       I                 I
      I                      +------------+              I
      I                      I   +---+                   I
      I                      +--->I r I----+             I
      I                      +---+   I                   I
      I                      +------------+              I
      I                      I      +-------------------+ I
      I                      +----->I boolescher       I I
      I                             I einfacher Ausdruck I-->I
      I                             +-------------------+ I
      I                                                  I
      I    +-------------------+                         I
   +--->I Zeichen - Ausdruck I------+                    I
      I    +-------------------+       I                 I
      I                      +------------+              I
      I                      I   +---+                   I
      I                      +--->I r I----+             I
      I                      +---+   I                   I
      I                      +------------+              I
      I                      I      +---------------------+ I
      I                      +----->I Zeichen - Ausdruck I-->I
      I                             +---------------------+ I
      I                                                  I
      I    +-------------------+                         I
   +--->I Aufzaehl - Ausdruck I-----+                    I
      +--------------------------+     I                 I
                             +------------+              I
                             I   +---+                   I
                             +--->I r I----+             I
                             +---+   I                   I
                             +------------+              I
                             I      +---------------------+ V
                             +----->I Aufzaehl - Ausdruck I----->
                                    +---------------------+
```

S71 'N' - Zeichen - Vergleich ('N' character comparison)

```
                +--------------------------+
       --->I 'N' - Zeichen - Ausdruck I--------+
                +--------------------------+        I
                        +---------------------+
                        I          +---+
                        +------->I r I--------+
                                   +---+           I
                        +---------------------+
                        I      +--------------------------+
                        +--->I 'N' - Zeichen - Ausdruck I--->
                               +--------------------------+
```

S72 'p' 'e<>r' Mengentest ('p' 'e<>r' set test)

```
                +------------------------------+
       --->I 'p' 'e<>r' Mengen - Ausdruck I-------------+
                +------------------------------+               I
                +----------+----------+---------+
                I   ====    I   ====    I   ===    I    ====
                +->I <= I  +->I >= I  +->I = I  +->I <> I
                   ====       ====       ===        ====
                    I          I          I          I
                    V          V          V          I
                +--------------------------------------+
                I    +--------------------------------+
                +-->I 'p' 'e<>r' Mengen - Ausdruck I---->
                     +--------------------------------+
```

S73 Zugehoerigkeitstest (membership test)

```
                    +-----------------+
        ---+--->I ganzer Ausdruck I---------+
           I    +-----------------+         I
           I                    +-------------+
           I                    I    ====
           I                    +--->I IN I----+
           I                    I    ====      I
           I                    +-------------+
           I                    I    +------------------+
           I                    +------>I 'p' ganzer        I
           I                           I Mengen - Ausdruck I---+
           I                           +------------------+    I
           I                                                   I
           I    +-------------------+                          I
        +--->I boolescher         I                          I
           I    I einfacher Ausdruck I-------+                 I
           I    +-------------------+        I                 I
           I                    +-------------+                I
           I                    I    ====                      I
           I                    +--->I IN I----+               I
           I                    I    ====      I               I
           I                    +-------------+                I
           I                    I    +-------------------+     I
           I                    +------>I 'p' boolescher     I  I
           I                           I Mengen - Ausdruck I-->I
           I                           +-------------------+    I
           I                                                    I
           I    +-------------------+                           I
        +--->I Zeichen - Ausdruck I-------+                     I
           I    +-------------------+     I                     I
           I                    +-------------+                 I
           I                    I    ====                       I
           I                    +--->I IN I----+                I
           I                    I    ====      I                I
           I                    +-------------+                 I
           I                    I    +-------------------+      I
           I                    +------>I 'p' Zeichen -      I  I
           I                           I Mengen - Ausdruck I-->I
           I                           +-------------------+    I
           I                                                    I
           I    +-------------------+                           I
        +--->I Aufzaehl - Ausdruck I------+                     I
                +-------------------+     I                     I
                             +-------------+                    I
                             I    ====                          I
                             +--->I IN I----+                   I
                             I    ====      I                   I
                             +-------------+                    I
                             I    +-------------------+         I
                             +------>I 'p' Aufzaehl -     I     V
                                    I Mengen - Ausdruck I----->
                                    +-------------------+
```

S74 Vergleich 't' gebundener Zeiger (comparison of
                              't' bounded pointers)

```
          +----------------------------------+
     --->I 't' gebundener Zeiger - Ausdruck I---+
          +----------------------------------+   I
                    +-------------+-----------+
               I      ===       I      ====
               +--->I = I      +--->I <> I
                    ===            ====
                     I                I
                     V                I
          +-----------------------------+
          I      +-------------------------------------+
          +---->I 't' gebundener Zeiger - Ausdruck I---->
                 +-------------------------------------+
                                                          .
```

Die Bezeichnungen "unterer boolescher Ausdruck" und "oberer boolescher Ausdruck" sind syntaktische Variablen, die im Syntax-Diagramm "'p' 'e<>r' Mengen-Faktor" (s. Abschn. 5.7) benoetigt werden. Die syntaktische Variable "r" in S70 und S74 ist durch S26
gegeben.

Man sieht, dass die von booleschen einfachen Ausdruecken verschiedenen Formen boolescher Ausdruecke nach S69 Verknuepfungen von
'e', 'N'-Zeichen-, 'p' 'e<>r' Mengen- und 't' gebundenen Zeiger-
Ausdruecken mittels relationaler Operationssymbole oder des Symbols fuer den Zugehoerigkeitstest sind. Weshalb in den Syntax-
Diagrammen S70-S74 in den Bezeichnungen fuer die benutzten syntaktischen Variablen der Begriff Ausdruck und nicht - wie in Abschnitt 5 beschrieben - einfacher Ausdruck verwandt wird, ist in
den Abschnitten ueber die entsprechenden Ausdruecke erklaert.

Fuer die folgenden Beispiele setzen wir die Typdefinition

```
          SATZ = RECORD
                 I  : INTEGER;
                 L  : BOOLEAN;
                 BT : FALSE .. FALSE;
                 Z  : CHAR;
                 E  : (EC1, EC2, EC3);
                 X  : REAL;
                 N  : PACKED ARRAY [1 .. 10] OF CHAR;
                 M  : SET OF 'A' .. 'Z'
                 END                          ,
```

die Variablendeklarationen

```
          B      : BOOLEAN;
          A      : ARRAY [BOOLEAN] OF BOOLEAN;
          R      : SATZ;
          F      : FILE OF BOOLEAN;
          P      : ^SATZ
```

sowie eine passende Initialisierung der deklarierten Variablen
voraus.

Beispiele:	Erlaeuterung
TRUE	boolesche Konstante als Faktor, Term, einfacher Ausdruck bzw. Ausdruck;
B	boolesche Variable als Faktor, Term, einfacher Ausdruck bzw. Ausdruck;
A [TRUE]	(boolesch) indizierte (boolesche Feld-)Variable vom booleschen Standardtyp als Faktor, Term, einfacher Ausdruck bzw. Ausdruck;
R.L	Satz-Komponenten-Variable vom booleschen Standardtyp als Faktor, Term, einfacher Ausdruck bzw. Ausdruck;
F^	Datei-Komponenten-Puffer vom booleschen Standardtyp als Faktor, Term, einfacher Ausdruck bzw. Ausdruck;
P^.L	referenzierte (Satz-Komponenten-) Variable vom booleschen Standardtyp als Faktor, Term, einfacher Ausdruck bzw. Ausdruck;
EOF (F)	Aufruf der Standardfunktion EOF als Faktor, Term, einfacher Ausdruck bzw. Ausdruck;
(B OR F^)	geklammerter boolescher Ausdruck als Faktor, Term, einfacher Ausdruck bzw. Ausdruck;
NOT (R.I < 1)	Negation eines geklammerten booleschen Ausdrucks bzw. Vergleich von Ausdruecken ganzen Standardtyps als Faktor, Term, einfacher Ausdruck bzw. Ausdruck;
A [TRUE] AND B AND F^	multiplikative Verknuepfung von booleschen Faktoren als Term, einfacher Ausdruck bzw. Ausdruck;
B OR R.L AND F^ AND NOT P^.L	Verknuepfung eines booleschen Faktors bzw. Terms mit einem Term, der eine multiplikative Verknuepfung von booleschen Faktoren ist, als einfacher Ausdruck bzw. Ausdruck;
R.I * 7 < 6	Vergleich von Ausdruecken ganzen Standardtyps als Ausdruck;
R.X + 3.14 > R.I + R.I * 2	Vergleich eines reellen Ausdrucks mit einem Ausdruck ganzen Standardtyps als Ausdruck;
B OR R.L = TRUE	Vergleich von Ausdruecken booleschen Standardtyps als Ausdruck;
R.Z <> 'A'	Vergleich von Ausdruecken vom Zeichenstandard-Typ als Ausdruck;
R.E = EC3	Vergleich von Ausdruecken vom (EC1, EC2, EC3) (Aufzaehl-)Typ als Ausdruck;
R.N <> '0123456789'	Vergleich von Ausdruecken vom 10-Zeichen-Typ als Ausdruck;

```
R.M * ['C', 'D'] <> []      'A' .. 'Z' Mengentest als Ausdruck;
R.I + 1 IN [1 .. 10]        )
B IN [R.L, F^]               ) Zugehoerigkeitstest
R.Z IN M + ['1']            ) als Ausdruck;
R.E ·IN [EC1, EC2]          )
P <> NIL                    Vergleich von Ausdruecken vom
                            SATZ gebundenen Zeiger-Typ als
                            Ausdruck.
```

Sei noch darauf aufmerksam gemacht, dass wegen der Semantik der
booleschen Operationen Disjunktion und Konjunktion sich der Wert
eines booleschen Ausdruckes mitunter vor der Auswertung des gesamten booleschen Ausdruckes ergibt. Hat beispielsweise die Variable
B in dem Ausdruck

```
        B OR R.L AND F^ AND NOT P^.L
```

den Wert TRUE, so hat der Ausdruck den Wert TRUE unabhaengig von
den Werten der uebrigen Operanden, oder haben B und R.L die Werte
FALSE, so hat der Ausdruck den Wert FALSE unabhaengig von den Werten der uebrigen Operanden. PASCAL schreibt - wie bereits in Abschnitt 5 erwaehnt - die vollstaendige Auswertung von booleschen
Ausdruecken nicht vor. Deshalb muessen einerseits Seiteneffekte
vermieden werden. Andererseits darf sich aber auch nicht darauf
verlassen werden, dass boolesche Ausdruecke nicht vollstaendig
ausgewertet werden. Beispielsweise kann die Anweisungsfolge

```
        R.I := 0;
        REPEAT                 (* s. Abschn. 6.2.3.1 *)
          R.I := R.I + 1
        UNTIL (R.I > 10) OR (R.N [R.I] = ' ') ,
```

wenn keine Komponenten-Variable von R.N den Wert ' ' hat, unter
einer PASCAL-Implementation ablauffaehig sein und unter einer anderen nicht, weil R.N [11] nicht deklariert ist (richtiger koennte
geschrieben werden

```
        R.I := 0;
        REPEAT
          R.I := R.I + 1
        UNTIL (R.I = 10) OR (R.N [R.I] = ' ');
        IF R.I = 10 THEN     (* s. Abschn. 6.2.2.1 *)
          IF R.N [10] <> ' ' Then
            R.I := 11                              ).
```

5.3 Zeichen-Ausdruecke

Da es ueber den Wertebereichen von Zeichen-Typen ausser Funktionen keine Operationen gibt, die einen Wert vom Zeichen-Typ liefern, kann ein Zeichen-Ausdruck nur ein einzelner Faktor bzw. einzelner Term bzw. einzelner einfacher Ausdruck sein, so dass lediglich das Syntax-Diagramm S75 zur Bildung von Zeichen-Ausdruecken
zu beachten ist.


```
 S75 Zeichen - Ausdruck (character expression)
     unterer Zeichen - Ausdruck (lower character expression)
     oberer Zeichen - Ausdruck (upper character expression)


            +--------------------+
  ---+--->I Zeichen - Konstante I--------------------+
     I    +--------------------+                      I
     I                                                I
     I    +------------------+                        I
     +--->I Zeichen - Variable I-------------------->I
     I    +------------------+                        I
     I                                                I
     I    +------------------------------------+      I
     +--->I Aufruf einer Zeichen - Funktion I------->I
     I    +------------------------------------+      I
     I                                                I
     I    ===    +--------------------+    ===        V
     +--->I ( I--->I Zeichen - Ausdruck I--->I ) I------->
            ===    +--------------------+    ===
```


Der Wert eines Zeichen-Ausdruckes ist ein Wert aus dem Wertebereich des Zeichen-Typs, den eine Zeichen-Konstante, Zeichen-Variable, Zeichen-Funktion bzw. ein geklammerter Zeichen-Ausdruck
hat. Die Syntax und Semantik der Aufrufe von Zeichen-Funktionen
werden in Abschn. 7.2.2 erlaeutert. Die Bezeichnungen "unterer
Zeichen-Ausdruck" und "oberer Zeichen-Ausdruck" sind syntaktische
Variablen, die im Syntax-Diagramm "'p' 'e<>r' Mengen-Faktor" (s.
Abschn. 5.7) benoetigt werden. Wie sinnvoll das Klammern eines
Zeichen-Ausdruckes ist, mag dahingestellt sein. Es ist aus Gruenden einheitlicher und damit 'einfacherer' Uebersetzung von Ausdruecken durch einen PASCAL-Kompilierer zulaessig.

Fuer die folgenden Beispiele setzen wir die Typdefinition

```
        SATZ = RECORD
                 Z  : CHAR;
                 ZT : 'A' .. 'Z'
               END
```

und die Variablendeklarationen

```
        C    : CHAR;
        A    : PACKED ARRAY [1 .. 10] OF CHAR;
        R    : SATZ;
        F    : TEXT;
        P    : ^SATZ
```

sowie eine passende Initialisierung der deklarierten Variablen
voraus.

Beispiele: Erlaeuterung

    'X'   Zeichen-Konstante;
    C   Zeichenstandard-Variable;
    A [6]   (1 .. 10) indizierte (Zeichen-) Va-
                                    riable vom Zeichenstandard-Typ (Kom-
                                    ponenten-Variable einer 10-Zeichen-
                                    Variablen);
    R.Z   Satz-Komponenten-Variable vom
                                    Zeichenstandard-Typ;
    F^   (Text-)Datei-Komponenten-Puffer
                                    vom Zeichenstandard-Typ;
    P^.ZT   referenzierte (Satz-Komponenten-)
                                    Variable vom 'A' .. 'Z' (Zeichen-
                                    teilbereichs-)Typ;
    SUCC (C)   Aufruf der Standardfunktion SUCC;
    ('Y')   geklammerter Zeichen-Ausdruck.

5.4 Aufzaehl-Ausdruecke

Die Ausfuehrungen von Abschn. 5.3 ueber Zeichen-Ausdruecke lassen
sich beinahe woertlich auf Aufzaehl-Ausdruecke uebertragen. Es
ist lediglich das Wort "Zeichen" ueberall durch das Wort "Aufzaehl" zu ersetzen. Wir fassen uns deshalb kurz und geben nur das
Syntax-Diagramm an, nach dem Aufzaehl-Ausdruecke zu bilden sind:

```
S76 Aufzaehl - Ausdruck (enumeration expression)
    unterer Aufzaehl - Ausdruck (lower enumeration expression)
    oberer Aufzaehl - Ausdruck (upper enumeration expression)

            +----------------------+
  ---+--->I Aufzaehl - Konstante I--------------------+
     I      +----------------------+                  I
     I                                                I
     I      +--------------------+                    I
     +--->I Aufzaehl - Variable I------------------->I
     I      +--------------------+                    I
     I                                                I
     I      +----------------------------------+      I
     +--->I Aufruf einer Aufzaehl - Funktion I------->I
     I      +----------------------------------+      I
     I                                                I
     I      ===    +---------------------+    ===     V
     +--->I ( I--->I Aufzaehl - Ausdruck I--->I ) I------->
            ===    +---------------------+    ===
                                                      .
```

Fuer die folgenden Beispiele setzen wir die Typdefinition

```
        SATZ = RECORD
                AZ  : (EC5, EC6,  EC7);
                AZT : EC6 .. EC7
               END
```

und die Variablendeklarationen

```
        E    : (EC1, EC2, EC3, EC4);
        A    : ARRAY ['A' .. 'Z'] OF EC2 .. EC3;
        R    : SATZ;
        F    : FILE OF EC1 .. EC3;
        P    : ^SATZ
```

sowie eine passende Initialisierung der deklarierten Variablen
voraus.

Beispiele: Erlaeuterung

    EC3   Aufzaehl-Konstante;
    E   Aufzaehl-Variable;
    A ['C']   ('A' .. 'Z') indizierte (Aufzaehl-
                                    Feld-)Variable vom EC2 .. EC3 (Auf-
                                    zaehlteilbereichs-)Typ;
    R.AZ   Satz-Komponenten-Variable vom
                                    Aufzaehl-Typ;
    F^   Datei-Komponenten-Puffer vom
                                    EC1 .. EC3 (Aufzaehlteilbereichs-)
                                    Typ;
    P^.AZT   referenzierte (Satz-Komponenten-)
                                    Variable vom EC6 .. EC7 (Aufzaehl-
                                    teilbereichs-)Typ;
    PRED (E)   Aufruf der Standardfunktion PRED;
    (EC1)   geklammerter Aufzaehl-Ausdruck.

5.5 Reelle Ausdruecke

Reelle Ausdruecke sind Ausdruecke, deren Auswertung einen Wert
aus dem Wertebereich des reellen Typs liefert. Reelle Faktoren
sind:

S77 reeller Faktor (real factor)

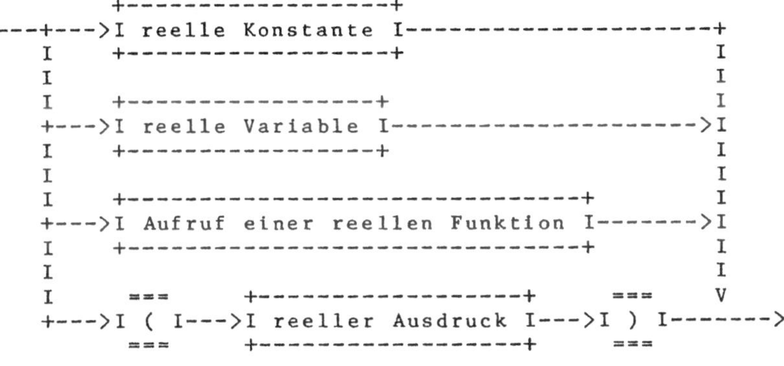

Die Syntax und Semantik der Aufrufe von reellen Funktionen werden
in Abschn. 7.2.2 erlaeutert. Mittels der nach S77 moeglichen reellen Faktoren und/oder nach S63 moeglichen ganzen Faktoren bzw.
nach S64 moeglichen ganzen Termen lassen sich gemaess dem Syntax-
Diagramm S78 reelle Terme bilden.

S78 reeller Term (real term)

```
                        +----------------+
      ---+----->I reeller Faktor I------------------+------------->
         I A     +----------------+                  I           A
         I I                                         I           I
         I I                                         I<-------+
         I I                              +--------+           I
         I I                              I        I           I
         I I                              I  ===   I   ===     I
         I I                              +->I * I +->I / I I
         I I                                 ===       ===     I
         I I                                  I         I      I
         I I                                  V         I      I
         I ·I<---+-----------------------------------+      I
         I I     I                                          I
         I I     I   +----------------+                     I
         I I     +-->I ganzer Faktor I-------------------+
         I I         A +----------------+
         I I         I
         I I<-----+-----------------------------------+
         I I                                          I
         I +-----------------------------------+      I
         I                                     I      I
         I                                    ===    ===
         I                              +->I * I +->I / I
         I                              I  ===   I   ===
         I          +------------+      I        I
      +----------->I ganzer Term I----+--------+
                    +------------+
```

Ein reeller Term muss nach S78 mindestens einen reellen Faktor
enthalten oder eine reellzahlige Division eines ganzen Terms und
ganzen Faktors. Wollte man sich streng an das in Abschn. 5 Gesagte halten, dass Terme durch Verknuepfung von Faktoren zu bilden
sind, so muesste S64 anstelle des Rechtecks mit der syntaktischen
Variablen "ganzer Term" in S78 eingezeichnet werden. Ein Syntax-
Diagramm fuer reelle einfache Ausdruecke kann aus analogen Gruenden entfallen wie ein Syntax-Diagramm fuer ganze einfache Ausdruecke. Also koennen reelle Terme unmittelbar nach S79 - ggf.
mit ganzen Termen nach S64 - zu reellen Ausdruecken verknuepft
werden.

S79 reeller Ausdruck (real expression)

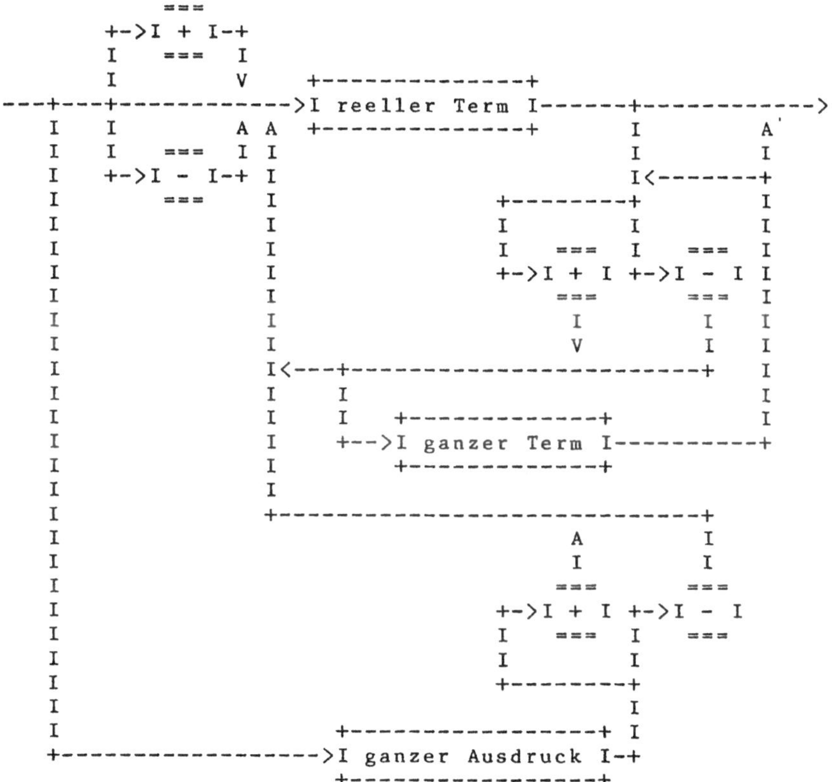

Aehnlich wie zu S78 bemerkt, koennte vermieden werden, die syntaktische Variable "ganzer Ausdruck" in S79 zu verwenden. Statt dieser koennte in Einklang mit dem in Abschn. 5 Gesagten, dass (einfache) Ausdruecke durch Verknuepfung von Termen zu bilden sind,
die syntaktische Variable "ganzer Term" verwandt werden, wenn
noch dafuer gesorgt wuerde, dass der Pfeil auf das Rechteck, das
diese syntaktische Variable enthaelt, hinter den 'Kreisen' mit
den unaeren Operationssymbolen + und - abzweigt und ein Pfeil auf
dieses Rechteck zufuehrt, so dass eine Verknuepfung ganzer Terme
vor der Verknuepfung mit einem reellen Term moeglich ist.

Ein reeller Ausdruck muss nach S79 mindestens einen reellen Term
enthalten.

Die Zulaessigkeit der Verknuepfung von reellen Faktoren mit ganzen Faktoren oder Termen bzw. reellen Termen mit ganzen Termen
ist nicht unproblematisch. Sie ist zwar aeusserst praktisch bzw.
problemnah, aber man muss sich darueber im Klaren sein, dass waehrend des Programmablaufs implementationsabhaengig Rechenaufwand
entsteht, um die notwendigen - sogenannten - Typangleichungen oder
Typwandlungen durchzufuehren. Man erinnere sich, dass Werte aus

dem Wertebereich des reellen Typs intern in einer halblogarithmischen Darstellung zur Verarbeitung gelangen (s. Abschn. 3.1.5).
Werte aus dem Wertebereich ganzer Typen hingegen haben intern i.a.
eine davon abweichende Darstellung (s. Beispiel B4.3-1). Das bedeutet, dass die Werte ganzer Faktoren bzw. Terme, bevor sie mit
Werten reeller Faktoren bzw. Terme operativ verarbeitet werden
koennen, in die halblogarithmische Darstellung unter Rechenaufwand gewandelt werden muessen. Dass die Wandlung in dieser 'Rich-
tung' erfolgt und nicht von reellem Typ nach ganzem Typ, ist offensichtlich. Denn reelle Terme bzw. reelle Ausdruecke sollen ja einen reellen Wert liefern. Typwandlungen sollte man, um Rechenaufwand zu sparen, moeglichst vermeiden - beispielsweise durch geschickte Anordnung von Faktoren bzw. Termen. So erfordert der Ausdruck in der Form

        I * R * SUCC (I)

- I sei eine ganze und R eine reelle Variable - i.a. mehr Rechenaufwand als in der Form

        I * SUCC (I) * R   .

Man sollte also die letzte Form benutzen - vorausgesetzt, es sprechen keine numerischen oder sonstigen Gruende dagegen. Konstanten
sollte man in reellen Ausdruecken stets typrichtig angeben. Beispielsweise ist es angebracht,

        R + 1.0
statt
        R + 1

zu schreiben. Andererseits ist es nicht angebracht,

        R + I * 6.0
statt
        R + I * 6

zu schreiben. Denn die Auswertung des Terms I * 6.0 kann i.a.
schneller mittels ganzzahliger Arithmetik - also in der Form I * 6
- erfolgen. Damit soll zum Ausdruck gebracht werden, dass i.a. in
DVA's ganzzahlige Operationen schneller ablaufen als reellzahlige
Operationen - ein Gesichtspunkt, auf den ausdruecklich aufmerksam
gemacht sei und der generell zur Folge haben sollte, dass - wann
immer moeglich - ganzzahlige Operationen statt reellzahliger Operationen zur Ausfuehrung kommen sollten. Dieser Empfehlung sollte
man nachkommen, wenn man Programme entwickelt, die 'haeufig' bzw.
'staendig' benutzt werden und/oder ohnehin eines 'erheblichen'
Rechenaufwandes beduerfen. In solchen Faellen sollten vor allem um-
gehbare Typwandlungen vermieden werden. Wir haben dies in den
Beispielprogrammen, um problemnaeher zu formulieren, auch nicht
immer getan. Manche Kompilierer sorgen waehrend der Kompilierzeit
dafuer, dass Konstanten typgerecht ins kompilierte Programm eingehen. Man sollte sich aber keinesfalls darauf verlassen, sondern
Konstanten stets typrichtig angeben - auch schon aus Gruenden der
Uebertragbarkeit von Programmen.

Man macht sich uebrigens klar, dass die restlichen aus der Regel
R3.5-3 sich ergebenden Typangleichungen keinen Rechenaufwand erfordern.

Fuer die folgenden Beispiele setzen wir die Typdefinition

```
SATZ = RECORD
          Y ,
          Z : REAL
       END
```

und die Variablendeklarationen

```
I    : INTEGER;
X    : REAL;
A    : ARRAY [-6 .. 6] OF REAL;
R    : SATZ;
F    : FILE OF REAL;
P    : ^SATZ
```

sowie eine passende Initialisierung der deklarierten Variablen
voraus.

Beispiele: Erlaeuterung

3.14   reelle Konstante als Faktor, Term
                                bzw. Ausdruck;
X   reelle Variable als Faktor, Term
                                bzw. Ausdruck;
A [I DIV 6]   (-6 .. 6) indizierte (reelle Feld-)
                                Variable vom reellen Typ als Faktor,
                                Term bzw. Ausdruck;
R.Y   Satz-Komponenten-Variable vom reel-
                                len Typ als Faktor, Term bzw. Aus-
                                druck;
F^   Datei-Komponenten-Puffer vom reellen
                                Typ als Faktor, Term bzw. Ausdruck;
P^.Z   referenzierte (Satz-Komponenten-)
                                Variable vom reellen Typ als Faktor,
                                Term bzw. Ausdruck;
EXP (X * LN (3.14))   Aufruf der Standardfunktion EXP als
                                Faktor, Term bzw. Ausdruck (Exponen-
                                tiation: X hoch 3.14);
(X + 2.71)   geklammerter reeller Ausdruck als
                                Faktor, Term bzw. Ausdruck;
X / (X * 3.14)   multiplikative Verknuepfung von
                                reellen Faktoren als Term bzw. Aus-
                                druck;
X * (I DIV 6)   multiplikative Verknuepfung eines
                                reellen Faktors mit einem ganzen
                                Faktor als Term bzw. Ausdruck;
I / 3   ) reellzahlige Division eines
I DIV 6 / (I MOD 6)   ) ganzen Terms und ganzen bzw.
I MOD 4 / X   ) reellen Faktors als Term bzw.
                                  Ausdruck;
F^ + X * 3.14   Verknuepfung eines Faktors bzw.
                                Terms mit einem Term, der eine
                                multiplikative Verknuepfung von
                                Faktoren ist, zu einem Ausdruck;

```
I + I MOD 3 + X        Verknuepfung eines ganzen Ausdrucks
                       mit einem reellen Faktor bzw. Term
                       zu einem Ausdruck;
-R.Y * 2.71            Vorzeichenwechsel eines Terms als
                       Ausdruck.
```

5.6 'N'-Zeichen-Ausdruecke

Da es ueber den Wertebereichen von 'N'-Zeichen-Typen keine Operationen gibt, die einen Wert vom 'N'-Zeichen-Typ liefern, kann
ein 'N'-Zeichen-Ausdruck nur ein einzelner Faktor bzw. einzelner
Term bzw. einzelner einfacher Ausdruck sein, so dass lediglich
das Syntax-Diagramm S80 zur Bildung von 'N'-Zeichen-Ausdruecken
zu beachten ist.

S80 'N' - Zeichen - Ausdruck ('N' character expression)

```
                +-------------------------+
   ---+--->I 'N' - Zeichenkonstante I---------------------+
      I     +-------------------------+                    I
      I                                                    I
      I        +---------------------------+               I
   +--->I 'N' - Zeichen - Variable I---------------->I
      I        +---------------------------+               I
      I                                                    I
      I     ===     +-----------------------------+   ===  V
   +--->I ( I-->I 'N' - Zeichen - Ausdruck I-->I ) I---->
            ===     +-----------------------------+   ===
```


Der Wert eines 'N'-Zeichen-Ausdruckes ist ein Wert aus dem Wertebereich des 'N'-Zeichen-Typs, den eine 'N'-Zeichenkonstante, 'N'-
Zeichen-Variable bzw. ein geklammerter 'N'-Zeichen-Ausdruck hat.
Das Klammern von 'N'-Zeichen-Ausdruecken ist aus Einheitlichkeits-
gruenden zulaessig (vgl. Abschn. 5.3).

Fuer die folgenden Beispiele setzen wir die Typdefinitionen

```
        L    = (L30, L40);
        SATZ = RECORD
                  CASE L OF
L30:                 (S30 : PACKED ARRAY [1 .. 30] OF CHAR);
L40:                 (S40 : PACKED ARRAY [1 .. 40] OF CHAR)
               END
```

und die Variablendeklarationen

```
        S10  : PACKED ARRAY [1 .. 10] OF CHAR;
        A    :        ARRAY [0 .. 12] OF
               PACKED ARRAY [1 .. 20] OF CHAR;
        R    : SATZ;
        F    : FILE OF PACKED ARRAY [1 .. 50] OF CHAR;
        P^   : ^SATZ
```

sowie eine passende Initialisierung der deklarierten Variablen
voraus.

Beispiele:	Erlaeuterung
'X = '	4-Zeichenkonstante;
S10	10-Zeichen-Variable;
A [3]	(0 .. 12) indizierte (20-Zeichen-Feld-)Variable vom 20-Zeichen-Typ;
R.S30	(L variante) Satz-Komponenten-Variable vom 30-Zeichen-Typ;
F^	Datei-Komponenten-Puffer vom 50-Zeichen-Typ;
P^.S40	referenzierte (L variante Satz-Komponenten-)Variable vom 40-Zeichen-Typ;
('ERGEBNIS IST ')	geklammerter 13-Zeichen-Ausdruck.

5.7 Mengen-Ausdruecke

Mengen-Ausdruecke sind Ausdruecke, deren Auswertung einen Wert
(Teilmenge) aus dem Wertebereich eines 'p' 'e<>r' Mengen-Typs
(aus der Potenzmenge des Wertebereichs des 'e<>r' Typs) liefert.
Die nach S81 moeglichen 'p' 'e<>r' Mengen-Faktoren 'p' 'e<>r'
Mengen-Variablen und geklammerten 'p' 'e<>r' Mengen-Ausdruecke be-

S81 'p' 'e<>r' Mengen - Faktor ('p' 'e<>r' set factor)

```
                    ===                                        ===
---+--->I [ I-+-------------------------------------->I ] I---+
   I      === I                                A      ===     I
   I        [                   ===            I              I
   I          I<-----------I , I<----------+---+              I
   I        I                   ===                I         I
+--+        I                                      I         I
I           V         +----------------+           I         I
I +----------------->I 'e<>r' Ausdruck I---------+  I
I I                   +----------------+           A         I
I I                                                I         I
I I  +----------------+           +----------------+ I
I +->I unterer        I   ====    I oberer          I I
I    I 'e<>r' Ausdruck I->I .. I->I 'e<>r' Ausdruck I I
I    +----------------+   ====    +----------------+ I
I                                                    I
I       +-----------------------------------+        I
+--+--->I 'p' 'e<>r' Mengen - Variable I------------->I
   I    +-----------------------------------+        I
   I                                                 I
   I    ===     +-------------------+               I
   +--->I ( I-->I 'p' 'e<>r'        I         ===    V
   ===          I Mengen - Ausdruck I-------->I ) I------->
                +-------------------+         ===
```

duerfen wegen der Darlegungen in Abschn. 5 keiner weiteren Erlaeuterungen. Erlaeuterungen jedoch beduerfen die sog. Konstruktoren
zur Berechnung eines Wertes aus dem Wertebereich eines 'p' 'e<>r'
Mengen-Typs. Spezielle Formen dieser lernten wir bereits in Abschnitt 3.2.2 kennen. Sie werden bestimmt durch das Syntax-Diagramm "Wert des Wertebereichs eines 'p' 'e<>r' Mengen-Typs" auf
S. 3.2.2/3. Die nach S81 moeglichen Formen unterscheiden sich von
diesen dadurch, dass die zwischen eckigen Klammern aufgefuehrte
(nicht leere) Liste nicht nur aus Werten fuer ganze Ausdruecke
oder 'b<>gT' Konstanten bestehen darf, sondern allgemein aus 'e<>r'
Ausdruecken und/oder Konstrukten, die aus einem unteren 'e<>r'
Ausdruck gefolgt von dem Symbol .. und einem oberen 'e<>r' Ausdruck aufzubauen sind. Die 'e<>r' Ausdruecke bzw. unteren und oberen 'e<>r' Ausdruecke einer solchen Liste muessen nach S65, S69,
S75 und S76 gestaltet werden, und die Werte der metasyntaktischen
Variablen 'e<>r' dieser 'e<>r' Ausdruecke sind so zu waehlen, dass
sie - zunaechst einmal - der Regel R3.5-4 Genuege tun, d.h. die
Werte von 'e<>r' muessen solche sein, dass die Auswertung der
'e<>r' Ausdruecke Werte ergibt, die wertzuweisungskompatibel sind.

Konstruktoren zur Berechnung eines Wertes aus dem Wertebereich eines 'p' 'e<>r' Mengen-Typs werden so ausgewertet, dass in nicht vorgeschriebener Reihenfolge - Vorsicht: Moeglichkeit von unbeabsichtigten Seiteneffekten - die Auswertung der 'e<>r' Ausdruecke bzw. unteren und oberen 'e<>r' Ausdruecke erfolgt. Handelt es sich um eine Liste von ausschliesslich 'e<>r' Ausdruecken, so ist die Menge der Werte der 'e<>r' Ausdruecke der Liste ein Wert der Potenzmenge des Wertebereichs eines zu den 'e<>r' Typen der Ausdruecke kompatiblen (gemaess spaeter aufgefuehrter Regel R5.7-1 bestimmbaren) 'e<>r' Typs, also ein Wert aus dem Wertebereich des 'p' 'e<>r' Mengen-Typs, dessen Basistyp der 'e<>r' Typ ist - unabhaengig vom Wert der metasyntaktischen Variablen 'p' (PACKED oder nicht). Dabei werden gleiche Werte von verschiedenen 'e<>r' Ausdruecken der Liste in der auf S. 3.2.2/4 beschriebenen Weise behandelt. Sind in der Liste Konstrukte aufgefuehrt, die aus einem unteren 'e<>r' Ausdruck gefolgt vom Symbol .. und einem oberen 'e<>r' Ausdruck aufgebaut sind, so sind diese als abkuerzende Schreibweise fuer Listenteile der Form

        unterer 'e<>r' Ausdruck,
        'e<>r' Ausdruck, der als Wert den Nachfolger des unteren 'e<>r' Ausdruckes liefert,
        'e<>r' Ausdruck, der als Wert den Nachfolger des Nachfolgers des unteren 'e<>r' Ausdruckes liefert,
        .
        .
        .
        oberer 'e<>r' Ausdruck

aufzufassen, vorausgesetzt, dass der Wert des unteren 'e<>r' Ausdrucks kleiner hoechstens gleich dem Wert des oberen 'e<>r' Ausdrucks ist. Andernfalls liefert der Konstrukt keinen Wert: Er bleibt unberuecksichtigt bei der Bildung des Wertes aus dem Wertebereich des 'p' 'e<>r' Mengen-Typs.

Ist die Liste zwischen den eckigen Klammern leer, so ist die leere, typlose Teilmenge gemeint (vgl. S. 3.2.2/4).

Bei der Wahl der Werte der metasyntaktischen Variablen 'e<>r' fuer einen Konstruktor zur Berechnung eines Wertes aus dem Wertebereich eines 'p' 'e<>r' Mengen-Typs ist nun noch weiter zu beachten, dass dieser Operand eines 'p' 'e<>r' Mengen-Ausdrucks ist. D.b., dass die Werte von 'e<>r' so gewaehlt sein muessen, dass der Konstruktor gemaess Regel R3.5-3 verknuepfungskompatibel ist oder, wenn der 'p' 'e<>r' Mengen-Ausdruck der Konstruktor ist und rechts vom Symbol := einer Wertzuweisung (s. Abschn. 6.1.1) oder als Aktualisierung eines 'p' 'e<>r' Mengen-Parameters in einer Prozeduranweisung (s. Abschn. 7.2.1) oder in einem Funktionsaufruf (s. Abschn. 7.2.2) benutzt wird, einen Wert liefert, der gemaess Regel R3.5-4 wertzuweisungskompatibel zum Wertebereich des Typs der Variablen links vom Symbol := oder des formalen Wertparameters der der Prozeduranweisung zugehoerigen Prozedurdeklaration (s. Abschn. 7.1.1) oder der dem Funktionsaufruf zugehoerigen Funktionsdeklaration (s. Abschnitt 7.1.2) ist. Um diesen Forderungen Genuege tun zu koennen, ist zu beachten:

Regel R5.7-1: Der Basistyp 'e<>r' eines 'p' 'e<>r' Mengen-Typs,
dessen Wertebereich ein Wert angehoert, der durch
Auswertung eines Konstruktors zur Berechnung dieses Wertes gewonnen wird, ist der ganze, boolesche,
Zeichen- oder Aufzaehl-Teilbereichs-Typ, der als
untere Grenze das Minimum aller ganzen Ausdruecke
und/oder unteren ganzen Ausdruecke bzw. den Wert
besitzt, der dem Minimum der Ordinalzahlen der Werte aller 'b<>gT' Ausdruecke und/oder unteren
'b<>gT' Ausdruecke entspricht, und der als obere
Grenze das Maximum aller ganzen Ausdruecke und/oder
oberen ganzen Ausdruecke bzw. den Wert besitzt, der
dem Maximum der Ordinalzahlen der Werte aller
'b<>gT' Ausdruecke und/oder oberen 'b<>gT' Ausdruek-
ke entspricht, wobei nur solche unteren und oberen
ganzen bzw. 'b<>gT' Ausdruecke zu beruecksichtigen
sind, die durch das Symbol .. 'verknuepft' sind und
Werte haben, die in der Relation 'kleiner gleich'
stehen.

Darauf aufmerksam sei noch gemacht, dass die Wertebereiche von
'p' 'e<>r' Mengen-Typen i.a. Implementationseinschraenkungen un-
terliegen, wie auf S. 3.2.2/2 ausgefuehrt. Das kann zur Folge haben, dass die Auswertung von Konstruktoren zur Berechnung eines
Wertes aus dem Wertebereich eines 'p' 'e<>r' Mengen-Typs zum Abbruch eines Programmlaufs fuehren kann.

Fuer die folgenden Beispiele setzen wir die Variablendeklarationen und die als Kommentare notierten Initialisierungen voraus:

```
        G : 1 .. 4;              (* 3 *)
        B : BOOLEAN;            (* TRUE *)
        Z : CHAR;              (* 'A' *)
        A : (A1, A2, A3)      (* A2 *).
```

Beispiele:

```
Konstruktor zur
Berechnung eines
Wertes aus dem Wer-                          Wert aus dem
tebereich eines 'p'          'e<>r'          Wertebereich des
'e<>r' Mengen-Typs           Basistyp        'p' 'e<>r' Mengen-Typs

[]                           jeder           []
[7, 4, 1 .. 3]               1 .. 7          [1, 2, 3, 4, 7]
[6 + G DIV 3, 5]             5 .. 7          [5, 7]
[B, G < 5]                   TRUE .. TRUE    [TRUE]
[G IN [4, 6], B]             FALSE .. TRUE   [FALSE, TRUE]
[Z, SUCC (Z) .. 'D']         'A' .. 'D'      ['A', 'B', 'C', 'D']
[Z, PRED (SUCC ('A'))]       'A' .. 'A'      ['A']
[A, A2, PRED (A)]            A1 .. A2        [A1, A2]
[A1, A, A3]                  A1 .. A3        [A1, A2, A3]
```

Fuer die Teilmenge der Buchstaben des Wertebereichs des Zeichenstandard-Typs wird die 'natuerliche Anordnung' unterstellt. Falsch
ist beispielsweise der Konstruktor

```
        [7, 'A']                                    ,
```

denn die Ausdruecke liefern keine wertzuweisungskompatiblen Werte.
Und falsch ist der Ausdruck

```
[G, 7] * ['A', 'B']
```

(s. spaeter), denn die Operanden sind nicht verknuepfungskompatibel.

Mittels der nach S81 moeglichen 'p' 'e<>r' Mengen-Faktoren lassen
sich gemaess dem Syntax-Diagramm S82 'p' 'e<>r' Mengen-Terme bilden.

S82 'p' 'e<>r' Mengen - Term ('p' 'e<>r' set term)

```
                +-------------------------------+
     -------->I 'p' 'e<>r' Mengen - Faktor I---+--->
          A      +-----------------------------+   I
          I                                        I
          I                     ===                I
          +-----------------I * I<---------------+
                            ===
```

Ein Syntax-Diagramm fuer einfache Ausdruecke von 'p' 'e<>r' Mengen-Typen kann aus analogen Gruenden entfallen wie ein Syntax-
Diagramm fuer ganze einfache Ausdruecke. Also koennen aus 'p'
'e<>r' Mengen-Termen unmittelbar nach S83 'p' 'e<>r' Mengen-Ausdruecke aufgebaut werden.

S83 'p' 'e<>r' Mengen - Ausdruck ('p' 'e<>r' set expression)

```
                +----------------------------+
     -------->I 'p' 'e<>r' Mengen - Term I---+---------+--------->
          A      +--------------------------+   I         I
          I                                     I   ===   I   ===
          I                                     +->I + I +->I - I
          I                                         ===       ===
          I                                         I         I
          I                                         V         I
          +------------------------------------------------------+
```

Fuer die folgenden Beispiele setzen wir die Typdefinition

```
        SATZ = RECORD
                   S1 : SET OF 'A' .. 'Z';
                   S2 : PACKED
                        SET OF (A1, A2, A3)
               END
```

Und die Variablendeklarationen

```
        M    : SET OF CHAR;
        A    : ARRAY [1 .. 10] OF SET OF 1 .. 59;
        R    : SATZ;
        F    : SET OF '0' .. '9';
        P    : ^SATZ;
```

sowie eine passende Initialisierung der deklarierten Variablen
voraus.

Beispiele: Erlaeuterung

   [1, 3 .. 6]   Konstruktor zur Berechnung eines
                                    Wertes aus dem Wertebereich eines
                                    'p' ganzen Mengen-Typs als Faktor,
                                    Term bzw. Ausdruck;

   M   Zeichenstandard-Mengen-Variable
                                    als Faktor, Term bzw. Ausdruck;

   A [2]   (1..10) indizierte (1..59 Mengen-
                                    Feld-)Variable vom 1..59 Mengen-
                                    Typ als Faktor, Term bzw. Ausdruck;

   R.S1   Satz-Komponenten-Variable vom
                                    'A'..'Z' Mengen-Typ als Faktor,
                                    Term bzw. Ausdruck;

   F^   Datei-Komponenten-Puffer vom
                                    '0'..'9' Mengen-Typ als Faktor,
                                    Term bzw. Ausdruck;

   P^.S2   referenzierte (Satz-Komponenten-)
                                    Variable vom PACKED (A1, A2, A3)
                                    Mengen-Typ als Faktor, Term bzw.
                                    Ausdruck;

   (M + ['A'])   geklammerter Zeichenstandard-Men-
                                    gen-Ausdruck als Faktor, Term
                                    bzw. Ausdruck;

   M * ['Z'] * R.S1   multiplikative Verknuepfung von
                                    Faktoren als Term bzw. Ausdruck;

   F^ + (M + ['A']) * R.S1   Verknuepfung eines Faktors bzw.
                                    Terms mit einem Term, der eine mul-
                                    tiplikative Verknuepfung von Fakto-
                                    ren ist, zu einem Ausdruck.

5.8 Zeiger-Ausdruecke

Die Ausfuehrungen von Abschn. 5.3 ueber Zeichen-Ausdruecke lassen
sich beinahe woertlich auf 't' gebundene Zeiger-Ausdruecke uebertragen. Es ist lediglich das Wort "Zeichen" ueberall durch "'t'-
gebundener Zeiger-" zu ersetzen und zu beachten, dass das Syntax-
Diagramm S84 im Gegensatz zu dem Syntax-Diagramm S75 keine weiteren Bezeichnungen traegt.

S84 't' gebundener Zeiger - Ausdruck ('t' bounded
                                        pointer expression)

```
                 +-----------------+
      ---+--->I Zeigerkonstante I-----------------------+
         I       +-----------------+                     I
         I                                               I
         I       +-------------------------------------+ I
         +--->I 't' gebundene Zeiger - Variable I------>I
         I       +-------------------------------------+ I
         I                                               I
         I       +---------------------------------------+ I
         +--->I Aufruf einer                        I   I
         I       I 't' gebundenen Zeiger - Funktion I----->I
         I       +---------------------------------------+ I
         I                                               I
         I       ===      +-------------------+          I
         +--->I ( I--->I 't' gebundener   I       ===    V
                 ===        I Zeiger - Ausdruck I--->I ) I------->
                          +-------------------+       ===
```


Fuer die folgenden Beispiele setzen wir die Typdefinition

```
        ZT   = ^SATZ;
        SATZ = RECORD
                 Z : ZT;
                 X : REAL
               END                        ,
```

die Variablendeklarationen

```
        P    : ZT;
        A    : ARRAY [1 .. 20] OF ZT;
        R    : SATZ;
        F    : FILE OF ZT
```

und die Funktionsdeklaration (s. Abschn. 7.1.2)

```
        FUNCTION N (VAR X : SATZ) : ZT;
        BEGIN
          N := X.Z
        END
```

sowie eine passende Initialisierung der deklarierten Variablen
voraus.

Beispiele:	Erlaeuterung
NIL	Zeigerkonstante;
A [6]	(1 .. 20) indizierte (SATZ gebunde-ne Zeiger-Feld-)Variable vom SATZ gebundenen Zeiger-Typ;
R.Z	Satz-Komponenten-Variable vom SATZ gebundenen Zeiger-Typ;
F^	Datei-Komponenten-Puffer vom SATZ gebundenen Zeiger-Typ;
P^.Z	referenzierte (Satz-Komponenten-) Variable vom SATZ gebundenen Zei-ger-Typ;
N (R)	Aufruf der SATZ gebundenen Zeiger-Funktion N;
(NIL)	geklammerter Zeiger-Ausdruck.

6. Anweisungen

> Alle guten Grundsaetze sind in der
> Welt im Umlauf; nur unterlaesst man
> es, sie durchzufuehren.
>
> B. Pascal: Logik des Herzens

Nach Abschn. 1.3 sind Anweisungen Arbeitsvorschriften fuer eine
DVA. Sie koennen gemaess dem in Abschn. 1.5 aufgefuehrten Syntax-
Diagramm S6 ausschliesslich im Anweisungsteil eines Blockes angegeben werden. Die weiteren Syntax-Diagramme des Abschnittes 1.5
- naemlich S7 bzw. S8 und S9 - zeigten, welche Arten von Anweisungen zu unterscheiden sind. In den folgenden Unterabschnitten,
deren Aufeinanderfolge die Unterscheidung der Anweisungsarten im
wesentlichen widerspiegelt, werden die Anweisungen im einzelnen
besprochen - ausgenommen wurden die Prozeduranweisungen, deren
Besprechung erst in Abschn. 7.2 erfolgt.

Der Anfaenger kann beim erstmaligen Lesen den Abschn. 6.2.4 ueber
Qualifizierungsanweisungen uebergehen.

6.1 Einfache Anweisungen

Eine Anweisung ist ja wie jede syntaktische Konstruktion eine Folge von Symbolen. Wenn nun keine nicht-leere Teilfolge von Symbolen einer Anweisung auch eine Anweisung ist, so ist sie eine einfache Anweisung. Einfache Anweisungen sind also Anweisungen atomaren Charakters, zu denen die im Syntax-Diagramm S8 aufgefuehrten Anweisungen zu rechnen sind.

6.1.1 Wertzuweisungen

Nach Abschn. 1.5 wissen wir bereits, dass Wertzuweisungen Anweisungen sind, die

. Variablen einen Wert zuweisen - sie initialisieren - oder
. den momentanen Wert von Variablen ersetzen und - worauf wir
  erst in Abschn. 7.1.2 eingehen wollen -
. einen Funktionswert liefern.

Wertzuweisungen sind die i.a. am haeufigsten benutzten Anweisungen. Sie kommen mannigfach in allen Beispielprogrammen vor:

Beispiele: Programm

        Z := K * P / 100   B1.3-1
        V := G * T   B2.2.5.4-1
        NRBU := (NRBU + 23) MOD 26   B3.1.3-1
        FZK [IZ] := FZK [IV]   B4.2.2.1-1
        ERG.RT := OP [1].RT + OP [2].RT   B4.2.2.2-1
        AD' := ED'   B4.2.2.3-1
        ZM'.ZKLMAX [I] := ZK [I]   B4.2.3-1   .

An diesen Beispielen ist schon zu sehen, dass Wertzuweisungen
syntaktisch aus einer Variablen gefolgt vom Symbol := und einem
Ausdruck oder einer Variablen aufzubauen sind. Es sind zu unterscheiden:

S85 Wertzuweisung (assignment statement)

```
                +----------------------------------------+
     ---+--->I Zuweisung des Wertes eines Ausdruckes I---+
        I     +----------------------------------------+   I
        I                                                  I
        I     +----------------------------------------+   I
        +--->I Zuweisung des Wertes einer Variablen I--->I
        I     +----------------------------------------+   I
        I                                                  I
        I     +------------------------------------+       I
        +--->I 'e' Funktions - Wertzuweisung I---------->I
        I     +------------------------------+           I
        I                                                  I
        I     +----------------------------------+         I
        +--->I 't' gebundene                 I       V
              I Zeiger - Funktions - Wertzuweisung I-------->
              +----------------------------------+
```


Von diesen Wertzuweisungsarten besprechen wir nur die beiden ersten Arten in diesem Abschnitt und die restlichen zwei Arten -
wie bereits bemerkt - erst in Abschn. 7.1.2 ueber Funktionen, obwohl sie prinzipiell in ihrer Form der Zuweisung des Wertes eines
Ausdruckes entsprechen. Diese ist gegeben durch das Syntax-Diagramm

S86 Zuweisung des Wertes eines Ausdruckes (assignment of the
                              value of an expression)

```
                +-----------------+                    ====
      ---+--->I 'e<>r' Variable I----------------->I := I-+ .
         I     +-----------------+                    ====  I
         I +-----------------------------------------------+
         I I                          +-----------------+
         I +----------------------->I 'e<>r' Ausdruck I---+
         I                            +-----------------+  I
         I                                                 I
         I     +-----------------+                    ====  I
      +--->I reelle Variable I----------------->I := I-+ I
         I     +-----------------+                    ====  I I
         I +------------------------------------------------+ I
         I I                          +-----------------+   I
         I +----------------------->I ganzer Ausdruck I-->I
         I I                          +-----------------+   I
         I I                                                I
         I I                             +-----------------+   I
         I +----------------------->I reeller Ausdruck I-->I
         I                             +-----------------+   I
         I                                                 I
         I     +--------------------------+          ====   I
      +--->I 'N' - Zeichen - Variable I------->I := I-+ I
         I     +--------------------------+          ====  I I
         I +------------------------------------------------+ I
         I I                          +-----------------------+   I
         I +---------------->I 'N' - Zeichen - Ausdruck I-->I
         I                             +-----------------------+   I
         I                                                 I
         I     +----------------------------+        ====   I
      +--->I 'p' 'e<>r' Mengen - Variable I--->I := I-+ I
         I     +----------------------------+        ====  I I
         I +------------------------------------------------+ I
         I I                          +-----------------------------+   I
         I +----------->I 'p' 'e<>r' Mengen - Ausdruck I-->I
         I                             +-----------------------------+   I
         I                                                 I
         I     +-------------------+                       I
      +--->I 't' gebundene    I                    ====   I
             I Zeiger - Variable I----------------->I := I-+ I
             +-------------------+                    ====  I I
         +------------------------------------------------+ I
         I              +------------------------------------+   V
         +------->I 't' gebundener Zeiger - Ausdruck I------>
                       +------------------------------------+
                                                          .
```

Zu beachten ist die Regel R3.5-4. Das wird teilweise auch durch
das Syntax-Diagramm S86 zum Ausdruck gebracht und zwar dadurch,
dass eine geeignete Wahl von Werten fuer die metasyntaktischen
Variablen in den syntaktischen Variablen links vom Symbol := und
rechts davon so getroffen werden muss, dass diese der Regel R3.5-4
entsprechen. Die gemaess R3.5-4 notwendigen Typueberpruefungen
werden i.a. von Kompilierern waehrend der Uebersetzungszeit durchgefuehrt. Zur Laufzeit fuehren dann implementationsabhaengig noch

Fehler zum Programmabbruch, in denen Ausdruecke Werte liefern, die
nicht in den Wertebereich des Typs der Variablen fallen. Fuer die
folgenden Beispiele setzen wir, soweit dies nicht unmittelbar ersichtlich ist, die Typdefinition

```
          SATZ = RECORD
                     Y ,
                     Z : REAL
                 END
```

sowie die Variablendeklarationen

```
          R    : SATZ;
          F    : TEXT
```

voraus.

Beispiele:			Typ der Variablen	Typ des Ausdruckes	Bemerkung
I	:=	1	INTEGER	INTEGER	
IS1	:=	I + 5	1 .. 10	INTEGER	
I	:=	IS1 DIV 3	INTEGER	INTEGER	
IS2	:=	IS1	0 .. 9	1 .. 10	
IS2	:=	I * 6	0 .. 9	INTEGER	I * 6 wuerde 12 er-geben, d.h. Lauf-zeitfehler;
X	:=	IS1 * I	REAL	INTEGER	
I	:=	X	INTEGER	REAL	unzulaessig, d.h. Uebersetzungszeit-fehler;
A [I + 1]	:=	(I > IS1) OR NOT (I < 4)	BOOLEAN	BOOLEAN	
ST4	:=	'VXYZ'	4-Zeichen	4-Zeichen	
ST5	:=	'01234'	5-Zeichen	5-Zeichen	
ST4	:=	ST5	4-Zeichen	5-Zeichen	unzulaessig, d.h. Uebersetzungszeit-fehler;
S1	:=	[3 .. 9, I]	SET OF 1 .. 10	SET OF 2 .. 9	der Ausdruck lie-fert einen Wert aus dem Wertebereich des Typs von S1;
S2	:=	[IS1] * S1	SET OF 0 .. 9	SET OF 1 .. 10	der Ausdruck lie-fert einen Wert aus dem Wertebereich des Typs von S2;
S1	:=	S2	SET OF 1 .. 10	SET OF 0 .. 9	
S2	:=	[I * 6]	SET OF 0 .. 9	SET OF 12 .. 12	I * 6 wuerde 12 er-geben, d.h. Lauf-zeitfehler;
R.Y	:=	SQR (3.14)	REAL	REAL	
F^	:=	'A'	CHAR	CHAR	
F^	:=	'AB'	CHAR	2-Zeichen	unzulaessig, d.h. Uebersetzungszeit-fehler;

```
                         Typ der     Typ des
                         Variablen  Ausdruckes Bemerkung

P1           := NIL      SATZ-ge-   'ungebun-
                         bundener   dener'
                         Zeiger     Zeiger
NEW (P2)
P1           := P2       SATZ-ge-   SATZ-ge-
                         bundener   bundener
                         Zeiger     Zeiger
P3           := P1       REAL-ge-   SATZ-ge-   unzulaessig, d.h.
                         bundener   bundener   Uebersetzungszeit-
                         Zeiger     Zeiger     fehler.
```

Die Zuweisung des Wertes einer Variablen ist gegeben durch:

S87 Zuweisung des Wertes einer Variablen (assignment of the
                                          value of a variable)

```
            +---------------------+
   ---+--->I 'i' indizierte       I                 ====
      I    I 't' Feld - Variable I------------->I := I-+
      I    +---------------------+               ====  I
      I +----------------------------------------------+
      I I         +---------------------+
      I +-------->I 'i' indizierte      I
      I I         I 't' Feld - Variable I---------------+
      I I         +---------------------+               I
      I I                                               I
      I I   ===   +---------------------+               I
      I +->I ( I->I 'i' indizierte      I       ===     I
      I     ===   I 't' Feld - Variable I------->I ) I-->I
      I           +---------------------+        ===    I
      I                                                 I
      I     +----------------------------+              I
   +--->I PACKED 'i' indizierte  I             ====    I
      I    I 't<>C' Feld - Variable I--------->I := I-+ I
      I    +----------------------------+         ==== I I
      I +---------------------------------------------+ I
      I I           +------------------------+          I
      I +-------->I PACKED 'i' indizierte   I           I
      I I         I 't<>C' Feld - Variable I----------->I
      I I         +------------------------+            I
      I I                                               I
      I I   ===   +------------------------+            I
      I +->I ( I->I PACKED 'i' indizierte  I     ===    I
      I     ===   I 't<>C' Feld - Variable I---->I ) I-->I
      I           +------------------------+     ===    I
      I                                                 I
      .                                                 .
      .                                                 .
      .                                                 .
```

```
.                                                              .
.                                                              .
.                                                              .
I       +--------------------------------+                     I
+--->I PACKED 'j' indizierte        I              ====     I
I       I Zeichen - Feld - Variable I-------->I := I-+ I
I       +--------------------------------+              ====    I I
I  +----------------------------------------------------------+ I
I  I           +----------------------------+                   I
I  +--------->I PACKED 'j' indizierte        I                  I
I  I          I Zeichen - Feld - Variable I---------->I
I  I           +----------------------------+                   I
I  I                                                            I
I  I    ===   +----------------------------+                    I
I  +->I ( I->I PACKED 'j' indizierte        I   ===          I
I         ===   I Zeichen - Feld - Variable I->I ) I-->I
I              +----------------------------+    ===           I
I                                                              I
I       +----------------------------+                         I
+--->I 'p' nicht -                   I              ====     I
I       I variante Satz - Variable I-------->I := I-+ I
I       +----------------------------+              ====    I I
I  +----------------------------------------------------------+ I
I  I           +----------------------------+                   I
I  +--------->I 'p' nicht -                   I                  I
I  I          I variante Satz - Variable I---------->I
I  I           +----------------------------+                   I
I  I                                                            I
I  I    ===   +----------------------------+                    I
I  +->I ( I->I 'p' nicht -                   I   ===          I
I         ===   I variante Satz - Variable I-->I ) I-->I
I              +----------------------------+    ===           I
I                                                              I
I       +----------------------------+                         I
+--->I 'p' 'e<>r'                    I              ====     I
        I variante Satz - Variable I-------->I := I-+ I
        +----------------------------+              ====    I I
   +----------------------------------------------------------+ I
   I           +----------------------------+                   I
   +--------->I 'p' 'e<>r'                    I                  I
   I          I variante Satz - Variable I---------->I
   I           +----------------------------+                   I
   I                                                            I
   I    ===   +----------------------------+                    I
   +->I ( I->I 'p' 'e<>r'                    I   ===          V
          ===   I variante Satz - Variable I-->I ) I------>
               +----------------------------+    ===
                                                              .
```

Man erkennt, dass an Variablen gewisser strukturierter Typen wertzuweisungskompatible Werte von Variablen im Sinne der Regel R3.5-4
zugewiesen werden koennen. Das kommt in dem Syntax-Diagramm teilweise dadurch zum Ausdruck, dass eine geeignete Wahl von Werten
fuer die metasyntaktischen Variablen in den syntaktischen Variablen links vom Symbol := und rechts davon so getroffen werden muss,
dass diese Vorgesagtem genuegen.

Der Grund dafuer, dass nach S87 eine Variable rechts vom Symbol :=
in ein rundes Klammerpaar eingeschlossen werden darf, ist darin
zu sehen, dass durch einen Kompilierer alle Formen von Wertzuweisungen von der Syntax her einheitlich behandelt werden koennen:
Jede in ein rundes Klammerpaar eingeschlossene Variable ist ein
Faktor, Term, einfacher Ausdruck bzw. Ausdruck!

Die nach S87 moeglichen Arten von Wertzuweisungen sind in vieler
Hinsicht recht problematisch. Halten wir zunaechst fest: Nach S87
bzw. R3.5-4 ist es nicht moeglich, die Werte von Variablen eines
Datei-Typs an eine Variable solchen Typs zuzuweisen. Dies ist
auch unzulaessig, wenn in der Typ-Angabe von Variablen Datei-Typ-
Angaben als Komponenten-Typ-Angaben deklariert werden, was rekursiv zu sehen ist.

Weiter darf die Zuweisung eines Wertes einer Variablen i.a. nicht
komponentenbezogen gesehen werden, d.h., dass von einer Implementation DVA-Gegebenheiten genutzt werden koennen, die ggf. eine
zeitlich guenstige Zuweisung gestatten (z.B. koennen vorhandene
Maschinenbefehle genutzt werden, die es ermoeglichen, Inhalte
ganzer Zentralspeicherbereiche in einem zu transferieren, die ggf.
mehreren Komponenten-Variablen einer strukturierten Variablen 'zugeordnet' sind). Damit ergeben sich insbesondere vielfach Konsequenzen bei der Zuweisung des Wertes von Satz-Variablen an Satz-
Variablen, fuer die in der Typ-Angabe Varianten vorgesehen sind.
Von den Ausfuehrungen in Abschn. 4.3 wissen wir, dass die Zentral-
speicheranordnung solcher Variablen stark implementationsabhaengig
ist:

. Ist eine Satz-Variable auf der linken Seite des Symbols := eine statische Variable, so ist die Zuweisung unproblematisch -
  nur, dass ggf. zu viel Zentralspeicherinhalt transferiert wird,
  d.h, dass bei Uebereinanderanordnung der varianten Satz-Komponenten-Variablen der maximal belegbare Zentralspeicherinhalt
  und bei Nacheinanderanordnung der von den nicht-varianten Satz-
  Komponenten-Variablen und allen varianten Satz-Komponenten-Variablen belegte Zentralspeicher transferiert wird.
. Ist die Satz-Variable auf der linken Seite des Symbols := eine
  dynamische Variable, so ist die Zuweisung dann problematisch,
  wenn eine Implementation bei der Einrichtung der Variablen aufgrund einer NEW-Prozeduranweisung genau den Zentralspeicher an-
  legt, der fuer eine bestimmte Variante bzw. 'Varianten-Schach-
  telung' gefordert wurde. Dann sollte bzw. darf einer solchen Variablen i.a. nur der Wert einer Variablen zugewiesen werden, deren Zentralspeicherbedarf gleich dem Zentralspeicherbedarf der
  Variablen ist, die den Wert aufnehmen soll. Alle anderen Zuweisungen koennen zu fehlerhaften Ergebnissen fuehren.

Nach den Darlegungen auf den Seiten 4.3/6 und 3.2.3.2/6 darf
nicht erwartet werden, dass Implementationen Vorkehrungen treffen, um den genau notwendigen Speichertransfer durchzufuehren
und/oder auf 'fehlerhafte' Zuweisungen zu reagieren. Der Programmierer muss also bei der Zuweisung von Werten von Satz-Variablen
an Satz-Variablen, fuer die in der Typ-Angabe Varianten vorgesehen sind, aeusserste Umsicht walten lassen: Die Werte von Auswahlkomponenten-Variablen oder entsprechender Variablen sind
staendig unter Kontrolle zu halten. In Zweifelsfaellen ist es
empfehlenswert, auf komponentenbezogene Zuweisung auszuweichen.
Sie kann nach obigen Darlegungen ggf. sogar effizienter sein.

Sollte noch herausgestellt sein, dass sich eine Zuweisung des Wertes einer Variablen nicht zur Initialisierung einer strukturierten Variablen eignet. Denn rechts vom Symbol := kann nur eine Variable angegeben werden, die schon initialisiert sein muss, und zwar muessen von dieser nach [080] a l l e Komponenten-Variablen initialisiert sein.

Fuer die folgenden Beispiele setzen wir die Typdefinitionen

```
GT13     = 1 .. 3;
GTM1010 = -10 .. 10;
FT1      = ARRAY [GTM1010] OF CHAR    (* 'I' INDIZIERTER
                                         'T' FELD-TYP *);
FT2      = PACKED
           ARRAY ['A' .. 'Z'] OF FT1 (* PACKED
                                         'I' INDIZIERTER
                                         'T<>C' FELD-TYP
                                                      *);
FT3      = PACKED
           ARRAY [GTM1010] OF CHAR    (* PACKED
                                         'J' INDIZIERTER
                                         ZEICHEN-FELD-TYP
                                                      *);
ST       = RECORD
               F1 : FT1;
               F2 : FT2;
               F3 : FT3
           END                        (* NICHT-VARIANTER
                                         SATZ-TYP *)
VST      = RECORD
               S : ST;
               CASE GT13 OF
1:             (F1 : FT1);
2:             (F2 : FT2);
3:             (F3 : FT3)
           END                        (* 1..3 VARIANTER
                                         SATZ-TYP *)
```

und die Variablendefinitionen

```
VR1 ,
VR2 ,
VR3 : VST;
F   : FILE OF ST;
P   : ^VST
```

sowie eine passende Initialisierung der Variablen F voraus.

Beispiele:	Typ der 'linken' Variablen	Typ der 'rechten' Variablen	Bemerkung
RESET (F)			
VR1.S := F'	ST	ST	Zuweisung an 'nicht-varianten Satzteil' von VR1;
VR1.F1 := F'.F1	FT1	FT1	Zuweisung an 'erste Variante' von VR1; damit haben alle Komponenten-Variablen von VR1 Werte;
VR2.F2 := F'.F3	FT2	FT3	unzulaessig, wird waehrend Uebersetzung bemerkt;
VR2.F2 := VR1.S.F2	FT2	FT2	Zuweisung an 'zweite Variante' von VR2;
VR3 := VR2	VST	VST	da 'nicht-varianter Satzteil' von VR2 nicht initialisiert ist, ist diese Zuweisung gemaess [080] unzulaessig, was jedoch erst zur Laufzeit bemerkt wird bzw. werden sollte;
VR2.F3 := VR1.F3	FT3	FT3	da 'dritte Variante' von VR1 keinen Wert hat, ist diese Zuweisung inhaltlich falsch, was nach [080] zur Laufzeit bemerkt werden sollte;
VR2.S.F1 := VR1.S.F2 ['C']	FT1	FT1	s. dazu Ausfuehrungen ueber Attribut PACKED auf S. 3.2/3;
NEW (P, 1)			
P'.S := F'	ST	ST	
P'.F1 := F'.F1	FT1	FT1	
P' := VR1	VST	VST	diese Zuweisung hat den gleichen Effekt wie die 2 vorherigen;
VR1.F2 := F'.F2	FT2	FT2	
P' := VR1	VST	VST	diese Zuweisung sollte zu Laufzeitfehlern fuehren; sie ist inhaltlich falsch, da nicht NEW (P, 2) erfolgte.

Schliesslich muss noch darauf hingewiesen werden, dass es einer
Implementation ueberlassen ist, in welcher Reihenfolge die Teile
links und rechts vom Symbol := einer Wertzuweisung bearbeitet
werden. Jedoch gelten die Regeln R4.2.2.1-1, R4.2.2.2-1,
R4.2.2.3-1 und R4.2.3-1.

6.1.2 Sprunganweisungen

Dass Folgen von Anweisungen (die keine Sprunganweisungen enthalten)
sequentiell zur Ausfuehrung gelangen, ist zwar bisher noch nicht
deutlich gesagt worden und wird erst in Abschn. 6.2.1 und auch in
Abschn. 6.2.3.1 formuliert werden, kann aber nach den bisherigen
Ausfuehrungen - insbesondere denen in Abschn. 1.2 - angenommen werden. In diesem Abschnitt wurde auch erlaeutert, dass DVA's Spruenge
zur Verfuegung haben muessen. Uebertragen auf PASCAL ist einsichtig, dass Sprunganweisungen verfuegbar sind, wenn auch bei Beachtung der Forderungen moderner Programmiermethoden diese tunlichst
vermieden werden sollten, was durch Nutzung der uebrigen PASCAL-
Sprach-Moeglichkeiten i.a. erreichbar ist. Ein Sprung ist vom Algorithmus her gesehen meistens etwas Unnatuerliches, sehr Maschi-
nengebundenes und birgt mit dem durch ihn i.a. bedingten Abweichen
der Anweisungs-Ausfuehrungs-Reihenfolge von der textuellen Reihenfolge der Anweisungen im Programm leicht Fehlermoeglichkeiten in
sich (s. [031] und [036]).

In PASCAL ist eine Sprunganweisung eine Anweisung, die gemaess dem
Syntax-Diagramm S88 zu gestalten ist.

S88 Sprunganweisung (goto statement)

```
       ======        +-------+
   --->I GOTO I--->I Marke I--->
       ======        +-------+
```


Auf das Wortsymbol GOTO muss also eine Marke angegeben werden,
die gemaess S16 zu bilden ist. Diese Marke muss nach Abschn. 2.2.4
im Markendeklarationsteil eines Blockes deklariert sein und darf
genau nur vor einer Anweisung dieses Blockes - getrennt durch Doppelpunkt - angegeben sein (s. S7 und R2.2.4-1). Die Wirkung der
Sprunganweisung ist dann - unbedingt, daher auch: unbedingte
Sprunganweisung - die, dass nicht die ggf. hinter der Sprunganweisung vorhandene Anweisung als naechste zur Ausfuehrung gelangt,
sondern die Anweisung, die mit der Marke versehen ist, die in der
Sprunganweisung angegeben wurde. Man sagt: Die Sprunganweisung
fuehrt zu der in ihr angegebenen Marke oder der Anweisung mit dieser Marke. Die sequentielle Ausfuehrung einer Anweisungsfolge wird
also unterbrochen. Natuerlich koennen mehrere Sprunganweisungen
zu einer Marke fuehren. Beachtet werden muss:

Regel R6.1.2-1: Eine Sprunganweisung kann nicht zu einer Anweisung
                 fuehren, die Bestandteil einer strukturierten An-
                 weisung ist, es sei denn, die Sprunganweisung ist
                 selbst Bestandteil dieser strukturierten Anweisung
                 oder Bestandteil von - rekursiv gesehen - in die-
                 ser enthaltenen strukturierten Anweisungen.

Kurz: Sprunganweisungen duerfen nicht in strukturierte Anweisungen
hineinfuehren. Nun wird diese Regel nicht durch jede Implementation ueberprueft, so dass man oft sagen muss: Sprunganweisungen,
die in strukturierte Anweisungen fuehren, laufen undefiniert ab.

Der Programmierer muss also selbst darauf achten, dass er nicht
gegen die Regel R6.1.2-1 verstoesst, weil sonst seine Programme
u.U. unter einer Implementation laufen und unter einer anderen
nicht.

Sieht man Blockschachtelungen als Schachtelungen strukturierter
Anweisungen an, so besagt obige Regel auch, dass Sprunganweisungen nicht zu Anweisungen untergeordneter Bloecke fuehren koennen.
Das kann aber nach Abschn. 2.2.4 schon deshalb nicht geschehen,
weil der Gueltigkeitsbereich von Marken auf einen Block be-
schraenkt ist. Dies wird von einem Kompilierer bemerkt, sofern
man nicht in zwei Bloecken gleiche Marken verwandt hat und versehentlich die Marke einer Anweisung aus dem Block meint, der nicht
die Sprunganweisung enthaelt.

Mittels Sprunganweisungen ist es leicht moeglich, ungewollt End-
losschleifen zu programmieren. Die simpelste Endlosschleife ist:

```
        400:    GOTO 400                            .
```

Eine Anweisung hinter einer bedingungslos zur Ausfuehrung gelangenden Sprunganweisung muss immer eine Marke haben. Denn wie sollte sie anders zur Ausfuehrung kommen, wenn nicht eine Sprunganweisung zu ihr hinfuehrt. Dies wird i.a. von Implementationen nicht
ueberprueft, und es ist daher bei Verwendung von Sprunganweisungen leicht moeglich, dass in einem Programm Programmteile vorkommen, die nie zur Ausfuehrung kommen, aber unnoetig Zentralspeicher beanspruchen. Man wird dann wohl davon ausgehen koennen,
dass es sich um einen Programmierfehler handelt.

Beispiele fuer Sprunganweisungen finden sich in den Beispielprogrammen B6.1.3-1 und B9-1.

6.1.3 Leeranweisungen

Eine Leeranweisung ist eine Anweisung, die zur Laufzeit eines
Programmes nichts bewirkt. Es waere daher angebrachter, sie 'Tue
nichts'-Anweisung zu nennen. Dass sie dennoch Leeranweisung
heisst, hat syntaktische Gruende: Nach dem Syntax-Diagramm S89
enthaelt sie kein Symbol.

S89 Leeranweisung (empty statement)

-------------------------------->

Leeranweisungen koennen wie jede andere Anweisung mit Marken versehen werden, und das ist ein Grund, weshalb sie in PASCAL verfuegbar sind. Auf diese Weise ist naemlich das END des Anweisungsteils
jedes Blockes - wir sagen es so - markierbar. Dadurch koennen Anweisungsteile von Prozeduren und Funktionen per Sprunganweisung - also nicht sequentiell - beendet werden. Insbesondere kann ein Programmlauf per Sprunganweisung, die auf das markierte END des Anweisungsteils des Programm-Blockes fuehrt, beendet werden (s. B6.1.3-1
und B9-1). Das ist die einzige Moeglichkeit der nicht sequentiell
erfolgenden Programmbeendigung, da es in PASCAL keine STOP-Proze-
duranweisung gibt. Sinnvoll koennen Leeranweisungen auch bei der
Programmentwicklung eingesetzt werden. Z.B. lassen sich mehrere
aufeinanderfolgende Marken-Doppelpunkt-Paare angeben, sofern sie
durch ein Semikolon voneinander getrennt werden (s. S6 und S7).
Dadurch wird fruehzeitig ein syntaktisch korrektes ggf. teilweise
ablauffaehiges Programm erreicht, und die notwendigen Programmteile zwischen zwei Marken-Doppelpunkt-Paaren koennen nach evtl. Ent-
fernung des Semikolons spaeter eingefuegt werden.

Das folgende Beispielprogramm enthaelt 4 Leeranweisungen, von denen nur die letzte syntaktische Bedeutung hat.

```
(* BEISPIEL B6.1.3-1: PROGRAMM ZUM AUFLISTEN JEDER 2. EINGABE-
                      ZEILE *)
PROGRAM    LIST2      (INPUT,
                      OUTPUT);
LABEL      1;
BEGIN
  WHILE NOT EOF DO
    BEGIN
      READLN;
      IF EOF THEN
        GOTO 1;
      WHILE NOT EOLN DO
        BEGIN
                            (* UEBERFLUESSIGE LEERANWEISUNG *)
          ;
          WRITE (INPUT');
          GET (INPUT);
                            (* UEBERFLUESSIGE LEERANWEISUNG *)
          ;
                            (* UEBERFLUESSIGE LEERANWEISUNG *)
        END;
      READLN;
      WRITELN
    END;
1:                          (* NOTWENDIGE LEERANWEISUNG *)
END
(*  NATUERLICH LAESST SICH DER VORSTEHENDE ANWEISUNGSTEIL AUCH
    OHNE VERWENDUNG EINER MARKE UND SPRUNGANWEISUNG - JEDOCH
    ABLAUFZEITMAESSIG ETWAS AUFWENDIGER - FORMULIEREN:
BEGIN
  WHILE NOT EOF DO
    BEGIN
      READLN;
      IF NOT EOF THEN
        BEGIN
          WHILE NOT EOLN DO
            BEGIN
              WRITE (INPUT');
              GET   (INPUT)
            END;
          READLN;
          WRITELN
        END
    END
END *).
```

Die Verfuegbarkeit von Leeranweisungen hat einige leicht zu ueber-
sehende Konsequenzen bei der Verwendung des Anweisungsseparators
Semikolon. Das vorstehende Beispielprogramm zeigt, dass - wir
druecken es einmal so aus - ueberfluessige Semikolons i.a. nicht
stoeren. Dadurch braucht ein PASCAL-Programmierer weniger Ausnahmen zu beachten, z.B. dass die Anweisung vor dem Symbol END einer
zusammengesetzten Anweisung nicht mit einem Semikolon abzuschliessen ist. Dies ist ein weiterer Grund, weshalb Leeranweisungen in
PASCAL verfuegbar sind. Jedoch koennen auch sehr leicht fehlerhafte Wirkungen erreicht werden. Waere etwa versehentlich vor der
Sprunganweisung GOTO 1 in B6.1.3-1 ein Semikolon gesetzt worden,
so wuerde bedingt eine Leeranweisung erfolgen und das Programm

nach dem Lesen der zweiten Eingabezeile sofort enden. Im Fall der
bedingten Anweisung

```
    IF EOF THEN
       GOTO 1;
    ELSE
       ...
```

wuerde das Semikolon hinter der Sprunganweisung GOTO 1 einen syntaktischen Fehler verursachen, da zwischen den Wortsymbolen THEN
und ELSE nur e i n e Anweisung angegeben werden darf (s. Abschn.
6.2.2.1). Hier wurden jedoch zwei Anweisungen - naemlich eine
Sprung- und eine Leeranweisung - angegeben. Ein solcher Fehler
wird durch einen Kompilierer bemerkt.

Man muss also mit der Verwendung des Anweisungsseparators Semikolon umsichtig verfahren. Von der Syntax her laesst sich die Verwendung - wir heben dies aus didaktischen Gruenden in Form einer
Regel heraus - wie folgt formulieren:

Regel R6.1.3-1: Im Anweisungsteil eines Blockes darf, wo eine An-
                weisung angegeben werden kann, ein Semikolon an-
                gegeben werden - insbesondere vor den Wortsymbo-
                len END und UNTIL. Davon ausgenommen jedoch ist
                der Fall vor dem Wortsymbol ELSE in einer Wenn-
                Anweisung: Vor ELSE darf niemals ein Semikolon
                stehen. Schliesslich muss vor einer Marke immer
                ein Semikolon angegeben werden - ausgenommen die
                Faelle, in denen auf die Wortsymbole BEGIN oder
                REPEAT unmittelbar eine Marke folgt.

Voll verstaendlich wird diese Regel erst durch die Ausfuehrungen
ueber strukturierte Anweisungen.

6.2 Strukturierte Anweisungen

Als strukturierte Anweisungen sind Anweisungen aufzufassen, die sich aus einfachen und/oder weiteren strukturierten Anweisungen gemaess der in den naechsten Abschnitten zu besprechenden Syntax aufbauen lassen. Sie sind aehnlich Sprunganweisungen syntaktisch dadurch gekennzeichnet, dass sie mit einem Wortsymbol beginnen: BEGIN, CASE, FOR, IF, REPEAT, WHILE und WITH. Die Namen der strukturierten Anweisungen sind durch S9 gegeben, und ihre prinzipielle Wirkung wurde in Abschn. 1.5 genannt.

Von der Arbeitsweise einer DVA (s. Abschn. 1.2) her gesehen, ist neben den einfachen Anweisungen - von der Leeranweisung abgesehen - eigentlich nur die Verfuegbarkeit der Wenn-Anweisung ohne ELSE-Teil (s. Abschn. 6.2.2.1) in PASCAL unabdingbar. Dass darueber hinaus eine verhaeltnismaessig grosse Anzahl von Anweisungen bzw. Anweisungsformen verfuegbar ist, hat seinen Grund darin, dass mittels PASCAL problemnahe, gut strukturierte und korrekte Programme formulierbar sein sollen.

Zur Verdeutlichung der Semantik strukturierter Anweisungen werden wir - ausser bei der zusammengesetzten Anweisung und der Wenn-Anweisung ohne ELSE-Teil - das Aequivalent einer strukturierten Anweisung als unmittelbar verstaendliche Pseudo-Anweisungsfolge angeben - beispielsweise wie fuer einen Programmausschnitt in der Form:

```
            Anweisung;
            .
            .
            .
            GOTO Marke;
            .
            .
            .
    Marke: Anweisung                              .
```

6.2.1 Zusammengesetzte Anweisungen

Syntaktisch ist eine zusammengesetzte Anweisung gemaess dem Syntax-Diagramm S6 aufzubauen. Danach besteht sie aus einer Folge von Anweisungen gemaess S7, die ggf. durch Semikolons zu trennen und durch die Wortsymbole BEGIN und END einzuschliessen bzw. zu klammern sind.

Semantisch besagt eine zusammengesetzte Anweisung, dass die Anweisungen der Folge in der Reihenfolge auszufuehren sind, in der sie in der Folge aufgefuehrt wurden, es sei denn, dass in der Folge vorkommende Sprunganweisungen dies verhindern.

Durch BEGIN-END-Klammerung wird also i.a. die Ausfuehrungsreihenfolge beeinflusst. Da eine zusammengesetzte Anweisung nach S6 auch der Anweisungsteil eines Blockes ist, sei nochmals hervorgehoben, dass die Anweisungen eines Anweisungsteils sequentiell zur Ausfuehrung kommen, wenn nicht vorkommende Sprunganweisungen dies verhindern.

Zusammengesetzte Anweisungen sind notwendig, um ueber die uebrigen strukturierten Anweisungen - abgesehen von der REPEAT-Anweisung - erreichen zu koennen, dass nicht nur eine einzelne Anweisung, sondern eine Anweisungsfolge durch sie zur Ausfuehrung kommt. Beispielsweise darf hinter dem Wortsymbol THEN in einer Wenn-Anweisung (s. Abschn. 6.2.2.1) nur e i n e Anweisung angegeben werden. Gaebe es nun keine zusammengesetzten Anweisungen, so koennte ohne Sprunganweisungen keine Anweisungsfolge unter einer Bedingung zum Ablauf gebracht werden.

Andererseits darf nach S6 zwischen den Wortsymbolen BEGIN und END jede Anweisung angegeben werden - also auch wieder eine zusammengesetzte Anweisung. Das bedeutet, dass beliebige Klammerungen von Anweisungen mittels der Wortsymbole BEGIN und END moeglich sind. Ueberfluessige BEGIN-END-Klammerpaare stoeren nicht. Dies kann benutzt werden, um eine uebersichtliche Struktur eines Programmes zu erhalten.

Beispiele fuer zusammengesetzte Anweisungen finden sich in vielen Beispielprogrammen. Zum besseren Verstaendnis des Dargelegten geben wir hier noch zwei

Beispiele:

```
        BEGIN       (* VERTAUSCHUNG DER WERTE ZWEIER VARIABLEN A
                       UND B UNTER ZUHILFENAHME EINER VARIABLEN
                       C; ALS TYPEN DER VARIABLEN SEIEN SOLCHE
                       TYPEN UNTERSTELLT, SO DASS NICHT R3.5-4
                       VERLETZT WIRD *)
          C := A;
          A := B;
          B := C
        END;
        BEGIN       (* BEI PROGRAMMENTWICKLUNGEN EVTL. BRAUCHBAR *)
          (* LEERANWEISUNG *)
        END               .
```

6.2.2 Bedingte Anweisungen

Entsprechend Abschn. 1.5 sind bedingte Anweisungen Anweisungen,
die in Abhaengigkeit vom Wert eines Ausdruckes - der Bedingung -
aus einer Menge von Anweisungen eine Anweisung - ggf. die Leeranweisung - auswaehlen und zur Ausfuehrung bringen. PASCAL stellt
zwei Arten von bedingten Anweisungen zur Verfuegung:

S90 bedingte Anweisung (conditional statement)

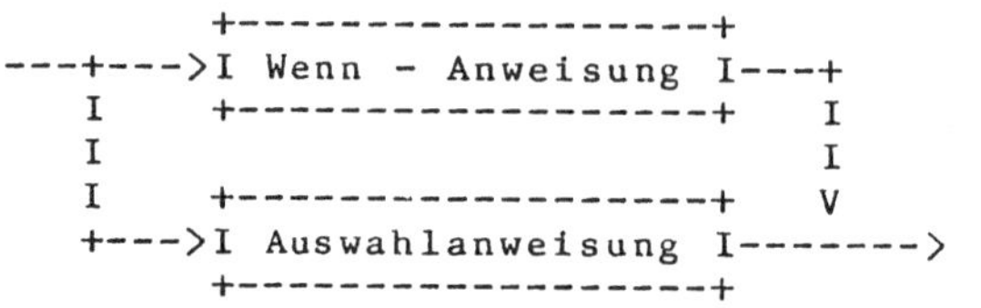

```
              +------------------+
     ---+--->I Wenn - Anweisung I---+
        I     +------------------+   I
        I                            I
        I     +------------------+   V
        +--->I Auswahlanweisung I------->
              +------------------+              .
```

6.2.2.1 Wenn-Anweisungen

Der syntaktische Aufbau von Wenn-Anweisungen ist gegeben durch:

S91 Wenn - Anweisung (if statement)

```
        ====        +--------------------+        ======
   --->I IF I--->I boolescher Ausdruck I--->I THEN I---+
        ====        +--------------------+        ======     I
                                      +--------------------------+
                                      I    +----------+
                                      +--->I Anweisung I---+
                                           +----------+     I
                  +--------------------------------------------+
                  I    ======                +----------+     V
                  +->I ELSE I-------->I Anweisung I------->
                       ======                +----------+
                                                              .
```

Nach diesem Syntax-Diagramm muss eine Wenn-Anweisung mit dem Wortsymbol IF beginnen. Auf das Wortsymbol IF muss ein gemaess S69
gebildeter boolescher Ausdruck folgen. Hernach ist das Wortsymbol THEN und eine Anweisung gemaess S7 anzugeben, womit eine
erste Form einer Wenn-Anweisung gebildet ist. Eine zweite Form
wird ausgehend von der ersten Form erhalten, wenn an diese das
Wortsymbol ELSE mit einer nachfolgenden Anweisung gemaess S7 an-
gefuegt wird.

Bei der ersten Form spricht man von einer Wenn-Anweisung ohne
ELSE-Teil oder Alternative. Die zweite Form ist eine Wenn-Anweisung mit Alternative. Damit klingt schon die Semantik an: Die Anweisung hinter dem Wortsymbol THEN kommt genau dann zur Ausfuehrung, wenn die Auswertung des booleschen Ausdruckes den Wert TRUE
ergibt. Ergibt die Auswertung des booleschen Ausdruckes dagegen
den Wert FALSE und ist keine Alternative aufgefuehrt, so wird die
der Wenn-Anweisung ggf. folgende Anweisung ausgefuehrt (bzw. es
erfolgt die Beendigung der Prozedur, Funktion oder des Programmes,
wenn die Wenn-Anweisung die letzte Anweisung des Anweisungsteils
des entsprechenden Blockes ist). Ist eine Alternative angegeben
worden, so wird zuvor die Anweisung hinter dem Wortsymbol ELSE
zur Ausfuehrung gebracht. Eine Wenn-Anweisung ohne Alternative
kann mithin modellhaft als eine Wenn-Anweisung mit Alternative
angesehen werden, in der hinter dem Wortsymbol ELSE eine Leeranweisung aufgefuehrt ist, womit die in Abschn. 6.2.2 gegebene Definition von bedingten Anweisungen auch fuer den Fall einer Wenn-
Anweisung ohne Alternative richtig bleibt. Das Aequivalent einer
Wenn-Anweisung mit Alternative ist:

```
        IF boolescher Ausdruck THEN
          BEGIN
            Anweisung;
            GOTO Marke
          END;
        Anweisung;          (* ALTERNATIVE *)
  Marke:    ...                              .
```

Beispiele fuer Wenn-Anweisungen finden sich in den Beispielprogrammen B2.2.5.4-1, B3.1.3-2, B3.1.3-3, B4.2.2.1-1, B4.2.3-1
u.a. Zum besseren Verstaendnis moegen die zwei folgenden Beispiele dienen:

Gaebe es die Standardfunktion ABS (s. Abschn. 7.2.6.1) nicht, die
den absoluten Wert eines Ausdruckes berechnet, so koennte das Ergebnis der Wertzuweisung

```
        A := ABS (A)
```

- A moege eine ganze oder reelle Variable sein - durch die Wenn-
Anweisung ohne ELSE-Teil

```
        IF A < 0 THEN
          A := -A
```

erreicht werden. Die Wertzuweisung A := -A wird nur ausgefuehrt,
wenn der boolesche Ausdruck A < 0 den Wert TRUE liefert. Das Maximum der Werte zweier ganzer Variablen I und J laesst sich einer
ganzen Variablen MAX zuweisen ueber die Wenn-Anweisung

```
        IF I >= J THEN
          MAX := I
        ELSE
          MAX := J
```

Die Wertzuweisung MAX := I kommt zur Ausfuehrung, wenn der boolesche Ausdruck I >= J den Wert TRUE hat, sonst wird die Wertzuweisung MAX := J ausgefuehrt.

Ist im Fall einer Wenn-Anweisung die hinter dem Wortsymbol THEN
angegebene Anweisung eine Wenn-Anweisung, auf die ein ELSE-Teil
angegeben ist, so ist nicht ohne weiteres klar, von welcher Wenn-
Anweisung der ELSE-Teil Bestandteil ist. Diese syntaktische Mehr-
deutigkeit wird geloest durch die

Regel R6.2.2.1-1: Die Anweisung hinter dem Wortsymbol THEN einer
                  Wenn-Anweisung ist stets als zusammengesetzte
                  Anweisung zu betrachten. Das soll heissen, dass
                  jedes THEN ein fiktives BEGIN und jedes ELSE
                  oder Anweisungsende ein fiktives END impliziert.

Betrachten wir als Beispiel die Wenn-Anweisung

```
        IF B1 THEN
          IF B2 THEN
            I := 1
          ELSE
            I := 2
```

in der B1 und B2 boolesche Variablen und I eine ganze Variable
seien. Dann wird diese Wenn-Anweisung gemaess der Regel R6.2.2.1-1
so ausgefuehrt, als waere geschrieben worden

```
IF B1 THEN
   BEGIN
    IF B2 THEN
       BEGIN
         I := 1
       END
    ELSE
       I := 2
   END                                   .
```

Man kann die Regel R6.2.2.1-1 knapp, aber nicht ganz korrekt auch
so formulieren, dass man sagt, ein ELSE ist einem 'unmittelbar'
vorausgehenden THEN 'zuzuordnen'. Die Wortsymbole THEN und ELSE
haben Klammercharakter.

Soll im vorstehenden Beispiel der ELSE-Teil dem ersten IF zugeordnet werden - also die Anweisung I := 2 durchgefuehrt werden, wenn
B1 den Wert FALSE hat, so muss der Programmierer die zweite IF-An-
weisung als zusammengesetzte Anweisung formulieren, um die Anwendung von Regel R6.2.2.1-1 zu vermeiden:

```
IF B1 THEN
   BEGIN
    IF B2 THEN
        I := 1
   END
ELSE
   I := 2                                .
```

Fuer den menschlichen Leser sollte der Programmierer in Zweifelsfaellen durch geeignetes Einfuegen von BEGIN-END-Klammerungen und
Einruecken der Konstrukte dafuer Sorge tragen, dass die gewuenschten Faelle deutlich werden.

Zum Abschluss noch ein Beispielprogramm, in dem ausgiebig von
Wenn-Anweisungen Gebrauch gemacht wird.

```pascal
(* BEISPIEL B6.2.2.1-1: LOESUNG EINER QUADRATISCHEN GLEICHUNG
                        DER FORM:
                                  A * X * X + B * X + C = 0 .

                        VORAUSGESETZT SIND PRO EINGABEZEILE
                        DREI ZAHLEN IN FORM REELLER KONSTANTEN,
                        DIE ALS DIE KOEFFIZIENTEN A, B UND C
                        AUFZUFASSEN SIND. *)
PROGRAM    QUADGL    (INPUT,
                      OUTPUT);
VAR        A, B, C,                    (* KOEFFIZIENTEN *)
           D,                          (* DISKRIMINANTE *)
           X,                          (* LOESUNG (REALTEIL) *)
           Y         : REAL;           (* LOESUNG (IMAGINAERTEIL) *)
BEGIN                                  (* QUADGL *)
  WHILE NOT EOF DO
    BEGIN                              (* LOESUNG *)
      READLN  (A, B, C);
      WRITELN (# KOEFFIZIENTEN:     #, A);
      WRITELN (#                    #, B);
      WRITELN (#                    #, C);
      IF A <> 0.0 THEN
        BEGIN                          (* QUADRATISCHE GLEICHUNG *)
          D := B * B - 4.0 * A * C;
          IF D < 0 THEN
            BEGIN                      (* KOMPLEXE LOESUNGEN *)
              X := -0.5 * B / A;
              Y := 0.5 * SQRT (-D) / A;
              WRITELN (# QUAD.GL.MIT KOMP.L.: #, X, Y);
              WRITELN (#                    #, X, -Y)
            END                        (* KOMPLEXE LOESUNGEN *)
          ELSE
            BEGIN                      (* REELLE LOESUNGEN *)
              D := SQRT (D);
              IF B < 0 THEN
                D := -B + D
              ELSE
                D := -(B + D);
              X := 0.5 * D / A;
              WRITELN (# QUAD.GL.MIT REEL.L.: #, X);
              WRITELN (#                    #, C / (A * X))
            END                        (* REELLE LOESUNGEN *)
        END                            (* QUADRATISCHE GLEICHUNG *)
      ELSE                             (* SONDERFAELLE *)
        IF B <> 0.0 THEN
          WRITELN (# LINEARE GLEICHUNG:  #, -C / B)
        ELSE
          IF C = 0.0 THEN
            WRITELN (# IDENTITAET #)
          ELSE
            WRITELN (# WIDERSPRUCH #)
    END                                (* LOESUNG *)
END.                                   (* QUADGL *)
```

Testdaten und Ergebnisse:

```
KOEFFIZIENTEN:             1.0000000000000E+000
                           2.0000000000000E+000
                           5.0000000000000E+000
QUAD.GL.MIT KOMP.L.:      -1.0000000000000E+000   2.0000000000000E+000
                         -1.0000000000000E+000  -2.0000000000000E+000
KOEFFIZIENTEN:             2.0000000000000E+000
                           5.0000000000000E+000
                           2.0000000000000E+000
QUAD.GL.MIT REEL.L.:      -2.0000000000000E+000
                         -5.0000000000000E-001
KOEFFIZIENTEN:             2.0000000000000E+000
                         -5.0000000000000E+000
                           2.0000000000000E+000
QUAD.GL.MIT REEL.L.:       2.0000000000000E+000
                           5.0000000000000E-001
KOEFFIZIENTEN:                                 0
                           2.0000000000000E+000
                         -6.0000000000000E+000
LINEARE GLEICHUNG:         3.0000000000000E+000
KOEFFIZIENTEN:                                 0
                                               0
                                               0

IDENTITAET
KOEFFIZIENTEN:                                 0
                                               0
                           1.0700000000000E+002
WIDERSPRUCH
```

6.2.2.2 Auswahlanweisungen

Auswahlanweisungen sind insofern als Verallgemeinerung von Wenn-
Anweisungen (mit Alternative) zu betrachten, als die Auswahl der
naechsten auszufuehrenden Anweisung nicht vom Wert eines booleschen Ausdruckes abhaengig ist, sondern vom Wert eines 'e<>r' Ausdruckes. Die Syntax von Auswahlanweisungen ist durch das Syntax-
Diagramm

S92 Auswahlanweisung (case statement)

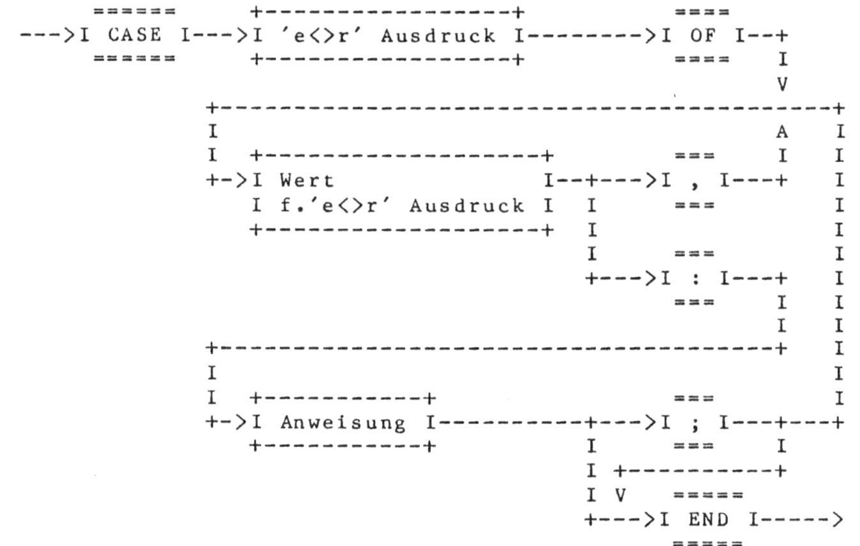

gegeben. Auswahlanweisungen beginnen also mit dem Wortsymbol CASE,
weshalb auch bei Auswahlanweisungen von Fallunterscheidungen gesprochen wird. Auf das Wortsymbol CASE muss der die Auswahlwerte
liefernde gemaess S65, S69, S75 und S76 zu bildende 'e<>r' Ausdruck
- auch Selektor (nach [080] case index) genannt - folgen, auf den
das Wortsymbol OF anzugeben ist. Dann kann eine Liste von ggf.
durch Semikolons zu trennenden gemaess S7 zu gestaltenden Anweisungen folgen, von denen eine jede durch Voranstellung einer Liste
von ggf. durch Kommata zu trennenden gemaess S30, S20, S21 und S15
zu bildenden Werten fuer den 'e<>r' Ausdruck zwischen den Wortsymbolen CASE und OF (Liste von Auswahlwerten) unterscheidbar zu gestalten - zu markieren - ist. Schliesslich muss das Wortsymbol END
folgen.

Die Semantik von Auswahlanweisungen duerfte nach dem bisher Gesagten offensichtlich sein: Von den Anweisungen aus der Liste der Anweisungen wird genau diejenige zur Ausfuehrung ausgewaehlt, die
ggf. u.a. mit dem Wert des 'e<>r' Ausdruckes markiert ist, den
seine Auswertung liefert.

Es ist noch zu beachten:

Regel R6.2.2.2-1: Alle aufgefuehrten Werte des 'e<>r' Ausdruckes
                  in einer Auswahlanweisung muessen untereinander
                  verschieden sein. Jedoch brauchen nicht alle
                  Werte aus dem Wertebereich des 'e<>r' Typs des
                  Ausdruckes aufgefuehrt werden.

Nach dieser Regel muss - z.B. durch Einbettung der Auswahlanweisung in eine Wenn-Anweisung - gesichert sein, dass die Auswertung
des 'e<>r' Ausdrucks einen Wert liefert, der als Wert fuer den
'e<>r' Ausdruck in der Auswahlanweisung aufgefuehrt ist. Andernfalls soll nach [080] der Programmlauf abbrechen. Nicht jede Implementation verfaehrt so.

Als Aequivalent einer Auswahlanweisung kann also folgende Wenn-
Anweisung betrachtet werden:

```
        IF ('e<>r' Ausdruck = Wert f. 'e<>r' Ausdruck)
                 (* FALLS LISTE VON MEHREREN WERTEN *) OR
           ('e<>r' Ausdruck = Wert f. 'e<>r' Ausdruck) ...
                                                      THEN
           Anweisung
        ELSE
           IF ('e<>r' Ausdruck = Wert f. 'e<>r' Ausdruck) OR
              ('e<>r' Ausdruck = Wert f. 'e<>r' Ausdruck) ...
                                                      THEN
           Anweisung
        ELSE
           ...
           ELSE
           (*  u n d e f i n i e r t  *)                    .
```

Zur Klarstellung sei noch bemerkt, dass

. die Anordnung der Werte des 'e<>r' Ausdrucks beliebig ist,
. keine Werte zur Anweisungsmarkierung benutzt werden koennen,
  die nicht Werte aus dem Wertebereich des 'e<>r' Typs des Selektors sind,
. Selektor und damit Werte nicht reellen Typs sein koennen und
. die Werte zur Anweisungsmarkierung nicht mit Marken gemaess
  Abschn. 2.2.4 - insbesondere im Fall ganzer Werte - zu verwechseln sind, also nicht in Sprunganweisungen benutzt werden
  koennen.

Beispiele von Auswahlanweisungen finden sich in den Beispielprogrammen B4.2.2.2-1, B4.2.3 u.a. Weitere Beispiele waeren:

Soll in Abhaengigkeit vom Wert der Variablen

        MERKMAL : (QUALITATIV, ORDINAL, METRISCH)

entweder der Modalwert, der Median oder das arithmetische Mittel
berechnet werden, so kann dies ueber die Auswahlanweisung

```
              CASE MERKMAL OF
        QUALITATIV: BERECHMODALWERT;
        ORDINAL:    BERECHMEDIAN;
        METRISCH:   BERECHARITHMIT
              END
```

geschehen, wobei die Namen BERECHMODALWERT, BERECHMEDIAN und
BERECHARITHMIT Namen passend deklarierter Prozeduren seien. Die
Auswahlanweisung

```
                CASE I = 1 OF
TRUE:           I := I + 1;
FALSE:          I := I - 1
                END                        ,
```

in der I eine geeignete ganze Variable sei, ist gleichwertig der
Wenn-Anweisung

```
    IF I = 1 THEN
      I := I + 1
    ELSE
      I := I - 1
```

und verdeutlicht, dass die Wenn-Anweisung mit Alternative als Spe-
zialfall einer Auswahlanweisung angesehen werden kann. Sei wieder
I als geeignete ganze Variable und A als Variable vom ARRAY [1..5]
OF INTEGER Typ vorausgesetzt und angenommen, dass die Werte von
I DIV 2 + 1 immer 1, 2 oder 3 sind, so moege mit der Auswahlanwei-
sung

```
                CASE I DIV 2 + 1 OF
1:(* WERT *)
1:(* MARKE *)   BEGIN
                    A [I] := I;
                    I      := I + 1;
                    IF I <= 5 THEN
                        GOTO 1
                    END;
2, 3:           I := I - 1
                END
```

der Unterschied zwischen Wert und Marke herausgestellt sein (auch
wenn das Beispiel nicht von 'gutem' Programmierstil zeugt). Die
Marke 1 wird beispielsweise als im Markendeklarationsteil des
Vereinbarungsteils des Blockes, der im Anweisungsteil die vor-
stehende Auswahlanweisung enthaelt, als deklariert angenommen.
Falsch sind die Auswahlanweisungen

```
                CASE I DIV 2 + 1 OF
1:              GOTO 2;
2:              I := I - 1
                END                        ,
```

wenn nirgendwo die Marke 2 passend deklariert ist,

```
                CASE I DIV 2 + 1 OF
1:              GOTO 1;
1: (* FAELSCHLICHERWEISE ALS MARKE GEDACHT *);
2, 3:           I := I + 1
                END
```

und

```
                CASE I DIV 2 + 1 OF
    1:              GOTO 1;
    1, (* FAELSCHLICHERWEISE ALS MARKE GEDACHT *)
    2, 3:           I := I + 1
                END                            .
```

Syntaktisch richtig ist hingegen

```
                CASE I DIV 2 + 1 OF
    1:              ;
    2, 3:           I := I + 1
                END                            .
```

Denn als Anweisung ist ja auch eine Leeranweisung zulaessig. Dieses Beispiel lehrt, dass evtl. zu erwartende Werte des Selektors als Faelle ohne Wirkung behandelt werden koennen (Restfaelle!).

In den meisten Anwendungen ist es moeglich, als Auswahlausdruck einen Ausdruck eines 'gT' oder 'b<>gT' Typs z.B. eines Aufzaehl-Typs zu waehlen. Dann ist es aus Sicherheitsgruenden angebracht, alle moeglichen Werte als Markierung vorzusehen. Fuer eventuelle Restfaelle sollte eine Leeranweisung oder Anweisung zur Behandlung dieser Restfaelle (i.a. Fehlerfaelle) vorgesehen werden, wenn nicht vorab eine Pruefung erfolgt.

Die Effizienz von Auswahlanweisungen ist stark implementationsabhaengig. Es kann sogar aus Effizienzgruenden sein, dass die Werte des 'e<>r' Ausdrucks nur aus einer Teilmenge des Wertebereichs des 'e<>r' Typs sein duerfen. Die Benutzung von Auswahlanweisungen sollte dann erfolgen, wenn eine aehnliche Wahrscheinlichkeit fuer die Auswahl zur Ausfuehrung der alternativen Anweisungen besteht, andernfalls kann eine aequivalente Wenn-Anweisung effizienter sein.

Darauf hingewiesen sei noch, dass ein Semikolon vor dem END zulaessig ist:

```
                CASE I DIV 2 + 1 OF
    1:              I := I + 1;
    2, 3:           I := I - 1;
                END                        .
```

Nach [085] ist es auch moeglich, zu schreiben

```
    CASE I DIV 2 + 1 OF
    END
```

oder

```
    CASE I DIV 2 + 1 OF
      ; ... ;
    END
```

- zwei Faelle von Auswahlanweisungen, die waehrend einer Programmentwicklung evtl. von Bedeutung sein koennen, die jedoch nach [080], womit S92 uebereinstimmt, nicht mehr zugelassen sind.

Abschliessend noch ein Programmbeispiel:

```
(* BEISPIEL: B6.2.2.2-1: BERECHNUNG DER TAGE EINES MONATS.
                         DIE EINGABEZEILE MUSS ZWEI ZAHLEN IN
                         FORM VON GANZEN KONSTANTEN ENTHALTEN,
                         DIE FUER MONAT UND JAHR STEHEN. *)
PROGRAM TAGPMON      (INPUT,
                      OUTPUT);
VAR        MONAT   ,
           JAHR    : INTEGER;
           TAGE    : 1 .. 31;
BEGIN
  READLN (MONAT, JAHR);
  IF (JAHR >= 1582) AND (JAHR < 2000) THEN
    IF (MONAT >= 1) AND (MONAT <= 12) THEN
      BEGIN
        CASE MONAT OF
 1, 3, 5, 7, 8, 10, 12:
           TAGE := 31;
 4, 6, 9, 11:
           TAGE := 30;
2:         IF (JAHR MOD 4 = 0)     AND
              (JAHR MOD 100 <> 0) OR
              (JAHR MOD 400 = 0)   THEN
            TAGE := 29
           ELSE
            TAGE := 28
        END;
        WRITELN (# DER #, MONAT : 2, #. MONAT IM JAHR #,
              JAHR : 4, # HAT #, TAGE : 2, # TAGE.#)
      END
    ELSE
      WRITELN (# DAS JAHR #, JAHR : 4, # HAT KEINEN #, MONAT,
            #. MONAT.#)
  ELSE
    WRITELN (# MONATSANGABE #, MONAT, # ODER JAHRESANGABE #,
          JAHR, # UNGUELTIG#)
END.

Ergebnis:

DER  2. MONAT IM JAHR 1980 HAT 29 TAGE.
```

6.2.3 Wiederholungsanweisungen

Entsprechend Abschn. 1.5 sind Wiederholungsanweisungen Anweisungen, die die Wiederholung einer Anweisung oder einer Anweisungsfolge gemaess anzugebender Wiederholungsvorschrift oder Abbruchbedingung veranlassen. Man spricht auch von Schleifen. Schleifen lassen sich mittels der bisher besprochenen Anweisungen bilden. Beispielsweise ist der Programmausschnitt

```
            I := 1;
     1:     A [I] := I;
            I := I + 1;
            IF I <= 5 THEN
               GOTO 1
```

eine Schleife (I sei eine ganze Variable, A eine Variable vom Typ ARRAY [1 .. 5] OF INTEGER, und die Marke 1 sei passend deklariert), in der die Wiederholungsvorschrift oder Abbruchbedingung mittels einer Wenn-Anweisung formuliert ist. Durch die Verfuegbarkeit von Wiederholungsanweisungen wird es, wie wir bereits erwaehnten (s. Abschn. 6.1.2) und gleich deutlicher sehen werden, jedoch vielfach ueberfluessig, Marken einfuehren zu muessen, wodurch Fehlermoeglichkeiten vermieden und problemnaehere Formulierungsmoeglichkeiten geboten werden.

PASCAL stellt drei Arten von Wiederholungsanweisungen zur Verfuegung:

S93 Wiederholungsanweisung (repetitive statement)

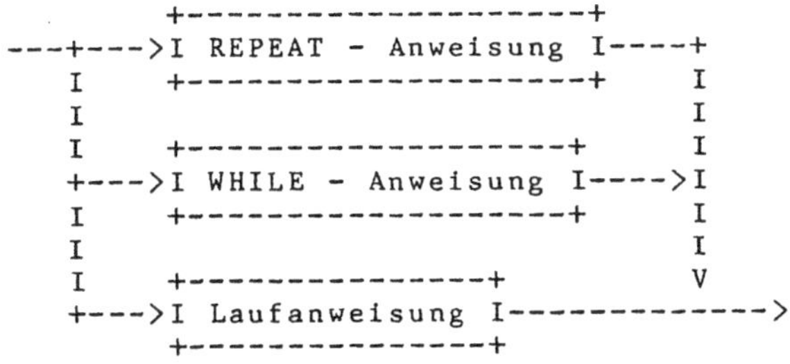

6.2.3.1 REPEAT-Anweisungen

Die Syntax von REPEAT-Anweisungen ist gegeben durch

S94 REPEAT - Anweisung (repeat statement)

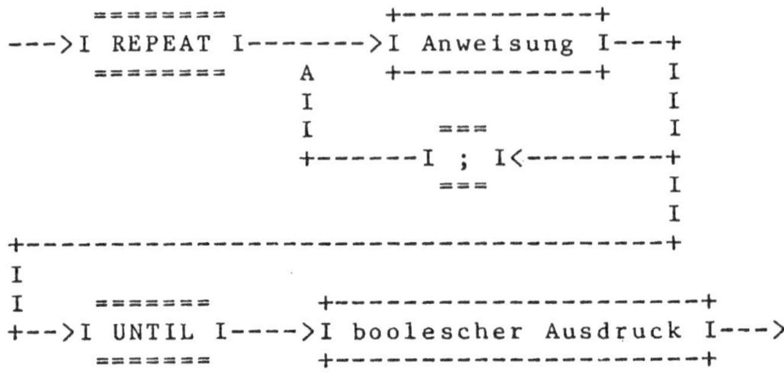

REPEAT-Anweisungen beginnen also mit dem Wortsymbol REPEAT, auf
das eine Folge von ggf. durch Semikolons getrennten gemaess S7 zu
bildenden Anweisungen angegeben werden muss. Dieser hat das Wortsymbol UNTIL mit einem nachfolgenden nach S69 gebildeten booleschen Ausdruck zu folgen.

Die Semantik von REPEAT-Anweisungen liegt auf der Hand: Die Folge
von Anweisungen hinter dem Wortsymbol REPEAT gelangt in der Reihenfolge ihrer Niederschrift - also sequentiell - wiederholt zur
Ausfuehrung, bis die Auswertung des booleschen Ausdruckes hinter
dem Wortsymbol UNTIL - die Wiederholungsvorschrift oder Abbruchbedingung der REPEAT-Anweisung - den Wert TRUE liefert. Die Anweisungsfolge wird demnach mindestens einmal insgesamt ausgefuehrt
(sofern keine Sprunganweisung aus der Folge herausfuehrt). Danach
wird der boolesche Ausdruck ausgewertet und in Abhaengigkeit des
Ergebnisses die Schleife wiederholt (FALSE) oder verlassen (TRUE).
Also ist eine REPEAT-Anweisung aequivalent zu:

                Marke: zusammengesetzte Anweisung;
                      IF NOT boolescher Ausdruck THEN
                         GOTO Marke   .

Man mache sich klar, dass die Anweisungsfolge zwischen den Wortsymbolen REPEAT und UNTIL i.a. eine Anweisung enthalten muss, die
dafuer sorgt, dass die Auswertung des booleschen Ausdrucks hinter
dem Wortsymbol UNTIL einmal den Wert TRUE bekommt, da sonst die
REPEAT-Anweisung eine Endlosschleife ist (die hoechstens ueber
eine Spronganweisung verlassen werden kann).

Beispiele fuer die REPEAT-Anweisung finden sich in den Beispielprogrammen B2.2.5.4-1, B3.1.3-3, B4.2.2.1-1, B4.2.3-1 u.a.

Eine typische Anwendung von REPEAT-Anweisungen erfolgt in dem
folgenden Programm, das 'ueberfluessige' Zwischenraeume aus einem
Text entfernt.

```
(* BEISPIEL B6.2.3.1-1: ENTFERNEN VON UEBERFLUESSIGEN ZWISCHEN-
                        RAEUMEN AUS EINEM TEXT *)
PROGRAM   ENTFZWI  (INPUT,
                    OUTPUT);
BEGIN
  WHILE NOT EOF DO
    BEGIN
      REPEAT
        IF INPUT' <> # # THEN
          BEGIN
            WRITE (# #);
            REPEAT
              WRITE (INPUT');
              GET   (INPUT)
            UNTIL INPUT' = # #
          END
        ELSE
          REPEAT
            GET (INPUT)
          UNTIL (INPUT' <> # #) OR EOLN
      UNTIL EOLN;
      GET (INPUT);
      WRITELN
    END
END.
```

Fuer den Text

DA   SIND   ZU   VIELE ZWISCHENRAEUME   .

liefert das Programm

DA SIND ZU VIELE ZWISCHENRAEUME .

Der in Abschn. 6.2.3 gegebene Programmausschnitt als Beispiel einer Schleife, die nicht mittels einer Wiederholungsanweisung definiert wurde, laesst sich mittels einer REPEAT-Anweisung in der
Form schreiben:

```
        I := 1;
        REPEAT
          A [I] := I;
          I := I + 1
        UNTIL I > 5                        .
```

Die Programmierung von Schleifen ist nicht ganz so unproblematisch, wie es scheint. Es kann leicht passieren, dass Anweisungen
in der Schleife oder aber auch die Auswertung der Wiederholungsvorschrift oder Abbruchbedingung auf Fehler laufen. So wuerde im
vorstehenden Beispiel die Deklaration der Variablen I als vom Typ
1 .. 5 die Wertzuweisung an I beim letzten Schleifendurchlauf auf
Fehler laufen lassen, da der Wert 6 kein Wert des Wertebereichs
des Typs 1 .. 5 ist. Die Anweisungsfolge

```
I := 0;
REPEAT
  I := I + 1
UNTIL A [I] = 0
```

- I und A wie im vorstehenden Beispiel deklariert - kann auf Fehler laufen, wenn die Feld-Variable A keine indizierte Variable
mit dem Wert 0 enthaelt - ein Fehler, der bei der Auswertung der
Wiederholungsvorschrift oder Abbruchbedingung A [I] = 0 in dem Mo-
ment auftritt, in dem I den Wert 6 bekommen hat (zu diesem Sachverhalt s. auch S. 5.2/8).

6.2.3.2 WHILE-Anweisungen

Die Syntax von WHILE-Anweisungen ist gegeben durch

S95 WHILE - Anweisung (while statement)

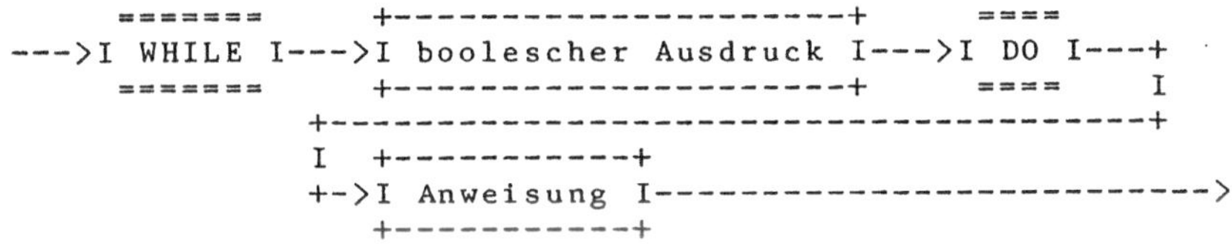

WHILE-Anweisungen beginnen also mit dem Wortsymbol WHILE, auf das
ein nach S69 gebildeter boolescher Ausdruck anzugeben ist. Diesem
hat das Wortsymbol DO und eine gemaess S7 zu bildende Anweisung
zu folgen.

Die Semantik von WHILE-Anweisungen besagt, dass die Anweisung hinter dem Wortsymbol DO solange wiederholt ausgefuehrt werden soll,
solange die Auswertung des booleschen Ausdruckes hinter dem Wortsymbol WHILE - die Wiederholungsvorschrift oder Abbruchbedingung -
den Wert TRUE liefert bzw. bis sie den Wert FALSE bekommt. Als
Aequivalent einer WHILE-Anweisung muss nach [080] die Anweisung

        IF boolescher Ausdruck THEN
          REPEAT
            Anweisung
          UNTIL NOT boolescher Ausdruck

angesehen werden bzw. - wie bei manchen Implementationen zu finden - die speichereffizientere, jedoch weniger zeiteffiziente Anweisung

        Marke: IF boolescher Ausdruck THEN
                 BEGIN
                   Anweisung;
                   GOTO Marke
                 END

Wenn also die Auswertung des booleschen Ausdruckes sofort den
Wert FALSE liefert, wird die Anweisung hinter dem Wortsymbol DO
keinmal ausgefuehrt. Das ist ein wesentlicher Unterschied gegenueber REPEAT-Anweisungen. Achtzugeben ist bei WHILE-Anweisungen,
dass durch die Anweisung hinter dem Wortsymbol DO dafuer gesorgt
wird, dass die Auswertung des booleschen Ausdruckes hinter dem
Wortsymbol WHILE einmal den Wert FALSE bekommt, damit keine Endlosschleife entsteht (es sei denn, die zu wiederholende Anweisung
ist eine zusammengesetzte Anweisung, aus der eine Sprunganweisung
herausfuehrt). Ferner ist darauf zu achten, dass die Anweisung
und die Auswertung des booleschen Ausdruckes nicht auf Fehler
laufen koennen (vgl. die entsprechenden Ausfuehrungen im Abschn.
6.2.3.1 ueber REPEAT-Anweisungen).

Beispiele fuer WHILE-Anweisungen finden sich in den Beispielprogrammen B3.1.3-3, B4.1-1, B4.2.2.1-1, B4.2.2.2-1, B4.2.2.3-1,
B4.2.3-1 u.a. Typische Anwendungen von WHILE-Anweisungen zeigt
das folgende Programm. In diesem dienen sie zur Erkennung von Da-
tei- und Zeilenende. Da eine Datei bzw. Zeile leer sein kann,
mussten WHILE- und nicht REPEAT-Anweisungen verwandt werden.

```
(* BEISPIEL B6.2.3.2-1: ZEILENWEISES KOPIEREN EINER TEXT-DATEI *)
PROGRAM    KOPTEXT  (INPUT,           (* EINGABE-DATEI-VARIABLE *)
                     OUTPUT);         (* AUSGABE-DATEI-VARIABLE *)
BEGIN                                 (* KOPIEREN EINER TEXT-DATEI *)
  WHILE NOT EOF DO
    BEGIN                             (* KOPIEREN EINER ZEILE *)
      WHILE NOT EOLN DO
        BEGIN                         (* KOPIEREN EINES ZEICHENS *)
          WRITE (INPUT');
          GET    (INPUT)
        END;                          (* KOPIEREN EINES ZEICHENS *)
      READLN;
      WRITELN
    END                               (* KOPIEREN EINER ZEILE *)
END.                                  (* KOPIEREN EINER TEXT-DATEI *)
```

6.2.3.3 Laufanweisungen

Laufanweisungen sind im Gegensatz zu REPEAT- und WHILE-Anweisungen Wiederholungsanweisungen, bei denen die Zahl der Wiederholungen nicht durch die zu wiederholende(n) Anweisung(en) bestimmt wird, sondern vor Beginn des ersten Schleifendurchlaufs feststeht - wenn man einmal von dem Fall absieht, dass eine in der zu wiederholenden Anweisung vorhandene zur Ausfuehrung gelangende Sprunganweisung aus der Schleife herausfuehren kann.

Die Syntax von Laufanweisungen ist gegeben durch

S96 Laufanweisung (for statement)

```
            =====     +-----------------------------------+
  --->I FOR I--->I Gesamtvariable vom 'e<>r' Typ I--+
            =====     +-----------------------------------+  I
          +--------------------------------------------------+
          I      ====      +----------------+
          +--->I := I--->I 'e<>r' Ausdruck I---+
                 ====      +----------------+   I
          +--------------------------------------------------+
          I                                      ====
          +--------------------------------->I TO I---+
          I                                      ====    I
          I                                              I
          I                                   ========    I
          +--------------------------------->I DOWNTO I-->I
                                              ========    I
          +--------------------------------------------------+
          I                    +----------------+
          +--------------->I 'e<>r' Ausdruck I---+
                               +----------------+  I
      +--------------------------------------------------+
      I    ====     +-----------+
      +--->I DO I--->I Anweisung I------------------------------>
           ====     +-----------+
```

Laufanweisungen beginnen danach mit dem Wortsymbol FOR, auf das eine Wertzuweisung anzugeben ist. In dieser muss links vom Symbol := eine gemaess S55 zu gestaltende Gesamtvariable - keine Komponenten- oder referenzierte Variable - eines 'e<>r' Typs - die sogenannte Laufvariable (control variable) - aufgefuehrt werden und rechts vom Symbol := ein nach S65, S69, S75 oder S76 zu bildender Ausdruck eines zum 'e<>r' Typ der Laufvariablen (gemaess R3.5-2) kompatiblen Typs. Auf die Wertzuweisung ist das Wortsymbol TO oder das Wortsymbol DOWNTO anzugeben, auf das ein nach S65, S69, S75 oder S76 zu bildender Ausdruck ebenfalls eines zum 'e<>r' Typ der Laufvariablen kompatiblen Typs folgen muss. Danach muss das Wortsymbol DO mit einer gemaess S7 zu bildenden Anweisung folgen.

Die Semantik einer Laufanweisung ist: Zunaechst erfolgt die Auswertung des 'e<>r' Ausdruckes rechts vom Symbol :=. Sie liefert

den sogenannten Anfangswert (initial value). Danach wird der
'e<>r' Ausdruck vor dem Wortsymbol DO ausgewertet. Sein Wert wird
als sogenannter Endwert (final value) bezeichnet. Ist nun im Fall,
dass das Wortsymbol TO (DOWNTO) angegeben wurde, der Anfangswert
kleiner (groesser) oder gleich, so wird der Anfangswert der Laufvariablen zugewiesen und die Anweisung hinter dem Wortsymbol DO
ausgefuehrt. Danach wird der Wert der Laufvariablen mit dem Endwert auf ungleich verglichen. Ist der Wert des Vergleichs TRUE,
so wird der Nachfolger (Vorgaenger) der Laufvariablen bestimmt,
dieser zugewiesen und die Anweisung hinter dem Wortsymbol DO erneut ausgefuehrt. Diese Vorgehensweise wird wiederholt, bis der
Vergleich den Wert FALSE liefert. Im Fall, dass der Anfangswert
groesser (kleiner) als der Endwert ist, wird die Anweisung hinter
dem Wortsymbol DO keinmal ausgefuehrt. Als Aequivalent der Laufanweisung

```
        FOR Laufvariable := Anfangswertausdruck
                        TO Endwertausdruck DO Anweisung
```

ist (bis auf die gleich aufgefuehrten Regeln R6.2.3.3-1 und
R6.2.3.3-2) die zusammengesetzte Anweisung

```
        BEGIN
          A := Anfangswertausdruck;
          E := Endwertausdruck;
          IF A <= E THEN
            BEGIN
              Laufvariable := A;
              Anweisung;
              WHILE Laufvariable <> E DO
                BEGIN
                  Laufvariable := SUCC (Laufvariable);
                  Anweisung
                END
            END
        END
```

zu sehen bzw. als Aequivalent der Laufanweisung

```
        FOR Laufvariable := Anfangswertausdruck
                        DOWNTO Endwertausdruck DO Anweisung
```

die zusammengesetzte Anweisung

```
        BEGIN
          A := Anfangswertausdruck;
          E := Endwertausdruck;
          IF A >= E THEN
            BEGIN
              Laufvariable := A;
              Anweisung
              WHILE Laufvariable <> E DO
                BEGIN
                  Laufvariable := PRED (Laufvariable);
                  Anweisung
                END
            END
        END                                              .
```

Dabei sollen A und E zu keinem anderen Zweck im Programm benutzte
Hilfsvariablen des Typs der Laufvariablen sein, wenn dieser kein
Teilbereichs-Typ ist, oder des Typs sein, von dem ausgehend der
Teilbereichs-Typ der Laufvariablen gebildet wurde.

Wichtig ist, festzuhalten, dass die Berechnung des Endwertes nur
einmal erfolgt. Die Abbruchbedingung - der 'e<>r' Ausdruck vor
dem Wortsymbol DO - wird also im Gegensatz zu REPEAT- und WHILE-
Anweisungen nur einmal ermittelt, und es braucht daher auch nicht
in der Anweisung hinter dem Wortsymbol DO dafuer gesorgt zu werden, dass keine Endlosschleife ensteht. Die Zahl der Wiederholungen einer Laufanweisung ist (hoechstens)

$$ABS \ (ORD \ (Endwert) \ - \ ORD \ (Anfangswert)) \ + \ 1 \qquad .$$

Eine Laufanweisung soll nach [080] auf Fehler fuehren, wenn die
Berechnung des Endwertes zu einem Wert fuehrt, der nicht wertzuweisungskompatibel zum Wertebereich des Typs der Laufvariablen
ist und zwar nach Zuweisung des Anfangswertes an die Laufvariable
und nicht erst nach 'einigen' Schleifendurchlaeufen (die Typen
der Variablen A und E in den als Aequivalent von Laufanweisungen
aufgefuehrten zusammengesetzten Anweisungen sind keine Teilbereichs-Typen!).

Zu beachten sind weiter:

Regel R6.2.3.3-1: Nach Ausfuehrung einer Laufanweisung ist der
                   Wert der Laufvariablen undefiniert. Fuehrt je-
                   doch eine Sprunganweisung aus der Laufanweisung,
                   so besitzt die Laufvariable den Wert, den sie
                   zum Zeitpunkt der Ausfuehrung der Sprunganwei-
                   sung hat.

Regel R6.2.3.3-2: Zuweisungsreferenzen an die Laufvariable von
                   Laufanweisungen duerfen in der Anweisung hinter
                   dem Wortsymbol DO nicht erfolgen. Dabei ist als
                   Zuweisungsreferenz an eine Variable das Zutref-
                   fen einer der folgenden fuenf Aussagen zu sehen:
                   . Die Variable ist links vom Symbol := in einer
                     Wertzuweisung aufgefuehrt.
                   . Die Variable ist als aktueller Variablenpa-
                     rameter (s. Abschn. 7.1.3.2) in einer Pro-
                     zeduranweisung oder einem Funktionsaufruf
                     genannt, in deren Block vorstehende Aussage
                     zutreffen koennte.
                   . Die Variable ist als aktueller Parameter in
                     einer Prozeduranweisung genannt, die als
                     Aufruf der Prozedur mit dem Standardnamen
                     READ oder READLN anzusehen ist.
                   . Die Variable ist Laufvariable einer Laufan-
                     weisung.
                   . Ein Name einer Prozedur (Funktion) in einer
                     Prozeduranweisung oder einem Funktionsaufruf
                     bezieht sich auf eine Prozedurdeklaration
                     (Funktionsdeklaration), die Zuweisungsrefe-
                     renzen an die Variable enthaelt.

Diese Regeln sind nicht zuletzt aus Effizienzgruenden in PASCAL
aufgenommen worden. Insbesondere wird dadurch die lineare Adress-

fortschaltung zur Errechnung von Adressen von ggf. vorkommenden
Feld-Komponenten-Variablen uneingeschraenkt moeglich. Wir koennen
hier nicht auf diese i.a. bei Laufanweisungen und nicht bei den
dadurch u.U. weniger effizienten REPEAT- und WHILE-Anweisungen
verwendbare Technik eingehen und verweisen auf die Literatur
[022]. Um Fehler zu vermeiden, muessen vorstehende Regeln beachtet werden. Denn es gibt Implementationen, die die Regeln nutzen,
aber nicht ueberpruefen.

Obwohl eine Laufvariable wie jede andere Variable deklariert werden muss, sollte sie nicht zu anderen Zwecken benutzt werden. Das
legen die Regeln R6.2.3.3-1 und R6.2.3.3-2 und die aus ihnen gezo-
genen Folgerungen nahe. [080] verlangt deshalb auch:

Regel R6.2.3.3-3: Die Laufvariable muss in dem Vereinbarungsteil
                  des Blockes deklariert sein, in dessen Anwei-
                  sungsteil sie in einer Laufanweisung benutzt
                  wird.

Beispiele von Laufanweisungen finden sich in den Beispielprogrammen B3.1.3-2, B3.1.5-1, B4.2.2.1-1, B4.2.3-1 u.a. sowie im folgenden Beispielprogramm.

```
(* BEISPIEL B6.2.3.3-1:  BERECHNUNG VON MITTELWERT UND STAN-
                         DARDABWEICHUNG.
                         DAS PROGRAMM SETZT AUF DER ERSTEN ZU
                         LESENDEN EINGABEZEILE DIE ANZAHL N DER
                         WERTE, VON DENEN DER MITTELWERT UND DIE
                         STANDARDABWEICHUNG BERECHNET WERDEN
                         SOLLEN, IN FORM EINER (POSITIVEN) GANZEN
                         KONSTANTEN VORAUS. AUF WEITEREN EINGABE-
                         ZEILEN WERDEN DIE N WERTE IN FORM VON
                         REELLEN KONSTANTEN ERWARTET. ES WIRD
                         NICHT GEPRUEFT, OB GENAU N WERTE VOR-
                         LIEGEN. *)
PROGRAM    MISTABER (INPUT,
                     OUTPUT);
CONST      MAXWPZ2 = 2;               (* MAX.ANZAHL WERTE PRO
                                         ZEILE - 1 *)
           MAXWPZ1 = 1;               (* MAXWPZ2 - 1 *)
TYPE       NTYP    = 1 .. MAXINT;     (* N-TYP *)
VAR        N       : NTYP;            (* ANZAHL WERTE *)
           W       ,                  (* WERT *)
           SUM     ,                  (* SUMME DER WERTE *)
           QSUM    : REAL;            (* SUMME DER QUADRATE DER
                                         WERTE *)
           WPZ     ,                  (* NOCH MOEGLICHE WERTE IN
                                         ZEILE UND ZUR BERECHNUNG
                                         DER STELLENZAHL VON N
                                         BENUTZT *)
           SZN     : 0 .. MAXINT;     (* STELLENZAHL VON N *)
           I       : NTYP;            (* LAUFVARIABLE *)
```

```
BEGIN                                   (* MISTABER *)
  READLN (N);

                                        (* BERECHNUNG DER STELLENZAHL
                                           VON N FUER DIE AUSGABE *)

  SZN  := 1;
  WPZ  := 10;
  WHILE N < WPZ DO
    BEGIN
      SZN := SZN + 1;
      WPZ := WPZ * 10
    END;
  WRITELN (# FUER DIE #, N : SZN, # WERTE#);
  WPZ := MAXWPZ1;
  WRITELN;
  READ   (SUM);
  QSUM := SUM * SUM;
  WRITE (SUM);
  FOR I := 1 TO N - 1 DO
    BEGIN                               (* BERECHNUNG VON SUMME UND
                                           QUADRATSUMME *)

      READ (W);
      IF WPZ = 0 THEN
        BEGIN
          WRITELN (W);
          WPZ := MAXWPZ2
        END
      ELSE
        BEGIN
          WPZ := WPZ - 1;
          WRITE (W)
        END;
      SUM  := SUM + W;
      QSUM := QSUM + W * W
    END;                                (* BERECHNUNG VON SUMME UND
                                           QUADRATSUMME *)

  IF WPZ <> MAXWPZ2 THEN
    WRITELN;
  WRITELN;
  WRITELN (# IST DER MITTELWERT:        #, SUM / N);
  WRITELN (# UND DIE STANDARDABWEICHUNG:#,
           SQRT ((N * QSUM - SUM * SUM) / (N * (N - 1))))
END.                                    (* MISTABER *)

FUER DIE 11 WERTE

 7.3000000000000E+000    6.4000000000000E+000    5.8000000000000E+000
 9.3334000000000E+000    1.2500000000000E-001   -1.3000000000000E-004
 4.7860000000000E+000    3.1400000000000E+000    1.0160000000000E+001
 1.1100000000000E+001    8.3450000000000E+000

IST DER MITTELWERT:        6.0444790909091E+000
UND DIE STANDARDABWEICHUNG: 3.7678242964885E+000

(die Genauigkeit der Eingabewerte nicht beruecksichtigend).
```

6.2.4 Qualifizierungsanweisungen

Durch die bisher besprochenen strukturierten Anweisungen konnte
der Programmierer im wesentlichen erreichen, dass die Ausfuehrung
von Programmteilen bedingt bzw. in bestimmter Weise wiederholt
erfolgt. Sie sind also ausfuehrungssteuernd. Qualifizierungsanweisungen sind dies - jedenfalls aus der Sicht des Programmierers
- nicht. Vielmehr wird durch die Verfuegbarkeit von Qualifizierungsanweisungen dem Programmierer lediglich ein Mittel an die
Hand gegeben, mit dem er Programmteile, in denen 'haeufig' Satz-
Komponenten-Variablenbezugsangaben vorkommen, unter verringertem
Schreibaufwand gestalten kann. Unsichtbar fuer den PASCAL-Programmierer geben daneben Qualifizierungsanweisungen einer PASCAL-
Implementation die Moeglichkeit, die aus diesen kompilierten Maschinenprogrammteile ablaufzeit- und/oder speicherbedarfsmaessig
zu optimieren: Die Adressberechnungen lassen sich ggf. vereinfa-
chen. Diese Moeglichkeit bringt einerseits Einschraenkungen bei
der Benutzung von Qualifizierungsanweisungen mit sich, auf die
wir noch zu sprechen kommen werden. Andererseits legt sie die Benutzung von Qualifizierungsanweisungen auch dann nahe, wenn die
Verringerung des Schreibaufwandes nicht 'erheblich' scheint.

Die Syntax ist gegeben durch

S97 Qualifizierungsanweisung (with statement)

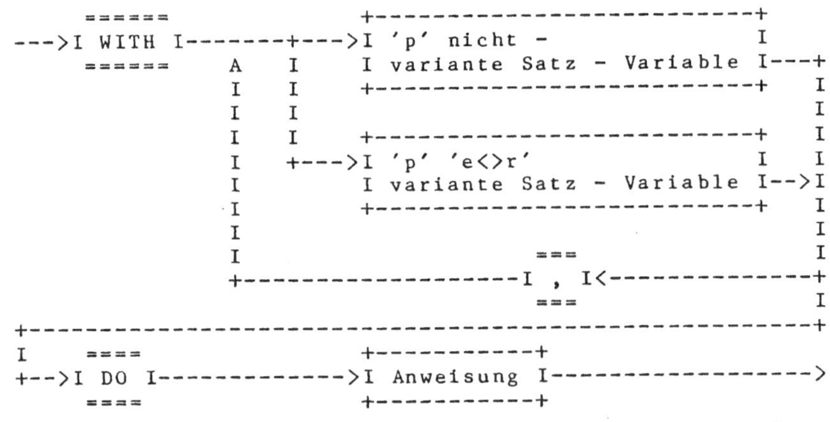

Qualifizierungsanweisungen beginnen danach mit dem Wortsymbol
WITH, auf das eine Liste von ggf. durch Kommata zu trennenden aus
S54 abzuleitenden 'p' nicht- und/oder 'e<>r' varianten Satz-Variablen anzugeben ist. Darauf muss das Wortsymbol DO und eine gemaess S7 zu gestaltende Anweisung folgen.

Innerhalb einer Qualifizierungsanweisung duerfen nun Satz-Kompo-
nenten-Variablenbezugsangaben statt in der Form 'p' nicht- oder
'e<>r' variante Satz-Variable . Name f.'t' Satzkomponente bzw.

'p' 'e<>r' variante Satz-Variable . Name f.'e<>r' Auswahlkomponente in der weniger schreibaufwendigen bereits in S60 aufgefuehrten und in Abschn. 4.2.2.2 erwaehnten Form

   Name f.'t' Satzkomponente
bzw.
   Name f.'e<>r' Auswahlkomponente

erfolgen und zwar schon in der Liste der 'p' nicht- und/oder
'e<>r' varianten Satz-Variablen zwischen den Wortsymbolen WITH
und DO - allerdings erst n a c h Nennung der entsprechenden 'p'
nicht- oder 'e<>r' Satz-Variablen, so dass als Aequivalent der
Qualifizierungsanweisung

  WITH 'p' nicht-(oder 'e<>r')variante Satz-Variable DO
   BEGIN   (* ggf. *)
    . . .
    Name f.'t' Satzkomponente
    . . .
    (oder Name f.'e<>r' Auswahlkomponente)
    . . .
   END   (* ggf. *)

die Anweisung

   BEGIN   (* ggf. *)
    . . .
    'p' nicht-(oder 'e<>r') variante Satz-Variable .
      Name f.'t' Satzkomponente
    . . .
    (oder 'p' 'e<>r' variante Satz-Variable .
      Name f.'e<>r' Auswahlkomponente)
    . . .
   END   (* ggf. *)

und als Aequivalent der Qualifizierungsanweisung

  WITH 'p' nicht- oder 'e<>r' variante Satz-Variable,
   'p' nicht- oder 'e<>r' variante Satz-Variable,
   . . .
   'p' nicht- oder 'e<>r' variante Satz-Variable DO
  Anweisung

die Qualifizierungsanweisung

  WITH 'p' nicht- oder 'e<>r' variante Satz-Variable DO
   WITH 'p' nicht- oder 'e<>r' variante Satz-Variable DO
   . . .
    WITH 'p' nicht- oder 'e<>r' variante Satz-Variable DO
    Anweisung

aufzufassen ist. Dabei gilt:

Regel R6.2.4-1: Vergleichbar der Behandlung gleicher Namen in un-
      tergeordneten Bloecken werden gleiche Namen f.'t'
      Satzkomponenten und/oder 'e<>r' Auswahlkomponen-
      ten in 'p' nicht- und/oder 'e<>r' varianten Satz-
      Typ-Angaben fuer Variablen behandelt, die in einer

Liste zwischen den Wortsymbolen WITH und DO einer
Qualifizierungsanweisung aufgefuehrt oder Listen-
elemente von Qualifizierungsanweisungen sind, die
Bestandteile der Anweisung hinter dem Wortsymbol
DO sind: Eine Satz-Komponenten-Variablenbezugsan-
gabe ohne vorangestellte Satz-Variablenbezugsan-
gabe mit nachfolgendem Punkt ist als diejenige anzusehen, fuer die - textuell gesehen - die Satz-
Variablenbezugsangabe in einer Qualifizierungsanweisung als letzte aufgefuehrt wurde.

Generell gilt noch:

Regel R6.2.4-2: Die Variablenbezugsangaben in der Liste der 'p'
nicht- oder 'e<>r' varianten Satz-Variablen zwischen den Wortsymbolen WITH und DO einer Qualifizierungsanweisung werden nur einmal v o r Ausfuehrung der Anweisung hinter dem Wortsymbol DO
zur Ausfuehrung herangezogen.

Diese Regel hat u.a. mit zu den Regeln R4.2.2.1-1, R4.2.2.2-1,
R4.2.2.3-1 und R4.2.3-1 gefuehrt.

Qualifizierungsanweisungen kommen in den bisherigen Beispielprogrammen nicht vor - zahlreich jedoch in B9-1. Im Beispielprogramm
B4.2.2.2-1 (KOMPLEXE ARITHMETIK) haette von ihnen Gebrauch gemacht
werden koennen. Beispielsweise haetten statt der zusammengesetzten
Anweisung

```
      BEGIN
        ERG.RT := OP [1].RT * OP [2].RT - OP [1].IT * OP [2].IT;
        ERG.IT := OP [1].RT * OP [2].IT + OP [1].IT * OP [2].RT
      END
```

die Qualifizierungsanweisungen

```
      WITH OP [1] DO
        BEGIN
          ERG.RT := RT * OP [2].RT - IT * OP [2].IT;
          ERG.IT := RT * OP [2].IT + IT * OP [2].RT
        END
```

oder

```
      WITH OP [2] DO
        BEGIN
          ERG.RT := OP [1].RT * RT - OP [1].IT * IT;
          ERG.IT := OP [1].RT * IT + OP [1].IT * RT
        END
```

geschrieben werden koennen oder, wenn vor die die obige zusammengesetzte Anweisung enthaltende Auswahlanweisung

```
      WITH ERG DO
```

gesetzt worden waere, haette die zusammengesetzte Anweisung in
der Form

```
   BEGIN
     RT := OP [1].RT * OP [2].RT - OP [1].IT * OP [2].IT;
     IT := OP [1].RT * OP [2].IT + OP [1].IT * OP [2].RT
   END
```

angegeben werden koennen. Falsch waere es gewesen, statt der obigen zusammengesetzten Anweisung die Qualifizierungsanweisung

```
   WITH OP [1], OP [2] DO
     BEGIN
       ERG.RT := RT * RT - IT * IT;
       ERG.IT := RT * IT + IT * RT
     END
```

zu schreiben. Denn nach Regel R6.2.4-1 wuerde diese als die zusammengesetzte Anweisung

```
   BEGIN
     ERG.RT := OP [2].RT * OP [2].RT - OP [2].IT * OP [2].IT;
     ERG.IT := OP [2].RT * OP [2].IT + OP [2].IT * OP [2].RT
   END
```

aufzufassen sein.

Fuer die folgenden Beispiele setzen wir die auf S. 4.2.3/1 eingefuehrte Variablendeklaration

```
   MOMZEIG : ^FAHRZEUGBRIEF
```

und eine Initialisierung der Variablen MOMZEIG mit einem von NIL
verschiedenen Wert voraus. Die Qualifizierungsanweisung

```
   WITH MOMZEIG', ZLTAG DO
     BEGIN
       TAG   := 5;
       MONAT := 9;
       JAHR  := 1979
     END
```

waere (hinsichtlich des Ausfuehrungsergebnisses) gleichwertig einer der vier Anweisungen:

```
   WITH MOMZEIG' DO
     WITH ZLTAG DO
       BEGIN
         TAG   := 5;
         MONAT := 9;
         JAHR  := 1979
       END                                          ,

   WITH MOMZEIG'.ZLTAG DO
     BEGIN
       TAG   := 5;
       MONAT := 9;
       JAHR  := 1979
     END                                            ,
```

```
WITH MOMZEIG' DO
  BEGIN
    ZLTAG.TAG    := 5;
    ZLTAG.MONAT  := 9;
    ZLTAG.JAHR   := 1979
  END                                              und

BEGIN
  MOMZEIG'.ZLTAG.TAG    := 5;
  MOMZEIG'.ZLTAG.MONAT  := 9;
  MOMZEIG'.ZLTAG.JAHR   := 1979
END                                          .
```

Zur Initialisierung der Variablen MOMZEIG'.FAHRW kann die folgende Qualifizierungsanweisung dienen:

```
WITH MOMZEIG'.FAHRW DO
  BEGIN
    RADZ  := 4;
    ACHSZ := 2;
    AACHS := 1;
    WITH BEREIF, ALTNAT1 DO
      BEGIN
        VORN   := '135SR13  ';
        MITTEN := '         ';
        HINTEN := '135SR13  ';
        ALTNAT := TRUE;
        WITH ALTNAT2 DO
          BEGIN
            VORN   := '145SR13  ';
            MITTEN := '         ';
            HINTEN := '145SR13  '
          END
      END
  END                                    .
```

Man beachte die Ausnutzung der Regel R6.2.4-1.

Ein Beispiel einer gegen die Regel R6.2.4-2 verstossenden Qualifizierungsanweisung ist:

```
WITH MOMZEIG' DO
  WHILE MOMZEIG <> NIL DO
    BEGIN
      WITH ZLTAG DO
        IF ZEIGER <> NIL THEN
          TAG := 1
        ELSE
          TAG := 15;
      MOMZEIG := ZEIGER
    END                                    .
```

Syntaktisch ist diese Anweisung richtig und zulaessig! Wegen der Regel R6.2.4-2 muss sie aber lauten:

```
WHILE MOMZEIG <> NIL DO
   WITH MOMZEIG' DO
      BEGIN
         WITH ZLTAG DO
            IF ZEIGER <> NIL THEN
               TAG := 1
            ELSE
               TAG := 15;
         MOMZEIG := ZEIGER
      END
```

Bleibt noch darauf hinzuweisen, dass in der Liste der 'p' nicht- und/oder 'e<>r' varianten Satz-Variablen zwischen den Wortsymbolen WITH und DO einer Qualifizierungsanweisung ein und dieselbe Satz-Variable mehrmals aufgefuehrt werden darf, was wegen der Regel R6.2.4-1 u.U. sinnvoll sein kann.

7. Unterprogramme

> I became convinced that we should learn to
> master simpler tasks before tackling big ones,
> and that we need to be equipped with much
> better linguistic and mental tools.
>
> N. Wirth: On the design of programming languages

Um Zugang zur Unterprogrammtechnik zu bekommen, betrachten wir
einmal die mathematische Formel

$$r = \frac{[(a + b)\,(c - 2\,d) + 12\,z][(e + f)\,(g - 2\,h) + 12\,z]}{(i + j)\,(k - 2\,l) + 12\,z}\ ,$$

die fuer bestimmte Werte von a, b, c, d, e, f, g, h, i, j, k, l
und z eine Vorschrift zur Berechnung eines Wertes fuer r beinhaltet (i, j, k, l bzw. z moegen immer nur Werte haben, fuer die der
Nenner verschieden von Null ist). Man erkennt leicht, dass in dieser Formel drei gleichgestaltete Teile

$$(u + v)\,(x - 2\,y) + 12\,z$$

vorkommen. Ungeachtet dessen muesste man obige Formel in einem
PASCAL-Programm mit Hilfe der bisher besprochenen Sprachelemente
etwa so schreiben:

```
R := ((A + B) * (C - 2 * D) + 12 * Z)
        * ((E + F) * (G - 2 * H) + 12 * Z)
        / ((I + J) * (K - 2 * L) + 12 * Z)
```

(A, B, C, D, E, F, G, H, I, J, K, L, Z und R seien als Variablen
passend deklariert und - ausser R - initialisiert). Das waere
recht

- programmierzeitaufwendig,
- schreib- und laufzeitfehleranfaellig und wuerde
- fuer gleichgestaltete Rechenvorschriften mehrmals Speicherbedarf fuer die entsprechenden uebersetzten Programmteile bedeuten.

In komplizierteren Faellen kann es sogar sein, dass es praktisch
unmoeglich ist, gleichgestaltete Rechenvorschriften mehrmals in
einem Programm aufzufuehren. Was man also gerne haette, ist eine
Technik, die gestattet, mehrmals benoetigte, gleichgestaltete Rechenvorschriften einmal als sog. Unterprogramme in einem Programm
(oder wieder in einem Unterprogramm) aufzufuehren, wobei in diesen ggf. die Angabe von Objekten - sog. formalen Parametern und/
oder globalen Objekten - moeglich sein muss, die zur Ablaufzeit
in bestimmter Weise aktualisiert bzw. initialisiert sein muessen.
Und weiter muss diese Technik gestatten, bei Bedarf die Unterprogramme zum Ablauf zu bringen - zu aktivieren oder aufzurufen, wobei ggf. eine Aktualisierung der formalen Parameter - Bereitstellung aktueller Parameter - moeglich sein muss. Nach Ablauf eines
Unterprogrammes muss die Fortsetzung der Programmausfuehrung automatisch 'hinter' dem Unterprogrammaufruf erfolgen. Abgesehen

von einem noch zu besprechenden Rahmen bedeutet dies fuer unser
Beispiel, dass einmal zu schreiben ist:

S := (U + V) * (X - 2 * Y) + 12 * Z   ,

wobei U, V, X, Y und - von spaeter dargelegten Moeglichkeiten (s.
Abschn. 7.1.2) einmal abgesehen - auch S als formale Parameter angesehen werden sollen und Z globale Variable sei. Dieses Unterprogramm ist zur Berechnung von R dreimal aufzurufen: Einmal mit
A, B, C, D und R1 als aktuellen Parametern, einmal mit E, F, G, H
und R2 als aktuellen Parametern und schliesslich mit I, J, K, L und
R3 als aktuellen Parametern fuer die formalen Parameter U, V, X, Y
und S in dieser Reihenfolge (die Variablen R1, R2 und R3 sind
passend zu deklarieren). Die Berechnung von R vereinfacht sich
zu:

R := R1 * R2 / R3   .

Die beschriebene Unterprogrammtechnik ist in jeder DVA verfuegbar
und kann in PASCAL genutzt werden, und zwar in zwei Arten von Unterprogrammen - als

. Prozeduren und
. ('e' bzw. 't' gebundene Zeiger-)Funktionen   .

Worin der Unterschied liegt, wird aus den Abschnitten 7.1 und
7.2 hervorgehen. Beide Arten stimmen jedoch insofern ueberein,
als sie

. deklariert werden muessen, d.h., im Prozedur- und Funktionsdeklarationsteil des Vereinbarungsteils eines Blockes muessen
  Namen nebst Listen von Spezifikationen formaler Parameter deklariert sowie - von Sonderfaellen (vgl. Abschn. 7.1.1 bzw.
  7.1.4) abgesehen - Bloecke aufgefuehrt werden, die den Namen
  zugeordnet sind und deren Anweisungsteile die Rechenvorschriften der Unterprogramme beinhalten; und als sie
. aufgerufen werden, indem der Name eines deklarierten Unterprogrammes nebst einer Liste aktueller Parameter im Anweisungsteil von Bloecken angegeben wird.

Die Unterprogrammtechnik bietet neben den erlaeuterten Vorteilen
noch drei weitere wesentliche Vorteile [029-045]:

. Bei der Loesung von 'umfangreicheren' Aufgaben mittels einer
  DVA ist es i.a. zweckmaessig, diese Aufgaben hierarchisch in
  ueberschaubare, abgegrenzte Teilaufgaben zu zerlegen. Diese
  Gliederung kann mit Hilfe der Unterprogrammtechnik auf Pro-
  grammebene nachgebildet werden, so dass es zu einer problemorientierten, ueberschaubaren, wenig fehleranfaelligen und aen-
  derungsfreundlichen Programmstruktur kommt. Die Loesung der Ge-
  samtaufgabe kann dann in einer Folge von Unterprogrammaufrufen
  realisiert werden. Diese Unterprogramme koennen relativ unabhaengig voneinander und deshalb auch von mehreren Personen programmiert und getestet werden.
. Es gibt Aufgaben - z.B. die Berechnung der Wurzel oder die Loesung von Gleichungssystemen, die immer wieder anfallen. Es waere unoekonomisch, wenn bei jeder Problemstellung, in der solche
  Aufgaben auftreten, diese programmiert wuerden. Durch Unterprogrammtechnik ist es moeglich, sie nur einmal zu programmieren

und per Aufruf wiederholt in verschiedenen Programmen zu verwenden. Das fuehrt zur Bereitstellung von - schon uebersetzten - Standardprozeduren und Standardfunktionen (s. Abschn. 7.2.5 und 7.2.6) und kann zum Aufbau von sogenannten Unterprogrammbibliotheken fuehren (mittels PASCAL i.a. nur auf Quelltextebene wegen der Notwendigkeit der Deklaration von Unterprogrammen, wenn man einmal davon absieht, dass manche Implementationen die Moeglichkeit der 'Einrichtung' von schon uebersetzten Unterprogrammen - sogenannten Code-Prozeduren und -Funktionen - vorsehen).
. Ausserdem sollte man sich an die Ausfuehrungen in Abschn. 4.4 erinnern, nach denen der Zentralspeicher fuer in einem Unterprogramm deklarierte Variablen (und ebenso der von aktuellen Wertparametern (s. Abschn. 7.2.3.1)) nur waehrend der Ausfuehrung des Blockes des Unterprogrammes benoetigt wird. Damit kann die Unterprogrammtechnik auch zu einer Zentralspeicherbedarfsreduktion benutzt werden.

Man darf bei den vielen Vorteilen, die die Unterprogrammtechnik bietet, nicht uebersehen, dass ihre Nutzung ausfuehrungszeitaufwendig sein kann. Denn Bereitstellung der aktuellen Parameter, Aufruf und Rueckkehr zur Anweisung hinter dem Aufruf kosten Ausfuehrungszeit. In manchen - sehr extremen - Situationen kann diese so erheblich werden, dass man - wenn moeglich - von der Unterprogrammtechnik absehen muss. Wird beispielsweise ein (Nichtstandard-)Unterprogramm nur an einer oder 'wenigen' weiteren Stellen eines Programmes aufgerufen und liegen diese in Schleifen, die extrem haeufig durchlaufen werden, so kann der Rechenzeitbedarf erheblich reduziert werden, wenn statt des Aufrufs die Anweisungsfolge des Unterprogrammes in die Schleifen eingefuegt wird. Von dieser Vorgehensweise sollte aber wirklich nur in Extremfaellen Gebrauch gemacht werden. Vorrang sollte eine durchsichtige Programmstruktur haben.

Der Anfaenger sei noch darauf hingewiesen, dass er beim erstmaligen Lesen dieses Kapitels die Abschnitte 7.1.4 (Direktiven) und 7.2.4 (rekursive Unterprogramme) uebergehen kann.

7.1 Prozedur- und Funktionsdeklarationsteil

Vom vorhergehenden Abschnitt wissen wir, dass Prozeduren und Funktionen deklariert werden muessen und zwar im Prozedur- und Funktionsdeklarationsteil des Vereinbarungsteils eines Blockes.

Ein Prozedur- und Funktionsdeklarationsteil ist nach S5 der letzte moegliche Teil des Vereinbarungsteils eines Blockes. Syntaktisch baut er sich aus einer Folge von ggf. durch Semikolons zu
trennenden Prozedurdeklarationen und/oder 'e' bzw. 't' gebundenen
Zeiger-Funktionsdeklarationen auf:

S98 Prozedur- u.Funktionsdeklarationsteil (procedure
                                 and function declaration part)

```
                   +-----------------------+
-------+--->I Prozedurdeklaration I------------+
    A  I    +-----------------------+          I
    I  I                                       I
    I  I       +---------------------------+   I
    I  +--->I 'e' Funktionsdeklaration I------->I
    I  I       +---------------------------+    I
    I  I                                        I
    I  I       +-------------------------------+ I
    I  +--->I 't' gebundene                  I V
    I          I Zeiger - Funktionsdeklaration I-------+--->
    I          +-------------------------------+      I
    I  ===                                            I
    +-I ; I<---------------------------------------------+
       ===
```

Man kann aus dem vorstehenden Syntax-Diagramm schliessen, dass
Prozeduren kein Typ zugeordnet ist, waehrend Funktionen vom 'e'
Typ oder 't' gebundenen Zeiger-Typ sind. Wenn man sich daran erinnert, dass Funktionsaufrufe in Ausdruecken vorkommen duerfen,
ist dies nicht verwunderlich.

7.1.1 Prozedurdeklarationen

Nach Abschn. 7 dient eine Prozedurdeklaration i.a. dazu, einen
Block als Prozedur zu erklaeren, indem fuer diesen ein Name vereinbart und ggf. festgelegt wird, welche formalen Parameter die
Prozedur haben soll. Es gibt drei Formen von Prozedurdeklarationen:

S99 Prozedurdeklaration (procedure declaration)

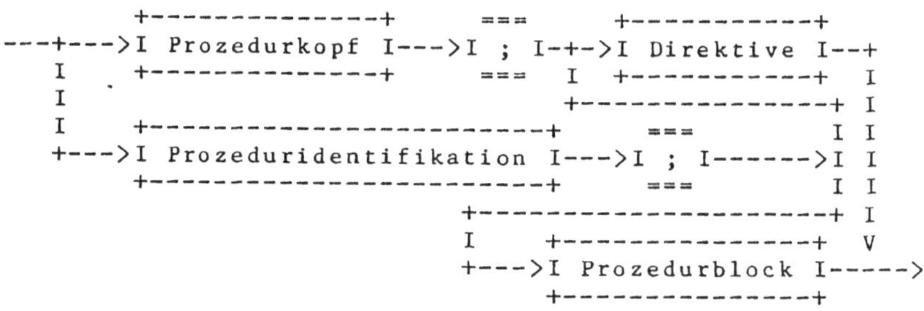

```
              +---------------+     ===     +-----------+
   ---+--->I Prozedurkopf I--->I ; I-+->I Direktive I--+
      I      +---------------+     ===  I  +-----------+  I
      I                                    +-------------+  I
      I      +-----------------------+        ===        I I
      +--->I Prozeduridentifikation I--->I ; I------>I I
             +-----------------------+     ===         I I
                                 +--------------------+ I
                                 I   +--------------+  V
                                 +--->I Prozedurblock I----->
                                      +--------------+
```

Von diesen drei Formen besprechen wir hier zunaechst einmal nur
die wohl gebraeuchlichste Form, die aus Prozedurkopf gefolgt von
Semikolon und Prozedurblock besteht. Die uebrigen zwei recht
speziellen Formen werden wir in Abschn. 7.1.4 ueber Direktiven
besprechen.

Ein Prozedurkopf ist gemaess dem Syntax-Diagramm

S100 Prozedurkopf (procedure heading)
     Prozedurparameterspezifikation (procedural parameter
                                     specification)

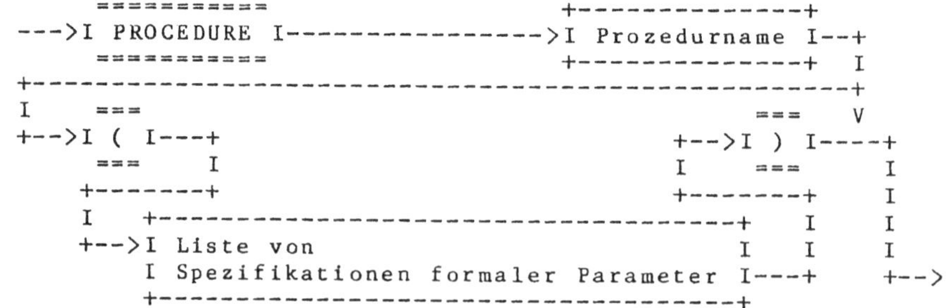

```
         ===========                   +---------------+
   --->I PROCEDURE I---------------->I Prozedurname I--+
         ===========                   +---------------+  I
   +-----------------------------------------------------------+
   I   ===                                         ===  V
   +-->I ( I---+                          +-->I ) I----+
        ===    I                          I   ===      I
        +------+                          +------+      I
        I  +-------------------------------+  I      I
   +-->I Liste von                         I  I      I
        I Spezifikationen formaler Parameter I---+   +-->
        +-----------------------------------+
```

zu gestalten. Er beginnt danach mit dem Wortsymbol PROCEDURE, auf
das ein gemaess S15 gebildeter Prozedurname anzugeben ist. Diesem
kann eine in runde Klammern gesetzte Liste von Spezifikationen
formaler Parameter folgen, deren exakte Gestalt wir jedoch erst

in Abschn. 7.1.3 erlaeutern werden. Hier sei nur soviel gesagt, dass sie Konstrukte enthaelt, die Namen fuer Parameter nebst ggf. Typ festlegen und erklaeren, um welche Parameterart es sich handeln soll.

Ein Prozedurblock ist syntaktisch als Block anzusehen, weshalb wir bisher auch immer nur von Block statt Prozedurblock sprachen, und daher wurde die syntaktische Variable "Prozedurblock" auch als Bezeichnung im Syntax-Diagramm S4 aufgefuehrt. Darueber hinaus duerfen aber die Namen von Parametern - abgesehen von Namen formaler Parameter in formalen Prozedur- und Funktionsparameterspezifikationen (s. Abschn. 7.1.3.3 und 7.1.3.4) in einem Prozedurblock (und nur in einem solchen) - geeignet - in

. Variablenbezugsangaben,
. Prozeduranweisungen als Prozedurname,
. Funktionsaufrufen als Namen f.'e' bzw. 't' gebundene Zeiger-Funktionen und als
. aktuelle Parameter

verwandt werden. Womit auch schon einmal gesagt sei, dass es

. (per Wert oder Referenz zu aktualisierende (s. Abschn. 7.1.3.1 und 7.1.3.2)) Variablen-,
. Prozedur- und
. 'e' bzw. 't' gebundene Zeiger-Funktions-Parameter gibt.

Fuer das in Abschn. 7 gegebene Beispiel eines Unterprogrammes koennte eine Prozedurdeklaration wie folgt aussehen:

```
PROCEDURE FORMEL (VAR U, V, X, Y, S : REAL);
    BEGIN
        S := (U + V) * (X - 2 * Y) + 12 * Z
    END                                          .
```

FORMEL ist als Prozedurname gewaehlt. U, V, X, Y und S sind (per Referenz zu aktualisierende) formale Variablenparameter vom Typ REAL. Der Prozedurblock hat keinen Vereinbarungsteil, sondern nur einen Anweisungsteil, der eine Wertzuweisung enthaelt. In dieser Wertzuweisung werden alle formalen Parameter wie Variablen benutzt. Die Variable Z sei eine bezueglich des Prozedurblocks globale Variable, die in einem vorherigen Variablendeklarationsteil deklariert sei.

Ein weiteres Beispiel einer Prozedurdeklaration findet sich u.a. im Beispielprogramm B4.3-1.

Die Angabe des Prozedurnamens in einem Prozedurkopf einer Prozedurdeklaration bedeutet Deklaration des Namens. Es ist die Regel R2.2.3-2 ueber Eindeutigkeit von Namen zu beachten und weiter die Regel R2.2.3-1, nach der der Benutzung eines Namens seine Definition oder Deklaration vorausgehen muss. Letzteres bedeutet, dass ein durch eine Prozedurdeklaration deklarierter Prozedurname in dem Block benutzt werden kann, in dem die Prozedurdeklaration im Vereinbarungsteil enthalten ist - also sowohl im restlichen Vereinbarungsteil - im Prozedurblock der Prozedurdeklaration, was auf einen rekursiven Aufruf hinausliefe (s. Abschn. 7.2.4) oder

in weiteren Prozedur- oder Funktionsdeklarationen - als auch im
Anweisungsteil. Der Gueltigkeitsbereich ist der Block, in dem die
Prozedurdeklaration enthalten ist. Der Prozedurname hat lokale
Gueltigkeit zu diesem Block und globale Gueltigkeit zu dem Pro-
zedurblock.

Zur Erlaeuterung des Gesagten moege das folgende Programmfragment
dienen, in dem unmittelbar verstaendliche Pseudo-Konstrukte aufgefuehrt sind:

```
          PROGRAM P0 ... ;
          ...
          PROCEDURE P1 ... ;
          ...        (* HIER KANN P1 BENUTZT WERDEN, ABER NICHT
                        P2, P3 UND P4 *)
            PROCEDURE P2 ... ;
            ...      (* HIER KOENNEN P1 UND P2 BENUTZT WERDEN,
                        ABER NICHT P3 UND P4 *)
              BEGIN
              ...    (* HIER KOENNEN P1 UND P2 BENUTZT WERDEN,
                        ABER NICHT P3 UND P4 *)
              END;
          BEGIN
          ...        (* HIER KOENNEN P1 UND P2 BENUTZT WERDEN,
                        ABER NICHT P3 UND P4 *)
          END;
          PROCEDURE P3 ... ;
          ...        (* HIER KOENNEN P1 UND P3 BENUTZT WERDEN,
                        ABER NICHT P2 UND P4 *)
            PROCEDURE P4 ... ;
                       (* HIER KOENNEN P1, P3 UND P4 BENUTZT WERDEN,
                        ABER NICHT P2 *)
              BEGIN
              ...    (* HIER KOENNEN P1, P3 UND P4 BENUTZT WERDEN,
                        ABER NICHT P2 *)
              END;
          BEGIN
          ...        (* HIER KOENNEN P1, P3 UND P4 BENUTZT WERDEN,
                        ABER NICHT P2 *)
          END;
          BEGIN
          ...        (* HIER KOENNEN P1 UND P3 BENUTZT WERDEN,
                        ABER NICHT P2 UND P4 *)
          END.
```

Die Prozeduren P1 und P3 haben lokale Gueltigkeit im Block des
Programmes P0. P1 hat globale Gueltigkeit in den Prozedurbloecken
P1, P2, P3 und P4 usw.

7.1.2 Funktionsdeklarationen

Analog einer Prozedurdeklaration dient eine Funktionsdeklaration
i.a. dazu, einen Block als Funktion zu erklaeren, indem fuer
diesen ein Name vereinbart und ggf. festgelegt wird, welche formalen Parameter die Funktion haben soll. Im Unterschied zu einem
Prozedurnamen ist jedoch der Name einer Funktion - aehnlich dem
Namen einer Variablen - Traeger eines Wertes aus dem Wertebereich
eines 'e' oder 't' gebundenen Zeiger-Typs. D.b., dass eine Funktionsdeklaration gegenueber einer Prozedurdeklaration eine Typ-Angabe fuer den Namen einer Funktion enthalten muss und dass in dem
Block dieser Funktion dafuer Sorge zu tragen ist, dass nach Ausfuehrung bzw. Verlassen dieses Blockes der Name einen Wert entsprechenden Typs traegt. Der Aufruf einer Funktion kann daher
ausschliesslich in Ausdruecken erfolgen im Gegensatz zu Aufrufen
von Prozeduren, die ausschliesslich als Anweisungen erfolgen
koennen. Damit wird auch klar, dass - wie mehrfach in Kap. 3 ueber Datentypen gesagt - Funktionen als Operationen aufgefasst
werden koennen: Sie operieren ueber den Wertebereichen der Typen
der formalen Parameter - wenn gegeben - und liefern genau ein Ergebnis eines 'e' oder 't' gebundenen Zeiger-Typs.

Es gibt pro 'e' oder 't' gebundenen Zeiger-Typ drei Formen von
Funktionsdeklarationen:

S101 'e' Funktionsdeklaration ('e' function declaration)

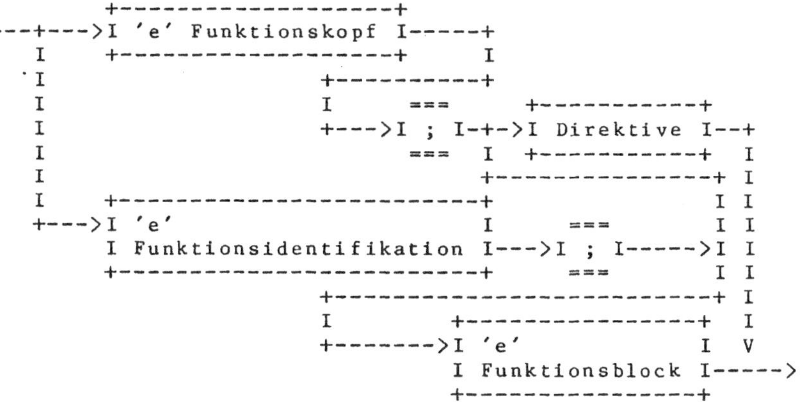

S102 't' gebundene Zeiger - Funktionsdeklaration ('t' bounded
                                pointer function declaration)

```
            +-------------------------+
   ---+--->I 't' gebundener          I
      I     I Zeiger - Funktionskopf I---+
      I     +-------------------------+   I
      I                   +------------+
      I                   I    ===     +-----------+
      I                   +--->I ; I-+->I Direktive I--+
      I                        ===  I  +-----------+   I
      I                             +---------------+   I
      I     +-------------------------+           I I
      +--->I 't' gebundene Zeiger -   I    ===    I I
            I Funktionsidentifikation I--->I ; I----->I I
            +-------------------------+    ===      I I
                      +----------------------------+ I
                  I   +----------------------------+ I
                  +--->I 't' gebundener          I V
                       I Zeiger - Funktionsblock I----->
                       +-------------------------+
                                                       .
```

Von diesen Formen besprechen wir hier zunaechst wieder nur die
gebraeuchlichste Form, die aus 'e' bzw. 't' gebundenem Zeiger-
Funktionskopf - gefolgt von Semikolon und 'e' bzw. 't' gebundenem
Zeiger-Funktionsblock - besteht. Die uebrigen recht speziellen Formen werden wir in Abschn. 7.1.4 ueber Direktiven besprechen. Ein
'e' bzw. 't' gebundener Zeiger-Funktionskopf ist gemaess den Syntax-Diagrammen

S103 'e' Funktionskopf ('e' function head)
     'e' Funktionsparameterspezifikation ('e' functional
                                parameter specification)

```
      =========              +-------------------------+
   --->I FUNCTION I---------->I Name f.'e' Funktion I--+
      =========              +-------------------------+   I
   +-----------------------------------------------------------+
   I    ===                                          ===   V
   +-->I ( I---+                             +-->I ) I----+
       ===   I                             I  ===      I
       +------+                             +------+    I
       I   +-----------------------------------+ I    I
       +-->I Liste von                         I I    I
           + Spezifikationen formaler Parameter I---+    I
           +-----------------------------------+      I
   +-----------------------------------------------------------+
   I    ===                            +-----------------+
   +-->I : I---------------------->I Name f.'e' Typ I----->
       ===                            +-----------------+
```

S104 't' gebundener Zeiger - Funktionskopf ('t' bounded pointer
                                         function head)
     't' gebundene Zeiger - Funktionsparameterspezifikation ('t'
          bounded pointer functional parameter specification)

```
         ==========      +----------------------------------+
   --->I FUNCTION I-->I Name f.'t'                     I
         ==========      I gebundene Zeiger - Funktion I--+
                         +----------------------------------+  I
   +-------------------------------------------------------------+
   I     ===                                      .  ===    V
   +-->I ( I---+                             +-->I ) I----+
        ===    I                             I   ===      I
       +------+                             +------+      I
       I   +----------------------------------------+  I    I
       +-->I Liste von                             I  I    I
           I Spezifikationen formaler Parameter I---+    I
           +----------------------------------------+       I
   +---------------------------------------------------------------+
   I     ===                  +---------------------------+
   +-->I : I------------>I Name f.'t'               I
        ===                  I gebundenen Zeiger - Typ I----->
                             +---------------------------+
```

zu gestalten. Er beginnt danach mit dem Wortsymbol FUNCTION, auf
das ein gemaess S15 zu bildender Name f.(eine) 'e' bzw. 't' gebundene Zeiger-Funktion anzugeben ist. Diesem kann - wie bei einem Prozedurnamen in einer Prozedurdeklaration - eine in runde
Klammern eingeschlossene Liste von Spezifikationen formaler Parameter folgen (s. Abschn. 7.1.3). Abzuschliessen ist ein 'e'
bzw. 't' gebundener Zeiger-Funktionskopf mit einem Doppelpunkt,
auf den ein N a m e f.'e' bzw. 't' gebundenen Zeiger-Typ folgen muss (also keine andere Form einer Typ-Angabe wie z.B. die
Teilbereichs-Typ-Angabe 1 .. 12). Ein 'e' bzw. 't' gebundener Zeiger-Funktionsblock ist syntaktisch als Block anzusehen, weshalb
wir bisher auch immer nur von Block statt 'e' bzw. 't' gebundenem
Zeiger-Funktionsblock sprachen, und daher wurden die syntaktischen Variablen "'e' Funktionsblock" und "'t' gebundener Zeiger-
Funktionsblock" auch als Bezeichnungen im Syntax-Diagramm S4 aufgefuehrt. Darueber hinaus duerfen aber die Namen von Parametern
- abgesehen von Namen formaler Parameter in formalen Prozedur-
und Funktionsparameterspezifikationen - in einem 'e' bzw. 't' gebundenen Zeiger-Funktionsblock - geeignet - in

. Variablenbezugsangaben,
. Prozeduranweisungen als Prozedurname,
. Funktionsaufrufen als Namen f.'e' bzw. 't' gebundene Zeiger-
  Funktionen und als
. aktuelle Parameter verwandt werden.

Und weiter ist zu beachten:

Regel R7.1.2-1: Waehrend der Ausfuehrung eines 'e' bzw. 't' ge-
                bundenen Zeiger-Funktionsblocks muss (mindestens)
                eine 'e' bzw. 't' gebundene Zeiger-Funktions-Wert-
                zuweisung zur Ausfuehrung kommen.

Syntaktisch ist eine 'e' bzw. 't' gebundene Zeiger-Funktions-Wertzuweisung gegeben durch:

S105 'e' Funktions - Wertzuweisung ('e' function assignment)

```
            +---------------------------+      ====
  ---+--->I Name f.'e<>r' Funktion I---->I := I---+
     I     +---------------------------+      ====      I
     I      +-------------------------------------+
     I      I                +----------------+
     I      +------------>I 'e<>r' Ausdruck I-----+
     I                       +----------------+      I
     I                                              I
     I     +---------------------------+      ====      I
     +--->I Name f.reelle Funktion I---->I := I---+ I
           +---------------------------+      ====   I I
            +-----------------------------------------+ I
            I                +----------------+          I
            +------------>I ganzer Ausdruck I---->I
            I                +----------------+          I
            I                                              I
            I               +----------------+          V
            +------------>I reeller Ausdruck I-------->
                           +----------------+
```

S106 't' gebundene Zeiger - Funktions - Wertzuweisung ('t'
                         bounded pointer function assignment)

```
           +-----------------------------+
  --->I Name f.'t'                   I      ====
       I gebundene Zeiger - Funktion I--->I := I---+
       +-----------------------------+      ====      I
        +-------------------------------------------+
        I +---------------------------------+
        +->I 't' gebundener Zeiger - Ausdruck I--->
           +---------------------------------+
                                             .
```

Sie ist danach wie eine der in Abschn. 6.1.1 beschriebenen Zuweisungen des Wertes eines Ausdruckes aufgebaut - nur dass statt einer Variablenbezugsangabe links vom Symbol := der Name f.(eine)
'e' bzw. 't' gebundene Zeiger-Funktion entsprechend dem Typ des
Ausdrucks rechts vom Symbol := anzugeben ist.

Semantisch bedeutet eine 'e' bzw. 't' gebundene Zeiger-Funktions-
Wertzuweisung, die nur in einem Block einer entsprechenden Funktionsdeklaration aufgefuehrt werden kann (ggf. in Bloecken von in
diesem Block deklarierten Prozeduren und/oder Funktionen, was rekursiv zu sehen ist), dass der Name f.(die) 'e' bzw. 't' gebundene Zeiger-Funktion - gesehen als Traeger eines Wertes - einen
Wert aus dem Wertebereich des im Funktionskopf aufgefuehrten 'e'
bzw. 't' gebundenen Zeiger-Typs bekommt, so dass der Auffuehrung
des Namen(s) f.(die) 'e' bzw. 't' gebundene Zeiger-Funktion (mit
ggf. nachfolgender in runde Klammern gesetzter Liste aktueller
Parameter) - ein Aufruf (s. Abschn. 7.2.2) - in einem entsprechenden Ausdruck semantisch einer Variablenbezugsangabe gleichkommt.
Damit duerfte auch klar sein, dass es nach R7.1.2-1 nicht genuegt,
(mindestens) eine Funktions-Wertzuweisung in einem Funktionsblock
einer Funktionsdeklaration nur aufzufuehren, sondern es muss bei
einer Ausfuehrung des Funktionsblockes (mindestens) eine Funk-

tions-Wertzuweisung zur Ausfuehrung gekommen sein. Sonst verhaelt
es sich so wie mit einer nicht-initialisierten Variablen. Kommen
mehrere Funktions-Wertzuweisungen bei der Ausfuehrung eines Funktionsblockes zur Ausfuehrung, so traegt der Name der Funktion
den Wert, den er durch die letzte vor Beendigung der Ausfuehrung
des Funktionsblockes ausgefuehrte Funktions-Wertzuweisung bekommen hat.

Die Ausfuehrungen in Abschn. 6.1.1, S. 6.1.1/2 u.f. ueber den
Wert, den die Auswertung eines Ausdruckes rechts vom Symbol :=
einer Zuweisung des Wertes eines Ausdruckes liefern muss, lassen
sich auf Funktions-Wertzuweisungen woertlich uebertragen, wenn nur
ueberall "('e' bzw. 't' gebundene Zeiger-)Variable" durch "Name
f.('e' bzw. 't' gebundene Zeiger-)Funktion" passend ersetzt und
beachtet wird, dass es keine "'N'-Zeichen- bzw. 'p''b' Mengen-
Funktionen" gibt. Insbesondere gilt also die Regel R3.5-4 im vorbeschriebenen uebertragenen Sinne.

Fuer das in Abschn. 7 gegebene Beispiel eines Unterprogrammes
koennte eine Funktionsdeklaration wie folgt aussehen:

```
FUNCTION S (VAR U, V, X, Y : REAL) : REAL;
   BEGIN
      S := (U+ V) * (X - 2 * Y) + 12 * Z
   END                                             .
```

S wurde als Name f.(die) reelle Funktion gewaehlt - reelle Funktion deshalb, weil als Name f.'e' bzw. 't' gebundenen Zeiger-Typ
im Funktionskopf hinter der in runde Klammern gesetzten Liste von
Spezifikationen formaler Parameter (VAR U, V, X, Y : REAL) und
dem nachfolgenden Doppelpunkt REAL angegeben wurde. Der reelle
Funktionsblock hat keinen Vereinbarungsteil, sondern nur einen
Anweisungsteil, der eine reelle Funktions-Wertzuweisung enthaelt,
die auch zur Ausfuehrung kommt. In dieser werden alle Parameter
wie Variablen benutzt. Die Variable Z sei eine bezueglich des
reellen Funktionsblocks globale Variable, die in einem vorherigen
Variablendeklarationsteil deklariert sei. (Die in Abschn. 7 angegebenen Prozeduranweisungen zur Berechnung von R1, R2 und R3
sowie die angegebene Wertzuweisung R := R1 * R2 / R3 muessten ersetzt werden durch R := S (A, B, C, D) * S (E, F, G, H) /
S (I, J, K, L), vgl. Abschn. 7.2.2.) Gegen die Regel R7.1.2-1
wuerde der statt des in der vorstehenden Funktionsdeklaration
aufgefuehrten reellen Funktionsblockes reelle Funktionsblock

```
      BEGIN
         IF U > 3.14 THEN
            S := (U + V) * (X - 2 * Y) + 12 * Z
         ELSE
            Z := 3.14
      END
```

(ggf.) verstossen, weil im Fall U <= 3.14 keine reelle Funktions-
Wertzuweisung zur Ausfuehrung kommt. Ein weiteres Beispiel einer
Funktionsdeklaration findet sich u.a. im Beispielprogramm
B3.1.3-3.

Die Angabe des Namen(s) f.(eine) 'e' bzw. 't' gebundene Zeiger-
Funktion in einem 'e' bzw. 't' gebundenen Zeiger-Funktionskopf

einer Funktionsdeklaration bedeutet Deklaration des Namens. Es
verhaelt sich genau wie mit der Angabe des Prozedurnamens in einem Prozedurkopf in einer Prozedurdeklaration (s. Abschn. 7.1.1) -
mit einer Ausnahme, dass bei Angabe - also Benutzung - des Na-
men(s) f.(eine) 'e' bzw. 't' gebundene Zeiger-Funktion im Anweisungsteil des zugehoerigen 'e' bzw. 't' gebundenen Zeiger-Funktionsblockes l i n k s vom Symbol := in einer 'e' bzw. 't' gebundenen Zeiger-Funktions-Wertzuweisung kein rekursiver Aufruf der
Funktion zu sehen ist, sondern die oben beschriebene Wirkung,
durch die der Name Traeger eines Wertes wird. Jede sonstige zulaessige Benutzung des Namens im Anweisungteil des Blockes bedeutet jedoch rekursiven Aufruf (s. Abschn. 7.2.4). Denkbar waere,
dass der Name zum Traeger eines Wertes wird, indem er als aktueller Parameter in einer READ-Prozeduranweisung (s. Abschnitte
7.2.5.1 und 8.2) aufgefuehrt wird (was z.B. die Programmiersprache ALGOL 60 [055] zulaesst). PASCAL sieht jedoch auch dies als
rekursiven Aufruf an und verbietet - weil von der Semantik der
READ-Prozeduranweisung her unsinnig - eine solche Benutzung.

7.1.3 Listen von Spezifikationen formaler Parameter

Aus den Darlegungen der vorangegangenen Abschnitte dieses Kapitels
wissen wir, dass Prozeduren und Funktionen Parameter haben koennen.
In einer Prozedur-, 'e' bzw. 't' gebundenen Zeiger-Funktionsdeklaration sind formale Parameter im Prozedur-, 'e' bzw. 't' gebundenen Zeiger-Funktionskopf in einer in runde Klammern eingeschlossenen Liste von Spezifikationen zu benennen - also fuer sie Namen
festzulegen - und zu erklaeren, um welche Parameterart es sich
handeln soll - d.h., sie sind zu spezifizieren. Im Prozedur-, 'e'
bzw. 't' gebundenen Zeiger-Funktionsblock - wenn vorhanden -
koennen sie hernach benutzt werden. In einer Prozeduranweisung
(Prozeduraufruf) oder in einem Aufruf einer 'e' bzw. 't' gebundenen Zeiger-Funktion muessen die formalen Parameter aktualisiert
bzw. aktuelle Parameter bereitgestellt werden.

Die Liste von Spezifikationen formaler Parameter muss syntaktisch
gemaess dem folgenden Syntax-Diagramm gestaltet werden:

S107 Liste von Spezifikationen formaler Parameter (list of
                     specifications of formal parameters)

```
                  +-------------------------------+
--------+--->I Wertparameterspezifikation I---------+
    A   I     +-------------------------------+                I
    I   I                                                      I
    I   I     +---------------------------------------+        I
    I   +--->I Variablenparameterspezifikation I--->I
    I   I     +---------------------------------------+        I
    I   I                                                      I
    I   I     +---------------------------------------+        I
    I   +--->I Prozedurparameterspezifikation I---->I
    I   I     +---------------------------------------+        I
    I   I                                                      I
    I   I     +---------------------------------------+        I
    I   +--->I 'e'                              I        I
    I   I     I Funktionsparameterspezifikation I--->I
    I   I     +---------------------------------------+        I
    I   I                                                      I
    I   I     +---------------------------------------+        I
    I   +--->I 't' gebundene Zeiger -           I        I
    I         I Funktionsparameterspezifikation I--->I
    I         +---------------------------------------+        I
    I                                                          I
    I              ===                                         V
    +--------I ; I<------------------------------------------->
                  ===
```


Danach ist eine Liste von Spezifikationen formaler Parameter eine
Folge von ggf. durch Semikolons zu trennenden Wertparameter-, Va-
riablenparameter-, Prozedurparameter- und/oder 'e' bzw. 't' gebundenen Zeiger-Funktionsparameterspezifikationen.

Die Vergabe von Namen in einer Liste von Spezifikationen formaler
Parameter bedeutet Deklaration dieser Namen. Hinsichtlich der Regel R2.2.3-2 ueber Eindeutigkeit von Namen bedeutet dies, dass
ihre Vergabe innerhalb der Liste von Spezifikationen formaler Parameter und dem zugehoerigen Prozedur- oder 'e' bzw. 't' gebundenen Zeiger-Funktionsblock eindeutig sein muss mit der Ausnahme,
dass Namen formaler Parameter in formalen Prozedur- und Funktionsparameterspezifikationen nur in diesen eindeutig vergeben sein
muessen. Der Gueltigkeitsbereich von Namen formaler Parameter ist
auf den Prozedur- oder 'e' bzw. 't' gebundenen Zeiger-Funktionsblock begrenzt, d.h., nur im Anweisungsteil oder Anweisungsteilen
untergeordneter Bloecke koennen sie geeignet benutzt werden.

7.1.3.1 Wertparameterspezifikationen

Die Syntax von Wertparameterspezifikationen ist gegeben durch das
Syntax-Diagramm

S108 Wertparameterspezifikation (value parameter specification)

```
                +-----------------------+           ===
      ------->I Name f.'t' Variable I---+--->I : I---+
        A       +-----------------------+   I    ===      I
        I                                   I             I
        I                  ===              I             I
      +-------------I , I<-----------+             I
                         ===                             I
      +-------------------------------------------------+
      I      +----------------+
      +--->I Name f.'t' Typ I------------------------------->
             +----------------+
```

Eine Wertparameterspezifikation ist danach eine Liste von ggf.
durch Kommata zu trennenden gemaess S15 zu bildenden Namen fuer
't' Variablen, auf die ein Doppelpunkt und ein N a m e fuer
einen 't' Typ anzugeben ist.

Dass mit einer Wertparameterspezifikation Parameter in Form von
Namen fuer Variablen spezifiziert werden, bedeutet, dass die Namen im - evtl. vorhandenen - Prozedur- oder 'e' bzw. 't' gebundenen Zeiger-Funktionsblock in Variablenbezugsangaben verwandt
werden duerfen und damit diese Parameter - Wertparameter genannt -
in einem solchen Block als Variablen zu betrachten sind. Die Bezeichnungen Wertparameter und Wertparameterspezifikation ruehren
- wie bereits in Abschn. 7.1.1 angedeutet - daher, dass Wertparameter durch Werte zu aktualisieren sind, worauf wir naeher in
Abschn. 7.2.3.1 eingehen werden.

Mit dem Namen fuer einen Typ in einer Wertparameterspezifikation wird spezifiziert, welchen Typ die Wertparameter haben sollen. Dass sie einer Typ-Spezifikation beduerfen, ist einsichtig,
da Wertparameter Variablencharakter haben. Der Name des Typs
muss, wenn kein Standardname fuer einen Typ verwandt werden kann,
im Typdefinitionsteil des Blockes, in dem sich die Prozedur- oder
'e' bzw. 't' gebundene Zeiger-Funktionsdeklaration mit der Wertparameterspezifikation befindet, oder im Typdefinitionsteil eines
uebergeordneten Blockes definiert werden. Aus den Darlegungen in
Abschn. 7.2.3.1 wird zu entnehmen sein, dass die zur Aktualisierung von Wertparametern moeglichen Werte +) im Sinne der Regel
R3.5-4 wertzuweisungskompatibel zu den Wertebereichen der Typen
der Wertparameter sein muessen. Daraus ist zu schliessen:

+) Genauer muesste von der Aktualisierung von Wertparametern durch
   Werte, die die Auswertung von Ausdruecken liefert bzw. die Va-
   riablen gewisser strukturierter Typen haben, gesprochen werden.
   Syntaktisch sind also als Aktualisierungen von Wertparametern
   Ausdruecke bzw. Variablen zu sehen.

Regel R7.1.3.1-1: Der Name eines Typs in einer Wertparameterspezifikation kann weder der Name eines Datei-Typs
noch der eines strukturierten Typs sein, von
dessen Komponenten-Typen wenigstens einer ein
Datei-Typ ist, was rekursiv zu interpretieren
ist.

Als ein Beispiel fuer Wertparameterspezifikationen in Listen von
Spezifikationen formaler Parameter in Prozedur- oder 'e' bzw. 't'
gebundenen Zeiger-Funktionsdeklarationen moege die reelle Funktionsdeklaration

```
FUNCTION S (U, V, X, Y : REAL) : REAL;
   BEGIN
      S := (U + V) * (X - 2 * Y) + 12 * Z
   END
```

dienen. Sie unterscheidet sich von der auf S.7.1.2/5 gegebenen
Funktionsdeklaration nur durch das Fehlen des Wortsymbols VAR in
der Liste der Spezifikationen der formalen Parameter. Dadurch sind
diese Wertparameter, die genauso innerhalb des Blockes des obigen
Beispiels benutzbar sind wie die Parameter im Beispiel auf
S.7.1.2/5 in dessen Block. Letztere werden im naechsten Abschnitt
besprochen werden, in dem auch der Unterschied zu Wertparametern
zu erkennen sein wird.

Statt der Liste von Spezifikationen formaler Parameter im obigen
Beispiel sind nach S107 und S108 auch

```
U : REAL; V, X, Y : REAL            ,
U, V : REAL; X, Y : REAL            usw.
```

als Listen von Spezifikationen formaler Parameter zulaessig.

7.1.3.2 Variablenparameterspezifikationen

Mittels Variablenparameterspezifikationen werden Parameter spezifiziert, die Variablenparameter genannt werden. Die Bezeichnung
ruehrt daher, dass als Aktualisierung Variablen dienen (womit
ggf. auch Ergebnisse in Bloecken verfuegbar werden, die einen
Aufruf mit aktuellen Variablenparametern - nicht Wertparametern -
enthalten, s. Abschn. 7.2.3.2 insbesondere Beispielprogramm
B7.2.3.2-1). Variablenparameterspezifikationen sind nach Syntax-
Diagramm S109 zu gestalten.

S109 Variablenparameterspezifikation (variable parameter
                                        specification)

```
          =====             +-----------------------+           ===
      --->I VAR I-------->I Name f.'t' Variable I---+--->I : I-+
          =====     A       +-----------------------+   I   ===   I
                    I                                    I         I
                    I                 ===                I         I
                    +-------------I , I<------------+    I         I
                                   ===                             I
  +------------------------------------------------------------------+
  I         =======     ===         +-----------------+
  +--->I ARRAY I->I [ I------>I Name f.         I    ====
  I A   =======     === A       I 'e<>r' Variable I-->I .. I-+
  I I                           I +-----------------+   ====   I
  I I                           I +------------------------------+
  I I                           I I +-----------------+   ===
  I I                           I I I Name f.         I--->I : I-+
  I I                           I +->I 'e<>r' Variable I   ===   I
  I I                           I   +-----------------+           I
  I I                           I +------------------------------+
  I I                           I I +-----------+
  I I                           I +->I Name f.     I   ===
  I I                           I   I 'e<>r' Typ I----+--->I ] I-+
  I I                           I   +-----------+   I   ===   I
  I I                           I                   I         I
  I I                           I        ===        I         I
  I I                           +--------I ; I<--------+         I
  I I   ====                             ===                     I
  I +--I OF I<-------------------------------------------------+
  I I   ====
  I V                  +---------------+
  +------------------->I Name f.'t' Typ I------------------->
                       +---------------+
```

Danach muessen Variablenparameterspezifikationen mit dem Wortsymbol VAR beginnen, auf das eine Liste von ggf. durch Kommata zu
trennenden gemaess S15 zu bildenden Namen fuer 't' Variablen anzugeben ist. Dieser muessen ein Doppelpunkt und entweder ein sog.
konformes Feld-Schema (conformant array schema) oder ein N a m e
fuer einen 't' Typ folgen.

Ueber die Namen fuer 't' Variablen werden die Variablenparameter benannt, was auch gleich besagen soll, dass Variablenparameter im - evtl. vorhandenen - Prozedur- oder 'e' bzw. 't' gebundenen Zeiger-Funktionsblock in Variablenbezugsangaben verwandt werden duerfen und damit diese Parameter in einem solchen Block als Variablen zu betrachten sind.

Mit dem Namen fuer einen 't' Typ wird der Typ der Variablenparameter spezifiziert. Der Name des Typs muss, wenn kein Standardname fuer einen Typ verwandt werden kann, im Typdefinitionsteil des Blockes, in dem sich die Prozedur- oder 'e' bzw. 't' gebundene Zeiger-Funktionsdeklaration mit der Variablenparameterspezifikation befindet, oder im Typdefinitionsteil eines uebergeordneten Blockes definiert werden.

Ein Beispiel einer Variablenparameterspezifikation, in der hinter dem Doppelpunkt ein Name fuer einen 't' Typ aufgefuehrt ist, ist in der auf S.7.1.2/5 gegebenen Deklaration der Funktion S zu sehen. Statt der dort angegebenen Liste von Spezifikationen formaler Parameter sind nach S107 und S109 auch

```
        VAR U : REAL; VAR V, X, Y : REAL          ,
        VAR U, V : REAL; VAR X, Y : REAL          usw.
```

als Listen von Spezifikationen formaler Parameter zulaessig.

Man erkennt, dass sich eine Variablenparameterspezifikation, in der hinter dem Doppelpunkt ein Name fuer einen 't' Typ aufgefuehrt ist, von einer Wertparameterspezifikation syntaktisch nur durch das Vorhandensein des Wortsymbols VAR unterscheidet. Beide Parameterarten sind als Variablen in einem Prozedur- oder 'e' bzw. 't' gebundenen Zeiger-Funktionsblock benutzbar. Unterschiede ergeben sich jedoch bei ihrer Aktualisierung: Wertparameter sind durch zum Wertebereich des spezifizierten Typs wertzuweisungskompatible Werte zu aktualisieren und Variablenparameter durch Variablen eines zum spezifizierten Typ aequivalenten Typs.

Mit einem konformen Feld-Schema wird fuer einen Variablenparameter eine Menge von Feld-Typen spezifiziert. Diese Art der Typ-Spezifikation von Variablenparametern ist bei [085] nicht vorgesehen, und das hat zur Folge, dass Variablenparameter eines Feld-Typs nur durch Variablen eines zu diesem Feld-Typ (struktur-) aequivalenten Typs aktualisiert werden koennen (s. Abschn. 7.2.3.2). Durch die nach [080] moegliche Angabe von konformen Feld-Schemata wird diese Einschraenkung behoben: Als Aktualisierungen sind Variablen von Feld-Typen zulaessig, die aequivalente Strukturen und Komponenten-Typen aufweisen, aber in den Wertebereichen - also den Index-Typen - sich unterscheiden duerfen.

Ein konformes Feld-Schema ist nach S109 anzugeben, indem das Wortsymbol ARRAY aufgefuehrt wird, dem eine in eckige Klammern eingeschlossene Liste von ggf. durch Semikolons zu trennenden sog. Index-Typ-Spezifikationen folgen muss. Darauf ist das Wortsymbol OF und entweder ein Konstrukt der soeben beschriebenen Form oder ein N a m e fuer einen 't' Typ anzugeben, der den Komponenten-Typ spezifiziert. Er muss, wenn kein Standardname fuer einen Typ verwandt werden kann, im Typdefinitionsteil des Blockes, in dem sich die Prozedur- oder 'e' bzw. 't' gebundene Zeiger-Funktionsdeklaration mit der Variablenparameterspezifikation befindet, oder im Typdefinitionsteil eines uebergeordneten Blockes definiert werden.

In einem konformen Feld-Schema vorkommende Symbolfolgen

] OF ARRAY [

koennen durch ein Semikolon ersetzt werden, womit Abkuerzungen erreichbar sind, die jedoch an der Semantik des konformen Feld-Schemas nichts aendern. Aehnliche Abkuerzungsmoeglichkeiten waren bei Feld-Typ-Angaben auch moeglich (vgl. S.3.2.1/3), allerdings musste statt des Semikolons ein Komma benutzt werden.

Durch die Index-Typ-Spezifikationen werden die Strukturen von Feld-Variablenparametern spezifiziert. Eine Index-Typ-Spezifikation besteht nach S109 in der Vergabe von zwei durch das Symbol .. zu trennenden gemaess S15 zu bildenden Namen fuer 'e<>r' Variablen, auf die ein Doppelpunkt und ein N a m e fuer einen 'e<>r' Typ anzugeben sind. Fuer die Definition dieses Namens gilt dasselbe wie fuer die Definition des Namens fuer den 't' Typ, der den Komponenten-Typ spezifiziert. Mit dem Namen fuer den 'e<>r' Typ wird der Typ von Indizes und der Variablen spezifiziert, deren Namen in der Index-Typ-Spezifikation angegeben sind.

Die beiden Namen fuer 'e<>r' Variablen spezifizieren eine Art Wertparameter, von denen wir naheliegend den durch den Namen links vom Symbol .. spezifizierten als untere 'e<>r' Indexgrenze und den durch den Namen rechts vom Symbol .. spezifizierten als obere 'e<>r' Indexgrenze bezeichnen. Sie werden durch Werte aktualisiert. Jedoch hat dafuer nicht der Programmierer zu sorgen, sondern dies geschieht durch eine PASCAL-Implementation automatisch. Und zwar erhalten vor Betreten des Blockes der Prozedur- oder 'e' bzw. 't' gebundenen Zeiger-Funktion, in deren Deklaration im Kopf ein Variablenparameter unter Verwendung eines konformen Feld-Schemas spezifiziert ist, alle in dieser Spezifikation enthaltenen unteren bzw. oberen 'e<>r' Indexgrenzen die kleinsten bzw. groessten Werte aus den Wertebereichen der 'korrespondierenden' Index-Typen (s. Abschn. 7.2.3.2), die in der zur Deklaration verwandten Typ-Angabe der zur Aktualisierung des Variablenparameters verwandten Feld-Variablen aufgefuehrt sind.

Untere und obere 'e<>r' Indexgrenze haben wie Wertparameter auch die Eigenschaft, dass sie als Variablen in dem entsprechenden Prozedur- und 'e' bzw. 't' gebundenen Zeiger-Funktionsblock benutzbar sind. Dabei ist aber zu beachten, dass eine - gewollte - Aenderung ihrer Werte ggf. keinen Zugang mehr zu den Werten gestattet, die sie bei Betreten des Blockes hatten. Es ist kein guter Programmierstil, die Indexgrenzen zu anderen Zwecken zu missbrauchen.

Als Beispiel einer Variablenparameterspezifikation, in der ein konformes Feld-Schema vorkommt, moege das dienen, das in der Deklaration der folgenden Prozedur vorkommt, die die Multiplikation zweier quadratischer Matrizen durchfuehrt.

```
PROCEDURE MULTMAT1 (VAR A, B, C : ARRAY [UI1 .. OI1 : INTEGER;
                                         UI2 .. OI2 : INTEGER]
                                    OF REAL);
   VAR I, J, K : INTEGER;
   BEGIN
      IF ABS (OI1 - UI1) <> ABS (OI2 - UI2) THEN
         WRITE (' MATRIZEN SIND NICHT QUADRATISCH')
         (* HIER MUESSTE DAFUER GESORGT WERDEN, DASS EIN FEHLERBE-
            HANDLUNGSPROGRAMMTEIL ZUM ABLAUF KOMMT *)
      ELSE
         FOR I := UI1 TO OI1 DO
            FOR J := UI2 TO OI2 DO
               BEGIN
                  C [I, J] := 0;
                  FOR K := UI1 TO OI1 DO
                     C [I, J] := C [I, J] + A [I, K - UI1 + UI2]
                                          * B [K, J]
                     (* EFFIZIENTER WAERE ES GGF., DIE SUMMATION UEBER
                        EINE HILFSVARIABLE ABLAUFEN ZU LASSEN, UM DIE
                        INDIZIERUNGEN IN C [I, J] ZU VERMEIDEN *)
               END
   END
```

Sei bemerkt, dass sich die Liste von Spezifikationen formaler Parameter im vorstehenden Beispiel nicht ohne weiteres analog den
Listen von Spezifikationen formaler Parameter in den Beispielen
auf S.7.1.2/5 und S.7.1.3.1/2 wie auf den Seiten S.7.1.3.1/2 und
S7.1.3.2/2 geschildert etwa in der Form

```
   VAR A : ARRAY [UI1 .. OI1 : INTEGER;
                  UI2 .. OI2 : INTEGER] OF REAL;
   VAR B,
      C : ARRAY [UI1 .. OI1 : INTEGER;
                 UI2 .. OI2 : INTEGER] OF REAL
```

gestalten laesst. Denn die Namen fuer 'e<>r' Variablen in Index-
Typ-Spezifikationen muessen nach Abschn. 7.1.3 wie jeder andere
spezifizierte Name in einer Liste von Spezifikationen formaler
Parameter eindeutig gewaehlt sein.

Um zu verdeutlichen, welche Moeglichkeit die Zurverfuegungstellung
von konformen Feld-Schemata bietet, sei das Vereinbarungsteilfrag-
ment

```
   CONST UI      = -10;
         OI      = 100;
   TYPE  MATRIX = ARRAY [UI .. OI, UI .. OI] OF REAL;
   PROCEDURE MULTMAT2 (VAR A, B, C : MATRIX);
   VAR I, J, K : INTEGER;
   BEGIN
      FOR I := UI TO OI DO
         FOR J := UI TO OI DO
            BEGIN
               C [I, J] := 0;
               FOR K := UI TO OI DO
                  C [I, J] := C [I, J] + A [I, K] * B [K, J]
            END
   END
```

betrachtet. Die Prozedur MULTMAT2 kann ausschliesslich mit Variablen des Typs MATRIX als Aktualisierungen der Variablenparameter
A, B und C zum Aufruf kommen. Die Prozedur MULTMAT1 hingegen kann
mit Variablen als Aktualisierungen der Variablenparameter A, B
und C zum Aufruf kommen, deren Typ ein 'beliebiger' Feld-Typ ist,
dessen Komponenten-Typ ein wiederum 'beliebiger' Feld-Typ ist,
dessen Komponenten-Typ allerdings der reelle Typ sein muss. Man
darf nicht uebersehen, dass ein gewisses Mass an 'Sicherungsar-
beit' dem Programmierer auferlegt wird, wie die Wenn-Anweisung
im Anweisungsteil von MULTMAT1 es beispielsweise zeigt.

7.1.3.3 Prozedurparameterspezifikation

Prozedurparameterspezifikationen dienen der Spezifikation von Parametern, die Prozedurparameter genannt werden. Die Bezeichnung ruehrt daher, dass als Aktualisierungen (Namen von) Prozeduren moeglich sind, wodurch ein Unterprogramm in die Lage versetzt wird, zur Erzeugung von Ergebnissen von Fall zu Fall ggf. verschiedene Prozeduren benutzen zu koennen. Es ist also in PASCAL nicht nur moeglich, dass Unterprogramme unter Benutzung verschiedener Werte und/oder Variablen als Aktualisierungen fuer entsprechende Parameter Ergebnisse erzeugen.

Die Syntax von Prozedurparameterspezifikationen entspricht exakt der eines Prozedurkopfes - ist also durch S100 festgelegt. Mit dem Prozedurnamen wird ein Prozedurparameter spezifiziert. Dieser Name kann im Block einer Prozedur- oder 'e' bzw. 't' gebundenen Zeiger-Funktion in Prozeduranweisungen (s. Abschn. 7.2.1) benutzt werden und zwar in gleicher Weise wie ein im Prozedurkopf einer Prozedurdeklaration deklarierter Name fuer eine Prozedur in geeigneten Bloecken.

Mit einer evtl. in runden Klammern angegebenen Liste von Spezifikationen formaler Parameter in einer Prozedurparameterspezifikation wird spezifiziert, welche Parameteraktualisierungen in einer Prozeduranweisung, in der der Prozedurname der Prozedurparameterspezifikation aufgefuehrt ist, vorgenommen werden koennen. Die Namen fuer Parameter in dieser Liste muessen nur innerhalb dieser Liste eindeutig gewaehlt werden - ausschliesslich solcher, die fuer Parameter zu waehlen sind, die in Listen von Spezifikationen von Prozedur- oder 'e' bzw. 't' gebundenen Funktionsparameterspezifikationen vorkommen, die Bestandteil der in Betracht stehenden Prozedurparameterspezifikation sind, was rekursiv zu sehen ist (vgl. Abschn. 7.1.3). Denn diese Namen koennen in keiner Weise im Prozedurblock verwandt werden. Dass sie dennoch zu vergeben sind, liegt u.a. daran, dass ein PASCAL-Kompilierer zur Uebersetzung einer Prozedurparameterspezifikation weitgehend die gleichen Programmteile verwenden kann wie zur Bearbeitung eines Prozedurkopfes. Von der Liste von Spezifikationen formaler Parameter in einer Prozedurparameterspezifikation sind fuer ihn nur die Art der formalen Parameter und evtl. Typ-Spezifikationen sowie konforme Feld-Schemata von Interesse. Der Kompilierer kann aufgrund dessen naemlich die Richtigkeit von Parameteraktualisierungen in einer Prozeduranweisung, in der der Prozedurname der Prozedurparameterspezifikation aufgefuehrt ist, unverhaeltnismaessig einfach ueberpruefen. Nach [085] darf in einer Prozedurparameterspezifikation keine in runde Klammern eingeschlossene Liste von Spezifikationen formaler Parameter aufgefuehrt werden. Danach ist es fuer einen Kompilierer ggf. aeusserst schwierig, die Richtigkeit von Parameteraktualisierungen zu ueberpruefen, wenn er nicht ueberhaupt dafuer sorgt, dass sie - wenig effizient - erst zur Laufzeit des Programmes erfolgen. Zu dieser Problematik verweisen wir auf [022], wo ein Kompilierer fuer die Programmiersprache ALGOL 60 beschrieben wird, der aehnliche Schwierigkeiten meistert.

Da z.Z. kaum eine PASCAL-Implementation Prozedurparameterspezifikationen, die nach [080] - also wie oben geschildert - gestaltet
sind, bearbeiten kann, sei auch angegeben, wie sie nach [085] zu
gestalten sind:

        Prozedurparameterspezifikation (procedural parameter
                                             specification)

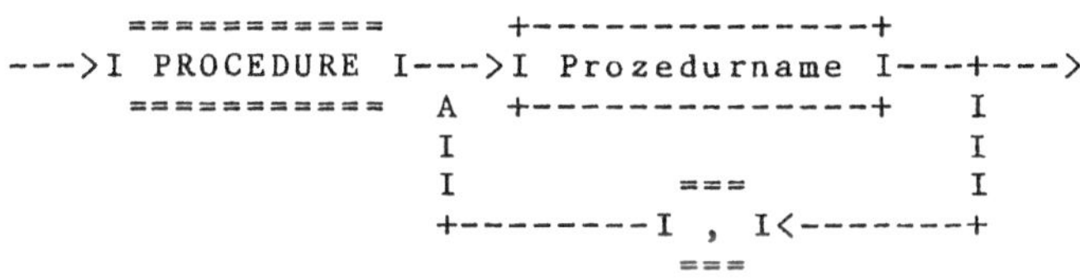

```
        ==========      +--------------+
   --->I PROCEDURE I--->I Prozedurname I---+--->
        ==========  A   +--------------+   I
                    I                      I
                    I           ===        I
                    +-------I , I<-------+
                                ===
```

Man sieht, dass nicht nur Listen von Spezifikationen formaler Parameter nicht aufgefuehrt werden duerfen, sondern dass statt Spe-
zifizierung einer Prozedur eine ganze Liste von durch Kommata zu
trennenden Spezifikationen von Prozeduren in einer Prozedurparameterspezifikation moeglich sind.

Ein Beispielprogramm, in dem eine Prozedurparameterspezifikation
enthalten ist, findet sich in Abschn. 7.2.3.3 (B7.2.3.3-1).

7.1.3.4 Funktionsparameterspezifikationen

Funktionsparameterspezifikationen dienen der Spezifikation von
Parametern, die Funktionsparameter genannt werden. Funktionsparameterspezifikationen sind in vielem Prozedurparameterspezifikationen vergleichbar, so dass die Ausfuehrungen des Abschnitts
7.1.3.3 weitgehend sinngemaess uebertragbar sind. Wir werden deshalb nur die Unterschiede darlegen.

Die Syntax von Funktionsparameterspezifikationen entspricht exakt
der eines 'e' bzw. 't' gebundenen Zeiger-Funktionskopfes - ist also durch S103 bzw. S104 festgelegt. Mit dem Namen fuer eine 'e'
Funktion bzw. 't' gebundene Zeiger-Funktion wird ein 'e' bzw. 't'
gebundener Zeiger-Funktionsparameter spezifiziert. Dieser Name
kann im Block einer Prozedur- oder 'e' bzw. 't' gebundenen Zeiger-Funktion in Funktionsaufrufen (s. Abschn. 7.2.2) benutzt werden und zwar in gleicher Weise wie ein im Funktionskopf einer
Funktionsdeklaration deklarierter Name fuer eine Funktion in
geeigneten Bloecken.

Im Unterschied zu Prozedurparameterspezifikationen muss in einer
Funktionsparameterspezifikation nach dem Namen fuer die Funktion
bzw. nach einer evtl. in runden Klammern angegebenen Liste von Spezifikationen formaler Parameter eine durch einen Doppelpunkt getrennte Typ-Angabe in Form eines N a m e n s fuer einen 'e' bzw.
't' gebundenen Zeiger-Typ folgen, da Funktionen ja einen Typ haben. Dieser Name muss u.U. in einem passenden Typdefinitionsteil
definiert sein. Mit der Typ-Angabe wird der Typ des Funktionspa-
rameters spezifiziert.

Nach [085] ist eine Funktionsparameterspezifikation im Gegensatz
zu den Syntax-Diagrammen S103 und S104, die nach [080] gestaltet
wurden, gemaess den Syntax-Diagrammen

     'e' Funktionsparameterspezifikation ('e' functional
                       parameter specification)

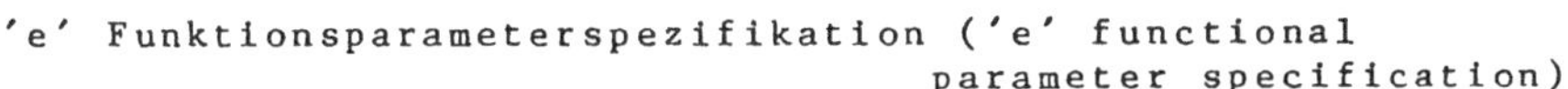
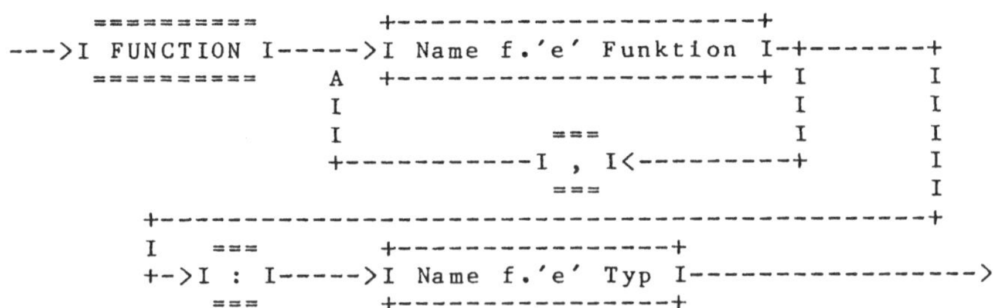

't' gebundene Zeiger-Funktionsparameterspezifikation ('t'
        bounded pointer functional parameter specification)

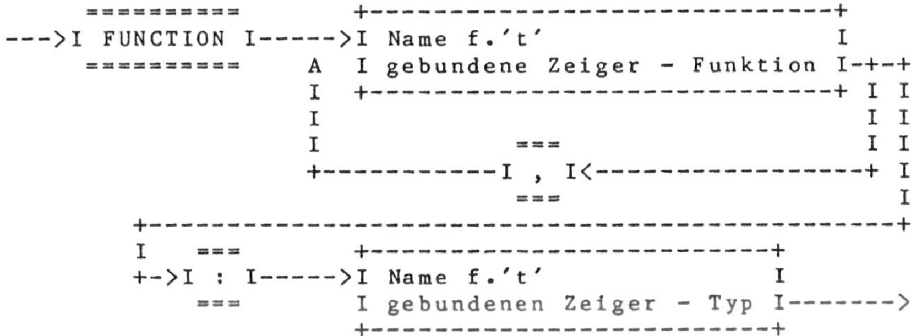

zu bilden. Danach brauchen also auch dann keine in runde Klammern
gesetzten Listen von formalen Parametern angegeben werden, wenn in
den Aufrufen der entsprechenden Funktionen Parameteraktualisierungen noetig sind. Ausserdem koennen - wenn noetig - in einer Funktionsparameterspezifikation gleich mehrere Funktionen gleichen
Typs spezifiziert werden.

Die folgende reelle Funktionsdeklaration enthaelt in ihrer Liste
von Spezifikationen formaler Parameter eine reelle Funktionsparameterspezifikation. Dieses Beispiel - ein Funktionsunterprogramm
zur numerischen Integration einer Funktion ueber einem abgeschlos-
senen Intervall nach Simpson +) - soll belegen, dass es schon relativ einfache Aufgabenstellungen gibt, in denen die Spezifikation
von Unterprogrammparametern der Problemstellung am besten entspricht.

+) Es gibt zur numerischen Integration i.a. bessere Verfahren als
   nach Simpson [026].

```
(*        FUNKTIONS-UNTERPROGRAMM ZUR INTEGRATION EINER FUNKTION
          F (X) UEBER DEM INTERVALL [A, B] NACH SIMPSON:

              I (F (X)) = H / 3 * (F (X [0]) + 4 * F (X [1])
                                            + 2 * F (X [2])
                                            + ...
                                            +     F (X [N]))

          MIT

              H          = (A - B) / N
              X [I]      = A + I * H     ,  I = 0, 1, ..., N.

          N MUSS EINE GERADE ZAHL UND GROESSER ALS 0 SEIN. *)

FUNCTION  SIMINT   (FUNCTION F (X : REAL) : REAL;
                             A,
                             B                : REAL;
                             N                : INTEGER) : REAL;
VAR       I        : INTEGER;
          H, XI,
          SG,                            (* SUMME DER
                                            F (X [2 * I]) *)
          SU       : REAL;               (* SUMME DER
                                            F (X [2 * I - 1]) *)
BEGIN                                    (* SIMINT *)
   IF ODD (N) OR (N <= 0) OR (B < A) THEN
     WRITELN (# DER WERT #, N, #IST UNGERADE UND/ODER <= 0#,
             # UND/ODER DIE WERTE #, B, # UND #, A, # VON B#,
             # UND A STEHEN IN DER RELATION "KLEINER"#)
     (* HIER MUESSTE DAFUER SORGE GETRAGEN WERDEN, DASS EIN FEH-
        LERBEHANDLUNGSPROGRAMMTEIL ZUM ABLAUF KOMMT *)
   ELSE
     BEGIN
       H  := (B - A) / N;
       XI := A + H;
       SG := 0.0;
       SU := F (XI);
       FOR I := 2 TO N DIV 2 DO
         BEGIN
           XI := XI + H;
           SG := SG + F (XI);
           XI := XI + H;
           SU := SU + F (XI)
         END;
       SIMINT := H / 3.0 * (F (A) + 4.0 * SU
                                  + 2.0 * SG + F (B))
     END
END                                      (* SIMINT *)
```

7.1.4 Direktiven

Direktiven sind, wie wir von Abschn. 2.2 her wissen, Symbole.
Nach [080] soll jede PASCAL-Implementation die Direktive

FORWARD

erkennen und im gleich zu beschreibenden Sinne interpretieren
koennen. Weitere Direktiven koennen durch eine Implementation definiert werden. Sie sollen dann wie Namen (s. S15) aus Buchstaben
und Ziffern gebildet sein, wobei das erste Zeichen ein Buchstabe
sein soll, und keine so gebildete Direktive mit einem der in Abschnitt 2.2.1 aufgefuehrten Wortsymbole uebereinstimmen soll. Direktiven sind demnach durch das Syntax-Diagramm

S110 Direktive (directive)

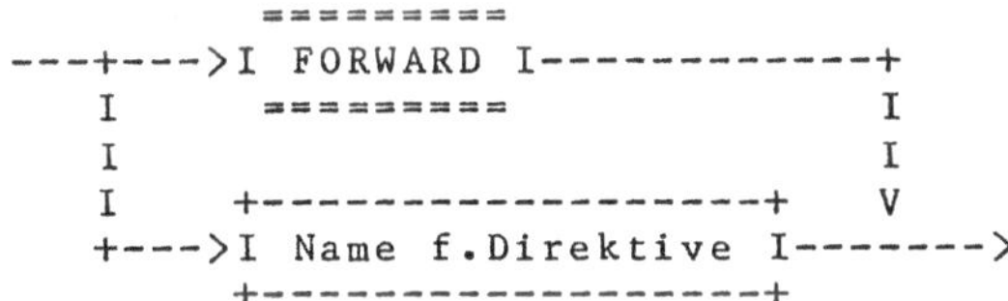

festgelegt, und es gilt:

Regel R7.1.4-1: Direktiven koennen nicht als Namen benutzt werden.

Verwandt werden koennen Direktiven ausschliesslich im Zusammenhang
mit Prozedur- und 'e' bzw. 't' gebundenen Zeiger-Funktionsdeklarationen. Sie koennen in diesen anstelle eines Blockes aufgefuehrt
werden, wie das die Syntax-Diagramme S99 und S101 bzw. S102 aus-
weisen.

Nun hat damit die Unterprogrammdeklaration keinen Block. Dieser
muss dann entweder an spaeterer Stelle im Vereinbarungsteil desselben Blockes aufgefuehrt, wie dies bei Verwendung von FORWARD
moeglich ist (s. spaeter), oder in einer implementationsabhaengigen Weise zur Verfuegung gestellt werden. Im letzten Fall kann es
sich dann auch um nicht in PASCAL abgefasste, manchmal als Code-
Prozeduren bezeichnete Unterprogramme handeln. Als Direktive ist
vielfach EXTERNAL vorgesehen.

Die PASCAL-6000-3.4-Implementation hat die Direktiven EXTERN und
FORTRAN vorgesehen [085], ueber die in PASCAL in anderen Spra-
chen und in FORTRAN [047] geschriebene Unterprogramme einem PAS-
CAL-Programm verfuegbar werden.

Ist in einer Prozedur oder 'e' bzw. 't' gebundenen Zeiger-Funktionsdeklaration anstelle des Blockes die Direktive FORWARD aufgefuehrt worden, so muss einer spaeteren Auffuehrung des Blockes
eine Prozedur- oder 'e' bzw. 't' gebundene Zeiger-Funktionsidenti-
fikation mit nachfolgendem Semikolon unmittelbar vorangestellt

werden. Damit werden die letzten nach S99 und S101 bzw. S102 moeglichen bisher noch nicht besprochenen Formen von Prozedur- und
'e' bzw. 't' gebundenen Zeiger-Funktionsdeklarationen verstaendlich. Eine solche Identifikation ist zu gestalten gemaess den
Syntax-Diagrammen

S111 Prozeduridentifikation (procedure identification)

```
          ==========       +--------------+
     --->I PROCEDURE I--->I Prozedurname I--->
          ==========       +--------------+
```


S112 'e' Funktionsidentifikation ('e' function identification)

```
          =========       +--------------------+
     --->I FUNCTION I--->I Name f.'e' Funktion I--->
          =========       +--------------------+
```


S113 't' gebundene Zeiger - Funktionsidentifikation ('t' bounded
                        pointer function identification)

```
          =========       +--------------------------+
     --->I FUNCTION I--->I Name f.'t'                I
          =========       I gebundene Zeiger - Funktion I--->
                          +--------------------------+
```
                                                              .

Sie beginnt also mit dem Wortsymbol PROCEDURE oder FUNCTION, auf
das der Prozedurname oder Name fuer die 'e' bzw. 't' gebundene
Zeiger-Funktion folgen muss, der in der Deklaration angegeben
worden ist, in der FORWARD statt eines Blockes aufgefuehrt wurde.
Damit duerften die Bezeichnungen der Syntax-Diagramme S111, S112
und S113 verstaendlich sein.

Die beschriebene Vorgehensweise bei der Deklaration von Unterprogrammen kann wegen der Regel R2.2.3-1, nach der der Benutzung eines Namens seine Definition oder Deklaration vorausgehen muss,
zwingend sein und zwar genau im Fall, dass zwei Unterprogramme
sich gegenseitig rufen. Ein Beispiel dafuer findet sich im Beispielprogramm B9-1: Die Prozeduren BAUSDR und BVARIABLE rufen sich
gegenseitig (s.S. 9/29 - 9/31). Ansonsten wird man - ausser evtl.
zur Verbesserung der Lesbarkeit von PASCAL-Programmen - von der
beschriebenen Vorgehensweise kaum sinnvoll Gebrauch machen koennen, obwohl sie unabhaengig vom geschilderten Fall allgemein zulaessig ist.

Sei noch einmal ausdruecklich darauf aufmerksam gemacht, dass in
einer Prozedur- oder 'e' bzw. 't' gebundenen Zeiger-Funktionsdeklaration, die aus einer Identifikation und einem Block besteht,
keinesfalls nochmals eine evtl. noetige Liste von Spezifikationen
formaler Parameter aufgefuehrt werden darf. Und weiter: Eine solche Deklaration muss immer im Vereinbarungsteil desselben Blockes
erfolgen, in dem sich zuvor die zugehoerige Prozedur- oder 'e' bzw.
't' gebundene Zeiger-Funktionsdeklaration befindet, in der statt
eines Blockes die Direktive FORWARD aufgefuehrt wurde.

7.2 Prozeduranweisungen und Funktionsaufrufe

Prozeduranweisungen und Funktionsaufrufe sind die Sprachkonstrukte, ueber die vom Programmierer deklarierte oder standardmaessig
zur Verfuegung stehende Unterprogramme aktiviert bzw. aufgerufen
werden koennen. Bei den Aufrufen haben ggf. Aktualisierungen formaler Parameter durch aktuelle zu erfolgen.

7.2.1 Prozeduranweisungen

Prozeduranweisungen, die zum Aufruf von prozedurartigen Unterprogrammen dienen, sind nach S8 zu den einfachen Anweisungen zu zaehlen. Ihrer syntaktischen Struktur nach bestehen sie stets aus dem
Namen einer vom Programmierer deklarierten oder standardmaessig
zur Verfuegung stehenden Prozedur, dem ggf. eine in runde Klammern einzuschliessende Liste aktueller Parameter (s. Abschn.
7.2.3) als Aktualisierungen von formalen Parametern zu folgen hat.
Das Syntax-Diagramm S114 zeigt dies nur fuer Prozeduranweisungen,
die zum Aufruf von vom Programmierer deklarierten Prozeduren dienen.

S114 Prozeduranweisung (procedure statement)

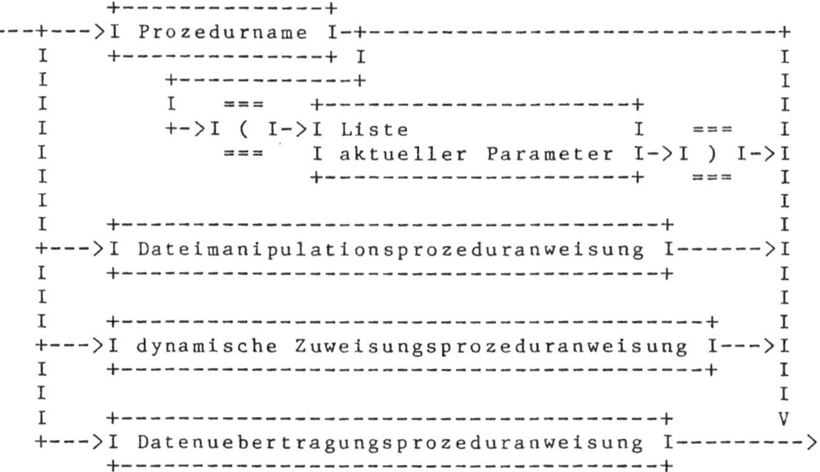

Die Prozeduranweisungen, die zum Aufruf von standardmaessig zur
Verfuegung stehenden Prozeduren - Standardprozeduren - dienen,
sind ueber die in S114 aufgefuehrten Bezeichnungen "Dateimanipulationsprozeduranweisung", "dynamische Zuweisungsprozeduranweisung" und "Datenuebertragungsprozeduranweisung" gemaess den Syntax-Diagrammen S127 (s. Abschn. 7.2.5.1), S134 (s. Abschn. 7.2.5.2)
und S135 (s. Abschn. 7.2.5.3) zu gestalten. Dabei sei sogleich
darauf aufmerksam gemacht, dass die Form von Listen aktueller Parameter von Prozeduranweisungen zum Aufruf von Standardprozeduren
vielfach von der Form von Listen aktueller Parameter von Prozeduranweisungen zum Aufruf von vom Programmierer deklarierter Prozeduren (vgl. Abschn. 7.2.3) abweichen kann: Bei den Prozeduren mit
den Standardnamen READ, READLN, WRITE, WRITELN, NEW und DISPOSE
(s. Abschnitte 7.2.5.1 und 7.2.5.2 sowie Kap. 8) ist eine von
Aufruf zu Aufruf unterschiedliche Anzahl von aktuellen Parametern
moeglich, und bei den Prozeduren mit den Standardnamen WRITE und
WRITELN sind ggf. aktuelle Parameter - sog. Schreibprozedurpara-

meter (s. Abschn. 8.1.1) - moeglich, in denen hinter dem 'eigentlichen' aktuellen Parameter - durch Doppelpunkt getrennt - ein
ganzer Ausdruck bzw. zwei - ebenfalls durch Doppelpunkt getrennte -
ganze Ausdruecke angegeben werden duerfen. Ausserdem kann in ein
und demselben PASCAL-Programm ein und dieselbe Standardprozedur
mit aktuellen Parametern unterschiedlichen Typs aufgerufen werden.

Als Beispiel einer Prozeduranweisung moege

        FORMEL (A, B, C, D, R1)

dienen. Die zugehoerige Prozedurdeklaration befindet sich in Abschnitt 7.1.1. A, B, C, D und R1 seien Namen von reellen Variablen. Die in Abschn. 7.1.3.2 deklarierte Prozedur MULTMAT1 koennte
mit der Prozeduranweisung

        MULTMAT1 (X, Y, Z)

aufgerufen werden, wobei X, Y und Z Namen von Feld-Variablen sei-
en, die beispielsweise durch die Variablendeklaration

        X, Y, Z : ARRAY [1 .. 10, 1 .. 10] OF REAL

deklariert seien. Weitere Beispiele von Prozeduranweisungen zum
Aufrufen von vom Programmierer deklarierten Prozeduren finden
sich im Beispielprogramm B9-1. Beispiele fuer Prozeduranweisungen
zum Aufruf von Standardprozeduren werden in den Abschnitten
7.2.5.1, 7.2.5.2 und 7.2.5.3 sowie Kap. 8 gegeben.

7.2.2 Funktionsaufrufe

Aufrufe von Funktionen sind nach S63, S66, S75, S76, S77 und S84
als Faktoren bzw. Ausdruecke benutzbar - im Gegensatz zu Aufrufen
von prozedurartigen Unterprogrammen also nicht als Anweisungen.
Sie liefern e i n e n Wert aus dem Wertebereich eines 'e' Typs
oder 't' gebundenen Zeiger-Typs (also keines strukturierten Typs)
bzw. dienen der Bestimmung eines solchen Wertes (woher die in
[080] benutzte Bezeichnung function designator statt Funktionsaufruf ruehrt). Nach Abschn. 7.1.2 sind die Namen der Funktionen
als die Traeger der Werte aufzufassen. Auch darin unterscheiden
sich Funktionsaufrufe von Prozeduranweisungen, die zwar - wie
auch Funktionsaufrufe - Variablenparameter sowie globale Variablen aendern koennen, aber der Prozedurname selbst ist nicht Traeger eines Wertes.

Ihrer syntaktischen Struktur nach bestehen Funktionsaufrufe aus
dem Namen einer vom Programmierer deklarierten oder standardmaessig zur Verfuegung stehenden Funktion, dem ggf. eine in runde
Klammern einzuschliessende Liste aktueller Parameter (s. Abschn.
7.2.3) als Aktualisierungen von formalen Parametern zu folgen
hat. Dies geht aus den Syntax-Diagrammen S115, S116, S117, S118,
S119 und S120 hervor.

S115 Aufruf einer ganzen Funktion (call of an integer function)

```
                     +-------------------------+
   ---+--->I Name f.ganze Funktion I----------------------+-+
      I    +-------------------------+                     I I
      I +-----------------------------------------------+ I
      I I    ===              +--------------------------+     I
      I +->I ( I------>I Liste aktueller Parameter I---+ I
      I        ===              +--------------------------+     I I
      I        =-=-=-                                    I I
      +--->I SUCC I---+                                  I I
      I        =-=-=-    I                               I I
      I                 I                                I I
      I        =-=-=-    V                               I I
      +--->I PRED I-----+                                I I
      I        =-=-=-      I                             I I
      I                   I                              I I
      I        =-=-=      V                              I I
      +--->I ABS I--------+                              I I
      I        =-=-=       I                             I I
      I                +----+                            I I
      I        =-=-=   V     ===     +----------------+  I I
      +--->I SQR I------>I ( I->I ganzer Ausdruck I--->I I
      I        =-=-=              ===     +----------------+  I I
      I                                                  I I
      I        =-=-=              ===     +----------------+  I I
      +--->I ORD I------>I ( I->I 'e<>r' Ausdruck I--->I I
      I        =-=-=              ===     +----------------+  I I
      I                                                  I I
      I        =-=-=-=                                   I I
      +--->I TRUNC I--+                                  I I
      I        =-=-=-=    I                              I I
      I                  I                               I I
      I        =-=-=-=   V     ===     +----------------+  I I
      +--->I ROUND I---->I ( I->I reeller Ausdruck I-->I I
               =-=-=-=              ===     +----------------+  I I
                                              +-----------+ I
                                              I    ===        V
                                              +-->I ) I------->
                                                   ===
```

335

S116 Aufruf einer booleschen Funktion (call of a
                                        boolean function)

```
              +-----------------------------+
   ---+---->I Name f.boolesche Funktion I----+---------------+
      I      +-----------------------------+     I           I
      I +-----------------------------------+    I           I
      I I     ===                +-------------------------+ I
      I +->I ( I--------->I Liste aktueller Parameter I---+ I
      I       ===                +-------------------------+  I I
      I                                                       I I
      I         =-=-=-                                        I I
      +---->I SUCC I---+                                      I I
      I         =-=-=-    I                                   I I
      I                   I                                   I I
      I         =-=-=-    V    ===    +---------------------+ I I
      +---->I PRED I------>I ( I->I boolescher Ausdruck I->I I I
      I         =-=-=-        ===    +---------------------+  I I
      I                                                       I I
      I         =-=-=         ===    +-----------------+      I I
      +---->I ODD I-------->I ( I->I ganzer Ausdruck I----->I I I
      I         =-=-=         ===    +-----------------+      I I
      I                                                       I I
      I         =-=-=         ===    +------------------+     I I
      +---->I EOF I----+-->I ( I->I 'p' 't'          I     I I
      I         =-=-=      I    ===    I Datei - Variable I---->I I
      I                    I           +------------------+     I I
      I                    I                                    I I
      I         =-=-=-     V    ===    +-----------------+      I I
      +---->I EOLN I----+->I ( I->I Text -           I      I I
          =-=-=-        I    ===    I Datei - Variable I---->I I
                        I           +-----------------+       I I
                        I                      +-----------+ I
                        I                      I   ===       I
                        I                      +->I ) I------>I
                        I                  .      ===         V
              +----------------------------------------------->
```

```
S117 Aufruf einer Zeichen - Funktion (call of a
                                      character function)

           +--------------------------+
  ---+--->I Name f.Zeichen - Funktion I--------+-------+
     I     +--------------------------+         I       I
     I +------------------------------------+           I
     I I    ===        +------------------------+       I
     I +->I ( I---->I Liste aktueller Parameter I-----+ I
     I     ===        +------------------------+     I I
     I                                               I I
     I     =-=-=-                                    I I
     +--->I SUCC I--+                                I I
     I     =-=-=-   I                                I I
     I             I                                 I I
     I     =-=-=-   V                                I I
     +--->I PRED I-----+                             I I
     I     =-=-=-      I                             I I
     I     +-----------+                             I I
     I     I          ===        +-----------------+ I I
     I     +-------->I ( I->I Zeichen - Ausdruck I---->I I
     I                ===        +-----------------+   I I
     I                                          +------+ I
     I     =-=-=      ===     +---------------+ V   === V
     +--->I CHR I-->I ( I->I ganzer Ausdruck I--->I ) I---->
           =-=-=     ===     +---------------+     ===


S118 Aufruf einer Aufzaehl - Funktion (call of an
                                       enumeration function)

           +---------------------------+
  ---+--->I Name f.Aufzaehl - Funktion I---+-----------+
     I     +---------------------------+    I           I
     I +---------------------------------+              I
     I I    ===        +----------------------+         I
     I +->I ( I------>I Liste aktueller Parameter I---+ I
     I     ===        +----------------------+   I I
     I                                           I I
     I     =-=-=-                                I I
     +--->I SUCC I---+              +-----------+ I
     I     =-=-=-    I              I           I
     I             I                I           I
     I     =-=-=-   V     ===        V   ===     V
     +--->I PRED I------->I ( I---+  +--->I ) I----------->
           =-=-=-          ===   I  I    ===
                          +----------+  +-----------+
                          I     +-------------------+ I
                          +--->I Aufzaehl - Ausdruck I---+
                                +-------------------+
```

S119 Aufruf einer reellen Funktion (call of a real function)

```
              +------------------------+
   ---+--->I Name f.reelle Funktion I----+------------+
      I     +------------------------+    I            I
      I +----------------------------------+            I
      I I    ===           +------------------------+   I
      I +->I ( I----->I Liste aktueller Parameter I--+ I
      I      ===           +------------------------+  I I
      I                                                I I
      I      =-=-=                     ===             I I
      +--->I ABS I------------->I ( I--+               I I
      I      =-=-=        A           ===   I          I I
      I                   I +----------+               I I
      I      =-=-=        I I +------------------+    I I
      +--.->I SQR I--------+ +->I reeller Ausdruck I->I I
      I      =-=-=        A     +------------------+   I I
      I                   I                            I I
      I      =-=-=-       I     ===                    I I
      +--->I SQRT I------+----->I ( I--+               I I
      I      =-=-=-       A           ===   I          I I
      I                   I +----------+               I I
      I      =-=-=-=      I I +----------------+       I I
      +--->I ARCTAN I---+     +->I ganzer Ausdruck I-->I I
      I      =-=-=-=-    A       +----------------+    I I
      I                  I                   +---------+ I
      I      =-=-=       I            I   ===          V
      +--->I COS I-----+              +->I ) I-------->
      I      =-=-=       A               ===
      I                  I
      I      =-=-=       I
      +--->I SIN I----+
      I      =-=-=       A
      I                  I
      I      =-=-=       I
      +-->I EXP I---+
      I      =-=-=       A
      I                  I
      I      =-=-       I
      +--->I LN I---+
             =-=-
```

S120 Aufruf einer 't' gebundenen Zeiger - Funktion (call of a 't'
                                   bounded pointer function)

```
        +-------------------------------+
   --->I Name f.'t'                   I
        I gebundene Zeiger - Funktion I--+
        +-----------------------------+   I
          +-----------------------------+
          I   ===   +--------------------------+   ===
          +->I ( I->I Liste aktueller Parameter I->I ) I--->
              ===   +--------------------------+   ===
```

Die nach S115 - S119 moeglichen Aufrufe von standardmaessig zur
Verfuegung stehenden Funktionen - Standardfunktionen - werden in

Abschn. 7.2.6 besprochen. Darauf hingewiesen sei nur schon, dass
verschiedene Aufrufe mancher Standardfunktionen, wie S115 - S119
entnommen werden kann, mit oder ohne aktuelle Parameter sowie
mit aktuellen Parametern unterschiedlichen Typs erfolgen koennen
und evtl. Werte unterschiedlichen Typs liefern - Spracheigen-
schaften, die Aufrufe von vom Programmierer deklarierten Funktionen (vgl. Abschn. 7.2.3) nicht haben.

Als Beispiel fuer einen Funktionsaufruf moege der Aufruf

        S (A, B, C, D)

dienen. Die zugehoerige reelle Funktionsdeklaration (in der Variablenparameter spezifiziert sind) befindet sich in Abschnitt
7.1.2. A, B, C und D seien Namen von reellen Variablen. Setzen
wir E, F, G, H, I, J, K und L ebenfalls als Namen reeller Variablen voraus, so kann die Auswertung der eingangs in Abschn. 7 gegebenen mathematischen Formel in PASCAL als Ausdruck der Form

        S (A, B, C, D) * S (E, F, G, H) / S (I, J, K, L)

geschrieben werden, was auch gleich zeigen soll, wie Funktionsaufrufe in Ausdruecken verwendbar sind. Waere die in Abschnitt
7.1.3.1 fuer S gegebene Funktionsdeklaration, in der Wertparameter spezifiziert sind, erfolgt, so koennten auch Aufrufe der Formen

        S (A + 1.0, B, C, 7.6)   oder
        S (A, S (3.14, A, C, B), 100.1, 6.0)

vorgenommen werden (s. Abschn. 7.2.3.1). Die in Abschn. 7.1.3.4
deklarierte Funktion SIMINT koennte ueber

        SIMINT (GERADE, 1.0, 2.0, 2)

aufgerufen werden, wobei GERADE beispielsweise deklariert sei
durch

```
        FUNCTION GERADE (X : REAL) : REAL;
        BEGIN
           GERADE := X    (* GERADE DURCH (0,0) *)
        END                                              .
```

Weitere Beispiele von Funktionsaufrufen finden sich im Beispielprogramm B3.1.3-3.: Der Aufruf der Funktion BUCHST wird als Faktor in booleschen Ausdruecken benutzt. Beispiele fuer den Aufruf
von Standardfunktionen finden sich in vielen Beispielprogrammen,
so in B3.1.3-3, B3.1.5-1 u.a. Auch werden wir welche in Abschn.
7.2.6 angeben.

7.2.3 Aktualisierungen formaler Parameter

Sind in einer Prozedur- oder 'e' bzw. 't' gebundenen Zeiger-Funktionsdeklaration formale Parameter spezifiziert worden, so muss beim Aufruf des Unterprogrammes eine Aktualisierung j e d e s spezifizierten formalen Parameters erfolgen: Es muessen in Form einer Liste gleich viele aktuelle Parameter bereitgestellt werden. Auch ein Aufruf einer Standardprozedur oder Standardfunktion kann die Bereitstellung aktueller Parameter erfordern, wenn deren Definition es verlangt, worauf wir jedoch erst in den Abschn. 7.2.5 und 7.2.6 sowie Kap. 8 eingehen werden.

Entsprechend den verschiedenen formalen Parameterspezifikationsarten in einer Liste von Spezifikationen formaler Parameter sind in einer beim Aufruf eines Unterprogrammes benoetigten Liste aktueller Parameter verschiedene aktuelle Parameterarten zu unterscheiden:

S121 Liste aktueller Parameter (list of actual parameters)

```
                     +------------------------+
       -------+--->I aktueller  Wertparameter I------------+
       A    I    +------------------------+              I
       I    I                                            I
       I    I    +--------------------------------+      I
       I    +--->I aktueller Variablenparameter I------->I
       I    I    +--------------------------------+      I
       I    I                                            I
       I    I    +----------------------------------+    I
       I    +--->I aktueller Prozedurparameter I-------->I
       I    I    +----------------------------+          I
       I    I                                            I
       I    I    +------------------------------------+  I
       I    +--->I aktueller 'e' Funktionsparameter I--->I
       I    I    +--------------------------------------+ I
       I    I                                    +----+
       I    I    +----------------------------+   I
       I    +--->I aktueller 't' gebundener   I   V
       I         I Zeiger - Funktionsparameter I------+---->
       I         +----------------------------+       I
       I                                              I
       I  ===                                         I
       +-I , I<--------------------------------------+
          ===
```

Dieses Syntax-Diagramm sagt nichts darueber aus, welcher aktuelle Parameter als Aktualisierung welchen spezifizierten formalen Parameters dienen kann. Dazu ist folgende Regel zu beachten.

340

Regel R7.2.3-1: Jeder spezifizierte formale Parameter in einer
                Liste von Spezifikationen formaler Parameter in
                einer Prozedur- oder 'e' bzw. 't' gebundenen Funk-
                tionsdeklaration muss beim Aufruf des Unterpro-
                grammes durch einen aktuellen Parameter gleicher
                Art aktualisiert werden, wobei die Zuordnung der
                aktuellen Parameter in der Liste aktueller Para-
                meter zu den formalen Parametern in der Liste von
                Spezifikationen formaler Parameter als positions-
                bezogen anzusehen ist: Ein an einer Position der
                Liste von Spezifikationen formaler Parameter auf-
                gefuehrter formaler Wert-, Variablen-, Prozedur-
                bzw. 'e' oder 't' gebundener Funktionsparameter
                muss an gleichwertiger Position der Liste aktuel-
                ler Parameter durch einen aktuellen Wert-, Va-
                riablen-, Prozedur- bzw. 'e' oder 't' gebundenen
                Funktionsparameter aktualisiert sein.

Mit anderen Worten: Die Reihenfolge und Art formaler und aktueller
Parameter korrespondiert eindeutig. Es darf beispielsweise kein
formaler Variablenparameter durch einen aktuellen Wertparameter
oder Prozedurparameter aktualisiert werden. Darueber hinaus sind
Typkorrespondenzen zwischen formalen und aktuellen Parametern zu
beachten, wenn der formale Parameter nicht Prozedurparameter ist.
Darauf gehen wir jedoch erst in den folgenden Abschnitten ein.

Beispiele fuer Listen aktueller Parameter finden sich in den Beispielen fuer Unterprogrammaufrufe in den Abschnitten 7.2.1 und
7.2.2. In diesen sind entsprechend den Deklarationen richtige
Listen aktueller Parameter aufgefuehrt. Falsch ist der Aufruf

        S (A + 1.0, B, C, 7.6)   ,

wenn die in Abschn. 7.1.2 gegebene Deklaration der Funktion S unterstellt ist. Denn die formalen Variablenparameter U und Y sind
durch aktuelle Wertparameter (vgl. Abschn. 7.2.3.1) aktualisiert.

7.2.3.1 Wertparameteraktualisierungen

Fuer spezifizierte formale Wertparameter ist die Bereitstellung
aktueller Parameter nach Syntax-Diagramm S122 zu gestalten.

S122 aktueller Wertparameter (actual value parameter)

```
                    +-------------+
    ---+---------->I 'e' Ausdruck I-----------------------+
       I           +-------------+                        I
       I                                                  I
       I              +------------------+                I
    +---------->I 'i' indizierte       I                I
       I           I 't' Feld - Variable I------------->I
       I           +--------------------+                I
       I                                                  I
       I      ===  +--------------------+                I
    +--->I ( I->I 'i' indizierte       I       ===    I
       I    ===  I 't' Feld - Variable I------->I ) I->I
       I           +-------------------+         ===    I
       I                                                  I
       I              +-----------------------+          I
    +---------->I PACKED 'i' indizierte  I                I
       I           I 't<>C' Feld - Variable I---------->I
       I           +-----------------------+            I
       I                                                  I
       I      ===  +-----------------------+            I
    +--->I ( I->I PACKED 'i' indizierte  I      ===    I
       I    ===  I 't<>C' Feld - Variable I---->I ) I->I
       I           +-----------------------+      ===    I
       I                                                  I
       I              +------------------------+          I
    +---------->I PACKED 'j' indizierte   .I              I
       I           I Zeichen - Feld - Variable I-------->I
       I           +------------------------+            I
       I                                                  I
       I      ===  +------------------------+            I
    +--->I ( I->I PACKED 'j' indizierte     I   ===    I
       I    ===  I Zeichen - Feld - Variable I->I ) I->I
       I           +------------------------+      ===    I
       I                                                  I
       I              +----------------------+            I
    +---------->I 'N' - Zeichen - Ausdruck I--------->I
       I           +----------------------+            I
       I                                                  I
       I              +--------------------------+        I
    +---------->I 'p' 'e<>r' Mengen - Ausdruck I----->I
       I           +--------------------------+        I
       .                                                  .
       .                                                  .
       .                                                  .
```

```
 .                                                              .
 .                                                              .
 .                                                              .
 I                +----------------------------+               I
 +--------->I 'p' nicht -                 I               I
 I                I variante Satz - Variable I--------->I
 I                +----------------------------+               I
 I                                                              I
 I        ===     +----------------------------+               I
 +--->I ( I->I 'p' nicht -                 I       ===    I
 I        ===     I variante Satz - Variable I-->I ) I->I
 I                +----------------------------+       ===    I
 I                                                              I
 I                +----------------------------+               I
 +--------->I 'p' 'e<>r'                  I               I
 I                I variante Satz - Variable I--------->I
 I                +----------------------------+               I
 I                                                              I
 I        ===     +----------------------------+               I
 +--->I ( I->I 'p' 'e<>r'                  I       ===    I
 I        ===     I variante Satz - Variable I-->I ) I->I
 I                +----------------------------+       ===    I
 I                                                              I
 I                +------------------------------------+     V
 +--------->I 't' gebundener Zeiger - Ausdruck I------>
                  +------------------------------------+
```

Wertparameteraktualisierungen koennen also - syntaktisch gesehen -
Ausdruecke, Variablen(-bezugsangaben) oder in runde Klammern eingeschlossene Variablen(-bezugsangaben) +) sein. Dabei ist zu beachten:

Regel R7.2.3.1-1: Die Auswertung eines als aktueller Wertparame-
                  ter dienenden 'e' Ausdrucks, 'N'-Zeichen-Aus-
                  drucks, 'p''e<>r' Mengen-Ausdrucks oder 't' ge-
                  bundenen Zeiger-Ausdrucks muss einen Wert lie-
                  fern, der wertzuweisungskompatibel zum Werte-
                  bereich des Typs des spezifizierten formalen
                  Parameters ist. Wertzuweisungskompatibel zum
                  Wertebereich des Typs des spezifizierten forma-
                  len Parameters muss auch der Wert von als ak-
                  tuelle Wertparameter dienenden Variablen eines
                  'i' indizierten 't' Feld-, PACKED 'i' indizier-
                  ten 't<>C' Feld-, PACKED 'j' indizierten Zei-
                  chen-Feld-, 'p' nicht varianten Satz- oder
                  'p''e<>r' varianten Satz-Typs sein.

Der Wert eines Ausdruckes oder einer - natuerlich initialisierten -
Variablen, der oder die als Aktualisierung eines spezifizierten
formalen Wertparameters in einer Unterprogrammdeklaration im Aufruf des Unterprogrammes aufgefuehrt ist, wird beim Aufruf dem spezifizierten formalen Parameter zugewiesen. Da Wertparameter im

----

+) Der Grund dafuer, dass nach S115 eine Variable in ein rundes
   Klammerpaar eingeschlossen werden darf, ist der gleiche, der
   bei der Besprechung von S87 (s. Abschn. 6.1.1) genannt wurde.

Block des Unterprogrammes als Variablen zu betrachten sind, bedeutet dies, dass diese als initialisiert angesehen werden koennen. Fuer die beschriebene Zuweisung muessen alle Ausfuehrungen ueber Wertzuweisungen im Abschn. 6.1.1 beachtet werden - insbesondere die ueber die Zuweisung des Wertes einer Variablen. Aus diesen muss man sich auch klarmachen, dass Aufrufe von Unterprogrammen mit aktuellen Wertparametern, die nicht Variablen einfachen oder 't' gebundenen Zeiger-Typs sind, ggf. recht zeitaufwendig sein koennen. Ausserdem koennen sie auch speicheraufwendig sein, denn spezifizierte formale Wertparameter haben natuerlich Speicherbedarf, um die Werte der aktuellen Parameter zugewiesen bekommen zu koennen. Dieser wird aus der Halde gedeckt und bringt eine Vergroesserung des Stapels beim Betreten des Unterprogrammblockes. Beim Verlassen des Unterprogrammblockes reduziert sich ja nun - wie in Abschn. 4.3 beschrieben - der Stapel wieder. Daraus ist zu schliessen, dass im Block Wertparametern zugewiesene Werte - man erinnere sich, dass Wertparameter im Block als Variablen betrachtet werden - nach Verlassen des Blockes genau wie im Block lokalen Variablen zugewiesene Werte nicht mehr verfuegbar sind. Wertparameter und lokale Variablen haben also gleiche Eigenschaften bis auf den Unterschied, dass Wertparameter bei Betreten des Prozedur- oder 'e' bzw. 't' gebundenen Zeiger-Funktionsblockes als initialisiert angesehen werden duerfen - hingegen lokale Variablen nicht.

Aus den vorstehenden Ausfuehrungen ist auch zu schliessen, dass Variablen, die als Aktualisierung von Wertparametern bei einem Unterprogrammaufruf dienen, nicht durch den Unterprogrammaufruf eine Wertaenderung erfahren koennen. Dies ist als eine Schutzeigenschaft anzusehen.

Ein Beispiel fuer die Aktualisierung von Wertparametern findet sich u.a. in dem Beispielprogramm B7.2.3.2-1 des naechsten Abschnittes, das das Dargelegte verdeutlicht und darueber hinaus gleich die Unterschiede heraushebt, die zwischen Wertparametern und Variablenparametern bestehen.

7.2.3.2 Variablenparameteraktualisierungen

Die Bereitstellung aktueller Parameter fuer spezifizierte formale
Variablenparameter besteht nach Syntax-Diagramm S123 in der Nennung einer Variablenbezugsangabe gemaess S54.

S123 aktueller Variablenparameter (actual variable parameter)

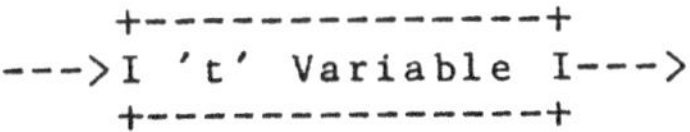

Dabei muessen drei Regeln beachtet werden.

Regel R7.2.3.2-1: Der Typ eines aktuellen Variablenparameters
muss
. entweder der Typ sein, der in der Variablenparameterspezifikation als Typ fuer den spezifizierten formalen Variablenparameter mit
dem Namen fuer den Typ spezifiziert wurde,
. oder er muss ein Feld-Typ sein, der konform
zu dem konformen Feld-Schema ist, das in der
Variablenparameterspezifikation zur Spezifikation des formalen Variablenparameters angegeben wurde.
Ein Feld-Typ (in nicht abgekuerzter Schreibweise) ist konform zu einem konformen Feld-
Schema (in nicht abgekuerzter Schreibweise),
wenn die folgenden vier Aussagen zutreffen.
. Der Index-Typ des Feld-Typs ist kompatibel
zum Typ, der durch den Namen fuer einen
'e<>r' Typ im konformen Feld-Schema benannt ist.
. Der kleinste und der groesste Wert des Index-Typs des Feld-Typs sind Werte des Wertebereichs des Typs, der durch den Namen fuer
einen 'e<>r' Typ im konformen Feld-Schema
benannt ist.
. Der Komponenten-Typ des Feld-Typs ist
. entweder der Typ, der hinter dem Wortsymbol OF durch einen Namen fuer den Typ im
konformen Feld-Schema benannt ist,
. oder konform zum hinter dem Wortsymbol OF
aufgefuehrten konformen Feld-Schema des
konformen Feld-Schemas (womit die Regel
auf abgekuerzte Schreibweise uebertragbar
wird).
. Der Feld-Typ ist kein Typ, bei dessen Angabe das Wortsymbol PACKED verwandt wurde.

Regel R7.2.3.2-2: Aktualisierungen von in e i n e r Variablenparameterspezifikation spezifizierten formalen
Variablenparametern muessen Variablen ein und
desselben Typs sein, der durch R7.2.3.2-1 festgelegt ist.

Regel R7.2.3.2-3: Komponenten-Variablen einer Variablen eines Typs,
bei dessen Angabe das Wortsymbol PACKED verwandt
wurde, sind als aktuelle Variablenparameter unzulaessig. Auch sind als aktuelle Variablenparameter Auswahl-Komponenten-Variablen von 'e<>r'
varianten Satz-Variablen unzulaessig.

Die letzte Regel vereinfacht PASCAL-Kompilierer. Verstoesse gegen die
vorstehenden Regeln werden zur Uebersetzungszeit bemerkt.

Fuer aktuelle Variablenparameter ist im Gegensatz zu aktuellen
Wertparametern beim Unterprogrammaufruf kein Speicherbedarf noetig. Es erfolgt keine (ggf. zeitaufwendige) Zuweisung. Das soll
heissen, dass die formalen Variablenparameter waehrend eines (ganzen) Unterprogrammablaufes durch die aktuellen Variablenparameter
ersetzt zu denken sind (es werden Adressen der aktuellen Variablenparameter - Referenzen, deshalb auch Aktualisierung per Referenz - an das Unterprogramm 'uebergeben', ueber die die aktuellen
Variablenparameter adressierbar sind). Damit koennen im Gegensatz
zu aktuellen Wertparametern Werte von aktuellen Variablenparametern durch einen Unterprogrammaufruf geaendert werden.

Die Referenzen von aktuellen Variablenparametern werden einmal
vor dem Betreten des Unterprogrammblockes ermittelt. Das bedeutet
Vorsicht bei als aktuelle Variablenparameter dienenden indizierten Variablen, 'varianten' Satz-Komponenten-Variablen, Datei-Kom-
ponenten-Puffern und referenzierten Variablen. Zu beachten sind
also die Regeln R4.2.2.1-1, R4.2.2.2-1, R4.2.2.3-1 und R4.2.3-1.

Das folgende Beispielprogramm soll das Prinzipielle verdeutlichen, was in diesem und im vorhergehenden Abschnitt dargelegt
wurde.

```
(* BEISPIEL B7.2.3.2-1: VERDEUTLICHUNG DES UNTERSCHIEDES VON
                        WERT- UND VARIABLENPARAMETERN *)
PROGRAM    WVPAR     (OUTPUT);
CONST      UI     =  1;
           OI     =  3;
TYPE       INDEX  =  UI .. OI;
           FELD   =  ARRAY [INDEX] OF INTEGER;
VAR        I      ,
           I1     ,
           I2     :  INDEX;
           A1     ,
           A2     :  FELD;
PROCEDURE  WERT (X :  INDEX;
                 Y :  FELD);
VAR        I      :  INDEX;
BEGIN                          (* WERT *)
           (* DIE FORMALEN WERTPARAMETER X UND Y HABEN SPEICHERBE-
              DARF. DIE AKTUELLEN WERTPARAMETER-WERTE SIND (ZEIT-
              VERBRAUCHEND) ZUGEWIESEN: X UND Y SIND INITIALISIERT.*)
  X := X + 1;
  WRITELN (# WERTPARAMETER-WERT-BEISPIELE:#);
  WRITE (X);
```

```
  FOR I := X - 1 TO OI DO
    BEGIN
      Y [I] := Y [I] + 1;
      WRITE (Y[I])
    END;
  WRITELN
        (* DER VON X UND Y BEANSPRUCHTE SPEICHER WIRD AN DIE
           HALDE ZURUECKGEGEBEN. DIE WERTE VON X UND Y SIND
           NICHT MEHR ZUGAENGLICH. *)
END;                                  (* WERT *)
PROCEDURE VARIABLE (VAR X : INDEX;
                    VAR Y : FELD);
VAR        I                : INDEX;
BEGIN                            (* VARIABLE *)
        (* DIE FORMALEN VARIABLENPARAMETER X UND Y HABEN KEINEN
           SPEICHERBEDARF: SIE SIND 'STELLVERTRETER' AKTUELLER
           VARIABLENPARAMETER. EINE INITIALISIERUNG WIRD VOR DEM
           AUFRUF VORAUSGESETZT (X) BZW. ERFOLGT HIER (Y). *)
  X := X + 1;
  WRITELN (# VARIABLENPARAMETER-WERT-BEISPIELE:#);
  WRITE (X);
  FOR I := X - 1 TO OI DO
    BEGIN
      Y [I] := I + 1;
      WRITE (Y[I])
    END;
  WRITELN
        (* DIE DEN VARIABLENPARAMETERN ZUGEWIESENEN WERTE SIND
           NACH DEM AUFRUF ZUGAENGLICH. *)
END;                            (* VARIABLE *)
BEGIN                           (* WVPAR *)
  I1 := UI;
  FOR I := UI TO OI DO
    A1 [I] := I;
  WRITELN (# WERTPARAMETER-WERTE VOR DEM AUFRUF VON 'WERT':#);
  WRITE   (I1);
  FOR I := UI TO OI DO
    WRITE (A1 [I]);
  WRITELN;
  WERT (I1, A1);
      (* ZULAESSIG WAERE AUCH DER AUFRUF:

  WERT (UI, A1);

         DAS ERGEBNIS WAERE DAS GLEICHE: ALS AKTUALISIERUNGEN
         SIND AUSDRUECKE ZULAESSIG - ALSO AUCH DIE KONSTANTE UI
      *)
  WRITELN (# WERTPARAMETER-WERTE NACH DEM AUFRUF VON 'WERT':#);
  WRITE   (I1);
  FOR I := UI TO OI DO
    WRITE (A1 [I]);   .
  WRITELN;
  I2 := UI;
  WRITELN (# VARIABLENPARAMETER-WERTE VOR DEM AUFRUF#,
           # VON 'VARIABLE':#);
  WRITELN (I2, #    UNDEFINIERT#);
  VARIABLE (I2, A2);
```

```
        (* DER AUFRUF

   VARIABLE (UI, A2);

            IST NICHT ZULAESSIG. DIES WIRD ZUR UEBERSETZUNGSZEIT
            BEMERKT. MAN MACHE SICH KLAR, DASS DER VORSTEHENDE
            AUFRUF AUF EINE DEM SINN VON KONSTANTEN WIDERSPRECHEN-
            DE 'AENDERUNG EINER KONSTANTEN' HINAUSLIEFE. *)
   WRITELN (# VARIABLENPARAMETER-WERTE NACH DEM AUFRUF#,
            # VON 'VARIABLE':#);
   WRITE   (I2);
   FOR I := UI TO OI DO
     WRITE (A2 [I]);
   WRITELN
END.                          (* WVPAR *)
```

Ergebnisse:

```
WERTPARAMETER-WERTE VOR DEM AUFRUF VON 'WERT':
          1         1         2         3
WERTPARAMETER-WERT-BEISPIELE:
          2         2         3         4
WERTPARAMETER-WERTE NACH DEM AUFRUF VON 'WERT':
          1         1         2         3
VARIABLENPARAMETER-WERTE VOR DEM AUFRUF VON 'VARIABLE':
          1     UNDEFINIERT
VARIABLENPARAMETER-WERT-BEISPIELE:
          2         2         3         4
VARIABLENPARAMETER-WERTE NACH DEM AUFRUF VON 'VARIABLE':
          2         2         3         4
```

Als Beispiel fuer die Aktualisierung von Variablenparametern, bei
deren Spezifikation ein konformes Feld-Schema benutzt wurde, moegen die Aktualisierungen von A, B und C in Aufrufen der Prozedur
MULTMAT1 (s. Abschn. 7.1.3.2) dienen. Deklariert seien:

```
        X,  Y,  Z : ARRAY [-10 .. 10, 1 .. 100] OF REAL;
        A1, A2, A3 : ARRAY [ 1 .. 2, 0 ..  10] OF REAL    .
```

Dann sind zulaessige Aufrufe:

```
        MULTMAT1 ( X,  Y,  Z);
        MULTMAT1 (A1, A2, A3)                  ,
```

in denen X, Y und Z bzw. A1, A2 und A3 als Aktualisierungen von
A, B und C dienen. Falsch ist der Aufruf

```
        MULTMAT1 (A1, X, A3)                   ,
```

weil X nicht vom gleichen Typ wie A1 und A3 ist, was nach der
Deklaration von MULTMAT1 und R7.2.3.2-2 gefordert ist.

7.2.3.3 Prozedurparameteraktualisierungen

Die Bereitstellung aktueller Parameter fuer spezifizierte formale
Prozedurparameter besteht nach Syntax-Diagramm S124 in der Nennung des Namens einer Prozedur.

S124 aktueller Prozedurparameter (actual procedural parameter)

```
          +-------------+
   --->I Prozedurname I--->
          +-------------+
```


Danach duerfen also aktuellen Prozedurparametern keinesfalls in
runde Klammern eingeschlossene Listen aktueller Parameter folgen
- auch dann nicht, wenn die Deklarationen der Prozeduren, die als
Aktualisierungen von formalen Prozedurparametern dienen sollen,
in runde Klammern eingeschlossene Listen von Spezifikationen formaler Parameter besitzen. Denn nach Abschn. 7.1.3.3 werden ja
evtl. erforderliche Aktualisierungen in Prozeduranweisungen im
Anweisungsteil der Prozedur- oder 'e' bzw. 't' gebundenen Funktionsdeklaration vorgenommen, in denen Namen als Prozedurnamen
aufgefuehrt sind, die in formalen Prozedurparameterspezifikationen im Kopf der Deklaration spezifiziert sind. Diese Namen muessen als 'Stellvertreter' von aktuellen Prozedurparametern gesehen
werden und zwar waehrend der gesamten Ausfuehrung des Blockes der
Prozedur- oder 'e' bzw. 't' gebundenen Zeiger-Funktionsdeklaration, die im Kopf die spezifizierten Prozedurnamen enthaelt.

Bevor wir zu beachtende Regeln auffuehren, bringen wir zum besseren Verstaendnis zunaechst einmal ein Beispiel-Programm.

(* BEISPIEL B7.2.3.3-1: BERECHNUNG VON 'SIMPLEN' PASCAL- UND
                        APL-AUSDRUECKEN.
                        IN PASCAL WERDEN MEHRERE AUFEINANDER-
                        FOLGENDE (NICHT GEKLAMMERTE) ADDITIO-
                        NEN UND/ODER SUBTRAKTIONEN IN EINEM
                        AUSDRUCK VON LINKS NACH RECHTS AUSGE-
                        WERTET (S. ABSCHN. 5). IN DER FORMALEN
                        PROGRAMMIERSPRACHE APL (A PROGRAMMING
                        LANGUAGE) GESCHIEHT DIES UMGEKEHRT -
                        NAEMLICH VON RECHTS NACH LINKS (S.
                        [053]).
                        ALS EINGABE WERDEN AUF DER DATEI INPUT
                        ZEILEN ERWARTET, DIE ALS ERSTES ZEICHEN
                        EIN P (FUER PASCAL-AUSDRUCK) ODER EIN
                        A (FUER APL-AUSDRUCK) HABEN. DANACH
                        KOENNEN VORZEICHENLOSE GANZE ZAHLEN
                        (GEMAESS S16) FOLGEN, DIE VONEINANDER
                        DURCH DIE ZEICHEN + ODER - ZU TRENNEN
                        SIND, SO DASS EINE FOLGE VON ADDITIONEN
                        UND/ODER SUBTRAKTIONEN GANZER ZAHLEN
                        ALS 'SIMPLER' AUSDRUCK VORLIEGT. ZWI-
                        SCHENRAEUME SIND UEBERALL ERLAUBT -

AUSSER ALS ERSTES ZEICHEN DER ZEILE
ODER INNERHALB VON VORZEICHENLOSEN
GANZEN ZAHLEN.
IN ABHAENGIGKEIT VOM ERSTEN ZEICHEN
EINER EINGABEZEILE WERTET DAS PROGRAMM
DEN NACHFOLGENDEN AUSDRUCK PASCAL-GE-
MAESS ODER APL-GEMAESS AUS.
DAS ERGEBNIS WIRD NEBST DER EINGABE-
ZEILE AUF OUTPUT AUSGEGEBEN.

EINSCHRAENKUNGEN:
  . DAS PROGRAMM IST PASCAL-6000-3.4-IM-
    PLEMENTATIONSABHAENGIG. DAS BETRIFFT:
    . DIE ORDNUNG DER ZEICHEN IM
      WERTEBEREICH DES ZEICHENSTANDARD-
      TYPS;
    . ZEICHEN-MENGEN-AUSDRUECKE UND
    . PROZEDURPARAMETERSPEZIFIKATIONEN.
  . ES WIRD NICHT UEBERPRUEFT, OB DER
    WERT EINER VORZEICHENLOSEN GANZEN
    ZAHL GROESSER MAXINT IST. *)

```
PROGRAM     PASCAPL
                 (INPUT, OUTPUT);
LABEL       9999;
CONST       ZMAX     = 72;
TYPE        ET       = (OPERAND, OPERATOR);
            INDEX    = 1 .. ZMAX;
VAR         Z        : INDEX;
            NZ       : INTEGER;
            ZEILE    : ARRAY [INDEX] OF CHAR;
            ELEMENT  : INTEGER;          (* OPERAND ODER OPERATOR *)
PROCEDURE PASCALAUSDRUCK
                 (ELEMENTTYP : ET);
BEGIN                                    (* PASCALAUSDRUCK *)
  WHILE (NZ <> Z) AND (ZEILE [NZ] = # #) DO
    NZ := NZ + 1;
  IF ELEMENTTYP = OPERATOR THEN
    IF ZEILE [NZ] IN [#+#, #-#, # #] THEN
      BEGIN
        ELEMENT := ORD (ZEILE [NZ]);
        NZ        := NZ + 1
      END
    ELSE
      BEGIN
        WRITELN (#    *** FEHLER ***#);
        GOTO 9999
      END
  ELSE
    BEGIN
      IF NOT (ZEILE [NZ] IN [#0# .. #9#]) THEN
        BEGIN
          WRITELN (#    *** FEHLER ***#);
          GOTO 9999
        END;
      ELEMENT := 0;
```

```
      WHILE ZEILE [NZ] IN [#0# .. #9#] DO
         BEGIN
           ELEMENT := ELEMENT * 10 + ORD (ZEILE [NZ]) - ORD (#0#);
           NZ       := NZ + 1
         END
    END
END;                                      (* PASCALAUSDRUCK *)
PROCEDURE APLAUSDRUCK
                  (ELEMENTTYP : ET);
VAR       FAKTOR : INTEGER;
BEGIN                                     (* APLAUSDRUCK *)
  WHILE (Z <> 1) AND (ZEILE [Z] = # #) DO
    Z := Z - 1;
  IF ELEMENTTYP = OPERATOR THEN
    IF ZEILE [Z] IN [#+#, #-#] THEN
      BEGIN
        CASE ZEILE [Z] OF
#+#:        ELEMENT := ORD (#P#);
#-#:        ELEMENT := ORD (#M#)
        END;
        Z := Z - 1
      END
    ELSE
      IF Z = 1 THEN
        ELEMENT := ORD (# #)
      ELSE
        BEGIN
          WRITELN (#    *** FEHLER ***#);
          GOTO 9999
        END
  ELSE
    BEGIN
      IF NOT (ZEILE [Z] IN [#0# .. #9#]) THEN
        BEGIN
          WRITELN (#    *** FEHLER ***#);
          GOTO 9999
        END;
      ELEMENT := ORD (ZEILE [Z]) - ORD (#0#);
      Z        := Z - 1;
      FAKTOR   := 1;
      WHILE ZEILE [Z] IN [#0# .. #9#] DO
         BEGIN
           FAKTOR := FAKTOR * 10;
           ELEMENT := (ORD (ZEILE [Z]) - ORD (#0#)) * FAKTOR
                                       + ELEMENT;
           Z        := Z - 1
         END
    END
END;                                      (* APLAUSDRUCK *)
FUNCTION WERT
                 (PROCEDURE AUSDRUCK
                       (* (ELEMENTTYP : ET) *)) : INTEGER;
VAR       W,
          X,
          O        : INTEGER;
```

```
BEGIN                                    (* WERT *)
  AUSDRUCK (OPERAND);
  W := ELEMENT;
  AUSDRUCK (OPERATOR);
  WHILE ELEMENT <> ORD (# #) DO
    BEGIN
      O := ELEMENT;
      AUSDRUCK (OPERAND);
      CASE CHR (O) OF
#+#:    W := W + ELEMENT;
#-#:    W := W - ELEMENT;
#P#:    W := ELEMENT + W;
#M#:    W := ELEMENT - W
      END;
      AUSDRUCK (OPERATOR)
    END;
  WERT := W
END;                                     (* WERT *)
BEGIN                                    (* PASCAPL *)
9999:                                    (* FEHLERAUSGANG *)
  WHILE NOT EOF DO
    BEGIN
      Z := 1;
      WRITE (# #);
      WHILE NOT EOLN AND (Z <> ZMAX) DO
        BEGIN
          READ  (ZEILE [Z]);
          WRITE (ZEILE [Z]);
          Z := Z + 1
        END;
      IF NOT EOLN THEN
        BEGIN
          READLN;
          WRITELN (#    *** FEHLER ***#);
          GOTO 9999
        END;
      READLN;
      IF ZEILE [1] = #P# THEN
        BEGIN
          ZEILE [Z] := # #;
          NZ := 2;
          WRITELN (#    = #, WERT (PASCALAUSDRUCK))
        END
      ELSE
        IF ZEILE [1] = #A# THEN
          BEGIN
            Z := Z - 1;
            WRITELN (#    = #, WERT (APLAUSDRUCK))
          END
        ELSE
          WRITELN (#    *** FEHLER ***#)
    END
END.                                     (* PASCAPL *)
```

Ergebnisse:

```
A   123    + 7    -   6    =           124
P   123    + 7    -   6    =           124
A   10     -100   + 10    =           -100
P   10     -100   + 10    =           -80
```

Die Deklaration der ganzen Funktion WERT enthaelt die nach [085]
und nicht nach [080] gestaltete Spezifikation einer Prozedur
AUSDRUCK (als Kommentar ist der nach [080] fehlende Teil der Spe-
zifikation angegeben). Im Block der Funktion WERT ist der Name
AUSDRUCK mehrfach in Prozeduranweisungen aufgefuehrt, die auch
Listen aktueller Parameter enthalten. Aktualisiert wird AUSDRUCK
im Aufruf der Funktion WERT entweder durch den Namen der Prozedur
PASCALAUSDRUCK oder den Namen der Prozedur APLAUSDRUCK, so dass
bei der Ausfuehrung des Anweisungsteils des Blockes der Funktion
WERT die Prozeduranweisungen

        AUSDRUCK (OPERAND) und AUSDRUCK (OPERATOR)

als die Prozeduranweisungen

        PASCALAUSDRUCK (OPERAND) und PASCALAUSDRUCK (OPERATOR)
    bzw.
        APLAUSDRUCK   (OPERAND) und APLAUSDRUCK   (OPERATOR)

anzusehen sind.

Zu beachten ist dabei:

Regel R7.2.3.3-1: Ist in einer Prozedurparameterspezifikation ei-
                   ne Liste von Spezifikationen formaler Parameter
                   angegeben, so muss die Deklaration einer Proze-
                   dur, die zur Aktualisierung fuer den formalen
                   Prozedurparameter dienen soll, im Prozedurkopf
                   eine Liste von Spezifikationen formaler Parame-
                   ter enthalten, die zur Liste von Spezifikatio-
                   nen formaler Parameter der Prozedurparameter-
                   spezifikation kongruent im Sinne der Regel
                   R7.2.3.3-2 ist.

Regel R7.2.3.3-2: Zwei Listen von Spezifikationen f o r m a l e r
                   Parameter gelten als kongruent, wenn sie
                   . die gleiche Anzahl von Wert-, Variablen-, Pro-
                     zedur- und/oder 'e' bzw. 't' gebundenen Zeiger-
                     Funktionsparameterspezifikationen - die glei-
                     che Anzahl Parameterspezifikationen - enthal-
                     ten und wenn sie
                   . in gleichwertigen Positionen passende Parame-
                     terspezifikationen aufweisen. Als passend sind
                     zwei Parameterspezifikationen zu betrachten,
                     wenn eine der folgenden vier Aussagen zutrifft:
                     . Die beiden Parameterspezifikationen sind
                       Wertparameterspezifikationen, die dieselbe
                       Anzahl von Wertparametern ein und desselben
                       Typs spezifizieren.

- Die beiden Parameterspezifikationen sind
  Variablenparameterspezifikationen, die dieselbe Anzahl von Variablenparametern ein
  und desselben Typs oder aequivalenter kon-
  former Feld-Schemata spezifizieren. Zwei konforme Feld-Schemata sind als aequivalent zu
  betrachten, wenn
  - die Namen fuer 'e<>r' Typen in den Index-
    Typ-Spezifikationen ein und denselben Typ
    benennen und wenn
  - hinter dem Wortsymbol OF entweder Namen
    fuer 't' Typen aufgefuehrt sind, die ein
    und denselben Typ benennen oder konforme
    Feld-Schemata aufgefuehrt sind, die aequi-
    valent sind.
- Die beiden Parameterspezifikationen sind
  Prozedurparameterspezifikationen entweder
  ohne Listen von Spezifikationen formaler
  Parameter oder mit Listen von Spezifikationen formaler Parameter, die kongruent sind.
- Die beiden Parameterspezifikationen sind
  'e' bzw. 't' gebundene Zeiger-Funktionsparameterspezifikationen ein und desselben Typs
  entweder ohne Listen von Spezifikationen
  formaler Parameter oder mit Listen von Spezifikationen formaler Parameter, die kongruent sind.

Einen Verstoss gegen Regel R7.2.3.3-1 wuerde es beispielsweise
bedeuten, wenn in B7.2.3.3-1 die Deklarationen der Prozeduren
PASCALAUSDRUCK und APLAUSDRUCK statt der Liste von Spezifikationen formaler Wertparameter

        ELEMENTTYP : ET

die Liste von Spezifikationen formaler Variablenparameter

        VAR ELEMENTTYP : ET

enthielten, weil die (in B7.2.3.3-1 als Kommentar aufgefuehrte)
Liste von Spezifikationen formaler Wertparameter

        ELEMENTTYP : ET

in der Spezifikation der Prozedur AUSDRUCK in der Deklaration der
Funktion WERT nicht kongruent zu den Listen von Spezifikationen
formaler Variablenparameter gemaess Regel R7.2.3.3-2 waere.

Nach [085] gestaltete PASCAL-Implementationen - wie auch die
PASCAL-6000-3.4-Implementation - schraenken, um Laufzeitueber-
pruefungen zu sparen, die Art der Parameter von Prozeduren ein,
die zur Aktualisierung von Prozedurparametern dienen: Es sind i.a.
nur Wertparameter zulaessig. Dieser Einschraenkung wird nach [080]
durch einen Mehraufwand an Schreibarbeit bei der Spezifikation von
Prozedurparametern begegnet.

Beachtet werden muss noch:

Regel R7.2.3.3-3: Prozeduren, die als Aktualisierungen von Proze-
                  durparametern dienen sollen, koennen nur vom
                  Programmierer deklarierte Prozeduren sein.

Diese Regel besagt, dass Namen von Standardprozeduren nicht als
Aktualisierungen von Prozedurparametern benutzt werden duerfen.
Dies vereinfacht PASCAL-Implementationen (man denke an die in
Abschn. 7.2.1 erwaehnten besonderen Eigenschaften von Listen aktueller Parameter bei Aufrufen von Standardprozeduren). Umgehen
kann man diese Beschraenkung vielfach durch Deklaration einer Prozedur, die die gewuenschte Standardprozedur-Anweisung enthaelt
und als Aktualisierung von Prozedurparametern dann dienen kann.

Klar sollte man sich machen, dass es durchaus zulaessig ist, den
Namen einer Prozedur, die in einem Prozedur- oder 'e' bzw. 't'
gebundenen Zeiger-Funktionsblock deklariert ist, als Aktualisierung in einer Prozeduranweisung zu benutzen, die eine zur Prozedur oder 'e' bzw. 't' gebundenen Zeiger-Funktion globale Prozedur
aufruft. Dies ist eine Spracheigenschaft, die fuer eine durchsichtige Gestaltung von Programmstrukturen von Bedeutung sein kann,
aber wegen ihrer Kompliziertheit sicher nicht von jeder PASCAL-Implementation beruecksichtigt wird.

7.2.3.4 Funktionsparameteraktualisierungen

Die Ausfuehrungen ueber Prozedurparameteraktualisierungen im vorangegangenen Abschnitt lassen sich weitgehend auf Funktionsparameteraktualisierungen uebertragen. Es ist i.a. lediglich das Wort
Prozedur durch 'e' bzw. 't' gebundene Zeiger-Funktion passend zu
ersetzen, womit gleich der einzige zu beachtende Unterschied deutlich wird: Funktionen haben im Gegensatz zu Prozeduren einen Typ,
was zu der folgenden Regel fuehrt:

Regel R7.2.3.4-1: Eine zur Aktualisierung eines formalen Funk-
                  tionsparameters dienende Funktion muss den glei-
                  chen Typ haben, der bei der Spezifikation des
                  formalen Funktionsparameters spezifiziert wurde.

Im uebrigen fassen wir uns kurz und bringen hier nur die Syntax-
Diagramme fuer die Bereitstellung aktueller Funktionsparameter:

S125 aktueller 'e' Funktionsparameter (actual 'e' functional
                                       parameter)

```
      +---------------------+
 --->I Name f.'e' Funktion I--->
      +---------------------+
```

S126 aktueller 't' gebundener Zeiger - Funktionsparameter (ac-
                  tual 't' bounded pointer functional parameter)

```
      +-----------------------------+
 --->I Name f.'t'                   I
      I gebundene Zeiger - Funktion I--->
      +-----------------------------+
```

und - aus Gruenden des leichteren Nachschlagens - die den Regeln
R7.2.3.3-1 und R7.2.3.3-3 entsprechenden Regeln:

Regel R7.2.3.4-2: Ist in einer 'e' bzw. 't' gebundenen Zeiger-
                  Funktionsdeklaration eine Liste von Spezifika-
                  tionen formaler Parameter angegeben, so muss
                  die Deklaration einer 'e' bzw. 't' gebundenen
                  Zeiger-Funktion, die zur Aktualisierung fuer
                  den formalen 'e' bzw. 't' gebundenen Zeiger-
                  Funktionsparameter dienen soll, im 'e' bzw. 't'
                  gebundenen Funktionskopf eine Liste von Spezi-
                  fikationen formaler Parameter enthalten, die
                  zur Liste von Spezifikationen formaler Parame-
                  ter der 'e' bzw. 't' gebundenen Funktionspara-
                  meterspezifikation kongruent im Sinne der Re-
                  gel R7.2.3.3-2 ist.

Regel R7.2.3.4-3: 'e' bzw. 't' gebundene Zeiger-Funktionen, die
als Aktualisierungen von 'e' bzw. 't' gebunde-
nen Funktionsparametern dienen sollen, koennen
nur vom Programmierer deklarierte 'e' bzw. 't'
gebundene Zeiger-Funktionen sein.

Als Beispiele fuer Funktionsparameteraktualisierungen moegen die
von F im Aufruf der Funktion SIMINT dienen, deren Deklaration in
Abschn. 7.1.3.4 erfolgte:

```
SIMINT (GERADE, 4.0, 5.0, 2);
SIMINT (PARABEL, 0.0, 3.0, 2);
SIMINT (KUBPAR, 0.0, 3.0, 4)          .
```

Dabei sei die Funktion GERADE wie in Abschn. 7.2.2 deklariert und
die Funktionen PARABEL und KUBPAR (kubische Parabel) beispielsweise wie folgt deklariert:

```
FUNCTION PARABEL (X : REAL) : REAL;
BEGIN
  PARABEL := SQR (X)
END;
FUNCTION KUBPAR  (X : REAL) : REAL;
BEGIN
  KUBPAR := X * SQR (X)
END                              .
```

Die Erstellung eines vollstaendigen Programmes, in dem die obigen
Aufrufe von SIMINT als Faktoren in Ausdruecken vorkommen, seien
dem Leser ueberlassen. Die Berechnung der Funktionswerte ergibt
4.5, 9.0 und 20.25.

Will man eine 'parametrisierte' Funktion F in X mit SIMINT inte-
grieren - z.B.

```
ALPHA * X + BETA                    oder
ALPHA * X * X + BETA * X + GAMMA       ,
```

so sind die 'Parameter' - also ALPHA, BETA bzw. GAMMA - global
zu SIMINT und F im Programmblock zu deklarieren und entsprechend
zu initialisieren.

7.2.4 Rekursive Unterprogramme

Bereits in den Abschnitten 7.1.1 und 7.1.2 wurde darauf hingewiesen, dass Unterprogramme in PASCAL rekursiv angelegt werden koennen. Man spricht von einem

. direkt rekursiven Unterprogramm, wenn das Unterprogramm einen
  Aufruf von sich selbst enthaelt (direkt rekursiver Aufruf),
. indirekt rekursiven Unterprogramm, wenn das Unterprogramm
  den Aufruf eines Unterprogrammes enthaelt, das wiederum jenes
  aufruft - ggf. ueber Aufrufe weiterer Unterprogramme (indirekt
  rekursiver Aufruf) und
. gemischt rekursiven Unterprogramm, wenn es sowohl die Eigenschaft hat, direkt rekursiv zu sein, als auch die Eigenschaft
  besitzt, indirekt rekursiv zu sein.

Von PASCAL her gesehen liegt ein direkt rekursives Unterprogramm
vor, wenn der Name des Unterprogrammes in einer Prozeduranweisung
resp. in einem 'e' bzw. 't' gebundenen Zeiger-Funktionsaufruf angegeben ist, die resp. der sich im Anweisungsteil des Blockes der
Unterprogrammdeklaration befindet. Wuerde sich die Prozeduranweisung resp. der 'e' bzw. 't' gebundene Zeiger-Funktionsaufruf im
(Prozedur- und Funktionsdeklarationsteil des) Vereinbarungsteil(s)
des Blocks der Unterprogrammdeklaration befinden oder in Bloecken
anderer (nicht zu diesem Unterprogramm lokaler) Unterprogramme,
so laege ein indirekt rekursives Unterprogramm vor. Es duerfte
klar sein, wann ein gemischt rekursives Unterprogramm vorliegt.
Erinnert sei, dass die Angabe des Namens einer 'e' bzw. 't' gebundenen Zeiger-Funktion in einer Funktions-Wertzuweisung
l i n k s vom Symbol := keinen rekursiven Aufruf bedeutet.

Beispiele fuer rekursive Unterprogramme finden sich in dem Bei-
spielprogramm B9-1. Direkt rekursive Prozeduren sind etwa die Pro-
zeduren BBLOCK (deren Kopf auf S. 9/24, Zeile 842, deren Anweisungsteil auf S. 9/34, Zeile 1375 u.f. und deren direkt rekursiver
Aufruf auf S. 9/37, Zeile 1578 zu finden ist) und SORTOBL (deren
Kopf auf S. 9/38, Zeile 1601, deren Anweisungsteil auf S. 9/38,
Zeile 1606 u.f. und deren direkt rekursive Aufrufe auf S. 9/38,
Zeile 1631 und 1637 zu finden sind). Eine indirekt rekursive
Prozedur ist u.a. BAUSDR (deren Kopf auf S. 9/29, Zeile 1107, deren Block auf S. 9/30, Zeile 1164 u.f. und deren indirekt rekursive Aufrufe auf S. 9/30, Zeile 1193, 1203, 1205, 1208 und 1210
zu finden sind). Eine gemischt rekursive Prozedur ist beispielsweise BTYPANG (deren Kopf auf S. 9/25, Zeile 881, deren Block auf
S. 9/25, Zeile 882 u.f., deren direkt rekursive Aufrufe auf S.
9/28, Zeile 1076 und 1097 und deren indirekt rekursiver Aufruf
auf S. 9/26, Zeile 963 zu finden sind).

Die Verwendung rekursiver Unterprogramme ist nicht ganz unproblematisch. Einmal ist zu beachten, dass wie bei jedem Aufruf eines
Unterprogrammes auch bei jedem rekursiven Aufruf eine Vergroesserung des Stapels erfolgt, so dass es bei 'vielen' nacheinander
erfolgenden rekursiven Aufrufen leicht zu Zentralspeichermangel
und damit Abbruch des Programmlaufs kommen kann. Zum anderen sind
die Abbruchbedingungen fuer eine Folge von rekursiven Aufrufen
nicht immer ganz leicht durchschaubar. Auf diese Problematiken,

die zu der Frage fuehren, wann rekursive Unterprogramme angebracht
sind und wann nicht, koennen wir hier nicht naeher eingehen und
verweisen auf die recht ausfuehrlichen Darstellungen in [204].
Grob sollte jedoch festgehalten werden: Rekursive Unterprogramme
muessen benutzt werden, wenn keine Algorithmen bekannt sind, die
die Anlage von nicht-rekursiven Unterprogrammen gestatten oder
wenn der Programmieraufwand fuer alternative Algorithmen unange-
messen ist. Ansonsten sollte man versuchen, rekursive Loesungen
durch iterative Loesungen zu ersetzen. Als Beispiel fuer eine
solche Vorgehensweise bringen wir die Berechnung von n-Fakultaet
(fuer nicht negative ganze Zahlen). Bekanntlich ist n-Fakultaet
durch die Rekursion

$$. \; 0! \; = \; 1,$$
$$. \; n! \; = \; n \; . \; (n - 1)! \quad , \; n > 0$$

definiert. Es liegt nahe, dafuer die Funktionsdeklaration

```
FUNCTION NFAKR (N : INTEGER) : INTEGER;
BEGIN
  IF N = 0 THEN
    NFAKR := 1
  ELSE
    NFAKR := N * NFAKR (N - 1)
END
```

zu programmieren. Jedoch muss man sich klar sein, dass NFAKR N-mal
rekursiv aufgerufen und der Stapel (N + 1)-mal zur Aufnahme des
Wertparameters N (von intern benoetigtem Zentralspeicher abgesehen) vergroessert wird. Das laesst sich umgehen, wenn statt dessen
deklariert wird:

```
FUNCTION NFAKI (N : INTEGER) : INTEGER;
VAR I, K : INTEGER;
BEGIN
  K := 1;
  FOR I := 1 TO N DO
    K := K * I;
  NFAKI := K
END
```

Diese Funktion ist nicht rekursiv, sondern berechnet n-Fakultaet
auf iterative Weise. Der Stapel wird beim Aufruf nur einmal zur
Aufnahme des Wertparameters N und der lokalen Variablen I und K
(von intern benoetigtem Zentralspeicher abgesehen) vergroessert.

Sei noch darauf hingewiesen, dass NFAKR nicht richtig arbeiten
wuerde, wenn N als Variablenparameter spezifiziert worden waere.
Denn bei jedem rekursiven Aufruf von NFAKR muss ja fuer N ein
aktueller Parameter bereitgestellt werden, dessen Wert um 1 kleiner ist als der Wert des aktuellen Parameters beim vorherigen Aufruf. Und dieser Wert muss nach dem Aufruf noch zur Verfuegung
sein, da mit ihm eine Multiplikation durchzufuehren ist. Ohne
Aenderung des Funktionsblockes - beispielsweise durch Einfuehrung
und Benutzung einer lokalen Variablen (was jedoch nur Nachvollzug
dessen waere, was ueber einen Wertparameter erreichbar ist) -
kann also N nicht als Variablenparameter spezifiziert werden.

7.2.5 Standardprozedur-Anweisungen

Schon wiederholt wurde in den bisherigen Ausfuehrungen auf Prozeduren hingewiesen bzw. erfolgte ein Aufruf von Prozeduren, die
keiner Deklaration beduerfen. Bei diesen Prozeduren handelt es
sich um standardmaessig deklarierte Prozeduren - Standardprozeduren - analog anderen standardmaessig definierten bzw. deklarierten
Objekten - naemlich Konstanten, Typen und Variablen sowie Funktionen (s. Abschn. 7.2.6). Wie diese haben die Prozeduren einen Standardnamen (s. S. 2.2.3/8). Wird dieser in einer Prozeduranweisung
aufgefuehrt und wurde ihm nicht per Definition bzw. Deklaration
eine andere Bedeutung gegeben, so erfolgt der Aufruf dieser Standardprozedur.

In den folgenden Unterabschnitten (sowie in Kap. 8, s. Abschnitt
7.2.5.1) werden wir die in S114 genannten Standardprozedur-Anweisungen -

. Dateimanipulationsprozeduranweisungen,
. dynamische Zuweisungsprozeduranweisungen und
. Datenuebertragungsprozeduranweisungen -

besprechen. Da die Listen aktueller Parameter in Standardprozedur-
Anweisungen fuer ein und dieselbe Standardprozedur von Anweisung
zu Anweisung nach Art und Typ der Parameter, aber auch Anzahl der
Parameter wie auch Syntax und Semantik verschieden sein duerfen
- wie bereits in Abschn. 7.2.2 erwaehnt, ist es i.a. ohne Einfuehrung weiterer beschreibender Hilfsmittel nicht moeglich, fuer jede
Standardprozedur-Anweisung einen gemaess S100 formulierten Prozedurkopf anzugeben, aus dem exakt die moeglichen Listen aktueller Parameter zu erschliessen sind. Wir verfahren daher so, dass
wir in Syntax-Diagrammen die Form der Standardprozedur-Anweisungen angeben. Daneben werden wie bei anderen standardmaessig definierten bzw. deklarierten Objekten verbale Erlaeuterungen folgen, aus denen die Wirkung eines durch eine Standardprozedur-Anweisung implizierten Aufrufs ersichtlich ist.

Sei noch bemerkt, dass PASCAL-Implementationen ausser den im folgenden besprochenen Standardprozeduren mitunter weitere Standardprozeduren zur Verfuegung stellen oder aber auch andere Formen
der Listen aktueller Parameter der besprochenen Standardprozeduren zulassen. Uebrigens betrifft dies nicht nur Standardprozeduren, sondern auch andere Standardobjekte. Wir koennen darauf natuerlich hier nicht eingehen, verweisen jedoch beispielsweise
auf [O85], wo zusaetzliche Standardobjekte der PASCAL-6000-3.4-
Implementation angegeben sind (s. auch B9-1).

7.2.5.1 Dateimanipulationsprozeduranweisungen

Der Name Dateimanipulationsprozeduranweisungen weist darauf hin,
dass es sich um Prozeduranweisungen zur Manipulation von Dateien
- genauer: Variablen eines Datei-Typs - handelt. Prinzipielles
ueber sie wurde bereits in Abschn. 4.2.2.3 ueber Datei-Komponenten-Puffer erlaeutert. Es sind zu unterscheiden:

S127 Dateimanipulationsprozeduranweisung (file handling
                                    procedure statement)

```
          +-------------------------------------+
 --+-->I Prozeduranweisung zur               I
   I    I Dateimanipulationsinitialisierung I---------+
   I    +-------------------------------------+         I
   I                                                    I
   I    +---------------------------------------+       I
   +-->I Prozeduranweisung zur Dateigenerierung I--->I
   I    +---------------------------------------+       I
   I                                                    I
   I    +-------------------------------------+         I
   +-->I Prozeduranweisung zur Dateiinspektion I---->I
   I    +-------------------------------------+         I
   I                                                    I
   I    +-----------------------------------+           I
   +-->I Prozeduranweisung zur               I           V
        I Datei- als auch Puffer-Manipulation I---------->
        +-----------------------------------+
```

Die Beschreibung der Wirkung der Dateimanipulationsprozeduranweisungen laesst sich weitgehend formalisieren, wie dies in Abschn.
3.2.4 bereits anklang. Wir wollen davon absehen und bringen eine
verbale Beschreibung, der wir ein Programm folgen lassen, das eine Simulation der Prozeduranweisungen zur Dateimanipulationsinitialisierung, Dateigenerierung und Dateiinspektion (sowie Funktion zur Erkennung des Dateiendes) durchfuehrt. Dieses Programm
ist einer formalen Beschreibung gleichwertig und erspart uns die
Beschreibung des Formalismus.

Nach Abschn. 3.2.4 muss jeder Verarbeitung einer Datei - genauer
hier: Datei-Variablen - ein Leeren oder Zuruecksetzen vorausgehen,
womit sich die Datei-Variable im Modus Generierung oder Inspektion
(vgl. Abschn. 3.2.4) befindet. Ausgenommen davon sind lediglich
die Text-Datei-Variablen OUTPUT und INPUT, wenn diese Namen als
Programmparameter im Programmkopf aufgefuehrt sind: Fuer OUTPUT
erfolgt automatisch ein Leeren, womit der Modus der der Generierung ist, und fuer INPUT erfolgt automatisch ein Zuruecksetzen,
womit der Modus der der Inspektion ist +). Implementationsabhaengig

----
+) Leeren fuer OUTPUT und Zuruecksetzen fuer INPUT kann implementationsabhaengig unterbleiben. Z.B. wird dies nicht von der
   PASCAL-6000-3.4-Implementation durchgefuehrt, wenn es sich bei
   den externen Datei-Variablen OUTPUT und INPUT um die 'Betriebs-
   system-Dateien' OUTPUT und INPUT handelt ('sie werden ab der
   Position benutzt, die vorgefunden wird').

kann ein durch den Programmierer veranlasstes Leeren von OUTPUT
und/oder Zuruecksetzen von INPUT auf Fehler fuehren oder als Leeranweisung angesehen werden. Das Leeren erfolgt durch Aufruf der
Prozedur mit dem Standardnamen REWRITE und das Zuruecksetzen durch
Aufruf der Prozedur mit dem Standardnamen RESET. Diese beiden Prozeduren sind die Prozeduren zur Dateimanipulationsinitialisierung.
Die Form der zugehoerigen Prozeduranweisungen sind dem Syntax-Diagramm S128 zu entnehmen.

S128 Prozeduranweisung zur Dateimanipulationsinitialisierung (
       procedure statement for file handling initialisation)

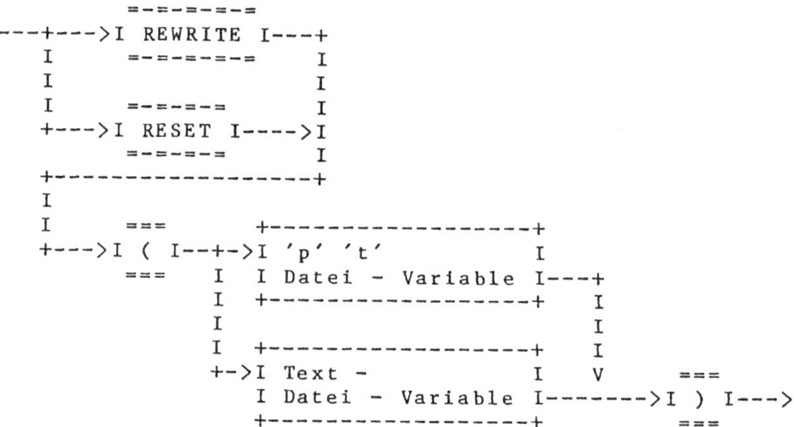

```
              =-=-=-=-=
  ---+--->I REWRITE I---+
     I        =-=-=-=-=     I
     I                      I
     I        =-=-=-=        I
     +--->I RESET I---->I
              =-=-=-=        I
     +------------------+
     I
     I      ===      +------------------+
     +--->I ( I--+-->I 'p' 't'          I
            ===   I  I Datei - Variable I---+
                  I  +------------------+   I
                  I                         I
                  I  +------------------+   I
                  +->I Text -           I   V     ===
                     I Datei - Variable I------->I ) I--->
                     +------------------+         ===
```

Danach ist hinter den Standardnamen je eine in runde Klammern eingeschlossene 'p''t' oder Text-Datei-Variablenbezugsangabe gemaess
S54 als aktueller Parameter anzugeben. Die (zu denkenden) formalen Parameter sind Variablenparameter (da Datei-Variablen nicht
Aktualisierungen von Wertparametern sein koennen und 'Aenderungen' der Datei-Variablen erfolgen). Laege die in Abschn. 4.2.2.3
gegebene Variablendeklaration der nicht-varianten Satz-Datei-Variablen FAHRZEUGKARTEI vor, so waeren

        REWRITE (FAHRZEUGKARTEI)
und
        RESET   (FAHRZEUGKARTEI)

Beispiele fuer Prozeduranweisungen zur Initialisierung der nicht-
varianten Satz-Datei-Variablen FAHRZEUGKARTEI. Prozeduranweisungen zur Initialisierung der Text-Datei-Variablen TXT [1] und
TXT [2] - Komponenten-Variablen der Variablen TXT, die deklariert
sei als

        TXT : ARRAY [1 .. 2] OF TEXT   -

koennten sein:

        REWRITE (TXT [1])
und
        RESET   (TXT [2])   .

362

Ein Aufruf der Prozedur REWRITE kann voraussetzungslos erfolgen:
Ist die als aktueller Parameter genannte Datei-Variable initialisiert, so wird der Wert unzugaenglich - sie wird 'geleert'; andernfalls geschieht dies nicht. In beiden Faellen sind linke und
rechte Sequenz die leere Sequenz (vgl. Abschn. 3.2.4), was als
Initialisierung dieser Sequenzen zu betrachten ist. Daneben wird
als Modus - wie bereits oben erwaehnt - Generierung und der Datei-Komponenten-Puffer als nicht-initialisiert vermerkt.

Ein Aufruf der Prozedur RESET setzt hingegen voraus, dass linke
und rechte Sequenz der als aktueller Parameter genannten Datei-
Variablen initialisiert sind, wobei eine Datei-Variable auch als
initialisiert gilt, wenn linke und rechte Sequenz die leere Sequenz sind, was nach einem Aufruf von REWRITE der Fall ist. Ist
diese Voraussetzung nicht erfuellt, so erfolgt ein Abbruch des
Programmlaufs. Andernfalls erfolgt Zuruecksetzen: Die linke Sequenz wird die leere Sequenz, und die rechte Sequenz wird die
(gesamte) Sequenz, wobei im Fall einer Text-Datei-Variablen die
letzte Zeile - falls dies noch nicht durch das Programm geschehen
ist - automatisch mit dem fiktiven Zeilenendekennzeichen versehen
wird (vgl. Abschn. 3.2.4.2). Wie bereits erwaehnt - wird als Modus
Inspektion vermerkt. Sind linke und rechte Sequenz die leere Sequenz, so wird der Datei-Komponenten-Puffer als nicht-initialisiert vermerkt. Andernfalls bekommt der Datei-Komponenten-Puffer
als Wert den Wert der ersten Komponente (vgl. Abschn. 3.2.4) der
rechten Sequenz und ist damit initialisiert.

Eine Prozeduranweisung zur Dateigenerierung dient dem Ausdehnen
(vgl. Abschn. 3.2.4) einer Datei-Variablen, was darin besteht,
dass der Wert des - initialisierten - Datei-Komponenten-Puffers
Wert der naechsten Komponenten-Variablen der Datei-Variablen wird.
Sie ist ein Aufruf der Prozedur mit dem Standardnamen PUT. Die
Form einer Prozeduranweisung zur Dateigenerierung ist dem Syntax-
Diagramm S129 zu entnehmen.

S129 Prozeduranweisung zur Dateigenerierung (procedure
                               statement for file generation)

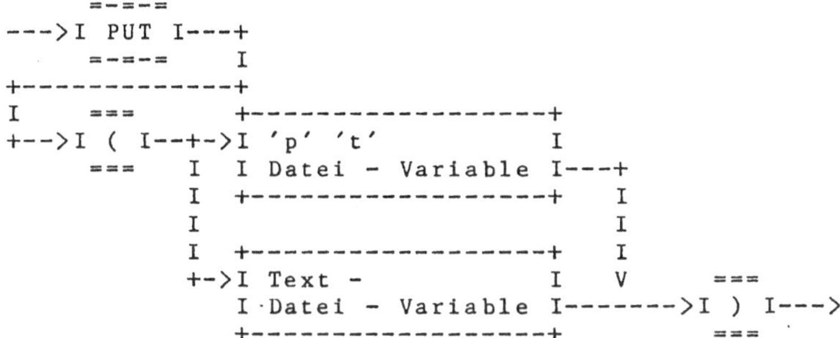

```
        =-=-=
    --->I PUT I---+
        =-=-=     I
    +-------------+
    I     ===        +----------------+
    +-->I ( I--+-->I 'p' 't'          I
          ===   I   I Datei - Variable I---+
                I   +----------------+     I
                I                          I
                I   +----------------+     I
                +->I Text -          I     V    ===
                   I·Datei - Variable I------->I ) I--->
                   +----------------+          ===
```

Danach ist hinter dem Standardnamen eine in runde Klammern eingeschlossene 'p''t' oder Text-Datei-Variablenbezugsangabe gemaess
S54 als Aktualisierung eines (zu denkenden) formalen Variablenparameters anzugeben. Beispielsweise sind

```
PUT (FAHRZEUGKARTEI)          ,
PUT (TXT [1])                     oder
PUT (TXT [2])
```

Prozeduranweisungen zur Generierung bzw. zum Ausdehnen der Datei-
Variablen FAHRZEUGKARTEI, TXT [1] und TXT [2], die wir wie bei
der Besprechung der Prozeduranweisungen zur Dateimanipulationsinitialisierung deklariert ansehen.

Ein Aufruf der Prozedur PUT setzt voraus, dass die Datei-Variable
sich im Modus Generierung befindet, womit garantiert ist, dass die
linke Sequenz initialisiert (ggf. die leere Sequenz) und die rechte Sequenz die leere Sequenz ist. Weiter muss - worauf schon hingewiesen wurde - der Datei-Komponenten-Puffer initialisiert sein.
Sind diese Voraussetzungen nicht erfuellt, so sollte durch eine
Implementation nach einer Fehlermeldung ein Abbruch des Programmlaufs erfolgen.

Der Wert des Datei-Komponenten-Puffers wird Wert der naechsten
Komponenten-Variablen der linken Sequenz, die nun letzte Komponenten-Variable (vgl. Abschn. 3.2.4) dieser ist. Die rechte Sequenz
bleibt nach wie vor die leere Sequenz. Der Modus wird ebenfalls
nicht geaendert - er bleibt der der Generierung. Der Datei-Komponenten-Puffer jedoch muss nach einem Aufruf der Prozedur PUT als
nicht-initialisiert betrachtet werden.

Damit duerfte einsichtig sein: Einem ersten Aufruf der Prozedur
PUT fuer eine Datei-Variable muss ein Aufruf der Prozedur REWRITE
fuer diese Datei-Variable vorausgehen (von OUTPUT abgesehen, wenn
OUTPUT als Programmparameter aufgefuehrt wurde), und einem jeden
Aufruf der Prozedur PUT muss stets eine Initialisierung des Datei-
Komponenten-Puffers vorausgehen. Fuer die Generierung einer Datei-
Variablen - wir wollen sie D nennen und als passend deklariert be-
trachten - kann also das folgende Programmfragmentschema dienen:

```
(* DATEI-VARIABLEN-GENERIERUNGSSCHEMA *)
.
.
.
REWRITE (D);
.
.
.
WHILE ... DO
  BEGIN
    (* INITIALISIERUNG VON D^ *)
    PUT (D)
  END;
.
.
.                                      .
```

Eine Prozeduranweisung zur Dateiinspektion dient (wenn moeglich,
s. spaeter) dem Fortschreiten zur naechsten Komponenten-Variablen
einer Datei-Variablen (vgl. Abschn. 3.2.4), wobei der Wert der
Komponenten-Variablen Wert des Datei-Komponenten-Puffers wird.
Sie ist ein Aufruf der Prozedur mit dem Standardnamen GET. Die
Form einer Prozeduranweisung zur Dateiinspektion ist dem Syntax-
Diagramm S130 zu entnehmen.

S130 Prozeduranweisung zur Dateiinspektion (procedure statement
                                    for file inspection)

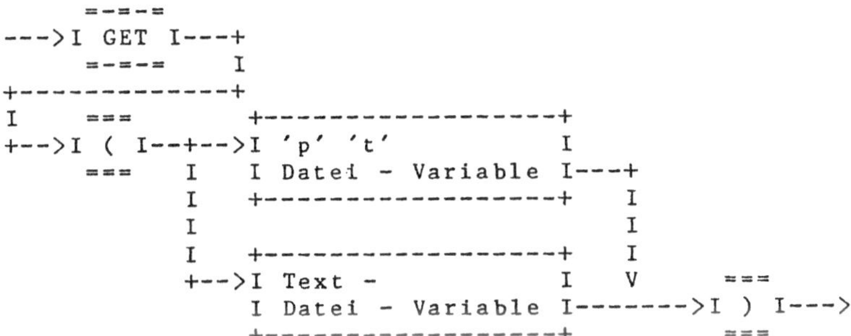

Danach ist hinter dem Standardnamen eine in runde Klammern eingeschlossene 'p''t' oder Text-Datei-Variablenbezugsangabe gemaess
S54 als Aktualisierung eines (zu denkenden) formalen Variablenparameters anzugeben. Beispielsweise sind

        GET (FAHRZEUGKARTEI)   ,
        GET (TXT [1])   oder
        GET (TXT [2])

Prozeduranweisungen zur Inspektion bzw. zum Fortschreiten zur
naechsten Komponenten-Variablen der Datei-Variablen FAHRZEUGKAR-
TEI, TXT [1] und TXT [2], die wir wie bei der Besprechung der
Prozeduranweisungen zur Dateimanipulationsinitialisierung deklariert ansehen.

Ein Aufruf der Prozedur GET sollte durch eine Implementation nach
einer Fehlermeldung auf Abbruch des Programmlaufs fuehren, wenn
die Voraussetzung verletzt ist, dass die Datei-Variable sich nicht
im Modus Inspektion befindet, womit nicht garantiert ist, dass die
linke und die rechte Sequenz initialisiert (ggf. die leere Sequenz)
sind. Ist die rechte Sequenz die leere Sequenz, so erfolgt sicher
eine Fehlermeldung und der Programmlauf bricht ab. Es ist also weitere Voraussetzung, dass die rechte Sequenz nicht die leere Sequenz ist.

Sind die Voraussetzungen gegeben, so wird die erste Komponenten-
Variable der rechten Sequenz letzte Komponenten-Variable der linken Sequenz - es wird fortgeschritten zur naechsten Komponente.
Ist nun die rechte Sequenz - die Sequenz ohne die erste Komponenten-Variable - nicht die leere Sequenz, so wird der Wert der jetzigen ersten Komponenten-Variablen der rechten Sequenz Wert des Datei-Komponenten-Puffers. Andernfalls muss der Datei-Komponenten-
Puffer als nicht initialisiert angesehen werden, was einen Programmierfehler bedeutet. Ist die Datei-Variable vom Text-Datei-
Typ und der 'Wert' der jetzigen ersten Komponenten-Variablen der
rechten Sequenz das fiktive Zeilenendekennzeichen, so wird der
Wert des Datei-Komponenten-Puffers ein Zwischenraum (vgl. Abschn.
3.2.4.2). Der Modus bleibt der der Inspektion.

Man sieht: Einem ersten Aufruf der Prozedur GET fuer eine Datei-

Variable muss ein Aufruf der Prozedur RESET fuer diese Datei-Variable vorausgehen (von INPUT abgesehen, wenn INPUT als Programmparameter aufgefuehrt wurde). Vor einem Aufruf der Prozedur GET muss festgestellt werden, ob die rechte Sequenz nicht die leere Sequenz ist. Dies kann mittels der (booleschen) Funktion mit dem Standardnamen EOF (End Of File) erfolgen, die, wie wir in Abschn. 7.2.6.4 sehen werden, den Wert FALSE liefert, wenn die rechte Sequenz nicht die leere Sequenz ist. Andernfalls liefert sie den Wert TRUE. Ferner ist damit zu rechnen, dass der Datei-Komponenten-Puffer nach einem Aufruf der Prozedur GET durchaus nicht immer initialisiert zu sein braucht. Auch dies ist mittels der Funktion EOF feststellbar. Fuer die Inspektion einer Datei-Variablen – wir wollen sie D nennen und als passend deklariert betrachten – kann also das folgende Programmfragmentschema dienen:

```
(* DATEI-VARIABLEN-INSPEKTIONSSCHEMA *)
.
.
.
RESET (D);
.
.
.
WHILE NOT EOF (D) DO
   BEGIN
     (* VERARBEITUNG VON D^ *)
     GET (D)
   END;
(* EOF (D) = TRUE UND D^ NICHT INITIALISIERT *)
.
.
.
```

Die vorstehende verbale Beschreibung der Wirkung von Prozeduranweisungen zur Dateimanipulationsinitialisierung, Dateigenerierung und Dateiinspektion (sowie der Funktion EOF) laesst sich – wie eingangs bereits erwaehnt – exakt in Form eines Programmes formulieren, welches eine Simulation der standardmaessig deklarierten vorgenannten Prozeduren (und der Funktion EOF) durchfuehrt. Die Komponenten-Variablen von 'simulierten' Datei-Variablen werden dazu als vom nicht-varianten Satz-Typ SKT – 'simulierter' Komponenten-Typ, siehe nachfolgendes Programm – betrachtet, von denen entsprechend ihrer sequentiellen Erstellung eine jede – abgesehen von der letzten – Komponenten-Variablen auf die naechste ueber eine SKT gebundene Zeiger-Komponenten-Variable verweist (aehnlich wie in Abschn. 3.3 ueber Zeiger-Typen mit der Verwaltung der KFZ-Kartei verfahren wurde). Eine 'simulierte' Datei-Variable selbst ist vom Typ SDT – 'simulierter' Datei-Typ, der Aussagen ueber Modus, linke und rechte Sequenz sowie Datei-Komponenten-Puffer zulaesst. (S. Abb. 12.)

```
+---------------------------+                    +---------------+
D I        +------------------+I    +-------->I      +-------+I
A I M      I         INSPEK II    I        I DK   I      0 II
T I        +------------------+I    I        I      +-------+I
E I LS I           +-------+II    I        I ZNSK I      X II
I I    I INIT   I   TRUE III    I        I      +------I-+I
- I    I        +-------+II    I        +-----------I--+
V I    I LEER   I   FALSE III    I     +------------------+
A I    I        +-------+II    I     I      +---------+
R I    I ERSTK  I        X-------+    +--->I.     +-------+I
I I    I        +-------+II          I DK   I 0.6931 II
A I    I LETZTK I        X-------+    I      +-------+I
B I    I        +-------+II    I        I ZNSK I      X II
L I    +------------------+I    I        I      +------I-+I
E I RS I           +-------+II    I        +-----------I--+
  I    I INIT   I   TRUE III    I     +------------------+
  I    I        +-------+II    I   V  +------------------+
  I    I LEER   I   FALSE III    +-------->I      +-------+I
  I    I        +-------+II          I DK   I 1.0986 II
  I    I ERSTK  I        X-------+    I      +-------+I
  I    I        +-------+II    I        I ZNSK I      X II
  I    I LETZTK I        X-----+ I        I      +------I-+I
  I    I        +-------+II I I        +-----------I--+
  I    +------------------+I I I     +------------------+
  I PUF I           +-------+II I I   V  +------------------+
  I    I INIT   I   TRUE III I +-------->I      +-------+I
  I    I        +-------+II I        I DK   I 1.3863 II
  I    I WERT   I 1.3863 III I        I      +-------+I
  I    I        +-------+II I        I ZNSK I      X II
  I    +------------------+I I        I      +------I-+I
  +---------------------------+ I        +-----------I--+
                                I     +------------------+
                                I   V  +------------------+
                                +-------->I      +-------+I
                                         I DK   I 1.6094 II
                                         I      +-------+I
                                         I ZNSK I  UNDEF II
                                         I      +-------+I
                                         +---------------+
```

Abb. 12 Vom Beispielprogramm B7.2.5.1-1 benutzte 'simu-
         lierte' Datei-Variable

Im Block des nachfolgenden Programmes wird eine Datei-Variable
des Typs SDT generiert und nachfolgend inspiziert. Dabei fallen
zwei Merkwuerdigkeiten ins Auge: Einmal wird eine Prozedur
EROEFFNE aufgerufen. Sie dient dazu, den Modus als undefiniert,
den Datei-Komponenten-Puffer sowie linke und rechte Sequenz als
nicht-initialisiert zu vermerken. Dies geschieht bei nicht-simu-
lierten Dateimanipulationen durch eine PASCAL-Implementation automatisch bei Betreten eines Blockes fuer alle darin deklarierten Datei-Variablen. Bei externen Datei-Variablen ist das Eroeffnen ein Prozess, der durch Gegebenheiten bestimmt wird, die
auf der DVA gelten, auf der die PASCAL-Implementation ablauffaehig ist. Auf diese DVA- und sog. Betriebssystemabhaengigkeiten
kann hier nicht eingegangen werden [060]. Zum anderen musste nach

der Initialisierung des Datei-Komponenten-Puffers die Initialisierung vor einem Aufruf von PUT vermerkt werden. Dies braucht
natuerlich (genauso) nicht (wie der Aufruf von EROEFFNE) zu geschehen, wenn mit der standardmaessig deklarierten Prozedur PUT
gearbeitet wird +).


```
(* BEISPIEL B7.2.5.1-1: DATEIMANIPULATIONSPROZEDURANWEISUNGS-
                                               SIMULATION *)
PROGRAM    DATMSIM   (OUTPUT);
LABEL      9999;
TYPE       DKT     = REAL;                 (* DATEI-KOMPONENTEN-TYP;
                                              BEISPIELHAFT WURDE REAL
                                              ANGENOMMEN; DIE PROZEDUREN
                                              ARBEITEN ABER AUCH FUER
                                              JEDEN ANDEREN ZULAESSIGEN
                                              TYP - ABGESEHEN VON DATEI-
                                              TYPEN (AUCH NICHT IMPLIZIT)
                                              - OHNE AENDERUNG; LEDIGLICH
                                              DER PROGRAMMBLOCK MUESSTE
                                              GEAENDERT WERDEN *)
           ZSKT    = 'SKT;                 (* SKT GEBUNDENER ZEIGER-
                                              TYP *)
           SKT     = RECORD               (* 'SIMULIERTER' KOMPONENTEN-
                                              TYP *)
                  DK   : DKT;             (* DATEI-KOMPONENTE *)
                  ZNSK : ZSKT             (* ZEIGER ZUR NAECHSTEN SI-
                                              MULIERTEN KOMPONENTE *)
               END;
           ST      = RECORD               (* SEQUENZ-TYP *)
                  INIT                    (* INITIALISIERUNG *)
                     : BOOLEAN;
                  LEER                    (* LEERE SEQUENZ *)
                     : BOOLEAN;
                  ERSTK                   (* ZEIGER ZUR 1.KOMPONENTE *)
                     : ZSKT;
                  LETZTK                  (* ZEIGER ZUR LETZTEN KOM-
                                              PONENTE *)
                     : ZSKT
               END;
           MODT    = (UNDEF,              (* MODUS-TYP *)
                  GENER,
                  INSPEK);
```

+) Die Frage liegt nahe, ob ein Prozess des Schliessens zum Ablauf kommt. I.a. ja - intern sorgt eine PASCAL-Implementation
   fuer das Schliessen der Verarbeitung von Datei-Variablen, das
   ggf. nur in der Zurverfuegungstellung von benutztem Zentralspeicher fuer andere Zwecke besteht. Der PASCAL-Programmierer
   braucht sich also nicht darum zu kuemmern, weshalb wir auch
   nicht darauf eingehen und im Beispielprogramm B7.2.5.1-1 keine Prozedur SCHLIESSE benoetigen.

```
              SDT     = RECORD                (* 'SIMULIERTER' DATEI-TYP *)
                         M   : MODT;          (* MODUS *)
                         LS  : ST;            (* LINKE SEQUENZ *)
                         RS  : ST;            (* RECHTE SEQUENZ *)
                         PUF : RECORD         (* PUFFER *)
                                 INIT         (* INITIALISIERUNG *)
                                      : BOOLEAN;
                                 WERT         (* DKT-WERT *)
                                      : DKT
                               END
                      END;
              FT                              (* FEHLER-TYP *)
                      = (F1, F2, F3, F4, F5, F6);
VAR       DATEIVARIABLE
                      : SDT;
              I       : INTEGER;
PROCEDURE MELDE     (FEHLER : FT);
  BEGIN                                       (* MELDE *)
(*  BEI NICHT-SIMULIERTEN DATEIMANIPULATIONEN KOMMT IM FEHLERFAL-
    LE EINE DIESER PROZEDUR AEHNLICH GESTALTETE PROZEDUR DURCH
    EINE PASCAL-IMPLEMENTATION ZUR AUSFUEHRUNG *)
    WRITELN;
    WRITE (# ********** #);
    CASE FEHLER OF
F1:    WRITE (#PUT: MODUS <> GENERIERUNG#);
F2:    WRITE (#PUT: PUFFER NICHT INITIALISIERT#);
F3:    WRITE (#RESET: LINKE UND/ODER RECHTE SEQUENZ #,
                 #NICHT INITIALISIERT#);
F4:    WRITE (#GET: MODUS <> INSPEKTION#);
F5:    WRITE (#GET: RECHTE SEQUENZ LEER#);
F6:    WRITE (#EOF: DATEI NICHT INITIALISIERT#)
    END;
    WRITELN (# **********#);
    GOTO 9999
  END;                                        (* MELDE *)
PROCEDURE EROEFFNE (VAR D : SDT);
  BEGIN                                       (* EROEFFNE *)
(*  BEI NICHT-SIMULIERTEN DATEIMANIPULATIONEN KOMMT EINE DIESER
    PROZEDUR AEHNLICHE PROZEDUR DURCH EINE PASCAL-IMPLEMENTATION
    BEIM BETRETEN EINES JEDEN BLOCKES, IN DEM DATEI-VARIABLEN
    DEKLARIERT SIND, FUER DIESE ZUR AUSFUEHRUNG *)
    D.M        := UNDEF;
    D.PUF.INIT := FALSE;
    D.LS.INIT  := FALSE;
    D.RS.INIT  := FALSE
(*  AUF DIE MOEGLICHKEIT DER VERWENDUNG EINER WITH-ANWEISUNG
    WURDE HIER UND IM FOLGENDEN AUS VERDEUTLICHUNGSGRUENDEN
    VERZICHTET *)
  END;                                        (* EROEFFNE *)
PROCEDURE REWRITE  (VAR D : SDT);
  PROCEDURE LEERE    (VAR S : ST);
    VAR      ZNFSK  : ZSKT;
    BEGIN                                     (* LEERE *)
      IF S.INIT THEN
        WHILE NOT S.LEER DO
          BEGIN
            S.LEER := S.ERSTK = S.LETZTK;
```

```
                      IF S.LEER THEN
                        DISPOSE (S.ERSTK)
                      ELSE
                        BEGIN
                          ZNFSK := S.ERSTK'.ZNSK;
                          DISPOSE (S.ERSTK); (* S. ABSCHN. 7.2.5.2 *)
                          S.ERSTK := ZNFSK
                        END
                  END
              ELSE
                BEGIN
                  S.INIT := TRUE;
                  S.LEER := TRUE
                END
          END;                              (* LEERE *)
      BEGIN                                 (* REWRITE *)
(*  REWRITE ARBEITET VORAUSSETZUNGSLOS *)
(*  LEERE - GGF. PHYSIKALISCH - LS UND RS, SETZTE MODUS GLEICH
    GENERIERUNG UND VERMERKE 'PUFFER NICHT INITIALISIERT' *)
      LEERE (D.LS);
      LEERE (D.RS);
      D.M        := GENER;
      D.PUF.INIT := FALSE
      END;                                  (* REWRITE *)
PROCEDURE RESET    (VAR D : SDT);
   BEGIN                                    (* RESET *)
(*  UEBERPRUEFE DIE VORAUSSETZUNGEN *)
      IF NOT D.LS.INIT OR NOT D.RS.INIT THEN
         MELDE (F3);
(*  SETZE MODUS GLEICH INSPEKTION, TEILE DATEI SO AUF, DASS LS
    LEER UND RS GLEICH DER DATEI IST UND SETZE ERSTE KOMPONENTE
    VON RS - FALLS VORHANDEN - AUF PUFFER *)
      D.M := INSPEK;
      IF D.LS.LEER THEN
        IF D.RS.LEER THEN
          D.PUF.INIT := FALSE
        ELSE
          BEGIN
            D.PUF.WERT := D.RS.ERSTK'.DK;
            D.PUF.INIT := TRUE
          END
      ELSE
        BEGIN
          D.PUF.WERT := D.LS.ERSTK'.DK;
          D.PUF.INIT := TRUE;
          D.RS.ERSTK := D.LS.ERSTK;
          D.LS.LEER  := TRUE;
          IF D.RS.LEER THEN
            D.RS.LETZTK := D.LS.LETZTK;
          D.RS.LEER  := FALSE
        END
   END;                                     (* RESET *)
PROCEDURE PUT        (VAR D : SDT);
   VAR     ZNEUSK : ZSKT;          (* ZEIGER ZUR NEUEN
                                      SIMULIERTEN KOMPONENTE *)
   BEGIN                           (* PUT *)
```

```
(*  UEBERPRUEFE DIE VORAUSSETZUNGEN *)
    IF D.M <> GENER THEN
      MELDE (F1);
(*  DURCH DIE VORSTEHENDE UEBERPRUEFUNG IST GARANTIERT:
                                      D.LS.INIT = TRUE UND
                                      D.RS.LEER = TRUE *)
    IF NOT D.PUF.INIT THEN
      MELDE (F2);
(*  FUEGE PUFFER-WERT AN DATEI-VARIABLE AN UND VERMERKE 'PUFFER
    NICHT INITIALISIERT' *)
    NEW (ZNEUSK);                         (* S. ABSCHN. 7.2.5.2 *)
    IF D.LS.LEER THEN
      BEGIN
        D.LS.LEER   := FALSE;
        D.LS.ERSTK := ZNEUSK
      END
    ELSE
      D.LS.LETZTK'.ZNSK := ZNEUSK;
    D.LS.LETZTK := ZNEUSK;
    ZNEUSK'.DK  := D.PUF.WERT;
    D.PUF.INIT  := FALSE
  END;                                    (* PUT *)
PROCEDURE GET      (VAR D : SDT);
  BEGIN                                   (* GET *)
(*  UEBERPRUEFE DIE VORAUSSETZUNG *)
    IF D.M <> INSPEK THEN
      MELDE (F4);
(*  DURCH DIE VORSTEHENDE UEBERPRUEFUNG IST GARANTIERT:
                                      D.LS.INIT = TRUE UND
                                      D.RS.INIT = TRUE *)
    IF D.RS.LEER THEN
      MELDE (F5);
(*  LOESE ERSTE KOMPONENTE VON RS UND FUEGE SIE AN LS AN UND
    SETZE DANN ERSTE KOMPONENTE VON RS - WENN VORHANDEN - AUF
    PUFFER *)
    D.LS.LETZTK := D.RS.ERSTK;
    D.RS.LEER   := D.RS.ERSTK = D.RS.LETZTK;
    IF D.RS.LEER THEN
      D.PUF.INIT := FALSE
    ELSE
      BEGIN
        D.RS.ERSTK := D.RS.ERSTK'.ZNSK;
        D.PUF.WERT := D.RS.ERSTK'.DK
      END
  END;                                    (* GET *)
FUNCTION EOF       (VAR D : SDT) : BOOLEAN;
  BEGIN                                   (* EOF *)
(*  UEBERPRUEFE DIE VORAUSSETZUNG *)
    IF D.M = UNDEF THEN
      MELDE (F6);
(*  SETZE EOF TRUE ODER FALSE JE NACHDEM, OB RS LEER IST ODER
    NICHT *)
    EOF := D.RS.LEER
  END;                                    (* EOF *)
BEGIN                                      (* DATMSIM *)
  EROEFFNE (DATEIVARIABLE);
  REWRITE  (DATEIVARIABLE);
  FOR I := 1 TO 5 DO
```

```
    BEGIN
      DATEIVARIABLE.PUF.WERT := LN (I); (* S. ABSCHN. 7.2.6.1 *)
      DATEIVARIABLE.PUF.INIT := TRUE;
      PUT (DATEIVARIABLE)
    END;
  RESET (DATEIVARIABLE);
  WHILE NOT EOF (DATEIVARIABLE) DO
    BEGIN
      WRITE (#     #, DATEIVARIABLE.PUF.WERT);
      GET    (DATEIVARIABLE);
      IF NOT EOF (DATEIVARIABLE) THEN
        BEGIN
          WRITELN (#     #, DATEIVARIABLE.PUF.WERT);
          GET      (DATEIVARIABLE)
        END
    END;
9999:                            (* FEHLERAUSGANG *)
END.                             (* DATMSIM *)
```

Ergebnis eines Laufs des vorstehenden Programmes:

```
                     0       6.9314718055994E-001
   1.0986122886681E+000      1.3862943611199E+000
   1.6094379124341E+000
```

Uebrigens zeigt das Programm auch gleich noch eine Moeglichkeit
auf, wie nicht-externe Datei-Variablen von PASCAL-Implementationen verwaltet werden koennten, worauf bereits in Abschn. 4.3 hingewiesen wurde. Die Verwaltung externer Datei-Variablen haengt,
wie die Bemerkung ueber das Eroeffnen bereits zeigt, von Gegebenheiten ab, die auf der DVA gelten, auf der die PASCAL-Implementation ablauffaehig ist, weshalb nicht naeher darauf eingegangen werden kann.

Der Block des Programmes B7.2.5.1-1 kann gleich als Beispiel fuer
die Benutzung der Prozeduranweisungen zur Dateimanipulationsinitialisierung, -Generierung und -Inspektion (sowie der Funktion
EOF) dienen. Ein weiteres Beispielprogramm ist B4.2.2.3-1.

Die komponentenweise Generierung und Inspektion einer Datei-Variablen durch Aufrufe der Prozeduren PUT und GET kann ggf. recht
schreibaufwendig sein und ist damit fehleranfaellig. Daher gibt
es Prozeduranweisungen zur Datei- als auch Puffer-Manipulation,
die ihrer Bezeichnung gemaess neben der Dateimanipulation eine
Datei-Komponenten-Puffer-Manipulation - Initialisierung bzw. Zuweisung des Wertes an eine Variable - bei verringertem Schreibaufwand ermoeglichen und darueber hinaus gestatten, eine Datei-Variable bei einem Aufruf gleich um eine Vielzahl von Komponenten-Variablen auszudehnen bzw. in dieser um eine Vielzahl von
Komponenten-Variablen mit Zuweisung der Werte an Variablen fort-
zuschreiten. Es sind zu unterscheiden:

S131 Prozeduranweisung zur Datei- als auch Puffer-Manipulation (
      procedure statement for file and buffer handling)

```
              +----------------------------------------+
  ---+--->I 'p' 't' Datei - Schreibprozeduranweisung I---+
     I        +----------------------------------------+      I
     I                                                        I
     I        +--------------------------------------+        I
     +--->I 'p' 't' Datei - Leseprozeduranweisung I----->I
     I        +--------------------------------------+        I
     I                                                        I
     I        +----------------------------------------+      I
     +--->I Text - Datei - Schreibprozeduranweisung I--->I
     I        +----------------------------------------+      I
     I                                                        I
     I        +------------------------------------+          I
     +--->I Text - Datei - Leseprozeduranweisung I------>I
     I        +------------------------------------+          I
     I                                                        I
     I        +--------------------------------+            I
     +--->I Text - Datei -                  I             V
          I Seiteneinteilungsprozeduranweisung I----------->
          +--------------------------------+
```

Von diesen Prozeduranweisungen besprechen wir hier nur die 'p''t'
Datei-Schreib- und Leseprozeduranweisungen. Die uebrigen Prozeduranweisungen werden in Kap. 8 besprochen, weil sie ueber die
oben beschriebenen Moeglichkeiten hinaus gestatten, einen Wert
aus dem Wertebereich beispielsweise eines ganzen Typs in eine Folge von Werten aus dem Komponenten-Typ des Text-Datei-Typs - dem
Zeichenstandard-Typ - zu wandeln und umgekehrt. Ausserdem sind
spezielle Parameterformen moeglich.

Eine 'p''t' Datei-Schreibprozeduranweisung ist ein Aufruf der Prozedur mit dem Standardnamen WRITE und ist gemaess Syntax-Diagramm
S132 zu gestalten.

S132 'p' 't' Datei - Schreibprozeduranweisung ('p' 't' file
                              write procedure statement)

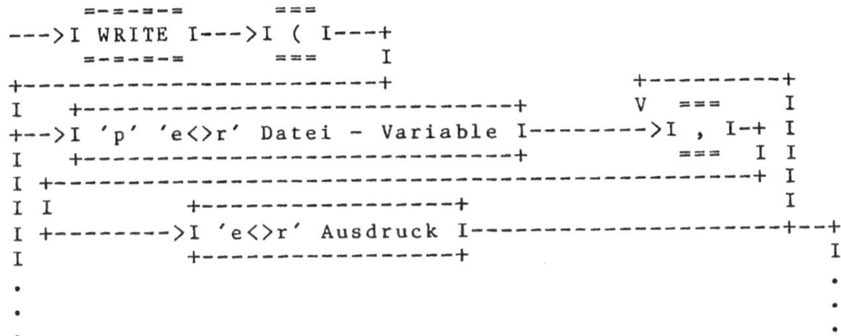

```
            =-=-=-=          ===
  --->I WRITE I--->I ( I---+
            =-=-=-=          ===      I
  +---------------------------+                +--------+
  I    +-----------------------------+        V  ===      I
  +-->I 'p' 'e<>r' Datei - Variable I------->I , I-+ I
  I    +-----------------------------+        === I I
  I +-----------------------------------------------+ I
  I I        +----------------+                       I
  I +------->I 'e<>r' Ausdruck I-----------------+--+
  I          +----------------+                       I
  .                                                   .
  .                                                   .
  .                                                   .
  .                                                   .
```

```
 .                                                    .
 .                                                    .
 .                                                    .
 I                                        +--------+   .
 I    +---------------------------+       V  ===      I   I
 +-->I 'p' reelle Datei - Variable I-------->I , I-+ I   I
 I    +---------------------------+          ===  I I   I
 I +------------------------------------------------+ I   I
 I I           +----------------+                     I   I
 I +-------->I ganzer Ausdruck I---------------------+->I
 I I           +----------------+                     A   I
 I I                                                  I   I
 I I           +----------------+                     I   I
 I +-------->I reeller Ausdruck I-----------------+     I
 I           +----------------+                         I
 I                                        +--------+   I
 I    +---------------------------+       I         I   I
 +-->I 'p' 'i' indizierte         I       V  ===      I   I
 I    I 't' Feld - Datei - Variable I-------->I , I-+ I   I
 I    +---------------------------+          ===  I I   I
 I +------------------------------------------------+ I   I
 I I           +--------------------+                 I   I
 I +-------->I 'i' indizierte       I                 I   I
 I I           I 't' Feld - Variable I--------------+->I
 I I           +--------------------+               A   I
 I I                                                I   I
 I I    ===   +--------------------+                I   I
 I +->I ( I->I 'i' indizierte      I       ===   I   I
 I    ===   I 't' Feld - Variable I-------->I ) I-+   I
 I           +--------------------+          ===        I
 I                                        +---------+   I
 I    +------------------------------------+ I        I   I
 +-->I 'p' PACKED 'i' indizierte          I V  ===      I   I
 I    I 't<>C' Feld - Datei - Variable I----->I , I-+ I   I
 I    +------------------------------------+  ===  I I   I
 I +------------------------------------------------+ I   I
 I I           +----------------------+               I   I
 I +-------->I PACKED 'i' indizierte  I               I   I
 I I           I 't<>C' Feld - Variable I-----------+->I
 I I           +----------------------+             A   I
 I I                                                I   I
 I I    ===   +----------------------+              I   I
 I +->I ( I->I PACKED 'i' indizierte  I     ===   I   I
 I    ===   I 't<>C' Feld - Variable I----->I ) I-+   I
 I           +----------------------+        ===        I
 I                                        +---------+   I
 I    +-----------------------------------+ I        I   I
 +-->I 'p' PACKED 'j' indizierte         I V  ===      I   I
 I    I Zeichen - Feld - Datei - Variable I-->I , I-+ I   I
 I    +-----------------------------------+  ===  I I   I
 I +------------------------------------------------+ I   I
 I I           +------------------------+             I   I
 I +-------->I PACKED 'j' indizierte    I             I   I
 I I           I Zeichen - Feld - Variable I---------+->I
 I I           +------------------------+           A   I
 I I                                                I   I
 . .                                                .   .
 . .                                                .   .
 . .                                                .   .
```

```
  .  .                                                    .         .
  .  .                                                    .         .
  .  .                                                    .         .
I I    ===     +----------------------------+             I         I
I +->I ( I->I PACKED 'j' indizierte         I    ===      I         I
I      ===     I Zeichen - Feld - Variable I-->I ) I-+              I
I             +----------------------------+    ===               I
I                                              +---------+          I
I     +--------------------------------+        I         I         I
+-->I 'p' 'N' -                         I        V   ===    I         I
I    I Zeichen - Datei - Variable I--------->I , I-+ I         I
I    +--------------------------------+        ===  I I         I
I +-----------------------------------------------------+ I         I
I I          +--------------------------+                 I         I
I +-------->I 'N' - Zeichen - Ausdruck I-----------+->I
I           +--------------------------+                            I
I                                              +---------+          I
I     +------------------------------+          I         I         I
+-->I 'p' 'p' 'e<>r'                  I          V   ===    I         I
I    I Mengen - Datei - Variable I--------->I , I-+ I         I
I    +------------------------------+        ===  I I         I
I +-----------------------------------------------+ I         I
I I          +----------------------------+          I         I
I +-------->I 'p' 'e<>r' Mengen - Ausdruck I--------+->I
I           +----------------------------+                          I
I                                              +---------+          I
I     +--------------------------------+  I         I         I
+-->I 'p' 'p' nicht -                   I  V   ===    I         I
I    I variante Satz - Datei - Variable I--->I , I-+ I         I
I    +--------------------------------+      ===  I I         I
I +-------------------------------------------------+ I         I
I I          +---------------------------+            I         I
I +-------->I 'p' nicht -                 I            I         I
I I          I variante Satz - Variable I-----------+->I
I I          +---------------------------+            A         I
I I                                                   I         I
I I    ===     +---------------------------+          I         I
I +->I ( I->I 'p' nicht -                   I    ===    I         I
I      ===     I variante Satz - Variable I--->I ) I-+
I             +---------------------------+    ===               I
I                                              +---------+          I
I     +-------------------------------+  I         I         I
+-->I 'p' 'p' 'e<>r'                   I  V   ===    I         I
I    I variante Satz - Datei - Variable I--->I , I-+ I         I
I    +-------------------------------+      ===  I I         I
I +------------------------------------------------+ I         I
I I          +--------------------------+             I         I
I +-------->I 'p' 'e<>r'                 I             I         I
I I          I variante Satz - Variable I-----------+->I
I I          +--------------------------+             A         I
I I                                                   I         I
I I    ===     +--------------------------+           I         I
I +->I ( I->I 'p' 'e<>r'                   I    ===    I         I
I      ===     I variante Satz - Variable I--->I ) I-+          I
I             +--------------------------+    ===               I
  .                                                              .
  .                                                              .
  .                                                              .
```

```
   .                                                                        .
   .                                                                        .
   .                                                                        .
   I                                            +---------+   I
   I    +---------------------------------+     I         I   I
   +-->I 'p' 't' gebundene                I     V   ===       I   I
       I Zeiger - Datei - Variable I--------->I , I-+ I   I
       +---------------------------------+         ===   I I   I
   +-------------------------------------------------------+ I   I
   I             +-----------------------+                   I   I
   +--------->I 't' gebundener          I                   I   I
             I Zeiger - Ausdruck I---------+---------+   I
             +-----------------------+         I<-----------+
                                               I
                                               I   ===
                                               +>I ) I------>
                                                   ===
```

Danach ist hinter dem Standardnamen - in runde Klammern eingeschlossen - zunaechst eine 'p''t' Datei-Variable gemaess S54 als
Aktualisierung eines (zu denkenden) formalen Variablenparameters
anzugeben, auf die - getrennt durch Komma - eine Liste von ggf.
durch Kommata zu trennenden Ausdruecken gemaess S65, S69, S75,
S79, S80, S83 bzw. S84 oder Variablen gemaess S54, die in runde
Klammern eingeschlossen sein duerfen, als Aktualisierung von (zu
denkenden) formalen Wertparametern folgen muss. Der Typ der Ausdruecke oder der Variablen muss einer sein, dessen Wertebereich
aus Werten besteht, die wertzuweisungskompatibel im Sinne der Regel R3.5-4 zum Wertebereich des 't' Typs der Komponenten-Variablen der 'p''t' Datei-Variablen sind. Dies folgt aus der Semantik
von 'p''t' Datei-Schreibprozeduranweisungen: Sei PTDV eine 'p''t'
Datei-Variable und taov die Bezeichnung fuer einen Ausdruck oder
eine Variable (je nach Typ der Komponenten-Variablen der 'p''t'
Datei-Variablen), so ist die (unmittelbar verstaendliche Pseudo-)
'p''t' Datei-Schreibprozeduranweisung

        WRITE (PTDV, taov)

als aequivalent der zusammengesetzten (Pseudo-)Anweisung

        BEGIN
          PTDV^ := taov;
          PUT (PTDV)
        END

zu betrachten - in der die (Pseudo-)Wertzuweisung

        PTDV^ := taov

voraussetzt, dass der Wert von taov wertzuweisungskompatibel zu
dem Wertebereich des Typs von PTDV^ ist. Sind taovl, taov2, ...,
taovn - aehnlich taov - Bezeichnungen fuer Ausdruecke oder Variablen, so ist die (Pseudo-)'p''t' Datei-Schreibprozeduranweisung

        WRITE (PTDV, taovl, taov2, ..., taovn)

als aequivalent der zusammengesetzten (Pseudo-)Anweisung

```
BEGIN
  WRITE (PTDV, taov1);
  WRITE (PTDV, taov2);
     .
     .
     .
  WRITE (PTDV, taovn)
END
```

zu betrachten.

Tatsaechlich gestatten 'p''t' Datei-Schreibprozeduranweisungen
also eine Verringerung des Schreibaufwandes. Es ist einsichtig,
dass die gleichen Voraussetzungen - ausser Initialisierung des
Datei-Komponenten-Puffers - vor der Ausfuehrung von 'p''t' Datei-
Schreibprozeduranweisungen erfuellt sein muessen wie vor der Ausfuehrung von Prozeduranweisungen zur Dateigenerierung.

In dem Beispielprogramm B4.2.2.3-1 zum Kopieren von reellen Datei-
Variablen koennten die Anweisungen

```
AD'  := ED';
PUT (AD);
```

ersetzt werden, durch die Anweisung

```
WRITE (AD, ED');                       ,
```

ohne das Ausfuehrungsergebnis zu beeinflussen. Dies ist ein einfaches Beispiel fuer 'p''t' Datei-Schreibprozeduranweisungen. Ein
komplizierteres Beispiel ist:

```
WRITE (MD, M1, M1 + ['a' .. 'z'] * M2)        ,
```

wobei definiert bzw. deklariert sei:

```
TYPE MENGE  = SET OF CHAR;
VAR  MD     : FILE OF MENGE;
     M1, M2 : MENGE                            .
```

Diese MENGE Datei-Schreibprozeduranweisung ist aequivalent der
zusammengesetzten Anweisung:

```
BEGIN
  MD^   := M1;
  PUT (MD);
  MD^   := M1 + ['a' .. 'z'] * M2;
  PUT (MD)
END                                            ,
```

wobei vorausgesetzt ist, dass sie Bestandteil eines Programmes
ist, in dem passend zuvor

```
REWRITE (MD)
```

erfolgte, und M1 sowie M2 initialisiert wurden.

Eine 'p''t' Datei-Leseprozeduranweisung ist ein Aufruf der Prozedur mit dem Standardnamen READ und ist gemaess Syntax-Diagramm
S133 zu gestalten.

S133 'p' 't' Datei - Leseprozeduranweisung ('p' 't' file
                                 read procedure statement)

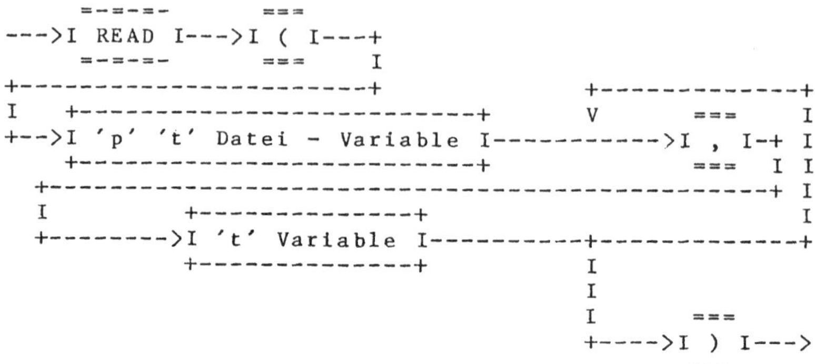

Danach ist hinter dem Standardnamen - in runde Klammern eingeschlossen - zunaechst eine 'p''t' Datei-Variable gemaess S54 als
Aktualisierung eines (zu denkenden) formalen Variablenparameters
anzugeben, auf die - getrennt durch Komma - eine Liste von ggf.
durch Kommata zu trennenden 't' Variablen gemaess S54 folgen muss,
die insofern nicht als Aktualisierung von (zu denkenden) formalen
Variablenparametern zu betrachten sind, als sie Komponenten-Variablen von Variablen sein duerfen, in deren Typ-Angabe das Attribut PACKED aufgefuehrt ist. Der Typ 't' der Variablen muss die
Eigenschaft haben, einen Wertebereich zu besitzen, zu dem die
Werte des 'p''t' Datei-Komponenten-Puffers wertzuweisungskompatibel im Sinne der Regel R3.5-4 sind. Denn ist PTDV eine 'p''t' Datei-Variable und TV eine Variable, so ist (per definitionem) die
'p''t' Datei-Leseprozeduranweisung

        READ (PTDV, TV)

als aequivalent der zusammengesetzten Anweisung

        BEGIN
          TV := PTDV^;
          GET (PTDV)
        END

zu betrachten, was voraussetzt, dass der Typ von TV die oben genannte Eigenschaft besitzt. Das Aequivalent der (Pseudo-)'p''t'
Datei-Leseprozeduranweisung

        READ (PTDV, TV1, TV2, ..., TVN)   ,

in der PTDV wieder eine 'p''t' Datei-Variable sei, und TV1, TV2,
..., TVN aehnliche Variablen wie TV seien, ist die zusammengesetzte (Pseudo-)Anweisung

```
BEGIN
  READ (PTDV, TV1);
  READ (PTDV, TV2);
     .
     .
     .
  READ (PTDV, TVN)
END
```

Aufgrund der geschilderten Semantik von 'p''t' Datei-Leseprozeduranweisungen ist einsichtig, dass vor ihrer Ausfuehrung die gleichen Voraussetzungen erfuellt sein muessen wie vor der Ausfuehrung von Prozeduranweisungen zur Dateiinspektion. Insbesondere
folgt daraus, dass eine 'p''t' Datei-Leseprozeduranweisung, die
ein Fortschreiten um mehrere Komponenten-Variablen durchfuehrt,
nicht geeignet ist, eine Datei-Variable zu inspizieren, von der
nicht die Anzahl der Komponenten-Variablen bekannt ist. Es kann
zum Abbruch des Programmlaufs kommen.

In dem Beispielprogramm B4.2.2.3-1 zum Kopieren von reellen Datei-
Variablen koennten die Anweisungen

```
AD'  := ED';
PUT (AD);
GET (ED)
```

ersetzt werden, durch die Anweisungen

```
READ (ED, AD');
PUT (AD)                    ,
```

ohne das Ausfuehrungsergebnis zu beeinflussen, womit ein einfaches
Beispiel fuer 'p''t' Datei-Leseprozeduranweisungen aufgefuehrt
ist. Ein komplizierteres Beispiel ist:

```
READ (KD, Z1, Z2)              ,
```

wobei definiert bzw. deklariert sei:

```
TYP KOMPLEX = PACKED
               RECORD
                 R, I : 0 .. 63
               END;
VAR KD       : FILE OF KOMPLEX;
    Z1, Z2   : KOMPLEX         .
```

Diese KOMPLEX Datei-Leseprozeduranweisung ist aequivalent der zusammengesetzten Anweisung:

```
BEGIN
  Z1   := KD^;
  GET (KD);
  Z2   := KD^;
  GET (KD)
END
```

und setzt voraus, dass die Datei-Variable KD initialisiert ist
und die Anweisung Bestandteil eines Programmes ist, in dem passend zuvor

        RESET (KD)

erfolgte. Weiter muss KD vor der Ausfuehrung der obigen KOMPLEX
Datei-Leseprozeduranweisung mindestens zwei Komponenten-Variablen
haben.

Zum Schluss dieses Abschnittes sei noch bemerkt, dass die Anwendung von Dateimanipulationsprozeduranweisungen auf externe 't'
gebundene Zeiger-Datei-Variablen implementationsabhaengig nicht
immer unproblematisch ist. Es kann sein, dass von einem PASCAL-
Programm initialisierte externe 't' gebundene Zeiger-Datei-Variablen bei der Inspektion durch ein anderes PASCAL-Programm zu nicht
erwarteten Ergebnissen fuehrt. Der Grund kann - wie bei der PASCAL-
6000-3.4-Implementation - an der internen Darstellung der Werte
aus dem Wertebereich von Zeiger-Typen liegen (fuer den Eingeweihten: Es werden absolute Adressen verwandt, was bei unterschiedli-
chem Zentralspeicherbedarf von Programmen - d.h. Beginn des Stapels - zu Schwierigkeiten fuehren kann). Wenn schon wie im Falle
der Anwendung von Dateimanipulationsprozeduranweisungen auf externe 't' gebundene Zeiger-Datei-Variablen ggf. bei Benutzung einer
PASCAL-Implementation mit Schwierigkeiten gerechnet werden muss,
so ist i.a. mit Schwierigkeiten zu rechnen, wenn Datei-Variablen
unter einer PASCAL-Implementation auf Datentraegern erstellt werden und unter einer anderen PASCAL-Implementation inspiziert werden.

7.2.5.2 Dynamische Zuweisungsprozeduranweisungen

Wozu dynamische Zuweisungsprozeduren noetig sind, wurde bereits
in Kap. 4 ueber Variablen ausgefuehrt. In den Abschnitten 4.2.3,
4.3 und 4.4 wurde u.a. dargelegt, dass die dynamische Zuweisungsprozedur mit dem Standardnamen NEW 't' gebundenen Zeiger-Variablen
einen Wert zuweist, der auf den durch die Prozedur NEW von der
Halde entnommenen Zentralspeicher verweist, den die referenzierte
Variable vom 't' Typ benoetigt. Aus Abschn. 4.4 ist zu entnehmen,
dass die dynamische Zuweisungsprozedur mit dem Standardnamen
DISPOSE eine referenzierte Variable fuer ein PASCAL-Programm unzugreifbar macht und u.U. den von ihr beanspruchten Zentralspeicher der Halde zuweist. Diese Wiederholungen verdeutlichen, woher
die Bezeichnung 'dynamische Zuweisungsprozedur' ruehrt und legen
dar, dass es genau zwei Arten von dynamischen Zuweisungsprozeduren
gibt.

Die Wirkung von NEW- und DISPOSE-Prozeduranweisungen kann auch so
gesehen werden, dass NEW-Prozeduranweisungen u.a. den Wertebereich
von Zeiger-Typen erweitern und DISPOSE-Prozeduranweisungen u.a.
einen solchen schmaelern. Damit wird dann auch klarer, was mit unzugreifbar gemeint ist. Ein Wert, der nicht existent ist, kann
keinen Zugriff zu einer referenzierten Variablen erlauben.

Anweisungen zum Aufruf von dynamischen Zuweisungsprozeduren sind
nach dem Syntax-Diagramm S134 zu gestalten.

S134 dynamische Zuweisungsprozeduranweisung (dynamic allocation
                                          procedure statement)

```
                   =-=-=
      ---+--->I NEW I--------+
         I        =-=-=           I
         I +-----------------+
         I I     ===         +----------------------------------+
         I +->I ( I-+->I 't' gebundene Zeiger - Variable I---+
         I     ===   I   +--------------------------------+   I
         I           I                                        I
         I           I   +----------------------------+       I
         I           +->I 'p' 'e<>r' varianter Satz   I       I
         I               I gebundene Zeiger - Variable I----+  I
         I               +----------------------------+    I  I
         I +------------------------------------------------+  I
         I I     ===       +------------------+    A           I
         I +->I , I--->I Wert f.'e<>r'       I   I            I
         I   A ===       I Auswahlkomponente I----+---------->I
         I   I           +------------------+                  I
         I   +-----------------------------------------------+ I
         I               +-------------------------------+  I  I
         I           +->I 'p' 'e<>r' varianter Satz     I  I  I
         I           I   I gebundener Zeiger - Ausdruck I---+  I
         I           I   +-----------------------------+     I
         I           I                                        I
         I     ===   I   +-----------------------------------+  I
         I +->I ( I-+->I 't' gebundener Zeiger - Ausdruck I->I
         I I   ===       +--------------------------------+    I
         I +----------------+                   +-----------+
         I   =-=-=-=-=       I                   I     ===
         +--->I DISPOSE I----+                   +--->I ) I-->
              =-=-=-=-=                               ===
```

Danach ist eine Form von dynamischen Zuweisungsprozeduranweisungen dadurch festgelegt, dass auf den Standardnamen NEW eine in
ein rundes Klammerpaar eingeschlossene nach S54 zu gestaltende
't' gebundene Zeiger-Variable als Aktualisierung eines (zu denkenden) formalen Variablenparameters folgen muss. Die Ausfuehrung
dieser Form einer dynamischen Zuweisungsprozeduranweisung hat das
eingangs geschilderte Ergebnis: Die 't' gebundene Zeiger-Variable
hat einen Wert, der auf die referenzierte Variable vom Typ 't'
verweist, die - dies sei betont - nicht als initialisiert betrachtet werden darf. Beispiele fuer diese Anweisungsform sind die in
Abschnitt 4.2.3 gebrachten Anweisungen

        NEW (ANFZEIG) und NEW (MOMZEIG)   ,

bzw. sind in den Beispielprogrammen B7.2.5.1-1 (im Block der Prozedur PUT) und in B9-1 (etwa im Block der Prozedur TOBUDEIN) zu
finden.

Im Fall von benoetigten Zuweisungen von Werten an 'p''e<>r' varianter Satz gebundene Zeiger-Variablen und damit einhergehender
Anforderung von Zentralspeicher aus der Halde fuer die referen-

zierten Variablen vom 'p''e<>r' varianten Satz-Typ ist es moeglich, die Formen von dynamischen Zuweisungsprozeduranweisungen zu
verwenden, die nach S134 dadurch festgelegt sind, dass auf den
Standardnamen NEW - eingeschlossen in ein rundes Klammerpaar - eine nach S54 zu gestaltende 'p''e<>r' varianter Satz gebundene Zeiger-Variable als Aktualisierung eines (zu denkenden) formalen Variablenparameters anzugeben ist, der getrennt durch ein Komma eine Liste von ggf. durch Kommata zu trennenden nach S30 (ganz),
S20 (boolesch), S21 (Zeichen-) bzw. S15 (Aufzaehl-) zu gestaltenden Werten fuer 'e<>r' Auswahlkomponenten als Aktualisierungen
von (zu denkenden) formalen Wertparametern folgen muss. Als Grund
fuer die Zurverfuegungstellung dieser Formen von NEW-Prozeduranweisungen ist die (ggf.) effizientere Zentralspeichernutzung zu
sehen.

Machen wir uns dies an einem Beispiel klar. Sei definiert bzw. deklariert:

```
TYPE ABT = 'A' .. 'C';
     VST = RECORD
              K1 : REAL;
              CASE A1 : BOOLEAN OF
FALSE:        (K2 : REAL);
TRUE:         (CASE A2 : ABT OF
'A':             (K3 : REAL);
'B','C':         (K4 : CHAR;
                  K5 : 1 .. 20))
            END;
VAR  Z    : ^VST
```

Dann wuerde aufgrund der dynamischen Zuweisungsprozeduranweisung

        NEW (Z)

fuer die referenzierte Variable Z^ von der Halde der Zentralspeicher angefordert, der fuer die Satz-Komponenten-Variablen Z^.K1,
Z^.A1, Z^.K2 bzw. Z^.A2, Z^.K3 bzw. Z^.K4 und Z^.K5 benoetigt
wird (die Abkuerzung 'bzw.' moege hier und in entsprechendem Zusammenhang auch im folgenden eine moegliche Uebereinanderanordnung (s. Abschnitt 4.3) zum Ausdruck bringen). Hingegen kann eine
Implementation aufgrund der dynamischen Zuweisungsprozeduranweisung

        NEW (Z, TRUE, 'A')

wegen der Benennung von Varianten ueber die Werte TRUE und 'A'
fuer die referenzierte Variable Z^ von der Halde genau den Zentralspeicher anfordern, der fuer die Satz-Komponenten-Variablen
Z^.K1, Z^.A1, Z^.A2 und Z^.K3 benoetigt wird. Es kann also ggf.
der Zentralspeicher fuer Z^.K5 gespart werden (Uebereinanderanordnung angenommen). Natuerlich muss dann u.a. die Einschraenkung
beachtet werden, dass auf Z^.K5 kein Zugriff erfolgen darf, was
in der spaeter folgenden Regel R7.2.5.2-2 festgehalten ist.

Neben den beiden obigen dynamischen Zuweisungsprozeduranweisungen
sind noch alternativ die dynamischen Zuweisungsprozeduranweisungen

```
NEW (Z, FALSE)              ,
NEW (Z, TRUE)              sowie
NEW (Z, TRUE, 'B')         (oder NEW (Z, TRUE, 'C'))
```

zulaessig, die fuer die referenzierte Variable Z^ von der Halde
den Zentralspeicher anfordern, der fuer die Satz-Komponenten-Variablen

```
Z^.K1, Z^.A1 und Z^.K2,
Z^.K1, Z^.A1, Z^.A2, Z^.K3 bzw. Z^.K4 und Z^.K5 sowie
Z^.K1, Z^.A1, Z^.A2, Z^.K4 und Z^.K5
```

benoetigt wird. Nicht zulaessig sind beispielsweise die dynamischen Zuweisungsprozeduranweisungen

```
NEW (Z, FALSE, 'A'),
NEW (Z, 'B')          oder
NEW (Z, 'A', 'A')   .
```

Die Zulaessigkeit bzw. Nichtzulaessigkeit der letzten sieben dynamischen Zuweisungsprozeduranweisungen basiert auf der

Regel R7.2.5.2-1: In einer dynamischen Zuweisungsprozeduranwei-
                  sung der Form

                      NEW (Z, W1, W2, ..., WN)

                  muss Z eine Zeiger-Variable sein, die an einen
                  'p''e<>r' varianten Satz-Typ gebunden ist, fuer
                  den die Angabe eine Variante enthaelt, die durch
                  einen Wert W1 als Wert fuer eine 'e<>r' Auswahl-
                  komponente gekennzeichnet ist und die einen
                  'E<>R' varianten Satzteil enthaelt, der eine Va-
                  riante enthaelt, die durch einen Wert W2 als
                  Wert fuer eine 'E<>R' Auswahlkomponente gekenn-
                  zeichnet ist und die wiederum einen 'E<>R' va-
                  rianten Satzteil enthaelt, der ... schliesslich
                  eine Variante enthaelt, die durch einen Wert WN
                  als Wert fuer eine 'E<>R' Auswahlkomponente ge-
                  kennzeichnet ist. Ausserdem muss die Liste der
                  Werte fuer die 'e<>r' bzw. 'E<>R' Auswahlkompo-
                  nenten W1, W2 , ..., WN eine der Listen

                      W1   ;
                      W1, W2   ;
                      .
                      .
                      .   oder
                      W1, W2, ..., WN

                  sein.

Ungenau aber knapp besagt diese Regel, dass so, wie die 'Tiefe der
Variantenschachtelung' fortschreitet, zur Unterscheidungskennzeichnung von Varianten dienende Werte fuer 'e<>r' Auswahlkomponenten
in der Liste der Werte fuer 'e<>r' Auswahlkomponenten in einer
NEW-Prozeduranweisung 'von links nach rechts' aufzufuehren sind,
wobei Werte fuer 'e<>r' Auswahlkomponenten, die 'tiefere Varian-

ten' kennzeichnen (einschliesslich der zur Trennung notwendigen Kommata), fehlen duerfen.

Aus S134 bzw. Regel R7.2.5.2-1 folgt auch, dass Werte fuer 'e<>r' Auswahlkomponenten, die zur Unterscheidungskennzeichnung von Varianten einer 'p''e<>r' varianten Satz-Typ-Angabe dienen, die zur Typ-Angabe einer Satz-Komponente in einer 'p' nicht- oder 'e<>r' varianten Satz-Typ-Angabe benutzt sind, nicht in einer NEW-Prozeduranweisung als aktuelle Parameter verwandt werden koennen. Ist beispielsweise definiert bzw. deklariert:

```
TYPE NVST = RECORD
                  K1 : REAL;
                  K2 : RECORD
                          K3 : REAL;
                          CASE BOOLEAN OF
          FALSE:            (K4 : REAL);
          TRUE:             (K5 : INTEGER;
                             K6 : CHAR)
                       END
                  END;
          VAR  P      : ^NVST
```

so ist

          NEW (P, FALSE)

eine nicht zulaessige dynamische Zuweisungsprozeduranweisung. Denn P ist keine Variable eines 'p''e<>r' varianter Satz gebundenen Zeiger-Typs. Aber auch wenn P von einem solchen Typ waere und FALSE nicht eine Variante in der Angabe dieses Typs kennzeichnet, ist vorstehende NEW-Prozeduranweisung unzulaessig. Zulaessig ist nur NEW (P). Aus Effizienzgruenden sollten i.a. - wie wir von Abschn. 4.3 her wissen - ohnehin Variablen eines strukturierten Typs vermieden werden, dessen Komponenten-Typ ein 'p''e<>r' varianter Satz-Typ ist.

Weiter ist nun noch zu beachten:

Regel R7.2.5.2-2: Wird eine referenzierte 'p''e<>r' variante Satz-
                  Variable mittels einer NEW-Prozeduranweisung
                  eingerichtet, in der Werte fuer 'e<>r' Auswahl-
                  komponenten als aktuelle Parameter aufgefuehrt
                  sind, so ist jeder Zugriff auf 'variante' Satz-
                  Komponenten-Variablen unzulaessig, die Varian-
                  ten entsprechen, die durch Werte fuer 'e<>r'
                  Auswahlkomponenten gekennzeichnet sind, die
                  nicht aktuelle Parameter der NEW-Prozeduranwei-
                  sung sind.

Der Grund fuer diese Regel ist die effiziente Zentralspeichernut- zung, die durch eine Implementation vorgenommen werden kann, wie wir dies am Beispiel der Prozeduranweisung NEW (Z, TRUE, 'A') oben dargelegt haben. Eine Implementation braucht nicht so zu verfahren. Der Programmierer aber muss davon ausgehen, dass so verfahren wird. Die Regel stellt uebrigens ja nur fuer referenzierte 'p''e<>r' va- riante Satz-Variablen, die mittels einer NEW-Prozeduranweisung eingerichtet wurden, in der Werte fuer 'e<>r' Auswahlkomponenten

als aktuelle Parameter aufgefuehrt sind, eine Verschaerfung dessen
dar, was ueber die Bezugnahme auf Varianten allgemein in Abschn.
3.2.3.2 gesagt wurde.

Eine Verletzung der Regel R7.2.5.2-2 kann besonders leicht erfolgen und von einer Implementation unbemerkt bleiben, wenn ein Zugriff auf die referenzierte 'p''e<>r' variante Satz-Variable als
Ganzes erfolgt. Daher besteht noch die Einschraenkung:

Regel R7.2.5.2-3: Eine referenzierte 'p''e<>r' variante Satz-Va-
                  riable, die mittels einer NEW-Prozeduranweisung
                  eingerichtet wurde, in der Werte fuer 'e<>r' Aus-
                  wahlkomponenten aufgefuehrt sind, kann nicht in
                  einer Zuweisung des Wertes einer Variablen - .we-
                  der links noch rechts vom Symbol := - als Va-
                  riablenbezugsangabe und nicht als aktueller Pa-
                  rameter in einem Unterprogrammaufruf dienen.

Die zweite Art von dynamischen Zuweisungsprozeduranweisungen
- DISPOSE-Prozeduranweisungen - sind nach dem Syntax-Diagramm
S134 so zu gestalten, dass nach dem Standardnamen DISPOSE in runde Klammern eingeschlossen entweder ein gemaess S84 zu bildender
't' gebundener Zeiger-Ausdruck oder ein, ebenfalls wieder gemaess
S84 zu bildender 'p''e<>r' varianter Satz gebundener Zeiger-Ausdruck als Aktualisierung eines (zu denkenden) formalen Wertparameters anzugeben ist, dem getrennt durch ein Komma eine Liste von
ggf. durch Kommata zu trennenden nach S30 (ganz), S20 (boolesch),
S21 (Zeichen-) bzw. S15 (Aufzaehl-) zu gestaltenden Werten fuer
'e<>r' Auswahlkomponenten als Aktualisierungen von (zu denkenden)
formalen Wertparametern folgen muss. Aufrufe beider Formen haben
das eingangs geschilderte Ergebnis: Die referenzierte Variable,
auf die der Wert des Ausdruckes verweist, ist unzugreifbar, und
ggf. ist der von ihr beanspruchte Zentralspeicher der Halde zugewiesen.

Ein Beispiel fuer eine DISPOSE-Prozeduranweisung ist in dem Programm B7.2.5.1-1 (im Block der Prozedur LEERE) zu finden.

Es ist zu erkennen, dass die beiden Formen der DISPOSE-Prozeduranweisungen strukturell den beiden Formen der NEW-Prozeduranweisungen entsprechen, wenn davon abgesehen wird, dass der erste oder
einzige aktuelle Parameter bei DISPOSE-Prozeduranweisungen ein
Ausdruck und bei NEW-Prozeduranweisungen eine Variable sein muss.
Daher ist es naheliegend, dass gilt:

Regel R7.2.5.2-4: Wird eine referenzierte 't' Variable mit einer
                  NEW-Prozeduranweisung eingerichtet, die nur ei-
                  nen aktuellen Parameter hat - eine 't' gebunde-
                  ne Zeiger-Variable, so ist die referenzierte
                  't' Variable nur mit einer DISPOSE-Prozeduran-
                  weisung unzugreifbar zu machen, die auch nur
                  einen aktuellen Parameter hat - einen 't' gebun-
                  denen Zeiger-Ausdruck, dessen Wert auf die re-
                  ferenzierte 't' Variable verweist.

                  Wird eine referenzierte 'p''e<>r' variante Satz-
                  Variable mit einer NEW-Prozeduranweisung einge-
                  richtet, die ausser einer 'p''e<>r' varianter

Satz gebundenen Zeiger-Variablen n Werte fuer
'e<>r' Auswahlkomponenten als aktuelle Parameter
hat, so ist die referenzierte 'p''e<>r' variante
Satz-Variable nur mit einer DISPOSE-Prozeduranweisung unzugreifbar zu machen, die ausser einem
'p''e<>r' Satz gebundenen Zeiger-Ausdruck, dessen Wert auf die referenzierte 'p''e<>r' variante Satz-Variable verweist, mindestens jene n Werte fuer 'e<>r' Auswahlkomponenten als aktuelle
Parameter hat. Werte von 'e<>r' Auswahlkomponenten, die Varianten kennzeichnen, die nicht in
Bearbeitung stehen, sind als aktuelle Parameter
unzulaessig.

Unter Benutzung der auf S. 7.2.5.2/3 deklarierten Variablen Z des
Typs ^VST sind nach dieser Regel zulaessige (Pseudo-)Anweisungs-
folgen:

```
NEW (Z);
.
.
.
DISPOSE (Z)
```

und

```
NEW (Z, TRUE);
.
.
.
Z^.A2  := 'A';
Z^.K3  := 3.14;
.
.
.
DISPOSE (Z, TRUE) (* ODER DISPOSE (Z, TRUE, 'A') *).
```

Unzulaessig sind:

```
NEW (Z);
.
.
.
DISPOSE (Z, TRUE)
```

und

```
NEW (Z, TRUE);
.
.
.
Z^.A2  := 'A';
Z^.K3  := 3.14;
.
.
.
DISPOSE (Z, FALSE) (* ODER DISPOSE (Z, TRUE, 'B') *).
```

Als Aktualisierung des einzigen oder ersten Parameters einer DIS-
POSE-Prozeduranweisung kann natuerlich nicht NIL dienen, und ein
Ausdruck muss einen Wert liefern, der auf eine referenzierte Va-
riable verweist - eine Variable muss initialisiert sein, und ein
Funktionsaufruf darf nicht auf die Benutzung nicht-initialisier-
ter Variablen fuehren.

Zum Schluss sei noch herausgehoben, dass in NEW- und DISPOSE-Prozeduranweisungen, in denen nicht nur ein aktueller Parameter aufgefuehrt wird, abgesehen von der Aktualisierung des ersten Parameters die uebrigen Parameter nur durch W e r t e fuer 'e<>r'
Auswahlkomponenten - also quasi Konstanten - und nicht durch Variablen oder gar Ausdruecke aktualisiert werden koennen. Das ist
eine Spracheigenschaft, die mitunter erheblichen Schreibaufwand.
erfordert, wie das Beispielprogramm B4.2.3-1 andeutungsweise
zeigt, aber dem Kompilierer die Arbeit sehr erleichtert.

7.2.5.3 Datenuebertragungsprozeduranweisungen

Von den Abschnitten 3.2 und 4.3 her ist bekannt, dass die Verarbeitung von Werten 'gepackter' Variablen strukturierter Typen u.U.
rechenzeitaufwendig sein kann, und nach Regel R7.2.3.2-3 ist es
nicht zulaessig, formale Variablenparameter in Unterprogrammaufrufen (abgesehen vom Aufruf der Standardprozedur READ) durch Komponenten-Variablen 'gepackter' Variablen zu aktualisieren. Mitunter ist es deshalb empfehlenswert bzw. notwendig, Werte 'gepackter' Variablen oder Werte eines Teils ihrer Komponenten-Variablen
auf 'ungepackte' Variablen passenden Typs zu bringen, ehe ihre
Verarbeitung erfolgt. Anschliessend kann dann ggf. umgekehrt verfahren werden.

Nun brauchen die Programmteile zum 'Entpacken' und 'Packen' von
einem PASCAL-Kompilierer nicht so uebersetzt zu werden, dass sie
zeiteffizient arbeiten. Das wuerde bedeuten, dass sich der Aufwand - wenn nicht notwendig - nicht immer zu lohnen braucht. Deshalb stehen in PASCAL Standardprozeduren mit den Standardnamen
UNPACK und PACK zum 'Entpacken' und 'Packen' wenigstens fuer vek-
torartige Feld-Variablen - Datenuebertragungsprozeduren - zur
Verfuegung.

Die Form von Datenuebertragungsprozeduranweisungen ist dem Syntax-
Diagramm S135 zu entnehmen.

S135 Datenuebertragungsprozeduranweisung (data transfer
                                  procedure statement)

```
              =-=-=-=-
   ---+--->I UNPACK I-+
      I    =-=-=-=-   I
      I +-----------+
      I I   ===     +-----------------+
      I +->I ( I->I gepackter         I               ===
      I      ===   I Feld - Parameter I----------->I , I-+
      I            +-----------------+               === I
      I        +-------------------------------------------+
      I        I +---------------------------+
      I        +->I entpackte                I
      I           I Feld - Parameter - Gruppe I-----------+
      I           +---------------------------+           I
      I                                                   I
      I    =-=-=-                                         I
   +--->I PACK I---+                                      I
        =-=-=-     I                                      I
     +-----------+                                        I
     I   ===     +---------------------------+            I
     +->I ( I->I entpackte                I     ===       I
        ===   I Feld - Parameter - Gruppe I--->I , I-+ I
              +---------------------------+     === I I
        +---------------------------------------------+ I
        I +-----------------+           +-----------+
        +->I gepackter         I           V   ===
           I Feld - Parameter I----------->I ) I--->
           +-----------------+               ===
```

Bei UNPACK-Prozeduranweisungen muss danach auf den Standardnamen
UNPACK eine oeffnende runde Klammer angegeben werden, der ein gepackter Feld-Parameter als Aktualisierung eines (zu denkenden)
formalen Wertparameters folgen muss. Ein gepackter Feld-Parameter
kann eine der durch S136 festgelegten nach S54 zu gestaltenden
Variablen eines Feld-Typs sein, zu dessen Angabe das Attribut
PACKED verwandt ist, und der ein vektorartiger Feld-Typ ist, was
in S136 daran zu erkennen ist, dass die Index-Typ-Liste nur ein
Element hat - naemlich einen 'e<>r' Typ, einen 'gT' Typ mit unterer Grenze <> 1, den 1 .. 1 Typ, einen 'b<>gT' Typ oder einen
1 .. 'N' Typ.

S136 gepackter Feld - Parameter (packed array parameter)

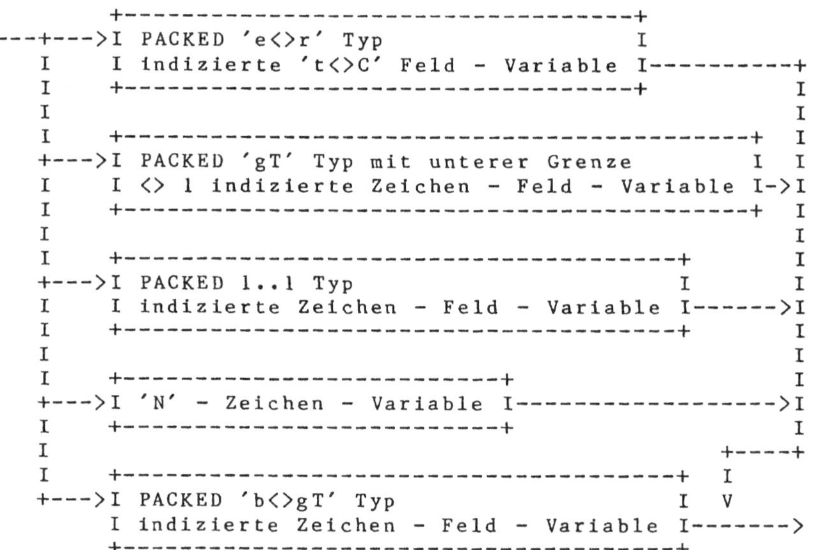

Auf den gepackten Feld-Parameter muss nun ein Komma folgen, auf
das eine entpackte Feld-Parameter-Gruppe anzugeben ist, auf die
eine runde schliessende Klammer folgen muss. Eine entpackte Feld-
Parameter-Gruppe ist nach dem Syntax-Diagramm S137 zu gestalten.

S137 entpackte Feld - Parameter - Gruppe (unpacked array
                                    parameter group)

```
                +------------------------+
   ---+--->I 'e<>r' Typ indizierte  I              ===
      I     I 't<>C' Feld - Variable I-------->I , I---+
      I     +------------------------+              ===      I
      I +--------------------------------------------------+
      I I +---------------+                                 I
      I +->I 'e<>r' Ausdruck I---------------------------------+
      I     +---------------+                                     I
      I                                                           I
      I     +-------------------------------------+               I
   +--->I 'gT' Typ mit unterer Grenze <> 1       I               I
      I     I indizierte Zeichen - Feld - Variable I----+         I
      I     +-------------------------------------+    I  I
      I                                                 I  I
      I     +-------------------------------------+    I  I
   +--->I l..l Typ                               I    I  I
      I     I indizierte Zeichen - Feld - Variable I--->I  I
      I     +-------------------------------------+    I  I
      I                                        +-----------+  I
      I     +------------------------+    V      ===        I
   +--->I 'N' - Zeichen - Variable I------->I , I---+     I
      I     +------------------------+              ===      I  I
      I +--------------------------------------------------+  I
      I I +---------------+                                 I
      I +->I ganzer Ausdruck I---------------------------------->I
      I     +---------------+                                     I
      I                                                           I
      I     +---------------------------------------+           I
   +--->I 'b<>gT' Typ                              I           I
      I     I indizierte Zeichen - Feld - Variable I----+       I
      +-------------------------------------+    I  I
                                        +-----------+  I
                                        I   ===        I
                                        +-->I , I---+  I
                                            ===    I  I
      +------------------------------------------------+  I
      I                                     +-----------+
      I  +-----------------+               V
      +->I 'b<>gT' Ausdruck I------------------------------>
         +-----------------+
```

Danach ist sie eine nach S54 zu gestaltende Variable eines vektorartigen Feld-Typs, zu dessen Angabe n i c h t das Attribut
PACKED verwandt wurde, auf die ein Komma mit nachfolgendem nach
S65 (ganz), S69 (boolesch), S75 (Zeichen-) oder S76 (Aufzaehl-)
zu gestaltenden Ausdruck folgen muss. Die Variable eines vektorartigen Feld-Typs einer entpackten Feld-Parameter-Gruppe ist in
einer UNPACK-Prozeduranweisung insofern nicht als Aktualisierung
eines (zu denkenden) formalen Variablenparameters zu sehen, als
sie eine Komponenten-Variable einer Variablen eines strukturierten Typs sein darf, zu dessen Angabe das Attribut PACKED verwandt
wurde. Der Ausdruck ist natuerlich als Aktualisierung eines (zu
denkenden) formalen Wertparameters zu sehen.

Zu beachten sind nun:

Regel R7.2.5.3-1: Der Komponenten-Typ des Typs einer als gepackter
Feld-Parameter dienenden Feld-Variablen muss im
Sinne der Regel R3.5-1 aequivalent sein zum Komponenten-Typ des Typs einer in der entpackten
Feld-Parameter-Gruppe aufgefuehrten Feld-Variablen. Die Komponenten-Typen duerfen weder Datei-
Typen noch strukturierte Typen mit Datei-Typen
als Komponenten-Typen sein, was rekursiv zu sehen ist.

Regel R7.2.5.3-2: Der Ausdruck in einer entpackten Feld-Parameter-
Gruppe muss einen Wert liefern, der im Sinne
der Regel R3.5-4 wertzuweisungskompatibel zum
Wertebereich des Index-Typs des Feld-Typs der
in der Feld-Parameter-Gruppe angegebenen Feld-
Variablen ist.

Regel R7.2.5.3-3: Die Differenz des groessten und kleinsten Wertes
(bzw. ggf. deren Ordinalzahlen) aus dem Wertebe-
reich des Index-Typs des Feld-Typs einer als gepackter Feld-Parameter dienenden Feld-Variablen
muss kleiner hoechstens gleich sein der Differenz des groessten und kleinsten Wertes (bzw.
ggf. deren Ordinalzahlen) aus dem Wertebereich
des Index-Typs des Feld-Typs einer in der entpackten Feld-Parameter-Gruppe aufgefuehrten
Feld-Variablen.

Eine Verletzung der ersten beiden Regeln bemerkt der PASCAL-Kompilierer. Eine Verletzung der letzten Regel fuehrt auf Abbruch
des Programmlaufs.

Diese Regeln werden sofort verstaendlich, wenn man die genaue Arbeitsweise der UNPACK-Prozedur kennt. Sie laesst sich fuer die
(Pseudo-) UNPACK-Prozeduranweisung

        UNPACK (Z, A, Ausdruck)

als aequivalent zu der der zusammengesetzten (Pseudo-) Anweisung

```
        BEGIN
          K := Ausdruck;
          FOR J := U TO V DO
            BEGIN
              A [K] := Z [J];
              IF J <> V THEN K := SUCC (K)
            END
        END
```

sehen, wenn noch erklaert ist, dass Z eine Feld-Variable eines
Typs sei, fuer den die (Pseudo-) Angabe

        PACKED ARRAY [ip] OF t

moeglich ist, und dass A eine Feld-Variable eines Typs sei, fuer
den die (Pseudo-) Angabe

ARRAY [i] OF t

moeglich ist. Dabei sollen ip und i zulaessige Index-Typen sein
und t ein beliebiger Typ, der weder ein Datei-Typ noch ein strukturierter Typ mit Datei-Typen als Komponenten-Typen ist, was rekursiv zu sehen ist. K sei eine Variable des Typs i und J eine
Variable des Typs ip. Beide Variablen sind natuerlich keine durch
den Programmierer zu deklarierenden Variablen, sondern dienen nur
zur Erklaerung der Arbeitsweise von UNPACK-Prozeduranweisungen.
Analoges gilt fuer U und V, die Konstanten bezeichnen sollen, deren Werte der kleinste und groesste Wert aus dem Wertebereich des
Typs ip seien.

Ein PASCAL-Programmierer erreicht also ueber eine UNPACK-Prozeduranweisung das gleiche Resultat, das er ueber eine der obigen zusammengesetzten (Pseudo-) Anweisung entsprechende Anweisung oder
Anweisungsfolge erreichen wuerde - allerdings mit der eingangs
gebrachten evtl. Einschraenkung, nicht genuegend zeiteffizient zu
sein.

Von manchen PASCAL-Kompilierern wird die Einhaltung der Regel
R7.2.5.3-1 nicht in der formulierten Strenge ueberprueft: Es wer-
den statt aequivalenter Komponenten-Typen kompatible Komponenten-
Typen im Sinne der Regel R3.5-2 zugelassen. Weiter sei darauf hin-
gewiesen, dass nach [085] gestaltete Implementationen als Index-
Typen nur ganze Typen zulassen.

PACK-Prozeduranweisungen muessen nach S135 mit dem Standardnamen
PACK beginnen, auf den in runde Klammern eingeschlossen eine nach
S137 zu gestaltende entpackte Feld-Parameter-Gruppe und getrennt
durch ein Komma ein nach S136 zu gestaltender gepackter Feld-Parameter anzugeben sind. Die Reihenfolge von entpackter Feld-Parameter-Gruppe und gepacktem Feld-Parameter ist also genau die umgekehrte wie in einer UNPACK-Prozeduranweisung: Zuerst muss immer
die 'Quelle' genannt werden und hernach die 'Senke'. Die Variable
eines vektorartigen Feld-Typs und der Ausdruck einer entpackten
Feld-Parameter-Gruppe in einer PACK-Prozeduranweisung sind als
Aktualisierungen von (zu denkenden) formalen Wertparametern zu
sehen. Eine als gepackter Feld-Parameter dienende Variable eines
vektorartigen Feld-Typs ist insofern nicht als Aktualisierung eines (zu denkenden) formalen Variablenparameters zu sehen, als sie
eine Komponenten-Variable einer Variablen eines strukturierten
Typs sein darf, zu dessen Angabe das Attribut PACKED verwandt wurde.

Zu beachten sind auch fuer PACK-Prozeduranweisungen die Regeln
R7.2.5.3-1 (nebst der spaeter gebrachten Abschwaechung),
R7.2.5.3-2 und R7.2.5.3-3 sowie die in [085] gemachte Einschraenkung. Denn die Arbeitsweise der PACK-Prozedur laesst sich fuer
die (Pseudo-)PACK-Prozeduranweisung

        PACK (A, Ausdruck, Z)

als aequivalent der der oben angegebenen zusammengesetzten
(Pseudo-) Anweisung sehen, wenn in dieser die Wertzuweisung an
A [K] ersetzt wird durch die Wertzuweisung

        Z [J] := A [K]   .

Es kann sein, dass eine PACK-Prozeduranweisung aus implementationsabhaengigen Gruenden keinen Effekt bringt. Der Eingeweihte
denke an die Wortgrenzen! [080] schreibt nicht vor, was in solch
einem Falle zu geschehen hat. Der PASCAL-6000-3.4-Kompilierer mel-
det einen Fehler.

Das folgende Beispielprogramm soll nun das Dargelegte verdeutlichen.

```
(* BEISPIEL B7.2.5.3-1: VERDEUTLICHUNG DER ARBEITSWEISE VON
                        UNPACK UND PACK *)
PROGRAM    UP         (OUTPUT);
CONST      U     =    1;
           V     =    5;
           UG    =    -4;
           OG    =    5;
TYPE       IP    =    U .. V;
           I     =    UG .. OG;
           N     =    0 .. 63;
           T     =    PACKED
                      RECORD
                        K1 ,
                        K2 : N
                      END;
           PVEK =     PACKED
                      ARRAY [IP] OF T;
           VEK  =     ARRAY [I ] OF T;
VAR        L     :    I;
           Z     :    PVEK;
           A     :    VEK;
           (* BEI DER PASCAL-6000-3.4-IMPLEMENTATION HABEN 5 KOMPO-
              NENTEN-VARIABLEN VON Z UND HAT 1 KOMPONENTEN-VARIABLE
              VON A EINEN ZENTRALSPEICHERBEDARF VON EINEM 'KAESTCHEN'
              IM SINNE VON ABSCHN. 4.3 *)
BEGIN
                                  (* INITIALISIERUNG VON A *)
  FOR L := UG TO OG DO
    WITH A [L] DO
      BEGIN
        K1 := ABS (L);
        K2 := K1 + 1
      END;
                                  (* INITIALISIERUNG VON Z *)
  PACK (A, UG, Z);
                                  (* VERARBEITUNG *)
  UNPACK (Z, A, -A [-3].K1 + 1);
  FOR L := UG TO OG DO
    WITH A [L] DO
      WRITELN (# # : 29, L : 5, K1 : 5, K2 : 5)
END.
```

Ergebnisse:

```
-4    4    5
-3    3    4
-2    4    5
-1    3    4
 0    2    3
 1    1    2
 2    0    1
 3    3    4
 4    4    5
 5    5    6
```

7.2.6 Standardfunktions-Aufrufe

Die grundsaetzlichen Darlegungen des Abschn. 7.2.5 ueber Standardprozedur-Anweisungen sind auf Standardfunktions-Aufrufe uebertragbar. Herausgehoben sei jedoch: Standardfunktionen sind standardmaessig deklarierte Funktionen, deren Aufruf durch Auffuehrung ihres Standardnamens (s. S. 2.2.3/9) in einem Ausdruck veranlasst
wird, wenn diesem nicht per Definition bzw. Deklaration eine andere Bedeutung gegeben wird.

Da die Listen aktueller Parameter in Standardfunktions-Aufrufen
fuer ein und dieselbe Standardfunktion nach Typ der Parameter
verschieden sein duerfen und in runden Klammern angegeben werden
oder einschliesslich runder Klammern fehlen koennen (worauf bereits in Abschn. 7.2.2 hingewiesen wurde), sind wir so verfahren
wie - aus aehnlichen Gruenden - bei der Erlaeuterung von Standardprozedur-Anweisungen: Wir haben die Form von Standardfunktions-
Aufrufen in Syntax-Diagrammen und zwar in den Syntax-Diagrammen
S115 - S119 (s. Abschn. 7.2.2) angegeben. Diesen Syntax-Diagrammen entnimmt man, dass Standardfunktions-Aufrufe syntaktisch aus
einem Standardnamen und einer in runde Klammern eingeschlossenen
Liste aktueller Parameter aufzubauen sind, die aus nur einem Element - auch Argument genannt - besteht, das entweder eine nach
S54 zu gestaltende Variablenbezugsangabe oder ein nach S65, S69,
S75, S76 oder S77 zu gestaltender Ausdruck sein muss. Die Wirkung
der Standardfunktions-Aufrufe wird in den folgenden Unterabschnitten besprochen. Die Unterteilung dieses Abschnitts spiegelt die
uebliche Unterteilung der Standardfunktionen in

. arithmetische Standardfunktionen (arithmetic standard functions),
. Typ-Anpassungs-Standardfunktionen (transfer standard functions),
. Anordnungs-Standardfunktionen (ordinal standard functions) und
. boolesche Standardfunktionen (boolean standard functions)

wider.

Erinnert sei an die Zusammenstellungen in den Abschnitten 3.1.1,
3.1.2, 3.1.3, 3.1.4 und 3.1.5, aus denen ersichtlich ist, welche
Standardfunktionen mit Argumenten welchen Typs aufgerufen werden
koennen und welchen Typs die Ergebnisse sind. Die Zusammenstellung
der Standardfunktionen, die mit Argumenten aequivalenten Typs aufgerufen werden duerfen, ist naemlich aus den Syntax-Diagrammen
S115 - S119 oder den folgenden Unterabschnitten nur muehsam zu
bekommen.

7.2.6.1 Aufrufe arithmetischer Standardfunktionen

Welche arithmetischen Standardfunktionen es gibt und unter welchen Standardnamen sie aufrufbar sind, kann der folgenden Tabelle
entnommen werden.

```
Stan-  I Be-     I              I Para- I Funk- I
dard-  I zeich-  I  Definition  I meter-I tions-I Beispiel(e)
name   I nung    I              I Typ   I Typ   I
=======================================================================
       I         I              I       I       I
ABS    I absolu- I y ist x,     I       I       I ABS (-1)
       I ter Be- I   wenn x >= 0; I ganz I ganz I (* = 1 *)
       I trag    I y ist -x,    I ------------- I
       I         I   wenn x < 0 I reell I reell I ABS (3.14)
       I         I              I       I       I (* = 3.14 *)
-----------------------------------------------------------------------
ARCTAN I Arcus-  I y ist eine   I       I       I
       I Tangens I (angenaeherte) I     I       I
       I         I Loesung der An- I    I       I
       I         I fangswertaufgabe I   I       I
       I         I              I ganz  I       I ARCTAN (1)
       I         I dy       1   I       I reell I (* = 0.785...
       I         I -- = -------- I reell I       I   = pi/4 *)
       I         I dx    1 + x . x I    I       I
       I         I              I       I       I
       I         I y (0) = 0    I       I       I
-----------------------------------------------------------------------
COS    I Kosinus I y ist ein    I       I       I
       I         I approximativer I     I       I
       I         I Wert der Reihe I     I       I
       I         I              I       I       I
       I         I  oo          I ganz  I       I COS (0)
       I         I ---,    n 2n I       I reell I (* = 1.0 *)
       I         I \    (-1) x  I reell  I       I
       I         I /    -------- I       I       I
       I         I ---'  (2n)!  I       I       I
       I         I n=0          I       I       I
-----------------------------------------------------------------------
EXP    I e-Funk- I y ist ein    I       I       I
       I tion    I approximativer I     I       I
       I         I Wert der Reihe I     I       I
       I         I              I       I       I EXP (0)
       I         I    oo        I ganz  I       I (* = 1.0 *)
       I         I   ---,   n   I       I reell I
       I         I   \     x    I       I       I EXP (1.0)
       I         I   /     --   I reell I       I (* = 2.71...
       I         I   ---'  n!   I       I       I   = e *)
       I         I   n=0        I       I       I
-----------------------------------------------------------------------
LN     I natuer- I y ist ein    I ganz  I       I
       I licher  I approximativer I (x>=1)I      I LN (1)
       I Loga-   I Wert der Umkehr-I     I reell I (* = 0.0 *)
       I rithmus I funktion der I reell  I       I LN (EXP (1))
       I         I e-Funktion   I (x>0)  I       I (* = 1.0 *)
```

```
Stan-  I  Be-     I                    I Para-  I Funk-  I
dard-  I  zeich-  I     Definition     I meter-I tions-I  Beispiel(e)
name   I  nung    I                    I Typ    I Typ    I
===========================================================================
       I          I                    I        I        I
SIN    I  Sinus   I  y ist ein         I        I        I
       I          I  approximativer    I        I        I
       I          I  Wert der Reihe    I        I        I
       I          I                    I ganz   I        I  SIN (0.0)
       I          I   oo               I        I reell  I  (* = 0.0 *)
       I          I  ---,       n 2n+1 I reell  I        I
       I          I  \       (-1) x    I        I        I
       I          I  /      ---------  I        I        I
       I          I  ---'    (2n+1)!   I        I        I
       I          I  n=0               I        I        I
---------------------------------------------------------------------------
SQR    I  Quadrat I  y ist x.x         I ganz   I ganz   I  SQR (3)
       I          I                    I -------------- I  (* = 9 *)
       I          I                    I reell  I reell  I  SQR (0.5)
       I          I                    I        I        I  (* = 0.25 *)
---------------------------------------------------------------------------
SQRT   I  Quadrat-I  y ist eine        I        I        I
       I  wurzel  I  approximative     I 0 ..   I        I
       I          I  nicht negative    I MAXINTI I       I  SQRT (6.25)
       I          I  Loesung der       I        I reell  I  (* = 2.5 *)
       I          I  Gleichung         I reell  I        I
       I          I                    I (x>=0)I        I
       I          I      y . y = x     I        I        I
```

Die Bezeichnungen zeigen dem Leser, woher das Attribut 'arithme-
tisch' ruehrt und welche Ergebnisse ein Aufruf dieser Standardfunktionen liefern wird. Bei den Definitionen ist zu beachten,
dass sie mathematische Definitionen sind - x bezeichnet das Argument und y den Funktionswert, die keine numerischen Gegebenheiten
beruecksichtigen. Diese sind stark implementationsabhaengig. Es
ist ratsam, sich ggf. in Implementationsbeschreibungen zu verge-
wissern, wie und wie genau die Funktionen approximiert werden
[020].

Als aktuelle Parameter sind - wie S115 und S119 entnommen werden
kann - Ausdruecke moeglich, woraus zu schliessen ist, dass die
(zu denkenden) formalen Parameter Wertparameter sind. Der Typ der
aktuellen Parameter kann nach S115 und S119 sowie obiger Tabelle
immer ein ganzer oder der reelle Typ sein. Nach [080] sind aktuelle Parameter nicht jedes ganzen Typs, sondern nur des ganzen Standardtyps zulaessig. Viele Implementationen lassen jedoch auch aktuelle Parameter ganzer Teilbereichs-Typen zu. Der berechnete Wert
ist bei allen Funktionen nach S115 und S119 sowie obiger Tabelle
ein Wert aus dem Wertebereich des reellen Typs ausser in den Faellen des absoluten Betrages (ABS) und von Quadrat (SQR), in denen
fuer einen aktuellen Parameter ganzen Typs ein Wert aus dem Wertebereich des ganzen Standardtyps berechnet wird.

Beispiele von Aufrufen von arithmetischen Standardfunktionen finden sich in obiger Tabelle, aber auch u.a. in den Beispielprogrammen B4.2.2.2-1 (SQR-Aufruf) und B7.2.5.1-1 (LN-Aufruf im Programm-
block).

Kann fuer einen Parameterwert kein Funktionswert berechnet werden,
so erfolgt eine Fehlermeldung und Abbruch des Programmlaufs. Beispielsweise wuerde dies geschehen, wenn der natuerliche Logarithmus (LN) und die Quadratwurzel (SQRT) mit negativen Parameterwer-
ten aufgerufen wuerden. Der Aufruf der e-Funktion (EXP), des natuerlichen Logarithmus (LN) und von Quadrat (SQR) kann zum Abbruch des Programmlaufs fuehren, wenn der Funktionswert nicht
Wert des Wertebereichs des reellen bzw. eines ganzen Typs ist.

7.2.6.2 Aufrufe von Typ-Anpassungs-Standardfunktionen

Unter Typ-Anpassung wird in PASCAL die Anpassung von Werten aus
dem Wertebereich des reellen Typs an den Wertebereich des ganzen
Standardtyps verstanden. Das kann auf zweierlei Wegen geschehen
- naemlich durch Abtrennen (Abschneiden) des 'gebrochenen Anteils'
(truncation) oder durch Runden (rounding). Dafuer sind zwei Standardfunktionen mit den Standardnamen TRUNC und ROUND verfuegbar.
Ihre Bezeichnung, Definition (x bezeichnet das Argument und y den
Funktionswert), zulaessiger Parameter-Typ, Funktions-Typ und Beispiele fuer Aufrufe koennen folgender Tabelle entnommen werden.

Standard-name	Bezeich-nung	Definition	Para-meter Typ	Funk-tions-Typ	Beispiele
TRUNC	Ab-schnei-de-Funk-tion	y ist der ganz-zahlige Wert, fuer den 0 <= x-y < 1 ist, wenn x >=0 ist bzw. fuer den -1 < x-y <=0 ist, wenn x < 0 ist	reell	ganzer Stan-dard-typ	TRUNC (3.5) (* = 3 *) TRUNC (-3.5) (* = -3 *)
ROUND	Run-dungs-Funktion	y ist der Wert, den die Ab-schneide-Funk-tion fuer x+0.5 liefert, wenn x >= 0 ist bzw. fuer x-0.5 lie-fert, wenn x<0 ist	reell	ganzer Stan-dard-typ	ROUND (3.6) (* = 4 = TRUNC (3.6 +0.5) *) ROUND (-3.6) (* = -4 = TRUNC (-3.6 -0.5) *)

Da nach S115 als aktuelle Parameter (reelle) Ausdruecke zulaessig
sind, sind die (zu denkenden) formalen Parameter Wertparameter.
Nicht alle Werte aus dem Wertebereich des reellen Typs sind i.a.
an den Wertebereich des ganzen Standardtyps ueber die Typ-Anpassungs-Standardfunktionen anpassbar. Das haengt von der jeweiligen
PASCAL-Implementation ab bzw. ist DVA-typabhaengig. Bei der
PASCAL-6000-3.4-Implementation beispielsweise sind alle Werte aus
dem Wertebereich des reellen Typs, fuer die die Typ-Anpassungs-
Standardfunktionen ein Ergebnis liefern, das absolut groesser als
281474976710655 (= 2 hoch 48 minus 1) ist - und solche Werte gibt
es - nicht an den Wertebereich des ganzen Standardtyps anpassbar,
der alle ganzzahligen Werte zwischen -281474976710655 und
+281474976710655 (= MAXINT) umfasst. Kann eine Typ-Anpassung
nicht durchgefuehrt werden, so erfolgt eine Fehlermeldung und Abbruch des Programmlaufs.

7.2.6.3 Aufrufe von Anordnungs-Standardfunktionen

Anordnungs-Standardfunktionen haben ihren Namen daher, weil sie mit Parametern eines 'e<>r' Typs aufzurufen sind und ein Ergebnis aus dem Wertebereich eines 'e<>r' Typs liefern, das von der Anordnung der Werte im Wertebereich des Parameter-Typs abhaengt. Welche Anordnungs-Standardfunktionen es gibt und unter welchen Standardnamen sie aufrufbar sind, kann der folgenden Tabelle entnommen werden.

Standard-name	Be-zeichnung	Definition	Parameter-Typ	Funktions-Typ	Beispiele
ORD	Ordinalzahl-Funktion	y ist die Ordinalzahl von x, wenn x nicht vom ganzen Typ ist, sonst ist y gleich x	'e<>r'	ganzer Standardtyp	ORD (MAXINT) (* =MAXINT*) ORD (-10) (* = -10 *) ORD (FALSE) (* = 0 *) ORD ('A') (* = 1 +)*) ORD (GUT) . (* = 2 ++)*)
CHR	Zeichen-Funktion	y ist das Zeichen, dessen Ordinalzahl x ist	ganz (x>=0)	Zeichen-standardtyp	CHR (1) (* = 'A'+)*) CHR (ORD ('A')) (* = 'A' *)
SUCC	Nachfolger-Funktion	y ist der Wert aus dem Wertebereich des Typs von x, dessen Ordinalzahl um 1 groesser ist als die von x	'e<>r'		SUCC (-5) (* = -4 *) SUCC (FALSE) (* = TRUE *) SUCC ('A') (* = 'B'+)*) SUCC (GUT) (* = BEFRIE-DIGEND ++)*)
PRED	Vorgaenger-Funktion	y ist der Wert aus dem Wertebereich des Typs von x, dessen Ordinalzahl um 1 kleiner ist als die von x	'e<>r'		PRED (-4) (* = -5 *) PRED (TRUE) (* = FALSE*) PRED ('B') (* = 'A' +)*) PRED (BEFRIEDIGEND) (* = GUT ++) *)

Bei den Definitionen (x bezeichnet das Argument und y den Funktionswert) sind die Angaben in den Spalten 'Parameter-Typ' und 'Funktions-Typ' zu beachten. Nach [080] ist ein CHR-Aufruf mit einem aktuellen Parameter nur ganzen Standardtyps moeglich. Viele

----

+) Die Ordinalzahl von 'A' ist implementationsabhaengig. Bei der PASCAL-6000-3.4-Implementation ist sie 1. Ebenso ist implementationsabhaengig, dass 'B' Nachfolger von 'A' ist. Bei der PASCAL-6000-3.4-Implementation ist dies so. S. Abschn. 3.1.3.
++) Der zugrunde gelegte Aufzaehl-Typ ist in Abschn. 3.1.4 angegeben.

Implementationen lassen jedoch auch Aufrufe mit einem aktuellen
Parameter ganzen Teilbereichs-Typs zu. Bei den Funktionen SUCC
und PRED wurde "ueber die Spalten 'Parameter-Typ' und 'Funktions-
Typ' hinweg" 'e<>r' notiert. Damit soll darauf aufmerksam gemacht
werden, dass als Funktionswert ein Wert geliefert wird, der aus
dem Wertebereich des 'e<>r' Typs des Arguments ist.

Als aktuelle Parameter sind - wie S115 - S118 entnommen werden
kann - Ausdruecke moeglich, weshalb die (zu denkenden) formalen
Parameter Wertparameter sind.

Beispiele von Aufrufen von Anordnungs-Standardfunktionen sind in
der letzten Spalte obiger Tabelle fuer Argumente von bis zu vier
zulaessigen 'e<>r' Typen angegeben. Weitere Beispiele finden sich
u.a. in den Beispielprogrammen B3.1.3-1 und B3.1.3-2.

Die Verwendung der Aufrufe

        SUCC (I) und PRED (I)

statt der Ausdruecke

        I + 1   und I - 1

- I sei eine initialisierte ganze Variable - kann implementationsabhaengig effizienter sein - naemlich beispielsweise dann, wenn
vom Kompilierer keine Optimierung der Ausdruecke durchgefuehrt
wird, indem auf einer DVA verfuegbare und ggf. verwendbare Befehle - der Eingeweihte denke an die z.B. auf IBM-Anlagen der Typen
360 und 370 verfuegbaren LA- (load address) und BCT- bzw. BCTR-
(branch on count bzw. branch on count register) Befehle - nicht
genutzt werden und fuer die Konstante 1 Zentralspeicher angelegt
wird, sofern dieser nicht aus anderen Programmgegebenheiten ohnehin noetig ist und fuer Aufrufe von SUCC und PRED tatsaechlich
DVA-Gegebenheiten genutzt werden.

Kann fuer einen Parameterwert kein Funktionswert berechnet werden,
so erfolgt eine Fehlermeldung und Abbruch des Programmlaufs. Beim
Aufruf von ORD ist dies nur bei Argumenten ganzen Typs moeglich.
Es kann sein, dass die Berechnung des ganzen Argument-Ausdruckes
einen Wert groesser MAXINT liefert, der noch in der DVA darstellbar ist +) und was erst bei der Ausfuehrung von ORD bemerkt wird.

Beim Aufruf von CHR muss man sich das in Abschn. 3.1.3 Gesagte in
Erinnerung rufen: Nicht fuer jeden Wert aus dem Wertebereich des
ganzen Standardtyps - insbesondere nicht fuer negative Werte -
existiert ein Wert aus dem Wertebereich des Zeichenstandard-Typs,
der dazu noch implementationsabhaengig ist. Aufrufe von SUCC

+) Bei der PASCAL-6000-3.4-Implementation ist MAXINT gleich 2 hoch
   48 minus 1. Darstellbar sind jedoch von der DVA her gesehen
   ganzzahlige Werte bis 2 hoch 59 minus 1. Die Einschraenkung von
   MAXINT auf 2 hoch 48 minus 1 ruehrt daher, dass die ganzzahlige
   Division nur mit Zahlen, die absolut kleiner 2 hoch 48 sind, exakt durchfuehrbar ist.

[PRED] mit Argumentwerten aus einem 'e<>r' Typ, die gleich dem groessten [kleinsten] Wert aus dem Wertebereich des 'e<>r' Typs des Arguments sind, sind die einzigen fehlerhaften Aufrufe von SUCC [PRED].

7.2.6.4 Aufrufe boolescher Standardfunktionen

Alle booleschen Standardfunktionen liefern (ausschliesslich) Werte
aus dem Wertebereich des booleschen Standardtyps, womit das Attribut 'boolesch' verstaendlich wird. Welche booleschen Standardfunktionen es gibt und unter welchen Standardnamen sie aufrufbar sind,
kann der folgenden Tabelle entnommen werden.

Stan- dard- name	Be- zeich- nung	Definition	Para- meter- Typ	Funk- tions- Typ	Beispiel(e)
ODD	Ungera- de-Test- Funktion	y ist der Wert des booleschen Ausdruckes ABS(x) MOD 2=1	ganz	boo- lesch	ODD (-1) (* = TRUE*) ODD (2) (* = FALSE*)
EOF	Datei- ende- Funktion	y ist der boo- lesche Wert TRUE, wenn die rechte Sequenz von x die lee- re Sequenz ist, sonst ist y der boolesche Wert FALSE	Datei- Typ +)	boo- lesch	(* SEI REWRITE (F) ERFOLGT *) EOF (F) (* = TRUE *)
EOLN	Zeilen- ende- Funktion	y ist der boo- lesche Wert TRUE, wenn der 'Wert' der er- sten Komponen- ten-Variablen der rechten Se- quenz von x das fiktive Zeilen- endekennzeichen ist (vgl.Abschn. 7.2.5.1), sonst ist y der boo- lesche Wert FALSE	Text- Datei- Typ +)	boo- lesch	EOLN (T)

Aus den Bezeichnungen, Definitionen (x bezeichnet das Argument
und y den Funktionswert) und den moeglichen Parameter-Typen kann
man entnehmen, dass zwei Gruppen von booleschen Standardfunktionen unterschieden werden koennen:

+) Der Eintrag in der Spalte 'Parameter-Typ' ist nur von Bedeutung, wenn im Funktionsaufruf ein aktueller Parameter angegeben wird.

Zu der einen Gruppe gehoert allein die boolesche Standardfunktion
ODD. Aus der Definition erkennt man leicht, dass ihre Verfuegbarkeit die Programmierung des Tests auf ungerade von Werten aus Wertebereichen ganzer Typen erleichtert. Ausserdem kann eine Implementation i.a. einen ODD-Aufruf effizienter uebersetzen als den
in der Definition gegebenen booleschen Ausdruck (der Eingeweihte
denke an die interne i.a. duale Darstellung ganzer (nicht-negati-
ver) Zahlen, bei der die rechte Ziffer bei geraden ganzen Zahlen immer eine 0 und bei ungeraden Zahlen immer eine 1 ist, und
der Test auf ungerade i.a. mit nur einer Maschinenoperation durchfuehrbar ist, wenn man von der Auswertung des Tests absieht). Als
aktuelle Parameter sind nach S116 ganze Ausdruecke moeglich, weshalb die (zu denkenden) formalen Parameter Wertparameter sind.
Nach [080] ist ein ODD-Aufruf mit einem aktuellen Parameter nur
ganzen Standardtyps moeglich. Viele Implementationen lassen jedoch auch Aufrufe mit einem aktuellen Parameter ganzen Teilbereichs-Typs zu. Zum Abbruch des Programmlaufs fuehrt kein Aufruf
von ODD (implementationsabhaengig auch dann nicht, wenn der - natuerlich darstellbare - Wert des Argument-Ausdruckes absolut
groesser MAXINT ist (vgl. zum ORD-Aufruf Gesagtes in Abschnitt
7.2.6.3)), weil das Ergebnis immer ein Wert aus dem Wertebereich
des booleschen Standardtyps ist.

Zu der anderen Gruppe sind die booleschen Standardfunktionen EOF
und EOLN zu zaehlen, die beide nach S116 als Argumente Variablen
von einem Datei-Typ haben und 'Endemerkmale' in Datei-Variablen
pruefen (vgl. auch Abschnitte 3.2.4, 3.2.4.2 und 7.2.5.1). Nach
S116 kann die Liste aktueller Parameter nebst des sie einschlies-
senden runden Klammerpaares fehlen. Dann beziehen sich die Aufrufe
von EOF und EOLN auf die Text-Datei-Variable mit dem Standardnamen
INPUT, sofern dieser als Programmparameter aufgefuehrt ist. Obwohl
als aktuelle Parameter nur Variablen und nicht Ausdruecke - es
gibt ja auch keine Ausdruecke von Datei-Typen - zulaessig (bzw.
im Fall keiner Angabe angenommen) sind, kann davon ausgegangen
werden, dass die (zu denkenden) formalen Parameter zwar Variablenparameter sind, aber die Eigenschaft von Wertparametern haben:
Nach dem Aufruf ist der Wert der Datei-Variablen nicht geaendert -
ja noch mehr: Es ist keine Mode-Aenderung (von Generierung nach
Inspektion oder umgekehrt) und keine Aenderung der Aufteilung in
linke und rechte Sequenz erfolgt.

Die Ergebnisse der Aufrufe von EOF und EOLN, die als Beispiele in
obiger Tabelle angegeben wurden, haengen naturgemaess vom Stand
der Verarbeitung der als Datei-Variable deklariert unterstellten
Variablen F und der als Text-Datei-Variable deklariert unterstellten Variablen T ab. Im Fall des Aufrufs EOF (F) nahmen wir an,
.dass zuvor REWRITE (F) und weiter keine Dateimanipulationsprozeduranweisung zum Ablauf kam. Nach Abschn. 7.2.5.1 muss dann
EOF (F) TRUE liefern. Im Fall des Aufrufs EOLN (T) laesst sich
- wie der Definition zu entnehmen ist - knapp keine Voraussetzung
formulieren, so dass wir auf die Angabe eines Ergebnisses verzich-
ten. Weitere Beispiele fuer Aufrufe der booleschen Standardfunktionen EOF und EOLN sind in vielen Beispielprogrammen zu finden.
Wir verweisen hier jedoch nur auf das Beispielprogramm B9-1, in
dem die Aufrufe in der Deklaration der Prozedur HOLEZEI (S. 9/18
u.f.) zu finden sind.

Aufrufe von EOF fuehren auf eine Fehlermeldung und Abbruch des
Programmlaufs, wenn der Modus der Datei-Variablen, auf die sie zur
Anwendung gelangen sollen, weder der Modus der Generierung noch
der der Inspektion ist. Das bedeutet, dass einem Aufruf von EOF
fuer eine Datei-Variable (ungleich OUTPUT und INPUT, sofern diese Namen als Programmparameter angegeben sind) wenigstens ein Aufruf von REWRITE oder RESET fuer diese Datei-Variable vorausgegan-
gen sein muss. Das kann auch schon dem Beispielprogramm B7.2.5.1-1
zur Dateimanipulationsprozeduranweisungssimulation entnommen werden.

Aufrufe von EOLN fuehren auf eine Fehlermeldung und Abbruch des
Programmlaufs, wenn der Modus der Text-Datei-Variablen, auf die
sie zur Anwendung gelangen sollen, nicht der Modus der Inspektion
ist, und/oder die rechte Sequenz die leere Sequenz ist. Mit anderen Worten: Ist der Modus undefiniert, d.h. ist vor einem Aufruf
von EOLN fuer eine Text-Datei-Variable (ungleich OUTPUT und INPUT,
sofern diese Namen als Programmparameter angegeben sind) nicht
wenigstens ein Aufruf von REWRITE oder RESET fuer diese Text-Datei-Variable erfolgt, oder befindet sich die Text-Datei-Variable
im Modus Generierung, oder ist zwar der Modus der Text-Datei-Variablen der der Inspektion, aber die rechte Sequenz die leere Sequenz (ein Aufruf von EOF fuer diese Text-Datei-Variable wuerde
TRUE liefern), so fuehrt ein Aufruf von EOLN zum Abbruch des Programmlaufs. Das bedeutet, dass vor einem EOLN-Aufruf fuer eine
Text-Datei-Variable wenigstens ein Aufruf von RESET fuer diese
Text-Datei-Variable (ungleich INPUT, sofern dieser Name als Programmparameter angegeben ist) erfolgt sein muss, und es (i.a.)
noetig ist, mittels eines EOF-Aufrufs fuer diese Text-Datei-Variable zu pruefen, ob die rechte Sequenz nicht die leere Sequenz
ist.

8. Text-Datei-Schreib-, -Seiteneinteilungs- und -Leseprozedur-
   anweisungen

> Es ist eine peinigende Idee, dass wir wie
> gehetzte Puenktchen ueber die Linie unseres
> Lebens hasten, um endlich in einem unvorher-
> gesehenen Loch zu verschwinden.
>
> R. Musil: Aus den Tagebuechern

Die Text-Datei-Lese- und Schreibprozeduranweisungen sind wohl die
von einem PASCAL-Programmierer am haeufigsten benutzten Dateimanipulationsprozeduranweisungen. Dies ist ein Grund, ihrer Erlaeuterung ein eigenes Kapitel zu widmen. Weitere Gruende und Gruende
dafuer, sie nicht im Abschn. 7.2.5.1 ueber Dateimanipulationsproze-
duren zu erlaeutern, bestehen - wie bereits dort erwaehnt - darin,
dass sie abweichend von den Prozeduranweisungen zur Dateigenerierung und Inspektion sowie den 'p''t' Datei-Lese- und Schreibprozeduranweisungen noch Darstellungswandlungen ermoeglichen und ggf.
spezielle Parameterformen haben. Die Erlaeuterung der Text-Datei-
Seiteneinteilungsprozeduranweisungen reiht sich in diese Ausfuehrungen ein, da es unumgaenglich ist, einige Worte ueber die Druk-
kervorschubsteuerung zu verlieren. Alle die in diesem Kapitel zu
beschreibenden Standardprozedur-Anweisungen sind in erster Linie
- jedoch nicht ausschliesslich - dafuer verfuegbar, Ausgabe (auf
Drucker oder Terminal) und Eingabe (vom Lochkartenleser oder Terminal) zu betreiben.

Natuerlich sind alle in Abschn. 7.2.5.1 beschriebenen Dateimanipulationsprozeduranweisungen auch auf Text-Datei-Variablen anwendbar. Jedoch koennen - wie betont - keine Darstellungswandlungen erreicht werden, und ist es ausserdem nicht moeglich, Zeilenendekennzeichen zu generieren oder Seiteneinteilungen vorzunehmen. Die Ausfuehrungen zu Prozeduranweisungen zur Dateimanipulationsinitialisierung sind - abgesehen fuer INPUT und OUTPUT, wenn
diese Variablennamen als Programmparameter aufgefuehrt sind - sogar Voraussetzung.

8.1 Text-Datei-Schreibprozeduranweisungen

Eine Text-Datei-Schreibprozeduranweisung ist entweder ein Aufruf
der Prozedur mit dem Standardnamen WRITE oder ein Aufruf der Prozedur mit dem Standardnamen WRITELN (write line). Sie ist gemaess
dem Syntax-Diagramm S138 zu gestalten.

S138 Text - Datei - Schreibprozeduranweisung (text file write
                                    procedure statement)

```
                    =-=-=-=
        ---+--->I WRITE I-----+
           I        =-=-=-=        I
           I +---------------+
           I I        +------------------------------------+
           I I   ===  I +-----------------+                I
           I I->I ( I-+->I Text -             I    ===     I
           I     ===     I Datei - Variable I--->I , I--->I
           I             +-----------------+    ===     V
           I        +------------------------------------------+
           I        V        +--------------------------+        I
           I +--------->I Text - Datei -          I    ===  I
           I I          I Schreibprozedurparameter I-+->I , I-+
           I I          +--------------------------+ I   ===
           I +-----------------+                    +-------+
           I      =-=-=-=-=        I                        I
        +--->I WRITELN I---+ I<----------------------+      I
              =-=-=-=-=    I I                       I      I
        +---------------+ I                       I      I
        I         +--------+                       I      I
        I   ===  I +-----------------+             I      I
        +->I ( I-+->I Text -           I    ===     I      I
        I   ===     I Datei - Variable I-+->I , I---+      I
        I           +-----------------+ I   ===            I
        I                               I<---------------+
        I                               I   ===
        I                               +->I ) I---+
        I                                   ===     V
        +-------------------------------------------------------->
```


Danach muss hinter dem Standardnamen WRITE eine oeffnende runde
Klammer aufgefuehrt werden, auf die eine gemaess S55 zu gestaltende Text-Datei-Variable als Aktualisierung eines (zu denkenden)
formalen Variablenparameters mit nachfolgendem Komma angegeben
werden kann. Dann muss eine Liste von ggf. durch Kommata zu trennenden Text-Datei-Schreibprozedurparametern folgen, die im naechsten Unterabschnitt besprochen werden. Abzuschliessen ist diese
Form einer Text-Datei-Schreibprozeduranweisung mit einer schliessenden runden Klammer. Andere nach S138 moegliche Formen von Text-
Datei-Schreibprozeduranweisungen ergeben sich, wenn in der vorbeschriebenen Form der Standardname WRITE durch den Standardnamen
WRITELN ersetzt, oder allein der Standardname WRITELN aufgefuehrt
oder hinter diesem - in runde Klammern eingeschlossen - noch eine
nach S55 gestaltete Text-Datei-Variable als Aktualisierung eines
(zu denkenden) formalen Variablenparameters angegeben wird.

Ist keine Text-Datei-Variable (ggf. mit nachfolgendem Komma) in
einer Text-Datei-Schreibprozeduranweisung aufgefuehrt, so wird
als Text-Datei-Variable OUTPUT angenommen, wobei OUTPUT als Programmparameter genannt sein muss. Eine Angabe von OUTPUT ist jedoch auch nicht fehlerhaft.

Aufgrund in einer zur Ausfuehrung gelangenden Text-Datei-Schreibprozeduranweisung aufgefuehrten Liste von Text-Datei-Schreibprozedurparametern der Form

$$p1, \; p2, \; \ldots, \; pK$$

erzeugt — wie wir im naechsten Unterabschnitt im einzelnen erlaeutern werden — eine Text-Datei-Schreibprozedur K Werte aus Wertebereichen von Feld-Typen, deren Komponenten-Typ der Zeichenstandard-Typ ist. Wir nehmen fuer die folgenden Ausfuehrungen — um Worte zu sparen — an, es seien die Feld-Typen

$$1 \; .. \; L1 \text{ indizierter Zeichenstandard-Feld-Typ,}$$
$$1 \; .. \; L2 \text{ indizierter Zeichenstandard-Feld-Typ,}$$
$$\vdots$$
$$1 \; .. \; LK \text{ indizierter Zeichenstandard-Feld-Typ,}$$

wobei die 'Laengen'

$$L1, \; L2, \; \ldots, \; LK$$

Zeichenanzahlen sind, die sich aus obigen Text-Datei-Schreibprozedurparametern ableiten lassen, wie dies in Abschn. 8.1.1 bzw. dessen Unterabschnitten geschildert werden wird. Die Werte aus den
Wertebereichen obiger Feld-Typen koennen als Werte von Variablen
dieser Feld-Typen

$$Z1, \; Z2, \; \ldots, \; ZK$$

betrachtet werden, so dass schliesslich im Effekt die Ausfuehrung
einer Text-Datei-Schreibprozeduranweisung der Form

```
        WRITE   (TDV, p1, p2, ..., pK)
bzw.
        WRITELN (TDV, p1, p2, ..., pK)
```

der Ausfuehrung einer TDV Datei-Schreibprozeduranweisung (s.Abschn.
7.2.5.1) der Form

```
        WRITE (TDV, Z1[1], Z1[2], ..., Z1[L1],
                    Z2[1], Z2[2], ..., Z2[L2],
                      .
                      .
                      .
                    ZK[1], ZK[2], ..., ZK[LK])
```

gleichkommt, wobei deklariert sei

```
        TDV : TEXT
```

(bzw. bei fehlender Datei-Variablen-Angabe OUTPUT als Programmparameter genannt sei) und zu beachten ist, dass im Falle eines Aufrufs der Prozedur WRITELN nach vorbeschriebener Ausdehnung der
Text-Datei-Variablen noch eine Ausdehnung um ein fiktives Zeilenendekennzeichen erfolgt. Wurde WRITELN ohne Text-Datei-Schreibprozedurparameter aufgerufen, so erfolgt nur eine Ausdehnung um
ein fiktives Zeilenendekennzeichen. Mit anderen Worten: WRITELN
dient zur Aufteilung einer Text-Datei-Variablen in Zeilen. 'Begonnene Zeilen' werden abgeschlossen, oder es werden 'Leerzeilen' erzeugt (wenn die ggf. vorherige Zeile abgeschlossen ist).

Aus der vorstehenden Semantik von Text-Datei-Schreibprozeduranweisungen folgt, dass vor ihrer Ausfuehrung die gleichen Voraussetzungen erfuellt sein muessen wie vor der Ausfuehrung von 'p''t'
Datei-Schreibprozeduranweisungen bzw. - ausser Initialisierung
des Datei-Komponenten-Puffers - von Prozeduranweisungen zur Dateigenerierung: Der Modus muss der der Generierung sein, und die
Text-Datei-Variable muss initialisiert sein (vgl. Abschnitt
7.2.5.1). Nach der Ausfuehrung einer Text-Datei-Schreibprozeduranweisung ist der Datei-Komponenten-Puffer als nicht initialisiert zu betrachten - auch im Fall einer WRITELN-Prozeduranweisung ohne Angabe von Text-Datei-Schreibprozedurparametern.

8.1.1 Text-Datei-Schreibprozedurparameter

Die Angabe von Text-Datei-Schreibprozedurparametern in einer Text-
Datei-Schreibprozeduranweisung muss gemaess dem Syntax-Diagramm
S139 erfolgen.

S139 Text - Datei - Schreibprozedurparameter (text file write
                                       procedure parameter)

```
                 +------------------+
     ---+--->I ganzer Ausdruck I------+
        I     +------------------+       I
        I                                I
        I        +------------------+    V
        +--->I boolescher Ausdruck I---+
        I     +------------------+       I
        I                                I
        I        +------------------+    V
        +--->I Zeichen - Ausdruck I---------------+----+
        I     +------------------+             I    I
        I +------------------------------------+    I
        I I   ===      +---------------+            I
        I +->I : I--->I Anzahl Zeichen I----------->I
        I     ===      +---------------+            I
        I                                           I
        I        +-----------------+                I
        +--->I reeller Ausdruck I---------------+--->I
        I     +-----------------+             I    I
        I +------------------------------------+    I
        I I   ===      +---------------+            I
        I +->I : I--->I Anzahl Zeichen I--------+--->I
        I     ===      +---------------+        I    I
        I +--------------------------------------+    I
        I I   ===      +----------------------+       I
        I +->I : I--->I Anzahl Ziffern       I       I
        I     ===      I hinter Dezimalpunkt I------->I
        I              +----------------------+       I
        I                                             I
        I     +----------------------------+          I
        +--->I 'N' - Zeichen - Ausdruck I--------+--->I
              +----------------------------+    I    I
         +--------------------------------------+    I
         I   ===      +---------------+            V
         +->I : I--->I Anzahl Zeichen I---------------------->
              ===      +---------------+
```


Danach koennen Text-Datei-Schreibprozedurparameter (nur) nach S65,
S69, S75 oder S80 zu gestaltende ganze, boolesche, Zeichen-, reelle oder 'N'-Zeichen-Ausdruecke sein, weshalb wir auch von Text-
Datei-Schreibprozedurparametern ganzen, booleschen, vom Zeichen-,
reellen bzw. vom 'N'-Zeichen-Typ sprechen. Neben diesen Formen
von Text-Datei-Schreibprozedurparametern sind nach S139 noch die
- wie in Abschn. 7.2.5 erwaehnt, von der allgemeinen Form von aktuellen Prozedurparametern abweichenden - Formen moeglich, in denen hinter dem Ausdruck ein Doppelpunkt gefolgt von einem nach

S65 zu gestaltenden ganzen Ausdruck angegeben werden darf, dessen Wert die Anzahl Zeichen bestimmt, die die Text-Datei-Schreibprozedur - wenn moeglich (s. spaeter bzw. folgende Unterabschnitte) - erzeugen soll. Schliesslich ist im Fall, dass der Ausdruck ein reeller Ausdruck ist, nach S139 noch eine Form moeglich, in der hinter der Anzahl Zeichen ein weiterer Doppelpunkt gefolgt von einem wieder nach S65 zu gestaltenden ganzen Ausdruck angegeben werden darf, dessen Wert (fuer den Wert des reellen Ausdrucks in Dezimaldarstellung) die Anzahl Ziffern hinter dem Dezimalpunkt bestimmt, die die Text-Datei-Schreibprozedur erzeugen soll (s. Abschnitt 8.1.1.4). Man kann Text-Datei-Schreibprozedurparameter als Aktualisierungen von bis zu drei (zu denkenden) formalen Wertparametern sehen.

Der Wert aus dem Wertebereich des 1 .. L indizierten Zeichenstandard-Feld-Typs, den eine Text-Datei-Schreibprozedur nach Abschn. 8.1 aus einem Text-Datei-Schreibprozedurparameter erzeugt, wird ausgehend vom Wert des ganzen, booleschen, Zeichen-, reellen bzw. 'N'-Zeichen-Ausdruckes des Text-Datei-Schreibprozedurparameters erzeugt. Die Bestimmung von L haengt vom Typ des Text-Datei-Schreibprozedurparameters, dem Wert aus dem Wertebereich dieses Typs und von einer von uns naheliegend mit AZ bezeichneten Groesse ab, die sich entweder aus der Angabe von Anzahl Zeichen ergibt oder, fehlt diese, implementationsabhaengig (s. Abschnitte 8.1.1.1, 8.1.1.2 und 8.1.1.4) oder -unabhaengig (s. Abschnitte 8.1.1.3 und 8.1.1.5) festgelegt ist. Genau wird dies in den folgenden Unterabschnitten ausgefuehrt. Bei Text-Datei-Schreibprozedurparametern reellen Typs hat auf die Erzeugung des Wertes aus dem Wertebereich des 1 .. L indizierten Zeichenstandard-Feld-Typs ggf. noch die Angabe von Anzahl Ziffern hinter (dem) Dezimalpunkt Einfluss. Man erkennt nunmehr die bereits in Abschn. 7.2.5.1 herausgestellte Darstellungswandlung, die durch die Ausfuehrung einer Text-Datei-Schreibprozeduranweisung erfolgt: Die Darstellung von Werten aus dem Wertebereich eines ganzen, booleschen, Zeichen-, des reellen oder eines 'N'-Zeichen-Typs wird in einen Wert aus dem Wertebereich des 1 .. L indizierten Zeichenstandard-Feld-Typs gewandelt.

Zur Verdeutlichung des Gesagten bringen wir (vorgreifend) als Beispiel einer Text-Datei-Schreibprozeduranweisung die Text-Datei-Schreibprozeduranweisung

        WRITE (D, R + 1.0)   .

Deklariert sei

        VAR D : TEXT;
            R : REAL   .

R sei mit 1.0 initialisiert. Die PASCAL-6000-3.4-Implementation wuerde D bei Ausfuehrung obiger Text-Datei-Schreibprozeduranweisung um die 'Komponenten-Werte' '_', '_', '2', '.', '0', '0', '0', '0', '0', '0', '0', '0', '0', '0', '0', '0', '0', 'E', '+', '0', '0' und '0' des Wertes

        "__2.0000000000000E+000"

aus dem Wertebereich des 1 .. 22 indizierten Zeichenstandard-
Feld-Typs ausdehnen +). Die (interne) Darstellung des Wertes von
R + 1.0 jedoch waere, wie man Abschn. 4.3 entnehmen kann,

        17214000000000000000

(in Form einer Folge von Ziffern des oktalen Zahlensystems). Genau dieser Wert wuerde uebrigens Wert der Komponenten-Variablen,
um die die reelle Datei-Variable

        D : FILE OF REAL

mittels der reellen Datei-Schreibprozeduranweisung

        WRITE (D, R + 1.0)

ausgedehnt wuerde, womit gleich noch der Unterschied zwischen
'p''t' - und Text-Datei-Schreibprozeduranweisungen verdeutlicht
sei.

Allgemein ist bei der Angabe von Text-Datei-Schreibprozedurparametern zu beachten:

Regel R8.1.1-1: Die Auswertung von ganzen Ausdruecken, die als
                Angabe von Anzahl Zeichen und Anzahl Dezimalzif-
                fern hinter (dem) Dezimalpunkt dienen sollen,
                muss Werte liefern, die Werte des Wertebereichs
                des ganzen Standardtyps und die nicht kleiner 1
                sind.

Ein Verstoss gegen diese Regel fuehrt zum Abbruch des Programmlaufs, sofern dieser nicht von einer Implementation schon waehrend der Uebersetzung erkannt werden kann und gemeldet wird.

Manche Implementationen - wie auch die PASCAL-6000-3.4-Implemen-
tation - lassen auch noch 0 als Wert des Ausdruckes zu, der als
Angabe von Anzahl Zeichen dienen soll. Denkbar ist eine Ausnutzung dieser Eigenschaft bei Text-Datei-Schreibprozedurparametern
vom 'N'-Zeichen-Typ (s. Abschn. 8.1.1.5).

+) Wir bezeichnen hier und im folgenden Werte aus dem Wertebereich
   eines 1 .. L indizierten Zeichenstandard-Feld-Typs aehnlich
   Werten aus Wertebereichen von Zeichen- bzw. 'N'-Zeichen-Typen
   (vgl. Abschn. 3.1.3 bzw. 3.2.1.2) - lediglich benutzen wir
   statt der umschliessenden einfachen Apostrophe Doppelapostro-
   phe. Erinnert sei noch, dass das Zeichen _ zur Verdeutlichung
   eines Zwischenraumes dient (vgl. Abschn. 2.1).

8.1.1.1 Text-Datei-Schreibprozedurparameter ganzen Typs

Aufgrund eines in einer Text-Datei-Schreibprozeduranweisung aufgefuehrten Text-Datei-Schreibprozedurparameters ganzen Typs der Form

        GANZERAUSDRUCK : ANZAHLZEICHEN
bzw.

        GANZERAUSDRUCK   ,

wobei GANZERAUSDRUCK und ANZAHLZEICHEN stellvertretend fuer nach
S65 gebildete ganze Ausdruecke stehen sollen und ANZAHLZEICHEN
einen Wert groesser 0 liefern soll, erzeugt die Text-Datei-
Schreibprozedur einen Wert aus dem Wertebereich des 1 .. L indizierten Zeichenstandard-Feld-Typs - die Bestimmung von L folgt,
der als Komponenten ggf. eine Anzahl (vorlaufender) Zwischenraeume und ggf. ein Minuszeichen sowie den Absolutbetrag des Wertes von GANZERAUSDRUCK in ueblicher dezimaler Darstellung ohne
vorlaufende Nullen - vergleichbar ganzen Konstanten - hat.

Kommen wir zur Bestimmung von L. AZ ist dabei entweder der Wert
von ANZAHLZEICHEN oder bei fehlender Angabe von Anzahl Zeichen
implementationsabhaengig festgelegt. Die PASCAL-6000-3.4-Imple-
mentation hat AZ zu 10 festgelegt (fuer den Eingeweihten: CD-
6000er-DVA's haben eine Wortgroesse von 10 Zeichen).

Die Erzeugung des Wertes aus dem Wertebereich des 1 .. L indizierten Zeichenstandard-Feld-Typs erfolgt so, dass zunaechst die Zahl
von (Dezimal-)Ziffern d ermittelt wird, die notwendig ist, um den
von GANZERAUSDRUCK gelieferten Wert g in Dezimaldarstellung ohne
vorlaufende Nullen und Vorzeichen angeben zu koennen. Ist g gleich
0, so ist d gleich 1. Ist g ungleich 0, so ergibt sich d aufgrund
der Bedingung, dass die (d - 1)-te Potenz von 10 kleiner hoechstens gleich dem Absolutbetrag von g und dieser kleiner als die
d-te Potenz von 10 sein muss. Machen wir uns dies am Beispiel g
gleich 99 einmal klar: d kann nur 2 sein, denn 10 ist kleiner
(hoechstens) 99 und 99 ist kleiner als 10 . 10 (= 100).

Nun sind zwei Faelle zu betrachten: Ist AZ groesser hoechstens
gleich d + 1, dann wird L gleich AZ angenommen, und es werden die
ersten AZ - d - 1 Komponenten des Wertes aus dem Wertebereich des
1 .. L indizierten Zeichenstandard-Feld-Typs Zwischenraeume - es
werden also AZ - d - 1 vorlaufende Zwischenraeume erzeugt, auf die
ein weiterer Zwischenraum folgt, wenn g groesser hoechstens 0 ist,
oder ein Minuszeichen folgt, wenn g kleiner 0 ist. Daran anschliessend folgen d Zeichen, die den Absolutbetrag von g in Dezimaldarstellung repraesentieren. Ist AZ kleiner d + 1, so werden keine
vorlaufenden Zwischenraeume erzeugt, und nur im Fall, dass g kleiner 0 ist, wird vor den d Zeichen, die den Absolutbetrag von g in
Dezimaldarstellung repraesentieren, ein Zeichen - naemlich ein
Minuszeichen - erzeugt. Das bedeutet, dass L gleich d oder, wenn
g kleiner 0 ist, gleich d + 1 wird.

Das folgende Programmbeispiel moege das Gesagte verdeutlichen, in
dem von den in den WRITELN-Prozeduranweisungen aufgefuehrten Text-
Datei-Schreibprozedurparametern hier nur die Text-Datei-Schreibprozedurparameter ganzen Typs

        123, 123 : 10, G, -G und G : AZ

sowie auch

        AZ : 2 und L : 2

von Interesse sind.

```
(* BEISPIEL B8.1.1.1-1: VERDEUTLICHUNG DER AUF TEXT-DATEI-
                        SCHREIBPROZEDURPARAMETERN GANZEN TYPS
                        BASIERENDEN DARSTELLUNGSWANDLUNG *)
PROGRAM TDSPPGT (OUTPUT);
VAR G  ,
    I  ,
    L  ,
    AZ : INTEGER;
BEGIN
  WRITELN (# ANGABE        6000-          WERT AUS WERTEBEREICH DES#);
  WRITELN (# ANZAHL        3.4-I.-           1 .. L INDIZIERTEN#);
  WRITELN (# ZEICHEN  AZ   ABHAENG.  L   ZEICHENSTANDARD-FELD-TYPS#);
  WRITELN;
  WRITELN (#            10      JA      10        "#, 123,       #"#);
  WRITELN (#   JA      10              10         "#, 123 : 10, #"#);
  G := 12345678901;
  WRITELN (#            10      JA      11        "#,  G,        #"#);
  WRITELN (#            10      JA      12        "#, -G,        #"#);
  FOR I := 0 DOWNTO -1 DO
    BEGIN
      G := G * (2 * (I + 1) - 1);
      FOR AZ := 10 TO 13 DO
        BEGIN
          IF AZ >= 12 THEN
            L := AZ
          ELSE
            IF G >= 0 THEN
              L := 11
            ELSE
              L := 12;
          WRITELN (#   JA      #, AZ : 2, #              #, L : 2,
                   #              "#,  G : AZ, #"#)
        END
    END
END.
```

Ergebnisse:

ANGABE ANZAHL ZEICHEN	AZ	6000- 3.4-I.- ABHAENG.	L	WERT AUS WERTEBEREICH DES 1 .. L INDIZIERTEN ZEICHENSTANDARD-FELD-TYPS
	10	JA	10	" 123"
JA	10		10	" 123"
	10	JA	11	"12345678901"
	10	JA	12	"-12345678901"
JA	10		11	"12345678901"
JA	11		11	"12345678901"
JA	12		12	" 12345678901"
JA	13		13	" 12345678901"
JA	10		12	"-12345678901"
JA	11		12	"-12345678901"
JA	12		12	"-12345678901"
JA	13		13	" -12345678901"

Mittels ganzer Text-Datei-Schreibprozedurparameter ist ersichtlich nicht erreichbar, vorlaufende Nullen zu erzeugen, um beispielsweise eine Zahlenkolonne der Form

```
000123
001234
000012
123456
012345
```

ausgeben zu koennen. Es gibt dazu im wesentlichen zwei Auswege:
Einmal kann die Darstellungswandlung vom Programmierer programmiert werden und dafuer gesorgt werden, dass vorlaufende Nullen
erzeugt werden, wie dies im folgenden Beispielprogramm B8.1.1.1-2
geschieht (was auch gleich einen Einblick vermittelt, wie im Prinzip eine PASCAL-Implementation bei auf ganzen Text-Datei-Schreibprozedurparametern basierenden Darstellungswandlungen verfahren
koennte). Zum anderen ist denkbar - aber wenig effizient, die Darstellungswandlung von einer PASCAL-Implementation auf eine Hilfs-
Text-Datei-Variable durchfuehren zu lassen, von der ausgehend dann
die mit vorlaufenden Nullen versehenen Zahlen zur Ausgabe gelangen, wie dies im uebernaechsten Beispielprogramm B8.1.1.1-3 geschieht (was auch gleich dokumentiert, dass eine Text-Datei-Variable, die in einer Text-Datei-Schreibprozeduranweisung aufgefuehrt ist, nicht unbedingt eine externe Text-Datei-Variable zu
sein braucht).

```
(* BEISPIEL B8.1.1.1-2: 'PROGRAMMIERTE' DARSTELLUNGSWANDLUNG
                        "GANZ" NACH "1 .. L INDIZIERTEM ZEICHEN-
                        STANDARD-FELD" MIT ERZEUGUNG VORLAUFEN-
                        DER NULLEN *)
PROGRAM   GEN01 (OUTPUT);
PROCEDURE WAND  (G : INTEGER);
  VAR             D : 0 .. 6;
                  Z : PACKED ARRAY [1 .. 6] OF CHAR;
                  H : INTEGER;
  BEGIN
    Z := #000000#;
    D := 6;
    WHILE G <> 0 DO
      BEGIN
        H     := G DIV 10;
        Z [D] := CHR (G - H * 10 + ORD (#0#));
        G     := H;
        D     := D - 1
        (* SETZT VORAUS, DASS
           ORD (#0#) = (ORD (#1#) - 1) = ... = (ORD (#9#) - 9)
           IST *)
      END;
    WRITELN (# #, Z)
  END;
BEGIN
  WAND (123);
  WAND (1234);
  WAND (12);
  WAND (123456);
  WAND (12345)
END.


Ergebnisse:

000123
001234
000012
123456
012345
```

```
(* BEISPIEL B8.1.1.1.3: UEBER HILFS-TEXT-DATEI-VARIABLE VON
                        PASCAL-IMPLEMENTATION DURCHZUFUEHRENDE
                        DARSTELLUNGSWANDLUNG "GANZ" NACH "1 .. L
                        INDIZIERTEM ZEICHENSTANDARD-FELD" MIT
                        ERZEUGUNG VORLAUFENDER NULLEN *)
PROGRAM GENO2 (OUTPUT);
VAR      HTDV : TEXT;
BEGIN
  REWRITE (HTDV);
  WRITELN (HTDV, 123 : 7, 1234 : 7, 12 : 7, 123456 : 7, 12345 :7,
                 #*# (* ENDEMARKIERUNG; BEI DER PASCAL-6000-3.4-
                     IMPLEMENTATION KANN NICHT DAS ZEILENENDE-
                     KENNZEICHEN ALS ENDEMARKIERUNG BENUTZT
                     WERDEN, DA MITUNTER VOR DIESEM NOCH ZWI-
                     SCHENRAEUME ERZEUGT WERDEN *));
  RESET    (HTDV);
  REPEAT
    GET (HTDV);         (* UEBERLESEN DER VORZEICHENSTELLE *)
    WRITE (# #);
    IF HTDV' = # # THEN
      REPEAT
        WRITE (#0#);
        GET    (HTDV)
      UNTIL HTDV' <> # #;
    REPEAT
      WRITE (HTDV');
      GET    (HTDV)
    UNTIL HTDV' IN [# #, #*#];
    WRITELN
  UNTIL HTDV' = #*#
END.


Ergebnisse:

000123
001234
000012
123456
012345
```

8.1.1.2 Text-Datei-Schreibprozedurparameter booleschen Typs

Aufgrund eines in einer Text-Datei-Schreibprozeduranweisung aufgefuehrten Text-Datei-Schreibprozedurparameters booleschen Typs
der Form

        BOOLESCHERAUSDRUCK : ANZAHLZEICHEN
bzw.
        BOOLESCHERAUSDRUCK   ,

wobei BOOLESCHERAUSDRUCK stellvertretend fuer einen nach S69 gebildeten booleschen Ausdruck und ANZAHLZEICHEN stellvertretend ·
fuer einen nach S65 gebildeten ganzen Ausdruck stehen soll, der
einen Wert groesser 0 liefert, erzeugt die Text-Datei-Schreibprozedur einen Wert aus dem Wertebereich des 1 .. L indizierten Zeichenstandard-Feld-Typs - die Bestimmung von L folgt, der je nach
Wert von BOOLESCHERAUSDRUCK - FALSE bzw. TRUE - als Komponenten
ggf. eine Anzahl (vorlaufender) Zwischenraeume und (in Abhaengigkeit von AZ - s. spaeter - alle oder teilweise) die Buchstaben
- in der nachfolgenden Reihenfolge - F, A, L, S und E bzw. T, R,
U und E hat (statt dieser Buchstabenfolgen kann eine PASCAL-Implementation auch entsprechende, passende Folgen von Kleinbuchstaben und/oder Grossbuchstaben verwenden, s. jedoch Abschn. 2.1).

Kommen wir zur Bestimmung von L. AZ ist dabei entweder der Wert
von ANZAHLZEICHEN oder bei fehlender Angabe von Anzahl Zeichen
implementationsabhaengig festgelegt. Die PASCAL-6000-3.4-Imple-
mentation hat AZ zu 10 festgelegt. L wird nach [080] immer gleich
AZ.

Die Erzeugung des Wertes aus dem Wertebereich des 1 .. L indizierten Zeichenstandard-Feld-Typs erfolgt so, dass zunaechst die Zahl
von Buchstaben 1 ermittelt wird, die notwendig ist, um den Wert
FALSE oder TRUE von BOOLESCHERAUSDRUCK in Form der Buchstabenfolgen FALSE oder TRUE angeben zu koennen. Das kann nur 5 oder 4
sein. Ist nun AZ groesser als 1, dann werden die ersten AZ - 1
Komponenten des Wertes aus dem Wertebereich des 1 .. L indizierten Zeichenstandard-Feld-Typs Zwischenraeume, auf die die Buch-
stabenfolge FALSE oder TRUE folgt. Ist AZ kleiner hoechstens
gleich 1, so sind die Komponenten des Wertes aus dem Wertebereich
des 1 .. L indizierten Zeichenstandard-Feld-Typs L der Buchstaben
F, A, L, S und E oder T, R, U und E in dieser Reihenfolge. Nach
[085] wird im Falle AZ kleiner 5 etwas anders verfahren. Danach
verfaehrt auch die PASCAL-6000-3.4-Implementation und erzeugt
die Zeichenfolge F, A, L, S und E oder _, T, R, U und E, so dass
L dann immer 5 wird.

Das folgende Programmbeispiel moege das Gesagte verdeutlichen, in
dem von den in den Text-Datei-Schreibprozeduranweisungen aufgefuehrten Text-Datei-Schreibprozedurparametern hier nur die Text-
Datei-Schreibprozedurparameter booleschen Typs

        B, B : 10, B : AZ, NOT B, B < FALSE und TRUE

von Interesse sind.

```
(* BEISPIEL B8.1.1.2-1: VERDEUTLICHUNG DER AUF TEXT-DATEI-
                        SCHREIBPROZEDURPARAMETERN BOOLESCHEN
                        TYPS BASIERENDEN DARSTELLUNGSWANDLUNG *)
PROGRAM TDSPPBT (OUTPUT);
VAR B  : BOOLEAN;
    L  ,
    AZ : INTEGER;
BEGIN
  WRITELN (# ANGABE         6000-         WERT AUS WERTEBEREICH DES#,
           #  NACH [080]#);
  WRITELN (# ANZAHL         3.4-I.-          1 .. L INDIZIERTEN#);
  WRITELN (# ZEICHEN AZ  ABHAENG.  L  ZEICHENSTANDARD-FELD-TYPS#,
           #  L     WERT#);
  WRITELN;
  FOR B := FALSE TO TRUE DO
    BEGIN
      WRITELN (#              10     JA     10           "#,        B, #"#);
      WRITELN (#  JA       10             10           "#, B : 10, #"#);
      FOR AZ := 1 TO 7 DO
        BEGIN
          IF AZ < 5 THEN
            BEGIN
              L := 5;
              IF B = FALSE THEN
                WRITELN (#  JA       #,      AZ : 2, #              #,
                         L : 2, #          "#,  B : AZ,
                         #"             #,    AZ : 2,          #  "#,
                         #FALS# : AZ, #"#)
              ELSE
                WRITELN (#  JA       #,      AZ : 2, #              #,
                         L : 2, #          "#,  B : AZ,
                         #"             #,    AZ : 2,          #  "#,
                         #TRUE# : AZ, #"#);
            END
          ELSE
            WRITELN (#  JA      #, AZ : 2, #            #, AZ : 2,
                     #          "#, B : AZ, #"#);
        END
    END;
  WRITELN;
  WRITELN (# --------------------------------------------------#,
           #------------#);
  B := TRUE;
  WRITELN (NOT B, B < FALSE, TRUE)
END.
```

Ergebnisse:

ANGABE ANZAHL ZEICHEN	AZ	6000- 3.4-I.- ABHAENG.	L	WERT AUS WERTEBEREICH DES 1 .. L INDIZIERTEN ZEICHENSTANDARD-FELD-TYPS	NACH [080] L	WERT
	10	JA	10	" FALSE"		
JA	10		10	" FALSE"		
JA	1		5	"FALSE"	1	"F"
JA	2		5	"FALSE"	2	"FA"
JA	3		5	"FALSE"	3	"FAL"
JA	4		5	"FALSE"	4	"FALS"
JA	5		5	"FALSE"		
JA	6		6	" FALSE"		
JA	7		7	" FALSE"		
	10	JA	10	" TRUE"		
JA	10		10	" TRUE"		
JA	1		5	" TRUE"	1	"T"
JA	2		5	" TRUE"	2	"TR"
JA	3		5	" TRUE"	3	"TRU"
JA	4		5	" TRUE"	4	"TRUE"
JA	5		5	" TRUE"		
JA	6		6	" TRUE"		
JA	7		7	" TRUE"		

    FALSE   FALSE   TRUE

8.1.1.3 Text-Datei-Schreibprozedurparameter vom Zeichen-Typ

Aufgrund eines in einer Text-Datei-Schreibprozeduranweisung aufgefuehrten Text-Datei-Schreibprozedurparameters vom Zeichen-Typ der Form

       ZEICHENAUSDRUCK : ANZAHLZEICHEN

bzw.

       ZEICHENAUSDRUCK   ,

wobei ZEICHENAUSDRUCK stellvertretend fuer einen nach S75 gebildeten Zeichen-Ausdruck und ANZAHLZEICHEN stellvertretend fuer einen nach S65 gebildeten ganzen Ausdruck stehen soll, der einen Wert groesser 0 liefert, erzeugt die Text-Datei-Schreibprozedur einen Wert aus dem Wertebereich des 1 .. L indizierten Zeichenstandard-Feld-Typs - die Bestimmung von L folgt, der als Komponenten ggf. eine Anzahl (vorlaufender) Zwischenraeume und den Wert von ZEICHENAUSDRUCK hat.

L wird immer gleich AZ, wobei AZ entweder der Wert von ANZAHLZEICHEN oder bei fehlender Angabe von Anzahl Zeichen implementationsunabhaengig 1 ist.

Die Erzeugung des Wertes aus dem Wertebereich des 1 .. L indizierten Zeichenstandard-Feld-Typs erfolgt so, dass im Falle von AZ groesser 1 zunaechst AZ - 1 Zwischenraeume Komponenten des Wertes werden, ehe der Wert von ZEICHENAUSDRUCK folgt. Im Falle AZ gleich 1 wird der Wert aus dem Wertebereich des 1 .. L indizierten Zeichenstandard-Feld-Typs der Wert von ZEICHENAUSDRUCK.

Das folgende Programmbeispiel moege das Gesagte verdeutlichen, in dem von den in den WRITELN-Prozeduranweisungen aufgefuehrten Text-Datei-Schreibprozedurparametern hier nur die Text-Datei-Schreibprozedurparameter vom Zeichen-Typ

       #M#, #M# : 1 und CHR (ORD (#M#) + AZ - 1) : AZ

von Interesse sind.


```
(* BEISPIEL B8.1.1.3-1: VERDEUTLICHUNG DER AUF TEXT-DATEI-
                        SCHREIBPROZEDURPARAMETERN VOM ZEICHEN-
                        TYP BASIERENDEN DARSTELLUNGSWANDLUNG *)
PROGRAM TDSPPZT (OUTPUT);
VAR AZ : INTEGER;
BEGIN
  WRITELN (# ANGABE            WERT AUS WERTEBEREICH DES#);
  WRITELN (# ANZAHL              1 .. L INDIZIERTEN#);
  WRITELN (# ZEICHEN  AZ   L   ZEICHENSTANDARD-FELD-TYPS#);
  WRITELN;
  WRITELN (#              1  1            "#, #M#,      #"#);
  WRITELN (#  JA         1  1            "#, #M# : 1, #"#);
  FOR AZ := 2 TO 5 DO
    WRITELN (#  JA      #, AZ : 2, #  #, AZ : 1, #        "#,
             CHR (ORD (#M#) + AZ - 1) : AZ, #"#)
END.
```

Ergebnisse:

```
ANGABE                WERT AUS WERTEBEREICH DES
ANZAHL                    1 .. L INDIZIERTEN
ZEICHEN   AZ   L   ZEICHENSTANDARD-FELD-TYPS

          1    1              "M"
JA        1    1              "M"
JA        2    2              " N"
JA        3    3              "  O"
JA        4    4              "   P"
JA        5    5              "    Q"
```

ANGABE   WERT AUS WERTEBEREICH DES
ANZAHL   1 .. L INDIZIERTEN
ZEICHEN   AZ   L   ZEICHENSTANDARD-FELD-TYPS

8.1.1.4 Text-Datei-Schreibprozedurparameter reellen Typs

Aufgrund eines in einer Text-Datei-Schreibprozeduranweisung aufgefuehrten Text-Datei-Schreibprozedurparameters reellen Typs der
Form

        REELLERAUSDRUCK : ANZAHLZEICHEN
bzw.
        REELLERAUSDRUCK
bzw.
        REELLERAUSDRUCK : ANZAHLZEICHEN
                        : ANZAHLZIFFERNHINTERDEZIMALPUNKT   ,

wobei REELLERAUSDRUCK stellvertretend fuer einen nach S79 gebildeten reellen Ausdruck und ANZAHLZEICHEN sowie
ANZAHLZIFFERNHINTERDEZIMALPUNKT stellvertretend fuer nach S65 gebildete ganze Ausdruecke stehen sollen, die Werte groesser 0 liefern, erzeugt die Text-Datei-Schreibprozedur einen Wert aus dem
Wertebereich des 1 .. L indizierten Zeichenstandard-Feld-Typs
- die Bestimmung von L folgt, der als Komponenten ggf. ein Minuszeichen sowie den Absolutbetrag des Wertes von REELLERAUSDRUCK in
ueblicher Dezimalbruchdarstellung mit oder ohne nachfolgendem Exponent eines Zehnerpotenzfaktors - vergleichbar reellen Konstanten -
hat. Die Dezimalbruchdarstellung mit nachfolgendem Exponent eines
Zehnerpotenzfaktors - auch Gleitpunktdarstellung genannt (vgl.
Abschn. 3.1.5) - erfolgt, wenn im Text-Datei-Schreibprozedurparameter reellen Typs die Angabe von Anzahl Ziffern hinter (dem) Dezimalpunkt fehlt. Beispielsweise wuerde aufgrund des Text-Datei-
Schreibprozedurparameters

        -123.456 : 11

(PASCAL-6000-3.4-implementationsabhaengig, s. spaeter) der Wert

        "_-1.23E+002"

aus dem Wertebereich des 1 .. 11 indizierten Zeichenstandard-Feld-
Typs erzeugt. Fehlt die Angabe von Anzahl Ziffern hinter (dem) Dezimalpunkt nicht, so erfolgt die Dezimalbruchdarstellung ohne
nachfolgenden Exponent eines Zehnerpotenzfaktors - auch Festpunktdarstellung genannt. Beispielsweise wuerde aufgrund des Text-Datei-Schreibprozedurparameters

        -123.456 : 7 : 2

der Wert

        "-123.46"

aus dem Wertebereich des 1 .. 7 indizierten Zeichenstandard-Feld-
Typs erzeugt.

Beschaeftigen wir uns nun genauer mit der Erzeugung der beiden
Darstellungen - und zwar zunaechst mit der Erzeugung der Gleitpunktdarstellung. AZ ist dabei entweder der Wert von ANZAHLZEICHEN
oder bei fehlender Angabe von Anzahl Zeichen implementationsab-

haengig festgelegt. Diese Festlegung erfolgt i.a. so, dass eine
DVA-typabhaengige numerisch 'vernuenftige' Anzahl von signifikanten dezimalen Ziffern Beruecksichtigung findet (man erinnere sich
an die in Abschn. 3.1.5 angerissenen beim reellen Typ ggf. moeglichen numerischen Probleme). Die PASCAL-6000-3.4-Implementation
hat als Wert fuer AZ bei fehlender Angabe von Anzahl Zeichen den
Wert 22. Dieser Wert ergibt sich aus der Summe der folgenden Kom-
ponenten-Anzahlen:

 1 Komponente fuer einen Zwischenraum (dieser ist in [080], wie
   wir gleich sehen werden, nicht vorgesehen, eruebrigt jedoch
   ggf. eine explizite Auffuehrung des Zwischenraumes fuer die
   Druckervorschubsteuerung (s. Abschn. 8.1.2) und zu Trennzwek-
   ken);
 1 Komponente fuer das Vorzeichen;
 1 Komponente fuer eine Ziffer vor dem Dezimalpunkt;
 1 Komponente fuer den Dezimalpunkt;
13 Komponenten fuer 13 Dezimalziffern hinter dem Dezimalpunkt
   (fuer den Eingeweihten: In CD-6000er-DVA's haben Gleitpunktzahlen eine Mantissenlaenge (vgl. Abschn. 3.1.5) von 48 dualen
   Ziffern, so dass 14 dezimale Ziffern (eine Ziffer vor dem Dezimalpunkt plus 13 Ziffern dahinter!) als numerisch 'vernuenftig'
   in Betracht stehen);
 1 Komponente fuer den Grossbuchstaben E zur Trennung des nachfolgenden Exponenten des Zehnerpotenzfaktors;
 1 Komponente fuer das Vorzeichen des Exponenten des Zehnerpotenzfaktors und
 3 Komponenten fuer 3 dezimale Ziffern des Exponenten des Zehnerpotenzfaktors (der absolut groesste Wert des Exponenten liegt
   etwas ueber 300).

Aus dem obigen Beispiel -1.23E+002 und der Schilderung des Zustan-
dekommens des Wertes von AZ bei fehlender Angabe von Anzahl Zeichen bei der PASCAL-6000-3.4-Implementation duerfte klar sein,
dass die Gleitpunktdarstellung, die aufgrund eines Text-Datei-
Schreibprozedurparameters reellen Typs mit fehlender Angabe von
Anzahl Ziffern hinter (dem) Dezimalpunkt erzeugt wird, immer eine
ist, in der der Dezimalbruch vor dem Dezimalpunkt eine dezimale
Ziffer und dahinter die restlichen Ziffern hat. Dies ist beim Lesen der nachfolgenden Schilderung der Erzeugung des Wertes aus
dem Wertebereich des 1 .. L indizierten Zeichenstandard-Feld-Typs
im Auge zu behalten. Um besser verstehen zu koennen, wie die Erzeugung ablaeuft, geben wir in Form von PASCAL-Kommentaren Werte
fuer einzelne Groessen an.

Sei

         r   (* -123.456 *)

der Wert von REELLERAUSDRUCK und

         AZ   (* 11 *)

wie oben beschrieben. Mit m seien der Absolutbetrag des Wertes
von r und daraus abgeleitete Werte bezeichnet und mit e der Wert
des Exponenten eines Zehnerpotenzfaktors, der von r abzuspalten

ist. Ist nun r gleich 0.0, so wird m zu 0.0., und e wird 0 gesetzt. Ist hingegen r ungleich 0.0, so wird m zunaechst gleich
dem Absolutbetrag von r gesetzt:

m   (* 123.456 *).

Dann wird e so bestimmt, dass die

e-te Potenz von 10   (* 100 *)

kleiner hoechstens gleich m, und m kleiner der

(e + 1)-ten Potenz von 10   (* 1000 *)

ist:

e   (* 2 *).

Nun wird m durch die e-te Potenz von 10 dividiert:

m   (* 1.23456 *)

und die Anzahl der Dezimalstellen s errechnet, die hinter dem
Dezimalpunkt in der Gleitpunktdarstellung gefordert sind. In diese Berechnung geht die Anzahl der dezimalen Ziffern des Exponenten des Zehnerpotenzfaktors ein, die wir mit z bezeichnen. Sie
ist implementationsabhaengig, wie schon aus den Darlegungen ueber
das Zustandekommen des Wertes von AZ bei fehlender Angabe von Anzahl Zeichen bei der PASCAL-6000-3.4-Implementation zu schliessen
war:

z   (* 3 *).

Weiter geht in die obige Berechnung die Zahl 6 ein. Sie ist
gleich der Anzahl der folgenden in der Darstellung unabdingbaren
Komponenten:

        Komponente fuer das Vorzeichen;
        Komponente fuer die Ziffer vor dem Dezimalpunkt;
        Komponente fuer den Dezimalpunkt;
        Komponente fuer die Ziffer hinter dem Dezimalpunkt;
        Komponente fuer den Buchstaben E (bzw. implementations-
                abhaengig auch e) und
        Komponente fuer das Vorzeichen des Exponenten e.

Ist nun AZ groesser hoechstens gleich z + 6, so wird s zu
AZ - (z + 6 - 1) (weil in der Anzahl 6 die Ziffer hinter dem Dezimalpunkt enthalten ist):

s   (* 3 *).

Da fuer AZ alle Werte zwischen z + 6 und MAXINT moeglich sind
und Werte aus dem Wertebereich des reellen Typs eine i.a. sehr
viel kleinere Anzahl als MAXINT signifikanter Dezimalziffern haben, kann es sein, dass s + 1 groesser als diese Anzahl werden
kann. Dann wird so getan, als seien hinter den signifikanten Dezimalziffern noch 'genuegend' Nullen vorhanden, die natuerlich
dann als nicht signifikant zu betrachten sind. Die PASCAL-6000-

3.4-Implementation verfaehrt nicht so, sondern setzt im geschilderten Falle s auf 14, so dass 15 Dezimalziffern Beruecksichtigung finden - die hoechste denkbare Dezimalziffernanzahl ueberhaupt (entsprechend 48 dualen Ziffern!). Dies wirft natuerlich
genau so Signifikanzfragen auf wie das Vorgehen nach [080]. Ist
AZ kleiner z + 6, so wird s (immer) zu 1.

Daran anschliessend erfolgt eine Rundungskorrektur von m: Zu m
wird das Produkt aus 0.5 und der (-s)-ten Potenz von 10 addiert:

        m   (* 1.23506 *).

Dabei kann m wieder mehr als eine Ziffer vor dem Dezimalpunkt bekommen - also groesser gleich 10.0 werden. Ist dies der Fall, so
wird m durch 10.0 dividiert und zu e eine 1 addiert. Nun wird die
Rundung vollendet, d.h. die Dezimalziffern hinter der s-ten Dezimalziffer werden von m 'abgeschnitten' +):

        m   (* 1.235 *).

Damit ist die angestrebte Darstellung von r fast erlangt. Es
braucht nur noch der Wert aus dem Wertebereich des 1 .. L indizierten Zeichenstandard-Feld-Typs erzeugt werden:

- Nach [080] werden unabhaengig vom Wert von AZ keinesfalls Komponenten zu (vorlaufenden) Zwischenraeumen. Die PASCAL-6000-3.4-
  Implementation wuerde im Fall AZ groesser 23 (= 1 (Zwischenraum)
  + (6 - 1) + 14 + 3) AZ - 23 Zwischenraeume erzeugen.
- In der Vorzeichenstelle wird ein Minuszeichen erzeugt, wenn r
  kleiner 0 u n d m groesser als 0 ist (also nicht gleich 0 ist,
  was wegen der Rundung der Fall sein koennte). Andernfalls wird
  in der Vorzeichenstelle ein Zwischenraum erzeugt.
- Es folgt die erste Dezimalziffer von m (in Dezimaldarstellung).
- Daran anschliessend wird der Dezimalpunkt erzeugt, auf den die
  'restlichen' s Dezimalziffern von m (in Dezimaldarstellung) folgen. Davon koennen ein Teil nicht-signifikante Nullen sein!
- Um den folgenden Exponenten des Zehnerpotenzfaktors vom Dezimalbruch zu trennen, wird nun der Grossbuchstabe E (bzw. implementationsabhaengig auch der Kleinbuchstabe e) erzeugt.
- Es folgt das Vorzeichen des Exponenten des Zehnerpotenzfaktors
  - also ein Minuszeichen, wenn e kleiner 0 ist, oder ein Pluszei-
  chen, wenn e groesser hoechstens 0 ist.
- Schliesslich werden z Dezimalziffern erzeugt, die die Dezimaldarstellung des Absolutwertes des Exponenten des Zehnerpotenzfaktors ausmachen.

Damit duerfte klar sein, dass die Bestimmung von L davon abhaengt,
in welcher Relation AZ zu z + 6 steht: Ist AZ groesser hoechstens
gleich z + 6, so wird L gleich AZ sonst gleich z + 6 (bei der
PASCAL-6000-3.4-Implementation z + 6 + 1 (Zwischenraum)).

+) Die beschriebene Rundung kann natuerlich nur erfolgen, sofern
   s einen Wert hat, so dass bei der Rundung nicht aus dem Wertebereich des reellen Typs gelangt wird. Sonst sollte ein Fehler-
   abbruch erfolgen.

Das folgende Programmbeispiel moege das Gesagte verdeutlichen, in
dem von den in den WRITELN-Prozeduranweisungen aufgefuehrten Text-
Datei-Schreibprozedurparametern hier nur die Text-Datei-Schreibprozedurparameter reellen Typs

          R, -R und -R : AZ

von Interesse sind.


```
(* BEISPIEL B8.1.1.4-1: VERDEUTLICHUNG DER AUF TEXT-DATEI-
                        SCHREIBPROZEDURPARAMETERN REELLEN
                        TYPS BASIERENDEN WANDLUNG NACH
                        GLEITPUNKTDARSTELLUNG *)
PROGRAM TDSPPGPT (OUTPUT);
VAR R  : REAL;
    L  ,
    AZ : INTEGER;
BEGIN
  WRITELN (# ANGABE         6000-          WERT AUS WERTEBEREICH DES#);
  WRITELN (# ANZAHL         3.4-I.-          1 .. L INDIZIERTEN#);
  WRITELN (# ZEICHEN  AZ  ABHAENG.  L  ZEICHENSTANDARD-FELD-TYPS#,
           #  NACH [080]#);
  WRITELN;
  R := 5.67;
  WRITELN (#            22   JA      22  "#,  R, #"#);
  WRITELN (#            22   JA      22  "#, -R, #"#);
  FOR AZ := 8 TO 25 DO
    BEGIN
      IF AZ < 10 THEN
        L := 10
      ELSE
        L := AZ;
      WRITELN (#  JA       #, AZ : 2, #              #, L : 2, # "#,
               -R : AZ, #"#);
      IF AZ < 10 THEN
        WRITELN (# # : 23, # 9 "-5.7E+000"#,
                 #                      ''#)
      ELSE
        IF AZ < 23 THEN
          WRITELN (# # : 23, AZ : 2, #  "-5.67#,
                   #000000000000# : AZ - 10, #E+000"#,
                   # # : 29 - AZ, #''#)
        ELSE
          WRITELN (# # : 23, AZ : 2, #  "-5.66999999999996#,
                   #000# : AZ - 22, #E+000"#, # # : 29 - AZ, #''#)
    END
END.
```

Ergebnisse:

ANGABE ANZAHL ZEICHEN	AZ	6000- 3.4-I.- ABHAENG.	L	WERT AUS WERTEBEREICH DES 1 .. L INDIZIERTEN ZEICHENSTANDARD-FELD-TYPS NACH [080]	
	22	JA	22	" 5.6700000000000E+000"	
	22	JA	22	" -5.6700000000000E+000"	
JA	8		10	" -5.7E+000"	
			9	"-5.7E+000"	' '
JA	9		10	" -5.7E+000"	
			9	"-5.7E+000"	' '
JA	10		10	" -5.7E+000"	
			10	"-5.67E+000"	' '
JA	11		11	" -5.67E+000"	
			11	"-5.670E+000"	' '
JA	12		12	" -5.670E+000"	
			12	"-5.6700E+000"	' '
JA	13		13	" -5.6700E+000"	
			13	"-5.67000E+000"	' '
JA	14		14	" -5.67000E+000"	
			14	"-5.670000E+000"	' '
JA	15		15	" -5.670000E+000"	
			15	"-5.6700000E+000"	' '
JA	16		16	" -5.6700000E+000"	
			16	"-5.67000000E+000"	' '
JA	17		17	" -5.67000000E+000"	
			17	"-5.670000000E+000"	' '
JA	18		18	" -5.670000000E+000"	
			18	"-5.6700000000E+000"	' '
JA	19		19	" -5.6700000000E+000"	
			19	"-5.67000000000E+000"	' '
JA	20		20	" -5.67000000000E+000"	
			20	"-5.670000000000E+000"	' '
JA	21		21	" -5.670000000000E+000"	
			21	"-5.6700000000000E+000"	' '
JA	22		22	" -5.6700000000000E+000"	
			22	"-5.67000000000000E+000"	' '
JA	23		23	" -5.66999999999996E+000"	
			23	"-5.669999999999960E+000"	' '
JA	24		24	" -5.66999999999996E+000"	
			24	"-5.6699999999999600E+000"	' '
JA	25		25	" -5.66999999999996E+000"	
			25	"-5.66999999999996000E+000"	' '

Wir kommen nun zur Erlaeuterung der Erzeugung der Festpunktdarstellung. Diese erfolgt dann, wie bereits gesagt, wenn in dem
Text-Datei-Schreibprozedurparameter die Angabe Anzahl Ziffern
hinter (dem) Dezimalpunkt gemacht wurde. Man beachte, dass diese
Angabe nur moeglich ist, wenn auch die Angabe von Anzahl Zeichen
erfolgte, die zur Bestimmung von L - wie wir gleich sehen werden -
herangezogen wird.

Sei r auch hier der Wert von REELLERAUSDRUCK und m eine Groesse,
die sich aus r wie folgt ergibt: Ist r gleich 0.0, so sei m auch
gleich 0.0. Ist hingegen r ungleich 0.0, so sei m zunaechst gleich

dem Absolutbetrag von r. Bezeichnet s den Wert von
ANZAHLZIFFERNHINTERDEZIMALPUNKT, so wird nun zu m das Produkt aus
0.5 und der (-s)-ten Potenz von 10 addiert, und dann werden von
m alle Dezimalziffern hinter der s-ten Dezimalziffer 'abgeschnitten', was Rundung bedeutet (s. jedoch Fussnote auf S. 8.1.1.4/4).
Es folgt die Ermittlung der Anzahl d der Dezimalziffern vor dem
Dezimalpunkt. Ist m kleiner als 1, so wird d gleich 1. Ist dies
nicht der Fall, so wird d so bestimmt, dass TRUNC (m) (s. Abschn.
7.2.6.2) groesser hoechstens gleich der (d - 1)-ten Potenz von 10
und kleiner der d-ten Potenz von 10 ist. Damit ist es nunmehr moeglich, die Anzahl a der Zeichen zu bestimmen, die die Festpunktdarstellung von r benoetigt: Es ist a gleich Anzahl d der Dezimalziffern vor dem Dezimalpunkt plus 1 - fuer den Dezimalpunkt - und
plus Anzahl s der Dezimalziffern hinter dem Dezimalpunkt. Ist r
negativ u n d m groesser 0 (also nicht gleich 0, was wegen der
Rundung der Fall sein koennte), so muss zu a noch eine 1 addiert
werden, um das Minuszeichen zu beruecksichtigen. Die PASCAL-6000-
3.4-Implementation berechnet a unabhaengig von vorgenannten Be-
dingungen immer um 1 groesser als dies nach [080] geschehen soll,
um im Fall r groesser gleich 0.0 o d e r m gleich 0 in der Vorzeichenstelle einen Zwischenraum erzeugen zu koennen (was ggf.
eine 'einfachere Ausrichtung' von Werten unterschiedlichen Vor-
zeichens und gleichen Anzahlen von Dezimalziffern vor dem Punkt
in Kolonnen erlaubt).

Die Bestimmung von L wird nun wie folgt durchgefuehrt: Ist AZ
groesser a, so wird L gleich AZ sonst gleich a.

Der Wert aus dem Wertebereich des 1 .. L indizierten Zeichenstandard-Feld-Typs ist dann der Wert, der als Komponenten

. L - a (vorlaufende) Zwischenraeume hat, wenn L groesser als a
  ist. Andernfalls ist keine Komponente (vorlaufender) Zwischenraum.
. Es folgt ein Minuszeichen, wenn r kleiner 0 und m groesser 0
  ist. Bei der PASCAL-6000-3.4-Implementation folgt im gegentei-
  ligen Fall ein Zwischenraum.
. Daran anschliessend werden d Dezimalziffern von m in Dezimaldarstellung erzeugt, auf die
. ein Punkt folgt und
. weitere s Dezimalziffern von m.

Auch bei der Festpunktdarstellung sind natuerlich wieder Signifi-
kanzprobleme zu beachten. Z.B. hat es sicher kaum Sinn, einen
reellen Wert, der DVA-typabhaengig hoechstens s signifikante Dezimalziffern haben kann und absolut groesser gleich als die (s-te)
Potenz von 10 ist, in Festpunktdarstellung wandeln zu lassen. Dies
demonstriert die Text-Datei-Schreibprozeduranweisung

        WRITELN (5.678E56 : 30 : 6)

im folgenden Beispielprogramm, was jedoch in erster Linie dazu
dienen soll, die Darlegungen ueber die Festpunktdarstellung zu
verdeutlichen. Von Interesse sind hier in den WRITELN-Prozeduranweisungen nur die Text-Datei-Schreibprozedurparameter

        5.678 : AZ : 2 und 5.678E56 : 30 : 6

```
(* BEISPIEL B8.1.1.4-2: VERDEUTLICHUNG DER AUF TEXT-DATEI-
                        SCHREIBPROZEDURPARAMETERN REELLEN
                        TYPS BASIERENDEN WANDLUNG NACH
                        FESTPUNKTDARSTELLUNG *)
PROGRAM TDSPPFPT (OUTPUT);
VAR L  ,
    LN ,
    AZ : INTEGER;
BEGIN
  WRITELN (# ANGABE              WERT AUS WERTEBEREICH DES#,
           #   NACH [080]#);
  WRITELN (# ANZAHL                 1 .. L INDIZIERTEN#);
  WRITELN (# ZEICHEN   AZ   L   ZEICHENSTANDARD-FELD-TYPS#,
           #  L      WERT#);
  WRITELN;
  FOR AZ := 1 TO 12 DO
    BEGIN
      IF AZ < 5 THEN
        BEGIN
          L  := 5;
          LN := L - 1
        END
      ELSE
        BEGIN
          L  := AZ;
          LN := L
        END;
      WRITELN (#   JA       #, AZ : 2, L : 3, #          "#,
               5.678 : AZ : 2, #"#, # # : 18 - L, LN : 2,
               #   "#, #5.68# : LN, #"#)
    END;
      WRITELN;
      WRITELN (# -------------------------------------------------#,
               #-------------------#);
      WRITELN;
      WRITELN (5.678E56 : 30 : 6)
END.
```

Ergebnisse:

```
ANGABE              WERT AUS WERTEBEREICH DES   NACH [080]
ANZAHL                 1 .. L INDIZIERTEN
ZEICHEN   AZ   L   ZEICHENSTANDARD-FELD-TYPS    L      WERT

  JA       1  5            " 5.68"              4    "5.68"
  JA       2  5            " 5.68"              4    "5.68"
  JA       3  5            " 5.68"              4    "5.68"
  JA       4  5            " 5.68"              4    "5.68"
  JA       5  5            " 5.68"              5    " 5.68"
  JA       6  6            "  5.68"             6    "  5.68"
  JA       7  7            "   5.68"            7    "   5.68"
  JA       8  8            "    5.68"           8    "    5.68"
  JA       9  9            "     5.68"          9    "     5.68"
  JA      10 10            "      5.68"        10    "      5.68"
  JA      11 11            "       5.68"       11    "       5.68"
  JA      12 12            "        5.68"      12    "        5.68"
-----------------------------------------------------------------

5678000000000000541149347554892301559448242187500000000000000.000000
```

432

8.1.1.5 Text-Datei-Schreibprozedurparameter vom 'N'-Zeichen-Typ

Aufgrund eines in einer Text-Datei-Schreibprozeduranweisung aufgefuehrten Text-Datei-Schreibprozedurparameters vom 'N'-Zeichen-
Typ der Form

         NZEICHENAUSDRUCK : ANZAHLZEICHEN
bzw.
         NZEICHENAUSDRUCK   ,

wobei NZEICHENAUSDRUCK stellvertretend fuer einen nach S80 gebildeten 'N'-Zeichen-Ausdruck und ANZAHLZEICHEN stellvertretend fuer
einen nach S65 gebildeten ganzen Ausdruck stehen soll, der einen
Wert groesser (bei der PASCAL-6000-3.4-Implementation auch gleich)
0 liefert, erzeugt die Text-Datei-Schreibprozedur einen Wert aus
dem Wertebereich des 1 .. L indizierten Zeichenstandard-Feld-Typs
- die Bestimmung von L folgt, der als Komponenten ggf. eine Anzahl
(vorlaufender) Zwischenraeume und einen Teil oder alle der N Komponenten des Wertes von NZEICHENAUSDRUCK hat.

L wird gleich AZ, wobei AZ entweder der Wert von ANZAHLZEICHEN
oder bei fehlender Angabe von Anzahl Zeichen implementationsunabhaengig N ist - also die Anzahl der Komponenten des Wertes von
NZEICHENAUSDRUCK. Die Erzeugung des Wertes aus dem Wertebereich
des 1 .. L indizierten Zeichenstandard-Feld-Typs erfolgt so, dass
im Fall AZ groesser N zunaechst AZ - N Zwischenraeume Komponenten
des Wertes werden, ehe der Wert von NZEICHENAUSDRUCK folgt. Im
Fall AZ kleiner hoechstens gleich N, werden der erste, der zweite
usw. bis AZ-te 'Komponenten-Wert' von NZEICHENAUSDRUCK Komponenten des Wertes des 1 .. L indizierten Zeichenstandard-Feld-Typs.

Das folgende Programmbeispiel moege das Gesagte verdeutlichen, in
dem von den in den WRITELN-Prozeduranweisungen aufgefuehrten Text-
Datei-Schreibprozedurparametern hier nicht die Text-Datei-Schreibprozedurparameter vom Zeichen-Typ

         #"#

interessieren.


```
(* BEISPIEL B8.1.1.5-1: VERDEUTLICHUNG DER AUF TEXT-DATEI-
                        SCHREIBPROZEDURPARAMETERN VOM 'N'-ZEICHEN-
                        TYP BASIERENDEN DARSTELLUNGSWANDLUNG *)
PROGRAM TDSPPNZT (OUTPUT);
VAR S  : PACKED ARRAY [1 .. 12] OF CHAR;
    I  ,
    AZ : INTEGER;
BEGIN
  S := #A1B2..Y25Z26#;
  I := 35;
  WRITELN (# ANGABE           WERT AUS WERTEBEREICH DES#);
  WRITELN (# ANZAHL              1 .. L INDIZIERTEN#);
  WRITELN (# ZEICHEN AZ  L  ZEICHENSTANDARD-FELD-TYPS#,
           #  NACH [080]#);
```

```
   WRITELN;
   WRITELN (#              12 12         "#, S,        #"#);
   WRITELN (#  JA          12 12         "#, S : 12, #"#);
   FOR AZ := 0 TO 13 DO
      BEGIN
         WRITELN (#  JA        #, AZ : 2, AZ : 3, #          "#, S : AZ,
                 #"#, #                          NICHT ZULAESSIG# : I);
         I := 0
      END
END.
```

Ergebnisse:


```
ANGABE             WERT AUS WERTEBEREICH DES
ANZAHL                  1 .. L INDIZIERTEN
ZEICHEN   AZ   L   ZEICHENSTANDARD-FELD-TYPS   NACH [080]

          12 12      "A1B2..Y25Z26"
   JA     12 12      "A1B2..Y25Z26"
   JA      0  0      ""                        NICHT ZULAESSIG
   JA      1  1      "A"
   JA      2  2      "A1"
   JA      3  3      "A1B"
   JA      4  4      "A1B2"
   JA      5  5      "A1B2."
   JA      6  6      "A1B2.."
   JA      7  7      "A1B2..Y"
   JA      8  8      "A1B2..Y2"
   JA      9  9      "A1B2..Y25"
   JA     10 10      "A1B2..Y25Z"
   JA     11 11      "A1B2..Y25Z2"
   JA     12 12      "A1B2..Y25Z26"
   JA     13 13      "  A1B2..Y25Z26"
```


Eine geschickte Verwendung von Text-Datei-Schreibprozedurparametern vom 'N'-Zeichen-Typ kann beispielsweise in Programmen erfolgen, die Geldbetraege ausgeben, in denen 'vorlaufende' Stellen
mit 'Schutzzeichen' zu versehen sind, wie dies etwa in Bankkonto-
auszuegen zu finden ist. Das folgende Beispielprogramm stellt eine
Anregung dar.


```
(* BEISPIEL B8.1.1.5-2: ERZEUGUNG VON 'SCHUTZZEICHEN' *)
PROGRAM ERZSZ (OUTPUT);
VAR  GELDBETRAG   : REAL;
     I            ,
     STELLENZAHL  ,
     ZEHNERPOTENZ ,
     GANZERANTEIL ,
     BRUCHANTEIL  ,
     BRUCHZIF1    : INTEGER;
BEGIN
   GELDBETRAG := 0.567;
```

```
FOR I := 1 TO 5 DO
   BEGIN
     GELDBETRAG    := GELDBETRAG * 10.0;
     STELLENZAHL   := 1;
     ZEHNERPOTENZ := 10;
     GANZERANTEIL := TRUNC (GELDBETRAG);
     WHILE ZEHNERPOTENZ <= GANZERANTEIL DO
       BEGIN
         STELLENZAHL   := STELLENZAHL + 1;
         ZEHNERPOTENZ := ZEHNERPOTENZ * 10
       END;
     BRUCHANTEIL := TRUNC ((GELDBETRAG - GANZERANTEIL) * 100.0);
     BRUCHZIF1    := BRUCHANTEIL DIV 10;
     WRITELN (# ******#     : 7 - STELLENZAHL,
               GELDBETRAG   : 1 : 2,
               #    NACH [080]#,
               # ******#     : 7 - STELLENZAHL,
               GANZERANTEIL : STELLENZAHL,
               #.#,
               BRUCHZIF1 : 1, BRUCHANTEIL - BRUCHZIF1 * 10 : 1)
   END
END.


Ergebnisse:


***** 5.67     NACH [080] *****5.67
**** 56.70     NACH [080] ****56.70
*** 567.00     NACH [080] ***567.00
** 5670.00     NACH [080] **5670.00
* 56700.00     NACH [080] *56700.00
```

8.1.2 Druckervorschubsteuerung und Text-Datei-Seiteneinteilungs-
prozeduranweisungen

Text-Datei-Variablen, deren Werte schliesslich fuer die Ausgabe
auf einen Drucker +) bestimmt sind, muessen auch Daten zur Vorschubsteuerung enthalten. Das soll heissen, dass festgelegt worden
sein muss, wann eine durch ein PASCAL-Programm erzeugte Zeile in
einer Text-Datei-Variablen - wir sprechen im folgenden kurz von
PASCAL-Zeile - einen Drucker zu einem Zeilen- oder Seitenvorschub
veranlasst, so dass der Inhalt der PASCAL-Zeile auf der naechsten
Zeile oder Seite des (Endlos-)Papiers erscheint.

Nach [080] muss fuer die Zeilen-Vorschubsteuerung eine PASCAL-Implementation sorgen. Sie muss vor der ersten Ausdehnung einer Text-
Datei-Variablen und vor einer jeden weiteren nach einer WRITELN-
Prozeduranweisung, aber nicht jedoch Text-Datei-Seiteneinteilungsprozeduranweisung (ein) passende(s) Daten (Datum) - also implemen-
tationsabhaengige(s) Daten (Datum) - zur Zeilen-Vorschubsteuerung
in die Text-Datei-Variable einfuegen.

Die Seiten-Vorschubsteuerung kann ein PASCAL-Programmierer per
Text-Datei-Seiteneinteilungsprozeduranweisung veranlassen. Diese
ist ein Aufruf der Prozedur mit dem Standardnamen PAGE und muss
gemaess dem Syntax-Diagramm S140 gestaltet werden.

S140 Text - Datei - Seiteneinteilungsprozeduranweisung (text
                        file paging procedure statement)

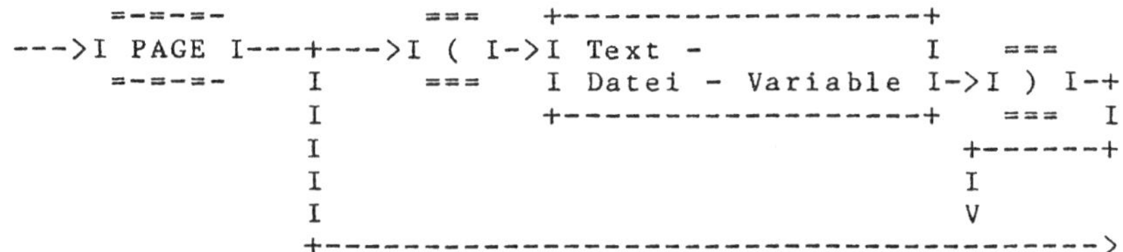

Danach kann hinter dem Standardnamen eine in runde Klammern einzuschliessende gemaess S55 zu gestaltende Text-Datei-Variable als
Aktualisierung eines (zu denkenden) formalen Variablenparameters
angegeben werden. Erfolgt dies nicht, was nach S140 zulaessig ist,
so ist als Text-Datei-Variable die Text-Datei-Variable OUTPUT gemeint, sofern diese als Programmparameter genannt wurde. Diese
zweite Form ist nach [085] nicht zulaessig: [085] verlangt stets
die Angabe einer in runde Klammern eingeschlossenen Text-Datei-
Variablen.

+) Es gibt auch andere Geraete, fuer die die folgenden Ausfuehrungen zutreffen - z.B. interaktive Terminals. Wenn wir fortan
   von Druckern sprechen, so meinen wir - ggf. im uebertragenen
   Sinne - auch andere Geraete, die eine Vorschubsteuerung benoetigen.

Die Ausfuehrung einer Text-Datei-Seiteneinteilungsprozeduranweisung setzt wie die Ausfuehrung von Text-Datei-Schreibprozeduranweisungen (ein Grund - weitere werden durch die folgende Ausfuehrung ersichtlich, weshalb die Besprechung von Text-Datei-Seiten-
einteilungsprozeduranweisungen in einem Unterabschnitt des Abschnitts ueber Text-Datei-Schreibprozeduranweisungen erfolgt) voraus, dass der Modus der der Generierung und die Text-Datei-Variable initialisiert ist (vgl. Abschn. 8.1). Aufgrund der Ausfuehrung
einer Text-Datei-Seiteneinteilungsprozeduranweisung werden
(wird ein) Daten (Datum) zur Seiten-Vorschubsteuerung, wie oben
dargelegt, in die Text-Datei-Variable uebernommen, wobei - sofern
eine 'begonnene Zeile' noch nicht abgeschlossen ist - implizit eine WRITELN-Prozeduranweisung fuer die Text-Datei-Variable zuvor
zur Ausfuehrung kommt.

Es gibt nun PASCAL-Implementationen - wie auch die PASCAL-6000-
3.4-Implementation, die nicht in der geschilderten Weise fuer die
Zeilen-Vorschubsteuerung sorgen. Vielmehr muss bei diesen PASCAL-
Implementationen - abgesehen vom Fall von 'Leerzeilen' erzeugenden
WRITELN-Prozeduranweisungen - dafuer der PASCAL-Programmierer Sorge tragen. Vielfach besteht die sich bietende Moeglichkeit dann
darin, dass ein Zwischenraum, der erstes Zeichen einer PASCAL-Zeile ist, als Zeilen-Vorschub-Steuerdatum vereinbart ist. D.b. fuer
den PASCAL-Programmierer, dass er in jeder PASCAL-Zeile, die in
die naechste Zeile des Papiers gedruckt werden soll, als erstes
Zeichen einen Zwischenraum bringen muss (der natuerlich nicht auf
dem Papier 'erscheint'). In vielen unserer Beispielprogramme ist
dies explizit geschehen und duerfte jetzt verstaendlich sein. Ge-
schah es nicht explizit, so sorgte der Wert AZ (s. Abschnitte
8.1.1.1 - 8.1.1.5) dafuer.

Auch andere Zeichen haben eine vereinbarungsgemaesse implementationsabhaengige Bedeutung fuer die Druckervorschubsteuerung. So
bedeutet bei der PASCAL-6000-3.4-Implementation beispielsweise
das Zeichen

        0 : drucken in die uebernaechste Zeile (zweizeiliger
            Vorschub);
        1 : drucken in die erste Zeile der naechsten Seite
            (Seitenvorschub) und
        + : drucken in dieselbe Zeile (kein Vorschub).

Die Text-Datei-Schreibprozeduranweisungen der Formen

        WRITELN;   WRITELN;
                        bzw.
        WRITE (#0#, ...)   WRITE (#1#, ...)

waeren also als aequivalent den Text-Datei-Schreibprozeduranweisungen

        WRITELN;   WRITELN;
        WRITELN;   bzw.   PAGE;
        WRITE (...)   WRITE (...)

zu betrachten, wenn die PASCAL-6000-3.4-Implementation nach [080]
verfahren wuerde. Das Drucken in dieselbe Zeile, was aufgrund der
Text-Datei-Schreibprozeduranweisungen der Formen

```
        WRITELN;
        WRITE (#+#, ...)
```

erfolgte, kann nicht in Programmen formuliert werden, die unter
einer PASCAL-Implementation zum Ablauf kommen, die nach [080] verfaehrt. Das sollte nicht als erheblicher Mangel angesehen werden.
Denn man kann natuerlich - i.a. zwar unter erhoehtem Zentralspeicherbedarf - eine PASCAL-Zeile erst vollstaendig aufbauen, ehe sie
zur Ausdehnung einer Text-Datei-Variablen dient. Ausserdem wird
das Drucken, wenn dies mehrfach in dieselbe Zeile erfolgt, i.a.
sehr verlangsamt. Was allerdings nicht geht, ist Ueberdrucken.

Das folgende Beispielprogramm moege das Gesagte verdeutlichen.

```
(* BEISPIEL B8.1.2-1: DRUCKERVORSCHUBSTEUERUNG UNTER DER PASCAL-
                      6000-3.4-IMPLEMENTATION *)
PROGRAM DVS (OUTPUT);
BEGIN
  WRITELN (#11. ZEILE DER SEITE#);
  WRITELN (# 2. ZEILE DER SEITE#);
  WRITELN (#04. ZEILE DER SEITE#);
  WRITELN (# 5. ZEILE DER SEITE#);
  WRITELN (#+                      UND FORTSETZUNG#)
END.
```

Ergebnisse:

```
1. ZEILE DER SEITE
2. ZEILE DER SEITE

4. ZEILE DER SEITE
5. ZEILE DER SEITE UND FORTSETZUNG
```

Beachten muss man noch bei PASCAL-Implementationen, die bei der
Druckervorschubsteuerung so verfahren wie die PASCAL-6000-3.4-Im-
plementation, dass eine nach Ausfuehrung einer Text-Datei-Seiteneinteilungsprozeduranweisung ausgefuehrte Text-Datei-Schreibprozeduranweisung mit Zwischenraum zur Zeilen-Vorschubsteuerung ein
Drucken in die zweite Zeile der Seite bedeutet, wenn die PASCAL-
Implementation

```
        PAGE (...)
```

als aequivalent

```
        WRITELN (..., '1')
```

implementiert hat, was dann ggf. durch passende Papiereinstellung
am Drucker korrigiert werden muss.

Schliesslich sei noch darauf hingewiesen, dass Text-Datei-Variablen, die Druckervorschubsteuerdaten enthalten und nach [080] erzeugt wurden, i.a. nur dann eine sinngerechte Inspektion gestatten werden, wenn die implementationsabhaengigen Druckervorschubsteuerdaten bekannt sind - ein Nachteil, den man beispielsweise
bei der PASCAL-6000-3.4-Implementation nicht zu beachten hat,
weil man eben die Druckervorschubsteuerdaten - abgesehen vom Fall
der Verwendung von Text-Datei-Seiteneinteilungsprozeduranweisun-
gen und WRITELN-Prozeduranweisungen zur Erzeugung von 'Leerzeilen'
- als Programmierer in die Text-Datei-Variable bringt.

8.2 Text-Datei-Leseprozeduranweisungen

Eine Text-Datei-Leseprozeduranweisung ist entweder ein Aufruf der
Prozedur mit dem Standardnamen READ oder ein Aufruf der Prozedur
mit dem Standardnamen READLN (read line). Sie ist gemaess dem Syntax-Diagramm S141 zu gestalten.

S141 Text - Datei - Leseprozeduranweisung (text file read
                                        procedure statement)

```
                   =-=-=-
   ---+--->I READ I----+
      I    =-=-=-       I
      I                 I
      I    =-=-=-=-     V    ===       +-------------------+
      +--->I READLN I-+-->I ( I-+->I Text -              I
           =-=-=-=-   I    ===   I  I Datei - Variable I--+
      +---------------+         I  +-------------------+   I
      I            +-----------+ I                         I
      I            V    ===                                I
      I    +---------------I , I<-------------------------+
      I    I            ===                          A
      I    I                                         I
      I    I    +---------------+                    I
      I    +------>I ganze Variable I------+          I
      I    I    +---------------+       I          I
      I    I                           I          I
      I    I    +-------------------+ V          I
      I    +------>I Zeichen - Variable I--------+--------+
      I    I    +-------------------+         A            I
      I    I                                 I            I
      I    I    +-----------------+         I            I
      I    +------>I reelle Variable I--------+            I
      I         +-----------------+                        I
      I                                                    I
      I                    ===       +-----------------+  I
      +--------------------->I ( I--->I Text -            I  I
      I                    ===       I Datei - Variable I->I
      I                              +-----------------+  I
      I    +-----------------------------------------------+
      I    I                  ===
      I    +-------------->I ) I----+
      I                    ===      V
      +------------------------------------------------------------>
```


Danach muss hinter dem Standardnamen READ eine oeffnende runde
Klammer aufgefuehrt werden, auf die eine gemaess S55 zu gestaltende Text-Datei-Variable als Aktualisierung eines (zu denkenden)
formalen Variablenparameters mit nachfolgendem Komma angegeben
werden kann. Dann muss eine Liste von ggf. durch Kommata zu trennenden ganzen, Zeichen- und/oder reellen Variablen folgen, die
gemaess S55 zu gestalten, aber insofern nicht als Aktualisierungen
von formalen Variablenparametern zu betrachten sind, als sie Komponenten-Variablen von Variablen sein duerfen, in deren Typ-Angabe

das Attribut PACKED aufgefuehrt ist (vgl. Abschn. 7.2.5.1 und s.
B8.2-1). Abzuschliessen ist diese Form einer Text-Datei-Leseprozeduranweisung mit einer schliessenden runden Klammer. Andere nach
S141 moegliche Formen von Text-Datei-Leseprozeduranweisungen ergeben sich, wenn in der vorbeschriebenen Form der Standardname READ
durch den Standardnamen READLN ersetzt oder allein der Standardname READLN aufgefuehrt oder hinter diesem - in runde Klammern
eingeschlossen - noch eine nach S55 gestaltete Text-Datei-Variable angegeben wird.

Ist keine Text-Datei-Variable (ggf. mit nachfolgendem Komma) in
einer Text-Datei-Leseprozeduranweisung aufgefuehrt, so wird als
Text-Datei-Variable INPUT angenommen, wobei INPUT als Programmparameter genannt sein muss. Eine Angabe von INPUT ist jedoch
auch nicht fehlerhaft.

Die Ausfuehrung einer Text-Datei-Leseprozeduranweisung der Form

            READ (TDV, V1, V2, ..., VK)   ,

in der TDV eine Text-Datei-Variable und V1, V2, ..., VK Variablen
ganzen, Zeichen- und/oder reellen Typs seien, kann wie folgt gesehen werden: Sind

            Z1, Z2, ..., ZK

Variablen der Typen

            1 .. L1 indizierter Zeichenstandard-Feld-Typ,
            1 .. L2 indizierter Zeichenstandard-Feld-Typ,
            .
            .
            .
            1 .. LK indizierter Zeichenstandard-Feld-Typ

mit noch zu bestimmenden 'Laengen' L1, L2, ..., LK, so kann man
sich vorstellen, dass zunaechst die TDV Datei-Leseprozeduranweisung (s. Abschn. 7.2.5.1)

            READ (TDV, Z1 [1], Z1 [2], ..., Z1 [L1],
                  Z2 [1], Z2 [2], ..., Z2 [L2],
                  .
                  .
                  .
                  ZK [1], ZK [2], ..., ZK [LK])

zur Ausfuehrung kommt, wobei fuer ein fiktives Zeilenendekennzeichen ein Zwischenraum Wert von Z1 [1], Z1 [2], ... oder ZK [LK]
wird (vgl. Abschn. 3.2.4.2). Das bedeutet, dass vor der Ausfuehrung obiger Text-Datei-Leseprozeduranweisung der Modus von TDV der
der Inspektion und TDV initialisiert sein muss, sowie dass waehrend der Ausfuehrung - also bevor nicht auch ZK [LK] einen Wert
bekommen hat - als rechte Sequenz von TDV nicht die leere Sequenz
angetroffen wird - kurz: dass nicht 'zu frueh' EOF (TDV) TRUE wird.
Sind diese Voraussetzungen nicht erfuellt, so erfolgt ein Abbruch
des Programmlaufs. Nach der Ausfuehrung obiger Text-Datei-Leseprozeduranweisung hat der Datei-Komponenten-Puffer TDV^ entweder
den Wert der ersten Komponenten-Variablen der (jetzigen) rechten

Sequenz von TDV, oder er ist nicht initialisiert, weil die rechte
Sequenz die leere Sequenz ist.

Aus den Werten von Z1, Z2, ..., ZK erzeugt nun die Text-Datei-Le-
seprozedur Werte fuer die Variablen V1, V2, ..., VK und weist sie
diesen zu: Aus dem Wert von Z1 wird der Wert von V1, aus dem Wert
von Z2 wird der Wert von V2, ... und aus dem Wert von ZK wird der
Wert von VK. Man erkennt die bereits in Abschn. 7.2.5.1 herausgestellte Darstellungswandlung: Ein Wert aus dem Wertebereich eines
1 .. LN indizierten Zeichenstandard-Feld-Typs (N = 1, 2, ..., K)
wird je nach Typ der Variablen VN in einen Wert aus dem Wertebereich eines ganzen, Zeichen- oder des reellen Typs gewandelt.

Bleibt im wesentlichen noch zu erlaeutern, wie L1, L2, ..., LK
bestimmt werden. Diese Bestimmung haengt vom Typ der Variablen
V1, V2, ..., VK und den Werten der Komponenten-Variablen von TDV
ab, die Werte von Z1 [1], Z1 [2], ..., ZK [LK] werden.

Ist der Typ der Variablen VN (N = 1, 2, ..., K) ein
g a n z e r Typ - also der ganze Standardtyp oder ein ganzer
Teilbereichs-Typ, so bekommt LN den Wert, der sich ergibt, wenn
nach der entsprechend obigen Darlegungen nacheinanderfolgenden
Ausfuehrung von

        READ (TDV, ZN [1]);
        READ (TDV, ZN [2]);
             .
             .
             .
        READ (TDV, ZN [LN])

ZN einen Wert hat, der sich aus evtl. einer Anzahl Zwischenraeumen (ggf. von fiktiven Zeilenendekennzeichen stammend), evtl.
einem Plus- oder Minuszeichen und schliesslich mindestens einer
oder mehreren Dezimalziffern aufbaut: ZN 'beinhaltet' also - abgesehen von evtl. vorlaufenden Zwischenraeumen - eine ganze Zahl
in Dezimaldarstellung, wie sie nach S30, S18 und S16 gebildet
werden koennte. Das bedeutet, dass, bevor die vorstehenden TDV
Datei-Leseproceduranweisungen nacheinander zur Ausfuehrung gelangen, die rechte Sequenz von TDV als erste und folgende Komponenten-Variablen-Werte evtl. Zwischenraeume und/oder fiktive Zeilenendekennzeichen, die genannte ganze Zahl in Dezimaldarstellung
und ein Zeichen - ggf. ein fiktives Zeilenendekennzeichen - enthalten muss, das (nach der Ausfuehrung vorstehender TDV Datei-Leseproceduranweisungen Wert von TDV^ ist und) nicht Zeichen einer
ganzen Zahl in Dezimaldarstellung ist, wie sie nach S30, S18 und
S16 bildbar ist. Sind diese Komponenten-Variablen-Werte nicht vorhanden, so erfolgt ein Abbruch des Programmlaufs. Der Wert von ZN
muss nun noch nach Darstellungswandlung einen Wert ergeben, der im
Sinne von Regel R3.5-4 wertzuweisungskompatibel zum Wertebereich
des ganzen Typs von VN ist. Ist dies nicht der Fall, so erfolgt
ebenfalls ein Abbruch des Programmlaufs. Andernfalls wird der Wert
Wert von VN.

Ist der Typ der Variablen VN (N = 1, 2, ..., K) ein
Z e i c h e n - Typ - also der Zeichenstandard-Typ oder ein Zeichenteilbereichs-Typ, so bekommt LN den Wert 1, und es erfolgt

        READ (TDV, ZN [LN])   ,

so dass ZN einen Wert hat, dessen einziger Komponenten-Wert der
Wert der ersten Komponenten-Variablen der rechten Sequenz von TDV
bzw. Wert von TDV^ ist. Der Wert von ZN muss nun nach 'Darstellungswandlung' einen Wert ergeben, der im Sinne von Regel R3.5-4
wertzuweisungskompatibel zum Wertebereich des Zeichen-Typs von VN
ist. Ist dies nicht der Fall, so erfolgt ein Abbruch des Programmlaufs. Andernfalls wird der Wert Wert von VN. Damit sieht man,
dass die Ausfuehrung der Text-Datei-Leseprozeduranweisung

```
        READ (TDV, VN)
```

(mit VN als Variable von einem Zeichen-Typ) im Grunde nichts anderes bedeutet als die Ausfuehrung der zusammengesetzten Anweisung

```
        BEGIN
          VN := TDV^;
          GET (TDV)
        END                                          .
```

Ist der Typ der Variablen VN (N = 1, 2, ..., K) der
r e e l l e Typ, so bekommt LN den Wert, der sich ergibt, wenn
nach der entsprechend obigen Darlegungen nacheinander folgenden
Ausfuehrung von

```
        READ (TDV, ZN [1]);
        READ (TDV, ZN [2]);
          .
          .
          .
        READ (TDV, ZN [LN])
```

ZN einen Wert hat, der sich aus evtl. einer Anzahl Zwischenraeumen
(ggf. von fiktiven Zeilenendekennzeichen stammend), evtl. einem
Plus- oder Minuszeichen und schliesslich einer Folge von Dezimalziffern - aufzufassen als (nach S16 gebildete) vorzeichenlose ganze Zahl in Dezimaldarstellung - oder einer Folge von Zeichen aufbaut, die als eine reelle Zahl in einer Darstellung aufzufassen
ist, wie sie aus einer nach S16 gebildeten Ziffernfolge, Punkt,
dem Grossbuchstaben E und Plus- bzw. Minuszeichen entsprechend
S19 gebildet werden kann. Das bedeutet, dass, bevor die vorstehenden Datei-Leseprozeduranweisungen nacheinander zur Ausfuehrung
gelangen, die rechte Sequenz von TDV als erste und folgende Komponenten-Variablen-Werte evtl. Zwischenraeume und/oder fiktive
Zeilenendekennzeichen, evtl. ein Plus- oder Minuszeichen, die genannte vorzeichenlose ganze oder reelle Zahl in der beschriebenen
Darstellung und ein Zeichen - ggf. ein fiktives Zeilenendekenn-
zeichen - enthalten muss, das (nach der Ausfuehrung vorstehender
TDV Datei-Leseprozeduranweisungen Wert von TDV^ ist und) nicht
Zeichen einer vorzeichenlosen ganzen oder reellen Zahl in der beschriebenen Darstellung ist. Sind diese Komponenten-Variablen-
Werte nicht vorhanden, so erfolgt ein Abbruch des Programmlaufs.
Bei der Darstellungswandlung des Wertes von ZN in einen Wert fuer
die reelle Variable VN muss natuerlich beachtet werden, dass der
Wert ein Wert aus dem (DVA-typabhaengigen) Wertebereich des reellen Typs wird - oder anders ausgedrueckt: Der gewandelte Wert
muss im Sinne der Regel R3.5-4 wertzuweisungskompatibel zum Wertebereich des reellen Typs sein. Ist dies nicht der Fall, so erfolgt ebenfalls ein Abbruch des Programmlaufs. Andernfalls wird
der Wert Wert von VN.

Bei Variablen reellen Typs, die aktuelle Parameter einer Text-Datei-Leseprozeduranweisung sind, ist noch zu beachten:

. Es koennen in der Text-Datei-Variablen vorhandene signifikante Ziffern unberuecksichtigt bleiben, was aus den Ausfuehrungen ueber den Wertebereich des reellen Typs in Abschn. 3.1.5 verstaendlich ist. I.a. wird der numerisch 'bestmoegliche' Wert aus dem Wertebereich des reellen Typs - implementationsabhaengig durch Rundung oder Abschneiden - erzeugt.
. Aus den obigen Darlegungen ist ersichtlich, dass in der Text-Datei-Variablen Zeichenfolgen fuer Werte von reellen Variablen vorgesehen sein koennen, die ganze Zahlen in Dezimaldarstellung sind. Es duerfen jedoch nicht hinter einer solchen Zeichenfolge der Grossbuchstabe E und Zeichen folgen, die nicht zur Darstellung des Exponenten eines Zehnerpotenzfaktors gehoeren - also beispielsweise 123EXPONENT. Das wuerde auf einen Abbruch des Programmlaufs fuehren.

Die Ausfuehrung einer Text-Datei-Leseprozeduranweisung der Form

```
READLN (TDV, V1, V2, ..., VN)
```

ergibt dasselbe Ergebnis wie die zusammengesetzte Anweisung

```
BEGIN
  READ   (TDV, V1, V2, ..., VN);
  READLN (TDV)
END
```

wobei die in dieser aufgefuehrte READ-Prozeduranweisung die sein moege, deren Ausfuehrung zuvor erlaeutert wurde, und die Text-Datei-Leseprozeduranweisung

```
READLN (TDV)
```

zu dem Ergebnis fuehrt, das auch durch die zusammengesetzte Anweisung

```
BEGIN
  WHILE NOT EOLN (TDV) DO
    GET (TDV);
  GET (TDV)
END
```

erlangt wuerde. Mit anderen Worten: Mit einer READLN-Prozeduranweisung wird erreicht, dass ggf. von Zeichenfolgen einer oder mehrerer Zeilen von TDV Werte fuer ganze, Zeichen- und/oder reelle Variablen erzeugt werden und - wenn nicht EOF (TDV) TRUE ist - das erste Zeichen der naechsten Zeile Wert des Text-Datei-Komponenten-Puffers TDV^ wird ('Voransetzen' von TDV 'hinter' ein fiktives Zeilenendekennzeichen).

Das folgende Beispielprogramm moege das Gesagte nun verdeutlichen. Der Wert von INPUT wird zunaechst 'zeichenweise' nach OUTPUT und einer Hilfs-Text-Datei-Variablen HTDV 'kopiert', um die Struktur von INPUT offenzulegen. Hernach wird von HTDV mehrfach mittels Text-Datei-Leseprozeduranweisungen 'gelesen' und das Ergebnis ebenfalls auf OUTPUT gebracht.

```
(* BEISPIEL B8.2-1: VERDEUTLICHUNG DER ARBEITSWEISE VON TEXT-
                    DATEI-LESEPROZEDURANWEISUNGEN *)
PROGRAM TDLP (INPUT, OUTPUT);
LABEL 9999;
CONST MINP = 13;
TYPE   T    = (ZEICHEN, GANZ, REELL);
       NNG  = 0 .. MAXINT;
VAR    HTDV : TEXT;
       L    : ARRAY [1 .. MINP] OF NNG;
       K    : RECORD
                 RT : INTEGER;
                 IT : INTEGER
              END;
       C    : PACKED
              ARRAY [1 .. 6] OF CHAR;
       H    : ARRAY [1 .. 5] OF REAL;
       LX   : NNG;
       G    : -1000 .. 1000000;
       Z    : CHAR;
       R    : REAL;
PROCEDURE LIESUNDKOPIERE (TYP : T);
  PROCEDURE SCHREIBUNDLIES;
  BEGIN                                 (* SCHREIBUNDLIES *)
    IF EOLN THEN
      BEGIN
        WRITELN (INPUT');
        WRITELN (HTDV, INPUT');
        WRITE   (# #)
      END
    ELSE
      BEGIN
        WRITE (INPUT');
        WRITE (HTDV, INPUT')
      END;
    L [LX] := L [LX] + 1;
    GET (INPUT)
  END;                                  (* SCHREIBUNDLIES *)
BEGIN                                   (* LIESUNDKOPIERE *)
  LX    := LX + 1;
  L [LX] := 0;
  CASE TYP OF
REELL,
GANZ :  BEGIN
          WHILE INPUT' = # # DO
            SCHREIBUNDLIES;
          IF INPUT' IN [#+#, #-#] THEN
            SCHREIBUNDLIES;
          IF NOT (INPUT' IN [#0# .. #9#]) THEN
            BEGIN
              WRITELN (# FEHLER: ZIFFER WURDE ERWARTET#);
              GOTO 9999
            END;
          WHILE INPUT' IN [#0# .. #9#] DO
            SCHREIBUNDLIES;
          IF TYP = REELL THEN
            BEGIN
              IF INPUT' = #.# THEN
                BEGIN
                  SCHREIBUNDLIES;
```

```
                      IF NOT (INPUT' IN [#0# .. #9#]) THEN
                        BEGIN
                          WRITELN (# FEHLER: ZIFFER WURDE ERWARTET#);
                          GOTO 9999
                        END;
                      WHILE INPUT' IN [#0# .. #9#] DO
                        SCHREIBUNDLIES
                  END;
                IF INPUT' = #E# THEN
                  BEGIN
                    SCHREIBUNDLIES;
                    IF INPUT' IN [#+#, #-#] THEN
                      SCHREIBUNDLIES;
                    IF NOT (INPUT' IN [#0# .. #9#]) THEN
                      BEGIN
                        WRITELN (# FEHLER: ZIFFER WURDE ERWARTET#);
                        GOTO 9999
                      END;
                    WHILE INPUT' IN [#0# .. #9#] DO
                      SCHREIBUNDLIES
                  END
                END
              END;
          END;
ZEICHEN:          (**)
          SCHREIBUNDLIES
    END
END;                                        (* LIESUNDKOPIERE *)
BEGIN                                       (* TDLP *)
  REWRITE (HTDV);
  WRITE   (# #);
  LX := 0;
  LIESUNDKOPIERE (GANZ);
  LIESUNDKOPIERE (GANZ);
  LIESUNDKOPIERE (ZEICHEN);
  LIESUNDKOPIERE (ZEICHEN);
  LIESUNDKOPIERE (ZEICHEN);
  LIESUNDKOPIERE (REELL);
  LIESUNDKOPIERE (ZEICHEN);
  LIESUNDKOPIERE (ZEICHEN);
  LIESUNDKOPIERE (ZEICHEN);
  LIESUNDKOPIERE (REELL);
  LIESUNDKOPIERE (REELL);
  LIESUNDKOPIERE (REELL);
  LIESUNDKOPIERE (REELL);
  RESET (HTDV);
  WRITELN;
  WRITELN (# --------------------------------------------------#);
  WRITELN;
  WRITELN (#    TYP       L             WERT#);
  WRITELN;
  READ (HTDV, G);
  WRITELN (# GANZ      #, L [ 1] : 2, # # : 5, G);
  READ (HTDV, G);
  WRITELN (# GANZ      #, L [ 2] : 2, # # : 5, G);
  READ (HTDV, Z);
  WRITELN (# ZEICHEN   #, L [ 3] : 2, # # : 5, Z);
  READ (HTDV, Z);
  WRITELN (# ZEICHEN   #, L [ 4] : 2, # # : 5, Z);
  READ (HTDV, Z);
```

```
WRITELN (# ZEICHEN  #, L [ 5] : 2, # # : 5, Z);
READ (HTDV, R);
WRITELN (# REELL    #, L [ 6] : 2, # # : 5, R);
READ (HTDV, Z);
WRITELN (# ZEICHEN  #, L [ 7] : 2, # # : 5, Z);
READ (HTDV, Z);
WRITELN (# ZEICHEN  #, L [ 8] : 2, # # : 5, Z);
READ (HTDV, Z);
WRITELN (# ZEICHEN  #, L [ 9] : 2, # # : 5, Z);
READ (HTDV, R);
WRITELN (# REELL    #, L [10] : 2, # # : 5, R);
READ (HTDV, R);
WRITELN (# REELL    #, L [11] : 2, # # : 5, R);
READ (HTDV, R);
WRITELN (# REELL    #, L [12] : 2, # # : 5, R);
READ (HTDV, R);
WRITELN (# REELL    #, L [13] : 2, # # : 5, R);
WRITELN (# ----------------------------------------------#);
WRITELN;
RESET (HTDV);
READLN (HTDV, K.RT, K.IT, C[1], C[2], C[3], H[1], C[4], C[5],
               C[6], H[2], H[3]);
READLN (HTDV, H[4], H[5]);
WRITELN (# #, K.RT);
WRITELN (# #, K.IT);
FOR G := 1 TO 6 DO
   WRITELN (# #, C[G]);
FOR G := 1 TO 5 DO
   WRITELN (# #, H[G]);
9999:                              (* FEHLERAUSGANG *)
END.                               (* TDLP *)
```

Ergebnisse:

```
     123456-789A12123XYZ          321E6-654.3
     890.4E-6                     -123E4
------------------------------------------------------

     TYP       L              WERT

GANZ        11          123456
GANZ         4           -789
ZEICHEN      1      A
ZEICHEN      1      1
ZEICHEN      1      2
REELL        3          1.2300000000000E+002
ZEICHEN      1      X
ZEICHEN      1      Y
ZEICHEN      1      Z
REELL       12          3.2100000000000E+008
REELL        6         -6.5430000000000E+002
REELL       14          8.9040000000000E-004
REELL       24         -1.2300000000000E+006
------------------------------------------------------

     123456
      -789
A
1
2
X
Y
Z
  1.2300000000000E+002
  3.2100000000000E+008
 -6.5430000000000E+002
  8.9040000000000E-004
 -1.2300000000000E+006
```

Klar sollte nach den obigen Darlegungen sein, dass die Anwendung
von Text-Datei-Leseprozeduranweisungen die Kenntnis der Folge von
Komponenten-Variablen-Werten der Text-Datei-Variablen voraussetzt,
wenn nicht nur 'zeichenweise' Verarbeitung erfolgen soll. Das Beispielprogramm B8.2-1 deutet einen Weg an, wie trotzdem bequem Werte fuer ganze und/oder reelle Variablen erzeugt werden koennen.

9. Ein umfangreicheres Programmbeispiel

> "Why", said the Dodo, "the best way
> to explain it is to do it."
>
> Lewis Caroll: Alice in Wonderland

Um dem Leser die Moeglichkeit zu geben, seine durch das Studium
der vorstehenden Ausfuehrungen erworbenen PASCAL-Kenntnisse zu
vervollstaendigen und zu vertiefen, bringen wir noch ein umfangreicheres Programmbeispiel. Aus Platzgruenden koennen wir es nur
sehr knapp erlaeutern. Dies braucht nicht als Mangel angesehen zu
werden, sondern sollte verstanden werden als Aufforderung, sich
ein PASCAL-Programm vom Programmtext her verstaendlich zu machen.
Eine Aufgabe, die in der Praxis der Datenverarbeitung immer wieder
auf einen Programmierer zukommt.

Nicht jeder PASCAL-Kompilierer gibt nach einer Uebersetzung eine
Querverweisliste aus - eine Liste, in der die in einem PASCAL-Programm gebrauchten Bezeichnungen von Objekten - Namen, Marken und
Werte fuer Auswahlkomponenten oder Auswahlausdruecke (im folgenden kurz Auswahlkonstanten genannt) - lexikographisch sortiert
aufgefuehrt sind und notiert ist, in welchen Zeilen des Programmtextes und in welchen Bloecken diese definiert bzw. deklariert
oder benutzt werden. Solche Listen sind bei der Programmerstellung, bei Programmaenderungen und zum Verstehen eines Programmtextes - wie der Leser sogleich feststellen kann - aeusserst hilfreich. Wir stellen uns nun die Aufgabe, ein PASCAL-Programm zu
erstellen, dass von PASCAL-Programmtexten Querverweislisten zu
erzeugen vermag. N. Wirth gibt in [204] Loesungsmoeglichkeiten
fuer diese Aufgabe. Sie reichen sicher in vielen Faellen aus und
beanspruchen fuer sich, einfach, durchsichtig·und wenig zentral-
speicher- und ablaufzeitaufwendig zu sein. Jedoch liefern sie keine Informationen ueber Marken und Auswahlkonstanten und gestatten
keinen Einblick in die Blockstruktur eines Programmes. Sollen diese Maengel behoben werden, so muss ein Programm zur Erzeugung einer Querverweisliste - wir nennen es Querverweislistengenerator -
weitgehende Syntaxueberpruefungen vornehmen. Der unten aufgefuehrte Querverweislistengenerator fuehrt diese durch, setzt also ein
weitgehend syntaktisch richtiges Programm voraus. Fuer den Leser
duerfte manche syntaktische Konstruktion nach dem Lesen des Textes des Querverweislistengenerators verstaendlicher werden, wenn
auch nur - wie bemerkt - weitgehende aber nicht vollstaendige
Syntaxueberpruefungen vorgenommen werden. Im wesentlichen richten
sich diese nach den Syntax-Diagrammen in [085], in denen Typ-Kon-
textabhaengigkeiten u.a. unberuecksichtigt bleiben.

Der Querverweislistengenerator liest einen PASCAL-Programmtext von
der externen Text-Datei-Variablen INPUT Zeile fuer Zeile, numeriert jede Zeile fortlaufend und gibt diese nebst Nummer (ZNR)
und ggf. einer Blocknummer (s. spaeter) auf die externe Text-Datei-Variable OUTPUT aus. Waehrend dieses Vorgangs werden die Syn-
taxpruefungen vorgenommen und alle Bezeichnungen von Objekten in
einer Objektbezeichnungsliste (OBL) eingetragen. Ein Eintrag in
dieser Liste ist eine Satz-Variable, die neben der Objektbezeichnung (OB) noch ein Klassenmerkmal (KLAS) enthaelt, welches sie

448

als Marke, Konstante, Typ, Variable usw. kennzeichnet. Und
schliesslich enthaelt der Eintrag noch einen Zeiger auf eine letzte Satz-Variable einer Kette von Satz-Variablen, die die Nummer
der Zeile enthaelt (ZNUM), in der zum letzten Mal die Bezeichnung
definiert bzw. deklariert oder referiert (benutzt) wurde (LDR).
Die letzte Satz-Variable enthaelt weiter einen Zeiger auf eine
erste Satz-Variable der Kette von Satz-Variablen, die die Nummer
der Zeile enthaelt, in der zum ersten Mal die Bezeichnung definiert bzw. deklariert oder referiert wurde (NDR). Diese erste
Satz-Variable verweist ggf. mit NDR auf eine naechste Satz-Variable der Kette von Satz-Variablen, in der die Nummer der Zeile enthalten ist, in der die Bezeichnung zum weiteren bzw. zweiten Mal
definiert bzw. deklariert oder referiert wurde usw. Abb. 13 moege diesen Sachverhalt veranschaulichen (zu den Inhalten der
Kaestchen s. spaeter).

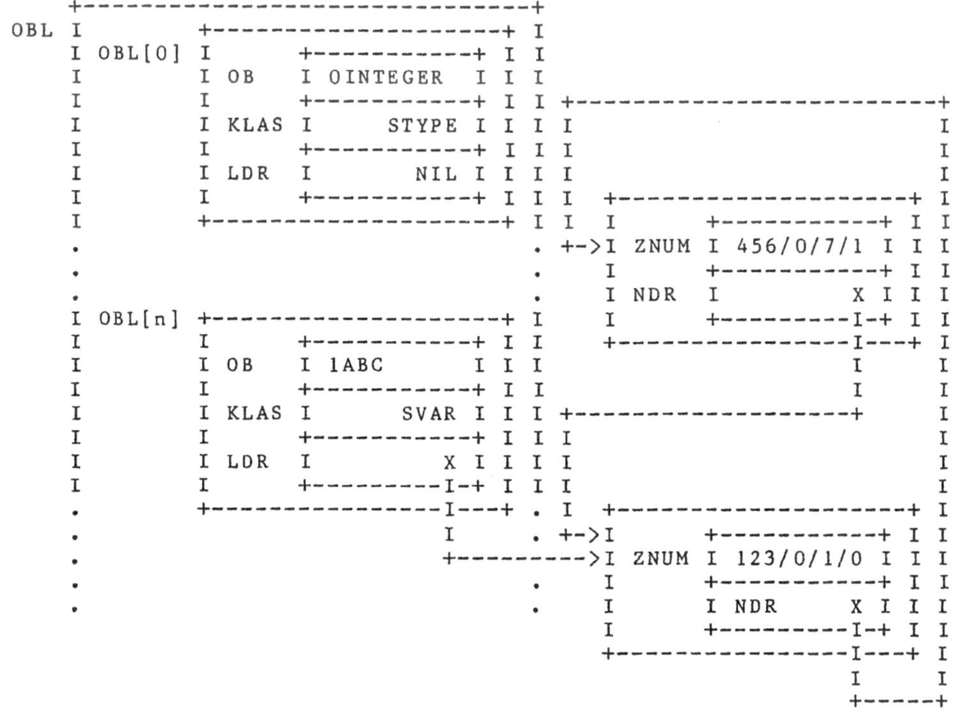

Abb. 13 Objektbezeichnungsliste

Ausserdem werden waehrend des Lesens des Programmtextes fuer die
Ausgabe der Querverweisliste der Programmname, Prozedur- und Funk-
tionsnamen in einer Programmeinheitenbezeichnungskette in Eintraegen notiert, die Satz-Variablen sind und neben der Programmeinheitenbezeichnung (PEB) einen Zeiger zum naechsten Eintrag (NPEB)
enthalten. Der Anfang dieser Kette wird auf der satzgebundenen

Zeiger-Variablen PEBKANF und das Ende auf der satzgebundenen Zeiger-Variablen PEBKEND verwaltet. Auch dies sei durch eine Abbil-
dung (Abb. 14) veranschaulicht (zu den Inhalten der Kaestchen s.
spaeter).

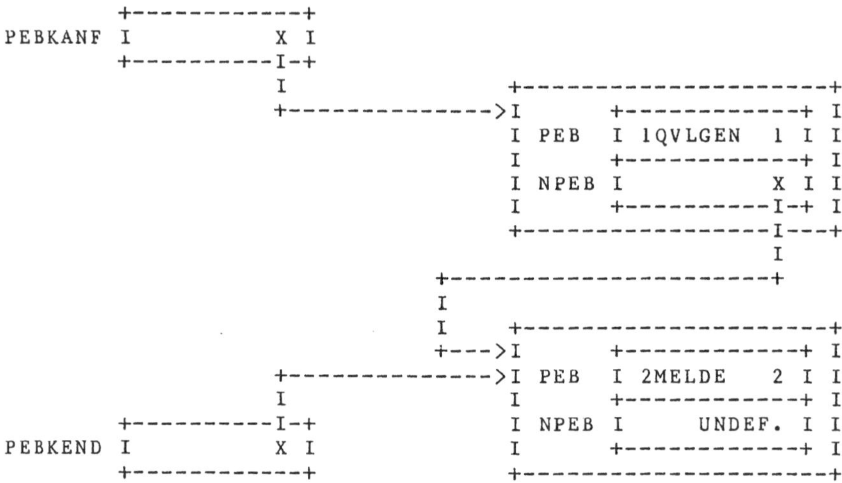

Abb. 14 Programmeinheitenbezeichnungskette

Wird eine Objektbezeichnung waehrend des Lesens des Programmtextes gefunden, so muss in OBL nach ihr gesucht werden. Dafuer gibt
es neben der zeitaufwendigen Methode des linearen Durchsuchens
verschiedene effizientere Algorithmen. Wirth benutzt in [204] einerseits die Methode des binary tree search. Diese hat den Vorteil, dass ein anschliessender Sortiervorgang entfaellt. Andererseits benutzt er die Methode des linear hashing mit anschliessender Sortierung. Wir haben statt des linear hashing das linear quo-
tient hashing verwandt (s. dazu [028]). OBL muss dazu als 'gT' indizierte Satz-Feld-Variable angelegt sein. Im Prinzip beruhen beide Hash-Verfahren darauf, dass ueber einen Algorithmus der Zugriff
auf die Objektbezeichnungslisteneintraege erfolgt: Der Wert der
Zeichenkette OB wird als ganzer Wert angesehen und per Modulo-
Rechnung (modulo OBL-Groesse, OBLG) ein Index in OBL errechnet.
(Aus Bequemlichkeitsgruenden bleibt OBL [OBLG] ungenutzt.) Wir
machen Gebrauch von der (PASCAL-6000-3.4-implementationsabhaen-
gigen) Uebereinanderanordnung von Varianten in einer varianten
Satz-Variablen OJBZ (Objektbezeichnung). Der Algorithmus ist in
der Prozedur SUCHE zu finden. Ein Teil der Anweisungen dieser
Prozedur ist notwendig, um eine 'gute Verteilung' - also moeglichst wenig sogenannte Kollisionen bei neuen Eintraegen zu bekommen (s. [028]).

Als Sortieralgorithmus haben wir das Verfahren quick sort nach
Hoare [204] verwandt. Es besteht im Prinzip darin, dass OBL 'hal-
biert' und rekursiv versucht wird, jeden dieser Teile zu sortieren. Das geschieht mit der Prozedur SORTOBL.

Nun ist noch zu beachten, dass Bezeichnungen einen Gueltigkeitsbereich haben. Dazu werden alle vorkommenden Bloecke der Reihe
nach numeriert und zwar ab 1. Null bekommt der das Programm umfassende Block, in dem der Programmname und alle Standardnamen gueltig sind. Wir haben die augenblickliche Blocknummer auf einer
Zeichenstandard-Variablen ABLN verwaltet. Die Nummern sind also
die Ordinalzahlen der Zeichen des Zeichenstandard-Typs. Der Grund
fuer diese Vorgehensweise liegt darin, dass wir den Wert von ABLN
vor eine Objektbezeichnung setzen, bevor wir sie in OBL u. ggf.
in eine PEB-'Komponente' eintragen. Beim Suchen wird so automatisch
in der Menge der Bezeichnungen nur eines Blockes gesucht. Hinzu
kommt nun noch allerdings, dass ggf. auch in den Mengen von Bezeichnungen uebergeordneter Bloecke gesucht werden muss. Dazu
wurde eine Variable GBSTUFE (Gueltigkeitsbereichsstufe) notwendig,
die die Werte 0 bis MAXGBS (maximale Gueltigkeitsbereichsstufe)
annehmen kann und als Index in einer 0 .. MAXGBS indizierten Zei-
chenstandard-Feld-Variablen BLN dient. In letzterer sind die
Blocknummern aller augenblicklich in Bearbeitung befindlichen
Bloecke notiert. GBSTUFE indiziert den Eintrag, der die Nummer
des Blockes enthaelt, der momentan bearbeitet wird. Wird nun eine
Objektbezeichnung gefunden und muss sie referiert werden, so wird
zunaechst mit der durch GBSTUFE in BLN indizierten Blocknummer gesucht. Ist die Suche erfolglos, so wird mit der durch GBSTUFE - 1
indizierten Blocknummer gesucht usw. Dies geschieht mit der Prozedur SUCHEUTRE (suche und trage Referenz ein).

Wird eine Programmeinheitenbezeichnung in die Programmeinheitenbezeichnungskette uebernommen, so wird fuer die Ausgabe der Querverweisliste der momentane Wert von GBSTUFE ausserdem auf der
letzten Komponente der PEB-Komponente ueber CHR (GBSTUFE) notiert.

Um in der Querverweisliste Definitionen bzw. Deklarationen, Referenzen u.ae. auszuweisen, sowie die Nummer des Blockes, in dem eine
Objektbezeichnung definiert bzw. deklariert und/oder referiert
wurde, mit ausgeben zu koennen, muessten fuer diese Zwecke entsprechende Komponenten in einer Satz-Variablen der Kette von Satz-
Variablen vorgesehen werden, die die Nummer der Zeile enthaelt,
in der die Definition bzw. Deklaration oder Referenz erfolgte.
Wir haben aus Zentralspeicherersparnisgruenden diese Merkmale zu
ZNUM hinzugenommen, indem wir die Werte mit entsprechenden Faktoren (KFAK - Kennzeichnungsfaktor, BFAK - Blocknummernfaktor, MFAK
- Markierungsfaktor) multipliziert haben und dann aufaddiert haben (auf die Moeglichkeit der Verwendung von PACKED wurde wegen
der Implementationsabhaengigkeit verzichtet):

```
ZNUM :=     ZNR                   * KFAK
       (* + 0                     * BFAK *)
         + ORD (BLN [GBSTUFE]) * MFAK
         + DMARK (* Z.B. WENN ES SICH UM EINE DEFINI-
                     TION ODER DEKLARATION HANDELT *).
```

Das 'Feld' zwischen ZNR und der Blocknummer bleibt zunaechst auf
Null. Es wird benutzt, wenn variante Satzteile oder Auswahlanwei-
sungen bearbeitet werden, um festzustellen, ob mehrmals ein und
dieselbe Auswahlkonstante benutzt wurde (s. Prozedur BAWLIST).
Auch zur Ueberpruefung, ob Namen fuer Satzkomponenten in einer
Feldliste eindeutig sind, wird dieses 'Feld' genutzt (s. Prozedur
TKBUDEIN). Schliesslich wird dieses 'Feld' benoetigt, wenn eine

FORWARD-Deklaration einer Prozedur- oder Funktion bearbeitet wird
(s. Prozedur BBLOCK).

Waehrend des Lesens des Programmtextes spielt die Hauptrolle die
Prozedur zum Extrahieren eines Symbols (EXTSYMB). Diese Prozedur
benutzt eine Prozedur, die Zeichen fuer Zeichen vom Programmtext
holt (HOLEZEI), auf OUTPUT ausgibt und auf der Variablen ZEIART
klassifiziert in Buchstabe, Ziffer, Sonderzeichen, Zeilenende
oder Textende (EOF). EXTSYMB stellt i.a. auf der Komponenten-Variablen SYMBOL der Satz-Variablen OJBZ ein Symbol bereit und
klassifiziert es auf der Variablen SYMBART nach Name, Wortsymbol
(-Art), Ziffernfolge (oder abbrechende Ziffernfolge, wenn SYMBOL
keine weiteren Zeichen aufnehmen kann), reeller Konstante, Zeichen-Konstante, 'N'-Zeichen-Konstante, Einzeichensymbol(-Art)
(Sonderzeichen(-Art)) und (Spezial-)Symbolpaar(-Art). EXTSYMB
benutzt dazu die Feld-Variablen WSL (Wortsymbolliste), EZSL (Ein-
zeichensymbolliste) und SPL (Symbolpaarliste). Zwischenraeume
(ausserhalb von Zeichen- und 'N'-Zeichenkonstanten), Zeilenenden
und Kommentare (ausser durch eine Prozedur mit dem Namen BOPT
(bearbeite Optionen) zu behandelnde nach [085] moegliche sog.
Kompilierer-Optionen) werden in EXTSYMB ueberlesen.

Fuer Seiteneinteilungszwecke benutzt u.a. HOLEZEI die globale
Prozedur INITZEIL (initialisiere Zeile), die bei jeder neu zu be-
ginnenden, auf OUTPUT auszugebenden Zeile aufgerufen wird. Sie
gibt ggf. am Seitenanfang Kopfzeilen aus und sorgt am Seitenende
fuer einen Seitenvorschub. Waehrend des Lesens des Programmtextes
gibt sie einen Zeilenvorschub und die Zeilennummer sowie ggf. die
Blocknummer aus, sonst nur den Zeilenvorschub.

Der Anweisungsteil des Programm-Blockes des Querverweislistengenerators beginnt mit Anweisungen zur Initialisierung von WSL,
EZSL und SPL. Die nachfolgenden Anweisungen dienen dem Auffinden
des Programmnamens, um ihn fuer die Kopfzeilen der Ausgabe auf
OUTPUT zur Verfuegung zu haben. Da vor dem Programmkopf noch Leerzeilen, Zwischenraeume und Kommentare stehen duerfen, muss bis zum
Auffinden des Programmnamens der Programmtext auf der Text-Datei-
Variablen PROGANF zwischengespeichert werden und kann erst nach
dem Auffinden auf OUTPUT ausgegeben werden. Durch die naechsten
Anweisungen wird die Komponente OB aller Eintraege von OBL mit
Zwischenraeumen (LEER) initialisiert und werden die Standardnamen
in OBL eingetragen. Dazu dient die Prozedur TRSTEIN (trage Standardname ein). Nun muss die Eintragung des Programmnamens in OBL
mit der Nummer der Zeile, in der er steht und in die Programmeinheitenbezeichnungskette erfolgen. Das geschieht mit der Prozedur TOBUDEIN (trage Objektbezeichnung und Definition bzw. Deklaration ein), die auch immer zur Anwendung gelangt, wenn auf eine
Definition bzw. Deklaration einer Objektbezeichnung gestossen
wird.

Es schliesst sich die Uebernahme der Programmparameter an. Dabei
wird ggf. die Prozedur TOBUREIN (trage Objektbezeichnung und Referenz ein) verwendet, die auch ggf. bei der Bearbeitung einer
't' gebundenen Zeiger-Typ-Angabe zur Ausfuehrung kommt. Sowohl
bei der Bearbeitung der Programmparameter wie auch einer 't' gebundenen Zeiger-Typ-Angabe braucht noch keine Definition bzw. Deklaration bekannt zu sein!

Nun gelangt die Prozedur BBLOCK (bearbeite Block) zur Ausfuehrung.
Diese verarbeitet den gesamten restlichen Programmtext. Ihr Anweisungsteil enthaelt Anweisungen zur Bearbeitung des Markendefini-
tionsteils, des Konstantendefinitionsteils, des Typdefinitionsteils, des Variablendeklarationsteils, des Prozedur- und Funktions-
deklarationsteils sowie des Anweisungsteils eines Blockes.

BBLOCK benutzt dazu eine Reihe lokaler Prozeduren +). Die Prozedur BAWLIST bearbeitet Auswahlkonstantenlisten in varianten Satz-
Typ-Angaben und Auswahlanweisungen. Die Prozedur BTYPANG bearbeitet Typ-Angaben. Sie benoetigt die zu ihr lokale Prozedur BETYPANG
(bearbeite 'einfache' Typ-Angabe). Namen von strukturierten Typen
werden hier als 'einfache' Typ-Angaben angesehen. BETYPANG benoetigt die zu ihr lokalen Prozeduren BGRENZE zur Bearbeitung einer
Grenze in einer Teilbereichs-Typ-Angabe und BRTBTANG zur Bearbeitung des Restes einer Teilbereichs-Typ-Angabe (.. obere Grenze).

BTYPANG macht weiter Gebrauch von der zu ihr lokalen Prozedur
BFELDLI (bearbeite Feldliste), die ihrerseits die zu ihr lokale
Prozedur TKBUDEIN (trage Komponentenbezeichnung und Definition
ein) benoetigt. TKBUDEIN ueberprueft auch, ob Namen fuer Satzkomponenten eindeutig sind. Der Anweisungsteil von BTYPANG besteht
im wesentlichen aus einer Wenn-Anweisung: Ist SYMBART NAME, addi-
tiver Operator (ADDOP), runde Klammer auf (RKAUF), Ziffernfolge
(ZIFOLGE), abbrechende Ziffernfolge (AZIFOLGE) oder Zeichenkonstante (ZKON), so gelangt BETYPANG zur Ausfuehrung. Sonst: Ist
SYMBART Pfeil nach oben (PFEIL) - also das Zeichen ^ bzw. (bei der
PASCAL-6000-3.4-Implementation) ', so ist eine 't' gebundene Zeiger-Typ-Angabe zu bearbeiten (da der Name nach Pfeil nach oben
nicht bekannt zu sein braucht, wird fuer SUCHEUTRE die boolesche
Variable UDFM (unterdruecke Fehlermeldung) auf TRUE gesetzt!).
Sonst erfolgt die Bearbeitung einer strukturierten Typ-Angabe.

BBLOCK benoetigt schliesslich noch die zu ihr lokale Prozedur
BANW (bearbeite Anweisung). Diese macht Gebrauch von der zu ihr
lokalen Prozedur BVARIABLE (bearbeite Variable). Ihr Anweisungsteil besteht im wesentlichen aus einer Auswahlanweisung fuer die
Faelle SYMBART gleich eckige Klammer auf (EKAUF), PUNKT und PFEIL
zur Bearbeitung von Komponenten- und referenzierten Variablen.
Zu BANW ist weiterhin die Prozedur BAUSDR (bearbeite Ausdruck)
lokal, die entsprechend der Syntax von Ausdruecken als lokale Prozedur die Prozedur BEAUSDR (bearbeite einfachen Ausdruck) benoetigt, die wiederum als lokale Prozedur die Prozedur BTERM (bearbeite Term) braucht und die wiederum als lokale Prozedur die Prozedur BFAKTOR (bearbeite Faktor) benoetigt. Der Anweisungsteil
von BFAKTOR besteht im wesentlichen aus einer Auswahlanweisung
fuer die Faelle SYMBART gleich ZIFOLGE, AZIFOLGE, reelle Konstante (RKON), ZKON, 'N'-Zeichenkonstante (NZKON), die Zeigerkonstante NIL (SNIL), NAME, RKAUF, das Wortsymbol NOT (SNOT) und EKAUF
zur Bearbeitung von Konstanten (SYMBART = ZIFOLGE, AZIFOLGE, RKON,
ZKON, NZKON oder SNIL), Variablen sowie Funktionsaufrufen und benannten Konstanten (SYMBART = NAME), geklammerten Ausdruecken

---

+) Wir haben nur dann Prozeduren deklariert, wenn es sich heraus-
   stellte, dass die durch sie deklarierten Programmteile mehrmals
   bzw. rekursiv benoetigt werden.

(SYMBART = RKAUF), negierten Faktoren (SYMBART = SNOT) und Werten
aus dem Wertebereich eines Mengen-Typs (SYMBART = EKAUF). BTERM
ruft solange BFAKTOR auf, bis kein multiplikatives Operationssymbol mehr durch EXTSYMB zur Verfuegung gestellt wird, BEAUSDR ruft
solange BTERM auf, bis kein additives Operationssymbol mehr durch
EXTSYMB zur Verfuegung gestellt wird, und BAUSDR ruft BEAUSDR auf
und, wenn ein relationales Operationssymbol durch EXTSYMB zur Verfuegung gestellt wird, nochmals BEAUSDR.

In BANW ist noch als lokale Prozedur die Prozedur BAPLISTE (bearbeite aktuelle Parameterliste) eingebettet. Diese Prozedur dient
der Bearbeitung von Listen aktueller Parameter bei Prozedur- und
Funktionsaufrufen. Aktualisierungen von formalen Prozeduren werden
hier als Ausdruecke angesehen.

Damit waere BBLOCK kurz beschrieben. Worauf wir nicht eingegangen
sind, ist die rekursive Benutzung der beschriebenen Prozeduren
und die Benutzung selbiger unter sich. Wir verweisen auf den Programmtext. Bleibt noch etwas zu der Prozedur MELDE zu sagen. Sie
wird immer dann mit einer Nummer (F1, F2, ...) als Parameter aufgerufen, wenn ein Fehler festgestellt wird. Sie gibt gemaess der
Fehlernummer einen Fehlertext aus und steuert dann i.a. die Anweisungen zur Ausgabe der Querverweisliste an. Das Lesen des Programmtextes wird also beendet. Dies ist verbesserungsbeduerftig!
Und zwar muesste versucht werden, weiter zu kommen - z.B. ab dem
naechsten Semikolon +), wie es ein Kompilierer versucht. Platz-
gruende zwingen uns, lediglich auf die Literatur verweisen zu
koennen [198].

Die Anweisungen zur Ausgabe der Querverweisliste befinden sich im
Anweisungsteil des Blockes des Querverweislistengenerators ab der
Marke 1. Ihre Erklaerung ersparen wir uns, da das Verstehen fuer
den Leser nach der Lektuere dieses Buches zum Handwerk geworden
sein sollte. Stattdessen noch einige Worte zum Aufbau der Querverweisliste: Sie enthaelt lexikographisch geordnet Objektbezeichnun-
gen nebst Nummern von Zeilen und Bloecken, in denen diese definiert bzw. deklariert und/oder referiert werden und zwar pro Programmeinheit in der Reihenfolge, in der die Programmeinheiten im
Programmtext niedergeschrieben sind. Vorweg befinden sich der Programmname u. ggf. benutzte Standardnamen mit Referenzen. In der
Spalte, die mit B. gekennzeichnet ist, finden sich die fortlaufen-
den Blocknummern. In der Spalte, die mit G. gekennzeichnet ist,
sind die Gueltigkeitsbereichsstufen ausgewiesen. Die Spalte 'Name der Programmeinheit' bedarf wohl keiner weiteren Erlaeuterungen. In der Spalte, die mit D.B. ('Deklarationsblock') gekennzeichnet ist, wird die Nummer des Blockes ausgewiesen, in dem eine Programmeinheit deklariert wurde. Der Name dieser Programmeinheit muss dann unter den lexikographisch geordneten Objektbe-
zeichnungen des 'Deklarationsblockes' gesucht werden, um die Zeilennummer der Deklaration und Zeile-/Blocknummern von Referenzen

----

+) Beim Lesen des Querverweislistengenerators wird man feststellen, dass das Semikolon von der Syntax her eigentlich redundant ist. Dass es dennoch in PASCAL vorkommt, hat seinen Grund
   vor allem darin, im Fehlerfalle effizient wieder aufsetzen zu
   koennen.

in Erfahrung bringen zu koennen. Zu der Spalte 'Objekt-Bezeich.'
ersparen wir uns Erlaeuterungen.

Die Spalte 'Objekt-Klas.' enthaelt Kuerzel zur Kennzeichnung der
Klasse, der eine Objektbezeichnung angehoert. Sie kann die Zeichenkette UNDEF (undefiniert) enthalten und zwar dann, wenn ein
nicht standardmaessig zur Verfuegung stehender Programmparameter
nicht im Variablendeklarationsteil des Blockes eines Programmes
deklariert wurde, ein Name fuer einen Typ in einer 't' gebundenen
Zeiger-Typ-Angabe undefiniert ist oder zu einer 'FORWARD'-Prozedur
oder Funktion die eigentliche Deklaration fehlt. Formale Parameter
werden per VAR, PROC oder FUNC ausgewiesen wie Variablen, Prozeduren und Funktionen und sind damit von diesen nicht unterscheidbar.
Dies ist verbesserungsbeduerftig. Verbesserungsbeduerftig ist auch
die Nichtunterscheidbarkeit von gleichen Namen fuer Satzkomponenten in verschiedenen Satz-Typ-Angaben sowie von gleichen Namen
fuer andere Objekte - vermerkt mit DOUBL (doppelt).

In der Spalte 'Zeile/Block' schliesslich sind die Nummern von Zeilen und Bloecken ausgewiesen, in denen eine Objektbezeichnung definiert bzw. deklariert und/oder referiert wurde. Befindet sich
ein D hinter dem Nummernpaar, so handelt es sich um eine 'Dekla-
rationsstelle'. Ein Doppelpunkt kann nur bei einer Markenbezeich-
nung erscheinen. Das Nummernpaar gibt dann die 'Stelle' an, wo
die Marke eine Anweisung markiert. Ein C besagt, dass die Objektbezeichnung als Auswahlkonstante benutzt wurde. Schliesslich bedeutet nichts hinter einem Nummernpaar Referenz.

Der nachstehende Querverweislistengenerator-Programmtext ist in
starkem Masse PASCAL-6000-3.4-implementationsabhaengig. Wir haben
versucht, alle implementationsabhaengigen Stellen durch einen
Kommentar der Form (* +) *) oder aehnlicher Form kenntlich zu machen, wobei +) fuer IN PASCAL-6000-3.4-IMPLEMENTATION stehen soll.
Zum Verstaendnis empfehlen wir in [085] nachzuschlagen. Insbesondere sei noch darauf hingewiesen, dass wegen der Bedingung

ORD (Buchstabe) < ORD (' ')

und der Gegebenheit, dass zwei aufeinanderfolgende Zeichen ':' =
CHR (0), wenn sie als 9. und 10. Zeichen oder 19. und 20. Zeichen
usw. in einer Zeile erscheinen, intern als Zeilenendekennzeichen
dienen, eine ganze Menge Anweisungen noetig waren, die sicherlich
fuer andere Implementationen entfallen koennen. So ist die Konstante

LEER = ':::::::::::'

nicht uebersetzbar, und wir haben aus Durchsichtigkeitsgruenden
auf sich bietende andere Loesungen verzichtet.

Die Prozedur BBLOCK stellt im Prinzip einen Programmteil dar, wie
ihn auch ein PASCAL-Kompilierer enthalten muss. Wenn man also
moechte, kann man den Querverweislistengenerator als Grundlage
fuer die Entwicklung eines PASCAL-Kompilierers benutzen. Natuerlich bleibt da noch viel zu tun. Aber dennoch: Viel Spass bei Erweiterungen, Verbesserungen und auch Fehlersuche, denn wie koennten wir garantieren, dass der Querverweislistengenerator in allen
Faellen fehlerfrei arbeitet! Testweise wurde er auf sich selbst
angewandt. Das Ergebnis ist auf den folgenden Seiten zu finden.

```
PASCAL-QUERVERWEISLISTENGENERATOR VERSION VOM 01.04.80   SEITE    1
                                     PROGRAMM QVLGEN
Z.NR./B. ZEILENINHALT

    1/ 0 (* BEISPIEL B9-1: QUERVERWEISLISTENGENERATOR *)
    2     PROGRAM    QVLGEN
    3/ 1                            (INPUT,
    4                                OUTPUT,
    5                                PROGANF);
    6     LABEL      1,
    7                9999;
    8     CONST      MAXANZZS = 10;               (* MAX.ANZAHL ZEICHEN
    9                                                 PRO SYMBOL + 2 *)
   10                MAXAZS   = 11;               (* MAX.ANZAHL ZEICHEN
   11                                                 PRO SYMBOL + 3 *)
   12                OBLG     = 1024;             (* OBJEKTBEZEICHNUNGS-
   13                                                 LISTENGROESSE *)
   14                OBLGP    = 1021;             (* NAECHSTE PRIMZAHL
   15                                                 < OBLG *)
   16                MAXGBS   = 20;               (* MAX.GUELTIGKEITSBE-
   17                                                 REICHSSTUFE *)
   18                                             (* #;# = CHR (63) +) *)
   19                MAXBLN   = #;#;              (* MAX.BLOCKNUMMER *)
   20                MAXSN    = #;#;              (* MAX.ANZAHL VON SATZ-
   21                                                 KOMPONENTEN *)
   22                MAXCN    = #;#;              (* MAX.ANZAHL VON AUS-
   23                                                 WAHLKONSTANTEN *)
   24                LEER     = #          #;
   25                APOS     = # ###### #;
   26                ANZWS    = 34;               (* ANZAHL WORTSYMBOLE
   27                                                 - 1 *)
   28                                             (*    ORD (SZ1)
   29                                                <= ORD (SONDERZEI.)
   30                                                <= ORD (SZ2) AUSSER
   31                                                   ORD (#:#) (=0)
   32                                                +) *)
   33                SZ1      = #+#;
   34                SZ2      = #;#;
   35                ANZSP    = 5;                (* ANZAHL SYMBOLPAARE *)
   36                RMARK    = 0;                (* REFERENZMARKIERUNG *)
   37                DMARK    = 1;                (* DEF.- BZW. DEKLAR.-
   38                                                 MARKIERUNG *)
   39                LMARK    = 2;
   40                AWKMARK  = 3;                (* AUSWAHLKONSTANTEN-
   41                                                 MARKIERUNG *)
   42                MFAK     = 4;
   43                BFAK     = 256;
   44                KFAK     = 16384;
   45                MAXZNR   = 99999;            (* MAX.ZEILENNUMMER *)
   46                MAXSZZNR = 5;                (* MAX.STELLENZAHL VON
   47                                                 MAXZNR *)
   48                MAXZAPZ1 = 72;               (* MAX.ZEICHENANZAHL
   49                                                 PRO ZEILE '1' +) *)
   50                MAXZAPZ2 = 120;              (* MAX.ZEICHENANZAHL
   51                                                 PRO ZEILE '2' +) *)
   52                MAXSNR   = 999;              (* MAX.SEITENNUMMER *)
   53                MAXSZSNR = 3;                (* MAX.STELLENZAHL VON
   54                                                 MAXSNR *)
   55                MAXZAPS1 = 54;               (* MAX.ZEILENANZAHL
```

PASCAL-QUERVERWEISLISTENGENERATOR VERSION VOM 01.04.80   SEITE   2
                              PROGRAMM QVLGEN
Z.NR./B. ZEILENINHALT

```
 56                                                  PRO SEITE '1' (PRO-
 57                                                  GRAMMTEXTSEITE) *)
 58                MAXZAPS2 = 52;                (* MAX.ZEILENANZAHL
 59                                                  PRO SEITE '2' (QUER-
 60                                                  VERWEISLISTEN-
 61                                                  SEITE *)
 62                SV       = #1#;              (* STEUERZEICHEN
 63                                                  'SEITENVORSCHUB' *)
 64                ZV       = # #;              (* STEUERZEICHEN
 65                                                  'ZEILENVORSCHUB' *)
 66                DATUM    = #01.04.80#;
 67                ZW1      = 2;                (* ZWISCHENRAUM IN
 68                                                  1. KOPFZEILE *)
 69                ZW2      = 37;               (* ZWISCHENRAUM IN
 70                                                  2. KOPFZEILE *)
 71                MAXZB    = 3;                (* MAX.ANZAHL 'ZEILEN/
 72                                                  BLOCK'-ANGABEN IN
 73                                                  QUERVERWEISLISTE *)
 74     TYPE       ZEITYP   = (BU, ZI, SZ, ZE, TE);
 75                SYMBTYP  = (KEINSYMB, NAME, ZIFOLGE, AZIFOLGE,
 76                            RKON, ZKON, NZKON, SNIL,
 77                            SNOT, MULOP, ADDOP, RELOP, BOOLOP,
 78                            RKAUF, RKZU, GLEICH, KOMMA, PUNKT,
 79                            EKAUF, EKZU, PFEIL, SEMIK, DOPP,
 80                            DPGL, PUNKPUNK,
 81                            SPROG,
 82                            SLABEL, SCONST, STYPE, SGBTYP,
 83                            SVAR, SFVAR, SPROC, SFPROC,
 84                            SFUNC, SFFUNC,
 85                            SSEGM,          (* +) *)
 86                            SPACKED,
 87                            SARRAY, SSET, SRECORD, SFILE,
 88                            SBEGIN,
 89                            SGOTO,
 90                            SIF, STHEN, SELSE, SCASE, SOF,
 91                            SREPEAT, SUNTIL, SWHILE, SFOR,
 92                            STO, SDOWNTO, SWITH,
 93                            SDO,
 94                            SEND,
 95                            SONST);
 96                                                  (* +) MOEGLICH *)
 97                MSYMBTYP = SET OF NAME .. SEND;
 98                OBITYP   = 1 .. MAXANZZS;
 99                OBITYP1  = 1 .. MAXAZS;
100                OBTYP    = PACKED            (* OBJEKTBEZEICHNUNGS-
101                                                TYP *)
102                           ARRAY [OBITYP] OF CHAR;
103                                             (* +) UEBEREINAN-
104                                                DERANORDNUNG
105                                                DER KOMPONEN-
106                                                TEN *)
107                OJBZTYP  = RECORD            (* OBJEKT-BE-
108                                                ZEICHNUNGSTYP *)
109                               CASE BOOLEAN OF
110     FALSE:                     (SYMBOL : OBTYP );
```

```
PASCAL-QUERVERWEISLISTENGENERATOR VERSION VOM 01.04.80   SEITE   3
                              PROGRAMM QVLGEN
Z.NR./B. ZEILENINHALT

  111     TRUE:                             (SWERT  : INTEGER)
  112                         END;
  113           ZDRTYP    = 'DRTYP;
  114           DRTYP     = RECORD            (* DEF./DEKL./REF.-
  115                                            TYP *)
  116                           ZNUM : INTEGER;
  117                           NDR  : ZDRTYP
  118                       END;
  119           ZPEBTYP   = 'PEBTYP;
  120           PEBTYP    = RECORD            (* PROGRAMMEINHEI-
  121                                            TENBEZEICHNUNGS-
  122                                            TYP *)
  123                           PEB  : OBTYP;
  124                           NPEB : ZPEBTYP
  125                       END;
  126           GBSTYP    = 0 .. MAXGBS;  (* GUELTIGKEITSBE-
  127                                         REICHSSTUFENTYP *)
  128           BLNTYP    = PACKED           (* BLOCKNUMMERNTYP *)
  129                       ARRAY [GBSTYP] OF CHAR;
  130           OBLITYP   = 0 .. OBLG;
  131           OBLITYP1  = -1 .. OBLG;
  132           OBLETYP   = RECORD            (* OBJEKTBEZEICHNUNGS-
  133                                            LISTENEINTRAGSTYP *)
  134                           OB   : OBTYP;
  135                           KLAS : SYMBTYP;
  136                           LDR  : ZDRTYP
  137                       END;
  138                                         (* OBJEKTBEZEICHNUNGS-
  139                                            LISTENTYP *)
  140           OBLTYP    = ARRAY [OBLITYP] OF OBLETYP;
  141           SLETYP    = RECORD            (* SYMBOLLISTENEIN-
  142                                            TRAGSTYP *)
  143                           SYMB : OBTYP;
  144                           ART  : SYMBTYP
  145                       END;
  146           WSLITYP   = 0 .. ANZWS;
  147                                         (* WORTSYMBOLLISTEN-
  148                                            TYP *)
  149           WSLTYP    = ARRAY [WSLITYP] OF SLETYP;
  150           EZSLITYP  = SZ1 .. SZ2;
  151                                         (* EINZEICHENSYMBOL-
  152                                            LISTENTYP *)
  153           EZSLTYP   = ARRAY [EZSLITYP] OF SYMBTYP;
  154           SPLITYP   = 0 .. ANZSP;
  155                                         (* SYMBOLPAARLISTEN-
  156                                            TYP *)
  157           SPLTYP    = ARRAY [SPLITYP] OF SLETYP;
  158           FTYP      =                   (* FEHLERTYP *)
  159                           ( F1,  F2,  F3,  F4,  F5,  F6,  F7,
  160                             F8,  F9, F10, F11, F12, F13, F14,
  161                            F15, F16, F17, F18, F19, F20, F21,
  162                            F22, F23, F24, F25, F26, F27, F28,
  163                            F29, F30, F31, F32, F33, F34, F35,
  164                            F36, F37, F38, F39, F40, F41, F42);
  165           ZNRTYP    =                   (* ZEILENNUMMERNTYP *)
```

```
PASCAL-QUERVERWEISLISTENGENERATOR VERSION VOM 01.04.80   SEITE   4
                              PROGRAMM QVLGEN
Z.NR./B. ZEILENINHALT

 166                                             0 .. MAXZNR;
 167             ZAPZTYP  =              (* ZEICHENANZAHL-PRO-
 168                                        ZEILE-TYP *)
 169                        0 .. MAXZAPZ2;
 170             ZAPSTYP  =              (* ZEILENANZAHL-PRO-
 171                                        SEITE-TYP *)
 172                        0 .. MAXZAPS1;
 173             MZAPSTYP =              (* MAX.ZEILENANZAHL-
 174                                        PRO-SEITE-TYP *)
 175                        MAXZAPS2 .. MAXZAPS1;
 176             SNRTYP   =              (* SEITENNUMMERNTYP *)
 177                        0 .. MAXSNR;
 178     VAR     PROGANF  : TEXT;
 179             SYMBART  : SYMBTYP;
 180             PF       : SYMBTYP;    (* 'PROCEDURE'/
 181                                       'FUNCTION' *)
 182             VPF      : SYMBTYP;    (* 'VAR'/'PROCEDURE'/
 183                                       'FUNCTION' *)
 184             PROGNAME : OBTYP;
 185             PNGEF    : BOOLEAN;    (* PROGRAMMNAME
 186                                       GEFUNDEN *)
 187             OJBZ     : OJBZTYP;    (* OBJEKTBEZEICHNUNG *)
 188             S        : OBTYP;      (* HILFSV.Z.VORUEBERGEH.
 189                                       AUFN.EINES SYMBOLS *)
 190             OBL      : OBLTYP;     (* OBJEKTBEZEICHNUNGS-
 191                                       LISTE *)
 192             OBLIND   : OBLITYP;
 193             OBLIND1  : OBLITYP1;
 194             OBLIND2  : OBLITYP;
 195             OBLE     : OBLETYP;    (* OBJEKTBEZEICHNUNGS-
 196                                       LISTENEINTRAG *)
 197             PEBKANF  : ZPEBTYP;    (* ANF.PROGRAMMEINHEITEN-
 198                                       BEZEICHNUNGSKETTE *)
 199             PEBKEND  : ZPEBTYP;    (* ENDE PROGRAMMEINHEI-
 200                                       TENBEZEICHNUNGSKETTE *)
 201             GBSTUFE  : GBSTYP;     (* GUELTIGKEITSBEREICHS-
 202                                       STUFE *)
 203             BLN      : BLNTYP;     (* BLOCKNUMMER *)
 204             ABLN     : CHAR;       (* AUGENBLICKLICHE
 205                                       BLOCKNUMMER *)
 206             ASN      : CHAR;       (* AUGENBLICKL. SATZ-
 207                                       NUMMER *)
 208             ACN      : CHAR;       (* AUGENBLICKL. CASE-
 209                                       NUMMER *)
 210             WSL      : WSLTYP;     (* WORTSYMBOLLISTE *)
 211             EZSL     : EZSLTYP;    (* EINZEICHENSYMBOL-
 212                                       LISTE *)
 213             SPL      : SPLTYP;     (* SYMBOLPAARLISTE *)
 214             PPGEF    : BOOLEAN;    (* .. GEFUNDEN *)
 215             UDFM     : BOOLEAN;    (* UNTERDRUECKE
 216                                       FEHLERMELDUNG *)
 217             LEDERE   : ZDRTYP;     (* LETZTE DEF./DEKL./
 218                                       REF. *)
 219             I        : INTEGER;
 220             BLNAUSG  : BOOLEAN;    (* BLOCKNUMMER
```

```
PASCAL-QUERVERWEISLISTENGENERATOR VERSION VOM 01.04.80   SEITE    5
                                      PROGRAMM QVLGEN
Z.NR./B.  ZEILENINHALT

 221                                               AUSGABE NOETIG *)
 222                ZNR        : ZNRTYP;        (* ZEILENNUMMER *)
 223                ZN         : ZNRTYP;        (* HILFSV.Z.VORUEBERGEH.
 224                                               AUFN.V. ZNR *)
 225                MMZAPZ     : ZAPZTYP;       (* MOMENTANE MAX.ZEI-
 226                                               CHENANZ.PRO ZEILE *)
 227                ZZ         : ZAPZTYP;       (* ZEICHENZAEHLER IN
 228                                               ZEILE *)
 229                ZAPS       : ZAPSTYP;       (* ZEILENANZAHL PRO
 230                                               SEITE *)
 231                MAXZAPS    : MZAPSTYP;      (* MAX.ZEILENANZ.PRO
 232                                               SEITE *)
 233                SNR        : SNRTYP;        (* SEITENNUMMER *)
 234     PROCEDURE MELDE
 235/ 2                          (FEHLER : FTYP);
 236     BEGIN                                 (* MELDE *)
 237          WRITELN;
 238          WRITELN;
 239          WRITE (ZV, #********** #);
 240          CASE FEHLER OF
 241     F1:   WRITE (#OBJEKTBEZ.-LISTE VOLL BZW.NAME UNBEKANNT#);
 242     F2:   WRITE (#;, 'END', 'ELSE' ODER 'UNTIL' WURDE #,
 243                 #ERWARTET#);
 244     F3:   WRITE (#EOF NACH '('#);
 245     F4:   WRITE (#EOF IN KOMMENTAR#);
 246     F5:   WRITE (#'PROGRAM' WURDE ERWARTET#);
 247     F6:   WRITE (#PROGRAMMNAME WURDE ERWARTET#);
 248     F7:   WRITE (#( WURDE ERWARTET#);
 249     F8:   WRITE (#NAME WURDE ERWARTET#);
 250     F9:   WRITE (#) WURDE ERWARTET#);
 251     F10:  WRITE (#NAME / MARKE / AUSWAHLWERT NICHT #,
 252                 #EINDEUTIG#);
 253     F11:  WRITE (#; WURDE ERWARTET#);
 254     F12:  WRITE (#MARKENBEZEICHNUNG WURDE ERWARTET#);
 255     F13:  WRITE (#= WURDE ERWARTET#);
 256     F14:  WRITE (#PASSENDE KONSTANTE WURDE ERWARTET#);
 257     F15:  WRITE (#: WURDE ERWARTET#);
 258     F16:  WRITE (#FEHLER IN REELLER KONSTANTE#);
 259     F17:  WRITE (#FEHLER IN ZEICHEN- ODER 'N'-ZEICHEN-#,
 260                 #KONSTANTE#);
 261     F18:  WRITE (#FEHLER IM BLOCKAUFBAU#);
 262     F19:  WRITE (# UNZULAESSIGER NAME#);
 263     F20:  WRITE (#[ WURDE ERWARTET#);
 264     F21:  WRITE (#] WURDE ERWARTET#);
 265     F22:  WRITE (#'OF' WURDE ERWARTET#);
 266     F23:  WRITE (#PASSENDE TYPANGABE WURDE ERWARTET#);
 267     F24:  WRITE (#.. WURDE ERWARTET#);
 268     F25:  WRITE (#FEHLER IN FAKTOR#);
 269     F26:  WRITE (#'THEN' WURDE ERWARTET#);
 270     F27:  WRITE (#'DO' WURDE ERWARTET#);
 271     F28:  WRITE (#:= WURDE ERWARTET#);
 272     F29:  WRITE (#'TO'/'DOWNTO' WURDE ERWARTET#);
 273     F30:  WRITE (#FEHLER IN ANWEISUNG#);
 274     F31:  WRITE (#PROGRAMMENDE UNKORREKT#);
 275     F32:  WRITE (#ZUVIELE BLOECKE#);
```

PASCAL-QUERVERWEISLISTENGENERATOR VERSION VOM 01.04.80   SEITE   6
                              PROGRAMM QVLGEN
Z.NR./B. ZEILENINHALT

```
276     F33:   WRITE (#ZU GROSSE BLOCKSCHACHTELUNG#);
277     F34:   WRITE (#FORMALE PARAMETERLISTE NICHT ERLAUBT#);
278     F35:   WRITE (#NAME, 'VAR', 'PROCEDURE' ODER 'FUNCTION'#,
279                    # WURDE ERWARTET#);
280     F36:   WRITE (#'FORWARD' NICHT ERLAUBT#);
281     F37:   WRITE (#NAME UNBEKANNT#);
282     F38:   WRITE (#ZUVIELE SATZ-TYP-ANGABEN#);
283     F39:   WRITE (#ZUVIELE VARIANTE SATZ-TEILE UND/ODER #,
284                    #AUSWAHLANWEISUNGEN#);
285     F40:   WRITE (#'END' WURDE ERWARTET#);
286     F41:   WRITE (#FEHLER IN SATZ-TYP-ANGABE#);
287     F42:   WRITE (#ENDE DER QUERVERWEISLISTE VON #, PROGNAME)
288        END;
289        WRITELN (# **********#);
290        IF FEHLER IN [F5, F6, F42] THEN
291           GOTO 9999
292        ELSE
293           GOTO 1
294     END;                                    (* MELDE *)
295/ 1 PROCEDURE SUCHE;
296/ 3 VAR       Q       : INTEGER;
297             NMWERT  : INTEGER;
298     BEGIN                                    (* SUCHE *)
299       WITH OJBZ DO
300          BEGIN
301            SYMBOL [1] := BLN [GBSTUFE];
302                                    (* +) UEBEREINANDER-
303                                        ANORDNUNG VON
304                                        SYMBOL UND SWERT U.
305                                        MAXINT = ((2 'HOCH'
306                                        59) - 1) DIV 4096 *)
307            NMWERT     := ABS (SWERT) DIV 4096;
308            Q          := NMWERT DIV OBLGP;
309            OBLIND     := NMWERT - Q * OBLGP;
310            OBLIND1    := OBLIND;
311            IF NOT ODD (Q) THEN
312               Q := Q + 1;
313            WHILE (OBL [OBLIND].OB <> LEER)    AND
314                  (OBL [OBLIND].OB <> SYMBOL) DO
315               BEGIN
316                 OBLIND := (OBLIND + Q) MOD OBLG;
317                 IF OBLIND = OBLIND1 THEN
318                    MELDE (F1)
319               END
320          END
321     END;                                    (* SUCHE *)
322/ 1 PROCEDURE TRSTNEIN
323/ 4                     (STNAME : OBTYP;
324                         OBKLAS : SYMBTYP);
325     BEGIN                                    (* TRSTNEIN *)
326       OJBZ.SYMBOL := STNAME;
327       SUCHE;
328       WITH OBL [OBLIND] DO
329          BEGIN
330             OB    := STNAME;
```

PASCAL-QUERVERWEISLISTENGENERATOR VERSION VOM 01.04.80   SEITE   7
                                PROGRAMM QVLGEN
Z.NR./B. ZEILENINHALT

```
331             KLAS := OBKLAS;
332             LDR  := NIL
333          END
334       END;                              (* TRSTNEIN *)
335/ 1 PROCEDURE TOBUDEIN
336/ 5                       (OBKLAS : SYMBTYP);
337     BEGIN                               (* TOBUDEIN *)
338       SUCHE;
339       WITH OBL [OBLIND] DO
340          BEGIN
341            IF OB = LEER THEN
342               BEGIN
343                  OB := OJBZ.SYMBOL;
344                  NEW (LDR);
345                  LDR'.NDR := LDR
346                END
347             ELSE
348             IF (OBKLAS = STYPE)    AND (KLAS = SGBTYP)   OR
349                (OBKLAS = SVAR)     AND (KLAS = SFVAR)    OR
350                (OBKLAS = SRECORD)                        OR
351                                       (KLAS = SRECORD) OR
352                (OBKLAS = SPROC)    AND (KLAS = SFPROC)   OR
353                (OBKLAS = SFUNC)    AND (KLAS = SFFUNC)   OR
354                (OBKLAS = SCASE)                          THEN
355               BEGIN
356                 LEDERE        := LDR;
357                 NEW (LDR);
358                 LDR'.NDR      := LEDERE'.NDR;
359                 LEDERE'.NDR := LDR;
360                 IF (OBKLAS = SRECORD) OR (KLAS = SRECORD) THEN
361                    OBKLAS := DOPP
362               END
363             ELSE
364               MELDE (F10);
365            KLAS      := OBKLAS;
366            LDR'.ZNUM :=      ZNR              * KFAK
367                         (* + 0                * BFAK *)
368                           + ORD (BLN [GBSTUFE]) * MFAK
369                           + DMARK
370          END
371     END;                                (* TOBUDEIN *)
372/ 1 PROCEDURE TOBUREIN
373/ 6                       (OBKLAS : SYMBTYP);
374     BEGIN                               (* TOBUREIN *)
375       WITH OBL [OBLIND] DO
376          BEGIN
377            OB   := OJBZ.SYMBOL;
378            KLAS := OBKLAS;
379            NEW (LDR);
380            WITH LDR' DO
381               BEGIN
382                 ZNUM :=      ZNR              * KFAK
383                         (* + 0                * BFAK *)
384                           + ORD (BLN [GBSTUFE]) * MFAK
385                         (* + RMARK *);
```

PASCAL-QUERVERWEISLISTENGENERATOR VERSION VOM 01.04.80 SEITE   8
                                   PROGRAMM QVLGEN
Z.NR./B. ZEILENINHALT

```
386                    NDR  := LDR
387                 END
388            END
389      END;                                    (* TOBUREIN *)
390/ 1 PROCEDURE SUCHEUTRE
391/ 7                      (OBKL : MSYMBTYP);
392    LABEL       1;
393    VAR         GBS         : GBSTYP;
394    BEGIN                                      (* SUCHEUTRE *)
395      GBS := GBSTUFE;
396    1:                                         (* *)
397      REPEAT
398        SUCHE;
399        WITH OBL [OBLIND] DO
400          IF OB <> LEER THEN
401             BEGIN
402               IF NOT (KLAS IN OBKL) THEN
403               IF [SRECORD, DOPP] <= OBKL THEN
404                 BEGIN
405                   IF GBSTUFE <> 0 THEN
406                     BEGIN
407                       GBSTUFE := GBSTUFE - 1;
408                       GOTO 1
409                     END
410                   ELSE
411                     MELDE (F37)
412                 END
413               ELSE
414                 MELDE (F19);
415               LEDERE := LDR;
416               NEW    (LDR);
417               IF LEDERE <> NIL THEN
418                 BEGIN
419                   LDR'.NDR    := LEDERE'.NDR;
420                   LEDERE'.NDR := LDR
421                 END
422               ELSE
423                 LDR'.NDR := LDR;
424               LDR'.ZNUM   :=       ZNR            * KFAK
425                                (* + 0              * BFAK *)
426                                   + ORD (BLN [GBS]) * MFAK
427                                (* + RMARK *);
428               GBSTUFE    := GBS
429             END
430          ELSE
431             IF GBSTUFE <> 0 THEN
432               GBSTUFE := GBSTUFE - 1
433             ELSE
434               IF NOT UDFM THEN
435                 MELDE (F37)
436               ELSE
437                 GBSTUFE := GBS
438      UNTIL GBSTUFE = GBS;
439    END;                                       (* SUCHEUTRE *)
440/ 1 PROCEDURE INITZEIL;
```

```
PASCAL-QUERVERWEISLISTENGENERATOR VERSION VOM 01.04.80    SEITE    9
                                              PROGRAMM QVLGEN
Z.NR./B. ZEILENINHALT

  441/ 8 BEGIN                                        (* INITZEIL *)
  442       IF ZAPS = 0 THEN
  443          BEGIN
  444             ZAPS := MAXZAPS;
  445             IF SNR = MAXSNR THEN
  446                SNR := 0
  447             ELSE
  448                SNR := SNR + 1;
  449             WRITELN;
  450             WRITELN (SV, #PASCAL-QUERVERWEISLISTENGENERATOR #,
  451                          #VERSION VOM #, DATUM, # # : ZW1,
  452                          #SEITE #, SNR : MAXSZSNR);
  453             WRITELN (ZV, # # : ZW2, #PROGRAMM#, PROGNAME);
  454             CASE MAXZAPS OF
  455     MAXZAPS1:    (* *)
  456                WRITELN (ZV, #Z.NR./B. ZEILENINHALT#);
  457     MAXZAPS2:    (* *)
  458                BEGIN
  459                  WRITELN (ZV, #       NAME DER#);
  460                  WRITELN (ZV, #       PROGRAMM D. OBJEKT-  #,
  461                             #OBJEKT#);
  462                  WRITELN (ZV, #B. G. -EINHEIT B. BEZEICH. #,
  463                             #-KLAS. ZEILE/BLOCK#)
  464                END
  465             END
  466          END
  467       ELSE
  468          ZAPS := ZAPS - 1;
  469       WRITELN;
  470       CASE MAXZAPS OF
  471     MAXZAPS1: (* *)
  472          BEGIN
  473             IF ZNR = MAXZNR THEN
  474                ZNR := 0
  475             ELSE
  476                ZNR := ZNR + 1;
  477             IF BLNAUSG THEN
  478                BEGIN
  479                  BLNAUSG := FALSE;
  480                  WRITE (ZV, ZNR : MAXSZZNR, #/#,
  481                         ORD (BLN [GBSTUFE]) : 2, # #)
  482                END
  483             ELSE
  484                WRITE (ZV, ZNR : MAXSZZNR, #     #)
  485          END;
  486     MAXZAPS2: (* *)
  487          WRITE (ZV)
  488          END
  489       END;                                        (* INITZEIL *)
  490/ 1 PROCEDURE EXTSYMB;
  491/ 9 LABEL       1;
  492     VAR         SULSTOP : BOOLEAN;
  493                 SZNR    : OBITYP1;
  494                 ZEIART  : ZEITYP;
  495                 WSLI    : WSLITYP;
```

```
PASCAL-QUERVERWEISLISTENGENERATOR VERSION VOM 01.04.80   SEITE   10
                                       PROGRAMM QVLGEN
Z.NR./B. ZEILENINHALT

  496                J         : INTEGER;
  497        PROCEDURE HOLEZEI;
  498/10    LABEL       1;
  499        BEGIN                                    (* HOLEZEI *)
  500     1:                                          (* *)
  501         IF NOT EOF THEN
  502            BEGIN
  503              IF EOLN THEN
  504                BEGIN
  505                  GET (INPUT);
  506                  IF EOF THEN
  507                    GOTO 1;
  508                  ZZ := MMZAPZ;
  509                  IF PNGEF THEN
  510                    INITZEIL
  511                  ELSE
  512                    WRITELN (PROGANF)
  513                END
  514              ELSE
  515                BEGIN
  516                  GET (INPUT);
  517                  ZZ := ZZ - 1
  518                END;
  519              IF ZZ <= 0 THEN
  520                WHILE NOT EOLN DO
  521                  BEGIN
  522                    GET (INPUT);
  523                    IF PNGEF THEN
  524                      WRITE (INPUT')
  525                    ELSE
  526                      WRITE (PROGANF, INPUT')
  527                  END;
  528              IF NOT EOLN THEN
  529                BEGIN
  530                                       (* +) ORD (A)
  531                                          = ORD (B) - 1
  532                                          = ORD (C) - 2 ...
  533                                          = ORD (Z) - 25 *)
  534                  IF (INPUT' >= #A#) AND (INPUT' <= #Z#) THEN
  535                    ZEIART := BU
  536                  ELSE
  537                                       (* +) ORD (0)
  538                                          = ORD (1) - 1
  539                                          = ORD (2) - 2 ...
  540                                          = ORD (9) - 9 *)
  541                    IF (INPUT' >= #0#) AND (INPUT' <= #9#) THEN
  542                      ZEIART := ZI
  543                    ELSE
  544                      ZEIART := SZ;
  545                  IF PNGEF THEN
  546                    WRITE (INPUT')
  547                  ELSE
  548                    WRITE (PROGANF, INPUT')
  549                END
  550              ELSE
```

PASCAL-QUERVERWEISLISTENGENERATOR VERSION VOM 01.04.80   SEITE 11
                              PROGRAMM QVLGEN
Z.NR./B. ZEILENINHALT

```
 551                 ZEIART := ZE;
 552             END
 553           ELSE
 554             ZEIART := TE
 555         END;                              (* HOLEZEI *)
 556/ 9     PROCEDURE BOPT;                    (* +) *)
 557/11     VAR       KWOPT : BOOLEAN;
 558                  SZ    : CHAR;
 559        BEGIN                              (* BOPT *)
 560          KWOPT := FALSE;
 561         ·REPEAT
 562            HOLEZEI;
 563            IF INPUT' IN [#B#, #E#, #L#, #P#, #T#, #U#, #X#] THEN
 564               BEGIN
 565                 SZ := INPUT';
 566                 HOLEZEI;
 567                 CASE SZ OF
 568    #B#:         IF NOT (INPUT' IN [#1# .. #9#]) THEN
 569                   KWOPT := TRUE;
 570    #E#, #L#, #P#, #T#:                    (* *)
 571                 IF NOT (INPUT' IN [#+#, #-#]) THEN
 572                   KWOPT := TRUE;
 573    #U#:         IF INPUT' = #+# THEN
 574                   BEGIN
 575                     ZZ       := ZZ + MAXZAPZ1 - MMZAPZ;
 576                     MMZAPZ := MAXZAPZ1
 577                   END
 578                 ELSE
 579                   IF INPUT' = #-# THEN
 580                     BEGIN
 581                       ZZ       := ZZ + MAXZAPZ2 - MMZAPZ;
 582                       MMZAPZ := MAXZAPZ2
 583                     END
 584                   ELSE
 585                     KWOPT := TRUE;
 586    #X#:         IF NOT (INPUT' IN [#0# .. #6#]) THEN
 587                   KWOPT := TRUE
 588               END;
 589               IF NOT KWOPT THEN
 590                 BEGIN
 591                   HOLEZEI;
 592                   KWOPT := INPUT' <> #,#
 593                 END
 594             END
 595           ELSE
 596             KWOPT := TRUE
 597         UNTIL KWOPT
 598       END;                                (* BOPT *)
 599/ 9 BEGIN                                   (* EXTSYMB *)
 600     IF PPGEF THEN
 601         BEGIN
 602           SYMBART := PUNKPUNK;
 603           PPGEF   := FALSE;
 604           HOLEZEI
 605         END
```

PASCAL-QUERVERWEISLISTENGENERATOR VERSION VOM 01.04.80   SEITE   12
                                    PROGRAMM QVLGEN
Z.NR./B. ZEILENINHALT

```
606            ELSE
607              BEGIN
608                SYMBART := KEINSYMB;
609                SULSTOP := FALSE;
610                REPEAT
611                  IF EOF THEN
612                    SULSTOP := TRUE
613                  ELSE
614                    IF INPUT' = # # THEN
615                      HOLEZEI
616                    ELSE
617                      IF INPUT' = #(# THEN
618                        BEGIN
619                          HOLEZEI;
620                          IF EOF THEN
621                            MELDE (F3);
622                          IF INPUT' <> #*# THEN
623                            BEGIN
624                              SYMBART := RKAUF;
625                              SULSTOP := TRUE
626                            END
627                          ELSE
628                            BEGIN
629                                          (* +) *)
630                              HOLEZEI;
631                              IF INPUT' = #$# THEN
632                                BOPT;
633                              REPEAT
634                                WHILE INPUT' <> #*# DO
635                                  BEGIN
636                                    HOLEZEI;
637                                    IF EOF THEN
638                                      MELDE (F4)
639                                  END;
640                                HOLEZEI;
641                                IF ZEIART = TE THEN
642                                  MELDE (F4)
643                              UNTIL INPUT' = #)#;
644                              HOLEZEI
645                            END
646                        END
647                      ELSE
648                        IF INPUT' = #_# THEN (* +) *)
649                          BEGIN
650                            HOLEZEI;
651                            IF INPUT' = #$# THEN
652                              BOPT;
653                            WHILE INPUT' <> #?# DO
654                              BEGIN
655                                IF EOF THEN
656                                  MELDE (F4);
657                                HOLEZEI
658                              END;
659                            HOLEZEI
660                          END
```

PASCAL-QUERVERWEISLISTENGENERATOR VERSION VOM 01.04.80   SEITE   13
                                PROGRAMM QVLGEN
Z.NR./B. ZEILENINHALT

```
661                     ELSE
662                        SULSTOP := TRUE
663                  UNTIL SULSTOP;
664                  IF NOT EOF AND (SYMBART = KEINSYMB) THEN
665                    WITH OJBZ DO
666                      BEGIN
667                        SYMBOL := LEER;
668                                                   (* S.HOLEZEI ( +) ) *)
669                        IF (INPUT' >= #A#) AND (INPUT' <= #Z#) THEN
670                          BEGIN
671                            SZNR    := 1;
672                            SYMBART := NAME;
673                            REPEAT
674                              IF SZNR < MAXANZZS THEN
675                                BEGIN
676                                  SZNR            := SZNR + 1;
677                                  SYMBOL [SZNR] := INPUT'
678                                END
679                              ELSE
680                                SZNR := MAXAZS;
681                              HOLEZEI
682                            UNTIL ZEIART <> BU;
683                            IF ZEIART = ZI THEN
684                              REPEAT
685                                IF SZNR < MAXANZZS - 1 THEN
686                                  BEGIN
687                                    SZNR            := SZNR + 1;
688                                    SYMBOL [SZNR] := INPUT'
689                                  END;
690                                HOLEZEI
691                              UNTIL NOT (ZEIART IN [BU, ZI])
692                            ELSE
693                              BEGIN
694                                IF SZNR IN [3 .. 7, 9, 10] THEN
695                                  BEGIN
696                                    I    := 1;
697                                    WSLI := ANZWS;
698                                    REPEAT
699                                      J := (I + WSLI) DIV 2;
700                                      IF WSL [J].SYMB <= SYMBOL THEN
701                                        I    := J + 1
702                                      ELSE
703                                        WSLI := J - 1
704                                    UNTIL I > WSLI;
705                                    WITH WSL [WSLI] DO
706                                      IF SYMB = SYMBOL THEN
707                                        SYMBART := ART
708                                  END;
709                                SYMBOL [10] := # #
710                              END
711                          END
712                        ELSE
713                                                   (* S.HOLEZEI ( +) ) *)
714                          IF (INPUT' >= #0#) AND (INPUT' <= #9#) THEN
715                            BEGIN
```

PASCAL-QUERVERWEISLISTENGENERATOR VERSION VOM 01.04.80   SEITE   14
                              PROGRAMM QVLGEN
Z.NR./B. ZEILENINHALT

```
716                           SZNR        :=  1;
717                           SYMBOL [2]  :=  #0#;
718                           SYMBART     :=  ZIFOLGE;
719                           SULSTOP     :=  INPUT' = #0#;
720                           ZEIART      :=  ZI;
721                           WHILE SULSTOP DO
722                             BEGIN
723                               HOLEZEI;
724                               SULSTOP := ZEIART = ZI;
725                               IF SULSTOP THEN
726                                 SULSTOP := INPUT' = #0#
727                             END;
728                           WHILE ZEIART = ZI DO
729                             BEGIN
730                               IF SZNR < MAXANZZS - 1 THEN
731                                 BEGIN
732                                   SZNR          := SZNR + 1;
733                                   SYMBOL [SZNR] := INPUT'
734                                 END
735                               ELSE
736                                 SYMBART := AZIFOLGE;
737                               HOLEZEI
738                             END;
739                           IF NOT (ZEIART IN [ZE, TE]) THEN
740                             IF INPUT' IN [#E#, #.#] THEN
741                               BEGIN
742                                 IF INPUT' = #.# THEN
743                                   BEGIN
744                                     HOLEZEI;
745                                     IF ZEIART <> ZI THEN
746                                       BEGIN
747                                         IF ZEIART = SZ THEN
748                                           IF INPUT' = #.# THEN
749                                             BEGIN
750                                               PPGEF := TRUE;
751                                               GOTO 1
752                                             END;
753                                         MELDE (F16)
754                                       END;
755                                     REPEAT
756                                       HOLEZEI
757                                     UNTIL ZEIART <> ZI
758                                   END;
759                                 IF ZEIART = BU THEN
760                                   IF INPUT' <> #E# THEN
761                                     MELDE (F16)
762                                   ELSE
763                                     BEGIN
764                                       HOLEZEI;
765                                       IF ZEIART = SZ THEN
766                                         IF INPUT' IN [#+#, #-#] THEN
767                                           HOLEZEI
768                                         ELSE
769                                           MELDE (F16);
770                                       IF ZEIART <> ZI THEN
```

PASCAL-QUERVERWEISLISTENGENERATOR VERSION VOM 01.04.80   SEITE   15
                              PROGRAMM QVLGEN
Z.NR./B. ZEILENINHALT

```
771                                     MELDE (F16)
772                                 ELSE
773                                     REPEAT
774                                        HOLEZEI
775                                     UNTIL ZEIART <> ZI
776                                 END;
777                             SYMBART := RKON
778                           END
779                         ELSE                    (* +) *)
780                           IF INPUT' = #B# THEN
781                             HOLEZEI
782                     END
783                 ELSE
784                   IF INPUT' = #### THEN
785                     BEGIN
786                       SZNR   := 1;
787                       REPEAT
788                         REPEAT
789                           IF SZNR < 4 THEN
790                             BEGIN
791                               SZNR           := SZNR + 1;
792                               SYMBOL [SZNR] := INPUT'
793                             END;
794                           HOLEZEI;
795                           IF ZEIART IN [ZE, TE] THEN
796                             MELDE (F17)
797                         UNTIL INPUT' = ####;
798                         HOLEZEI;
799                         IF EOF THEN
800                           MELDE (F17)
801                       UNTIL INPUT' <> ####;
802                       IF SZNR = 2 THEN
803                         MELDE (F17);
804                       IF (SZNR = 3) OR (SYMBOL = APOS) THEN
805                         BEGIN
806                           SYMBOL [SZNR + 1] := ####;
807                           SYMBART           := ZKON
808                         END
809                       ELSE
810                         SYMBART := NZKON
811                     END
812                 ELSE
813                   BEGIN
814                     SYMBOL [1] := INPUT';
815                                         (* S. KOMMENTAR FUER
816                                            KONSTANTEN SZ1 UND
817                                            SZ2 ( +) ) *)
818                     IF INPUT' = #:# THEN
819                       SYMBART := DOPP
820                     ELSE
821                       SYMBART := EZSL [INPUT'];
822                     HOLEZEI;
823                     IF ZEIART = SZ THEN
824                       BEGIN
825                         SYMBOL [2] := INPUT';
```

PASCAL-QUERVERWEISLISTENGENERATOR VERSION VOM 01.04.80   SEITE   16
                                PROGRAMM QVLGEN
Z.NR./B. ZEILENINHALT

```
 826                                 I             := -1;
 827                                 REPEAT
 828                                    I          := I + 1;
 829                                    SULSTOP := SYMBOL = SPL [I].SYMB
 830                                 UNTIL SULSTOP OR (I = ANZSP);
 831                                 IF SULSTOP THEN
 832                                    BEGIN
 833                                       SYMBART := SPL [I].ART;
 834                                       HOLEZEI
 835                                    END
 836                              END
 837                        END
 838                  END
 839            END;
 840      1:                                        (* AUSGANG WENN .. *)
 841       END;                                     (* EXTSYMB *)
 842/ 1 PROCEDURE BBLOCK;
 843/12    PROCEDURE BAWLIST
 844/13                     (ACN : CHAR);
 845       VAR        GBS      : GBSTYP;
 846       BEGIN                                    (* BAWLIST *)
 847          REPEAT
 848            IF SYMBART = NAME THEN
 849               SUCHEUTRE ([SCONST])
 850            ELSE
 851              IF SYMBART IN [ZIFOLGE, AZIFOLGE, ZKON] THEN
 852                 BEGIN
 853                    GBS      := GBSTUFE;
 854                    GBSTUFE := 0;
 855                    TOBUDEIN (SCASE);
 856                    WITH OBL [OBLIND].LDR' DO
 857                       ZNUM := ZNUM + ORD (BLN [GBS]) * MFAK;
 858                    GBSTUFE := GBS
 859                 END
 860              ELSE
 861                 MELDE (F14);
 862            WITH OBL [OBLIND] DO
 863               BEGIN
 864                  LEDERE := LDR'.NDR;
 865                  WHILE LEDERE <> LDR DO
 866                     BEGIN
 867                        IF LEDERE'.ZNUM DIV BFAK MOD
 868                           (ORD (MAXCN) + 1) = ORD (ACN) THEN
 869                           MELDE (F10);
 870                        LEDERE := LEDERE'.NDR
 871                     END;
 872                  WITH LDR' DO
 873                     ZNUM := ZNUM DIV MFAK * MFAK
 874                                    + ORD (ACN) * BFAK + AWKMARK
 875               END;
 876            EXTSYMB;
 877            IF SYMBART = KOMMA THEN
 878               EXTSYMB
 879          UNTIL SYMBART = DOPP
 880       END;                                     (* BAWLIST *)
```

```
PASCAL-QUERVERWEISLISTENGENERATOR VERSION VOM 01.04.80   SEITE  17
                                          PROGRAMM QVLGEN
Z.NR./B. ZEILENINHALT

  881/12    PROCEDURE BTYPANG;
  882/14     PROCEDURE BETYPANG;
  883/15      PROCEDURE BGRENZE;
  884/16      BEGIN                             (* BGRENZE *)
  885           IF SYMBART = ADDOP THEN
  886             EXTSYMB;
  887           IF SYMBART = NAME THEN
  888             SUCHEUTRE ([SCONST])
  889           ELSE
  890             IF NOT (SYMBART IN [ZIFOLGE, AZIFOLGE,
  891                                 ZKON]) THEN
  892               MELDE (F14)
  893          END;                             (* BGRENZE *)
  894/15      PROCEDURE BRTBTANG;
  895/17      BEGIN                             (* BRTBTANG *)
  896           EXTSYMB;
  897           IF SYMBART <> PUNKPUNK THEN
  898             MELDE (F24);
  899           EXTSYMB;
  900           BGRENZE
  901          END;                             (* BRTBTANG *)
  902/15      BEGIN                             (* BETYPANG *)
  903           IF SYMBART = RKAUF THEN
  904             BEGIN
  905               REPEAT
  906                 EXTSYMB;
  907                 IF SYMBART <> NAME THEN
  908                   MELDE (F8);
  909                 TOBUDEIN (SCONST);
  910                 EXTSYMB
  911               UNTIL SYMBART <> KOMMA;
  912               IF SYMBART <> RKZU THEN
  913                 MELDE (F9)
  914             END
  915           ELSE
  916             IF SYMBART = NAME THEN
  917               BEGIN
  918                 SUCHEUTRE ([SCONST, STYPE]);
  919                 IF OBL [OBLIND].KLAS = SCONST THEN
  920                   BRTBTANG
  921               END
  922             ELSE
  923               BEGIN
  924                 BGRENZE;
  925                 BRTBTANG
  926               END
  927          END;                             (* BETYPANG *)
  928/14     PROCEDURE BFELDLI
  929/18                         (ASN : CHAR);
  930        VAR      ABCANU    : CHAR;
  931                 S         : OBTYP;
  932         PROCEDURE TKBUDEIN;
  933/19      BEGIN                             (* TKBUDEIN *)
  934           TOBUDEIN (SRECORD);
  935           WITH OBL [OBLIND] DO
```

PASCAL-QUERVERWEISLISTENGENERATOR VERSION VOM 01.04.80   SEITE   18
                                      PROGRAMM QVLGEN
Z.NR./B. ZEILENINHALT

```
936                     BEGIN
937                       LEDERE := LDR'.NDR;
938                       WHILE LEDERE <> LDR DO
939                         BEGIN
940                           IF LEDERE'.ZNUM DIV BFAK MOD
941                               (ORD (MAXSN) + 1) = ORD (ASN) THEN
942                             MELDE (F10);
943                           LEDERE := LEDERE'.NDR
944                         END;
945                       WITH LDR' DO
946                         ZNUM := ZNUM + ORD (ASN) * BFAK
947                     END
948                 END;                          (* TKBUDEIN *)
949/18          BEGIN                             (* BFELDLI *)
950               REPEAT
951                 EXTSYMB
952               UNTIL SYMBART <> SEMIK;
953               WHILE SYMBART = NAME DO
954                 BEGIN
955                   REPEAT
956                     TKBUDEIN;
957                     EXTSYMB;
958                     IF SYMBART = KOMMA THEN
959                       EXTSYMB
960                   UNTIL SYMBART <> NAME;
961                   IF SYMBART <> DOPP THEN
962                     MELDE (F15);
963                   BTYPANG;
964                   EXTSYMB;
965                   IF SYMBART = SEMIK THEN
966                     REPEAT
967                       EXTSYMB
968                     UNTIL SYMBART <> SEMIK
969                   ELSE
970                     IF SYMBART IN [NAME, SCASE] THEN
971                       MELDE (F41)
972                 END;
973             IF SYMBART = SCASE THEN
974               BEGIN
975                 EXTSYMB;
976                 IF SYMBART <> NAME THEN
977                   MELDE (F8);
978                 S := OJBZ.SYMBOL;
979                 EXTSYMB;
980                 OJBZ.SYMBOL := S;
981                 IF SYMBART = DOPP THEN
982                   BEGIN
983                     TKBUDEIN;
984                     EXTSYMB;
985                     IF SYMBART <> NAME THEN
986                       MELDE (F8);
987                     SUCHEUTRE ([STYPE]);
988                     EXTSYMB
989                   END
990                 ELSE
```

```
PASCAL-QUERVERWEISLISTENGENERATOR VERSION VOM 01.04.80  SEITE  19
                              PROGRAMM QVLGEN
Z.NR./B. ZEILENINHALT

  991                    SUCHEUTRE ([STYPE]);
  992                 IF SYMBART <> SOF THEN
  993                    MELDE (F22);
  994                 REPEAT
  995                    EXTSYMB
  996                 UNTIL SYMBART <> SEMIK;
  997                 IF SYMBART IN [NAME, ZIFOLGE, AZIFOLGE,
  998                                         ZKON] THEN
  999                    BEGIN
 1000                      IF ACN = MAXCN THEN
 1001                        MELDE (F39);
 1002                      ACN    := SUCC (ACN);
 1003                      ABCANU := ACN;
 1004                      REPEAT
 1005                        BAWLIST (ABCANU);
 1006                        EXTSYMB;
 1007                        IF SYMBART = RKAUF THEN
 1008                          BEGIN
 1009                            BFELDLI (ASN);
 1010                            IF SYMBART <> RKZU THEN
 1011                              MELDE (F9);
 1012                            EXTSYMB
 1013                          END;
 1014                        IF SYMBART = SEMIK THEN
 1015                          REPEAT
 1016                            EXTSYMB
 1017                          UNTIL SYMBART <> SEMIK
 1018                        ELSE
 1019                          IF SYMBART IN [NAME, ZIFOLGE,
 1020                                       AZIFOLGE, ZKON] THEN
 1021                            MELDE (F41)
 1022                      UNTIL NOT (SYMBART IN [NAME, ZIFOLGE,
 1023                                       AZIFOLGE, ZKON])
 1024                    END
 1025                 END
 1026         END;                          (* BFELDLI *)
 1027/14   BEGIN                            (* BTYPANG *)
 1028       EXTSYMB;
 1029       IF SYMBART IN [NAME, ADDOP, RKAUF,
 1030                     ZIFOLGE, AZIFOLGE, ZKON] THEN
 1031         BETYPANG
 1032       ELSE
 1033         IF SYMBART = PFEIL THEN
 1034           BEGIN
 1035             EXTSYMB;
 1036             IF (SYMBART <> NAME) THEN
 1037               MELDE (F8);
 1038             UDFM := TRUE;
 1039             SUCHEUTRE ([STYPE]);
 1040             IF OBL [OBLIND].OB = LEER THEN
 1041               BEGIN
 1042                 SUCHE;
 1043                 TOBUREIN (SGBTYP)
 1044               END;
 1045             UDFM := FALSE
```

474

PASCAL-QUERVERWEISLISTENGENERATOR VERSION VOM 01.04.80   SEITE   20
                                        PROGRAMM QVLGEN
Z.NR./B. ZEILENINHALT

```
1046                 END
1047               ELSE
1048                 BEGIN
1049                   IF SYMBART = SPACKED THEN
1050                     EXTSYMB
1051                   ELSE                       (* +) *)
1052                     IF SYMBART = SSEGM THEN
1053                       BEGIN
1054                         EXTSYMB;
1055                         IF SYMBART <> SFILE THEN
1056                           MELDE (F23)
1057                       END;
1058                   IF NOT (SYMBART IN [SARRAY, SSET,
1059                                       SRECORD, SFILE]) THEN
1060                     MELDE (F23);
1061                   CASE SYMBART OF
1062       SARRAY:       BEGIN
1063                       EXTSYMB;
1064                       IF SYMBART <> EKAUF THEN
1065                         MELDE (F20);
1066                       REPEAT
1067                         EXTSYMB;
1068                         BETYPANG;
1069                         EXTSYMB
1070                       UNTIL SYMBART <> KOMMA;
1071                       IF SYMBART <> EKZU THEN
1072                         MELDE (F21);
1073                      .EXTSYMB;
1074                       IF SYMBART <> SOF THEN
1075                         MELDE (F22);
1076                       BTYPANG
1077                     END;
1078       SSET:         BEGIN
1079                       EXTSYMB;
1080                       IF SYMBART <> SOF THEN
1081                         MELDE (F22);
1082                       EXTSYMB;
1083                       BETYPANG
1084                     END;
1085       SRECORD:      BEGIN
1086                       IF ASN = MAXSN THEN
1087                         MELDE (F38);
1088                       ASN := SUCC (ASN);
1089                       BFELDLI (ASN);
1090                       IF SYMBART <> SEND THEN
1091                         MELDE (F40)
1092                     END;
1093       SFILE:        BEGIN
1094                       EXTSYMB;
1095                       IF SYMBART <> SOF THEN
1096                         MELDE (F22);
1097                       BTYPANG
1098                     END
1099                 END
1100               END
```

```
PASCAL-QUERVERWEISLISTENGENERATOR VERSION VOM 01.04.80   SEITE   21
                                    PROGRAMM QVLGEN
Z.NR./B. ZEILENINHALT

 1101          END;                                 (* BTYPANG *)
 1102/12      PROCEDURE BANW
 1103/20                         (SBA : SYMBTYP);
 1104          VAR       ABCANU   : CHAR;
 1105            PROCEDURE BVARIABLE;
 1106/21        FORWARD;
 1107/20        PROCEDURE BAUSDR
 1108/22                         (SBA : SYMBTYP);
 1109          FORWARD;
 1110/20        PROCEDURE BAPLISTE;
 1111/23        VAR        DOPPERL  : BOOLEAN;
 1112          BEGIN                               (* BAPLISTE *)
 1113            EXTSYMB;
 1114           IF SYMBART = RKAUF THEN
 1115              BEGIN
 1116                WITH OBL [OBLIND] DO
 1117                  DOPPERL := (OB = #:WRITE     #) OR
 1118                            (OB = #:WRITELN   #);
 1119                 REPEAT
 1120                   BAUSDR (SONST);
 1121                   IF DOPPERL THEN
 1122                     BEGIN
 1123                       IF SYMBART = DOPP THEN
 1124                         BEGIN
 1125                           BAUSDR (SONST);
 1126                           IF SYMBART = DOPP THEN
 1127                             BAUSDR (SONST)
 1128                         END;
 1129                                   (* +) *)
 1130                       IF SYMBART = NAME THEN
 1131                         IF OJBZ.SYMBOL = # OCT      # THEN
 1132                           EXTSYMB
 1133                     END
 1134                 UNTIL SYMBART <> KOMMA;
 1135                 IF SYMBART <> RKZU THEN
 1136                   MELDE (F9);
 1137                 EXTSYMB
 1138              END
 1139         END;                                 (* BAPLISTE *)
 1140/20       PROCEDURE BVARIABLE;
 1141/21       BEGIN                               (* BVARIABLE *)
 1142           EXTSYMB;
 1143            WHILE SYMBART IN [EKAUF, PUNKT, PFEIL] DO
 1144              CASE SYMBART OF
 1145       EKAUF:    BEGIN
 1146                   REPEAT
 1147                     BAUSDR (SONST)
 1148                   UNTIL SYMBART <> KOMMA;
 1149                   IF SYMBART <> EKZU THEN
 1150                     MELDE (F21);
 1151                   EXTSYMB
 1152                 END;
 1153       PUNKT:    BEGIN
 1154                   EXTSYMB;
 1155                   IF SYMBART <> NAME THEN
```

PASCAL-QUERVERWEISLISTENGENERATOR VERSION VOM 01.04.80 SEITE 22
                                    PROGRAMM QVLGEN
Z.NR./B. ZEILENINHALT

```
1156                    MELDE (F8);
1157                    SUCHEUTRE ([SRECORD, DOPP]);
1158                    EXTSYMB
1159                 END;
1160     PFEIL:      EXTSYMB
1161             END
1162          END;                          (* BVARIABLE *)
1163/20      PROCEDURE BAUSDR;
1164/22        PROCEDURE BEAUSDR;
1165/24         PROCEDURE BTERM;
1166/25          PROCEDURE BFAKTOR;
1167/26           BEGIN                      (* BFAKTOR *)
1168              IF SYMBART IN [ZIFOLGE, AZIFOLGE, RKON,
1169                             ZKON, NZKON, SNIL, NAME,
1170                             RKAUF, SNOT, EKAUF] THEN
1171                CASE SYMBART OF
1172     ZIFOLGE,
1173     AZIFOLGE,
1174     RKON,
1175     ZKON,
1176     NZKON,
1177     SNIL:              EXTSYMB;
1178     NAME:              BEGIN
1179                          SUCHEUTRE ([SCONST, SVAR,
1180                                      SRECORD, DOPP,
1181                                      SFUNC, SFFUNC, SPROC,
1182                                      SFPROC]);
1183                          WITH OBL [OBLIND] DO
1184                            IF KLAS IN [SVAR, SRECORD, DOPP] THEN
1185                              BVARIABLE
1186                            ELSE
1187                              IF KLAS IN [SFUNC, SFFUNC] THEN
1188                                BAPLISTE
1189                              ELSE
1190                                EXTSYMB
1191                        END;
1192     RKAUF:            BEGIN
1193                        BAUSDR (SONST);
1194                        IF SYMBART <> RKZU THEN
1195                          MELDE (F9);
1196                        EXTSYMB
1197                      END;
1198     SNOT:            BEGIN
1199                        EXTSYMB;
1200                        BFAKTOR
1201                      END;
1202     EKAUF:           BEGIN
1203                        BAUSDR (EKZU);
1204                        IF SYMBART = PUNKPUNK THEN
1205                          BAUSDR (SONST);
1206                        WHILE SYMBART = KOMMA DO
1207                          BEGIN
1208                            BAUSDR (SONST);
1209                            IF SYMBART = PUNKPUNK THEN
1210                              BAUSDR (SONST)
```

PASCAL-QUERVERWEISLISTENGENERATOR VERSION VOM 01.04.80   SEITE   23
                                 PROGRAMM QVLGEN
Z.NR./B. ZEILENINHALT

```
1211                          END;
1212                        IF SYMBART <> EKZU THEN
1213                          MELDE (F21);
1214                        EXTSYMB
1215                      END
1216                    END
1217                  ELSE
1218                    IF (SBA = SONST)        OR
1219                       (SYMBART <> SBA)   THEN
1220                      MELDE (F25)
1221              END;                         (* BFAKTOR *)
1222/25        BEGIN                           (* BTERM *)
1223            BFAKTOR;
1224            WHILE SYMBART = MULOP DO
1225              BEGIN
1226                EXTSYMB;
1227                BFAKTOR
1228              END
1229          END;                             (* BTERM *)
1230/24      BEGIN                             (* BEAUSDR *)
1231          WSL [21].ART := BOOLOP;
1232          EXTSYMB;
1233          IF SYMBART = ADDOP THEN
1234            EXTSYMB;
1235          WSL [21].ART := ADDOP;
1236          BTERM;
1237          WHILE SYMBART = ADDOP DO
1238            BEGIN
1239              EXTSYMB;
1240              BTERM
1241            END
1242        END;                               (* BEAUSDR *)
1243/22    BEGIN                               (* BAUSDR *)
1244        BEAUSDR;
1245        IF SYMBART = RELOP THEN
1246          BEAUSDR
1247      END;                                 (* BAUSDR *)
1248/20  BEGIN                                 (* BANW *)
1249      EXTSYMB;
1250      IF SYMBART = ZIFOLGE THEN
1251        BEGIN
1252          SUCHEUTRE ([SLABEL]);
1253          WITH OBL [OBLIND] DO
1254            LDR'.ZNUM := LDR'.ZNUM + LMARK;
1255          EXTSYMB;
1256          IF SYMBART <> DOPP THEN
1257            MELDE (F15);
1258          EXTSYMB
1259        END;
1260      IF SYMBART IN [NAME, SGOTO, SEMIK,
1261                     SBEGIN,
1262                     SIF, SCASE,
1263                     SREPEAT, SWHILE, SFOR,
1264                     SWITH]                 THEN
1265        CASE SYMBART OF
```

```
PASCAL-QUERVERWEISLISTENGENERATOR VERSION VOM 01.04.80  SEITE  24
                              PROGRAMM QVLGEN
Z.NR./B. ZEILENINHALT

1266     NAME:   BEGIN
1267               SUCHEUTRE ([SVAR, SRECORD, DOPP,
1268                           SFUNC, SPROC, SFPROC]);
1269               WITH OBL [OBLIND] DO
1270                 IF KLAS IN [SVAR, SRECORD, DOPP,
1271                             SFUNC] THEN
1272                     BEGIN
1273                       IF KLAS = SFUNC THEN
1274                         EXTSYMB
1275                       ELSE
1276                         BVARIABLE;
1277                       IF SYMBART <> DPGL THEN
1278                         MELDE (F28);
1279                       BAUSDR (SONST)
1280                     END
1281                   ELSE
1282                     BAPLISTE
1283             END;
1284     SGOTO:  BEGIN
1285               EXTSYMB;
1286               IF SYMBART <> ZIFOLGE THEN
1287                 MELDE (F12);
1288               SUCHEUTRE ([SLABEL]);
1289               EXTSYMB
1290             END;
1291     SEMIK:  ;
1292     SBEGIN: BEGIN
1293               REPEAT
1294                 BANW (SEND)
1295               UNTIL SYMBART = SEND;
1296               EXTSYMB
1297             END;
1298     SIF:    BEGIN
1299               BAUSDR (SONST);
1300               IF SYMBART <> STHEN THEN
1301                 MELDE (F26);
1302               BANW (SELSE);
1303               IF SYMBART = SELSE THEN
1304                 BANW (SONST)
1305             END;
1306     SCASE:  BEGIN
1307               BAUSDR (SONST);
1308               IF SYMBART <> SOF THEN
1309                 MELDE (F22);
1310               REPEAT
1311                 EXTSYMB
1312               UNTIL SYMBART <> SEMIK;
1313               IF SYMBART <> SEND THEN
1314                 BEGIN
1315                   IF ACN = MAXCN THEN
1316                     MELDE (F39);
1317                   ACN    := SUCC (ACN);
1318                   ABCANU := ACN;
1319                   REPEAT
1320                     BAWLIST (ABCANU);
```

PASCAL-QUERVERWEISLISTENGENERATOR VERSION VOM 01.04.80 SEITE 25
                                    PROGRAMM QVLGEN
Z.NR./B. ZEILENINHALT

```
1321                     BANW (SEND);
1322                     WHILE SYMBART = SEMIK DO
1323                         EXTSYMB
1324                   UNTIL SYMBART = SEND
1325                 END;
1326               EXTSYMB
1327             END;
1328   SREPEAT:BEGIN
1329             REPEAT
1330               BANW (SUNTIL)
1331             UNTIL SYMBART = SUNTIL;
1332             BAUSDR (SONST)
1333           END;
1334   SWHILE: BEGIN
1335             BAUSDR (SONST);
1336             IF SYMBART <> SDO THEN
1337               MELDE (F27);
1338             BANW (SONST)
1339           END;
1340   SFOR:   BEGIN
1341             EXTSYMB;
1342             IF SYMBART <> NAME THEN
1343               MELDE (F8);
1344             SUCHEUTRE ([SVAR, DOPP]);
1345             EXTSYMB;
1346             IF SYMBART <> DPGL THEN
1347               MELDE (F28);
1348             BAUSDR (SONST);
1349             IF NOT (SYMBART IN [STO, SDOWNTO]) THEN
1350               MELDE (F29);
1351             BAUSDR (SONST);
1352             IF SYMBART <> SDO THEN
1353               MELDE (F27);
1354             BANW (SONST)
1355           END;
1356   SWITH:  BEGIN
1357             REPEAT
1358               EXTSYMB;
1359               IF SYMBART <> NAME THEN
1360                 MELDE (F8);
1361               SUCHEUTRE ([SVAR, SRECORD, DOPP]);
1362               BVARIABLE
1363             UNTIL SYMBART <> KOMMA;
1364             IF SYMBART <> SDO THEN
1365               MELDE (F27);
1366             BANW (SONST)
1367           END
1368         END
1369       ELSE
1370         IF (SBA = SONST) OR (SYMBART <> SBA) THEN
1371           MELDE (F30);
1372       IF NOT (SYMBART IN [SEMIK, SEND, SELSE, SUNTIL]) THEN
1373         MELDE (F2)
1374   END;                                    (* BANW *)
1375/12 BEGIN                                   (* BBLOCK *)
```

PASCAL-QUERVERWEISLISTENGENERATOR VERSION VOM 01.04.80   SEITE   26
                                      PROGRAMM QVLGEN
Z.NR./B. ZEILENINHALT

```
1376          IF SYMBART = SLABEL THEN
1377            BEGIN
1378              REPEAT
1379                EXTSYMB;
1380                WITH OJBZ DO
1381                  IF (SYMBART <> ZIFOLGE) OR
1382                     (SYMBOL [2] = #0#)    OR
1383                     (SYMBOL [6] <> # #)   THEN
1384                    MELDE (F12);
1385                TOBUDEIN (SLABEL);
1386                EXTSYMB
1387              UNTIL SYMBART <> KOMMA;
1388              IF SYMBART <> SEMIK THEN
1389                MELDE (F11);
1390              EXTSYMB
1391            END;
1392          EZSL [#=#] := GLEICH;
1393          IF SYMBART = SCONST THEN
1394            BEGIN
1395              EXTSYMB;
1396              IF SYMBART <> NAME THEN
1397                MELDE (F8);
1398              REPEAT
1399                S  := OJBZ.SYMBOL;
1400                ZN := ZNR;
1401                EXTSYMB;
1402                IF SYMBART <> GLEICH THEN
1403                  MELDE (F13);
1404                EXTSYMB;
1405                IF SYMBART = ADDOP THEN
1406                  BEGIN
1407                    EXTSYMB;
1408                    IF NOT (SYMBART IN [NAME, ZIFOLGE,
1409                                        AZIFOLGE, RKON]) THEN
1410                      MELDE (F14)
1411                  END;
1412                IF SYMBART = NAME THEN
1413                  SUCHEUTRE ([SCONST])
1414                ELSE
1415                  IF NOT (SYMBART IN [ZIFOLGE, AZIFOLGE, RKON,
1416                                      ZKON, NZKON, SNIL]) THEN
1417                    MELDE (F14);
1418                EXTSYMB;
1419                IF SYMBART <> SEMIK THEN
1420                  MELDE (F11);
1421                OJBZ.SYMBOL := S;
1422                I            := ZNR;
1423                ZNR          := ZN;
1424                TOBUDEIN (SCONST);
1425                ZNR := I;
1426                EXTSYMB
1427              UNTIL SYMBART <> NAME
1428            END;
1429          IF SYMBART = STYPE THEN
1430            BEGIN
```

PASCAL-QUERVERWEISLISTENGENERATOR VERSION VOM 01.04.80   SEITE   27
                                        PROGRAMM QVLGEN
Z.NR./B. ZEILENINHALT

```
1431             EXTSYMB;
1432             IF SYMBART <> NAME THEN
1433               MELDE (F8);
1434             REPEAT
1435               S  := OJBZ.SYMBOL;
1436               ZN := ZNR;
1437               EXTSYMB;
1438               IF SYMBART <> GLEICH THEN
1439                 MELDE (F13);
1440               BTYPANG;
1441               EXTSYMB;
1442               IF SYMBART <> SEMIK THEN
1443                 MELDE (F11);
1444               OJBZ.SYMBOL := S;
1445               I               := ZNR;
1446               ZNR            := ZN;
1447               TOBUDEIN (STYPE);
1448               ZNR := I;
1449               EXTSYMB
1450             UNTIL SYMBART <> NAME;
1451           END;
1452         EZSL [#=#]  := RELOP;
1453         IF SYMBART = SVAR THEN
1454           BEGIN
1455             EXTSYMB;
1456             IF SYMBART <> NAME THEN
1457               MELDE (F8);
1458             REPEAT
1459               TOBUDEIN (SVAR);
1460               EXTSYMB;
1461               WHILE SYMBART = KOMMA DO
1462                 BEGIN
1463                   EXTSYMB;
1464                   IF SYMBART <> NAME THEN
1465                     MELDE (F8);
1466                   TOBUDEIN (SVAR);
1467                   EXTSYMB
1468                 END;
1469               IF SYMBART <> DOPP THEN
1470                 MELDE (F15);
1471               BTYPANG;
1472               EXTSYMB;
1473               IF SYMBART <> SEMIK THEN
1474                 MELDE (F11);
1475               EXTSYMB
1476             UNTIL SYMBART <> NAME
1477           END;
1478         WHILE (SYMBART = SPROC) OR (SYMBART = SFUNC) DO
1479           BEGIN
1480             PF := SYMBART;
1481             EXTSYMB;
1482             IF SYMBART <> NAME THEN
1483               MELDE (F8);
1484             TOBUDEIN (PF);
1485             IF GBSTUFE = MAXGBS THEN
```

PASCAL-QUERVERWEISLISTENGENERATOR VERSION VOM 01.04.80   SEITE   28
                                   PROGRAMM QVLGEN
Z.NR./B. ZEILENINHALT

```
1486                   MELDE (F33);
1487                   GBSTUFE := GBSTUFE + 1;
1488                   BLNAUSG := TRUE;
1489                   OBLIND2 := OBLIND;
1490                   WITH OBL [OBLIND], LDR' DO
1491                     IF NDR = LDR THEN
1492                       BEGIN
1493                         IF ABLN = MAXBLN THEN
1494                           MELDE (F32);
1495                         ABLN             := SUCC (ABLN);
1496                         BLN [GBSTUFE] := ABLN;
1497                         NEW (PEBKEND'.NPEB);
1498                         PEBKEND := PEBKEND'.NPEB;
1499                         WITH PEBKEND' DO
1500                           BEGIN
1501                             PEB             := OB;
1502                             PEB [MAXANZZS] := CHR (GBSTUFE)
1503                           END
1504                       END
1505                     ELSE
1506                       BLN [GBSTUFE] := CHR (NDR'.ZNUM DIV BFAK
1507                                           MOD (ORD (MAXBLN) + 1));
1508                   EXTSYMB;
1509                   IF SYMBART = RKAUF THEN
1510                     BEGIN
1511                       WITH OBL [OBLIND] DO
1512                         IF LDR'.NDR <> LDR THEN
1513                           MELDE (F34);
1514                       REPEAT
1515                         EXTSYMB;
1516                         IF NOT (SYMBART IN [NAME, SVAR,
1517                                             SPROC, SFUNC]) THEN
1518                           MELDE (F35);
1519                         IF SYMBART = NAME THEN
1520                           VPF := SVAR
1521                         ELSE
1522                           BEGIN
1523                             VPF := SYMBART;
1524                             EXTSYMB
1525                           END;
1526                         IF SYMBART <> NAME THEN
1527                           MELDE (F8);
1528                         REPEAT
1529                           TOBUDEIN (VPF);
1530                           EXTSYMB;
1531                           IF SYMBART = KOMMA THEN
1532                             EXTSYMB
1533                         UNTIL SYMBART <> NAME;
1534                         IF VPF <> SPROC THEN
1535                           BEGIN
1536                             IF SYMBART <> DOPP THEN
1537                               MELDE (F15);
1538                             EXTSYMB;
1539                             IF SYMBART <> NAME THEN
1540                               MELDE (F8);
```

PASCAL-QUERVERWEISLISTENGENERATOR VERSION VOM 01.04.80   SEITE   29
                                  PROGRAMM QVLGEN
Z.NR./B. ZEILENINHALT

```
1541                      SUCHEUTRE ([STYPE]);
1542                        EXTSYMB
1543                      END
1544                 UNTIL SYMBART <> SEMIK;
1545                 IF SYMBART <> RKZU THEN
1546                    MELDE (F9);
1547                 EXTSYMB
1548               END;
1549            IF PF = SFUNC THEN
1550               BEGIN
1551                 IF SYMBART <> DOPP THEN
1552                    MELDE (F15);
1553                 EXTSYMB;
1554                 IF SYMBART <> NAME THEN
1555                    MELDE (F8);
1556                 SUCHEUTRE ([STYPE]);
1557                 EXTSYMB
1558               END;
1559            IF SYMBART <> SEMIK THEN
1560               MELDE (F11);
1561            EXTSYMB;
1562            WITH OJBZ DO
1563               IF SYMBOL = # FORWARD  # THEN
1564                  WITH OBL [OBLIND2], LDR' DO
1565                     IF NDR <> LDR THEN
1566                        MELDE (F36)
1567                     ELSE
1568                        BEGIN
1569                          ZNUM := ZNUM + ORD (ABLN) * BFAK;
1570                          IF PF = SPROC THEN
1571                            KLAS := SFPROC
1572                          ELSE
1573                            KLAS := SFFUNC
1574                        END
1575               ELSE
1576                  IF (SYMBOL <> # EXTERN   #) (* +) *) AND
1577                     (SYMBOL <> # FORTRAN  #) (* +) *) THEN
1578                     BBLOCK;
1579            EXTSYMB;
1580            IF SYMBART <> SEMIK THEN
1581               MELDE (F11);
1582            GBSTUFE := GBSTUFE - 1;
1583            BLNAUSG := TRUE;
1584            EXTSYMB
1585          END;
1586       IF SYMBART = SBEGIN THEN
1587          BEGIN
1588            WSL   [21].ART := ADDOP;
1589            EZSL [#!#]     := ADDOP;        (* +) *)
1590            EZSL [#=#]     := RELOP;
1591            REPEAT
1592              BANW (SEND)
1593            UNTIL SYMBART = SEND;
1594            WSL   [21].ART := BOOLOP;
1595            EZSL [#!#]     := BOOLOP;       (* +) *)
```

PASCAL-QUERVERWEISLISTENGENERATOR VERSION VOM 01.04.80 SEITE 30
                                  PROGRAMM QVLGEN
Z.NR./B. ZEILENINHALT

```
1596              EZSL [#=#]      := GLEICH
1597         END
1598       ELSE
1599         MELDE (F18)
1600      END;                                    (* BBLOCK *)
1601/ 1 PROCEDURE SORTOBL
1602/27                      (VON ,
1603                          BIS : OBLITYP);
1604     VAR       UG       ,
1605               OG       : OBLITYP1;
1606     BEGIN                                     (* SORTOBL *)
1607       REPEAT
1608         WITH OJBZ DO
1609           BEGIN
1610             SYMBOL := OBL [(VON + BIS) DIV 2].OB;
1611             UG      := VON;
1612             OG      := BIS;
1613             REPEAT
1614               WHILE OBL [UG].OB < SYMBOL DO
1615                 UG := UG + 1;
1616               WHILE OBL [OG].OB > SYMBOL DO
1617                 OG := OG - 1;
1618               IF UG <= OG THEN
1619                 BEGIN
1620                   OBLE     := OBL [UG];
1621                   OBL [UG] := OBL [OG];
1622                   OBL [OG] := OBLE;
1623                   UG       := UG + 1;
1624                   OG       := OG - 1
1625                 END
1626             UNTIL UG > OG
1627           END;
1628         IF OG - VON < BIS - UG THEN
1629           BEGIN
1630             IF VON < OG THEN
1631               SORTOBL (VON, OG);
1632             VON := UG
1633           END
1634         ELSE
1635           BEGIN
1636             IF UG < BIS THEN
1637               SORTOBL (UG, BIS);
1638             BIS := OG
1639           END
1640       UNTIL BIS <= VON
1641     END;                                      (* SORTOBL *)
1642/ 1 BEGIN                                       (* QVLGEN *)
1643     (* DIE EINTRAGUNGEN IN WSL MUESSEN LEXIKOGRAPHISCH
1644        GEORDNET SEIN, JEDOCH VORSICHT: # # > BU +)
1645        (BINARY SEARCH S. EXTSYMB) *)
1646     WSL  [0].SYMB := # AND      #; WSL  [0].ART := MULOP;
1647     WSL  [1].SYMB := # ARRAY    #; WSL  [1].ART := SARRAY;
1648     WSL  [2].SYMB := # BEGIN    #; WSL  [2].ART := SBEGIN;
1649     WSL  [3].SYMB := # CASE     #; WSL  [3].ART := SCASE;
1650     WSL  [4].SYMB := # CONST    #; WSL  [4].ART := SCONST;
```

PASCAL-QUERVERWEISLISTENGENERATOR VERSION VOM 01.04.80   SEITE   31
                            PROGRAMM QVLGEN
Z.NR./B. ZEILENINHALT

```
1651        WSL  [ 5].SYMB  := # DIV       #;  WSL  [ 5].ART  := MULOP;
1652        WSL  [ 6].SYMB  := # DOWNTO    #;  WSL  [ 6].ART  := SDOWNTO;
1653        WSL  [ 7].SYMB  := # DO        #;  WSL  [ 7].ART  := SDO;
1654        WSL  [ 8].SYMB  := # ELSE      #;  WSL  [ 8].ART  := SELSE;
1655        WSL  [ 9].SYMB  := # END       #;  WSL  [ 9].ART  := SEND;
1656        WSL [10].SYMB  := # FILE       #;  WSL [10].ART  := SFILE;
1657        WSL [11].SYMB  := # FOR        #;  WSL [11].ART  := SFOR;
1658        WSL [12].SYMB  := # FUNCTION   #;  WSL [12].ART  := SFUNC;
1659        WSL [13].SYMB  := # GOTO       #;  WSL [13].ART  := SGOTO;
1660        WSL [14].SYMB  := # IF         #;  WSL [14].ART  := SIF;
1661        WSL [15].SYMB  := # IN         #;  WSL [15].ART  := RELOP;
1662        WSL [16].SYMB  := # LABEL      #;  WSL [16].ART  := SLABEL;
1663        WSL [17].SYMB  := # MOD        #;  WSL [17].ART  := MULOP;
1664        WSL [18].SYMB  := # NIL        #;  WSL [18].ART  := SNIL;
1665        WSL [19].SYMB  := # NOT        #;  WSL [19].ART  := SNOT;
1666        WSL [20].SYMB  := # OF         #;  WSL [20].ART  := SOF;
1667        WSL [21].SYMB  := # OR         #;  WSL [21].ART  := BOOLOP;
1668        WSL [22].SYMB  := # PACKED     #;  WSL [22].ART  := SPACKED;
1669        WSL [23].SYMB  := # PROCEDURE  #;  WSL [23].ART  := SPROC;
1670        WSL [24].SYMB  := # RECORD     #;  WSL [24].ART  := SRECORD;
1671        WSL [25].SYMB  := # REPEAT     #;  WSL [25].ART  := SREPEAT;
1672                                              (* +) *)
1673        WSL [26].SYMB  := # SEGMENTED  #;  WSL [26].ART  := SSEGM;
1674        WSL [27].SYMB  := # SET        #;  WSL [27].ART  := SSET;
1675        WSL [28].SYMB  := # THEN       #;  WSL [28].ART  := STHEN;
1676        WSL [29].SYMB  := # TO         #;  WSL [29].ART  := STO;
1677        WSL [30].SYMB  := # TYPE       #;  WSL [30].ART  := STYPE;
1678        WSL [31].SYMB  := # UNTIL      #;  WSL [31].ART  := SUNTIL;
1679        WSL [32].SYMB  := # VAR        #;  WSL [32].ART  := SVAR;
1680        WSL [33].SYMB  := # WHILE      #;  WSL [33].ART  := SWHILE;
1681        WSL [34].SYMB  := # WITH       #;  WSL [34].ART  := SWITH;
1682                                              (* GUELTIG +) *)
1683        EZSL [#+#]     := ADDOP;          EZSL [#-#]    := ADDOP;
1684        EZSL [#*#]     := MULOP;          EZSL [#/#]    := MULOP;
1685        EZSL [#(#]     := RKAUF;          EZSL [#)#]    := RKZU;
1686        EZSL [#$#]     := SONST;          EZSL [#=#]    := GLEICH;
1687        EZSL [# #]     := SONST;          EZSL [#,#]    := KOMMA;
1688        EZSL [#.#]     := PUNKT;          EZSL [####]   := SONST;
1689        EZSL [#[#]     := EKAUF;          EZSL [#]#]    := EKZU;
1690        EZSL [#%#]     := DOPP;           (* +) *)
1691        EZSL [#"#]     := RELOP;          (* +) *)
1692     (*EZSL [#_#]     := SONST;             UNNOETIG *)
1693        EZSL [#!#]     := BOOLOP;         (* +) *)
1694        EZSL [#&#]     := SONST;          (* +) *)
1695        EZSL [#'#]     := PFEIL;
1696        EZSL [#?#]     := SONST;          EZSL [#<#]    := RELOP;
1697        EZSL [#>#]     := RELOP;
1698        EZSL [#@#]     := RELOP;          (* +) *)
1699        EZSL [#\#]     := RELOP;          (* +) *)
1700        EZSL [#^#]     := SNOT;           (* +) *)
1701        EZSL [#;#]     := SEMIK;
1702        SPL  [0].SYMB  := #:=        #;  SPL  [0].ART  := DPGL;
1703        SPL  [1].SYMB  := #..        #;  SPL  [1].ART  := PUNKPUNK;
1704        SPL  [2].SYMB  := #<>        #;  SPL  [2].ART  := RELOP;
1705        SPL  [3].SYMB  := #<=        #;  SPL  [3].ART  := RELOP;
```

PASCAL-QUERVERWEISLISTENGENERATOR VERSION VOM 01.04.80   SEITE 32
                                  PROGRAMM QVLGEN
Z.NR./B. ZEILENINHALT

```
1706        SPL  [4].SYMB := #>=         #; SPL  [4].ART := RELOP;
1707        SPL  [5].SYMB := #%=         #; SPL  [5].ART := DPGL;
1708        REWRITE (PROGANF);
1709        WRITE   (PROGANF, INPUT');
1710        MMZAPZ := MAXZAPZ2;
1711        ZZ     := MAXZAPZ2;
1712        PNGEF  := FALSE;
1713        PPGEF  := FALSE;
1714        EXTSYMB;
1715        WITH OJBZ DO
1716          BEGIN
1717            IF SYMBOL <> # PROGRAM  # THEN
1718              MELDE (F5);
1719            EXTSYMB;
1720            IF SYMBART <> NAME THEN
1721              MELDE (F6);
1722            PNGEF     := TRUE;
1723            PROGNAME := SYMBOL;
1724            ZNR      := 0;
1725            SNR      := 0;
1726            ZAPS     := 0;
1727            MAXZAPS  := MAXZAPS1;
1728            GBSTUFE := 0;
1729            BLNAUSG := TRUE;
1730            BLN [0] := CHR (0);
1731            LINELIMIT (OUTPUT, -1);        (* +) *)
1732                                           (* -1 BEDEUTET UNBE-
1733                                              GRENZTE ZEILENZAHL *)
1734            INITZEIL;
1735            WRITELN (PROGANF);
1736            RESET   (PROGANF);
1737            REPEAT
1738              IF NOT EOLN (PROGANF) THEN
1739                IF PROGANF' <> # # THEN
1740                  BEGIN
1741                    WRITE (PROGANF');
1742                    GET   (PROGANF)
1743                  END
1744                ELSE
1745                  BEGIN
1746                    I := 0;
1747                    WHILE (PROGANF' = # #) AND
1748                           NOT EOLN (PROGANF) DO
1749                      BEGIN
1750                        I := I + 1;
1751                        GET (PROGANF)
1752                      END;
1753                    IF NOT EOLN (PROGANF) THEN
1754                      WRITE (# # : I)
1755                  END
1756              ELSE
1757                BEGIN
1758                  GET (PROGANF);
1759                  IF NOT EOF (PROGANF) THEN
1760                    INITZEIL
```

PASCAL-QUERVERWEISLISTENGENERATOR VERSION VOM 01.04.80   SEITE   33
                                      PROGRAMM QVLGEN
Z.NR./B. ZEILENINHALT

```
1761              END
1762           UNTIL EOF (PROGANF);
1763           IF (INPUT' = # #) AND NOT EOLN THEN
1764             WRITE (# #);
1765           FOR OBLIND := 0 TO OBLG DO
1766             OBL [OBLIND].OB := LEER;
1767                                      (* #:# = CHR (0) +) *)
1768           TRSTNEIN (#:COL      #, SCONST);  (* +) *)
1769           TRSTNEIN (#:FALSE    #, SCONST);
1770           TRSTNEIN (#:MAXINT   #, SCONST);
1771           TRSTNEIN (#:TRUE     #, SCONST);
1772           TRSTNEIN (#:ALFA     #, STYPE);   (* +) *)
1773           TRSTNEIN (#:BOOLEAN  #, STYPE);
1774           TRSTNEIN (#:CHAR     #, STYPE);
1775           TRSTNEIN (#:INTEGER  #, STYPE);
1776           TRSTNEIN (#:REAL     #, STYPE);
1777           TRSTNEIN (#:TEXT     #, STYPE);
1778        (*TRSTNEIN (#:INPUT    #, SVAR);          *)
1779        (*TRSTNEIN (#:OUTPUT   #, SVAR);          *)
1780           TRSTNEIN (#:DATE     #, SPROC);   (* +) *)
1781           TRSTNEIN (#:DISPOSE  #, SPROC);
1782           TRSTNEIN (#:GET      #, SPROC);
1783           TRSTNEIN (#:GETSEG   #, SPROC);   (* +) *)
1784           TRSTNEIN (#:HALT     #, SPROC);   (* +) *)
1785           TRSTNEIN (#:LINELIMI #, SPROC);   (* +) *)
1786           TRSTNEIN (#:MESSAGE  #, SPROC);   (* +) *)
1787           TRSTNEIN (#:NEW      #, SPROC);
1788           TRSTNEIN (#:PACK     #, SPROC);
1789           TRSTNEIN (#:PAGE     #, SPROC);
1790           TRSTNEIN (#:PUT      #, SPROC);
1791           TRSTNEIN (#:PUTSEG   #, SPROC);   (* +) *)
1792           TRSTNEIN (#:READ     #, SPROC);
1793           TRSTNEIN (#:READLN   #, SPROC);
1794           TRSTNEIN (#:RELEASE  #, SPROC);   (* +) *)
1795           TRSTNEIN (#:RESET    #, SPROC);
1796           TRSTNEIN (#:REWRITE  #, SPROC);
1797           TRSTNEIN (#:TIME     #, SPROC);   (* +) *)
1798           TRSTNEIN (#:UNPACK   #, SPROC);
1799           TRSTNEIN (#:WRITE    #, SPROC);
1800           TRSTNEIN (#:WRITELN  #, SPROC);
1801           TRSTNEIN (#:ABS      #, SFUNC);
1802           TRSTNEIN (#:ARCTAN   #, SFUNC);
1803           TRSTNEIN (#:CARD     #, SFUNC);   (* +) *)
1804           TRSTNEIN (#:CHR      #, SFUNC);
1805           TRSTNEIN (#:CLOCK    #, SFUNC);   (* +) *)
1806           TRSTNEIN (#:COS      #, SFUNC);
1807           TRSTNEIN (#:EOF      #, SFUNC);
1808           TRSTNEIN (#:EOLN     #, SFUNC);
1809           TRSTNEIN (#:EOS      #, SFUNC);   (* +) *)
1810           TRSTNEIN (#:EXP      #, SFUNC);
1811           TRSTNEIN (#:EXPO     #, SFUNC);   (* +) *)
1812           TRSTNEIN (#:LN       #, SFUNC);
1813           TRSTNEIN (#:ODD      #, SFUNC);
1814           TRSTNEIN (#:ORD      #, SFUNC);
1815           TRSTNEIN (#:PRED     #, SFUNC);
```

PASCAL-QUERVERWEISLISTENGENERATOR VERSION VOM 01.04.80 SEITE 34
                                PROGRAMM QVLGEN
Z.NR./B. ZEILENINHALT

```
1816              TRSTNEIN (#:ROUND     #,  SFUNC);
1817              TRSTNEIN (#:SIN       #,  SFUNC);
1818              TRSTNEIN (#:SQR       #,  SFUNC);
1819              TRSTNEIN (#:SQRT      #,  SFUNC);
1820              TRSTNEIN (#:SUCC      #,  SFUNC);
1821              TRSTNEIN (#:TRUNC     #,  SFUNC);
1822              SYMBOL := PROGNAME;
1823              TOBUDEIN (SPROG);
1824              NEW (PEBKANF);
1825              PEBKEND := PEBKANF;
1826              WITH PEBKEND' DO
1827                 BEGIN
1828                   PEB              := SYMBOL;
1829                   PEB [MAXANZZS] := CHR (1)
1830                 END;
1831              GBSTUFE := 1;
1832              BLNAUSG := TRUE;
1833              BLN [1] := CHR (1);
1834              EXTSYMB;
1835              IF SYMBART <> RKAUF THEN
1836                MELDE (F7);
1837              REPEAT
1838                EXTSYMB;
1839                IF SYMBART <> NAME THEN
1840                  MELDE (F8);
1841                IF (SYMBOL = # INPUT    #)  OR
1842                   (SYMBOL = # OUTPUT   #) THEN
1843                  BEGIN
1844                    TOBUDEIN (SVAR);
1845                    OBLIND2 := 0
1846                  END
1847                ELSE
1848                  BEGIN
1849                    TOBUDEIN (SFVAR);
1850                    OBLIND2 := 1
1851                  END;
1852                EXTSYMB;
1853                                              (* +) *)
1854                IF SYMBOL [1] = #*# THEN
1855                  EXTSYMB;
1856                IF SYMBOL [1] = #+# THEN
1857                  IF OBLIND2 = 0 THEN
1858                    EXTSYMB
1859              UNTIL SYMBART <> KOMMA
1860            END;
1861          IF SYMBART <> RKZU THEN
1862            MELDE (F9);
1863          EXTSYMB;
1864          IF SYMBART <> SEMIK THEN
1865            MELDE (F11);
1866          EXTSYMB;
1867          UDFM := FALSE;
1868          ABLN := CHR (1);
1869          ASN  := CHR (0);
1870          ACN  := CHR (0);
```

PASCAL-QUERVERWEISLISTENGENERATOR VERSION VOM 01.04.80   SEITE   35
                           PROGRAMM QVLGEN
Z.NR./B. ZEILENINHALT

```
1871          BBLOCK;
1872          EXTSYMB;
1873          IF SYMBART <> PUNKT THEN
1874            MELDE (F31);
1875          GBSTUFE := 0;
1876          BLNAUSG := TRUE;
1877          EXTSYMB;
1878          IF SYMBART <> KEINSYMB THEN
1879            MELDE (F31);
1880     1:                                        (* FEHLERAUSGANG 1 *)
1881          OBLIND1 := -1;
1882          FOR OBLIND := 0 TO OBLG DO
1883            WITH OBL [OBLIND] DO
1884              IF OB <> LEER THEN
1885                IF LDR <> NIL THEN
1886                  BEGIN
1887                    OBLIND1 := OBLIND1 + 1;
1888                    IF KLAS = SLABEL THEN
1889                      BEGIN
1890                        OBL [OBLIND1].OB [10] := CHR (0);
1891                        OBL [OBLIND1].OB [9]  := CHR (0);
1892                        OBL [OBLIND1].OB [8]  := CHR (0);
1893                        OBL [OBLIND1].OB [7]  := CHR (0);
1894                        FOR I := 5 DOWNTO 2 DO
1895                          IF OB [I] <> # # THEN
1896                            OBL [OBLIND1].OB [I + 1] := OB [I]
1897                          ELSE
1898                            OBL [OBLIND1].OB [I + 1] := CHR (0);
1899                        OBL [OBLIND1].OB [2]  := CHR (0);
1900                        OBL [OBLIND1].OB [1]  := OB [1]
1901                      END
1902                    ELSE
1903                      BEGIN
1904                                                (* +) KAUM ANDERS
1905                                                   MOEGLICH *)
1906                        OBL [OBLIND1].OB [1] := OB [1];
1907                        FOR I := 2 TO MAXANZZS -1 DO
1908                          IF OB [I] <> # # THEN
1909                            OBL [OBLIND1].OB [I] := OB [I]
1910                          ELSE
1911                            OBL [OBLIND1].OB [I] := CHR (0)
1912                      END;
1913                    OBL [OBLIND1].KLAS := KLAS;
1914                    OBL [OBLIND1].LDR  := LDR
1915                  END;
1916          SORTOBL (0, OBLIND1);
1917          ABLN    := CHR (0);
1918          MAXZAPS := MAXZAPS2;
1919          ZAPS    := 0;
1920          INITZEIL;
1921          WRITE (# 0   0 >PASCAL< -1#);
1922          FOR OBLIND := 0 TO OBLIND1 DO
1923            WITH OBL [OBLIND] DO
1924              BEGIN
1925                IF NOT PNGEF THEN
```

PASCAL-QUERVERWEISLISTENGENERATOR VERSION VOM 01.04.80   SEITE   36
                                PROGRAMM QVLGEN
Z.NR./B. ZEILENINHALT

```
1926                    INITZEIL;
1927                 IF OB [1] <> ABLN THEN
1928                    REPEAT
1929                      ABLN := SUCC (ABLN);
1930                      WITH PEBKANF' DO
1931                        BEGIN
1932                          WRITE (ORD (ABLN) : 2,
1933                                   ORD (PEB [MAXANZZS]) : 3,
1934                                   # #);
1935                          FOR I := 2 TO MAXANZZS - 1 DO
1936                            IF PEB [I] <> CHR (0) THEN
1937                              WRITE (PEB [I])
1938                            ELSE
1939                              WRITE (# #);
1940                          WRITE (# #, ORD (PEB [1]) : 2, # #)
1941                        END;
1942                      PEBKANF := PEBKANF'.NPEB;
1943                      IF OB [1] <> ABLN THEN
1944                        INITZEIL
1945                    UNTIL OB [1] = ABLN
1946                 ELSE
1947                   IF PNGEF THEN
1948                     BEGIN
1949                       WRITE (# #);
1950                       PNGEF := FALSE
1951                     END
1952                   ELSE
1953                     WRITE (# # : 18);
1954                 IF KLAS = SLABEL THEN
1955                   I := 3
1956                 ELSE
1957                   I := 2;
1958                                                 (* +) KAUM ANDERS
1959                                                 MOEGLICH *)
1960                 FOR I := I TO MAXANZZS - 1 DO
1961                   IF OB [I] <> CHR (0) THEN
1962                     WRITE (OB [I])
1963                   ELSE
1964                     WRITE (# #);
1965                 CASE KLAS OF
1966     SCASE:      WRITE (# CASE #);
1967     SPROG:      WRITE (# PROG #);
1968     SLABEL:     WRITE (#  LABEL#);
1969     SCONST:     WRITE (# CONST#);
1970     STYPE:      WRITE (# TYPE #);
1971     SVAR:       WRITE (# VAR  #);
1972     SRECORD:    WRITE (# COMP #);
1973     DOPP:       WRITE (# DOUBL#);
1974     SPROC:      WRITE (# PROC #);
1975     SFUNC:      WRITE (# FUNC #);
1976     SFVAR,
1977     SGBTYP,
1978     SFPROC,
1979     SFFUNC:     WRITE (# UNDEF#)
1980                 END;
```

```
PASCAL-QUERVERWEISLISTENGENERATOR VERSION VOM 01.04.80   SEITE   37
                                 PROGRAMM QVLGEN
Z.NR./B. ZEILENINHALT

1981                  I       := 0;
1982                  LEDERE  := LDR'.NDR;
1983                  REPEAT
1984                    IF I = MAXZB THEN
1985                      BEGIN
1986                        I := 1;
1987                        INITZEIL;
1988                        WRITE (# # : 32)
1989                      END
1990                    ELSE
1991                      I := I + 1;
1992                    WITH LEDERE' DO
1993                      BEGIN
1994                        WRITE (ZNUM DIV KFAK : MAXSZZNR + 2, #/#,
1995                                   ZNUM DIV MFAK
1996                                   MOD (ORD (MAXBLN) + 1) : 2);
1997                        CASE ZNUM MOD MFAK OF
1998      RMARK:            WRITE (# #);
1999      DMARK:            WRITE (#D#);
2000      LMARK:            WRITE (#:#);
2001      AWKMARK:          WRITE (#C#)
2002                        END
2003                      END;
2004                    LEDERE := LEDERE'.NDR
2005                  UNTIL LEDERE = LDR'.NDR
2006              END;
2007        MELDE (F42);
2008      9999:                                 (* FEHLERAUSGANG 2 *)
2009      END.                                  (* QVLGEN *)
2010/ 0
2011                    (* +) IN PASCAL-6000-3.4-IMPLEMENTATION *)
```

```
PASCAL-QUERVERWEISLISTENGENERATOR VERSION VOM 01.04.80   SEITE  38
                                  PROGRAMM QVLGEN

          NAME DER
          PROGRAMM D. OBJEKT-  OBJEKT
B. G. -EINHEIT B. BEZEICH. -KLAS. ZEILE/BLOCK


0  0 >PASCAL< -1 ABS      FUNC     307/ 3
                 BOOLEAN  TYPE     109/ 1      185/ 1       214/ 1
                                   215/ 1      220/ 1       492/ 9
                                   557/11     1111/23
                 CHAR     TYPE     102/ 1      129/ 1       204/ 1
                                   206/ 1      208/ 1       558/11
                                   844/13      929/18       930/18
                                  1104/20
                 CHR      FUNC    1502/12     1506/12      1730/ 1
                                  1829/ 1     1833/ 1      1868/ 1
                                  1869/ 1     1870/ 1      1890/ 1
                                  1891/ 1     1892/ 1      1893/ 1
                                  1898/ 1     1899/ 1      1911/ 1
                                  1917/ 1     1936/ 1      1961/ 1
                 EOF      FUNC     501/10      506/10       611/ 9
                                   620/ 9      637/ 9       655/ 9
                                   664/ 9      799/ 9      1759/ 1
                                  1762/ 1
                 EOLN     FUNC     503/10      520/10       528/10
                                  1738/ 1     1748/ 1      1753/ 1
                                  1763/ 1
                 FALSE    CONST    110/ 1C     479/ 8       560/11
                                   603/ 9      609/ 9      1045/14
                                  1712/ 1     1713/ 1      1867/ 1
                                  1950/ 1
                 GET      PROC     505/10      516/10       522/10
                                  1742/ 1     1751/ 1      1758/ 1
                 INTEGER  TYPE     111/ 1      116/ 1       219/ 1
                                   296/ 3      297/ 3       496/ 9
                 LINELIMI PROC    1731/ 1
                 NEW      PROC     344/ 5      357/ 5       379/ 6
                                   416/ 7     1497/12      1824/ 1
                 ODD      FUNC     311/ 3
                 ORD      FUNC     368/ 5      384/ 6       426/ 7
                                   481/ 8      857/13       868/13
                                   868/13      874/13       941/19
                                   941/19      946/19      1507/12
                                  1569/12     1932/ 1      1933/ 1
                                  1940/ 1     1996/ 1
                 QVLGEN   PROG       2/ 0D
                 RESET    PROC    1736/ 1
                 REWRITE  PROC    1708/ 1
                 SUCC     FUNC    1002/18     1088/14      1317/20
                                  1495/12     1929/ 1
                 TEXT     TYPE     178/ 1
                 TRUE     CONST    111/ 1C     569/11       572/11
                                   585/11      587/11       596/11
                                   612/ 9      625/ 9       662/ 9
                                   750/ 9     1038/14      1488/12
                                  1583/12     1722/ 1      1729/ 1
                                  1832/ 1     1876/ 1
                 WRITE    PROC     239/ 2      241/ 2       242/ 2
                                   244/ 2      245/ 2       246/ 2
```

PASCAL-QUERVERWEISLISTENGENERATOR VERSION VOM 01.04.80   SEITE   39
                    PROGRAMM QVLGEN

```
        NAME DER
        PROGRAMM D. OBJEKT-  OBJEKT
B. G.  -EINHEIT B. BEZEICH. -KLAS. ZEILE/BLOCK
```

B.	G.	PROGRAMM-EINHEIT	D. OBJEKT-B.	OBJEKT BEZEICH.	-KLAS.	ZEILE/BLOCK		
						247/ 2	248/ 2	249/ 2
						250/ 2	251/ 2	253/ 2
						254/ 2	255/ 2	256/ 2
						257/ 2	258/ 2	259/ 2
						261/ 2	262/ 2	263/ 2
						264/ 2	265/ 2	266/ 2
						267/ 2	268/ 2	269/ 2
						270/ 2	271/ 2	272/ 2
						273/ 2	274/ 2	275/ 2
						276/ 2	277/ 2	278/ 2
						280/ 2	281/ 2	282/ 2
						283/ 2	285/ 2	286/ 2
						287/ 2	480/ 8	484/ 8
						487/ 8	524/10	526/10
						546/10	548/10	1709/ 1
						1741/ 1	1754/ 1	1764/ 1
						1921/ 1	1932/ 1	1937/ 1
						1939/ 1	1940/ 1	1949/ 1
						1953/ 1	1962/ 1	1964/ 1
						1966/ 1	1967/ 1	1968/ 1
						1969/ 1	1970/ 1	1971/ 1
						1972/ 1	1973/ 1	1974/ 1
						1975/ 1	1979/ 1	1988/ 1
						1994/ 1	1998/ 1	1999/ 1
						2000/ 1	2001/ 1	
			WRITELN	PROC		237/ 2	238/ 2	289/ 2
						449/ 8	450/ 8	453/ 8
						456/ 8	459/ 8	460/ 8
						462/ 8	469/ 8	512/10
						1735/ 1		
			#B#	CASE		568/11C		
			#E#	CASE		570/11C		
			#L#	CASE		570/11C		
			#P#	CASE		570/11C		
			#T#	CASE		570/11C		
			#U#	CASE		573/11C		
			#X#	CASE		586/11C		
1	1	QVLGEN	0 1		LABEL	6/ 1D	293/ 2	1880/ 1:
			9999		LABEL	7/ 1D	291/ 2	2008/ 1:
			ABLN		VAR	204/ 1D	1493/12	1495/12
						1495/12	1496/12	1569/12
						1868/ 1	1917/ 1	1927/ 1
						1929/ 1	1929/ 1	1932/ 1
						1943/ 1	1945/ 1	
			ACN		VAR	208/ 1D	1000/18	1002/18
						1002/18	1003/18	1315/20
						1317/20	1317/20	1318/20
						1870/ 1		
			ADDOP		CONST	77/ 1D	885/16	1029/14
						1233/24	1235/24	1237/24
						1405/12	1588/12	1589/12
						1683/ 1	1683/ 1	
			ANZSP		CONST	35/ 1D	154/ 1	830/ 9

PASCAL-QUERVERWEISLISTENGENERATOR VERSION VOM 01.04.80   SEITE   40
                          PROGRAMM QVLGEN

```
        NAME DER
        PROGRAMM D. OBJEKT-   OBJEKT
B. G.  -EINHEIT B. BEZEICH.  -KLAS. ZEILE/BLOCK

               ANZWS     CONST      26/ 1D      146/ 1      697/ 9
               APOS      CONST      25/ 1D      804/ 9
               ART       COMP      144/ 1D      707/ 9      833/ 9
                                  1231/24      1235/24     1588/12
                                  1594/12      1646/ 1     1647/ 1
                                  1648/ 1      1649/ 1     1650/ 1
                                  1651/ 1      1652/ 1     1653/ 1
                                  1654/ 1      1655/ 1     1656/ 1
                                  1657/ 1      1658/ 1     1659/ 1
                                  1660/ 1      1661/ 1     1662/ 1
                                  1663/ 1      1664/ 1     1665/ 1
                                  1666/ 1      1667/ 1     1668/ 1
                                  1669/ 1      1670/ 1     1671/ 1
                                  1673/ 1      1674/ 1     1675/ 1
                                  1676/ 1      1677/ 1     1678/ 1
                                  1679/ 1      1680/ 1     1681/ 1
                                  1702/ 1      1703/ 1     1704/ 1
                                  1705/ 1      1706/ 1     1707/ 1
               ASN       VAR       206/ 1D     1086/14     1088/14
                                  1088/14      1089/14     1869/ 1
               AWKMARK   CONST      40/ 1D      874/13     2001/ 1C
               AZIFOLGE  CONST      75/ 1D      736/ 9      851/13
                                   890/16       997/18     1020/18
                                  1023/18      1030/14     1168/26
                                  1173/26C     1409/12     1415/12
               BBLOCK    PROC      842/ 1D     1578/12     1871/ 1
               BFAK      CONST      43/ 1D      867/13      874/13
                                   940/19       946/19     1506/12
                                  1569/12
               BLN       VAR       203/ 1D      301/ 3      368/ 5
                                   384/ 6       426/ 7      481/ 8
                                   857/13      1496/12     1506/12
                                  1730/ 1      1833/ 1
               BLNAUSG   VAR       220/ 1D      477/ 8      479/ 8
                                  1488/12      1583/12     1729/ 1
                                  1832/ 1      1876/ 1
               BLNTYP    TYPE      128/ 1D      203/ 1
               BOOLOP    CONST      77/ 1D     1231/24     1594/12
                                  1595/12      1667/ 1     1693/ 1
               BU        CONST      74/ 1D      535/10      682/ 9
                                   691/ 9       759/ 9
               DATUM     CONST      66/ 1D      451/ 8
               DMARK     CONST      37/ 1D      369/ 5     1999/ 1C
               DOPP      CONST      79/ 1D      361/ 5      403/ 7
                                   819/ 9       879/13      961/18
                                   981/18      1123/23     1126/23
                                  1157/21      1180/26     1184/26
                                  1256/20      1267/20     1270/20
                                  1344/20      1361/20     1469/12
                                  1536/12      1551/12     1690/ 1
                                  1973/ 1C
               DPGL      CONST      80/ 1D     1277/20     1346/20
                                  1702/ 1      1707/ 1
```

PASCAL-QUERVERWEISLISTENGENERATOR VERSION VOM 01.04.80   SEITE   41
                                   PROGRAMM QVLGEN

```
          NAME DER
          PROGRAMM D. OBJEKT-  OBJEKT
B. G.  -EINHEIT B. BEZEICH. -KLAS. ZEILE/BLOCK

              DRTYP     TYPE      113/ 1        114/ 1D
              EKAUF     CONST      79/ 1D      1064/14       1143/21
                                 1145/21C      1170/26      1202/26C
                                 1689/ 1
              EKZU      CONST      79/ 1D      1071/14       1149/21
                                 1203/26      1212/26       1689/ 1
              EXTSYMB   PROC      490/ 1D       876/13        878/13
                                  886/16        896/17        899/17
                                  906/15        910/15        951/18
                                  957/18        959/18        964/18
                                  967/18        975/18        979/18
                                  984/18        988/18        995/18
                                 1006/18       1012/18       1016/18
                                 1028/14       1035/14       1050/14
                                 1054/14       1063/14       1067/14
                                 1069/14       1073/14       1079/14
                                 1082/14       1094/14       1113/23
                                 1132/23       1137/23       1142/21
                                 1151/21       1154/21       1158/21
                                 1160/21       1177/26       1190/26
                                 1196/26       1199/26       1214/26
                                 1226/25       1232/24       1234/24
                                 1239/24       1249/20       1255/20
                                 1258/20       1274/20       1285/20
                                 1289/20       1296/20       1311/20
                                 1323/20       1326/20       1341/20
                                 1345/20       1358/20       1379/12
                                 1386/12       1390/12       1395/12
                                 1401/12       1404/12       1407/12
                                 1418/12       1426/12       1431/12
                                 1437/12       1441/12       1449/12
                                 1455/12       1460/12       1463/12
                                 1467/12       1472/12       1475/12
                                 1481/12       1508/12       1515/12
                                 1524/12       1530/12       1532/12
                                 1538/12       1542/12       1547/12
                                 1553/12       1557/12       1561/12
                                 1579/12       1584/12       1714/ 1
                                 1719/ 1       1834/ 1       1838/ 1
                                 1852/ 1       1855/ 1       1858/ 1
                                 1863/ 1       1866/ 1       1872/ 1
                                 1877/ 1
              EZSL      VAR       211/ 1D       821/ 9       1392/12
                                 1452/12       1589/12       1590/12
                                 1595/12       1596/12       1683/ 1
                                 1683/ 1       1684/ 1       1684/ 1
                                 1685/ 1       1685/ 1       1686/ 1
                                 1686/ 1       1687/ 1       1687/ 1
                                 1688/ 1       1688/ 1       1689/ 1
                                 1689/ 1       1690/ 1       1691/ 1
                                 1693/ 1       1694/ 1       1695/ 1
                                 1696/ 1       1696/ 1       1697/ 1
                                 1698/ 1       1699/ 1       1700/ 1
```

PASCAL-QUERVERWEISLISTENGENERATOR VERSION VOM 01.04.80   SEITE   42
PROGRAMM QVLGEN

```
            NAME DER
            PROGRAMM D. OBJEKT-   OBJEKT
B. G. -EINHEIT B. BEZEICH. -KLAS. ZEILE/BLOCK

                              1701/ 1
            EZSLITYP TYPE     150/ 1D     153/ 1
            EZSLTYP  TYPE     153/ 1D     211/ 1
            FTYP     TYPE     158/ 1D     235/ 2
            F1       CONST    159/ 1D     241/ 2C      318/ 3
            F10      CONST    160/ 1D     251/ 2C      364/ 5
                              869/13      942/19
            F11      CONST    160/ 1D     253/ 2C     1389/12
                             1420/12     1443/12      1474/12
                             1560/12     1581/12      1865/ 1
            F12      CONST    160/ 1D     254/ 2C     1287/20
                             1384/12
            F13      CONST    160/ 1D     255/ 2C     1403/12
                             1439/12
            F14      CONST    160/ 1D     256/ 2C      861/13
                              892/16     1410/12      1417/12
            F15      CONST    161/ 1D     257/ 2C      962/18
                             1257/20     1470/12      1537/12
                             1552/12
            F16      CONST    161/ 1D     258/ 2C      753/ 9
                              761/ 9      769/ 9       771/ 9
            F17      CONST    161/ 1D     259/ 2C      796/ 9
                              800/ 9      803/ 9
            F18      CONST    161/ 1D     261/ 2C     1599/12
            F19      CONST    161/ 1D     262/ 2C      414/ 7
            F2       CONST    159/ 1D     242/ 2C     1373/20
            F20      CONST    161/ 1D     263/ 2C     1065/14
            F21      CONST    161/ 1D     264/ 2C     1072/14
                             1150/21     1213/26
            F22      CONST    162/ 1D     265/ 2C      993/18
                             1075/14     1081/14      1096/14
                             1309/20
            F23      CONST    162/ 1D     266/ 2C     1056/14
                             1060/14
            F24      CONST    162/ 1D     267/ 2C      898/17
            F25      CONST    162/ 1D     268/ 2C     1220/26
            F26      CONST    162/ 1D     269/ 2C     1301/20
            F27      CONST    162/ 1D     270/ 2C     1337/20
                             1353/20     1365/20
            F28      CONST    162/ 1D     271/ 2C     1278/20
                             1347/20
            F29      CONST    163/ 1D     272/ 2C     1350/20
            F3       CONST    159/ 1D     244/ 2C      621/ 9
            F30      CONST    163/ 1D     273/ 2C     1371/20
            F31      CONST    163/ 1D     274/ 2C     1874/ 1
                             1879/ 1
            F32      CONST    163/ 1D     275/ 2C     1494/12
            F33      CONST    163/ 1D     276/ 2C     1486/12
            F34      CONST    163/ 1D     277/ 2C     1513/12
            F35      CONST    163/ 1D     278/ 2C     1518/12
            F36      CONST    164/ 1D     280/ 2C     1566/12
            F37      CONST    164/ 1D     281/ 2C      411/ 7
                              435/ 7
```

PASCAL-QUERVERWEISLISTENGENERATOR VERSION VOM 01.04.80   SEITE   43
PROGRAMM QVLGEN

```
        NAME DER
        PROGRAMM D. OBJEKT-   OBJEKT
B. G.  -EINHEIT B. BEZEICH.  -KLAS. ZEILE/BLOCK
```

F38	CONST	164/ 1D	282/ 2C	1087/14	
F39	CONST	164/ 1D	283/ 2C	1001/18	
		1316/20			
F4	CONST	159/ 1D	245/ 2C	638/ 9	
		642/ 9	656/ 9		
F40	CONST	164/ 1D	285/ 2C	1091/14	
F41	CONST	164/ 1D	286/ 2C	971/18	
		1021/18			
F42	CONST	164/ 1D	287/ 2C	290/ 2	
		2007/ 1			
F5	CONST	159/ 1D	246/ 2C	290/ 2	
		1718/ 1			
F6	CONST	159/ 1D	247/ 2C	290/ 2	
		1721/ 1			
F7	CONST	159/ 1D	248/ 2C	1836/ 1	
F8	CONST	160/ 1D	249/ 2C	908/15	
		977/18	986/18	1037/14	
		1156/21	1343/20	1360/20	
		1397/12	1433/12	1457/12	
		1465/12	1483/12	1527/12	
		1540/12	1555/12	1840/ 1	
F9	CONST	160/ 1D	250/ 2C	913/15	
		1011/18	1136/23	1195/26	
		1546/12	1862/ 1		
GBSTUFE	VAR	201/ 1D	301/ 3	368/ 5	
		384/ 6	395/ 7	405/ 7	
		407/ 7	407/ 7	428/ 7	
		431/ 7	432/ 7	432/ 7	
		437/ 7	438/ 7	481/ 8	
		853/13	854/13	858/13	
		1485/12	1487/12	1487/12	
		1496/12	1502/12	1506/12	
		1582/12	1582/12	1728/ 1	
		1831/ 1	1875/ 1		
GBSTYP	TYPE	126/ 1D	129/ 1	201/ 1	
		393/ 7	845/13		
GLEICH	CONST	78/ 1D	1392/12	1402/12	
		1438/12	1596/12	1686/ 1	
I	VAR	219/ 1D	696/ 9	699/ 9	
		701/ 9	704/ 9	826/ 9	
		828/ 9	828/ 9	829/ 9	
		830/ 9	833/ 9	1422/12	
		1425/12	1445/12	1448/12	
		1746/ 1	1750/ 1	1750/ 1	
		1754/ 1	1894/ 1	1895/ 1	
		1896/ 1	1896/ 1	1898/ 1	
		1907/ 1	1908/ 1	1909/ 1	
		1909/ 1	1911/ 1	1935/ 1	
		1936/ 1	1937/ 1	1955/ 1	
		1957/ 1	1960/ 1	1960/ 1	
		1961/ 1	1962/ 1	1981/ 1	
		1984/ 1	1986/ 1	1991/ 1	
		1991/ 1			

PASCAL-QUERVERWEISLISTENGENERATOR VERSION VOM 01.04.80 SEITE 44
                               PROGRAMM QVLGEN

```
        NAME DER
        PROGRAMM D. OBJEKT-   OBJEKT
B. G.  -EINHEIT B. BEZEICH.  -KLAS. ZEILE/BLOCK

                  INITZEIL PROC      440/  1D     510/10     1734/  1
                                    1760/  1     1920/  1    1926/  1
                                    1944/  1     1987/  1
                  INPUT    VAR          3/  1D     505/10     516/10
                                     522/10      524/10     526/10
                                     534/10      534/10     541/10
                                     541/10      546/10     548/10
                                     563/11      565/11     568/11
                                     571/11      573/11     579/11
                                     586/11      592/11     614/  9
                                     617/  9     622/  9     631/  9
                                     634/  9     643/  9     648/  9
                                     651/  9     653/  9     669/  9
                                     669/  9     677/  9     688/  9
                                     714/  9     714/  9     719/  9
                                     726/  9     733/  9     740/  9
                                     742/  9     748/  9     760/  9
                                     766/  9     780/  9     784/  9
                                     792/  9     797/  9     801/  9
                                     814/  9     818/  9     821/  9
                                     825/  9    1709/  1    1763/  1
                  KEINSYMB CONST       75/  1D     608/  9     664/  9
                                    1878/  1
                  KFAK     CONST       44/  1D     366/  5     382/  6
                                     424/  7     1994/  1
                  KLAS     COMP       135/  1D     331/  4     348/  5
                                     349/  5      351/  5     352/  5
                                     353/  5      360/  5     365/  5
                                     378/  6      402/  7     919/15
                                    1184/26      1187/26    1270/20
                                    1273/20      1571/12    1573/12
                                    1888/  1     1913/  1    1913/  1
                                    1954/  1     1965/  1
                  KOMMA    CONST       78/  1D     877/13     911/15
                                     958/18      1070/14    1134/23
                                    1148/21      1206/26    1363/20
                                    1387/12      1461/12    1531/12
                                    1687/  1     1859/  1
                  LDR      COMP       136/  1D     332/  4     344/  5
                                     345/  5      345/  5     356/  5
                                     357/  5      358/  5     359/  5
                                     366/  5      379/  6     380/  6
                                     386/  6      415/  7     416/  7
                                     419/  7      420/  7     423/  7
                                     423/  7      424/  7     856/13
                                     864/13      865/13     872/13
                                     937/19      938/19     945/19
                                    1254/20      1254/20    1490/12
                                    1491/12      1512/12    1512/12
                                    1564/12      1565/12    1885/  1
                                    1914/  1     1914/  1    1982/  1
                                    2005/  1
                  LEDERE   VAR        217/  1D     356/  5     358/  5
```

PASCAL-QUERVERWEISLISTENGENERATOR VERSION VOM 01.04.80   SEITE   45
PROGRAMM QVLGEN

```
        NAME DER
        PROGRAMM D. OBJEKT-   OBJEKT
B. G.  -EINHEIT B. BEZEICH.  -KLAS.  ZEILE/BLOCK
```

PROGRAMM D.-EINHEIT B.	OBJEKT BEZEICH.	OBJEKT-KLAS.	ZEILE/BLOCK		
			359/ 5	415/ 7	417/ 7
			419/ 7	420/ 7	864/13
			865/13	867/13	870/13
			870/13	937/19	938/19
			940/19	943/19	943/19
			1982/ 1	1992/ 1	2004/ 1
			2004/ 1	2005/ 1	
	LEER	CONST	24/ 1D	313/ 3	341/ 5
			400/ 7	667/ 9	1040/14
			1766/ 1	1884/ 1	
	LMARK	CONST	39/ 1D	1254/20	2000/ 1C
	MAXANZZS	CONST	8/ 1D	98/ 1	674/ 9
			685/ 9	730/ 9	1502/12
			1829/ 1	1907/ 1	1933/ 1
			1935/ 1	1960/ 1	
	MAXAZS	CONST	10/ 1D	99/ 1	680/ 9
	MAXBLN	CONST	19/ 1D	1493/12	1507/12
			1996/ 1		
	MAXCN	CONST	22/ 1D	868/13	1000/18
			1315/20		
	MAXGBS	CONST	16/ 1D	126/ 1	1485/12
	MAXSN	CONST	20/ 1D	941/19	1086/14
	MAXSNR	CONST	52/ 1D	177/ 1	445/ 8
	MAXSZSNR	CONST	53/ 1D	452/ 8	
	MAXSZZNR	CONST	46/ 1D	480/ 8	484/ 8
			1994/ 1		
	MAXZAPS	VAR	231/ 1D	444/ 8	454/ 8
			470/ 8	1727/ 1	1918/ 1
	MAXZAPS1	CONST	55/ 1D	172/ 1	175/ 1
			455/ 8C	471/ 8C	1727/ 1
	MAXZAPS2	CONST	58/ 1D	175/ 1	457/ 8C
			486/ 8C	1918/ 1	
	MAXZAPZ1	CONST	48/ 1D	575/11	576/11
	MAXZAPZ2	CONST	50/ 1D	169/ 1	581/11
			582/11	1710/ 1	1711/ 1
	MAXZB	CONST	71/ 1D	1984/ 1	
	MAXZNR	CONST	45/ 1D	166/ 1	473/ 8
	MELDE	PROC	234/ 1D	318/ 3	364/ 5
			411/ 7	414/ 7	435/ 7
			621/ 9	638/ 9	642/ 9
			656/ 9	753/ 9	761/ 9
			769/ 9	771/ 9	796/ 9
			800/ 9	803/ 9	861/13
			869/13	892/16	898/17
			908/15	913/15	942/19
			962/18	971/18	977/18
			986/18	993/18	1001/18
			1011/18	1021/18	1037/14
			1056/14	1060/14	1065/14
			1072/14	1075/14	1081/14
			1087/14	1091/14	1096/14
			1136/23	1150/21	1156/21
			1195/26	1213/26	1220/26

PASCAL-QUERVERWEISLISTENGENERATOR VERSION VOM 01.04.80   SEITE   46
PROGRAMM QVLGEN

```
        NAME DER
        PROGRAMM D. OBJEKT-   OBJEKT
B. G.  -EINHEIT B. BEZEICH. -KLAS. ZEILE/BLOCK

                                     1257/20      1278/20      1287/20
                                     1301/20      1309/20      1316/20
                                     1337/20      1343/20      1347/20
                                     1350/20      1353/20      1360/20
                                     1365/20      1371/20      1373/20
                                     1384/12      1389/12      1397/12
                                     1403/12      1410/12      1417/12
                                     1420/12      1433/12      1439/12
                                     1443/12      1457/12      1465/12
                                     1470/12      1474/12      1483/12
                                     1486/12      1494/12      1513/12
                                     1518/12      1527/12      1537/12
                                     1540/12      1546/12      1552/12
                                     1555/12      1560/12      1566/12
                                     1581/12      1599/12      1718/ 1
                                     1721/ 1      1836/ 1      1840/ 1
                                     1862/ 1      1865/ 1      1874/ 1
                                     1879/ 1      2007/ 1
        MFAK       CONST              42/ 1D       368/ 5       384/ 6
                                      426/ 7       857/13       873/13
                                      873/13      1995/ 1      1997/ 1
        MMZAPZ     VAR               225/ 1D       508/10       575/11
                                      576/11       581/11       582/11
                                     1710/ 1
        MSYMBTYP   TYPE               97/ 1D       391/ 7
        MULOP      CONST              77/ 1D      1224/25      1646/ 1
                                     1651/ 1      1663/ 1      1684/ 1
                                     1684/ 1
        MZAPSTYP   TYPE              173/ 1D       231/ 1
        NAME       CONST              75/ 1D        97/ 1       672/ 9
                                      848/13       887/16       907/15
                                      916/15       953/18       960/18
                                      970/18       976/18       985/18
                                      997/18      1019/18      1022/18
                                     1029/14      1036/14      1130/23
                                     1155/21      1169/26      1178/26C
                                     1260/20      1266/20C     1342/20
                                     1359/20      1396/12      1408/12
                                     1412/12      1427/12      1432/12
                                     1450/12      1456/12      1464/12
                                     1476/12      1482/12      1516/12
                                     1519/12      1526/12      1533/12
                                     1539/12      1554/12      1720/ 1
                                     1839/ 1
        NDR        COMP              117/ 1D       345/ 5       358/ 5
                                      358/ 5       359/ 5       386/ 6
                                      419/ 7       419/ 7       420/ 7
                                      423/ 7       864/13       870/13
                                      937/19       943/19      1491/12
                                     1506/12      1512/12      1565/12
                                     1982/ 1      2004/ 1      2005/ 1
        NPEB       COMP              124/ 1D      1497/12      1498/12
                                     1942/ 1
```

```
PASCAL-QUERVERWEISLISTENGENERATOR VERSION VOM 01.04.80   SEITE   47
                        PROGRAMM QVLGEN
        NAME DER
        PROGRAMM D. OBJEKT-   OBJEKT
B. G. -EINHEIT B. BEZEICH. -KLAS. ZEILE/BLOCK

                NZKON     CONST      76/  1D     810/  9     1169/26
                                   1176/26C     1416/12
                OB        COMP      134/  1D     313/  3      314/  3
                                    330/  4      341/  5      343/  5
                                    377/  6      400/  7     1040/14
                                   1117/23      1118/23     1501/12
                                   1610/27      1614/27     1616/27
                                   1766/  1     1884/  1     1890/  1
                                   1891/  1     1892/  1     1893/  1
                                   1895/  1     1896/  1     1896/  1
                                   1898/  1     1899/  1     1900/  1
                                   1900/  1     1906/  1     1906/  1
                                   1908/  1     1909/  1     1909/  1
                                   1911/  1     1927/  1     1943/  1
                                   1945/  1     1961/  1     1962/  1
                OBITYP    TYPE      98/  1D      102/  1
                OBITYP1   TYPE      99/  1D      493/  9
                OBL       VAR      190/  1D      313/  3      314/  3
                                    328/  4      339/  5      375/  6
                                    399/  7      856/13      862/13
                                    919/15      935/19     1040/14
                                   1116/23      1183/26     1253/20
                                   1269/20      1490/12     1511/12
                                   1564/12      1610/27     1614/27
                                   1616/27      1620/27     1621/27
                                   1621/27      1622/27     1766/  1
                                   1883/  1     1890/  1     1891/  1
                                   1892/  1     1893/  1     1896/  1
                                   1898/  1     1899/  1     1900/  1
                                   1906/  1     1909/  1     1911/  1
                                   1913/  1     1914/  1     1923/  1
                OBLE      VAR      195/  1D     1620/27     1622/27
                OBLETYP   TYPE     132/  1D      140/  1      195/  1
                OBLG      CONST     12/  1D      130/  1      131/  1
                                    316/  3     1765/  1     1882/  1
                OBLGP     CONST     14/  1D      308/  3      309/  3
                OBLIND    VAR      192/  1D      309/  3      310/  3
                                    313/  3      314/  3      316/  3
                                    316/  3      317/  3      328/  4
                                    339/  5      375/  6      399/  7
                                    856/13      862/13      919/15
                                    935/19     1040/14     1116/23
                                   1183/26     1253/20     1269/20
                                   1489/12     1490/12     1511/12
                                   1765/  1     1766/  1     1882/  1
                                   1883/  1     1922/  1     1923/  1
                OBLIND1   VAR      193/  1D      310/  3      317/  3
                                   1881/  1     1887/  1     1887/  1
                                   1890/  1     1891/  1     1892/  1
                                   1893/  1     1896/  1     1898/  1
                                   1899/  1     1900/  1     1906/  1
                                   1909/  1     1911/  1     1913/  1
                                   1914/  1     1916/  1     1922/  1
```

<pre>
PASCAL-QUERVERWEISLISTENGENERATOR VERSION VOM 01.04.80 SEITE 48
                         PROGRAMM QVLGEN
        NAME DER
        PROGRAMM D. OBJEKT-   OBJEKT
B. G. -EINHEIT B. BEZEICH. -KLAS. ZEILE/BLOCK

                OBLIND2 VAR   194/ 1D   1489/12   1564/12
                                 1845/ 1   1850/ 1   1857/ 1
                OBLITYP TYPE   130/ 1D   140/ 1   192/ 1
                                  194/ 1   1603/27
                OBLITYP1 TYPE   131/ 1D   193/ 1   1605/27
                OBLTYP   TYPE   140/ 1D   190/ 1
                OBTYP   TYPE   100/ 1D   110/ 1   123/ 1
                                  134/ 1   143/ 1   184/ 1
                                  188/ 1   323/ 4   931/18
                OJBZ   VAR   187/ 1D   299/ 3   326/ 4
                                  343/ 5   377/ 6   665/ 9
                                  978/18   980/18   1131/23
                                 1380/12   1399/12   1421/12
                                 1435/12   1444/12   1562/12
                                 1608/27   1715/ 1
                OJBZTYP TYPE   107/ 1D   187/ 1
                OUTPUT   VAR   4/ 1D   1731/ 1
                PEB   COMP   123/ 1D   1501/12   1502/12
                                 1828/ 1   1829/ 1   1933/ 1
                                 1936/ 1   1937/ 1   1940/ 1
                PEBKANF VAR   197/ 1D   1824/ 1   1825/ 1
                                 1930/ 1   1942/ 1   1942/ 1
                PEBKEND VAR   199/ 1D   1497/12   1498/12
                                 1498/12   1499/12   1825/ 1
                                 1826/ 1
                PEBTYP   TYPE   119/ 1   120/ 1D
                PF   VAR   180/ 1D   1480/12   1484/12
                                 1549/12   1570/12
                PFEIL   CONST   79/ 1D   1033/14   1143/21
                                 1160/21C   1695/ 1
                PNGEF   VAR   185/ 1D   509/10   523/10
                                  545/10   1712/ 1   1722/ 1
                                 1925/ 1   1947/ 1   1950/ 1
                PPGEF   VAR   214/ 1D   600/ 9   603/ 9
                                  750/ 9   1713/ 1
                PROGANF VAR   5/ 1D   178/ 1D   512/10
                                  526/10   548/10   1708/ 1
                                 1709/ 1   1735/ 1   1736/ 1
                                 1738/ 1   1739/ 1   1741/ 1
                                 1742/ 1   1747/ 1   1748/ 1
                                 1751/ 1   1753/ 1   1758/ 1
                                 1759/ 1   1762/ 1
                PROGNAME VAR   184/ 1D   287/ 2   453/ 8
                                 1723/ 1   1822/ 1
                PUNKPUNK CONST   80/ 1D   602/ 9   897/17
                                 1204/26   1209/26   1703/ 1
                PUNKT   CONST   78/ 1D   1143/21   1153/21C
                                 1688/ 1   1873/ 1
                RELOP   CONST   77/ 1D   1245/22   1452/12
                                 1590/12   1661/ 1   1691/ 1
                                 1696/ 1   1697/ 1   1698/ 1
                                 1699/ 1   1704/ 1   1705/ 1
                                 1706/ 1
</pre>

PASCAL-QUERVERWEISLISTENGENERATOR VERSION VOM 01.04.80   SEITE   49
                                PROGRAMM QVLGEN

```
        NAME DER
        PROGRAMM D. OBJEKT-   OBJEKT
B. G.  -EINHEIT B. BEZEICH.  -KLAS. ZEILE/BLOCK
```

	RKAUF	CONST	78/ 1D	624/ 9	903/15
			1007/18	1029/14	1114/23
			1170/26	1192/26C	1509/12
			1685/ 1	1835/ 1	
	RKON	CONST	76/ 1D	777/ 9	1168/26
			1174/26C	1409/12	1415/12
	RKZU	CONST	78/ 1D	912/15	1010/18
			1135/23	1194/26	1545/12
			1685/ 1	1861/ 1	
	RMARK	CONST	36/ 1D	1998/ 1C	
	S	VAR	188/ 1D	1399/12	1421/12
			1435/12	1444/12	
	SARRAY	CONST	87/ 1D	1058/14	1062/14C
			1647/ 1		
	SBEGIN	CONST	88/ 1D	1261/20	1292/20C
			1586/12	1648/ 1	
	SCASE	CONST	90/ 1D	354/ 5	855/13
			970/18	973/18	1262/20
			1306/20C	1649/ 1	1966/ 1C
	SCONST	CONST	82/ 1D	849/13	888/16
			909/15	918/15	919/15
			1179/26	1393/12	1413/12
			1424/12	1650/ 1	1768/ 1
			1769/ 1	1770/ 1	1771/ 1
			1969/ 1C		
	SDO	CONST	93/ 1D	1336/20	1352/20
			1364/20	1653/ 1	
	SDOWNTO	CONST	92/ 1D	1349/20	1652/ 1
	SELSE	CONST	90/ 1D	1302/20	1303/20
			1372/20	1654/ 1	
	SEMIK	CONST	79/ 1D	952/18	965/18
			968/18	996/18	1014/18
			1017/18	1260/20	1291/20C
			1312/20	1322/20	1372/20
			1388/12	1419/12	1442/12
			1473/12	1544/12	1559/12
			1580/12	1701/ 1	1864/ 1
	SEND	CONST	94/ 1D	97/ 1	1090/14
			1294/20	1295/20	1313/20
			1321/20	1324/20	1372/20
			1592/12	1593/12	1655/ 1
	SFFUNC	CONST	84/ 1D	353/ 5	1181/26
			1187/26	1573/12	1979/ 1C
	SFILE	CONST	87/ 1D	1055/14	1059/14
			1093/14C	1656/ 1	
	SFOR	CONST	91/ 1D	1263/20	1340/20C
			1657/ 1		
	SFPROC	CONST	83/ 1D	352/ 5	1182/26
			1268/20	1571/12	1978/ 1C
	SFUNC	CONST	84/ 1D	353/ 5	1181/26
			1187/26	1268/20	1271/20
			1273/20	1478/12	1517/12
			1549/12	1658/ 1	1801/ 1

PASCAL-QUERVERWEISLISTENGENERATOR VERSION VOM 01.04.80   SEITE   50
PROGRAMM QVLGEN

NAME DER PROGRAMM D. OBJEKT-	OBJEKT			
B. G. -EINHEIT B.	BEZEICH.	-KLAS.	ZEILE/BLOCK	

OBJEKT BEZEICH.	OBJEKT -KLAS.	ZEILE/BLOCK		
		1802/ 1	1803/ 1	1804/ 1
		1805/ 1	1806/ 1	1807/ 1
		1808/ 1	1809/ 1	1810/ 1
		1811/ 1	1812/ 1	1813/ 1
		1814/ 1	1815/ 1	1816/ 1
		1817/ 1	1818/ 1	1819/ 1
		1820/ 1	1821/ 1	1975/ 1C
SFVAR	CONST	83/ 1D	349/ 5	1849/ 1
		1976/ 1C		
SGBTYP	CONST	82/ 1D	348/ 5	1043/14
		1977/ 1C		
SGOTO	CONST	89/ 1D	1260/20	1284/20C
		1659/ 1		
SIF	CONST	90/ 1D	1262/20	1298/20C
		1660/ 1		
SLABEL	CONST	82/ 1D	1252/20	1288/20
		1376/12	1385/12	1662/ 1
		1888/ 1	1954/ 1	1968/ 1C
SLETYP	TYPE	141/ 1D	149/ 1	157/ 1
SNIL	CONST	76/ 1D	1169/26	1177/26C
		1416/12	1664/ 1	
SNOT	CONST	77/ 1D	1170/26	1198/26C
		1665/ 1	1700/ 1	
SNR	VAR	233/ 1D	445/ 8	446/ 8
		448/ 8	448/ 8	452/ 8
		1725/ 1		
SNRTYP	TYPE	176/ 1D	233/ 1	
SOF	CONST	90/ 1D	992/18	1074/14
		1080/14	1095/14	1308/20
		1666/ 1		
SONST	CONST	95/ 1D	1120/23	1125/23
		1127/23	1147/21	1193/26
		1205/26	1208/26	1210/26
		1218/26	1279/20	1299/20
		1304/20	1307/20	1332/20
		1335/20	1338/20	1348/20
		1351/20	1354/20	1366/20
		1370/20	1686/ 1	1687/ 1
		1688/ 1	1694/ 1	1696/ 1
SORTOBL	PROC	1601/ 1D	1631/27	1637/27
		1916/ 1		
SPACKED	CONST	86/ 1D	1049/14	1668/ 1
SPL·	VAR	213/ 1D	829/ 9	833/ 9
		1702/ 1	1702/ 1·	1703/ 1
		1703/ 1	1704/ 1	1704/ 1
		1705/ 1	1705/ 1	1706/ 1
		1706/ 1	1707/ 1	1707/ 1
SPLITYP	TYPE	154/ 1D	157/ 1	
SPLTYP	TYPE	157/ 1D	213/ 1	
SPROC	CONST	83/ 1D	352/ 5	1181/26
		1268/20	1478/12	1517/12
		1534/12	1570/12	1669/ 1
		1780/ 1	1781/ 1	1782/ 1

PASCAL-QUERVERWEISLISTENGENERATOR VERSION VOM 01.04.80   SEITE   51
PROGRAMM QVLGEN

```
        NAME DER
        PROGRAMM D. OBJEKT-   OBJEKT
B. G.  -EINHEIT B. BEZEICH.  -KLAS.  ZEILE/BLOCK

                                        1783/ 1      1784/ 1      1785/ 1
                                        1786/ 1      1787/ 1      1788/ 1
                                        1789/ 1      1790/ 1      1791/ 1
                                        1792/ 1      1793/ 1      1794/ 1
                                        1795/ 1      1796/ 1      1797/ 1
                                        1798/ 1      1799/ 1      1800/ 1
                                        1974/ 1C
                SPROG     CONST           81/ 1D     1823/ 1      1967/ 1C
                SRECORD   CONST           87/ 1D      350/ 5       351/ 5
                                         360/ 5       360/ 5       403/ 7
                                         934/19      1059/14      1085/14C
                                        1157/21      1180/26      1184/26
                                        1267/20      1270/20      1361/20
                                        1670/ 1      1972/ 1C
                SREPEAT   CONST           91/ 1D     1263/20      1328/20C
                                        1671/ 1
                SSEGM     CONST           85/ 1D     1052/14      1673/ 1
                SSET      CONST           87/ 1D     1058/14      1078/14C
                                        1674/ 1
                STHEN     CONST           90/ 1D     1300/20      1675/ 1
                STO       CONST           92/ 1D     1349/20      1676/ 1
                STYPE     CONST           82/ 1D      348/ 5       918/15
                                         987/18       991/18      1039/14
                                        1429/12      1447/12      1541/12
                                        1556/12      1677/ 1      1772/ 1
                                        1773/ 1      1774/ 1      1775/ 1
                                        1776/ 1      1777/ 1      1970/ 1C
                SUCHE     PROC           295/ 1D      327/ 4       338/ 5
                                         398/ 7      1042/14
                SUCHEUTR  PROC           390/ 1D      849/13       888/16
                                         918/15       987/18       991/18
                                        1039/14      1157/21      1179/26
                                        1252/20      1267/20      1288/20
                                        1344/20      1361/20      1413/12
                                        1541/12      1556/12
                SUNTIL    CONST           91/ 1D     1330/20      1331/20
                                        1372/20      1678/ 1
                SV        CONST           62/ 1D      450/ 8
                SVAR      CONST           83/ 1D      349/ 5      1179/26
                                        1184/26      1267/20      1270/20
                                        1344/20      1361/20      1453/12
                                        1459/12      1466/12      1516/12
                                        1520/12      1679/ 1      1844/ 1
                                        1971/ 1C
                SWERT     COMP           111/ 1D      307/ 3
                SWHILE    CONST           91/ 1D     1263/20      1334/20C
                                        1680/ 1
                SWITH     CONST           92/ 1D     1264/20      1356/20C
                                        1681/ 1
                SYMB      COMP           143/ 1D      700/ 9       706/ 9
                                         829/ 9      1646/ 1      1647/ 1
                                        1648/ 1      1649/ 1      1650/ 1
                                        1651/ 1      1652/ 1      1653/ 1
```

PASCAL-QUERVERWEISLISTENGENERATOR VERSION VOM 01.04.80   SEITE   52
                         PROGRAMM QVLGEN

```
      NAME DER
      PROGRAMM D. OBJEKT-   OBJEKT
B.  G.  -EINHEIT B. BEZEICH. -KLAS.  ZEILE/BLOCK

                                    1654/ 1      1655/ 1      1656/ 1
                                    1657/ 1      1658/ 1      1659/ 1
                                    1660/ 1      1661/ 1      1662/ 1
                                    1663/ 1      1664/ 1      1665/ 1
                                    1666/ 1      1667/ 1      1668/ 1
                                    1669/ 1      1670/ 1      1671/ 1
                                    1673/ 1      1674/ 1      1675/ 1
                                    1676/ 1      1677/ 1      1678/ 1
                                    1679/ 1      1680/ 1      1681/ 1
                                    1702/ 1      1703/ 1      1704/ 1
                                    1705/ 1      1706/ 1      1707/ 1
             SYMBART   VAR           179/ 1D      602/ 9       608/ 9
                                     624/ 9       664/ 9       672/ 9
                                     707/ 9       718/ 9       736/ 9
                                     777/ 9       807/ 9       810/ 9
                                     819/ 9       821/ 9       833/ 9
                                     848/13       851/13       877/13
                                     879/13       885/16       887/16
                                     890/16       897/17       903/15
                                     907/15       911/15       912/15
                                     916/15       952/18       953/18
                                     958/18       960/18       961/18
                                     965/18       968/18       970/18
                                     973/18       976/18       981/18
                                     985/18       992/18       996/18
                                     997/18      1007/18      1010/18
                                    1014/18      1017/18      1019/18
                                    1022/18      1029/14      1033/14
                                    1036/14      1049/14      1052/14
                                    1055/14      1058/14      1061/14
                                    1064/14      1070/14      1071/14
                                    1074/14      1080/14      1090/14
                                    1095/14      1114/23      1123/23
                                    1126/23      1130/23      1134/23
                                    1135/23      1143/21      1144/21
                                    1148/21      1149/21      1155/21
                                    1168/26      1171/26      1194/26
                                    1204/26      1206/26      1209/26
                                    1212/26      1219/26      1224/25
                                    1233/24      1237/24      1245/22
                                    1250/20      1256/20      1260/20
                                    1265/20      1277/20      1286/20
                                    1295/20      1300/20      1303/20
                                    1308/20      1312/20·     1313/20
                                    1322/20      1324/20      1331/20
                                    1336/20      1342/20      1346/20
                                    1349/20      1352/20      1359/20
                                    1363/20      1364/20      1370/20
                                    1372/20      1376/12      1381/12
                                    1387/12      1388/12      1393/12
                                    1396/12      1402/12      1405/12
                                    1408/12      1412/12      1415/12
                                    1419/12      1427/12      1429/12
```

PASCAL-QUERVERWEISLISTENGENERATOR VERSION VOM 01.04.80   SEITE 53
                                 PROGRAMM QVLGEN

```
          NAME DER
          PROGRAMM D. OBJEKT-   OBJEKT
B. G. -EINHEIT B. BEZEICH. -KLAS. ZEILE/BLOCK
```

B. G.	NAME DER PROGRAMM-EINHEIT	D. OBJEKT-BEZEICH.	OBJEKT-KLAS.	ZEILE/BLOCK		
				1432/12	1438/12	1442/12
				1450/12	1453/12	1456/12
				1461/12	1464/12	1469/12
				1473/12	1476/12	1478/12
				1478/12	1480/12	1482/12
				1509/12	1516/12	1519/12
				1523/12	1526/12	1531/12
				1533/12	1536/12	1539/12
				1544/12	1545/12	1551/12
				1554/12	1559/12	1580/12
				1586/12	1593/12	1720/ 1
				1835/ 1	1839/ 1	1859/ 1
				1861/ 1	1864/ 1	1873/ 1
				1878/ 1		
	SYMBOL	COMP		110/ 1D	301/ 3	314/ 3
				326/ 4	343/ 5	377/ 6
				667/ 9	677/ 9	688/ 9
				700/ 9	706/ 9	709/ 9
				717/ 9	733/ 9	792/ 9
				804/ 9	806/ 9	814/ 9
				825/ 9	829/ 9	978/18
				980/18	1131/23	1382/12
				1383/12	1399/12	1421/12
				1435/12	1444/12	1563/12
				1576/12	1577/12	1610/27
				1614/27	1616/27	1717/ 1
				1723/ 1	1822/ 1	1828/ 1
				1841/ 1	1842/ 1	1854/ 1
				1856/ 1		
	SYMBTYP	TYPE		75/ 1D	135/ 1	144/ 1
				153/ 1	179/ 1	180/ 1
				182/ 1	324/ 4	336/ 5
				373/ 6	1103/20	1108/22
	SZ	CONST		74/ 1D	544/10	747/ 9
				765/ 9	823/ 9	
	SZ1	CONST		33/ 1D	150/ 1	
	SZ2	CONST		34/ 1D	150/ 1	
	TE	CONST		74/ 1D	554/10	641/ 9
				739/ 9	795/ 9	
	TOBUDEIN	PROC		335/ 1D	855/13	909/15
				934/19	1385/12	1424/12
				1447/12	1459/12	1466/12
				1484/12	1529/12	1823/ 1
				1844/ 1	1849/ 1	
	TOBUREIN	PROC		372/ 1D	1043/14	
	TRSTNEIN	PROC		322/ 1D	1768/ 1	1769/ 1
				1770/ 1	1771/ 1	1772/ 1
				1773/ 1	1774/ 1	1775/ 1
				1776/ 1	1777/ 1	1780/ 1
				1781/ 1	1782/ 1	1783/ 1
				1784/ 1	1785/ 1	1786/ 1
				1787/ 1	1788/ 1	1789/ 1
				1790/ 1	1791/ 1	1792/ 1

PASCAL-QUERVERWEISLISTENGENERATOR VERSION VOM 01.04.80   SEITE   54
PROGRAMM QVLGEN

```
          NAME DER
          PROGRAMM D. OBJEKT-   OBJEKT
B.  G.  -EINHEIT B. BEZEICH.  -KLAS.  ZEILE/BLOCK

                                       1793/ 1      1794/ 1      1795/ 1
                                       1796/ 1      1797/ 1      1798/ 1
                                       1799/ 1      1800/ 1      1801/ 1
                                       1802/ 1      1803/ 1      1804/ 1
                                       1805/ 1      1806/ 1      1807/ 1
                                       1808/ 1      1809/ 1      1810/ 1
                                       1811/ 1      1812/ 1      1813/ 1
                                       1814/ 1      1815/ 1      1816/ 1
                                       1817/ 1      1818/ 1      1819/ 1
                                       1820/ 1      1821/ 1
          UDFM      VAR      215/ 1D      434/ 7     1038/14
                            1045/14      1867/ 1
          VPF       VAR      182/ 1D     1520/12     1523/12
                            1529/12      1534/12
          WSL       VAR      210/ 1D      700/ 9      705/ 9
                            1231/24      1235/24     1588/12
                            1594/12      1646/ 1      1646/ 1
                            1647/ 1      1647/ 1      1648/ 1
                            1648/ 1      1649/ 1      1649/ 1
                            1650/ 1      1650/ 1      1651/ 1
                            1651/ 1      1652/ 1      1652/ 1
                            1653/ 1      1653/ 1      1654/ 1
                            1654/ 1      1655/ 1      1655/ 1
                            1656/ 1      1656/ 1      1657/ 1
                            1657/ 1      1658/ 1      1658/ 1
                            1659/ 1      1659/ 1      1660/ 1
                            1660/ 1      1661/ 1      1661/ 1
                            1662/ 1      1662/ 1      1663/ 1
                            1663/ 1      1664/ 1      1664/ 1
                            1665/ 1      1665/ 1      1666/ 1
                            1666/ 1      1667/ 1      1667/ 1
                            1668/ 1      1668/ 1      1669/ 1
                            1669/ 1      1670/ 1      1670/ 1
                            1671/ 1      1671/ 1      1673/ 1
                            1673/ 1      1674/ 1      1674/ 1
                            1675/ 1      1675/ 1      1676/ 1
                            1676/ 1      1677/ 1      1677/ 1
                            1678/ 1      1678/ 1      1679/ 1
                            1679/ 1      1680/ 1      1680/ 1
                            1681/ 1      1681/ 1
          WSLITYP   TYPE     146/ 1D      149/ 1      495/ 9
          WSLTYP    TYPE     149/ 1D      210/ 1
          ZAPS      VAR      229/ 1D      442/ 8      444/ 8
                             468/ 8       468/ 8     1726/ 1
                            1919/ 1
          ZAPSTYP   TYPE     170/ 1D      229/ 1
          ZAPZTYP   TYPE     167/ 1D      225/ 1      227/ 1
          ZDRTYP    TYPE     113/ 1D      117/ 1      136/ 1
                             217/ 1
          ZE        CONST     74/ 1D      551/10      739/ 9
                             795/ 9
          ZEITYP    TYPE      74/ 1D      494/ 9
          ZI        CONST     74/ 1D      542/10      683/ 9
```

```
PASCAL-QUERVERWEISLISTENGENERATOR VERSION VOM 01.04.80   SEITE   55
                            PROGRAMM QVLGEN
          NAME DER
          PROGRAMM D. OBJEKT-   OBJEKT
B. G. -EINHEIT B. BEZEICH. -KLAS. ZEILE/BLOCK

                                      691/ 9      720/ 9      724/ 9
                                      728/ 9      745/ 9      757/ 9
                                      770/ 9      775/ 9
               ZIFOLGE   CONST         75/ 1D     718/ 9      851/13
                                      890/16      997/18     1019/18
                                     1022/18     1030/14     1168/26
                                     1172/26C    1250/20     1286/20
                                     1381/12     1408/12     1415/12
               ZKON      CONST         76/ 1D     807/ 9      851/13
                                      891/16      998/18     1020/18
                                     1023/18     1030/14     1169/26
                                     1175/26C    1416/12
               ZN        VAR          223/ 1D    1400/12     1423/12
                                     1436/12     1446/12
               ZNR       VAR          222/ 1D     366/ 5      382/ 6
                                      424/ 7      473/ 8      474/ 8
                                      476/ 8      476/ 8      480/ 8
                                      484/ 8     1400/12     1422/12
                                     1423/12     1425/12     1436/12
                                     1445/12     1446/12     1448/12
                                     1724/ 1
               ZNRTYP    TYPE         165/ 1D     222/ 1      223/ 1
               ZNUM      COMP         116/ 1D     366/ 5      382/ 6
                                      424/ 7      857/13      857/13
                                      867/13      873/13      873/13
                                      940/19      946/19      946/19
                                     1254/20     1254/20     1506/12
                                     1569/12     1569/12     1994/ 1
                                     1995/ 1     1997/ 1
               ZPEBTYP   TYPE         119/ 1D     124/ 1      197/ 1
                                      199/ 1
               ZV        CONST         64/ 1D     239/ 2      453/ 8
                                      456/ 8      459/ 8      460/ 8
                                      462/ 8      480/ 8      484/ 8
                                      487/ 8
               ZW1       CONST         67/ 1D     451/ 8
               ZW2       CONST         69/ 1D     453/ 8
               ZZ        VAR          227/ 1D     508/10      517/10
                                      517/10      519/10      575/11
                                      575/11      581/11      581/11
                                     1711/ 1
2  2 MELDE    1 FEHLER   VAR          235/ 2D     240/ 2      290/ 2
3  2 SUCHE    1 NMWERT   VAR          297/ 3D     307/ 3      308/ 3
                                      309/ 3
               Q         VAR          296/ 3D     308/ 3      309/ 3
                                      311/ 3      312/ 3      312/ 3
                                      316/ 3
4  2 TRSTNEIN 1 OBKLAS   VAR          324/ 4D     331/ 4
               STNAME    VAR          323/ 4D     326/ 4      330/ 4
5  2 TOBUDEIN 1 OBKLAS   VAR          336/ 5D     348/ 5      349/ 5
                                      350/ 5      352/ 5      353/ 5
                                      354/ 5      360/ 5      361/ 5
                                      365/ 5
```

510

```
PASCAL-QUERVERWEISLISTENGENERATOR VERSION VOM 01.04.80   SEITE   56
                                  PROGRAMM QVLGEN
         NAME DER
         PROGRAMM D. OBJEKT-   OBJEKT
B. G. -EINHEIT B. BEZEICH. -KLAS. ZEILE/BLOCK

 6  2 TOBUREIN  1 OBKLAS   VAR    373/  6D      378/  6
 7  2 SUCHEUTR  1 1        LABEL   392/  7D      396/  7:     408/  7
                  GBS      VAR     393/  7D      395/  7      426/  7
                                   428/  7       437/  7      438/  7
                  OBKL     VAR     391/  7D      402/  7      403/  7
 8  2 INITZEIL  1
 9  2 EXTSYMB   1 1        LABEL   491/  9D      751/  9      840/  9:
                  BOPT     PROC    556/  9D      632/  9      652/  9
                  HOLEZEI  PROC    497/  9D      562/11       566/11
                                   591/11        604/  9      615/  9
                                   619/  9       630/  9      636/  9
                                   640/  9       644/  9      650/  9
                                   657/  9       659/  9      681/  9
                                   690/  9       723/  9      737/  9
                                   744/  9       756/  9      764/  9
                                   767/  9       774/  9      781/  9
                                   794/  9       798/  9      822/  9
                                   834/  9
                  J        VAR     496/  9D      699/  9      700/  9
                                   701/  9       703/  9
                  SULSTOP  VAR     492/  9D      609/  9      612/  9
                                   625/  9       662/  9      663/  9
                                   719/  9       721/  9      724/  9
                                   725/  9       726/  9      829/  9
                                   830/  9       831/  9
                  SZNR     VAR     493/  9D      671/  9      674/  9
                                   676/  9       676/  9      677/  9
                                   680/  9       685/  9      687/  9
                                   687/  9       688/  9      694/  9
                                   716/  9       730/  9      732/  9
                                   732/  9       733/  9      786/  9
                                   789/  9       791/  9      791/  9
                                   792/  9       802/  9      804/  9
                                   806/  9
                  WSLI     VAR     495/  9D      697/  9      699/  9
                                   703/  9       704/  9      705/  9
                  ZEIART   VAR     494/  9D      535/10       542/10
                                   544/10        551/10       554/10
                                   641/  9       682/  9      683/  9
                                   691/  9       720/  9      724/  9
                                   728/  9       739/  9      745/  9
                                   747/  9       757/  9      759/  9
                                   765/  9       770/  9      775/  9
                                   795/  9       823/  9
10  3 HOLEZEI   9 1        LABEL   498/10D       500/10:      507/10
11  3 BOPT      9 KWOPT    VAR     557/11D       560/11       569/11
                                   572/11        585/11       587/11
                                   589/11        592/11       596/11
                                   597/11
                  SZ       VAR     558/11D       565/11       567/11
12  2 BBLOCK    1 BANW     PROC   1102/12D      1294/20      1302/20
                                  1304/20       1321/20      1330/20
                                  1338/20       1354/20      1366/20
```

PASCAL-QUERVERWEISLISTENGENERATOR VERSION VOM 01.04.80   SEITE 57
                                       PROGRAMM QVLGEN

B.	G.	NAME DER PROGRAMM -EINHEIT	D. B.	OBJEKT- BEZEICH.	OBJEKT -KLAS.	ZEILE/BLOCK		
						1592/12		
				BAWLIST	PROC	843/12D	1005/18	1320/20
				BTYPANG	PROC	881/12D	963/18	1076/14
						1097/14	1440/12	1471/12
13	3	BAWLIST	12	ACN	VAR	844/13D	868/13	874/13
				GBS	VAR	845/13D	853/13	857/13
						858/13		
14	3	BTYPANG	12	BETYPANG	PROC	882/14D	1031/14	1068/14
						1083/14		
				BFELDLI	PROC	928/14D	1009/18	1089/14
15	4	BETYPANG	14	BGRENZE	PROC	883/15D	900/17	924/15
				BRTBTANG	PROC	894/15D	920/15	925/15
16	5	BGRENZE	15					
17	5	BRTBTANG	15					
18	4	BFELDLI	14	ABCANU	VAR	930/18D	1003/18	1005/18
				ASN	VAR	929/18D	941/19	946/19
						1009/18		
				S	VAR	931/18D	978/18	980/18
				TKBUDEIN	PROC	932/18D	956/18	983/18
19	5	TKBUDEIN	18					
20	3	BANW	12	ABCANU	VAR	1104/20D	1318/20	1320/20
				BAPLISTE	PROC	1110/20D	1188/26	1282/20
				BAUSDR	PROC	1107/20D	1120/23	1125/23
						1127/23	1147/21	1163/20D
						1193/26	1203/26	1205/26
						1208/26	1210/26	1279/20
						1299/20	1307/20	1332/20
						1335/20	1348/20	1351/20
				BVARIABL	PROC	1105/20D	1140/20D	1185/26
						1276/20	1362/20	
				SBA	VAR	1103/20D	1370/20	1370/20
21	4	BVARIABL	20					
22	4	BAUSDR	20	BEAUSDR	PROC	1164/22D	1244/22	1246/22
				SBA	VAR	1108/22D	1218/26	1219/26
23	4	BAPLISTE	20	DOPPERL	VAR	1111/23D	1117/23	1121/23
24	5	BEAUSDR	22	BTERM	PROC	1165/24D	1236/24	1240/24
25	6	BTERM	24	BFAKTOR	PROC	1166/25D	1200/26	1223/25
						1227/25		
26	7	BFAKTOR	25					
27	2	SORTOBL	1	BIS	VAR	1603/27D	1610/27	1612/27
						1628/27	1636/27	1637/27
						1638/27	1640/27	
				OG	VAR	1605/27D	1612/27	1616/27
						1617/27	1617/27	1618/27
						1621/27	1622/27	1624/27
						1624/27	1626/27	1628/27
						1630/27	1631/27	1638/27
				UG	VAR	1604/27D	1611/27	1614/27
						1615/27	1615/27	1618/27
						1620/27	1621/27	1623/27
						1623/27	1626/27	1628/27
						1632/27	1636/27	1637/27
				VON	VAR	1602/27D	1610/27	1611/27

```
PASCAL-QUERVERWEISLISTENGENERATOR VERSION VOM 01.04.80   SEITE   58
                                   PROGRAMM QVLGEN
         NAME DER
         PROGRAMM D. OBJEKT-  OBJEKT
B. G. -EINHEIT B. BEZEICH. -KLAS. ZEILE/BLOCK
                                 1628/27    1630/27    1631/27
                                 1632/27    1640/27

********** ENDE DER QUERVERWEISLISTE VON  QVLGEN   **********
```

Anhang A   Lexikographische Liste der Metasyntax-Diagramm Bezeich-
           nungen, terminalen metasyntaktischen Werte, Syntax-Dia-
           gramm-Bezeichnungen, Spezialsymbole und Standardnamen
           nebst Querbezuegen

Die folgende Liste ist groesstenteils maschinell erstellt worden.
Mittels eines PASCAL-Programmes wurden zunaechst alle numerierten
Metasyntax- und Syntax-Diagramme sowie die Seiten, auf denen sie
zu finden sind, aus dem Buchtext herausgezogen. Mit einem weiteren
PASCAL-Programm wurde sodann aus diesen Daten eine 'Rohfassung'.
der folgenden Liste erstellt +). Sofern es ueberhaupt moeglich
ist, lassen sich die durch die Verwendung von metasyntaktischen
Variablen bedingten Unzulaenglichkeiten der 'Rohfassung' nur
durch erheblichen programmtechnischen Aufwand beheben. Es war
weniger aufwendig, dies auf nicht-maschinellem Wege zu tun. Alle
so durchgefuehrten Ergaenzungen sind durch einen Pfeil der Form
--> gekennzeichnet, der im Sinne von 'siehe' zu verstehen ist.

Nicht-terminale Symbole sind durch zwei aufeinanderfolgende Binde-
striche am Zeilenanfang gekennzeichnet. Ein auf ein Gleichheitszeichen folgender Bindestrich am Zeilenanfang weist das nachfolgende Symbol als Standardname aus. Zwei aufeinanderfolgende
Gleichheitszeichen am Anfang einer Zeile kennzeichnen das nachfolgende Symbol als terminal. Diese Kennungen sind den 'Raendern'
der in Abschn. 1.4.1 beschriebenen Rechtecke, 'abgerundeten'
Kaestchen und 'Ovale' bzw. 'Kreise' 'entnommen'.

Bei nicht-terminalen Symbolen - Metasyntax- und Syntax-Diagramm-
Bezeichnungen - sind rechtsbuendig in der Zeile M oder S, die
Nummer des Metasyntax- oder Syntax-Diagrammes und in runden Klam-
mern die Seite angegeben, auf der diese zu finden sind.

Querbezuege (die zum Nachweis der Konsistenz der Syntax-Darstel-
lung dienen) sind Zeileninhalte, die aus einer Anzahl, einem Stern
und einem nicht-terminalen Symbol bestehen. Sie sind beispielsweise zu lesen: (Das terminale Symbol) A kommt 1 mal in (dem nicht-
terminalen Symbol bzw. Syntax-Diagramm) Buchstabe vor. Das Syntax-
Diagramm "Buchstabe" wird - die lexikographische Ordnung (genauer:
die Ordnung des ASCII ++)) benutzend - als S11 auf Seite 2.1/4
identifiziert.

  +) Der Leser wird sich nun nicht mehr ueber manche merkwuerdige
     Pfeilfuehrung in den Metasyntax- und Syntax-Diagrammen wundern.
     Sie musste erfolgen, wenn eine maschinelle Bearbeitung moeglich
     sein sollte.

 ++) ASCII ist die Abkuerzung fuer American Standard Code for In-
     formation Interchange. DIN hat diesen Code uebernommen (s.
     DIN 66003, Internationale Referenz-Version [016]). Fuer die
     Erstellung der folgenden Liste wurde aus Gruenden des gewohn-
     ten Suchens die Anordnung der Gross- und Kleinbuchstaben ge-
     genueber dem ASCII geaendert.

```
== A
   1 * Buchstabe
=- ABS
   1 * Aufruf einer ganzen Funktion
   1 * Aufruf einer reellen Funktion
-- aktueller Prozedurparameter                       S124(7.2.3.3/1)
   1 * Liste aktueller Parameter
-- aktueller Variablenparameter                      S123(7.2.3.2/1)
   1 * Liste aktueller Parameter
-- aktueller Wertparameter                           S122(7.2.3.1/1)
   1 * Liste aktueller Parameter
-- aktueller 'e' Funktionsparameter                  S125(7.2.3.4/1)
   1 * Liste aktueller Parameter
-- aktueller 't' gebundener Zeiger -
   Funktionsparameter                                S126(7.2.3.4/1)
   1 * Liste aktueller Parameter
== AND
   1 * boolescher Term
-- Anweisung                                          S7(1.5/4)
   1 * Anweisungsteil
   1 * Auswahlanweisung
   1 * Laufanweisung
   1 * Qualifizierungsanweisung
   1 * REPEAT - Anweisung
   2 * Wenn - Anweisung
   1 * WHILE - Anweisung
   1 * zusammengesetzte Anweisung
-- Anweisungsteil                                     S6(1.5/4)
   1 * Block
   1 * Prozedurblock
   1 * 'e' Funktionsblock
   1 * 't' gebundener Zeiger - Funktionsblock
-- Anzahl Zeichen                                     S65(5.1/2)
   3 * Text - Datei - Schreibprozedurparameter
-- Anzahl Ziffern hinter Dezimalpunkt                 S65(5.1/2)
   1 * Text - Datei - Schreibprozedurparameter
=- ARCTAN
   1 * Aufruf einer reellen Funktion
== ARRAY
   1 * PACKED 'i' indizierter 't<>C' Feld - Typ
   1 * PACKED 'j' indizierter Zeichen - Feld - Typ
   1 * Variablenparameterspezifikation
   1 * 'i' indizierter 't' Feld - Typ
   1 * 'N' - Zeichen - Typ
-- Aufruf einer Aufzaehl - Funktion                   S118(7.2.2/4)
   1 * Aufzaehl - Ausdruck
   1 * oberer Aufzaehl - Ausdruck
   1 * unterer Aufzaehl - Ausdruck
-- Aufruf einer booleschen Funktion                   S116(7.2.2/3)
   1 * boolescher Faktor
-- Aufruf einer ganzen Funktion                       S115(7.2.2/2)
   1 * ganzer Faktor
-- Aufruf einer reellen Funktion                      S119(7.2.2/5)
   1 * reeller Faktor
-- Aufruf einer Zeichen - Funktion                    S117(7.2.2/4)
   1 * oberer Zeichen - Ausdruck
   1 * unterer Zeichen - Ausdruck
   1 * Zeichen - Ausdruck
```

```
-- boolescher Term                                      S67(5.2/1)
   1 * boolescher einfacher Ausdruck
-- boolescher Typ                                       S31(3.1.2/1)
   1 * Typdefinition
-- boolesche Konstante                                  S20(2.2.5.2/1)
   1 * boolescher Faktor
   1 * Konstantendefinition
-- boolesche obere Grenze                               S20(2.2.5.2/1)
   1 * boolescher Typ
-- boolesche untere Grenze                              S20(2.2.5.2/1)
   1 * boolescher Typ
-- boolesche Variable                               --> S54(4.2/1)
   1 * boolescher Faktor
-- Buchstabe                                            S11(2.1/4)
   1 * Aufzaehl - Konstante
   1 * DVA-typunabh.Zeichen ungleich * und )
   1 * Name f.Aufzaehl - Funktion
   1 * Name f.Aufzaehl - Typ
   1 * Name f.booleschen Typ
   1 * Name f.boolesche Funktion
   1 * Name f.boolesche Konstante
   1 * Name f.Direktive
   1 * Name f.ganzen Standardtyp
   1 * Name f.ganze Funktion
   1 * Name f.ganze Konstante
   1 * Name f.reellen Typ
   1 * Name f.reelle Konstante
   1 * Name f.Zeichenstandard - Typ
   1 * Name f.Zeichenteilbereichs - Typ
   1 * Name f.Zeichen - Funktion
   1 * Name f.Zeichen - Konstante
   1 * Name f.Zeigerkonstante
   1 * Name f.'e<>r' Auswahlkomponente
   1 * Name f.'N' - Zeichenkonstante
   1 * Name f.'s' Typ
   1 * Name f.'t' gebundenen Zeiger - Typ
   1 * Name f.'t' gebundene Zeiger - Funktion
   1 * Name f.'t' Satzkomponente
   1 * Name f.'t' Variable
   1 * obere Aufzaehlgrenze
   1 * Programmname
   1 * Prozedurname
   1 * untere Aufzaehlgrenze
   1 * Wert f.Aufzaehl - Ausdruck
   1 * Wert f.Aufzaehl - Auswahlkomponente
== C
   1 * Buchstabe
== CASE
   1 * Auswahlanweisung
   1 * 'e<>r' varianter Satzteil
=- CHAR
   1 * Zeichenstandard - Typ
=- CHR
   1 * Aufruf einer Zeichen - Funktion
== CONST
   1 * Konstantendefinitionsteil
=- COS
   1 * Aufruf einer reellen Funktion
```

```
== D
   1 * Buchstabe
-- Dateimanipulationsprozeduranweisung              S127(7.2.5.1/1)
   1 * Prozeduranweisung
== Datei -
   1 * 's'
-- Datei - Komponenten - Puffer vom 't' Typ         S61(4.2.2.3/1)
   1 * Komponenten - Variable vom 't' Typ
-- Datenuebertragungsprozeduranweisung              S135(7.2.5.3/1)
   1 * Prozeduranweisung
-- Direktive                                         S110(7.1.4/1)
   1 * Prozedurdeklaration
   1 * 'e' Funktionsdeklaration
   1 * 't' gebundene Zeiger - Funktionsdeklaration
=- DISPOSE
   1 * dynamische Zuweisungsprozeduranweisung
== DIV
   1 * ganzer Term
== DO
   1 * Laufanweisung
   1 * Qualifizierungsanweisung
   1 * WHILE - Anweisung
== DOWNTO
   1 * Laufanweisung
-- DVA-typabh.Zeichen ungleich '                    S14(2.2.2/2)
   1 * Zeichen ungleich *, ) und '
-- DVA-typunabh.Zeichen ungleich * und )            S13(2.2.2/2)
   1 * Zeichen ungleich *, ) und '
-- dynamische Zuweisungsprozeduranweisung            S134(7.2.5.2/2)
   1 * Prozeduranweisung
== E
   1 * Buchstabe
   1 * reelle Konstante
-- einfache Anweisung                                S8(1.5/5)
   1 * Anweisung
== ELSE
   1 * Wenn - Anweisung
== END
   1 * Anweisungsteil
   1 * Auswahlanweisung
   1 * zusammengesetzte Anweisung
   1 * 'p' nicht - varianter Satz - Typ
   1 * 'p' 'e<>r' varianter Satz - Typ
-- entpackte Feld - Parameter - Gruppe              S137(7.2.5.3/3)
   2 * Datenuebertragungsprozeduranweisung
=- EOF
   1 * Aufruf einer booleschen Funktion
=- EOLN
   1 * Aufruf einer booleschen Funktion
=- EXP
   1 * Aufruf einer reellen Funktion
== F
   1 * Buchstabe
=- FALSE
   1 * boolesche Konstante
   1 * boolesche obere Grenze
   1 * boolesche untere Grenze
   1 * Wert f.booleschen Ausdruck
   1 * Wert f.boolesche Auswahlkomponente
```

```
== Feld -
     1 *  's'
== FILE
     1 *  'p'  't'  Datei - Typ
== FOR
     1 *  Laufanweisung
== FORWARD
     1 *  Direktive
== FUNCTION
     1 *  'e'  Funktionsidentifikation
     1 *  'e'  Funktionskopf
     1 *  'e'  Funktionsparameterspezifikation
     1 *  't'  gebundener Zeiger - Funktionskopf
     1 *  't'  gebundene Zeiger - Funktionsidentifikation
     1 *  't'  gebundene Zeiger - Funktionsparameterspezifikation
== G
     1 *  Buchstabe
== ganz
     1 *  'e<>r'
     1 *  'E<>R'
     1 *  't<>C'
-- ganzer Ausdruck                                            S65(5.1/2)
     1 *  Aufruf einer booleschen Funktion
     1 *  Aufruf einer ganzen Funktion
     1 *  Aufruf einer reellen Funktion
     1 *  Aufruf einer Zeichen - Funktion
     1 *  entpackte Feld - Parameter - Gruppe
     1 *  ganzer Faktor
     1 *  reeller Ausdruck
     1 *  Text - Datei - Schreibprozedurparameter
     2 *  Vergleich von Ausdruecken einfachen Typs
     1 *  Zugehoerigkeitstest
     1 *  Zuweisung des Wertes eines Ausdruckes
     1 *  'e'  Funktions - Wertzuweisung
     1 *  'p'  't'  Datei - Schreibprozeduranweisung
-- ganzer Faktor                                              S63(5.1/1)
     1 *  ganzer Term
     1 *  reeller Term
-- ganzer Standardtyp                                         S28(3.1.1/1)
     1 *  ganzer Typ
     1 *  Typdefinition
== ganzer Teilbereichs -
     1 *  'gT'
-- ganzer Term                                                S64(5.1/1)
     1 *  Anzahl Zeichen
     1 *  Anzahl Ziffern hinter Dezimalpunkt
     1 *  Ausdruck vom 'gT' Typ mit ganzer unterer Grenze <> 1
     1 *  ganzer Ausdruck
     1 *  oberer ganzer Ausdruck
     1 *  reeller Ausdruck
     1 *  reeller Term
     1 *  unterer ganzer Ausdruck
     1 *  1..'N' Ausdruck
     1 *  1..1 Ausdruck
-- ganzer Typ                                                 S27(3.1.1/1)
     --> 'e<>r' Typ
```

```
-- ganze Konstante                                        S18(2.2.5.1/1)
     1 * ganzer Faktor
     1 * ganze obere Grenze
     1 * ganze untere Grenze
     1 * Konstantendefinition
     1 * Wert f.ganzen Ausdruck
     1 * Wert f.ganze Auswahlkomponente
-- ganze obere Grenze                                     S30(3.1.1/4)
     1 * 'gT' Typ
     1 * 'gT' Typ mit ganzer unterer Grenze <> 1
-- ganze untere Grenze                                    S30(3.1.1/4)
     1 * 'gT' Typ
     1 * 'gT' Typ mit ganzer unterer Grenze <> 1
-- ganze Variable                                     --> S54(4.2/1)
     1 * ganzer Faktor
     1 * Text - Datei - Leseprozeduranweisung
== gebundener Zeiger -
     1 * 't'
     1 * 't<>C'
-- gepackter Feld - Parameter                             S136(7.2.5.3/2)
     2 * Datenuebertragungsprozeduranweisung
-- Gesamtvariable vom Text - Datei - Typ              --> S55(4.2.1/1)
     1 * Programmparameter
-- Gesamtvariable vom 'e<>r' Typ                      --> S55(4.2.1/1)
     1 * Laufanweisung
-- Gesamtvariable vom 'p' 't' Datei - Typ             --> S55(4.2.1/1)
     1 * Programmparameter
-- Gesamtvariable vom 't' Typ                             S55(4.2.1/1)
     1 * 't' Variable
=- GET
     1 * Prozeduranweisung zur Dateiinspektion
== GOTO
     1 * Sprunganweisung
== H
     1 * Buchstabe
== I
     1 * Buchstabe
== IF
     1 * Wenn - Anweisung
== IN
     4 * Zugehoerigkeitstest
== indiziert
     3 * 's'
-- indizierte Variable vom 't' Typ                        S57(4.2.2.1/1)
     1 * Komponenten - Variable vom 't' Typ
=- INPUT
     1 * Gesamtvariable vom 't' Typ
=- INTEGER
     1 * ganzer Standardtyp
== J
     1 * Buchstabe
== K
     1 * Buchstabe
-- Komponenten - Variable vom 't' Typ                     S56(4.2.2/1)
     1 * 't' Variable
-- Konstantendefinition                                   S25(2.2.5.4/2)
     1 * Konstantendefinitionsteil
```

<pre>
-- Konstantendefinitionsteil   S24(2.2.5.4/1)
     1 * Vereinbarungsteil
== L
     1 * Buchstabe
== LABEL
     1 * Markendeklarationsteil
-- Laufanweisung   S96(6.2.3.3/1)
     1 * Wiederholungsanweisung
-- Leeranweisung   S89(6.1.3/1)
     1 * einfache Anweisung
-- Liste aktueller Parameter   S121(7.2.3/1)
     1 * Aufruf einer Aufzaehl - Funktion
     1 * Aufruf einer booleschen Funktion
     1 * Aufruf einer ganzen Funktion
     1 * Aufruf einer reellen Funktion
     1 * Aufruf einer Zeichen - Funktion
     1 * Aufruf einer 't' gebundenen Zeiger - Funktion
     1 * Prozeduranweisung
-- Liste von Spezifikationen formaler Parameter   S107(7.1.3/1)
     1 * Prozedurkopf
     1 * Prozedurparameterspezifikation
     1 * 'e' Funktionskopf
     1 * 'e' Funktionsparameterspezifikation
     1 * 't' gebundener Zeiger - Funktionskopf
     1 * 't' gebundene Zeiger - Funktionsparameterspezifikation
=- LN
     1 * Aufruf einer reellen Funktion
== M
     1 * Buchstabe
-- Marke   S16(2.2.4/1)
     1 * Anweisung
     1 * Markendeklarationsteil
     1 * Sprunganweisung
-- Markendeklarationsteil   S17(2.2.4/1)
     1 * Vereinbarungsteil
=- MAXINT
     1 * ganze Konstante
== Mengen -
     1 * 's'
== MOD
     1 * ganzer Term
== N
     1 * Buchstabe
-- Name f.Aufzaehl - Funktion   S15(2.2.3/3)
     1 * Aufruf einer Aufzaehl - Funktion
-- Name f.Aufzaehl - Typ   S15(2.2.3/3)
     1 * Aufzaehl - Typ
     1 * Typdefinition
-- Name f.booleschen Typ   S15(2.2.3/3)
     1 * boolescher Typ
     1 * Typdefinition
-- Name f.boolesche Funktion   S15(2.2.3/3)
     1 * Aufruf einer booleschen Funktion
-- Name f.boolesche Konstante   S15(2.2.3/3)
     1 * boolesche Konstante
     1 * boolesche obere Grenze
     1 * boolesche untere Grenze
     1 * Konstantendefinition
     1 * Wert f.booleschen Ausdruck
     1 * Wert f.boolesche Auswahlkomponente
</pre>

```
-- Name  f.Direktive                                      S15(2.2.3/3)
   1 *  Direktive
-- Name  f.ganzen Standardtyp                             S15(2.2.3/3)
   1 *  ganzer Standardtyp
   1 *  Typdefinition
-- Name  f.ganze Funktion                                 S15(2.2.3/3)
   1 *  Aufruf einer ganzen Funktion
-- Name  f.ganze Konstante                                S15(2.2.3/3)
   1 *  ganze Konstante
   1 *  Konstantendefinition
-- Name  f.PACKED 'i' indizierten
   't<>C' Feld - Typ                                  --> S15(2.2.3/3)
   1 *  PACKED 'i' indizierter 't<>C' Feld - Typ
-- Name  f.PACKED 'j' indizierten
   Zeichen - Feld - Typ                               --> S15(2.2.3/3)
   1 *  PACKED 'j' indizierter Zeichen - Feld - Typ
-- Name  f.reellen Typ                                    S15(2.2.3/3)
   1 *  reeller Typ
   1 *  Typdefinition
-- Name  f.reelle Funktion
   1 *  Aufruf einer reellen Funktion
   1 *  'e' Funktions - Wertzuweisung
-- Name  f.reelle Konstante                               S15(2.2.3/3)
   1 *  Konstantendefinition
   1 *  reelle Konstante
-- Name  f.Text - Datei - Typ                        --> S15(2.2.3/3)
   1 *  Text - Datei - Typ
-- Name  f.Zeichenstandard - Typ                          S15(2.2.3/3)
   1 *  Typdefinition
   1 *  Zeichenstandard - Typ
-- Name  f.Zeichenteilbereichs - Typ                      S15(2.2.3/3)
   1 *  Typdefinition
   1 *  Zeichenteilbereichs - Typ
-- Name  f.Zeichen - Funktion                             S15(2.2.3/3)
   1 *  Aufruf einer Zeichen - Funktion
-- Name  f.Zeichen - Konstante                            S15(2.2.3/3)
   1 *  Konstantendefinition
   1 *  obere Zeichengrenze
   1 *  untere Zeichengrenze
   1 *  Wert f.Zeichen - Ausdruck
   1 *  Wert f.Zeichen - Auswahlkomponente
   1 *  Zeichen - Konstante
-- Name  f.Zeigerkonstante                                S15(2.2.3/3)
   1 *  Konstantendefinition
   1 *  Zeigerkonstante
-- Name  f.'e<>r' Typ                                --> S15(2.2.3/3)
   1 *  Variablenparameterspezifikation
-- Name  f.'e<>r' Variable                           --> S15(2.2.3/3)
   2 *  Variablenparameterspezifikation
-- Name  f.'e' Funktion                              --> S15(2.2.3/3)
   1 *  aktueller 'e' Funktionsparameter
   1 *  'e' Funktionsidentifikation
   1 *  'e' Funktionskopf
   1 *  'e' Funktionsparameterspezifikation
-- Name  f.'e' Typ                                   --> S15(2.2.3/3)
   1 *  'e' Funktionskopf
   1 *  'e' Funktionsparameterspezifikation
```

```
-- Name f.'e<>r' Auswahlkomponente                    S15(2.2.3/3)
   1 * Satz - Komponenten - Variable vom 't' Typ
   1 * 'e<>r' varianter Satzteil
-- Name f.'e<>r' Funktion                          --> S15(2.2.3/3)
   1 * 'e' Funktions - Wertzuweisung
-- Name f.'e<>r' Typ                               --> S15(2.2.3/3)
   1 * 'e<>r' varianter Satzteil
-- Name f.'gT' Typ
   1 * Typdefinition
   1 * 'gT' Typ
   1 * 'gT' Typ mit ganzer unterer Grenze <> 1
-- Name f.'i' indizierten 't' Feld - Typ           --> S15(2.2.3/3)
   1 * 'i' indizierter 't' Feld - Typ
-- Name f.'N' - Zeichenkonstante                       S15(2.2.3/3)
   1 * Konstantendefinition
   1 * 'N' - Zeichenkonstante
-- Name f.'N' - Zeichen - Typ                      --> S15(2.2.3/3)
   1 * 'N' - Zeichen - Typ
-- Name f.'p' nicht - varianten Satz - Typ         --> S15(2.2.3/3)
   1 * 'p' nicht - varianter Satz - Typ
-- Name f.'p' 'e<>r' Mengen - Typ                  --> S15(2.2.3/3)
   1 * 'p' 'e<>r' Mengen - Typ
-- Name f.'p' 'e<>r' varianten Satz - Typ          --> S15(2.2.3/3)
   1 * 'p' 'e<>r' varianter Satz - Typ
-- Name f.'p' 't' Datei - Typ                      --> S15(2.2.3/3)
   1 * 'p' 't' Datei - Typ
-- Name f.'s' Typ                                      S15(2.2.3/3)
   1 * Typdefinition
-- Name f.'t' gebundenen Zeiger - Typ                  S15(2.2.3/3)
   1 * Typdefinition
   1 * 't' gebundener Zeiger - Funktionskopf
   1 * 't' gebundener Zeiger - Typ
   1 * 't' gebundene Zeiger - Funktionsparameterspezifikation
-- Name f.'t' gebundene Zeiger - Funktion              S15(2.2.3/3)
   1 * aktueller 't' gebundener Zeiger - Funktionsparameter
   1 * Aufruf einer 't' gebundenen Zeiger - Funktion
   1 * 't' gebundener Zeiger - Funktionskopf
   1 * 't' gebundene Zeiger - Funktionsidentifikation
   1 * 't' gebundene Zeiger - Funktionsparameterspezifikation
   1 * 't' gebundene Zeiger - Funktions - Wertzuweisung
-- Name f.'t' Satzkomponente                           S15(2.2.3/3)
   1 * nicht - varianter Satzteil
   1 * Satz - Komponenten - Variable vom 't' Typ
-- Name f.'t' Typ                                  --> S15(2.2.3/3)
   1 * Variablenparameterspezifikation
   1 * Wertparameterspezifikation
   1 * 't' gebundener Zeiger - Typ
-- Name f.'t' Variable                                 S15(2.2.3/3)
   1 * Gesamtvariable vom 't' Typ
   1 * Variablendeklaration
   1 * Variablenparameterspezifikation
   1 * Wertparameterspezifikation
=- NEW
   1 * dynamische Zuweisungsprozeduranweisung
== nicht -
   1 * 's'
```

```
-- nicht - varianter Satzteil                               S43(3.2.3.1/1)
      1 * 'e<>r' varianter Satzteil
      1 * 'p' nicht - varianter Satz - Typ
      1 * 'p' 'e<>r' varianter Satz - Typ
== NIL
      1 * Zeigerkonstante
== NOT
      1 * boolescher Faktor
== O
      1 * Buchstabe
-- oberer Aufzaehl - Ausdruck                               S76(5.4/1)
      --> oberer 'e<>r' Ausdruck
-- oberer boolescher Ausdruck                               S69(5.2/2)
      --> oberer 'e<>r' Ausdruck
-- oberer ganzer Ausdruck                                   S65(5.1/2)
      --> oberer 'e<>r' Ausdruck
-- oberer Zeichen - Ausdruck                                S75(5.3/1)
      --> oberer 'e<>r' Ausdruck
-- oberer 'e<>r' Ausdruck                           -->  S76(5.4/1)
                                                    -->  S76(5.4/1)
                                                    -->  S69(5.2/2)
                                                    -->  S65(5.1/2)
                                                    -->  S75(5.3/1)
      1 * 'p' 'e<>r' Mengen - Faktor
-- obere Aufzaehlgrenze                                     S15(2.2.3/3)
      1 * Aufzaehl - Typ
-- obere Zeichengrenze                                      S21(2.2.5.3/1)
      1 * Zeichenteilbereichs - Typ
=- ODD
      1 * Aufruf einer booleschen Funktion
== OF
      1 * Auswahlanweisung
      1 * PACKED 'i' indizierter 't<>C' Feld - Typ
      1 * PACKED 'j' indizierter Zeichen - Feld - Typ
      1 * Variablenparameterspezifikation
      1 * 'e<>r' varianter Satzteil
      1 * 'i' indizierter 't' Feld - Typ
      1 * 'N' - Zeichen - Typ
      1 * 'p' 'e<>r' Mengen - Typ
      1 * 'p' 't' Datei - Typ
== OR
      1 * boolescher einfacher Ausdruck
=- ORD
      1 * Aufruf einer ganzen Funktion
=- OUTPUT
      1 * Gesamtvariable vom 't' Typ
== P
      1 * Buchstabe
=- PACK
      1 * Datenuebertragungsprozeduranweisung
== PACKED
      1 * PACKED 'i' indizierter 't<>C' Feld - Typ
      1 * PACKED 'j' indizierter Zeichen - Feld - Typ
      1 * 'N' - Zeichen - Typ
      1 * 'p'
      1 * 's'
-- PACKED 'b<>gT' Typ indizierte
   Zeichen - Feld - Variable                        -->  S54(4.2/1)
      1 * gepackter Feld - Parameter
```

```
-- PACKED 'e<>r' Typ indizierte
   't<>C' Feld - Variable                                --> S54(4.2/1)
      1 * gepackter Feld - Parameter
-- PACKED 'gT' Typ mit unterer Grenze <> 1 indizierte
   Zeichen - Feld - Variable                             --> S54(4.2.1)
      1 * gepackter Feld - Parameter
-- PACKED 'i' indizierter 't<>C' Feld - Typ        S38(3.2.1.1/1)
   --> 's' Typ
   --> 't' Typ
-- PACKED 'i' indizierte 't<>C' Feld - Variable         --> S54(4.2/1)
      2 * aktueller Wertparameter
      1 * indizierte Variable vom 't' Typ
      3 * Zuweisung des Wertes einer Variablen
      2 * 'p' 't' Datei - Schreibprozeduranweisung
-- PACKED 'j' indizierter Zeichen - Feld - Typ     S39(3.2.1.1/2)
   --> 's' Typ
   --> 't' Typ
-- PACKED 'j' indizierte
   Zeichen - Feld - Variable                             --> S54(4.2/1)
      2 * aktueller Wertparameter
      1 * indizierte Variable vom 't' Typ
      3 * Zuweisung des Wertes einer Variablen
      2 * 'p' 't' Datei - Schreibprozeduranweisung
-- PACKED 1..1 Typ indizierte
   Zeichen - Feld - Variable                             --> S54(4.2/1)
      1 * gepackter Feld - Parameter
=- PAGE
      1 * Text - Datei - Seiteneinteilungsprozeduranweisung
=- PRED
      1 * Aufruf einer Aufzaehl - Funktion
      1 * Aufruf einer booleschen Funktion
      1 * Aufruf einer ganzen Funktion
      1 * Aufruf einer Zeichen - Funktion
== PROCEDURE
      1 * Prozeduridentifikation
      1 * Prozedurkopf
      1 * Prozedurparameterspezifikation
== PROGRAM
      1 * Programmkopf
-- Programm                                             S1(1.5/1)
-- Programmkopf                                         S2(1.5/1)
      1 * Programm
-- Programmname                                        S15(2.2.3/3)
      1 * Programmkopf
-- Programmparameter                                    S3(1.5/2)
      1 * Programmkopf
-- Prozeduranweisung                                  S114(7.2.1/1)
      1 * einfache Anweisung
-- Prozeduranweisung zur Dateigenerierung        S129(7.2.5.1/3)
      1 * Dateimanipulationsprozeduranweisung
-- Prozeduranweisung zur Dateiinspektion         S130(7.2.5.1/5)
      1 * Dateimanipulationsprozeduranweisung
-- Prozeduranweisung zur
   Dateimanipulationsinitialisierung             S128(7.2.5.1/2)
      1 * Dateimanipulationsprozeduranweisung
-- Prozeduranweisung zur Datei- als auch
   Puffer-Manipulation                          S131(7.2.5.1/13)
      1 * Dateimanipulationsprozeduranweisung
```

```
-- Wert f.'e<>r' Ausdruck                              --> S15(2.2.3/3)
                                                       --> S20(2.2.5.2/1)
                                                       --> S30(3.1.1/4)
                                                       --> S21(2.2.5.3/1)
    1 * Auswahlanweisung
-- Wert f.'e<>r' Auswahlkomponente                     --> S15(2.2.3/3)
                                                       --> S20(2.2.5.2/1)
                                                       --> S30(3.1.1/4)
                                                       --> S21(2.2.5.3/1)
    1 * dynamische Zuweisungsprozeduranweisung
    1 * 'e<>r' varianter Satzteil
== WHILE
    1 * WHILE - Anweisung
-- WHILE - Anweisung                                   S95(6.2.3.2/1)
    1 * Wiederholungsanweisung
-- Wiederholungsanweisung                              S93(6.2.3/1)
    1 * strukturierte Anweisung
== WITH
    1 * Qualifizierungsanweisung
=- WRITE
    1 * Text - Datei - Schreibprozeduranweisung
    1 * 'p' 't' Datei - Schreibprozeduranweisung
=- WRITELN
    1 * Text - Datei - Schreibprozeduranweisung
== X
    1 * Buchstabe
== Y
    1 * Buchstabe
== Z
    1 * Buchstabe
-- Zeichenkonstantenzeichen                            S22(2.2.5.3/1)
    1 * obere Zeichengrenze
    1 * untere Zeichengrenze
    1 * Wert f.Zeichen - Ausdruck
    1 * Wert f.Zeichen - Auswahlkomponente
    1 * Zeichen - Konstante
    2 * 'N' - Zeichenkonstante
-- Zeichenstandard - Typ                           /   S33(3.1.3/1)
    1 * PACKED 'j' indizierter Zeichen - Feld - Typ
    1 * Typdefinition
    1 * Zeichen - Typ
    1 * 'N' - Zeichen - Typ
== Zeichenteilbereichs -
    1 * 't<>C'
-- Zeichenteilbereichs - Typ                           S34(3.1.3/7)
    1 * Typdefinition
    1 * Zeichen - Typ
-- Zeichen ungleich *, ) und '                         S12(2.2.2/2)
    1 * Zeichenkonstantenzeichen
== Zeichen -
    1 * 'b<>gT'
    1 * 's'
-- Zeichen - Ausdruck                                  S75(5.3/1)
    1 * Aufruf einer Zeichen - Funktion
    1 * oberer Zeichen - Ausdruck
    1 * Text - Datei - Schreibprozedurparameter
    1 * unterer Zeichen - Ausdruck
    2 * Vergleich von Ausdruecken einfachen Typs
    1 * Zeichen - Ausdruck
    1 * Zugehoerigkeitstest
```

```
-- Zuweisung des Wertes einer Variablen              S87(6.1.1/4)
   1 * Wertzuweisung
-- Zuweisung des Wertes eines Ausdruckes             S86(6.1.1/2)
   1 * Wertzuweisung
==
   1 * DVA-typabh.Zeichen ungleich '
== '
   2 * obere Zeichengrenze
   2 * untere Zeichengrenze
   2 * Wert f.Zeichen - Ausdruck
   2 * Wert f.Zeichen - Auswahlkomponente
   2 * Zeichen - Konstante
   2 * 'N' - Zeichenkonstante
-- 'b<>gT'                                            M5(1.4.2/7)
   1 * 'e<>r'
   1 * 'E<>R'
   1 * 'j'
-- 'b<>gT' Ausdruck                              --> S76(5.4/1)
                                                 --> S69(5.2/2)
                                                 --> S75(5.3/1)

   1 * entpackte Feld - Parameter - Gruppe
   1 * von 'j' abhaengige Liste von Ausdruecken
-- 'b<>gT' Typ indizierte
   Zeichen - Feld - Variable                     --> S54(4.2/1)
   1 * entpackte Feld - Parameter - Gruppe
-- 'e'                                                M3(1.4.2/7)
   1 * 't'
-- 'e' Ausdruck                                  --> S76(5.4/1)
                                                 --> S69(5.2/2)
                                                 --> S65(5.1/2)
                                                 --> S79(5.5/3)
                                                 --> S75(5.3/1)

   1 * aktueller Wertparameter
-- 'e' Funktionsblock                                S4(1.5/2)
   1 * 'e' Funktionsdeklaration
-- 'e' Funktionsdeklaration                          S101(7.1.2/1)
   1 * Prozedur- u.Funktionsdeklarationsteil
-- 'e' Funktionsidentifikation                       S112(7.1.4/2)
   1 * 'e' Funktionsdeklaration
-- 'e' Funktionskopf                                 S103(7.1.2/2)
   1 * 'e' Funktionsdeklaration
-- 'e' Funktionsparameterspezifikation               S103(7.1.2/2)
   1 * Liste von Spezifikationen formaler Parameter
-- 'e' Funktions - Wertzuweisung                     S105(7.1.2/4)
   1 * Wertzuweisung
-- 'e<>r'                                             M4(1.4.2/7)
   1 * 'e'
   1 * 'i'
   1 * 'j'
   2 * 's'
-- 'E<>R'                                             M4(1.4.2/7)
   --> 'e<>r'
-- 'e<>r' Ausdruck                               --> S76(5.4/1)
                                                 --> S69(5.2/2)
                                                 --> S65(5.1/2)
                                                 --> S75(5.3/1)

   1 * Aufruf einer ganzen Funktion
   1 * Auswahlanweisung
```

```
      1 * entpackte Feld - Parameter - Gruppe
      2 * Laufanweisung
      1 * von 'i' abhaengige Liste von Ausdruecken
      2 * von 'j' abhaengige Liste von Ausdruecken
      1 * Zuweisung des Wertes eines Ausdruckes
      1 * 'e' Funktions - Wertzuweisung
      1 * 'p' 'e<>r' Mengen - Faktor
      1 * 'p' 't' Datei - Schreibprozeduranweisung
--  'e<>r' Typ                                        --> S35(3.1.4/2)
                                                      --> S31(3.1.2/1)
                                                      --> S27(3.1.1/1)
                                                      --> S32(3.1.3/1)
      1 * 'p' 'e<>r' Mengen - Typ
--  'e<>r' Typ indizierte 't<>C' Feld - Variable      --> S54(4.2/1)
      1 * entpackte Feld - Parameter - Gruppe
--  'e<>r' Variable                                   --> S54(4.2/1)
      1 * Zuweisung des Wertes eines Ausdruckes
--  'e<>r' varianter Satzteil                         S45(3.2.3.2/4)
      1 * 'p' 'e<>r' varianter Satz - Typ
--  'E<>R' varianter Satzteil                     --> S45(3.2.3.2/4)
      1 * 'e<>r' varianter Satzteil
--  'gT'                                              M6(1.4.2/7)
      1 * 'j'
--  'gT' Typ                                          S29(3.1.1/4)
      1 * ganzer Typ
      1 * Typdefinition
--  'gT' Typ mit ganzer unterer Grenze <> 1           S29(3.1.1/4)
      --> 'j'
--  'gT' Typ mit unterer Grenze <> 1 indizierte
    Zeichen - Feld - Variable                         --> S54(4.2/1)
      1 * entpackte Feld - Parameter - Gruppe
--  'i'                                               M8(1.4.2/8)
      1 * PACKED 'i' indizierter 't<>C' Feld - Typ
      1 * 'i' indizierter 't' Feld - Typ
      1 * 'j'
      2 * 's'
--  'i' indizierter 't' Feld - Typ                    S37(3.2.1.1/1)
      --> 's' Typ
      --> 't' Typ
--  'i' indizierte 't' Feld - Variable               --> S54(4.2/1)
      2 * aktueller Wertparameter
      1 * indizierte Variable vom 't' Typ
      3 * Zuweisung des Wertes einer Variablen
      2 * 'p' 't' Datei - Schreibprozeduranweisung
--  'j'                                               M9(1.4.2/9)
      1 * PACKED 'j' indizierter Zeichen - Feld - Typ
      1 * 's'
--  'N'                                               M1(1.4.2/6)
      1 * 's'
--  'N' - Zeichenkonstante                            S23(2.2.5.3/2)
      1 * Konstantendefinition
      1 * 'N' - Zeichen - Ausdruck
--  'N' - Zeichen - Ausdruck                          S80(5.6/1)
      1 * aktueller Wertparameter
      1 * Text - Datei - Schreibprozedurparameter
      1 * Zuweisung des Wertes eines Ausdruckes
      1 * 'N' - Zeichen - Ausdruck
      2 * 'N' - Zeichen - Vergleich
      1 * 'p' 't' Datei - Schreibprozeduranweisung
```

```
-- 'N' - Zeichen - Typ                              S40(3.2.1.2/1)
   --> 's' Typ
   --> 't' Typ
-- 'N' - Zeichen - Variable                      --> S54(4.2/1)
   1 * entpackte Feld - Parameter - Gruppe
   1 * gepackter Feld - Parameter
   1 * indizierte Variable vom 't' Typ
   1 * Zuweisung des Wertes eines Ausdruckes
   1 * 'N' - Zeichen - Ausdruck
-- 'N' - Zeichen - Vergleich                         S71(5.2/4)
   1 * boolescher Ausdruck
   1 * oberer boolescher Ausdruck
   1 * unterer boolescher Ausdruck
-- 'p'                                               M11(1.4.2/9)
   1 * 'p' nicht - varianter Satz - Typ
   1 * 'p' 'e<>r' Mengen - Typ
   1 * 'p' 'e<>r' varianter Satz - Typ
   1 * 'p' 't' Datei - Typ
   1 * 's'
-- 'p' Aufzaehl - Mengen - Ausdruck              --> S83(5.7/4)
   1 * Zugehoerigkeitstest
-- 'p' boolescher Mengen - Ausdruck              --> S83(5.7/4)
   1 * Zugehoerigkeitstest
-- 'p' ganzer Mengen - Ausdruck                  --> S83(5.7/4)
   1 * Zugehoerigkeitstest
-- 'p' nicht - varianter Satz - Typ                  S42(3.2.3.1/1)
   --> 's' Typ
   --> 't' Typ
-- 'p' nicht - variante Satz - Variable          --> S54(4.2/1)
   2 * aktueller Wertparameter
   1 * Qualifizierungsanweisung
   1 * Satz - Komponenten - Variable vom 't' Typ
   3 * Zuweisung des Wertes einer Variablen
   2 * 'p' 't' Datei - Schreibprozeduranweisung
-- 'p' PACKED 'i' indizierte 't<>C'
   Feld - Datei - Variable                       --> S54(4.2/1)
   1 * 'p' 't' Datei - Schreibprozeduranweisung
-- 'p' PACKED 'j' indizierte
   Zeichen - Feld - Datei - Variable             --> S54(4.2/1)
   1 * 'p' 't' Datei - Schreibprozeduranweisung
-- 'p' reelle Datei - Variable                   --> S54(4.2/1)
   1 * 'p' 't' Datei - Schreibprozeduranweisung
-- 'p' Zeichen - Mengen - Ausdruck               --> S83(5.7/4)
   1 * Zugehoerigkeitstest
-- 'p' 'e<>r' Datei - Variable                   --> S54(4.2/1)
   1 * 'p' 't' Datei - Schreibprozeduranweisung
-- 'p' 'e<>r' Mengentest                             S72(5.2/4)
   1 * boolescher Ausdruck
   1 * oberer boolescher Ausdruck
   1 * unterer boolescher Ausdruck
-- 'p' 'e<>r' Mengen - Ausdruck                      S83(5.7/4)
   1 * aktueller Wertparameter
   1 * Zuweisung des Wertes eines Ausdruckes
   2 * 'p' 'e<>r' Mengentest
   1 * 'p' 'e<>r' Mengen - Faktor
   1 * 'p' 't' Datei - Schreibprozeduranweisung
-- 'p' 'e<>r' Mengen - Faktor                        S81(5.7/1)
   1 * 'p' 'e<>r' Mengen - Term
```

```
-- 'p' 'e<>r' Mengen - Term                              S82(5.7/4)
   1 * 'p' 'e<>r' Mengen - Ausdruck
-- 'p' 'e<>r' Mengen - Typ                               S41(3.2.2/2)
   --> 's' Typ
   --> 't' Typ
-- 'p' 'e<>r' Mengen - Variable                    --> S54(4.2/1)
   1 * Zuweisung des Wertes eines Ausdruckes
   1 * 'p' 'e<>r' Mengen - Faktor
-- 'p' 'e<>r' varianter Satz gebundener
   Zeiger - Ausdruck                               --> S84(5.8/1)
   1 * dynamische Zuweisungsprozeduranweisung
-- 'p' 'e<>r' varianter Satz gebundene
   Zeiger - Variable                               --> S54(4.2/1)
   1 * dynamische Zuweisungsprozeduranweisung
-- 'p' 'e<>r' varianter Satz - Typ                       S44(3.2.3.2/3)
   --> 's' Typ
   --> 't' Typ
-- 'p' 'e<>r' variante Satz - Variable             --> S54(4.2/1)
   2 * aktueller Wertparameter
   1 * Qualifizierungsanweisung
   1 * Satz - Komponenten - Variable vom 't' Typ
   3 * Zuweisung des Wertes einer Variablen
   2 * 'p' 't' Datei - Schreibprozeduranweisung
-- 'p' 'i' indizierte 't' Feld - Datei - Variable  --> S54(4.2/1)
   1 * 'p' 't' Datei - Schreibprozeduranweisung
-- 'p' 'N' - Zeichen - Datei - Variable            --> S54(4.2/1)
   1 * 'p' 't' Datei - Schreibprozeduranweisung
-- 'p' 'p' nicht - variante
   Satz - Datei - Variable                         --> S54(4.2/1)
   1 * 'p' 't' Datei - Schreibprozeduranweisung
-- 'p' 'p' 'e<>r' Mengen - Datei - Variable        --> S54(4.2/1)
   1 * 'p' 't' Datei - Schreibprozeduranweisung
-- 'p' 'p' 'e<>r' variante Satz - Datei - Variable --> S54(4.2/1)
   1 * 'p' 't' Datei - Schreibprozeduranweisung
-- 'p' 't' Datei - Leseprozeduranweisung               S133(7.2.5.1/18)
   1 * Prozeduranweisung zur Datei- als auch
       Puffer-Manipulation
-- 'p' 't' Datei - Schreibprozeduranweisung            S132(7.2.5.1/13)
   1 * Prozeduranweisung zur Datei- als auch
       Puffer-Manipulation
-- 'p' 't' Datei - Typ                                 S46(3.2.4.1/1)
   --> 's' Typ
   --> 't' Typ
-- 'p' 't' Datei - Variable                        --> S54(4.2/1)
   1 * Aufruf einer booleschen Funktion
   1 * Datei - Komponenten - Puffer vom 't' Typ
   1 * Prozeduranweisung zur Dateigenerierung
   1 * Prozeduranweisung zur Dateiinspektion
   1 * Prozeduranweisung zur Dateimanipulationsinitialisierung
   1 * 'p' 't' Datei - Leseprozeduranweisung
-- 'p' 't' gebundene Zeiger - Datei - Variable     --> S54(4.2/1)
   1 * 'p' 't' Datei - Schreibprozeduranweisung
-- 's'                                                 M7(1.4.2/8)
   1 * 't'
   1 * 't<>C'
```

```
-- 's' Typ                                              --> S38(3.2.1.1/1)
                                                        --> S39(3.2.1.1/2)
                                                        --> S47(3.2.4.2/1)
                                                        --> S37(3.2.1.1/1)
                                                        --> S40(3.2.1.2/1)
                                                        --> S42(3.2.3.1/1)
                                                         --> S41(3.2.2/2)
                                                        --> S44(3.2.3.2/3)
                                                        --> S46(3.2.4.1/1)
     1 * Typdefinition
-- 't'                                                      M2(1.4.2/6)
     2 * 's'
     1 * 't'
     1 * 't<>C'
-- 't' gebundener Zeiger - Ausdruck                         S84(5.8/1)
     1 * aktueller Wertparameter
     1 * dynamische Zuweisungsprozeduranweisung
     2 * Vergleich 't' gebundener Zeiger
     1 * Zuweisung des Wertes eines Ausdruckes
     1 * 'p' 't' Datei - Schreibprozeduranweisung
     1 * 't' gebundener Zeiger - Ausdruck
     1 * 't' gebundene Zeiger - Funktions - Wertzuweisung
-- 't' gebundener Zeiger - Funktionsblock                   S4(1.5/2)
     1 * 't' gebundene Zeiger - Funktionsdeklaration
-- 't' gebundener Zeiger - Funktionskopf                    S104(7.1.2/3)
     1 * 't' gebundene Zeiger - Funktionsdeklaration
-- 't' gebundener Zeiger - Typ                              S49(3.3/3)
     1 * Typdefinition
-- 't' gebundene Zeiger - Funktionsdeklaration              S102(7.1.2/2)
     1 * Prozedur- u.Funktionsdeklarationsteil
-- 't' gebundene Zeiger - Funktionsidentifikation           S113(7.1.4/2)
     1 * 't' gebundene Zeiger - Funktionsdeklaration
-- 't' gebundene Zeiger -
   Funktionsparameterspezifikation                          S104(7.1.2/3)
     1 * Liste von Spezifikationen formaler Parameter
-- 't' gebundene Zeiger - Funktions - Wertzuweisung S106(7.1.2/4)
     1 * Wertzuweisung
-- 't' gebundene Zeiger - Variable                       --> S54(4.2/1)
     1 * dynamische Zuweisungsprozeduranweisung
     1 * referenzierte Variable vom 't' Typ
     1 * Zuweisung des Wertes eines Ausdruckes
     1 * 't' gebundener Zeiger - Ausdruck
-- 't' Typ                                               --> S35(3.1.4/2)
                                                        --> S31(3.1.2/1)
                                                        --> S28(3.1.1/1)
                                                        --> S36(3.1.5/1)
                                                        --> S33(3.1.3/1)
                                                        --> S34(3.1.3/7)
                                                        --> S29(3.1.1/4)
                                                        --> S38(3.2.1.1/1)
                                                        --> S39(3.2.1.1/2)
                                                        --> S47(3.2.4.2/1)
                                                        --> S37(3.2.1.1/1)
                                                        --> S40(3.2.1.2/1)
                                                        --> S42(3.2.3.1/1)
                                                         --> S41(3.2.2/2)
                                                        --> S44(3.2.3.2/3)
                                                        --> S46(3.2.4.1/1)
     1 * nicht - varianter Satzteil
```

```
    1 * Variablendeklaration
    1 * 'i' indizierter 't' Feld - Typ
    1 * 'p' 't' Datei - Typ
 -- 't' Variable                                       S54(4.2/1)
    1 * aktueller Variablenparameter
    1 * 'p' 't' Datei - Leseprozeduranweisung
 -- 't<>C'                                             M10(1.4.2/9)
    1 * 's'
 -- 't<>C' Typ                                    --> S35(3.1.4/2)
                                                 --> S31(3.1.2/1)
                                                 --> S28(3.1.1/1)
                                                 --> S36(3.1.5/1)
                                                 --> S34(3.1.3/7)
                                                 --> S29(3.1.1/4)
                                               --> S38(3.2.1.1/1)
                                               --> S39(3.2.1.1/2)
                                               --> S47(3.2.4.2/1)
                                               --> S37(3.2.1.1/1)
                                               --> S40(3.2.1.2/1)
                                               --> S42(3.2.3.1/1)
                                                --> S41(3.2.2/2)
                                               --> S44(3.2.3.2/3)
                                               --> S46(3.2.4.1/1)
    1 * PACKED 'i' indizierter 't<>C' Feld - Typ
 == ''
    1 * Zeichenkonstantenzeichen
 == (
    5 * aktueller Wertparameter
    2 * Aufruf einer Aufzaehl - Funktion
    5 * Aufruf einer booleschen Funktion
    4 * Aufruf einer ganzen Funktion
    3 * Aufruf einer reellen Funktion
    3 * Aufruf einer Zeichen - Funktion
    1 * Aufruf einer 't' gebundenen Zeiger - Funktion
    1 * Aufzaehl - Ausdruck
    1 * Aufzaehl - Typ
    1 * boolescher Faktor
    2 * Datenuebertragungsprozeduranweisung
    1 * DVA-typunabh.Zeichen ungleich * und )
    2 * dynamische Zuweisungsprozeduranweisung
    1 * ganzer Faktor
    1 * oberer Aufzaehl - Ausdruck
    1 * oberer Zeichen - Ausdruck
    1 * Programmkopf
    1 * Prozeduranweisung
    1 * Prozeduranweisung zur Dateigenerierung
    1 * Prozeduranweisung zur Dateiinspektion
    1 * Prozeduranweisung zur Dateimanipulationsinitialisierung
    1 * Prozedurkopf
    1 * Prozedurparameterspezifikation
    1 * reeller Faktor
    2 * Text - Datei - Leseprozeduranweisung
    2 * Text - Datei - Schreibprozeduranweisung
    1 * Text - Datei - Seiteneinteilungsprozeduranweisung
    1 * unterer Aufzaehl - Ausdruck
    1 * unterer Zeichen - Ausdruck
    1 * Zeichen - Ausdruck
    5 * Zuweisung des Wertes einer Variablen
    1 * 'e' Funktionskopf
```

```
    1 * 'e' Funktionsparameterspezifikation
    1 * 'e<>r' varianter Satzteil
    1 * 'N' - Zeichen - Ausdruck
    1 * 'p' 'e<>r' Mengen - Faktor
    1 * 'p' 't' Datei - Leseprozeduranweisung
    6 * 'p' 't' Datei - Schreibprozeduranweisung
    1 * 't' gebundener Zeiger - Ausdruck
    1 * 't' gebundener Zeiger - Funktionskopf
    1 * 't' gebundene Zeiger - Funktionsparameterspezifikation
==  )
    5 * aktueller Wertparameter
    1 * Aufruf einer Aufzaehl - Funktion
    1 * Aufruf einer booleschen Funktion
    1 * Aufruf einer ganzen Funktion
    1 * Aufruf einer reellen Funktion
    1 * Aufruf einer Zeichen - Funktion
    1 * Aufruf einer 't' gebundenen Zeiger - Funktion
    1 * Aufzaehl - Ausdruck
    1 * Aufzaehl - Typ
    1 * boolescher Faktor
    1 * Datenuebertragungsprozeduranweisung
    1 * dynamische Zuweisungsprozeduranweisung
    1 * ganzer Faktor
    1 * oberer Aufzaehl - Ausdruck
    1 * oberer Zeichen - Ausdruck
    1 * Programmkopf
    1 * Prozeduranweisung
    1 * Prozeduranweisung zur Dateigenerierung
    1 * Prozeduranweisung zur Dateiinspektion
    1 * Prozeduranweisung zur Dateimanipulationsinitialisierung
    1 * Prozedurkopf
    1 * Prozedurparameterspezifikation
    1 * reeller Faktor
    1 * Text - Datei - Leseprozeduranweisung
    1 * Text - Datei - Schreibprozeduranweisung
    1 * Text - Datei - Seiteneinteilungsprozeduranweisung
    1 * unterer Aufzaehl - Ausdruck
    1 * unterer Zeichen - Ausdruck
    1 * Zeichenkonstantenzeichen
    1 * Zeichen - Ausdruck
    5 * Zuweisung des Wertes einer Variablen
    1 * 'e' Funktionskopf
    1 * 'e' Funktionsparameterspezifikation
    1 * 'e<>r' varianter Satzteil
    1 * 'N' - Zeichen - Ausdruck
    1 * 'p' 'e<>r' Mengen - Faktor
    1 * 'p' 't' Datei - Leseprozeduranweisung
    5 * 'p' 't' Datei - Schreibprozeduranweisung
    1 * 't' gebundener Zeiger - Ausdruck
    1 * 't' gebundener Zeiger - Funktionskopf
    1 * 't' gebundene Zeiger - Funktionsparameterspezifikation
==  *
    1 * ganzer Term
    2 * reeller Term
    1 * Zeichenkonstantenzeichen
    1 * 'p' 'e<>r' Mengen - Term
```

538

```
== +
    2 * Anzahl Zeichen
    2 * Anzahl Ziffern hinter Dezimalpunkt
    2 * Ausdruck vom 'gT' Typ mit ganzer unterer Grenze <> 1
    1 * DVA-typunabh.Zeichen ungleich * und )
    2 * ganzer Ausdruck
    1 * ganze obere Grenze
    1 * ganze untere Grenze
    2 * Konstantendefinition
    2 * oberer ganzer Ausdruck
    3 * reeller Ausdruck
    1 * reelle Konstante
    2 * unterer ganzer Ausdruck
    1 * Wert f.ganzen Ausdruck
    1 * Wert f.ganze Auswahlkomponente
    1 * 'p' 'e<>r' Mengen - Ausdruck
    2 * 1..'N' Ausdruck
    2 * 1..1 Ausdruck
== ,
    1 * Aufzaehl - Typ
    1 * Auswahlanweisung
    2 * Datenuebertragungsprozeduranweisung
    1 * DVA-typunabh.Zeichen ungleich * und )
    1 * dynamische Zuweisungsprozeduranweisung
    3 * entpackte Feld - Parameter - Gruppe
    1 * Markendeklarationsteil
    1 * nicht - varianter Satzteil
    1 * Programmkopf
    1 * Qualifizierungsanweisung
    1 * Text - Datei - Leseprozeduranweisung
    3 * Text - Datei - Schreibprozeduranweisung
    1 * Variablendeklaration
    1 * Variablenparameterspezifikation
    1 * von 'i' abhaengige Liste von Ausdruecken
    1 * von 'j' abhaengige Liste von Ausdruecken
    1 * Wertparameterspezifikation
    1 * 'e<>r' varianter Satzteil
    1 * 'i'
    1 * 'j'
    1 * 'p' 'e<>r' Mengen - Faktor
    1 * 'p' 't' Datei - Leseprozeduranweisung
   10 * 'p' 't' Datei - Schreibprozeduranweisung
== -
    2 * Anzahl Zeichen
    2 * Anzahl Ziffern hinter Dezimalpunkt
    2 * Ausdruck vom 'gT' Typ mit ganzer unterer Grenze <> 1
    1 * DVA-typunabh.Zeichen ungleich * und )
    2 * ganzer Ausdruck
    1 * ganze obere Grenze
    1 * ganze untere Grenze
    2 * Konstantendefinition
    2 * oberer ganzer Ausdruck
    3 * reeller Ausdruck
    1 * reelle Konstante
    2 * unterer ganzer Ausdruck
    1 * Wert f.ganzen Ausdruck
    1 * Wert f.ganze Auswahlkomponente
    1 * 'p' 'e<>r' Mengen - Ausdruck
    2 * 1..'N' Ausdruck
    2 * 1..1 Ausdruck
```

```
== - Zeichen -
   1 * 's'
== .
   1 * DVA-typunabh.Zeichen ungleich * und )
   1 * Programm
   1 * reelle Konstante
   2 * Satz - Komponenten - Variable vom 't' Typ
== ..
   1 * Aufzaehl - Typ
   1 * boolescher Typ
   1 * Variablenparameterspezifikation
   1 * Zeichenteilbereichs - Typ
   1 * 'gT' Typ
   1 * 'gT' Typ mit ganzer unterer Grenze <> 1
   1 * 'p' 'e<>r' Mengen - Faktor
== /
   1 * DVA-typunabh.Zeichen ungleich * und )
   2 * reeller Term
== 0
   1 * Ziffer
   2 * 'N'
== 1
   1 * Ziffer
   2 * 'N'
-- 1..'N' Ausdruck                                 S65(5.1/2)
   1 * indizierte Variable vom 't' Typ
-- 1..'N' Typ                                      S29(3.1.1/4)
   1 * 'N' - Zeichen - Typ
== 1..1
   1 * 'j'
-- 1..1 Ausdruck                                   S65(5.1/2)
   1 * von 'j' abhaengige Liste von Ausdruecken
-- 1..1 Typ                                        S29(3.1.1/4)
   --> 'j'
-- 1..1 Typ indizierte Zeichen - Feld - Variable  --> S54(4.2/1)
   1 * entpackte Feld - Parameter - Gruppe
== 2
   1 * Ziffer
   1 * 'N'
== 3
   1 * Ziffer
   1 * 'N'
== 4
   1 * Ziffer
   1 * 'N'
== 5
   1 * Ziffer
   1 * 'N'
== 6
   1 * Ziffer
   1 * 'N'
== 7
   1 * Ziffer
   1 * 'N'
== 8
   1 * Ziffer
   1 * 'N'
```

```
== 9
   1 * Ziffer
   1 * 'N'
== :
   1 * Anweisung
   1 * Auswahlanweisung
   1 * DVA-typunabh.Zeichen ungleich * und )
   1 * nicht - varianter Satzteil
   4 * Text - Datei - Schreibprozedurparameter
   1 * Variablendeklaration
   2 * Variablenparameterspezifikation
   1 * Wertparameterspezifikation
   1 * 'e' Funktionskopf
   1 * 'e' Funktionsparameterspezifikation
   2 * 'e<>r' varianter Satzteil
   1 * 't' gebundener Zeiger - Funktionskopf
   1 * 't' gebundene Zeiger - Funktionsparameterspezifikation
== :=
   1 * Laufanweisung
   5 * Zuweisung des Wertes einer Variablen
   5 * Zuweisung des Wertes eines Ausdruckes
   2 * 'e' Funktions - Wertzuweisung
   1 * 't' gebundene Zeiger - Funktions - Wertzuweisung
== ;
   1 * Anweisungsteil
   1 * Auswahlanweisung
   1 * DVA-typunabh.Zeichen ungleich * und )
   1 * Konstantendefinitionsteil
   1 * Liste von Spezifikationen formaler Parameter
   1 * nicht - varianter Satzteil
   1 * Programm
   2 * Prozedurdeklaration
   1 * REPEAT - Anweisung
   1 * Typdefinitionsteil
   1 * Variablendeklarationsteil
   1 * Variablenparameterspezifikation
   5 * Vereinbarungsteil
   1 * zusammengesetzte Anweisung
   2 * 'e' Funktionsdeklaration
   3 * 'e<>r' varianter Satzteil
   1 * 'p' nicht - varianter Satz - Typ
   2 * 'p' 'e<>r' varianter Satz - Typ
   2 * 't' gebundene Zeiger - Funktionsdeklaration
== <
   1 * DVA-typabh.Zeichen ungleich '
   1 * r
== <=
   1 * r
   1 * 'p' 'e<>r' Mengentest
== <>
   1 * r
   1 * Vergleich 't' gebundener Zeiger
   1 * 'p' 'e<>r' Mengentest
== =
   1 * DVA-typunabh.Zeichen ungleich * und )
   6 * Konstantendefinition
   1 * r
   9 * Typdefinition
   1 * Vergleich 't' gebundener Zeiger
   1 * 'p' 'e<>r' Mengentest
```

```
== >
   1 * DVA-typabh.Zeichen ungleich '
   1 * r
== >=
   1 * r
   1 * 'p' 'e<>r' Mengentest
== [
   1 * DVA-typabh.Zeichen ungleich '
   3 * indizierte Variable vom 't' Typ
   1 * PACKED 'i' indizierter 't<>C' Feld - Typ
   1 * PACKED 'j' indizierter Zeichen - Feld - Typ
   1 * Variablenparameterspezifikation
   1 * 'i' indizierter 't' Feld - Typ
   1 * 'N' - Zeichen - Typ
   1 * 'p' 'e<>r' Mengen - Faktor
== ]
   1 * DVA-typabh.Zeichen ungleich '
   3 * indizierte Variable vom 't' Typ
   1 * PACKED 'i' indizierter 't<>C' Feld - Typ
   1 * PACKED 'j' indizierter Zeichen - Feld - Typ
   1 * Variablenparameterspezifikation
   1 * 'i' indizierter 't' Feld - Typ
   1 * 'N' - Zeichen - Typ
   1 * 'p' 'e<>r' Mengen - Faktor
== ^
   1 * Datei - Komponenten - Puffer vom 't' Typ
   1 * DVA-typabh.Zeichen ungleich '
   1 * referenzierte Variable vom 't' Typ
   1 * 't' gebundener Zeiger - Typ
```

Anhang B Bibliographie

Die Bibliographie besteht aus zwei Teilen. Der erste Teil beinhaltet eine kleine Anzahl von selbstaendigen und unselbstaendigen Schriften zur Datenverarbeitung, die zum einen im Text zitiert werden, zum anderen ueber den Rahmen des Buches hinausreichen (Abschnitt B.1, S.B/2). Der zweite Teil der Bibliographie umfasst die PASCAL-Literatur (Abschn. B.2, S.B/7). Er enthaelt - vorrangig deutsch- und englischsprachige Titel selbstaendiger und unselbstaendiger Schriften ueber PASCAL, die bis Ende 1980 erschienen sind.

Auf die Einbeziehung von PASCAL-Benutzer-Handbuechern (Manuals) wurde verzichtet, weil den Autoren keine auch nur annaehernd vollstaendige Sammlung zur Verfuegung stand.

Eine kuerzlich in den Sigplan-notices erschienene Bibliographie [285] kann diesbezueglich als Ergaenzung herangezogen werden. Sie umfasst allerdings nur englischsprachige Titel, die bis Juni 1980 erschienen sind. In dieser Bibliographie sind auch Aufsaetze, die in den PASCAL news (ehemals PASCAL newsletter) [340] erschienen sind, einzeln aufgenommen, worauf hier aus Platzgruenden verzichtet worden ist.

Die Einteilung der Bibliographie in die sieben Sachgebiete

- Entwurfsziele (Abschn. B.2.1, S.B/7),
- Definition (Abschn. B.2.2, S.B/8),
- Lehrbuecher (Abschn. B.2.3, S.B/8),
- Uebersetzer bzw. Kompilierer (Abschn. B.2.4, S.B/10),
- Anwendungen (Abschn. B.2.5, S.B/15),
- Programme (Abschn. B.2.6, S.B/22) und
- kritische Auseinandersetzung (Abschn. B.2.7, S.B/24)

soll dem Leser den Zugang erleichtern. Lediglich fuer die drei letztgenannten Sachgebiete erschien eine weitere Differenzierung zweckmaessig. Insbesondere die Unterscheidung der Anwendungen in

- Ausbildung (Abschn. B.2.5.1, S.B/15),
- Systemnahe Programmierung (Abschn. B.2.5.2, S.B/16),
- Sprachentwurf (Abschn. B.2.5.3, S.B/17),
- Personal Computing (Abschn. B.2.5.4, S.B/20) und
- Verschiedenes (Abschn. B.2.5.5, S.B/21)

spiegelt die Sachgebiete wider, deren Weiterentwicklung auf Basis der Programmiersprache PASCAL in den 70er Jahren sehr gefoerdert worden ist.

B.1 Ausgewaehlte Literatur zur DV

B.1.1 Einfuehrung in die DV

001   Bauer, Friedrich L.; u. Gerhard Goos: Informatik. Berlin,
      Heidelberg, New York: Springer. T.1. 1971. T.2. 2.Aufl. 1974.

002   Dworatschek, Sebastian: Grundlagen der Datenverarbeitung. 6.,
      voellig neu bearb. u. erw. Aufl. Berlin, New York: de Gruyter
      1977.

003   Einfuehrung in die elektronische Datenverarbeitung. Ein Fern-
      sehkurs im Medienverbund. 1-4. (Muenchen:) TR-Verlagsunion
      (o.J.). Autoren:
      Bd1. S. Dworatschek.
      Bd2. Herbert Winterhager, Helmut Engelhardt.
      Bd3. Peter Knorz.
      Bd4. Glossar. Helmut Garbe.

004   Euwe, Max: Einfuehrung in die Grundlagen der Datenverarbei-
      tung. Hrsg. von Theodor Einsele. (Nach der 2. Aufl. aus d.
      Holl. uebertr. von Paul Boulogne u. Peter Mueller.) 4., erw.
      Aufl. (Muenchen:) Moderne Industrie (1972).

005   Schmitz, Paul; u. Dietrich Seibt: Einfuehrung in die anwen-
      dungsorientierte Informatik. Muenchen: Vahlen 1975. (WiSo.
      Kurzlehrbuecher.)

006   Der Schluessel zum Computer. Einfuehrung in die elektroni-
      sche Datenverarbeitung. Hrsg. von Martin F. Wolters
      (Reinbek b. Hamburg:) Rowohlt (1974). (rororo-Sachbuch 6839
      Leitprogramm. 6840. Textbuch.)

B.1.2 Geschichte

007   Bauer, Friedrich L.: From scientific computation to computer
      science. - In: The Skyline of information processing. Procee-
      dings of the 10th Anniversary Celebration of the IFIP.
      Amsterdam, Oct. 25, 1970. Ed. by H. Zemanek. Amsterdam,
      London: North-Holland Publishing Company 1972. S. 57-71.

008   Beauclair, W. de: Rechnen mit Maschinen. (Unter Mitw. von
      H. Hauck). Braunschweig: Vieweg (1968).

009   Bemer, R.W.: A Politico-social history of ALGOL. - In:
      Annual Review in automatic programming. Oxford (usw.):
      Pergamon Press 5. (1969) S. 151-237.

010   Goldscheider, Peter; u. Heinz Zemanek: Computer. Werkzeug
      der Information. Berlin, Heidelberg, New York: Springer 1971.

011   Goldstine, Herman H.: The Computer. From Pascal to von Neu-
      mann. (Princeton, N.J.:) Princeton University Press (1972).

012   A History of computing in the twentieth century. A Collection
       of essays. Ed. by N.Metropolis, I. Howlett. New York [usw.]:
       Academic press 1980.

013   Knuth, Donald E.: Von Neumann's first computer program. - In:
       Computing surveys. 2 (1970) 4. S. 247-260.

014   Naur, Peter: The European side of the last phase of the
       development of ALGOL 60. - In: Sigplan notices. 13 (1978)
       8. S. 15-44.

B.1.3 Begriffe

015   Informationsverarbeitung. 1. Normen ueber Begriffe, Sinnbilder
       und Schaltzeichen, maschinelle Zeichenerkennung, Schnittstel-
       len. Hrsg.: DIN Dt. Inst. f. Normung e.V. 4. geaend. Aufl.
       Berlin, Koeln: Beuth 1978. (DIN Taschenbuch. 25.)

016   Informationsverarbeitung. 2. Normen ueber Codierung, Daten-
       traeger, Programmierung. Hrsg.: DIN Dt. Inst. f. Normung e.V.
       Berlin, Koeln: Beuth 1978. (DIN Taschenbuch. 125.)

017   Lexikon der Datenverarbeitung. Hrsg. von Peter Mueller. 6.
       Aufl. (Muenchen:) Moderne Industrie (1975).

018   Rouette, L[eo]: Ueber einige Grundbegriffe der Datenverar-
       beitung. - In: Angewandte Informatik. 13 (1971) 7. S. 301-303.

019   Schulze, Hans Herbert: rororo Lexikon zur Datenverarbeitung.
       Schwierige Begriffe einfach erklaert. (Reinbek bei Hamburg:)
       Rowohlt (1978). (rororo Nr. 6220.)

B.1.4 Algorithmen

020   Cody, William J.; u. William Waite: Software manual for the
       elementary functions Englewood Cliffs, N.J.: Prentice-Hall
       (1980).

021   Collected ACM algorithms. New York: Association for Computing
       Machinery 1976ff.

022   Grau, A.A; U. Hill; u. H. Langmaack: Translation of ALGOL60.
       Berlin, Heidelberg, New York: Springer 1967. (Handbook for
       automatic computation. Vol. 1. Part b.) (Die Grundlehren der
       mathematischen Wissenschaften in Einzeldarstellungen mit be-
       sonderer Beruecksichtigung der Anwendungsgebiete. Bd. 137.)

023   Horowitz, Ellis; u. Sartaj Sahni: Fundamentals of computer algo-
       rithms. (London:) Pitman (1979). (Computer software enginee-
       ring series.)

024   Knuth, Donald E.: The Art of computer programming. Vol. 1:
       Fundamental algorithms. 2. ed. 1973. Vol. 2: Seminumerical
       algorithms 1969. Vol. 3 Sorting and searching. 1973.
       Reading, Mass: Addison-Wesley 1969-1973.

025   Naur, Peter: Concise survey of computer methods. (2. printing.)
       New York: Petrocelli/Charter (1974).

026   Stoer, Josef: Einfuehrung in die numerische Mathematik I
       unter Beruecksichtigung von Vorlesungen von F.L. Bauer.
       2., neubearb. u. erw. Aufl. Berlin [usw.]: Springer 1976.

027   Stoer, J.; u. R. Bulirsch: Einfuehrung in die numerische
       Mathematik II unter Beruecksichtigung von Vorlesungen von
       F.L. Bauer. 2., neubearb. u. erw. Aufl. Berlin [usw.]:
       Springer 1978.

028   Waldschmidt, Helmut: Optimierungsfragen im Compilerbau.
       Muenchen, Wien: Hanser 1974.

             B.1.5 Programmiermethodik

029   Alagic, Suad; u. Michael A. Arbib: The Design of well-struc-
       tured and correct programs. New York, Heidelberg, Berlin:
       Springer (1978).

030   Dahl, O.-J.; u. E.W. Dijkstra; u. C.A.R. Hoare: Structured
       programming. London, New York: Academic Press 1972. (A.P.I.C.
       Studies in data processing. No.8.)

031   Dijkstra, Edsger W.: Go to statement considered harmful. - In:
       Communications of the ACM. 11 (1968) 3. S. 147-148.

032   Jackson: Grundsaetze des Programmentwurfs. (Dt. Uebers.:
       Wolfgang George [u.a.]. Darmstadt: Toeche-Mittler (1979).

033   Kernighan, Brian W.; u. P.J. Plauger: The Elements of
       programming style. New York [usw.]: McGraw-Hill (1974).

034   Kernighan, Brian W.; u. P.J. Plauger: Programming style.
       Examples and counterexamples. - In: ACM Computing surveys.
       6 (1974) 4.S. 303-319.

035   Kernighan, Brian W.; u. P.J. Plauger: Software tools.
       Reading, Mass [usw.]: Addison-Wesley (1976).

036   Knuth, Donald E.: Structured programming with go to state-
       ments. - In: ACM Computing surveys. 6 (1974) 4. S. 261-301.

037   Kopetz, Hermann: Softwarezuverlaessigkeit. Muenchen, Wien:
       Hanser 1976. (Computer-Monographien. Bd 11.)

038   Leitfaden zur strukturierten Programmierung. Hannover:
       Regionales Rechenzentrum fuer Niedersachsen bei der Techn.
       Univ. Hannover 1977. (Bericht Nr2. Projektgruppe Programmier-
       methodik.)

039   Metzger, Philip W.: Software-Projekte. (Aus d. Amerik.
       uebers.) Muenchen, Wien: Hanser 1977. (Computer-Monographien.
       Bd. 13.)

040   Programming methodology. A Collection of articles by members
       of IFIP WG 2.3. Ed. by David Gries. New York, Heidelberg,
       Berlin: Springer (1978).

041   Program test methods. Ed. by William C. Hetzel. Based on
       proceedings of the Computer Program Test Methods Symposium
       held at the University of North Carolina, Chapel Hill, June
       21-23, 1972. Englewood Cliffs, N.J.: Prentice-Hall (1973).

042   Tassel, Dennie van: Program style, design, efficiency,
       debugging and testing. Englewood Cliffs, N.J.: Prentice-
       Hall (1974).

043   Yeh, Raymond T.: Current trends in programming methodology.
       Vol. 1.2. Englewood Cliffs: Prentice-Hall (1977).
       1. Software specification and design. 2. Program validation.

044   Yohe, J.M.: An Overview of programming practices. - In:
       Computing surveys. 6 (1974) 4. S. 222-245.

045   Yourdon, Edward; u. Larry L. Constantine: Structured design.
       2. ed. New York: Yourdon Press (1978).

B.1.6 Programmiersprachen (ohne PASCAL)

046   American national standard programming language COBOL.
       (New York:) American National Standards Inst. 1974.

047   American national standard programming language FORTRAN.
       (New York:) American National Standards Institute (1978).

048   Backus, J.W.: The Syntax and semantics of the proposed
       international algebraic language of the Zurich ACM-GAMM
       Conference. - In: Information processing. Proceedings of
       the international conference on information. Processing,
       Unesco. Paris 15-20 June 1959. (Paris: Unesco 1960).
       S. 125-132.

049   Barron, D.W.: An Introduction to the study of programming
       languages. Cambridge [usw.]: Cambridge Univ. Pr. (1977).

050   Bauer, Friedrich L.: Algorithmische Sprachen. Kap. 1-3.
       Vorlesungskriptum. Muenchen: Techn. Univ. 1977.

051   Dahl, Ole-Johan; u. Bjorn Myhrhaug; u. Kristen Nygaard:
       Common base language. Oslo: Norwegian Computing Center 1970.

052   Dijkstra, Edsger W.: A Discipline of programming. Englewood
       Cliffs N.J.: Prentice Hall (1976).

053   Iverson, Kenneth E.: A Programming language. New York, London:
       Wiley (1962).

054   Nichols, John E.: The Structure and design of programming
       languages. Reading, Mass. [usw.]: Addison-Wesley (1975).

055   Revised report on the algorithmic language ALGOL 60. Ed. by
       Peter Naur. - In: Numerische Mathematik. 4 (1963) S. 420-453.

056   Revised report on the algorithmic language ALGOL 68. Ed. by
       A. van Wijngaarden [u.a.]. Berlin, Heidelberg, New York 1976.

057   Rohlfing, Helmut: SIMULA. Eine Einfuehrung. Mannheim, Wien,
       Zuerich: Bibliogr. Institut (1973). (BI-Hochschultaschen-
       buecher. Bd. 747.)

058   Rutishauser, Heinz: Description of ALGOL60. Berlin (usw.):
       Springer 1967. (Handbook for automatic computation. Vol 1.
       Part a.)

059   Sammet, Jean E.: Programming languages. History and funda-
       mentals. Englewood Cliffs, N.J.: Prentice Hall (1969).

060   Struble, George W.: Assembler language programming the IBM
       system/360 and 370. 2nd ed. Reading, Mass [usw.]: Addison-
       Wesley (1975).

061   Taylor, Warren; u. Lloyd Turner; u. Richard Waychoff: A Syn-
       tactical chart of ALGOL60. - In: Communications of the ACM.
       4 (1961) 9. S. 393.

062   Winograd, Terry: Beyond programming languages. - In:
       Communications of the ACM. 22 (1979) 7. S. 391-401.

063   Die Wirksamkeit von Programmiersprachen. Ergebnisse e.
       Studienkreises des Betriebswirt. Inst. fuer Organisation
       u. Automation an d. Univ. zu Koeln. Wiesbaden: Gabler
       (1972). (Studienkreis Paul Schmitz.)

B.1.7 Verschiedenes

064   Lem, Stanislaw. Robotermaerchen. (Hrsg. von Franz
       Rottensteiner. Aus d. Poln.) (Frankfurt:) Suhrkamp (1974).
       (Bibliothek Suhrkamp Bd. 366.)

065   Polya, Georg: Vom Loesen mathematischer Aufgaben. Ins Dt.
       uebers. von Lulu Bechtolsheim. Bd. 1.2. Basel, Stuttgart:
       Birkhaeuser 1966-67. (Wissenschaft und Kultur. Bd. 20 u. 21.)

066   Polya, Georg: Mathematik und plausibles Schliessen. Ins Dt.
       uebers. von Lulu Bechtolsheim. 2. Aufl. Bd. 1.2. Basel,
       Stuttgart: Birkhaeuser 1969-75. 1. Induktion und Analogie
       in der Mathematik. 1969. 2. Typen und Strukturen plausibler
       Folgerung. 1975.

067   Schmitt, Alfred: Automaten, Algorithmen, Gehirne.
       (Frankfurt am Main:) Suhrkamp (1971).

068   Weinberg, Gerald M.: The Psychology of computer programming.
        New York (usw.): Van Nostrand Reinhold (1971). (Computer
        science series.)

069   Weinberg, Gerald M.: An Introduction to general systems
        thinking. New York [usw.]: Wiley (1975). (Wiley series on
        systems engineering and analysis.) (A Wiley-interscience
        publication.)

070   Weizenbaum, Joseph: Die Macht der Computer und die Ohnmacht
        der Vernunft. Uebers. von Udo Rennert. (Frankfurt am Main:)
        Suhrkamp (1977).

071   What can be automated? The computer science and engineering
        research study. Bruce W. Arden, ed. Cambridge, Mass & London:
        The MIT Press (1980). (The MIT Press series in computer
        science. 3.)

B.2. Literatur zu PASCAL

B.2.1 Entwurfsziele

072   Wirth, Niklaus: A Generalization of ALGOL. - In: Communica-
        tions of the ACM. 6 (1963) 9. S. 547-554.

073   Wirth, Niklaus; u. Helmut Weber: EULER: A Generalization of
        ALGOL, and its formal definition. Part 1. - In: Communica-
        tions of the ACM. 9 (1966) 1. S. 13-23.

074   Wirth, Niklaus; u. Helmut Weber: EULER: A Generalization of
        ALGOL, and its formal definition. Part 2. - In: Communica-
        tions of the ACM. 9 (1966) 2. S. 89-99.

075   Wirth, Niklaus; u. C.A.R. Hoare: A Contribution to the
        development of ALGOL. - In: Communications of the ACM.
        9 (1966) 6. S. 413-432.

076   Wirth, Niklaus: PL360, a programming language for the 360
        computers. - In: Journal of the Association for computing
        machinery. 15 (1968) 1. S. 37-74.

077   Wirth, Niklaus: The Programming language PASCAL and its
        design criteria. - In: High level languages. International
        computer state of the art report. 7. Maidenhead: Infotech
        (1972). S. 453-473.

078   Wirth, Niklaus: On the design of programming languages. - In:
        Information Processing 74. Proceedings of IFIP Congress 74.
        Amsterdam 1974. S. 386-393.

079   Wirth, Niklaus: Programming languages. What to demand and
        how to assess them. - In: Software engineering. Proceedings
        of a symposium held at the Queen's Univ. of Belfast, 1976.
        Ed. by R.H. Perrott. London [usw.] 1977. S. 155-173.

B.2.2 Definition

080 Addyman, A.M.: A Draft proposal for PASCAL. - In: Sigplan
notices. 15 (1980) 4. S. 1-66.

081 Addyman, A.M.: PASCAL standardisation. - In: Sigplan notices.
15 (1980) 4. S. 67-69.

082 Cichelli, Richard J.: PASCAL-I- interactive, conversational
PASCAL-S. - In: Sigplan notices. 15 (1980) 1. S. 34-44.

083 A Draft description of PASCAL. [Von] A.M. Addyman [u.a.] -
In: Software - practice and experience. 9 (1979) 5. S. 381-424.

084 Hoare, C.A.R.; u. N. Wirth: An Axiomatic definition of the
programming language PASCAL. - In: Acta informatica.
2 (1973) S. 335-355.

085 Jensen, Kathleen; u. Niklaus Wirth: PASCAL user manual and
report. 2nd corr. repr. of the 2nd ed. New York, Heidelberg,
Berlin: Springer 1978.

086 PASCAL programming language standards committee. - In:
Sigplan notices. 13 (1978) 12. S. 5.

087 Ravenel, B.W.: Toward a PASCAL standard. - In: Computer.
12 (1979) 4. S. 68-82.

088 Tennent, R.D.: A Denotational definition of the programming
language PASCAL. Kingston, Ontario: Department of Computing
and Information Science, Queen's Univ. 1977.

089 Wirth, Niklaus.: The Programming language PASCAL. - In:
Acta informatica. 1 (1971) S. 35-63.

090 Wirth, Niklaus: PASCAL-S, a subset and its implementation.
Zuerich: Eidgenoess. techn. Hochschule (1975). (Berichte
d. Inst. f. Informatik. Nr 12.)

091 Wirth, Niklaus: Revidierter Bericht ueber die Programmiersprache PASCAL. In dt. Sprache hrsg. von Hans Sciemangk,
Gerhard Paulin. Berlin: Akad.-Verl. 1976.

B.2.3 Lehrbuecher

092 Atkinson, Laurence V.: PASCAL programming. Chichester [usw.]:
Wiley (1980). (Wiley series in computing.)

093 Balzert, Helmut; u. Peter Rauschmayer (Mitarb.): Informatik.
(Muenchen:) Hueber-Holzmann.
1. Vom Problem zum Programm. (1976)
2. Vom Programm zur Zentraleinheit, vom Systementwurf zum
Systembetrieb. (1978).

094   Baumann, Ruediger: Programmieren mit PASCAL. Einstieg fuer
       Schueler, Hobbyprogrammierer, Volkshochschueler. Wuerzburg:
       Vogel 1980. (CHIP-Wissen.)

095   Bowles, Kenneth L.: Microcomputer. Problem solving using
       PASCAL. New York, Berlin, Heidelberg: Springer (1977).

096   Cherry, George W.: PASCAL programming structures. Reston,
       Virginia: Reston Publishing Company 1980.

097   Conway, Richard; u. David Gries; u. E.C. Zimmermann: A Primer
       on PASCAL. Cambridge, Mass.: Winthrop (1976). (Winthrop
       computer systems series.)

098   Findlay, William; u. David A. Watt: PASCAL. An Introduction
       to methodical programming. (Repr.) (London:) Pitman (1979).

099   Grogono, Peter: Programming in PASCAL. Rev.ed. Reading
       [usw.]: Addison-Wesley (1980).

100   Herschel, Rudolf; u. Friedrich Pieper: PASCAL. Systematische
       Darstellung von PASCAL und CONCURRENT PASCAL fuer den Anwen-
       der. Muenchen, Wien: Oldenbourg 1979. (Reihe Datenverarbei-
       tung.)

101   Kieburtz, Richard B.: Structured programming and problem-
       solving with PASCAL. Englewood Cliffs, N.J.: Prentice-Hall
       (1978).

102   Lignelet, Patrice: PASCAL. T.1.2. Paris.: Masson 1980.
       T.1. Manual de base.
       T.2. Techniques de programmation et concepts avances.

103   Moore, Lawrie: Foundations of programming with PASCAL.
       Chichester: Ellis Horwood (1980). (The Ellis Horwood
       series in computers and their applications.)

104   Niemeyer, Gerhard: Einfuehrung in das Programmieren in
       PASCAL mit Sonderteil UCSD-PASCAL-System. Berlin, New York:
       de Gruyter 1980.

105   Ottmann, Thomas; u. Peter Widmayer: Programmierung mit
       PASCAL. Stuttgart: Teubner 1980. (Teubner Studienskripten
       84: Informatik.)

106   PASCAL in Beispielen. Eine Einfuehrung fuer Schueler und
       Studenten. Von Winfried Hosseus [u.a] Muenchen, Wien:
       Oldenbourg 1980.

107   Rohl, J.S.; u. H.J. Barrett: Programming via PASCAL.
       Cambridge [usw.]: Cambridge Univ. Press (1980).

108   Rohlfing, Helmut: PASCAL. Eine Einfuehrung. Mannheim, Wien,
       Zuerich: Bibliogr. Inst. (1978). (BI-Hochschultaschenbuecher.
       Bd. 756.)

109   Schauer, Helmut: PASCAL fuer Anfaenger. Wien: Oldenbourg
       1976.

110   Schauer, Helmut: PASCAL-Uebungen. Methoden zur Programment-
       wicklung. Wien, Muenchen: Oldenbourg 1978. (Fortbildung
       durch Selbststudium.)

111   Schauer, Helmut: PASCAL fuer Fortgeschrittene. Wien,
       Muenchen: Oldenbourg 1980.

112   Schneider, G. Michael; u. Steven W. Weingart; u. David M.
       Perlman: An Introduction to programming and problem solving
       with PASCAL. New York [usw.]: Wiley (1978).

113   Schneider, Wolfgang: PASCAL. Einfuehrung fuer Techniker.
       Braunschweig, Wiesbaden: Vieweg (1981). (Viewegs Fachbuecher
       der Technik: Reihe Informationstechnik.)

114   Webster, C.A.G.: Introduction to PASCAL. London [usw.]:
       Heyden (1976).

115   Welsh, Jim; u. John Elder: Introduction to PASCAL.
       Englewood Cliffs, N.J. [usw.]: Prentice-Hall (1979).
       (Prentice-Hall international series in computer science.)

116   Wilson, I.R.; u. A.M. Addyman: PASCAL - leicht verstaendliche
       Einfuehrung in das Programmieren mit PASCAL. Muenchen: Hanser
       (1979).

117   Wilson, I.R.; u. A.M. Addyman: A Practical introduction to
       PASCAL. New York: Springer (1979).

                   B.2.4 Uebersetzer bzw. Kompilierer

118   Ammann, Urs: The Method of structured programming applied
       to the development of a compiler. - In: International com-
       puting symposium 1973. Proceedings. Amsterdam 1974. S. 93-99.

119   Ammann, Urs: Die Entwicklung eines PASCAL-Compilers nach
       der Methode des strukturierten Programmierens. Zuerich:
       Juris-Verlag. 1975.

120   Ammann, Urs: On code generation in a PASCAL compiler. Zuerich.
       Eidgenoess. techn. Hochschule (1976). (Berichte d. Inst. f.
       Informatik. Bd.13)

121   Ammann, Urs: On code generation in a PASCAL compiler. - In:
       Software - practice and experience. 7 (1977) 3 S. 391-423.

122   Analysis of PASCAL programs in compiler writing. [Von]
       M. Shimasaki [u.a.] - In: Software - practice and experience.
       10 (1980) 2. S. 149-157.

123   Barth, Jeffrey M.: Shifting garbage collection overhead to
       compile time. - In: Communications of the ACM. 20 (1977) 7.
       S. 513-518.

124   Bates, D.; u. R. Cailliau: Experience with PASCAL compilers
        on mini-computers. - In: Sigplan notices. 12 (1977) 11.
        S. 10-22.

125   Berry, R.E.: Experience with the PASCAL P-compiler. - In:
        Software - practice and experience. 8 (1978) 5. S. 617-627.

126   Bron, C.; u. W. de Vries: A PASCAL compiler for PDP 11 mini-
        computers. - In: Software - practice and experience. 6 (1976)
        1. S. 109-116.

127   Byrnes, John L.: NPS-PASCAL. A PASCAL implementation for
        microprocessor - based computer systems. NTIS.
        AD-A071972/4WC. 1979. 283 S.

128   Chung, Kin-Man; u. Herbert Yuen: A "tiny" PASCAL compiler.
        Part 1: The P-code interpreter. - In: Byte. 3 (1978) 9.
        S. 58-65 u. 148-155.

129   Chung, Kin-Man; u. Herbert Yuen: A "tiny" PASCAL compiler.
        Part 2: The P-compiler. - In: Byte 3 (1978) 10. S 34-52.

130   Chung, Kin-Man; u. Herbert Yuen: A "tiny" PASCAL compiler.
        Part 3: P-code to 8080 conversion. - In: Byte 3 (1978) 11.
        S. 182-192.

131   Cornelius, B.J.; u. D.J. Robson; u. M.I. Thomas: Modification
        of the PASCAL-P compiler for a single-accumulator one-address
        minicomputer. - In: Software - practice and experience.
        10 (1980) 3. S. 241-246.

132   Desjardins, P.: A PASCAL compiler for the Xerox Sigma 6. - In:
        Sigplan notices. 8 (1973) 6. S. 34-36.

133   Faiman, R.N.; u. A.A. Kortesoja: An Optimizing PASCAL com-
        piler. - In: Proceedings of COMPSAC the IEEE Computer
        Society's third international computer software and applica-
        tions conference, Chicago, 6-8 Nov. 1979. (New York: IEEE
        1979). S. 624-628.

134   Faiman, R. Neil; u. Alan A. Kortesoja: An Optimizing PASCAL
        compiler. - In: IEEE Transactions on software engineering.
        6 (1980) SE-6. S. 512-518.

135   Feiereisen: Implementation of PASCAL on the PDP11/45. - In:
        DECUS Conference. Zuerich 1974. S. 259.

136   Fischer, Charles N.; u. Richard J. LeBlanc: Efficient
        implementation and optimization of runtime checking in
        PASCAL. - In: Sigplan notices. 12 (1977) 3. S. 19-24.

137   Fischer, Charles N.; u. Richard J. LeBlanc: The Implementa-
        tion of run-time diagnostics in PASCAL. - In: IEEE Transac-
        tions on software engineering. 6 (1980) 4. S. 313-319.

138   Forsyth, Charles H.; u. Randall J. Howard: Compilation and
        PASCAL on the new microprocessors. - In: Byte. 3 (1978) 8.
        S. 50-61.

139   Foster, Victor S.: Performance measurement of a PASCAL
      compiler. - In: Sigplan notices. 15 (1980) 6. S. 34-38.

140   Gracida, J.C.; u. R.R. Stilwell: A Partial implementation of
      PASCAL language for a microprocessor-based computer system.
      NTIS. AD-A061040/2. 1978. 228S.

141   Grosse-Lindemann, C.O.; u. H.H. Nagel: Postlude to a PASCAL
      compiler bootstrap on a DEC-System - 10. - In: Software -
      practice and experience. 6 (1976) 1. S. 29-42.

142   Hansen, G.J.; u. G.A. Shoults; u. J.D. Cointment: Construction
      of a transportable, multi-pass compiler for extended PASCAL.
      - In: Sigplan notices. 14 (1979) 8. S. 117-126.

143   Heistad, Egil: PASCAL Cyber version.
      Kjeller: Forsvarets Forskningsinstitutt 1973. [Maschschr.
      vervielf.]

144   Holdsworth, D.: PASCAL on modestly - configured microproces-
      sor systems. - In: IUCC Bulletin. 1 (1979) 1. S. 27-29.

145   Hurst, A.J.: PASCAL-P, program structure and program
      behaviour. - In: Software - practice and experience.
      10 (1980) 12. S. 1029-1036.

146   Ince, D.C.; u. Milton Keynes: Paged input/output in some
      high level languages. - In: Sigplan notices. 15 (1980) 7/8.
      S. 52-57.

147   Kagimasa, T.; u. T. Araki; u. N. Tokura: A PASCAL compiler
      for separate compilation. - In: Transactions of the Institute
      of Electronics and Communication Engineers of Japan, Section
      E. E63 (1980) 2. S. 171-172.

148   Kornerup, Peter; u. Bent Brunn Kristensen; u. Ole Lehrmann
      Madsen: Interpretation and code generation based on inter-
      mediate languages. - In: Software - practice and experience.
      10 (1980) 8. S. 635-658.

149   Lecarme, Olivier; u. Gregor V. Bochmann: A <Truly> usable
      and portable compiler writing system. - In: Information
      processing 74. Proceedings of IFIP congress 74. Amsterdam
      1974. S. 218-221.

150   Marlin, C.D.: A Heap based implementation of the program-
      ming language PASCAL. - In: Software - practice and
      experience 9 (1979) 2. S. 101-119.

151   Modification of PASCAL 8000/DOS for IBM 370/115 under power/VS.
      [Von] Y. Nakayama [u.a]. - In: Bulletin of the Kyushu
      Institute of Technology. 39 (1979) S. 281-286.

152   Nagel, H. -H.: On DEC-System-10 PASCAL. Hamburg 1976.
      (Institut fuer Informatik. Mitteilung 40.)

153   Nelson, Philip A.: A Comparison of PASCAL intermediate
      languages. - In: Sigplan notices. 14 (1979) 8. S. 208-213.

154   Pai, Ajit B; u. Richard B. Kieburtz: Global context recovery.
       A new strategy for syntactic error recovery by table-driven
       parsers. - In: ACM Transactions on programming languages and
       systems. 2 (1980) 1. S. 18-41.

155   Parsons, Angela L.; u. Gearold R. Johnson: A Microcomputer
       PASCAL cross-compiler. - In: Compcon Spring 78. 16th IEEE
       Computer society international conference, San Francisco
       Febr. 28 - March 3 1978. New York: Institute of electrical
       and electronics engineers 1978. S. 146-150.

156   A PASCAL compiler bootstrapped on a DEC-System 10. [Von]
       G. Friesland [u.a.]. Hamburg 1974. (Institut fuer Informatik.
       Mitteilung 13).

157   A PASCAL compiler bootstrapped on a DEC-System 10. [Von]
       G. Friesland [u.a.]. - In: 3. Fachtagung ueber Programmier-
       sprachen, Kiel 5.-7. Maerz 1974. 1974. (Lecture notes in
       computer science. Vol.7.) S. 101-113.

158   PASCAL-I. Interactive, conversational PASCAL-S. - In:
       Sigplan notices. 13 (1978) 6. S. 7.

159   The PASCAL 'P' compiler. Implementation notes. [Von] K.V.
       Nori [u.a.] Zuerich: Eidgenoess. techn. Hochschule 1974.
       (Berichte des Instituts fuer Informatik. 10.)

160   PASCAL - Survey of existing implementations. Gaithersburg,
       MD: Old Dominion Systems. NTIS. PB80-217177. 1979. 47S.

161   Pasman, W.J.A.: Implementation of PASCAL on an 8080 micro-
       computer. - In: Euromicro Journal. 5 (1979) 6. S. 363-369.

162   Paulin, G.; u. H. Schiemangk: PASCAL implementations for
       ESER installations. - In: Rechentechnik Datenverarbeitung.
       17 (1980) 1. S. 7-8.

163   Pemberton, Steven: Comments on an error-recovery scheme by
       Hartmann. - In: Software - practice and experience. 10 (1980)
       3. S. 231-240.

164   Perkins, Daniel R.; u. Richard L. Sites: Machine-independent
       PASCAL code optimization. - In: Sigplan notices. 14 (1979) 8.
       S. 201-207.

165   Persch, Guido; u. Georg Winterstein: Symbolic interpretation
       and tracing of PASCAL-programs. - In: 3rd Internat. conference
       on software engineering. Atlanta, Georgia. 1978. S. 312-319.

166   Poel, W.L. van der: Software for microprocessors. - In:
       Informatie. 21 (1979) 6. S. 367-371.

167   Remmele, Werner: Design and implementation of a programming
       system to support the development of reliable PASCAL pro-
       grams. - In: Workshop on reliable software. 2nd Meeting of
       the German Chapter of the ACM, Bonn, September 22-23, 1978.
       Muenchen 1979. S. 73-87.

168   Ritter, Terry; u. Gregory Walker: Varieties of threaded
       code for language implementation. - In: Byte. 5 (1980) 9.
       S. 206-227.

169   Rudmik, A.; u. E.S. Lee: Compiler design for efficient code
       generation and program optimization. - In: Sigplan notices.
       14 (1979) 8. S. 127-138.

170   Rump, S.M.: Zur Rueckfuehrung nicht mehr benoetigten
       Speicherplatzes in PASCAL. Dynamic memory recovery in
       PASCAL. - In: Elektronische Rechenanlagen. 22 (1980) 2.
       S. 55-62.

171   Russell, David L.; u. Jeffrey Y. Sue: Implementation of a
       PASCAL compiler for the IBM 360. - In: Software - practice
       and experience. 6 (1976) 3. S. 371-376.

172   Santhanam, Visvanathan: A Hardware-independent virtual
       architecture for PASCAL. - In: AFIPS. Conference proceedings.
       National computer conference. June 4-7, 1979, New York.
       Montvale, New Jersey: AFIPS press 1979. S. 637-648.

173   Schach, S.R.: A Portable trace for the PASCAL heap. - In:
       Software - practice and experience. 10 (1980) 6. S. 421-426.

174   Schauer, H.: MICROPASCAL. A Portable language processor for
       microprogramming education. - In: Euromicro Journal.
       5 (1979) 2. S. 89-92.

175   Schild, R.: Implementation of the programming language
       PASCAL. - In: 1. Fachtagung ueber Programmiersprachen,
       Muenchen, 9-11. Maerz 1971. 1972. (Lecture notes in economics
       and mathematical systems. Vol. 75.) S. 1-13.

176   Shimasaki, M.; u. S. Fukaya: A PASCAL program analysis
       system and profile of PASCAL compilers. - In: Proceedings
       of the twelfth Hawaii international conference on system
       sciences. Pt.I., Honolulu, 4-5 Jan. 1979. (North Hollywood:
       Western Periodicals 1979.). S. 85-90.

177   Sites, Richard L.: Programming tools: Statement counts and
       procedure tunings. - In: Sigplan notices. 13 (1978) 12.
       S. 98-101.

178   Tanenbaum, Andrew S.; u. Johan W. Stevenson; u. Hans van
       Staveren: A Portable compiler for the proposed ISO Stan-
       dard PASCAL language. - In: Sigplan notices. 15 (1980) 7/8.
       S. 10.

179   Tecchio, A.: A Modular PASCAL interpreter in the environment
       of an interactive program development system. - In: AICA'79
       Conference, Pt.II, Bari, Italy, 10-13 Oct. 1979. (Bari:
       Associazone italiana calcolo automatico 1979) S. 143-151.

180   Thibault, Didier; u. Mancel, Philippe: Implementation of a
       PASCAL compiler for the CII IRIS 80 computer. - In: Sigplan
       notices. 8 (1973) 6. S. 89-90.

181   Tinius, Konrad Stephan: NPS-PASCAL. A microcomputer-based
      implementation of the PASCAL programming language. NTIS.
      AD-A085042/0. 1980. 222S.

182   Walasek, Jan: Interactive facilities for PASCAL programs.
      - In: 7. Treffen zum Interaktiven Programmieren. Stuttgart,
      2. Maerz 1979. 1979. (Notizen zum interaktiven Programmieren
      H. 2.) S. 115-120.

183   Welsh, J; u. C. Quinn: A PASCAL compiler for ICL 1900 series
      computers. - In: Software - practice and experience. 2 (1972)
      1. S. 73-77.

184   Welsh, J: Economic range checks in PASCAL. - In: Software -
      practice and experience. 8 (1978) 1. S. 85-97.

185   Wichmann, B.A.; u. A.H.J. Sale: A PASCAL processor vali-
      dation suite. - In: PASCAL news. 16 (1979) S. 12-142.

186   Wirth, N.: The Design of a PASCAL compiler. - In: Software -
      practice and experience. 1 (1971) 4. S. 309-333.

187   Yuen, Herbert; u. Kin-Man Chung: A Proposed PASCAL compiler.
      - In: Byte. 3 (1978) 8. S. 117 u. 155.

B.2.5 Anwendungen

B.2.5.1 Ausbildung

188   Atkinson, L.V.: PASCAL scalars as state indicators. - In:
      Software - practice and experience. 9 (1979) 6. S. 427-431.

189   Backhouse, Roland C.: Syntax of programming languages.
      Englewood Cliffs, N.J. [usw.]: Prentice Hall International
      (1979).

190   Barron, David: On programming style and PASCAL. - In: Com-
      puter bulletin. Ser. 2. 21 (1979). S. 20-21.

191   Bishop, J.: Introduction to PASCAL. I-IX. - In: Computer
      weekly. 27 (1979) Nr 659-667.

192   Iglewski, M.; M. Madey; u. S. Matwin: PASCAL. Jezyk wzorcowy.
      PASCAL 6000. Warszawa: Wydawnictwa Naukowo-Techniczne 1979.

193   Lakos, Charles; u. Arthur Sale: Is disciplined programming
      transferable, and is it insightful? - In: The Australian
      computer journal. 10 (1978) 3. S. 86-97.

194   Lalonde, W.R.: The Zero oversight. - In: Sigplan notices.
      14 (1979) 7. S. 3-4.

195   Lecarme, Olivier: Structured programming, programming
      teaching and the language PASCAL. - In: Sigplan notices.
      12 (1977) 7. S. 15-21.

196   MacEwen, Glenn H.: Introduction to computer systems.
       New York [usw.]: McGraw-Hill (1980). (McGraw-Hill computer
       science series.)

197   Runciman, Colin: Scarcely variabled programming and PASCAL.
       - In: Sigplan notices. 14 (1979) 11. S. 97-106.

198   Welsh, Jim; u. Michael McKeag: Structured system programming.
       Englewood Cliffs, N.J. [usw.]: Prentice Hall International
       (1980).

199   Wirth, Niklaus: Program development by stepwise refinement.
       - In: Communications of the ACM. 4 (1971) 4. S. 221-227.

200   Wirth, Niklaus: Systematic programming. Englewood Cliffs,
       N.J. [usw.]: Prentice Hall (1973).

201   Wirth, Niklaus: From programming techniques to programming
       methods. - In: International Computing Symposium 1973.
       Proceedings 1974. S. 47-54.

202   Wirth, Niklaus: On the composition of well-structured
       programs. - In: Computing surveys. 6 (1974) 4. S. 247-259.

203   Wirth, Niklaus: Systematisches Programmieren. 2. ueberarb.
       Aufl. Stuttgart: Teubner (1975).

204   Wirth, Niklaus: Algorithmen und Datenstrukturen. Stuttgart:
       Teubner 1975. (Leitfaeden der angewandten Mathematik und
       Mechanik, LAMM. Bd 31.)

205   Wirth, Niklaus: Algorithms + data structures = programs.
       Englewood Cliffs, N.J. [usw.]: Prentice Hall (1976).

206   Wirth, Niklaus: Compilerbau. Stuttgart: Teubner 1977.
       (Leitfaeden der angewandten Mathematik und Mechanik, LAMM.
       Bd 36.)

B.2.5.2 Systemnahe Programmierung

207   Borgen, E.: The Reason why CA-EARL was translated into
       PASCAL. - In: Data. Kobenhavn. 10 (1980) 5. S. 47-48.

208   Carter, B.S.: File maintenance using a line editor. - In:
       Software - practice and experience. 9 (1970) 6. S. 457-462.

209   Cox, L.A.; u. W.P. Taylor: A Portable LISP interpreter.
       NTIS. UCRL-52417. 1978. 18S.

210   Comer, Douglas: MAP. A PASCAL macro processor for large
       program development. - In: Software - practice and
       experience. 9 (1979) 3. S. 203-209.

211   Kieburtz, R.B.; u. W. Barabash; u. C.R. Hill: A Type-checking
       program linkage system for PASCAL. - In: 3rd International
       conference on software engineering. Atlanta, Georgia 1978.
       S. 23-28.

212   Machura, Marek: Implementation of a special-purpose language
       using PASCAL implementation methodology. - In: Software -
       practice and experience. 9 (1979) 11. S. 931-945.

213   Mathon, J.C.: PASCAL. A High-level language for micropro-
       cessors. - In: Electronique & applications industrielles.
       264 (1979) S. 39-42.

214   Neal, M. Catherine; u. Linda G. Shapiro: A Portable graphics
       system for minicomputers. - In: ACM 78. Proceedings 1978
       annual conference. Association for computing machinery, Dec.
       4-6, Washington. D.C. New York 1978. S. 704-712.

215   Peterson, James L.; u. Theodore A. Norman: Buddy systems.
       - In: Communications of the ACM. 20 (1977) 6. S. 421-431.

216   Roy, P.: Linear flowchart generator for a structured language.
       - In: Sigplan notices. 11 (1976) 11. S. 58-64.

217   Shrivastava, S.K.: Sequential PASCAL with recovery blocks.
       - In: Software - practice and experience. 8 (1978) 2.
       S. 177-185.

B.2.5.3 Sprachentwurf

218   Arnborg, Stefan: A Simple query language based on set
       algebra. - In: Bit. 20 (1980) 3. S. 266-278.

219   Baer, D.: Abstractions in PASCAL programming. Berlin:
       Humboldt-Univ. 1979.

220   Brinch Hansen, Per: The Programming language Concurrent
       PASCAL. - In: IEEE Transactions on software engineering.
       SE1 (1975) 2. S. 199-207.

221   Campbell, Roy H.; u. Robert B. Kolstad: Path expressions in
       PASCAL. - In: Proceedings. 4th international conference on
       software engineering. September 17-19, 1979. New York: IEEE
       1979. S. 212-219.

222   Campbell, R.H.; u. R.B. Kolstad: An Overview of path PASCAL's
       design. - In: Sigplan notices 15 (1980) 9. S. 13-14.

223   Design rationale for TELOS, a PASCAL-based AI language. [Von]
       Larry Travis [u.a.]. - In: Sigplan notices. 12 (1977) 8.
       S. 67-76.

224   Fraley, Robert A.: SYSPAL: A PASCAL-based language for
       operating systems implementation. - In: Compcon Spring 78
       16th IEEE computer society international conference, Febr.
       28 - March 3, San Francisco, 1978. S. 32-35.

225   Glass, R.L.: From PASCAL to PEBBLEMAN and beyond. - In:
       Datamation. 25 (1979) 8. S. 146-150.

226   Jorrand, Philippe: Very high level languages. Some aspects
       of the evolution of language design. - In: International
       computing symposium, 5th, Liege 1977. S. 61-75.

227   Kaubisch, W.H.; u. R.H. Perrott; u. C.A.R. Hoare: Quasiparallel
       programming. - In: Software - practice and experience. 6.
       (1976) 3. S. 341-356.

228   Kittlitz, E.N.: Block statements and synonyms for PASCAL.
       - In: Sigplan notices. 11 (1976) 10. S. 32-35.

229   Lehmann, N.J.; u. G. Stiller: Programming languages support
       for program writing and testing. Some conclusions relating
       to language architecture. - In: Wissenschaftliche Zeitschrift
       der Technischen Universitaet Dresden. 27 (1978) 6.
       S. 1135-1144.

230   Lemon, Michael; u. Gary Lindstrom; u. Mary Lou Soffa:
       Control separation in programming languages. - In: ACM.
       Proceedings of the annual conference. Seattle 1977.
       New York 1977. S. 496-501.

231   Meyer, Dieter: Entwurf und Implementation von PASCAL-Erwei-
       terungen fuer die Bearbeitung relationaler Datenbanken.
       Hamburg 1978. (Berichte. Fachbereich Informatik. Univ.
       Hamburg. 52.)

232   Pentzlin, Karl L.: A Syntax for character and string
       constants supplying user-defined character codes. - In:
       Sigplan notices. 15 (1980) 12. S. 45-52.

233   Prasad, V.R.: Variable number of parameters in typed
       languages. - In: Software - practice and experience.
       10 (1980) 7. S. 507-517.

234   Preliminary ADA reference manual. - In: Sigplan notices.
       14 (1979) 6. Part A.

235   Rationale for the design of the ADA programming language.
       [Von] J.D. Ichbiah [u.a.] - In: Sigplan notices 14 (1979) 6.
       Part B.

236   Report on the programming language PLZ/SYS. [Von] Tod Snook
       [u.a.] New York, Heidelberg, Berlin: Springer (1978).

237   Richard, Frederic; u. Henry F. Ledgard: A Reminder for
       language designer. - In: Sigplan notices. 12 (1977) 12.
       S. 73-82.

238   Robinson, Ken: The Design of a successor to PASCAL. - In:
       Language design and programming methodology. Proceedings of
       a symposium held in Sydney, Australia, 10-11 September, 1979.
       Ed. by Jeffrey M. Tobias. (New York, Heidelberg, Berlin.
       Springer 1979.) (Lecture notes in computer science 79.)
       S. 149-167.

239   Schild, R.; u. H. Lienhard: Real-time programming in PORTAL.
       - In: Sigplan notices. 15 (1980) 4. S. 79-92.

240   Schmidt, Joachim W.: Some high level language constructs
      for data of type relation. - In: ACM Transactions on
      database systems. 2 (1977) 3. S. 247-261.

241   Seegmueller, G.: Systems programming as an emerging disci-
      pline. - In: Information processing 74. Proceedings of IFIP
      congress 74. 1974. S. 419-426.

242   Seegmueller, G.: Language aspects in operating systems.
      - In: Language hierarchies and interfaces. Ed. by F.L. Bauer
      and K. Samelson. Berlin [usw.] 1976. S. 266-292.

243   Simple: A program development system. [Von] Augusto Celentano
      [u.a.] - In: Computer languages. 5 (1980) 2. S. 103-114.

244   Tennent, R.D.: Language design methods based on semantic
      principles. - In: Acta informatica. 8 (1977) S. 97-112.

245   Towards a wide spectrum language to support program speci-
      fication and program development. F.L. Bauer [u.a.] - In:
      Sigplan notices. 13 (1978) 12. S. 15-24.

246   Wasserman, Anthony I.: The Design of PLAIN. Support for
      systematic programming. - In: AFIPS. Conference proceedings.
      National computer conference, Anaheim, Calif, May 19-22,
      1980. Arlington: AFIPS Press 1980. S. 731-740.

247   Watt, David A.: An Extended attribute grammar for PASCAL.
      - In: Sigplan notices. 14 (1979) 2. S. 60-74.

248   Weidner, Thomas G.: CHAMIL. A Case study in microprogramming
      language design. - In: Sigplan notices. 15 (1980) 1.
      S. 156-166.

249   Welsh, J.; u. D.W. Bustard: PASCAL-PLUS. Another language for
      modular multiprogramming. - In: Software - practice and
      experience. 9 (1979) 11. S. 947-957.

250   Whitaker, William A.: The U.S. Department of Defence common
      high order language effort. - In: Sigplan notices. 13 (1978)
      2. S. 19-28.

251   Wilander, J.: An Interactive programming system for PASCAL.
      - In: Bit. 20 (1980) 2. S. 163-174.

252   Williams, M.H.: Yet another conversational programming
      language - BPL. - In: Proceedings 1978, Annual conference,
      Association for computing machinery, Dec. 4-6, Washington
      D.C. Vol 2.2 New York 1978. S. 516-521.

253   Williams, M.H.: Design principles of the language BPL. - In:
      Quaestiones informaticae. 1 (1979) S. 23-25.

254   Wirth, Niklaus: MODULA. A Language for modular multiprogram-
      ming. Zuerich: Eidgenoess. techn. Hochschule (1976) (Berichte
      des Instituts fuer Informatik. Nr 18.)

255   Wirth, Niklaus: The Use of MODULA and design and implemen-
      tation of MODULA. Zuerich: Eidgenoess. techn. Hochschule
      (1976). (Berichte d. Inst. f. Informatik. Nr 19.)

256   Wirth, Niklaus: What can we do about the unnecessary
      diversity of notation for syntactic definitions? - In:
      Communications of the ACM. 20 (1977). 1. S. 822-823.

257   Wirth Niklaus: Toward a discipline of real-time programming.
      - In: Communications of the ACM. 20 (1977) 8. S. 577-583.

B.2.5.4 Personal Computing

258   Baskett, F.: PASCAL and virtual memory in a Z8000 or MC68000
      based design station. - In: Compcon Spring 80. San Francisco
      25-28 Febr., 1980. New York: Institute of electrical and
      electronics engineers 1980. S. 456-459.

259   The Byte book of PASCAL. Blaise W. Liffick, ed.
      (Peterborough, N.H. Byte Books 1979.) (Language series.)

260   Conrad, Marvin: PASCAL. A High-level language for micros
      and minis. - In: Datamation. 25 (1979) 8. S. 153-156.

261   Ein Mikrocomputer speziell fuer PASCAL. - In: Elektronische
      Rechenanlagen. 21 (1979) 5. S. 248.

262   Joepgen, H.-G.: PASCAL on a microcomputer. - In: Funkschau.
      52 (1980) 12. S. 91-93.

263   Mundie, David: Pilot/P: Implementing a high-level language
      in a hurry. - In: Byte. 5 (1980) 7. S. 154-170.

264   Overgaard, Mark: UCSD PASCAL: a portable software environment
      for small computers. - In: AFIPS conference proceedings.
      National computer conference, May 19-22, 1980. S. 747-754.

265   PASCAL. Einsatz in der Ausbildung, Implementierung der Spra-
      che, Verwendung auf Kleinrechnern. 3. Workshop und Treffen
      des German Chapter of the ACM am 14. und 15. Oktober in
      Kaiserslautern. Hrsg. von H.-W. Wippermann. Muenchen, Wien:
      Hanser 1978. (Applied computer science. Berichte zur prak-
      tischen Informatik. 11.)

266   PASCAL. 2. Tagung in Kaiserslautern. Hrsg. H.-W. Wippermann.
      Stuttgart: Teubner 1979. (Berichte des German Chapter of the
      ACM. Bd 1.)

267   PASCAL. Grundlagen und Systeme. Elektronik, Sonderheft Nr. 46.
      Muenchen: Franzis 1980.

268   Personal Computing. Hardware and software basics. [Ed.:]
      R.P. Capece. Maidenhead (1979).

269   Sale, A.H.J.: PASCAL - riding on the micro wave. - In:
      Proceedings of the IREE Australia. 41 (1980) 1 S. 4-10.

270   Schuchmann, H.-R.: Programming languages for the computer
      layman. - In: NTG-Fachberichte 67 (1979) S. 57-65.

271   Wakerly, J.: The Programming language PASCAL. - In: Micro-
      processors and microsystems 3 (1979) 7. S. 321-326.

272   Whitbread, M.: Microprocessor software. 2. Topics in micro-
      processing. Tunbridge Wells: Castle House Publ. (1980).

273   Wilson, I.R.: PASCAL for school and hobby use. - In:
      Software - practice and experience. 10 (1980) 8. S. 659-671.

274   Wirth, Niklaus: A Personal computer based on a high-level
      language. (Abstract.) - In: Language design and programming
      methodology. Proceedings of a symposium held in Sydney,
      Australia, 10-11 September, 1979. Ed. by Jeffrey M. Tobias.
      (New York, Heidelberg, Berlin: Springer 1979.) (Lecture
      notes in computer science. 79.) S. 191-193.

275   XS-0. A Self-explanatory school computer. [Von] J. Niever-
      gelt [u.a] Zuerich: Eidgenoess. techn. Hochschule 1977.
      (Berichte des Instituts fuer Informatik. 21.)

                    B.2.5.5 Verschiedenes

276   Bell, A.G.; u. N. Jacobi: How to read, make and store chess
      moves. - In: The Computer journal. 22 (1979) 1. S. 71-75.

277   Bird, R.S.: Recursion elimination with variable parameters.
      - In: Computer journal. 22 (1979) 2. S. 151-154.

278   Cheek, B.: A Fast and stable list sorting algorithm. - In:
      The Australian computer journal. 12 (1980) 2. S. 64-69.

279   Gimpel, James F.: Contour. A method of preparing structured
      flowcharts. - In: Sigplan notices. 15 (1980) 10. S. 35-41.

280   Glinert, E.P.; u. E. Katz: Algorithm 40. An algorithm for
      the integral homology of certain topological groups. - In:
      Computing. 23 (1979) S. 381-391.

281   Keller, J.H.: A System design tool for automatically
      generating flowcharts and preprocessing PASCAL. NTIS.
      AD-A080418/7. 1979. 118S.

282   Korn, G.A.; u. G. Lafleur: Programming continuous-system
      simulation in PASCAL. - In: Mathematics and computers in
      simulation. 21 (1979) S. 276-281.

283   Ljungkvist, Sten: PASCAL and existing FORTRAN files. - In:
      Sigplan notices 15 (1980) 5. S. 54-55.

284   Matwin, S.; u. M. Missala: A Simple machine independent
      tool for obtaining rough measures of PASCAL programs. - In:
      Sigplan notices. 11 (1976) 8. S. 42-45.

285   Moffat, David V.: A Categorized PASCAL bibliography.
      (June 1980.) - In: Sigplan notices. 15 (1980) 10. S. 63-75.

286   Pratt, Terrence W.: Control computations and the design of
      loop control structures. - In: IEEE Transactions on software
      engineering. SE-4 (1978) 2. S. 81-89.

287   Pugh, J.; u. D. Simpson: PASCAL errors - empirical evidence.
      - In: Computer Bulletin. Ser. 2, No. 19 (1979) S. 26-28.

288   Ripley, G. David; u. Frederik C. Druseikis: A Statistical
      analysis of syntax errors. - In: Computer languages.
      3 (1978) 4. S. 227-240.

289   Solntseff, N.; u. D. Wood: Pyramids. A Data type for
      matrix representation in PASCAL. - In: BIT. 17 (1977) 3.
      S. 344-350.

290   Soule, Stephen: The Implementation of a Go board. - In:
      Information sciences. 16 (1978) 1. S. 31-40.

291   Vaucher, Jean G.: Pretty-printing of trees. - In: Software
      - practice and experience. 10 (1980) 7. S. 553-561.

292   Yasumura, Michiaki: Evolution of loop statements. - In:
      Sigplan notices. 12 (1977) 9. S.124-129.

B.2.6 Programme

B.2.6.1 Analyse und Verifikation

293   Aiello, L.; u. M. Aiello; u. R.W. Weyhrauch: PASCAL in LCF.
      Semantics and examples of proof. - In: Theoretical computer
      science. 5 (1977) 2. S. 135-177.

294   An Analysis of PASCAL programs in compiler writing. [Von]
      Masaaki Shimasaki [u.a]. - In: Software - practice and
      experience. 10 (1980) 2. S. 149-157.

295   Apt, K.R.: Equivalence of operational and denotational
      semantics for a fragment of PASCAL. Republication.
      Amsterdam: Stichting mathematisch centrum (1976). IW 71/76.

296   Apt, K.R.: Equivalence of operational and denotational
      semantics for a fragment of PASCAL. - In: Formal description
      of programming concepts. Proceedings of the IFIP working
      conference on formal description of programming concepts.
      St.Andrews, N.R., Canada, Aug. 1-5, 1977. Ed. by Erich J.
      Neuhold. Amsterdam [usw.]: North-Holland Publishing Company.
      1978. S. 139-163.

297   Apt, K.R.; u. J.W. de Bakker: Semantics and proof theory of
      PASCAL procedures. Preprint. Amsterdam: Stichting mathema-
      tisch centrum (1977) IW 80/77.

298   Apt, K.R.: A Sound and complete Hoare-like system for a
        fragment of PASCAL. Preprint. Amsterdam: Stichting
        mathematisch centrum (1978). IW 97/78.

299   Coleman, D.; u. J.W. Hughes: The Clean termination of
        PASCAL programs. - In: Acta informatica 11 (1979) 3.
        S. 195-210.

300   Gries, David: The Multiple assignment statement. - In: IEEE
        Transactions on software engineering. SE-4 (1978) 1. S. 98-93.

301   Luckham, David C.; u. Norihisa Suzuki: Verification of
        array, record, and pointer operations in PASCAL. - In:
        ACM Transactions on programming languages and systems
        1 (1979) 2. S. 226-244.

302   Marmier, E.: A Program verifier for PASCAL. - In: Informa-
        tion processing 74. Proceedings of IFIP congress 74.
        Amsterdam 1974. S. 177-180.

303   Wasserman, Anthony I.: Testing and verification aspects of
        PASCAL-like languages. - In: Computer languages.
        4 (1979) 3-4. S. 155-169.

304   Watt, David A.: An Extended attribute grammar for PASCAL.
        - In: Sigplan notices. 14 (1979) 2. S. 60-74.

B.2.6.2 Formatierung

305   Bates, David: Letter to the editor (on formatting PASCAL
        programs). - In: Sigplan notices. 13 (1978) 3. S. 12-18.

306   Bishop, Judy M.: On publication PASCAL. - In: Software -
        practice and experience. 9 (1979) 9 S. 711-717.

307   Bond, Reford: Another note on PASCAL indention. - In:
        Sigplan notices. 14 (1979) 12. S. 47-49.

308   Crider, John E.: Structured formatting of PASCAL programs.
        - In: Sigplan notices. 13 (1978) 11. S. 15-22.

309   Grogono, Peter: On layout, identifiers and semicolons in
        PASCAL programs. - In: Sigplan notices. 14 (1979) 4.
        S. 35-40.

310   Gustafson, G.G.: Some practical experiences formatting
        PASCAL programs. - In: Sigplan notices. 14 (1979) 9. S. 42-49.

311   Hueras, Jon; u. Henry Ledgard: An Automatic formatting
        program for PASCAL. - In: Sigplan notices. 12 (1977) 7.
        S. 82-84.

312   Jackel, Manfred: A Formatting parser for PASCAL programs.
        - In: Sigplan notices. 15 (1980) 7/8. S. 58-63.

313 Ledgard, Henry; u. Andrew Singer; u. Jon Hueras: A Basis
     for executing PASCAL programmers. - In: Sigplan notices.
     12 (1977) 7. S. 101-105.

314 Leinbaugh, Dennis W.: Indenting for the compiler. - In:
     Sigplan notices. 15 (1980) 5. S. 41-48.

315 Mohilner, Patricia R.: Pretty-printing PASCAL programs.
     - In: Sigplan notices. 13 (1978) 7. S. 34-40.

316 Oppen, Derek C.: Pretty printing. - In: ACM Transactions on
     programming languages and systems. 2 (1980) 4. S. 465-483.

317 Peterson James L.: On the formatting of PASCAL programs.
     - In: Sigplan notices. 12 (1977) 12. S. 83-86.

318 Sale, Arthur: Stylistics in languages with compound state-
     ments. - In: The Australian computer journal 10 (1979) 2.
     S. 58-59.

319 Sale, Arthur: PASCAL stylistics and reserved words. - In:
     Software - practice and experience. 9 (1979) 10. S. 821-825.

320 Yehudai, Amiram: Automatic indention versus program formatting.
     - In: Sigplan notices. 15 (1980) 10. S. 85-87.

B.2.7 Kritische Auseinandersetzung

B.2.7.1 Allgemein

321 Alpert, Stephen R.: PASCAL. A structurally strong language.
     - In: Byte. 3 (1978) 8. S. 78-88

322 Conradi, Reidar: Further critical comments on PASCAL,
     particularly as a systems programming language. - In:
     Sigplan notices. 11 (1976) 11. S. 8-25.

323 Davis, H.: Introducing: PASCAL. - In: Instruments and
     control systems. 52 (1979) 6. S. 53-57.

324 Dietz, Peter: System-PASCAL. Ein wirkungsvolles Instrument
     fuer komplexe DV-Anwendungen. - In: Online-adl. 4 (1980)
     S. 246-248.

325 Dorfner, F.J.: PASCAL. - In: Elektronik. 29 (1980) 3. S. 43-46.

326 Doty, K.L.: A Top-down evaluation of PASCAL. - In: Computer
     design. 19 (1980) 5. S. 167-177.

327 Fletcher, Dennis: PASCAL power. Users love it, vendors are
     getting the message, and standards are on the way. - In:
     Datamation. 25 (1979) 8. S. 142-145.

328 Gagne, J.: An Introduction to PASCAL. - In: Kilobaud Micro-
     computing 6 (1980) 6. S. 68-72,74,76.

329   Gustafson, G.G.; u. T.A. Johnson; u. G.S. Key: Some practical
      experiences with the PASCAL language. - In: AFIPS. Conference
      proceedings. National computer conference, Anaheim, Calif,
      May 19-22, 1980. Arlington: AFIPS Press 1980. S. 741-746.

330   Habermann, A.N.: Critical comments on the programming
      language PASCAL. - In: Acta informatica. 3 (1973) 1
      S. 47-57.

331   Iglewski, M.; u. J. Madey u. S. Matwin: A Contribution to
      an improvement of PASCAL. - In: Sigplan notices. 13 (1978) 1.
      S. 48-58.

332   Joslin, D.A.: A Case for acquiring PASCAL. - In: Software -
      practice and experience. 9 (1979) 8. S. 691-692.

333   Juillerat, R.: PASCAL language and microprocessors. - In:
      Revue polytechnique. 2 (1979) S. 113-115.

334   Knobe, Bruce; u. Gideon Yuval: Some steps towards a better
      PASCAL. - In: Computer languages. 1 (1976) 4. S. 277-286.

335   Lecarme, Olivier; u. Pierre Desjardins: Reply to a paper by
      A.N. Habermann on the programming language PASCAL. - In:
      Sigplan notices. 9 (1974) 10. S. 21-27.

336   Lecarme, Olivier; u. P. Desjardins: More comments on the
      programming language PASCAL. - In: Acta informatica.
      4 (1975) S. 231-243.

337   Mohilner, Patricia R.: Using PASCAL in a FORTRAN environment.
      - In: Software - practice and experience. 7 (1977) 3.
      S. 357-362.

338   Mundie, David A.: In praise of PASCAL. - In: Byte. 3 (1978) 8.
      S. 110-117.

339   PASCAL. The language and its implementation. Ed. by D.W.
      Barron. Chichester: Wiley 1981. (Wiley Series in computing.)

340   PASCAL news. Nr. 9 ff Minneapolis, Minnesota: University of
      Minnesota 1978ff. Vormals PASCAL newsletter. Nr 1 1974 -
      Nr 8 1977.

341   PASCAL newsletter. Ed.: George H. Richmond. No 1-3.
      - In: Sigplan notices. 9 (1974) 3. S. 21-28,
                              9 (1974) 11. S. 11-17,
                             11 (1976) 2. S. 33-48.

342   Ravenel, Bruce W.: Will PASCAL be the next standard language?
      - In: Compcon Spring 79. 18th IEEE computer society interna-
      tional conference, Febr. 26 - March 1, San Francisco, 1979.
      S. 144-146.

343   Roads, C.: Machine tongues. IV. [PASCAL.] - In: Computer
      music journal 3 (1979) 1. S. 8-13.

344   Schneider, G. Michael: PASCAL. - In: Encyclopedia of computer
        science and technology. New York, Basel (1978). Vol. 11.
        S. 487-496.

345   Schneider, G. Michael: PASCAL. An overview. - In:
        Computer. 12 (1979) 4. S. 61-65.

346   Shillington, Keith: PASCAL. Structure. The key to PASCAL'S
        problem-solving power. - In: Datamation. 25 (1979) 8.
        S. 151-152.

347   Steensgaard-Madsen, Jorgen: PASCAL-clarifications and
        recommended extensions. - In: Acta informatica. 12 (1979)
        S. 73-94.

348   Stevens, R.; u. I. Graham: Matching the abilities of man and
        computer [PASCAL]. - In: Practical computer 2 (1979) 8.
        S. 62-65.

349   Webster, G.: PASCAL - a language for the 80s? - In:
        Electron. 194 (1979) S. 25-28.

350   Welsh, J.; u. W.J. Sneeringer; u. C.A.R. Hoare:
        Ambiguities and insecurities in PASCAL. - In: Software -
        practice and experience. 7 (1977) 6. S. 685-696.

351   Wickham, K.: PASCAL is a 'natural' for microprocessor
        software programs. - In: IEEE Spectrum. 16 (1979) 3. S. 35-41.

352   Wirth, Niklaus: An Assessment of the programming language
        PASCAL. - In: IEEE Transactions on software engineering. SE1
        (1975) 2. S. 192-198.

353   Wirth, Niklaus: An Assessment of the programming language
        PASCAL. - In: Sigplan notices. 10 (1975) 6. S. 23-30.

354   Wupper, Hanno: Some remarks on 'A case for acquiring PASCAL'.
        - In: Software - practice and experience. 10 (1980) 3.
        S. 247-248.

B.2.7.2 Einzelthemen

355   Artzt, R.: PASCAL for data processing. - In: Output.
        9 (1980) 2. S. 31-32.

356   Atkinson, L.V.: Should if ... then ... else ... follow the
        Dodo? - In: Software - practice and experience. 9 (1979) 9.
        S. 693-700.

357   Austermuehl, Burkhard; u. Wolfgang Henhapl: A Critical review
        of PASCAL based on a formal storage model. - In: Programmier-
        sprachen und Programmentwicklung. 6. Fachtagung d. Fachaus-
        schusses Programmiersprachen der GI, Darmstadt, 11.-12. Maerz
        1980. Hrsg. von H.-J. Hoffmann. Berlin, Heidelberg, New York:
        Springer 1980. (Informatik-Fachberichte. 25.) S. 57-69.

358 Baker, Henry G.: A Source of redundant identifiers in
     PASCAL programs. - In: Sigplan notices. 15 (1980) 2.
     S. 14-16.

359 Biedl, Albrecht: An Extension of programming languages for
     numerical computation in science and engineering with
     special reference to PASCAL. - In: Sigplan notices.
     12 (1977) 4. S. 31-33.

360 Bishop, Judy M.: Implementing strings in PASCAL. - In:
     Software - practice and experience. 9 (1979) 9. S. 779-788.

361 Bohlender, G.: Embedding universal computer arithmetic in
     higher programming languages. - In: Computing. 24 (1980) 2-3.
     S. 149-160.

362 Bron, C.; u. E.J. Dijkstra: A Discipline for the program-
     ming of interactive I/O in PASCAL. - In: Sigplan notices.
     14 (1979) 12. S. 59-61.

363 Celentano, A.; u. P. Della Vigna; u. D. Mandrioli: Separate
     compilation and partial specification in PASCAL. - In: IEEE
     Transactions on software engineering. SE6 (1980) 4. S. 320-328.

364 Cichelli, Richard J.: Fixing PASCAL'S I/O. - In: Sigplan
     notices. 15 (1980) 5. S. 19.

365 Clark, Robert G.: Interactive input in PASCAL. - In:
     Sigplan notices. 14 (1979) 2. S. 9-13.

366 Clark, Robert G.: Input in PASCAL. - In: Sigplan notices.
     14 (1979) 11. S. 7-8.

367 Condict, Michael N.: The PASCAL dynamic array controversy
     and a method for enforcing global assertions. - In:
     Sigplan notices. 12 (1979) 11. S. 23-27.

368 Desjardins, Pierre: Dynamic data structure mapping. - In:
     Software - practice and experience. 4 (1974) 2. S. 155-162.

369 Gries, David; u. Narain Gehani: Some ideas on data types in
     high-level languages. - In: Communications of the ACM.
     20 (1977) 6. S. 414-420.

370 Hemenway, J.; u. E. Teja: PASCAL update. - In: EDN.
     25 (1980) 7. S. 100-105.

371 Kaye, Douglas R.: Interactive PASCAL input. - In: Sigplan
     notices. 15 (1980) 1. S. 66-68.

372 Kinoshita, S.: Does PASCAL fit for system programming. - In:
     Information processing society of Japan. 21 (1980) 2. S. 180-182.

373 Kittlitz, Edward: Another proposal for variable size
     arrays in PASCAL. - In: Sigplan notices. 12 (1977) 1.
     S. 82-86.

374 Kostin, V.A.: Some features of interactive PASCAL. - In:
     Programming and computer software. 5 (1979) 4. S. 280-284.

375   Kriz, J.; u. H. Sandmayr: Extension of PASCAL by coroutines
      and its application to quasi-parallel programming and
      simulation. - In: Software - practice and experience.
      10 (1980) 10. S. 773-789.

376   LeBlanc, Richard J.: Extensions to PASCAL for separate
      compilation. - In: Sigplan notices. 13 (1978) 9. S. 30-33.

377   MacLennan, B,J.: A Note on dynamic arrays in PASCAL. - In:
      Sigplan notices. 10 (1975) 9. S. 39-40.

378   Noodt, Terje; u. Dag Belsnes: A Simple extension of PASCAL
      for quasi-parallel processing. - In: Sigplan notices.
      15 (1980) 5. S. 56-65.

379   Nordstroem, Bengt: Programming with abstract data types,
      some examples. - In: Proceedings 1978, Annual conference,
      Association for computing machinery, Dec. 4-6, Washington
      D.C. Vol 2.2. New York 1978. S. 646-654.

380   Pokrovsky, Sergei: Formal types and their application to
      dynamic arrays in PASCAL. - In: Sigplan notices.
      11 (1976) 10. S. 36-42.

381   Proceedings of the UCSD workshop on systems programming
      extensions to the PASCAL language. San Diego 1979.

382   Sale, A.: Scope and PASCAL. - In: Sigplan notices.
      14 (1979) 9. S. 61-63.

383   Sale, A.H.J.: Strings and the sequence abstraction in
      PASCAL. - In: Software - practice and experience.
      9 (1979) 8. S. 671-683.

384   Sale, Arthur: Implementing strings in PASCAL-again. - In:
      Software - practice and experience. 9 (1979) 10. S. 839-841.

385   Sale, Arthur: Counterview in favour of strict type compati-
      bility. - In: Sigplan notices. 15 (1980) 12. S. 53-55.

386   Shave, M.J.R.: The Programming of structural relationships
      in dynamic environments. - In: Software - practice and
      experience. 8 (1978) 2. S. 199-211.

387   Steensgaard-Madsen, J.: More on dynamic arrays in PASCAL.
      - In: Sigplan notices. 11 (1976) 5. S. 63-64.

388   Tennent, R.D.: A Note on files in PASCAL. - In: BIT 17
      (1977) S. 362-366.

389   Wallace, Bob: More on interactive input in PASCAL. - In:
      Sigplan notices. 14 (1979) 9. S. 76.

390   Wilander, Jerker: An Interactive programming system for
      PASCAL. - In: Bit. 20 (1980) 2. S. 163-174.

391   Wirth, N.: Comment on a note on dynamic arrays in PASCAL.
      - In: Sigplan notices. 11 (1976) 1. S. 37-38.

B.2.7.3 Vergleich mit anderen Sprachen

392   Ambler, Allen L.; u. Charles G. Hoch: A Study of protection
       in programming languages. - In: Sigplan notices. 12 (1977) 3.
       S. 25-40.

393   Ammann, Urs: Vergleich einiger Konzepte moderner Echtzeit-
       sprachen. - In: Programmiersprachen und Programmentwick-
       lung. 6. Fachtagung d. Fachausschusses Programmiersprachen
       der GI. Darmstadt, 11.-12. Maerz 1980. 1980 (Informatik-
       Fachberichte. 25.) S. 1-18.

394   Bachmann, Karl-Heinz: Die Programmiersprachen PASCAL und
       ALGOL68. Berlin: Akademie-Verlag 1976.

395   Boom, H,J.; u. E. de Jong: A Critical comparison of several
       programming language implementations. - In: Software -
       practice and experience. 10 (1980) 6. S. 435-473.

396   Boot, M.: Comparable computer languages for linguistic
       and literary data processing. Part. 2.: SIMULA and PASCAL.
       - In: ALLC Bulletin. 7 (1979) 2. S. 137-146.

397   Bowles, Ken: PASCAL versus COBOL. Where PASCAL gets down
       to business. - In: Byte. 3 (1978) 8. S. 122-141.

398   Edwards, Roy: Is PASCAL a logical subset of ALGOL 68 or not?
       - In: Sigplan notices. 12 (1977) 6. S.184-191.

399   Hac, A.: The Comparison of SIMULA 67, PASCAL and FORTRAN
       languages on the example of operating system simulation.
       - In: Informatyka. 14 (1979) 2. S. 9-10.

400   Kaucher, Edgar; u. Rudi Klatte; u. Christian Ullrich:
       Hoehere Programmiersprachen ALGOL, FORTRAN, PASCAL in
       einheitlicher und uebersichtlicher Darstellung. Mannheim,
       Wien, Zuerich: Bibliogr. Inst. (1978). (Reihe Informatik
       Bd 24.)

401   Krekel, D.: ADA-Entwurfsziele im Vergleich mit Zielen
       anderer Programmiersprachen. - In: Angewandte Informatik.
       21 (1979) 10. S. 425-428.

402   Mateti, Prabhaker: PASCAL versus C. A subjective comparison.
       - In: Language design and programming methodology. Procee-
       dings of a symposium held in Sydney, Australia, 10-11 Sep-
       tember, 1979. Ed. by Jeffrey M. Tobias. (New York, Heidel-
       berg, Berlin: Springer 1979.) (Lecture notes in computer
       science. 79.) S. 37-69.

403   McGowan, M.J.: High-level microcomputer language slash
       software development costs. - In: Control engineering.
       27 (1980) 4. S. 53-58.

404   Mundie, David A.: PASCAL and the great race. - In: Byte.
       5 (1980) 9. S. 94.

405   Nutt, Gary J.: A Comparison of PASCAL and FORTRAN as
      introductory programming languages. - In: Sigplan notices.
      13 (1978) 2. S. 57-62.

406   Organick, Elliott J.; u. Alexandra J. Forsythe; u. Robert
      P. Plummer: Programming language structures. New York [usw.]:
      Academic Press (1978).

407   Perrott, R.H.; u. A.K. Raja u. P.C. O'Kane: A Simulation
      experiment using two languages. - In: Computer journal.
      23 (1980) 2. S. 142-146.

408   Programming language standardisation. Editors: I.D. Hill
      and B.L. Meek. Chichester: Ellis Horwood [usw.] (1980).
      (The Ellis Horwood series in computers and their applications.)

409   Pyle, I.G.: Input/output in high level programming languages.
      - In: Software - practice and experience. 9 (1979) 11.
      S. 907-914.

410   Richerson, M.E.: PASCAL programming language. Easy to write
      and troubleshoot. - In: Machine design. 52 (1980) 18.
      S. 112-118.

411   Schwartz, Allan M.: PASCAL versus BASIC. - In: Byte.
      3 (1978) 8. S. 168-176.

412   Source-to-source translation. ADA to PASCAL and PASCAL to
      ADA. [Von] Paul F. Albrecht [u.a.]. - In: Sigplan notices
      15 (1980) 11. S. 183-193.

413   Summary of the characteristics of several "modern"
      programming languages. Frank DeRemer, Philip Levy, editors.
      - In: Sigplan notices. 14 (1979) 5. S. 28-45.

414   Tanenbaum, A.S.: A Comparison of PASCAL and ALGOL68. - In:
      The Computer journal 21 (1978) 4. S. 316-323.

415   Venema, Ted; u. Jim des Rivieres: EUCLID and PASCAL. - In:
      Sigplan notices. 13 (1978) 3. S. 57-69.

416   Wand, I.C.: Systems implementation languages and IRONMAN.
      - In: Software - practice and experience. 9 (1979) 10.
      S. 853-878.

Register

abbrechende Dezimalzahl 2.2.5.1/3
Abbruchbedingung 6.2.3/1
ABS 7.2.2/2, 7.2.2/5, 7.2.6.1/1
abschneiden von Ziffern 2.2.5.1/3, 3.1.5/1-, 8.1.1.4/2-
Abschnitt eines Auftrags 1.3/2, 4/1
Adresse 1.2/5, 3.3/2, 4.3/2, 6.2.3.3/4, 7.2.3.2/2
Aequivalenz von Typen 3.5/1-
ALFA 3.2.1.2/3
Algorithmen
  Analyse von Ausdruecken 9/1-
  binary tree search 4.2.3/3, 9/3
  Hash-Verfahren 9/3-
  lineare Kongruenzmethode 2.2.5.4/5
  numerische Integration 7.1.3.4/3
  simulierte Datei-Variable 7.2.5.1/6
  sortieren 4.2.2.1/7, 4.2.3/4, 9/3-
Alternative 6.2.2.1/1
AND 3.1.2/2, 5/8
Anweisungsteil 1.5/4, 6/1
APL 7.2.3.3/1
ARCTAN 7.2.2/5, 7.2.6.1/1
ARRAY 3.2.1/1, 3.2.1.1/1, 3.2.1.1/2, 3.2.1.2/1, 7.1.3.2/1
Auftrag 1.3/3, 4/1
Aufzaehl-Typ 3.1.4/1-
Ausdruck 5/1-, 5.1/1-, 5.2/1-, 5.3/1-, 5.4/1-, 5.5/1-, 5.6/1-,
     5.7/1-, 5.8/1-
  Auswertung 5/5, 5/6, 5/11, 5.2/8, 5.5/4
  einfach 5/3, 5.1/1, 5.2/2
  Funktionsaufruf 5/3, 7.2.2/6
  Index- 4.2.2.1/1, 4.2.2.1/5
  Konstruktionsregel 5/4
  Operationssymbole 5/8-
  Typ 3/1, 5/7
  Vorkommen 5/1
  Wert 5/1, 6.1.1/1-, 7.2.3.1/1-
Ausgabe 1.2/3, 4.2.2/1, 4.4/2, 8.1/1-
Auswahl-
  Anweisung 6.2.2.2/1-
  Komponente 2.2.5.3/1, 3.2.3.2/5, 4.3/7, 7.2.5.2/2-
  Wert 6.2.2.2/1

BEGIN 1.5/4, 6.2.1/1
Beispielprogramme
  B1.3-1 1.3/1
  B2.2.5.1-1 2.2.5.1/2
  B2.2.5.4-1 2.2.5.4/4
  B3.1.3-1 3.1.3/2
  B3.1.3-2 3.1.3/3
  B3.1.3-3 3.1.3/6
  B3.1.5-1 3.1.5/3
  B4-1 4/1
  B4.1-1 4.1/3
  B4.2.2.1-1 4.2.2.1/7
  B4.2.2.2-1 4.2.2.2/3

S5   1.5/3
S6   1.5/4
S7   1.5/4
S8   1.5/5
S9   1.5/6
S10   2.1/2
S11   2.1/4
S12   2.2.2/2
S13   2.2.2/2
S14   2.2.2/2
S15   2.2.3/3
S16   2.2.4/1
S17   2.2.4/1
S18   2.2.5.1/1
S19   2.2.5.1/3
S20   2.2.5.2/1
S21   2.2.5.3/1
S22   2.2.5.3/1
S23   2.2.5.3/2
S24   2.2.5.4/1
S25   2.2.5.4/2
S26   3.1/1
S27   3.1.1/1
S28   3.1.1/1
S29   3.1.1/4
S30   3.1.1/4
S31   3.1.2/1
S32   3.1.3/1
S33   3.1.3/1
S34   3.1.3/7
S35   3.1.4/2
S36   3.1.5/1
S37   3.2.1.1/1
S38   3.2.1.1/1
S39   3.2.1.1/2
S40   3.2.1.2/1
S41   3.2.2/2
S42   3.2.3.1/1
S43   3.2.3.1/1
S44   3.2.3.2/3
S45   3.2.3.2/4
S46   3.2.4.1/1
S47   3.2.4.2/1
S48   3.3/2
S49   3.3/3
S50   3.4/1
S51   3.4/1
S52   4.1/1
S53   4.1/1
S54   4.2/1
S55   4.2.1/1
S56   4.2.2/1
S57   4.2.2.1/1
S58   4.2.2.1/2
S59   4.2.2.1/2
S60   4.2.2.2/1
S61   4.2.2.3/1
S62   4.2.3/1

S63   5.1/1
S64   5.1/1
S65   5.1/2
S66   5.2/1
S67   5.2/1
S68   5.2/2
S69   5.2/2
S70   5.2/3
S71   5.2/4
S72   5.2/4
S73   5.2/5
S74   5.2/6
S75   5.3/1
S76   5.4/1
S77   5.5/1
S78   5.5/2
S79   5.5/3
S80   5.6/1
S81   5.7/1
S82   5.7/4
S83   5.7/4
S84   5.8/1
S85   6.1.1/1
S86   6.1.1/2
S87   6.1.1/4
S88   6.1.2/1
S89   6.1.3/1
S90   6.2.2/1
S91   6.2.2.1/1
S92   6.2.2.2/1
S93   6.2.3/1
S94   6.2.3.1/1
S95   6.2.3.2/1
S96   6.2.3.3/1
S97   6.2.4/1
S98   7.1/1
S99   7.1.1/1
S100   7.1.1/1
S101   7.1.2/1
S102   7.1.2/2
S103   7.1.2/2
S104   7.1.2/3
S105   7.1.2/4
S106   7.1.2/4
S107   7.1.3/1
S108   7.1.3.1/1
S109   7.1.3.2/1
S110   7.1.4/1
S111   7.1.4/2
S112   7.1.4/2
S113   7.1.4/2
S114   7.2.1/1
S115   7.2.2/2
S116   7.2.2/3
S117   7.2.2/4
S118   7.2.2/4
S119   7.2.2/5
S120   7.2.2/5

Und wir: Zuschauer, immer, ueberall,
dem allen zugewandt und nie hinaus!
Uns ueberfuellts. Wir ordnens. Es zerfaellt.
Wir ordnens wieder und zerfallen selbst.

R.M. Rilke: Duineser Elegien

Harry Feldmann

Einführung in PASCAL

Skriptum für Hörer aller Fachrichtungen ab 1. Semester. 1981. 136 S. DIN C 5 (uni-text). Pb.

Unter den modernen universellen und für strukturiertes Programmieren geeigneten Programmiersprachen ist PASCAL am wenigsten umfangreich, daher am leichtesten erlernbar und sogar für die Programmieranfänger ohne weiteres verständlich. Der Autor stellt den vollen PASCAL-Standard dar und behandelt die wichtigsten Erweiterungen. Durch systematische Darstellungsweise wird das Buch zu einem PASCAL-Nachschlagewerk. Der Leser wird von Seite zu Seite durch interessante Beispiele motiviert und durch klare Darstellung aller grammatischen Regeln einschließlich des Syntaxschemas und der Auflistung aller Standardvereinbarungen umfassend informiert. An passender Stelle wird auch das Sprachgefühl des Lesers durch Vergleiche mit anderen Programmiersprachen weiter kultiviert.

Wolf-Michael Kähler

Einführung in die Programmiersprache COBOL

Eine Anleitung zum „Strukturierten Programmieren". 1980. VIII, 290 S. DIN C 5 (uni-text/ Skriptum). Pb.

COBOL (Common Business Oriented Language) ist weltweit die am häufigsten eingesetzte problemorientierte Programmiersprache. Schwerpunkte der COBOL-Programmierung liegen überwiegend im kommerziellen und administrativen Bereich. Dieses Skriptum vermittelt die Grundlagen von COBOL. Die einzelnen Sprachelemente werden anhand von Beispielen erläutert. Im Hinblick auf die Entwicklung und Darstellung von Problemlösungen wird der Leser mit dem Grundgedanken des „Strukturierten Programmierens" vertraut gemacht. Zur Lernkontrolle werden Übungsaufgaben gestellt, deren Lösung in einem gesonderten Abschnitt angegeben sind. Vorkenntnisse aus dem Bereich der Elektronischen Datenverarbeitung sind nicht erforderlich.

Günther Lamprecht

Introduction to SIMULA 67

Mit 1 Falttafel. 1981. VI, 234 S. DIN C 5. Kart.

Dieses Buch ist die englischsprachige Ausgabe von Lamprecht, Einführung in die Programmiersprache SIMULA.

Wolfgang Schneider

PASCAL — Einführung für Techniker

Mit 10 vollst. programmierten Beisp. 1981. VIII, 148 S. DIN C 5 (Viewegs Fachbücher der Technik). Kart.

Das Buch vermittelt elementare Grundkenntnisse in der Programmiersprache PASCAL, die der Schüler, Student, Techniker oder Ingenieur in der Ausbildung benötigt, um einfache mathematisch-naturwissenschaftliche Probleme selbständig programmieren zu können. Durch zahlreiche Merksätze, Übungen, Zusammenfassungen und durchprogrammierte Beispiele ist das Buch didaktisch sorgfältig aufbereitet.

Heinrich Becker und Hermann Walter
Formale Sprachen
Eine Einführung. 1977. VII, 272 S. DIN C 5 (uni-text/Skriptum). Pb.

Harry Feldmann
Einführung in ALGOL 68
Skriptum für Hörer aller Fachrichtungen ab 1. Semester. 1978. IX, 311 S. DIN C 5 (uni-text/Skriptum). Pb.

Hermann Kamp und Hilmar Pudlatz
Einführung in die Programmiersprache PL/I
2., verb. Aufl. 1974. VI, 228 S. DIN C 5 (uni-text/Skriptum). Pb.

Günther Lamprecht
Einführung in die Programmiersprache FORTRAN IV
Anleitung zum Selbststudium. 3., ber. Aufl. 1973. IV, 194 S. DIN C 5 (uni-text/Skriptum). Pb.

Günther Lamprecht
Einführung in die Programmiersprache SIMULA
Anleitung zum Selbststudium. Mit 41 Abb. und 1 Tafel. 1976. IV, 231 S. DIN C 5 (uni-text/Skriptum). Pb.

Wolfgang Schneider
BASIC
Einführung für Techniker. 2., durchges. Aufl. 1979. VI, 134 S. DIN C 5 (Viewegs Fachbücher der Technik). Kart.

Wolf-Dietrich Schwill und Roland Weibezahn
Einführung in die Programmiersprache BASIC
Anleitung zum Selbststudium. 2., erw. Aufl. 1979. VIII, 144 S. DIN C 5 (uni-text/Skriptum). Pb.